2de

Physique Chimie

Collection Dulaurans - Calafell - Giacino

Sous la direction de

Thierry DULAURANS
Lycée Fernand-Daguin à Mérignac

Julien CALAFELL
Lycée Bellevue à Toulouse

Magali GIACINO
Lycée Paul-Cézanne à Aix-en-Provence

Michel BARDE
Lycée Marcel-Pagnol à Marseille

Nathalie BARDE
Lycée Saint-Charles à Marseille

Jean-Philippe BELLIER
Lycée Michel-Montaigne à Bordeaux

Stéphane BLAT
Lycée Toulouse-Lautrec à Toulouse

Marc BIGORRE
Lycée des Graves à Gradignan

Éric DAÏNI
Lycée Paul-Cézanne à Aix-en-Provence

Maryline DAÏNI-D'INCAN
Lycée Maurice-Janetti
à Saint-Maximin-la-Sainte-Baume

Nicolas LESCURE
Lycée Michel-Montaigne à Bordeaux

Vanina MONNET
Lycée Michel-Montaigne à Bordeaux

Bruno POUDENS
Lycée des Graves à Gradignan

Isabelle TARRIDE
Lycée Val-de-Durance à Pertuis

hachette
ÉDUCATION

Sommaire

Univers

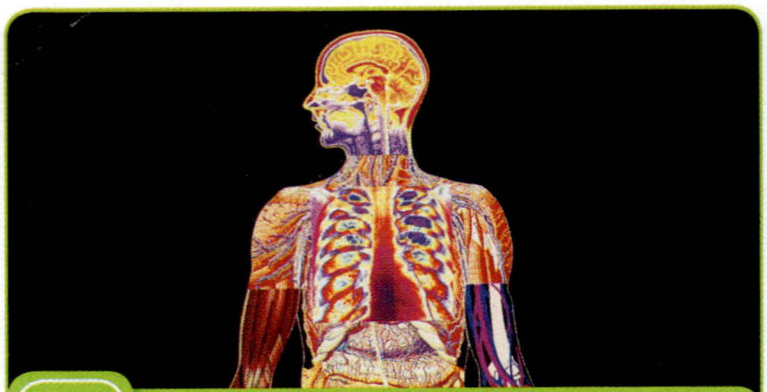

Santé

Sport

Les annexes

Comment utiliser votre manuel ?

Dans chaque chapitre...

L'**ouverture** du chapitre présente la problématique du chapitre.

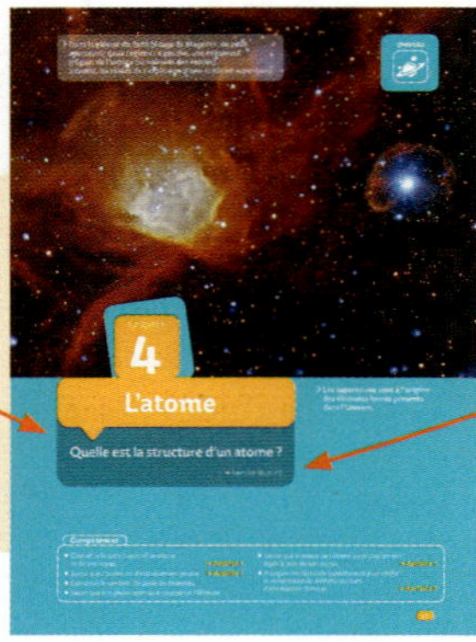

Un renvoi indique le numéro de l'exercice qui répond à cette question dans le contexte de la situation présentée.

Les compétences rappelées sont celles du programme officiel (compétences spécifiques).

Les **activités** sont **expérimentales** ou **documentaires**.

En face des questions et consignes, les compétences de la démarche scientifique sont indiquées pour vous permettre de mieux comprendre ce qui est attendu.

Les activités ou questions qui peuvent être traitées en autonomie sont indiquées par un pictogramme « À la maison ».

Le questionnement est structuré selon les étapes du travail à accomplir.

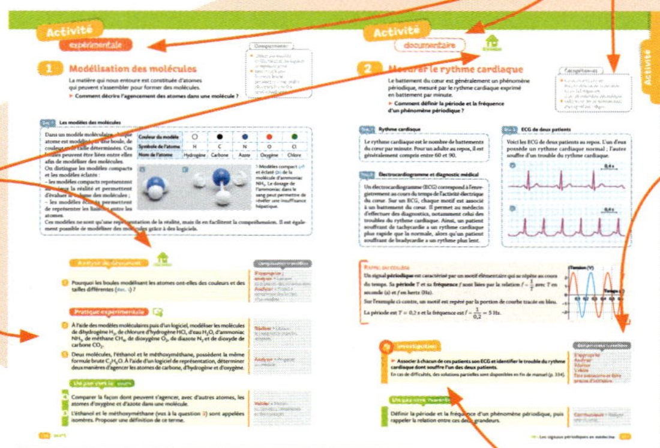

Des renvois (vers les solutions partielles pour les démarches d'investigation, ou vers les fiches) vous permettent de trouver des aides à la fin du manuel.

Le **cours** est très synthétique et illustré.

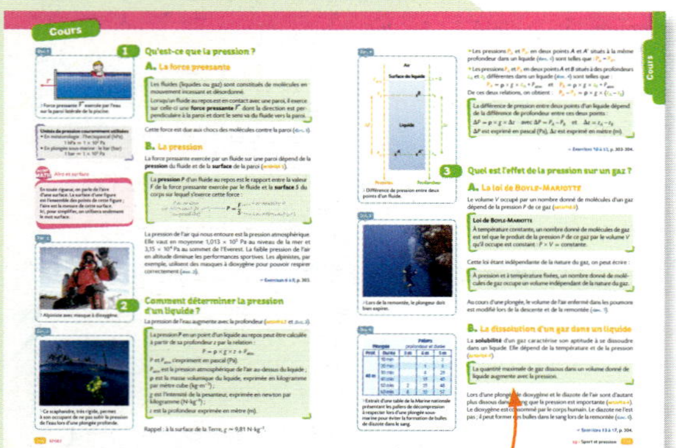

Les encadrés correspondent aux parties importantes du cours.

La double page **Essentiel** + **QCM** est votre alliée pour les révisions.

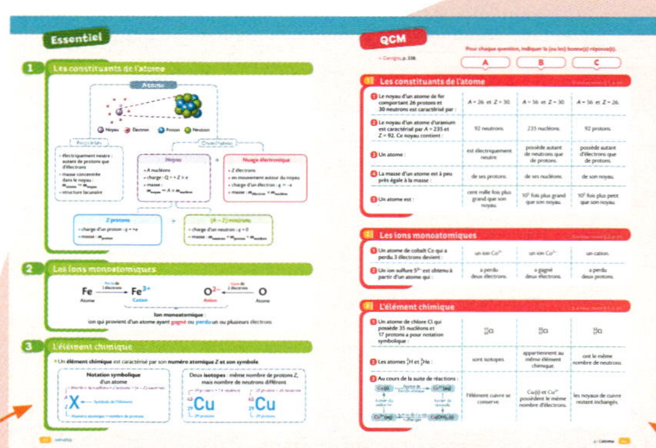

L'essentiel présente, sous une forme graphique, ce qu'il faut retenir.

Le QCM vous permet de vérifier que vous avez acquis les connaissances de base et savoir-faire du chapitre. Il est corrigé en fin d'ouvrage (p. 338 à 345).

En cas de difficultés, des renvois vous permettent de savoir quelle partie du cours retravailler.

Les **exercices résolus** vous permettent d'apprendre à répondre à un exercice avec méthode.

1. Lisez l'énoncé une première fois.

2. Relisez-le en repérant les mots importants (mot surlignés). Lisez l'**analyse de l'énoncé**, qui présente les questions à se poser à la lecture de l'énoncé.

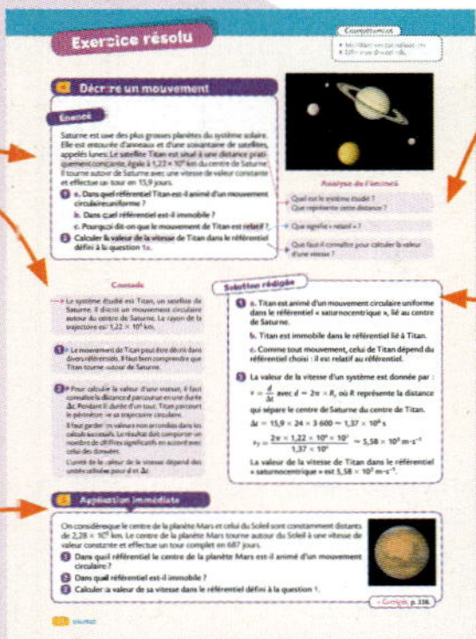

3. Lisez les **conseils**. Ils donnent les réponses à l'analyse de l'énoncé. Essayez alors de répondre aux questions de l'énoncé.

4. Vérifiez vos réponses à l'aide de la **solution rédigée**. Il est important de prendre exemple sur la rédaction proposée (phrase d'introduction et de conclusion, calcul littéral puis application numérique, respect des chiffres significatifs, etc.) ; elle pourra être utilisée dans d'autres exercices.

5. Résolvez l'exercice d'**application immédiate** en vous inspirant de l'exercice résolu. L'exercice d'application immédiate est corrigé en fin de manuel (p. 338 à 345).

Parcours d'apprentissage

Au début des pages d'**exercices**, le **parcours d'apprentissage** vous donne une liste des exercices à réaliser afin de balayer l'ensemble des compétences spécifiques du chapitre. Tous ces exercices sont corrigés en fin de manuel (p. 338 à 345).

À chacun son rythme

L'exercice « **À chacun son rythme** » est un exercice à deux niveaux de difficultés. Dans un premier temps, essayez de résoudre l'énoncé compact. En cas de difficultés, passez à l'énoncé détaillé, plus guidé.

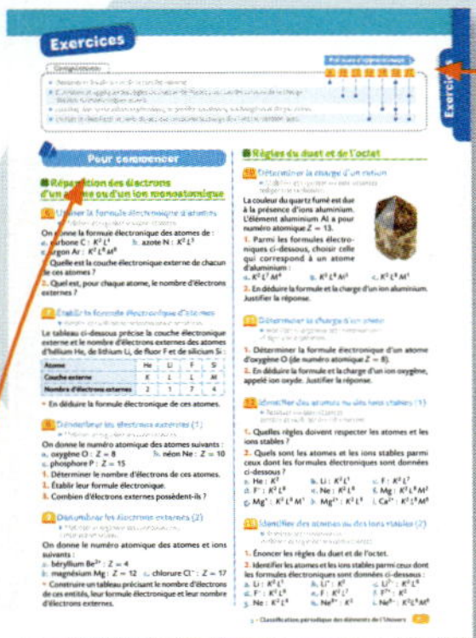

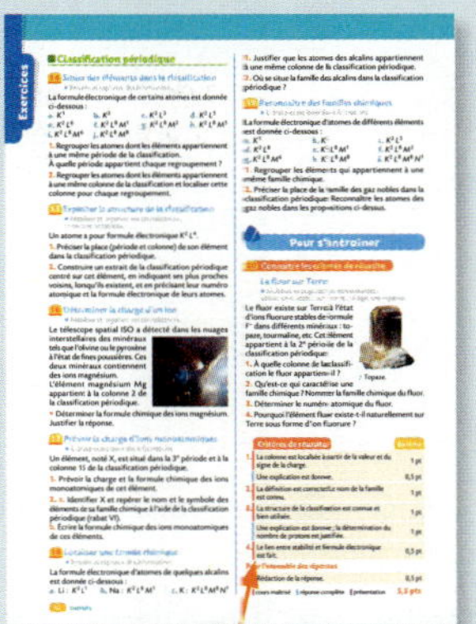

Pour commencer

Les premiers exercices (rubrique « **Pour commencer** ») sont classés dans l'ordre des paragraphes du cours. Dans cette rubrique, les exercices sont doublés : faites l'exercice corrigé (numéro de l'exercice écrit en rouge), puis essayez de faire le suivant, qui met en jeu les mêmes compétences spécifiques.

Connaître les critères de réussite

L'exercice « **Connaître les critères de réussite** » vous permet de mieux comprendre les critères importants lors de la notation d'un exercice, en particulier les justifications des réponses et la présentation.

Résolution de problème

Pour les **résolutions de problèmes**, la fiche 1 (p. 320) précise la méthode à suivre. Des pistes de résolution sont disponibles en fin de manuel pour vous aider (p. 334 à 347).

L'approche par compétences dans votre manuel…

• Dans la continuité du Collège et du socle commun, la notion de **compétences** est associée, en Seconde, à la **démarche scientifique** (s'approprier, analyser, réaliser, valider, communiquer).
Dans votre manuel, ces **compétences** sont indiquées dans toutes les activités et au début de chaque exercice :

Dans les activités

Analyse et synthèse

1. Quelle hypothèse sur le mouvement des astres GALILÉE remet-il en cause ?
2. Quel astre GALILÉE suppose-t-il immobile ?
3. a. Dans cette BD, que représente la chaise ? Que représente la table ?
   b. Quel mouvement de la Terre est illustré par le mouvement que GALILÉE impose à la chaise d'Andrea ?

Compétences travaillées

S'approprier • Extraire des informations ; mobiliser et organiser ses connaissances.
Analyser • Exploiter des informations.

Dans les exercices

Exercices

Pour aller plus loin

23 Satellite géostationnaire
• Extraire des informations ; effectuer des calculs numériques.
Certains satellites géostationnaires sont utilisés pour l'observation météorologique en continu de la surface…

Les compétences de la démarche scientifique sont déclinées dans le tableau ci-dessous :

Connaître	Restituer ses connaissances.
S'approprier	Mobiliser et organiser ses connaissances. Observer, décrire des phénomènes. Extraire des informations sur des supports variés. Se questionner ; identifier un problème ; reformuler ; définir des objectifs.
Analyser	Exploiter des informations sur des supports variés. Identifier les paramètres qui influencent un phénomène ; choisir les grandeurs à mesurer ; l'appareil de mesure, etc. Proposer une hypothèse. Justifier ou élaborer un protocole. Exploiter des observations, des résultats, des mesures, etc. Proposer un modèle ; utiliser un modèle pour prévoir, décrire et expliquer ; prendre conscience des limites d'un modèle. Distinguer simulation et expérience. Évaluer l'ordre de grandeur d'un phénomène et de ses variations. Proposer une stratégie de résolution de problème.
Réaliser	Mettre en œuvre un protocole. Utiliser, dans un contexte donné, le matériel de manière adaptée. Construire un tableau ; tracer un graphique. Faire un schéma adapté. Effectuer des calculs littéraux ou numériques. Effectuer une analyse dimensionnelle. Respecter les règles de sécurité.
Valider	Faire preuve d'esprit critique, discuter un résultat, une information, une hypothèse, une propriété, une loi, un modèle ; corroborer, infirmer, choisir, prendre position. Interpréter des observations, des mesures, etc. ; confronter un modèle à des résultats expérimentaux, mettre en lien des phénomènes et des concepts. Rechercher les sources d'erreur ; identifier des causes de dispersion des résultats ; estimer une incertitude de mesure à partir d'outils fournis. Faire des propositions pour améliorer la démarche ou le modèle.
Communiquer	Rendre compte à l'écrit ou l'oral en utilisant un vocabulaire scientifique adapté et rigoureux ; présenter sous une forme appropriée (schéma, graphique, tableau, figure, etc.). Rédiger un protocole, une explication, une réponse argumentée ou une synthèse. Ecrire un résultat de manière adaptée (unités, chiffres significatifs, incertitudes, etc.).
Être autonome, faire preuve d'initiative	S'impliquer, prendre des initiatives, mobiliser sa curiosité. Travailler en autonomie et en équipe. Demander une aide pertinente.

Dans les exercices de type « Résolution de problème », la compétence « Construire les étapes d'une résolution de problème » est utilisée. Elle met en jeu plusieurs compétences de la démarche scientifique.

• La construction et l'acquisition des **compétences de la démarche scientifique** nécessitent d'ancrer les apprentissages dans le champ disciplinaire. Ces **compétences spécifiques**, inscrites dans la colonne de droite du programme, sont rassemblées sur la page d'entrée de chaque chapitre et au début des exercices dans le parcours d'apprentissage :

Sur la page d'entrée du chapitre

Compétences

- Connaître et utiliser les définitions de la période et de la fréquence d'un phénomène périodique. → Activités 2 et 3
- *Identifier le caractère périodique d'un signal sur une durée donnée.* → Activité 1
- *Déterminer les caractéristiques d'un signal périodique.* → Activités 2 et 3
- Connaître une valeur approchée de la vitesse du son dans l'air. → Activité 4

Dans le parcours d'apprentissage

Compétences — Parcours d'apprentissage : 5, 7, 9, 11, 23, 24

- Connaître et utiliser les définitions de la période et de la fréquence d'un phénomène périodique.
- *Identifier le caractère périodique d'un signal sur une durée donnée.*
- *Déterminer les caractéristiques d'un signal périodique.*
- Connaître une valeur approchée de la vitesse du son dans l'air.

Les compétences spécifiques mises en œuvre dans le cadre des activités expérimentales sont en italique.

Avant chaque thème…

- La page « **Vu au Collège** » vous permet de faire le point sur les connaissances apprises au Collège et utiles en Seconde. Les réponses aux QCM se trouvent à la fin du manuel (p. 338).

En annexes…

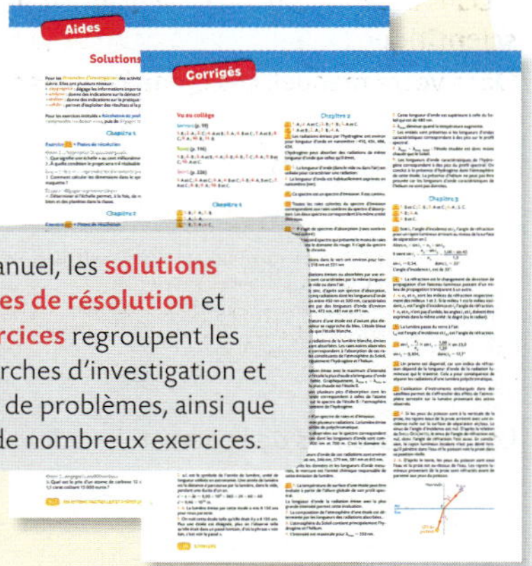

- À la fin du manuel, les **solutions partielles**, **pistes de résolution** et **corrigés d'exercices** regroupent les aides aux démarches d'investigation et aux résolutions de problèmes, ainsi que les réponses à de nombreux exercices.

- Les **rabats** et les **fiches** vous proposent des méthodes pour répondre aux exercices, pour utiliser un tableur ou une calculatrice, pour vérifier les consignes de sécurité, etc. La classification périodique est présentée sur le rabat VI.

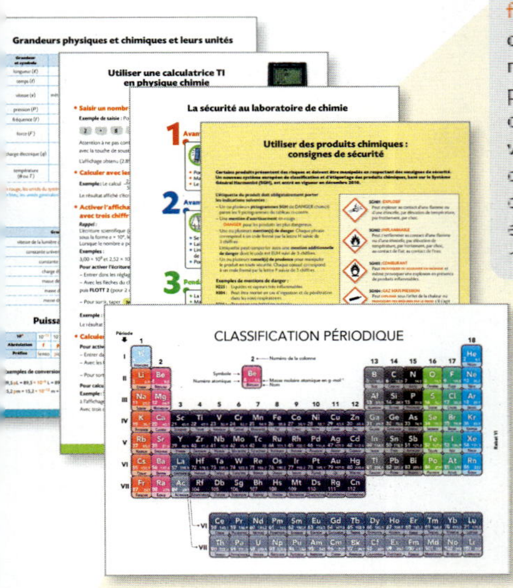

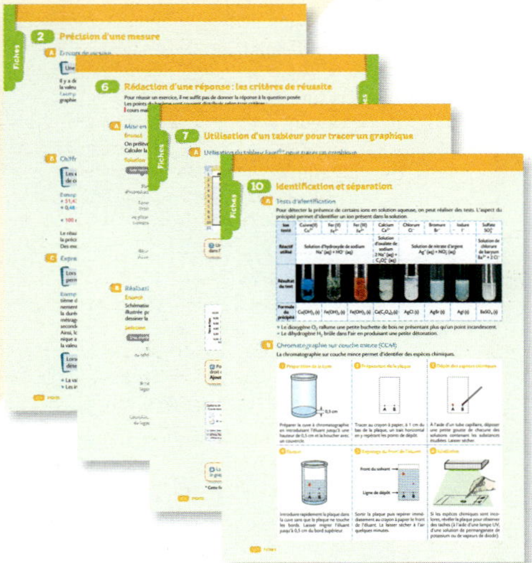

- Les pages « **Métiers** » présentent les filières du Lycée après la classe de Seconde. Vous y trouverez également quelques informations sur des métiers nécessitant des connaissances de physique chimie et une sitographie vous permettant de vous renseigner sur les orientations professionnelles.

Les pictos du manuel

- ▸ relatif au thème « Univers »
- ▸ relatif au thème « santé »
- ▸ relatif au thème « sport »
- À la maison / À la maison / À la maison ▸ activité ou partie d'activité pouvant être réalisée en autonomie
- ▸ activité mettant en œuvre une démarche d'investigation
- ▸ activité, question ou exercice nécessitant l'utilisation d'un ordinateur
- ARTS ▸ relatif à l'histoire des arts
- SVT ▸ exercice en lien avec les SVT
- ▸ exercice en anglais
- Histoire des sciences / Histoire des sciences ▸ relatif à l'histoire des sciences

UNIVERS

L'homme a, de tout temps, observé les astres afin de se situer dans l'Univers. L'analyse de la lumière émise par les étoiles lui a permis d'en connaître la composition ainsi que celle de leur atmosphère et de la matière interstellaire. L'étude du mouvement des objets célestes a mis en évidence l'une des interactions fondamentales de l'Univers : la gravitation universelle. La connaissance de plus en plus précise du système solaire et de son évolution est due au développement de techniques d'observation.

Vu au Collège

→ Corrigés, p. 338.

Pour chaque question, indiquer la (ou les) bonne(s) réponse(s).

	A	B	C
1 La lumière se propage de façon rectiligne :	quel que soit le milieu.	dans un milieu transparent homogène.	uniquement dans l'air.
2 Après la traversée d'un prisme ou d'un réseau, la lumière blanche du Soleil : 	est décomposée en une suite de lumières colorées.	reste blanche.	est décomposée en lumières rouge, verte et bleue.
3 Dans le vide, la valeur de la vitesse de la lumière est proche de :	340 km/s.	340 m/s.	300 000 km/s.
4 Cette figure : 	est obtenue par décomposition de la lumière blanche.	s'appelle le spectre de la lumière blanche.	peut être obtenue à l'aide d'un filtre coloré.
5 Un atome est constitué :	d'un noyau et d'électrons.	d'un noyau et d'ions.	d'électrons et d'ions.
6 Un atome :	peut être chargé.	contient des particules chargées.	est toujours neutre.
7 Un ion :	peut être chargé positivement.	peut être chargé négativement.	n'est pas chargé.
8 Au laboratoire, un ion est identifié :	par son odeur.	par sa masse.	par des tests chimiques.
9 L'interaction gravitationnelle entre la Terre et la Lune : 	est une interaction attractive.	est une interaction répulsive.	peut être attractive ou répulsive.
10 Le poids d'une personne sur Terre : 	est dû à l'attraction gravitationnelle exercée par la personne sur la Terre.	est dû à l'attraction gravitationnelle exercée par la Terre sur la personne.	dépend de la masse de cette personne.
11 Le poids d'un objet s'exprime en :	kilogramme.	newton.	newton par kilogramme.

UNIVERS

> Les étoiles de la constellation Cassiopée sont très éloignées de la Terre. La lumière qu'elles émettent met de nombreuses années pour nous parvenir.

Chapitre 1

Dimensions dans l'Univers

Quelle est la durée mise par la lumière d'une étoile pour nous parvenir ?

→ Exercice 25, p. 22.

Compétences

- Savoir que le remplissage de l'espace par la matière est essentiellement lacunaire, aussi bien au niveau de l'atome qu'à l'échelle cosmique. → **Activité 1**
- Connaître la valeur de la vitesse de la lumière dans le vide (ou dans l'air). → **Activité 3**
- Expliquer l'expression : « voir loin, c'est voir dans le passé ». → **Activité 3**
- Connaître la définition de l'année de lumière et son intérêt. → **Activité 3**
- Utiliser les puissances de 10 dans l'évaluation des ordres de grandeur. → **Activités 1 et 2**

Activité documentaire

À la maison

1 Du très petit au très grand

Grâce aux progrès scientifiques et techniques, l'Univers a pu être observé à l'échelle microscopique et à l'échelle astronomique.

▶ **De l'atome au cosmos, comment la matière remplit-elle l'espace ?**

Compétences

- Savoir que le remplissage de l'espace par la matière est essentiellement lacunaire, aussi bien au niveau de l'atome qu'à l'échelle cosmique.
- Utiliser les puissances de 10 dans l'évaluation des ordres de grandeur.

Une salle de travaux pratiques de physique a une largeur de l'ordre de 8 m. Cela signifie que sa largeur est voisine de 8 m. En physique chimie, **l'ordre de grandeur** d'un nombre est **la puissance de 10 la plus proche** de ce nombre. Comme la puissance de 10 la plus proche de 8 est 10^1, alors l'ordre de grandeur de la largeur de la salle de travaux pratiques est de $\mathbf{10^1}$ m.

Les différents objets de l'Univers ont des dimensions très différentes. Les **ordres de grandeur** permettent de comparer rapidement les dimensions de ces objets.

Le système solaire

Le **système solaire** est constitué du Soleil et de tous les objets qui gravitent autour de lui. Les planètes, dont la Terre, sont les plus lourds de ces objets.

L'espace entre ces astres est appelé vide interplanétaire. La matière y est très diluée.

L'ordre de grandeur du diamètre du système solaire est 10^{13} m.
Il existe de nombreux autres systèmes planétaires extrasolaires, dans lesquels des exoplanètes sont en orbite autour d'étoiles.

10^{13} m

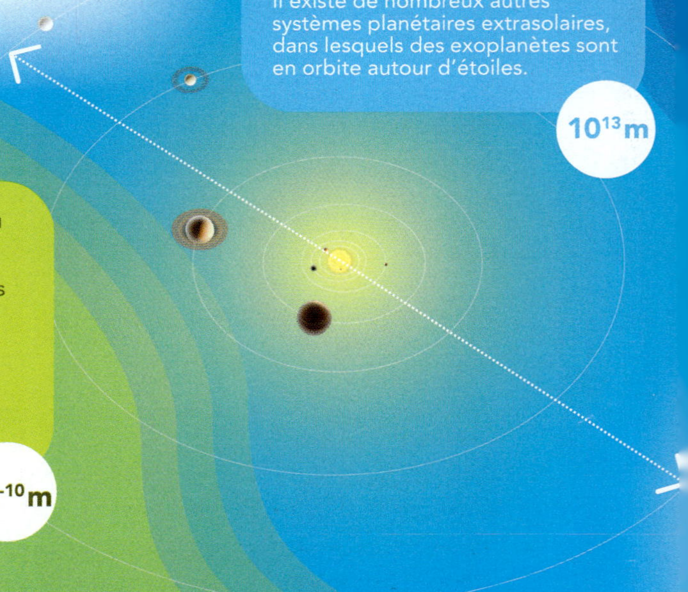

L'atome

Un **atome** est constitué d'un noyau autour duquel des électrons sont en mouvement. Le diamètre d'un atome est environ 100 000 fois plus grand que celui de son noyau.

L'espace entre le noyau et les électrons est vide.

L'ordre de grandeur du diamètre d'un atome est 10^{-10} m.

10^{-10} m

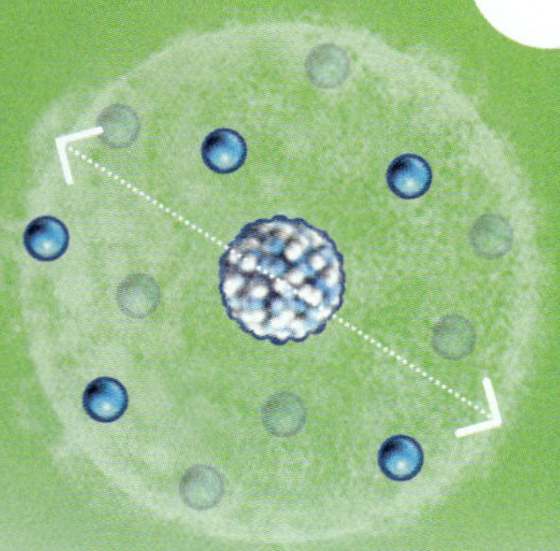

La Voie lactée

Notre galaxie, la **Voie lactée**, est constituée de nombreuses étoiles. Le Soleil, autour duquel gravitent les planètes du système solaire, est l'une d'elles. En orbite autour des autres étoiles, on peut trouver des exoplanètes.

L'espace entre ces étoiles est appelé vide interstellaire. À volume égal, on y trouve encore moins de matière que dans le vide interplanétaire.

L'ordre de grandeur du diamètre de la Voie lactée est 10^{21} m.

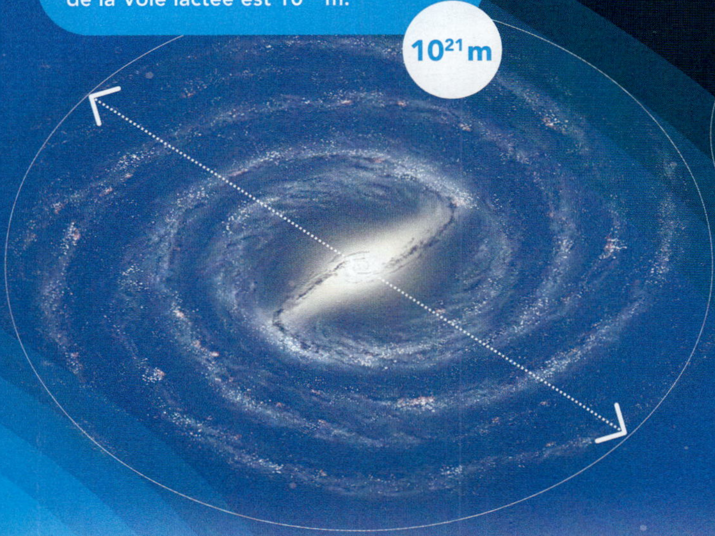

Le Groupe local

Les galaxies s'organisent en groupes. Les plus gros de ces groupes sont appelés amas ; ils contiennent plus d'une centaine de galaxies. La Voie lactée appartient au Groupe local.

L'espace entre ces galaxies est appelé vide intergalactique. À volume égal, on y trouve encore moins de matière que dans le vide interstellaire.

L'ordre de grandeur du diamètre du Groupe local est 10^{23} m.

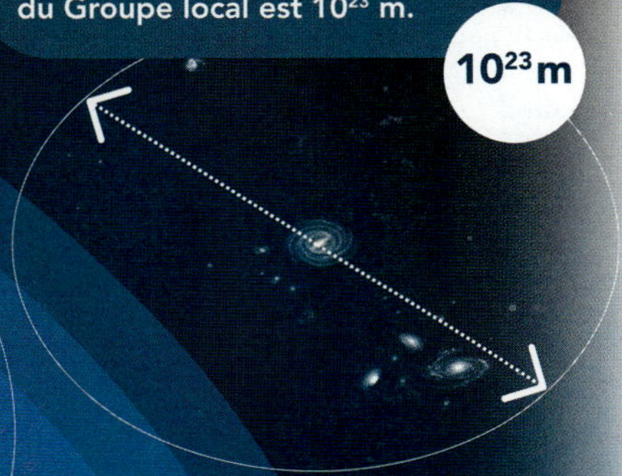

Analyse et synthèse

1 Les dimensions des objets qui constituent l'Univers sont-elles très différentes ? Illustrer par des exemples.

2 a. Par quoi sont séparés les électrons et le noyau d'un atome ?
b. Par quoi sont séparés les constituants du système solaire ?

3 a. Quel est l'ordre de grandeur du diamètre du noyau d'un atome ?
b. L'ordre de grandeur du diamètre du Soleil est 10^9 m.
Combien de fois le diamètre du système solaire est-il plus grand que celui du Soleil ?

Un pas vers l'essentiel

4 Pourquoi les scientifiques disent-ils que « le remplissage de l'espace par la matière est essentiellement lacunaire, aussi bien au niveau de l'atome qu'à l'échelle cosmique » ?

Compétences travaillées

- **S'approprier** • Extraire des informations. (questions 1 et 2)
- **Réaliser** • Effectuer un calcul numérique. (question 3)
- **Communiquer** • Rédiger une explication. (question 4)

Activité documentaire

À la maison

2 Comparaison de dimensions dans l'Univers

La notation scientifique est couramment utilisée en physique et en chimie, par exemple pour exprimer des longueurs.

▶ **Quel est l'intérêt d'écrire des longueurs en notation scientifique et dans la même unité ?**

Compétence

- Utiliser les puissances de 10 dans l'évaluation des ordres de grandeur.

Doc. 1 **Des objets très différents**

Planète Terre

Virus de la grippe

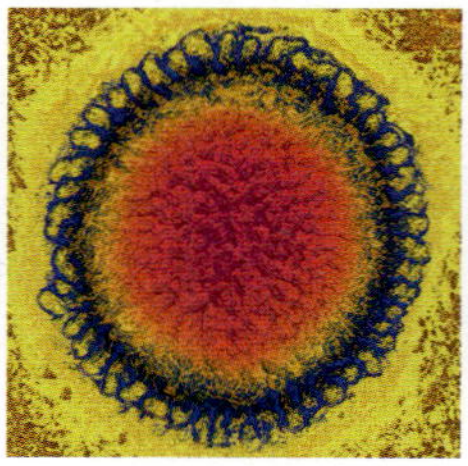

Cheveu

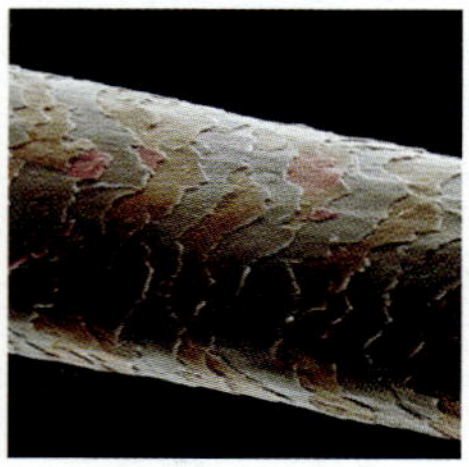

Lune

Doc. 2 **Des diamètres très différents**

Les longueurs suivantes correspondent aux diamètres des objets du **doc. 1**.

0,062 mm

13×10^3 km

3,4 millions de mètres

0,085 µm

NOTATION SCIENTIFIQUE

La notation scientifique (ou écriture scientifique) d'un nombre décimal est l'écriture de ce nombre sous la forme $a \times 10^n$, le nombre a ne possédant qu'un chiffre non nul avant la virgule ($1 \leqslant a < 10$) et n étant un entier.

ORDRE DE GRANDEUR

L'ordre de grandeur d'un nombre est la puissance de 10 la plus proche de ce nombre.

Analyse et synthèse

Compétences travaillées

1 a. Classer les objets du **doc. 1** par ordre croissant de taille.
b. Attribuer à chacun de ces objets son diamètre parmi ceux proposés dans le **doc. 2**.

S'approprier • Organiser ses connaissances.

2 a. Réécrire les diamètres du **doc. 2** en mètre en utilisant la notation scientifique.
b. En déduire leur ordre de grandeur.

S'approprier • Extraire des informations.
Analyser • Exploiter des informations.

Un pas vers l'essentiel

3 Quel est l'intérêt d'exprimer des longueurs dans la même unité et de les écrire en notation scientifique ?

Valider • Faire preuve d'esprit critique.
Communiquer • Rédiger une explication.

Activité documentaire

À la maison

3 Propagation de la lumière

► Comment peut-on expliquer l'expression « voir loin, c'est voir dans le passé » ?

Compétences

- Connaître la valeur de la vitesse de la lumière dans le vide (ou dans l'air).
- Expliquer l'expression : « voir loin, c'est voir dans le passé ».
- Connaître la définition de l'année de lumière et son intérêt.

Activité

Doc. 1 Des unités utilisées en astronomie

L'Univers est tellement vaste que si l'on utilisait les unités de longueur usuelles, comme le kilomètre ou le mètre, on manipulerait des nombres avec des dizaines de zéros ! Pour éviter cela, les astronomes ont inventé des unités de longueur adaptées à l'astronomie.

• **L'unité astronomique** (ua) est la distance moyenne séparant la Terre du Soleil. Elle vaut environ 150 millions de kilomètres. Cette unité est utilisée pour mesurer des distances à l'échelle du système solaire. La Terre est située à 1 ua du Soleil, Neptune à environ 30 ua du Soleil.

• **L'année de lumière** (a.l.) est la distance parcourue par la lumière dans le vide en une année. Elle vaut environ 9 460 milliards de kilomètres. Cette unité est très utilisée pour mesurer les dimensions d'objets célestes (nébuleuses, galaxies, etc.) ou pour mesurer les distances qui nous en séparent.

Cependant, même dans cette unité, les nombres deviennent rapidement très grands. Ainsi, Andromède, la galaxie spirale la plus proche de la nôtre, se trouve à 2,5 millions d'années de lumière de la Terre !

D'après le site Internet www.univers-astronomie.fr

Doc. 2 La vitesse de la lumière

La valeur de la vitesse de la lumière dépend du milieu de propagation. Elle est notée c et s'exprime, par exemple, en km/s, unité qui se note également $km{\cdot}s^{-1}$.

Dans le vide ou dans l'air, elle vaut 299 792 $km{\cdot}s^{-1}$. On l'arrondit très souvent à $3{,}00 \times 10^5\ km{\cdot}s^{-1}$.

Doc. 3 La lumière des étoiles

En l'an 1054, plusieurs astronomes ont observé une nouvelle zone très brillante dans le ciel. On sait aujourd'hui qu'il s'agissait de l'explosion d'une étoile. Les restes de cette explosion forment aujourd'hui la nébuleuse du Crabe, que l'on peut observer au télescope et qui est située à environ 6 300 années de lumière de la Terre.

Analyse et synthèse

Compétences travaillées

1. Pourquoi utilise-t-on des unités de distance spécifiques en astronomie ?
   S'approprier • Extraire des informations.

2. a. Quelle est la relation entre la valeur c de la vitesse de la lumière et la distance d parcourue par la lumière pendant une durée, notée Δt ?
   S'approprier • Mobiliser ses connaissances.

   b. En utilisant le doc. 2, retrouver la valeur de l'année de lumière donnée dans le doc. 1. Exprimer cette distance en mètre.

3. a. Combien de temps faut-il à la lumière émise par la nébuleuse du Crabe pour nous parvenir (doc. 3) ?

   b. Dater l'explosion de l'étoile responsable de l'observation actuelle de la nébuleuse du Crabe.

Analyser • Exploiter des informations. Réaliser • Effectuer un calcul littéral puis numérique. Valider • Interpréter un résultat.

Un pas vers l'essentiel

4. Expliquer pourquoi les astronomes disent que « voir loin, c'est voir dans le passé ».
   Communiquer • Rédiger une explication.

Essentiel

1 L'Univers, du très petit au très grand

- Le remplissage de l'espace par la matière est essentiellement **lacunaire**, aussi bien au niveau de l'atome qu'à l'échelle cosmique.

L'atome

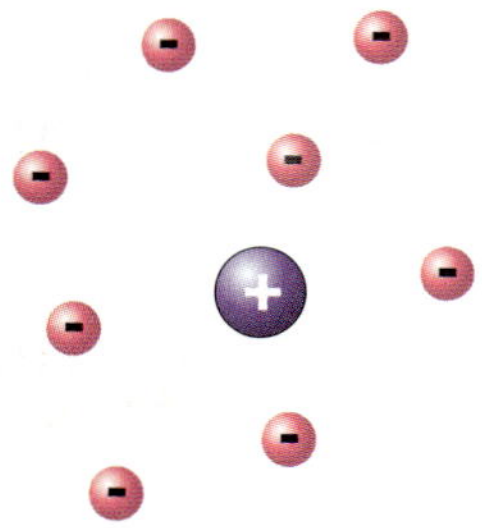

- L'atome est constitué d'un noyau et d'électrons. Son étude est détaillée au **chapitre 4**. L'espace entre ces constituants est vide.

Le système solaire

- Le système solaire est essentiellement constitué du Soleil et de planètes. L'espace entre ces astres est le vide interplanétaire.

2 Puissances de 10 et ordres de grandeur

- L'**ordre de grandeur** d'un nombre est la puissance de 10 la plus proche de ce nombre.
- Dans le système international, l'**unité de longueur** est le **mètre** (m).
On utilise souvent des **multiples** ou des **sous-multiples** du mètre pour énoncer un résultat d'une mesure ou d'un calcul. Quelques exemples sont donnés ci-contre.

10^n	10^{-9}	10^{-6}	10^{-3}	10^3	10^6	10^9
Abréviation	n	µ	m	k	M	G
Préfixe	nano	micro	milli	kilo	méga	giga

- La **notation scientifique** d'un nombre décimal est l'écriture de ce nombre sous la forme $a \times 10^n$, le nombre a ne possédant qu'un chiffre non nul avant la virgule ($1 \leqslant a < 10$) et le nombre n étant un entier.

3 Propagation de la lumière dans le vide (ou dans l'air)

- La lumière se propage en ligne droite dans un milieu homogène.
- Dans le vide et dans l'air, la **valeur de la vitesse** de la lumière est $c \approx 3{,}00 \times 10^8\ \text{m}\cdot\text{s}^{-1}$.
- **L'année de lumière** est la distance parcourue par la lumière, dans le vide, en un an.
Cette unité est bien adaptée à l'ordre de grandeur des distances en astronomie.
Lorsque l'on dit qu'une étoile se trouve à 10 années de lumière de nous, cela veut dire qu'on la voit telle qu'elle était il y a 10 ans, car la lumière émise par cette étoile a mis 10 ans pour nous parvenir.
- La lumière reçue d'objets lointains témoigne du passé de l'Univers : « **voir loin, c'est voir dans le passé** ».

QCM

→ Corrigés, p. 338.

Pour chaque question, indiquer la (ou les) bonne(s) réponse(s).

1 L'Univers, du très petit au très grand

Si erreur, revoir § 1, p. 16.

	A	B	C
1 Le noyau et l'électron d'un atome d'hydrogène sont séparés par :	de l'eau.	du vide.	de l'air.
2 L'étoile la plus proche de la Terre est :	le Soleil.	la Lune.	Mars.
3 Les étoiles dans une galaxie sont séparées par :	de l'eau.	le vide interstellaire.	des planètes.

2 Puissances de 10 et ordres de grandeur

Si erreur, revoir § 2, p. 16.

	A	B	C
1 Dans la molécule de dihydrogène H_2, la distance entre les noyaux d'hydrogène est 0,3 nm. Un nanomètre est égal à 10^{-9} m. L'ordre de grandeur de cette distance en mètre est :	10^{-10} m.	10^{-8} m.	$0{,}3 \times 10^{-9}$ m.
2 Le rayon d'un atome d'oxygène vaut environ 0,000 000 000 06 m. L'ordre de grandeur de ce rayon est :	10^{-10} m.	10^{-11} m.	10^{10} m.

3 Propagation de la lumière dans le vide (ou dans l'air)

Si erreur, revoir § 3, p. 16.

	A	B	C
1 La valeur de la vitesse de la lumière dans le vide est environ :	$3{,}00 \times 10^{-8}$ m·s^{-1}.	$3{,}00 \times 10^{8}$ m·s^{-1}.	$3{,}00 \times 10^{8}$ km·s^{-1}.
2 L'année de lumière est :	la distance parcourue par la lumière, dans le vide, en un an.	la valeur de la vitesse de la lumière dans le vide.	la durée nécessaire à la lumière pour se propager du Soleil à la Terre.
3 La distance moyenne Mars-Soleil est 1,52 unité astronomique (1 ua ≈ 150×10^6 km). La lumière émise par le Soleil met : 	1,52 année pour atteindre Mars.	1,52 s pour atteindre Mars.	760 s pour atteindre Mars.

Exercice résolu

Compétences

- Mobiliser ses connaissances.
- Effectuer des calculs.

4 Utiliser l'année de lumière

Énoncé

Le système solaire se trouve dans la galaxie appelée la Voie lactée, qui est une galaxie spirale. Andromède est une autre galaxie spirale. Son centre est situé à environ 2,5 millions d'années de lumière de celui de la Voie lactée.

1 **a.** Rappeler la définition de l'année de lumière.

b. Exprimer l'année de lumière en mètre.

2 **a.** Exprimer, en mètre, la distance d_{AV} entre le centre d'Andromède et celui de la Voie lactée.

b. Donner un ordre de grandeur de cette distance en mètre.

3 Quelle est la durée mise par la lumière provenant du centre d'Andromède pour parvenir au centre de la Voie lactée ?

> Galaxie d'Andromède.

Analyse de l'énoncé

- Que représente l'année de lumière ?
- Que faut-il connaître pour calculer une distance à partir de la valeur d'une vitesse ?
- Qu'est-ce qu'un ordre de grandeur ?

Conseils

1 **a.** Il faut se souvenir que l'année de lumière est une distance.

b. Pour calculer la distance parcourue par la lumière, il faut connaître la valeur de sa vitesse et la durée Δt de son parcours.

Il faut veiller à conserver le bon nombre de chiffres significatifs dans le résultat d'un calcul (voir p. 325). Ici, les valeurs 24 et 60 sont exactes. Il ne faut pas les prendre en compte pour déterminer ce nombre de chiffres significatifs.

2 **a.** Pour convertir des années de lumière en mètre, il faut utiliser le résultat de la question précédente.

Les rabats I, II et III de ce manuel détaillent les préfixes et l'utilisation de la calculatrice pour les puissances de 10.

b. L'ordre de grandeur d'une valeur numérique est la puissance de 10 la plus proche.

3 Il faut calculer la distance entre le centre d'Andromède et celui de la Voie lactée.

Solution rédigée

1 **a.** L'année de lumière (notée a.l.) est la distance parcourue par la lumière, dans le vide, en une année.

b. La relation entre la distance d parcourue, la valeur v de la vitesse sur ce parcours et la durée Δt du parcours est :

$$d = v \times \Delta t$$

Une année correspond environ à 365 jours, soit :

$$365 \times 24 \times 60 \times 60 \text{ secondes}$$

La lumière se propage avec une vitesse d'environ $3{,}00 \times 10^{8}\ \text{m}\cdot\text{s}^{-1}$.

La distance parcourue en 365 jours est donc :

$$3{,}00 \times 10^{8} \times 365 \times 24 \times 60 \times 60 \approx 9{,}46 \times 10^{15}\ \text{m}$$

donc $1\ \text{a.l.} \approx 9{,}46 \times 10^{15}\ \text{m}$

2 **a.** La distance d_{AV} en mètre est :

$$d_{AV} = 2{,}5 \times 10^{6} \times 9{,}46 \times 10^{15} \approx 2{,}4 \times 10^{22}\ \text{m}$$

b. Pour déterminer l'ordre de grandeur de cette distance, on recherche la puissance de 10 la plus proche de ce nombre, soit ici 10^{22} m.

3 La distance entre le centre de la Voie lactée et le centre d'Andromède est environ 2,5 millions d'années de lumière.

La lumière met donc 2,5 millions d'années pour parvenir au centre de la Voie lactée.

5 Application immédiate

La lumière du Soleil met 500 secondes pour nous parvenir.

- Sans utiliser la calculatrice, déterminer l'ordre de grandeur, en mètre, de la distance Soleil-Terre.

→ Corrigés, p. 338.

Exercices

Compétences — Parcours d'apprentissage

Compétences	8	11	14	19	25
Savoir que le remplissage de l'espace par la matière est essentiellement lacunaire, aussi bien au niveau de l'atome qu'à l'échelle cosmique.	•				
Connaître la valeur de la vitesse de la lumière dans le vide (ou dans l'air).					•
Connaître la définition de l'année de lumière et son intérêt.				•	•
Expliquer l'expression : « voir loin, c'est voir dans le passé ».			•		
Utiliser les puissances de 10 dans l'évaluation des ordres de grandeur.		•		•	

Pour commencer

L'Univers, du très petit au très grand

6 Classer par taille (1)
▪ Mobiliser ses connaissances.

• Classer, par ordre croissant de taille, les objets suivants :
atome • *électron* • *noyau atomique* • *étoile*

7 Classer par taille (2)
▪ Mobiliser ses connaissances.

• Classer, par ordre décroissant de taille, les objets suivants :
système solaire • *galaxie* • *molécule* • *planète*

8 Connaître le caractère lacunaire de la matière (1)
▪ Mobiliser ses connaissances.

La Voie lactée est constituée de nombreuses étoiles.

• Pourquoi dit-on qu'elle est lacunaire ?

9 Connaître le caractère lacunaire de la matière (2)
▪ Mobiliser ses connaissances.

1. Que signifie l'expression « la matière a une structure lacunaire » ?

2. L'illustrer par des exemples à diverses échelles.

Puissances de 10 et ordres de grandeur

10 Utiliser l'écriture scientifique
▪ Mobiliser ses connaissances.

• Donner l'écriture scientifique, en mètre, des longueurs suivantes :

a. rayon de la Terre : $R_T = 6\,380$ km

b. rayon d'un atome d'argent : $R_{Ag} = 165$ pm

Donnée
• Picomètre : 1 pm = 1×10^{-12} m

11 Donner des ordres de grandeur (1)
▪ Mobiliser ses connaissances.

La distance entre la Terre et le Soleil est environ $1{,}5 \times 10^{11}$ m.

• Quel est l'ordre de grandeur de cette distance ?

12 Donner des ordres de grandeur (2)
▪ Mobiliser ses connaissances ; effectuer un calcul.

Uranus, 7e planète du système solaire, a un rayon R_U environ quatre fois plus grand que le rayon R_T de la Terre.

1. Calculer le rayon R_U d'Uranus.

2. Quel est, en kilomètre, l'ordre de grandeur du rayon d'Uranus ?

Donnée
• $R_T = 6\,380$ km

Propagation de la lumière dans le vide (ou dans l'air)

13 Donner des définitions
▪ Mobiliser ses connaissances.

1. La valeur de la vitesse de la lumière est-elle la même dans le vide et dans l'air ?

2. Quelle est la valeur de la vitesse de la lumière dans le vide ?

3. Donner la définition de l'année de lumière.

14 Utiliser l'année de lumière (1)
▪ Mobiliser ses connaissances.

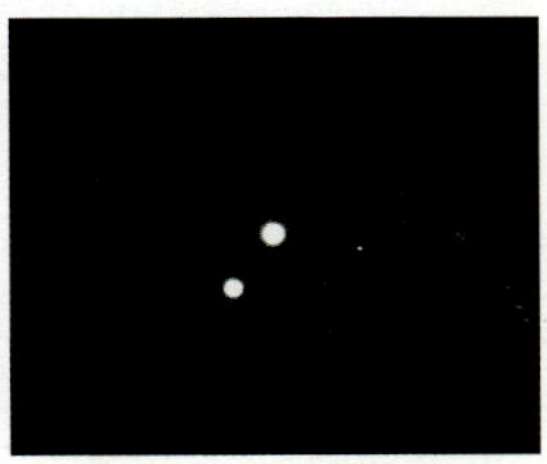

La distance nous séparant de l'étoile double 61 Cygni est 11,4 années de lumière.

• Quelle est la durée mise par la lumière provenant de cette étoile pour nous parvenir ?

15 Utiliser l'année de lumière (2)

■ Utiliser ses connaissances.

La lumière provenant de Proxima du Centaure met 4,2 ans pour nous parvenir.

• Quelle est la distance, en année de lumière, nous séparant de cette étoile ?

Pour s'entraîner

16 Il est bien loin

■ Évaluer l'ordre de grandeur d'une distance.

La distance de la Terre au centre de la Voie lactée est environ 265 millions de milliards de kilomètres.

1. Exprimer cette distance en mètre en utilisant la notation scientifique.

2. Donner l'ordre de grandeur de cette distance en mètre.

17 Elle est bien petite

■ Évaluer l'ordre de grandeur d'une distance.

La plus petite distance que la physique puisse concevoir est la longueur de Planck, soit :
0,000 000 000 000 000 000 000 000 000 000 000 016 2 m.

1. Écrire cette distance en notation scientifique.

2. Donner l'ordre de grandeur de cette distance en mètre.

18 À chacun son rythme

Voir loin, c'est voir dans le passé

■ Effectuer un calcul ; écrire un résultat de manière adaptée.

*Commencer par résoudre l'*énoncé compact. *En cas de difficultés, passer à l'*énoncé détaillé.

On peut lire dans un article scientifique : « la lumière provenant de l'étoile Véga met 25,3 années pour nous parvenir ».
Dans un second article, on peut lire que « la distance entre la Terre et Véga est $2{,}4 \times 10^{17}$ m ».

Énoncé compact

• Montrer que les informations extraites des deux articles sont concordantes.

Énoncé détaillé

1. Quelle est la valeur de la vitesse de la lumière dans le vide ?

2. a. Combien y a-t-il de jours dans une année ? Exprimer cette durée en seconde.
b. Quelle distance la lumière parcourt-elle en un an ?

3. Quelle distance parcourt-elle en 25,3 années ?

4. Montrer que les informations extraites des deux articles sont concordantes.

19 Connaître les critères de réussite

L'unité astronomique

■ Effectuer un calcul ; écrire un résultat de manière adaptée.

On peut lire dans l'encyclopédie en ligne Wikipédia :
« L'unité astronomique ua est utilisée pour mesurer les distances, principalement entre les objets du système solaire ou entre ceux situés dans d'autres systèmes planétaires. Elle est égale à la distance séparant la Terre du Soleil et a été créée en 1958.
Lors de la 28e Assemblée générale de l'Union astronomique internationale, tenue fin août 2012 à Pékin, l'unité astronomique est définie comme valant exactement 149 597 870 700 m. »

Données

• Distances moyennes au Soleil de deux planètes du système solaire :
– Mercure : 0,38 ua
– Neptune : 30,11 ua

1. Citer une unité de longueur, autre que le mètre ou l'ua, utilisée en astronomie. La définir.

2. Mercure est-elle plus proche ou plus éloignée du Soleil que la Terre ?

3. En utilisant la notation scientifique, exprimer la distance Soleil-Neptune en mètre.

4. Donner un ordre de grandeur de cette distance en mètre.

	Critères de réussite	Barème
1.	Définition de l'année de lumière clairement restituée.	0,5 pt
2.	Exploitation correcte du texte pour déterminer la distance Terre-Soleil.	0,5 pt
	Comparaison avec la distance Mercure-Soleil indiquée dans les données.	0,5 pt
3.	Calcul correct de la distance. Bonne utilisation de la notation scientifique.	1 pt 0,5 pt
4.	Détermination correcte de l'ordre de grandeur.	0,5 pt
	Pour l'ensemble des réponses	
	Les réponses sont correctement rédigées.	0,5 pt
	cours maîtrisé – réponse complète – présentation	**4 pts**

20 Attention ! Explosion

■ Utiliser ses connaissances ; écrire un résultat de manière adaptée.

Arrivées en fin de vie, certaines étoiles explosent violemment. Ce phénomène, appelé supernova, entraîne une forte augmentation de l'intensité lumineuse de l'astre qui peut briller comme 200 millions de Soleils pendant plusieurs semaines.

La supernova SN1987A (au centre de la photographie) a été observée en février 1987. Elle s'est produite dans la galaxie du grand Nuage de Magellan, à 168 000 a.l. de la Terre.

1. Exprimer, en notation scientifique, le rapport maximal entre l'intensité lumineuse d'une supernova et celle du Soleil.

2. Quand la supernova SN1987A a-t-elle eu lieu ?

3. Quelle est la distance, en mètre, nous séparant du lieu où s'est produite cette supernova ?

21 Plus fort que Superman

■ Extraire des informations ; discuter une information.

13/07/12. La ministre de l'Enseignement supérieur et de la Recherche a inauguré le supercalculateur français CURIE. Dédié à un usage civil, c'est une machine indispensable pour que l'Europe rattrape son retard dans le domaine. Pour l'heure, deux avancées scientifiques majeures ont déjà été réalisées avec CURIE. Le professeur J.-M. ALIMI a pu réaliser la première modélisation de la structuration de tout l'Univers observable du Big Bang à nos jours. De son côté, le professeur M. CAFFAREL a pu réaliser des simulations de processus chimiques permettant de mieux comprendre des aspects de la maladie d'Alzheimer.
D'ici 2020, l'objectif visé est de **passer la barre de l'exaflops[1], avec une puissance équivalente à 900 fois celle de CURIE**.

D'après le site Internet www.lemondeinformatique.fr

[1] flops : acronyme de « floating-point operation per second ».

Données

• Les préfixes téra (T), péta (P) et exa (E) signifient respectivement : $\times 10^{12}$, $\times 10^{15}$ et $\times 10^{18}$.

1. La vitesse de calcul d'un supercalculateur se mesure en flops. Plus elle est élevée et plus le supercalculateur est puissant. Celle de CURIE est de 2 pétaflops.

a. Comparer cette vitesse à celle des premiers supercalculateurs des années 1960, de l'ordre du mégaflops.

b. Expliquer le passage écrit en **gras** dans le texte.

2. Dans quels domaines scientifiques utilise-t-on les supercalculateurs ?

Pour aller plus loin

22 Le club des huit

■ Extraire et exploiter des informations ; effectuer des calculs ; faire un schéma adapté.

Huit planètes gravitent autour du Soleil : Mercure la plus proche du Soleil, puis Vénus, la Terre, Mars, Jupiter, Saturne, Uranus et Neptune. Les astronomes ont déterminé leur distance moyenne au Soleil *d*, leur rayon *r* au niveau de l'équateur et leur masse *m*.

Planète	*d* (km)	*r* (km)	*m* (kg)
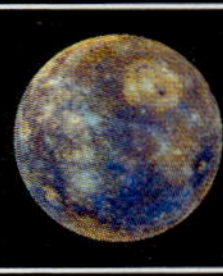	$5{,}79 \times 10^{7}$	2 439	$3{,}29 \times 10^{23}$
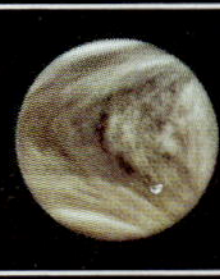	$1{,}08 \times 10^{8}$	6 051	$4{,}87 \times 10^{24}$
	$1{,}50 \times 10^{8}$	6 378	$5{,}98 \times 10^{24}$
	$2{,}28 \times 10^{8}$	3 393	$6{,}40 \times 10^{23}$
	$7{,}78 \times 10^{8}$	71 492	$1{,}90 \times 10^{27}$
	$1{,}43 \times 10^{9}$	60 268	$5{,}69 \times 10^{26}$
	$2{,}87 \times 10^{9}$	25 559	$8{,}71 \times 10^{25}$
	$4{,}50 \times 10^{9}$	24 764	$1{,}03 \times 10^{26}$

1. Quelles sont les planètes qui ont une masse du même ordre de grandeur ?

2. Quelles sont les planètes qui ont un rayon du même ordre de grandeur ?

3. Représenter côte à côte, Mercure, la Terre et Neptune en respectant les échelles pour leur taille. (Échelle de représentation : 1 cm pour 2 500 km).

23 Résolution de problème

La tête dans les planètes ARTS

■ Extraire et exploiter des informations de supports variés ; identifier un problème et proposer une stratégie de résolution.

Une professeur d'arts plastiques souhaite faire réaliser une maquette du système solaire. Elle demande à ses élèves d'utiliser la même échelle pour les dimensions des planètes et pour la distance qui les sépare du Soleil. Un élève propose de représenter ces dimensions au cent millionième.

• En utilisant les données de l'exercice 22, vérifier la faisabilité du projet.

→ Pistes de résolution, p. 334.

24 Universe Observation

■ Extraire et exploiter des informations ; rédiger une réponse.

It is an embarrassing time for the cosmologists. Only a couple of decades ago, we thought we understood the substances that **fill** the universe. It was a mistake. We now know that the atoms **making up** all that is visible in the cosmos - from galaxies to planets, clouds of interstellar gas and dust - represent less than 20 percent of the total matter in the universe and occupy a very small volume of the universe. The remaining 80 percent is mysterious "dark matter", invisible to conventional telescopes.

D'après le site Internet www.newscientist.com

Vocabulaire : *(to) fill* : remplir ; *(to) make up* : composer, constituer.

1. Quel pourcentage de la matière totale est visible ?

2. a. Comment est repérée la matière visible ?
b. Comment les cosmologistes appellent-ils la matière invisible ?

3. a. Pourquoi qualifie-t-on l'Univers de lacunaire ?
b. Quel passage du texte illustre cette notion ?

Retour sur l'ouverture du chapitre 1

Quelle est la durée mise par la lumière d'une étoile pour nous parvenir ?

25 Le voyage de la lumière émise par Rhô

■ Extraire des informations ; interpréter des mesures ; écrire un résultat de manière adaptée.

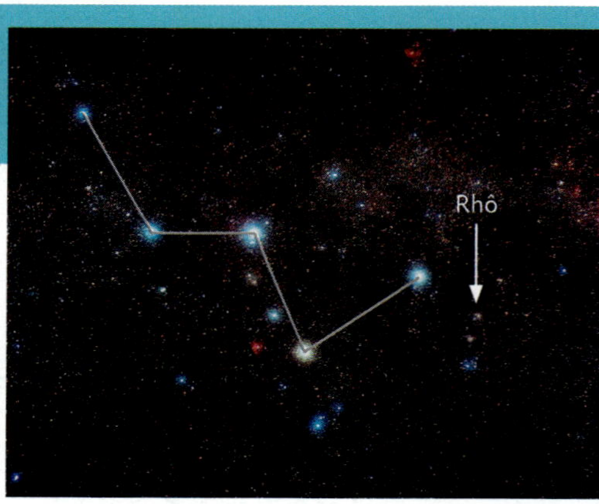

L'une des étoiles les plus lointaines que l'on peut voir à l'œil nu est l'étoile Rhô de la constellation Cassiopée. Elle se situe à environ 8 150 a.l. de la Terre.
Sa luminosité est environ 550 000 fois supérieure à celle du Soleil. Son diamètre est environ 450 fois plus grand que celui de notre étoile.

1. a. Quel est le rapport des diamètres et celui des luminosités des deux étoiles citées dans le texte ?
b. La luminosité d'une étoile est-elle proportionnelle à son diamètre ?

2. Que signifie a.l. ? L'exprimer en mètre.

3. a. Quelle est la durée mise par la lumière provenant de Rhô pour nous parvenir ?
b. En quoi le résultat précédent correspond-il à l'affirmation « voir loin, c'est voir dans le passé » ?

UNIVERS

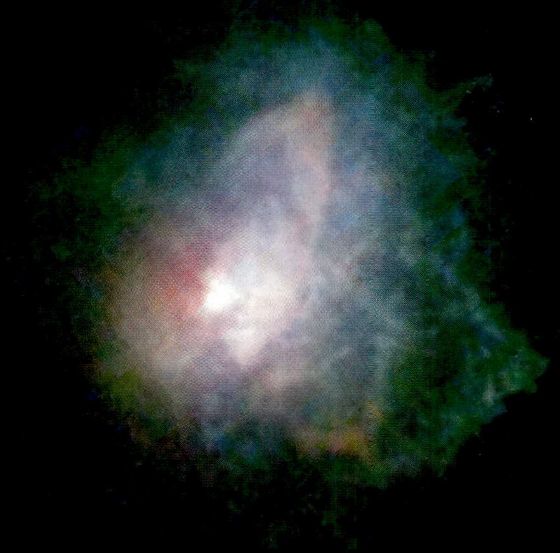

> L'étoile VY *Canis Majoris* a un rayon estimé entre 1600 et 2100 fois celui du Soleil. Le téléscope spatial Herschel a analysé la lumière venant de cette étoile.

Chapitre

2

La lumière des étoiles

Quelles informations peut-on obtenir en analysant la lumière venant des étoiles ?

→ Exercice 28, p. 38.

Compétences

- Savoir qu'un corps chaud émet un rayonnement continu, dont les propriétés dépendent de la température. → **Activité 1**
- Repérer, par sa longueur d'onde dans un spectre d'émission ou d'absorption, une radiation caractéristique d'une entité chimique. → **Activité 2**
- *Utiliser un système dispersif pour visualiser des spectres d'émission et d'absorption et comparer ces spectres à celui de la lumière blanche.* → **Activités 1 et 2**
- Savoir que la longueur d'onde caractérise, dans l'air et dans le vide, une radiation monochromatique. → **Activité 2**
- Interpréter le spectre de la lumière émise par une étoile : température de surface et entités chimiques présentes dans l'atmosphère de l'étoile. → **Activité 3**
- Connaître la composition chimique du Soleil.

Activité expérimentale

1 Lumière et température

La lumière transporte des informations sur la source qui l'émet.

▶ **Comment l'analyse de la lumière émise par une source permet-elle de connaître la température de cette source ?**

Compétences

- Savoir qu'un corps chaud émet un rayonnement continu, dont les propriétés dépendent de la température.
- *Utiliser un système dispersif.*

Doc. 1 Émission de lumière et température

Lorsque l'on chauffe un métal, celui-ci émet un rayonnement, d'abord rouge sombre, puis orangé. C'est également ce qui se passe au niveau du filament d'une lampe à incandescence parcouru par un courant électrique dont l'intensité augmente.

Matériel disponible

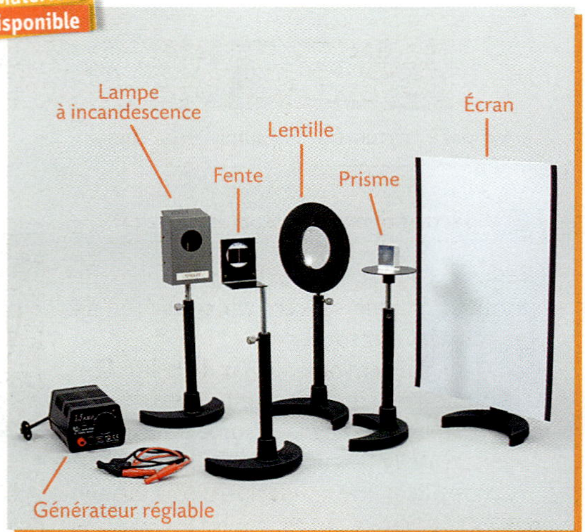

Analyse du document

À la maison

1 Une étoile se comporte comme un métal chauffé : de quel paramètre peut dépendre sa couleur ?

2 De quel paramètre dépend la température du filament d'une lampe à incandescence ?

Compétences travaillées : **S'approprier** • Extraire des informations. **Analyser** • Exploiter des informations.

Pratique expérimentale

3 **a.** À partir du matériel disponible, proposer un protocole expérimental permettant d'obtenir le spectre de la lumière émise par une lampe à incandescence à différentes températures.

Compétences travaillées : **Analyser** • Élaborer un protocole.

- Après accord du professeur, mettre en œuvre ce protocole.

Compétences travaillées : **Réaliser** • Mettre en œuvre un protocole.

b. Décrire et schématiser le spectre de la lumière émise par la lampe à incandescence pour deux températures différentes.

4 Comment évolue le spectre lorsque la température du filament augmente ? Le résultat est-il en accord avec l'hypothèse formulée à la question 1 ?

Compétences travaillées : **Analyser** • Exploiter des observations.

Un pas vers le cours

5 Comment peut-on évaluer la température d'une source lumineuse ?

Compétences travaillées : **Communiquer** • Rédiger une explication.

Activité expérimentale

Activité

2 Lumière et composition chimique

La lumière transporte des informations sur sa source, ainsi que sur les différents milieux traversés.

▶ **Comment peut-on connaître la composition des différents milieux traversés par cette lumière ?**

Compétences

- *Utiliser un système dispersif pour visualiser des spectres d'émission et d'absorption et comparer ces spectres à celui de la lumière blanche.*
- Savoir que la longueur d'onde caractérise, dans l'air et dans le vide, une radiation monochromatique.
- Repérer, par sa longueur d'onde dans un spectre d'émission ou d'absorption, une radiation caractéristique d'une entité chimique.

Doc. 1 Spectres d'émission

a 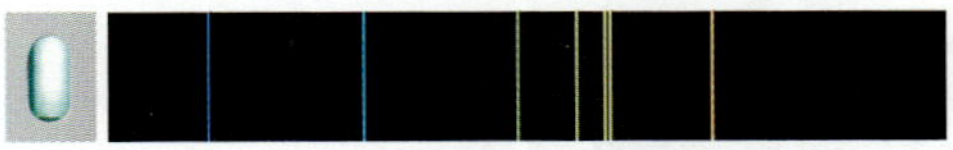

b 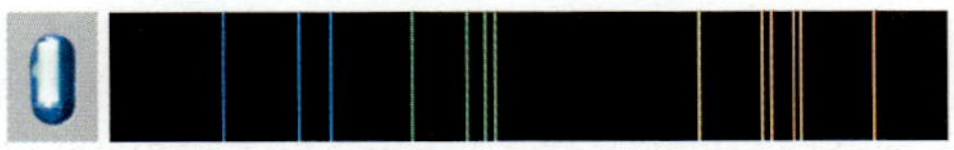

> Les lampes à mercure (a) et à cadmium (b) émettent des lumières peu différenciables à l'œil nu, mais leurs spectres sont différents.

Doc. 2 Spectres d'émission et d'absorption

Lorsqu'un gaz est excité, il peut émettre de la lumière dont le spectre est constitué de raies colorées sur fond noir.
Lorsqu'un gaz est traversé par de la lumière blanche, le spectre de la lumière transmise est constitué de raies noires sur le fond coloré du spectre de la lumière blanche.
On peut utiliser une animation informatique pour « visualiser » simultanément les spectres d'émission et d'absorption d'une même entité chimique, ainsi que les dispositifs expérimentaux permettant de les obtenir.

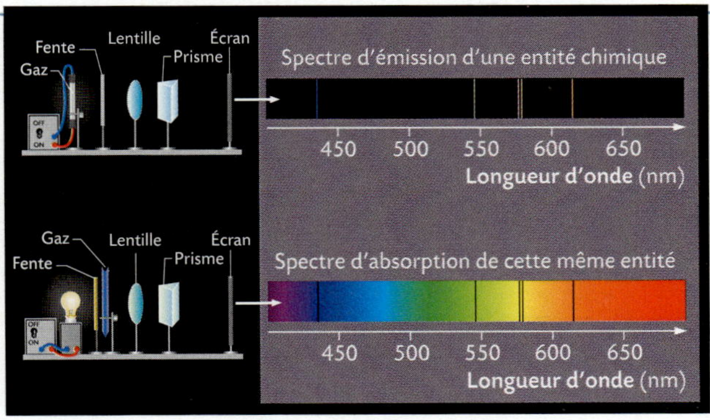

Analyse des documents À la maison

1. Comment peut-on différencier deux lumières qui semblent identiques à l'œil nu (**doc. 1**) ?

Compétences travaillées : **S'appropier** • Extraire des informations. **Analyser** • Exploiter des informations.

Pratique expérimentale

- Observer successivement à travers un spectroscope la lumière émise par diverses lampes spectrales.

Réaliser • Mettre en œuvre un protocole.

2. Décrire les spectres de chacune de ces lampes et les comparer à celui de la lumière blanche (**doc. 1**, p. 28).

Analyser • Exploiter des observations.

- À l'aide d'une animation informatique (**doc. 2**), « visualiser » les spectres d'émission et d'absorption de différentes entités chimiques.

Réaliser • Mettre en œuvre un protocole.

3. Comparer les longueurs d'onde des radiations émises et des radiations absorbées par une même entité chimique.

Analyser • Exploiter des observations.

Un pas vers le cours

4. Comment, à l'aide de la lumière, peut-on identifier des entités chimiques ?

Communiquer • Rédiger une explication.

Activité documentaire

À la maison

3 La lumière des étoiles

Les astrophysiciens étudient les étoiles grâce à la spectroscopie.

▶ **Comment la lumière d'une étoile peut-elle être analysée ? Quelles informations peut-on en obtenir ?**

Compétences

- Interpréter le spectre de la lumière émise par une étoile : température de surface et entités chimiques présentes dans l'atmosphère de l'étoile.

Doc. 1 Le spectre du Soleil vu par J. FRAUNHOFER (1814)

En 1814, Joseph FRAUNHOFER, physicien allemand, invente un spectroscope très dispersif qui lui permet d'observer le spectre de la lumière solaire avec une très grande précision.

Ce spectre se compose d'un fond continu, entrecoupé d'un grand nombre de raies noires.
Au moment de leur découverte, personne ne sait expliquer l'origine de ces raies...

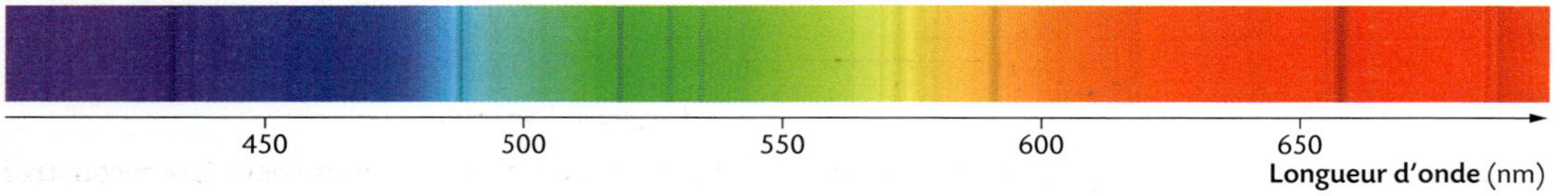

Doc. 2 L'analyse de la lumière par G. KIRCHHOFF et R. BUNSEN (1861)

En 1861, Gustave KIRCHHOFF et Robert BUNSEN, scientifiques allemands, décrivent comment obtenir des raies noires dans un spectre continu :
« [...] Le spectre [d'émission] d'un gaz en combustion se trouve renversé, c'est-à-dire que les raies brillantes deviennent obscures, lorsqu'un foyer lumineux [...] se trouve placé en arrière de la flamme de ce gaz. »
Ils expliquent ainsi comment en déduire la nature des entités chimiques présentes dans l'atmosphère solaire :

« On peut conclure de ce fait que le spectre solaire avec ses raies obscures n'est autre que le spectre renversé de l'atmosphère du Soleil. Par conséquent, pour analyser l'atmosphère solaire il suffit de rechercher quels sont les corps qui, introduits dans une flamme, donnent des raies brillantes coïncidant avec les raies obscures du spectre solaire. »

Extraits de *Analyse chimique fondée sur les observations du spectre*, G. KIRCHHOFF et R. BUNSEN, 1861.

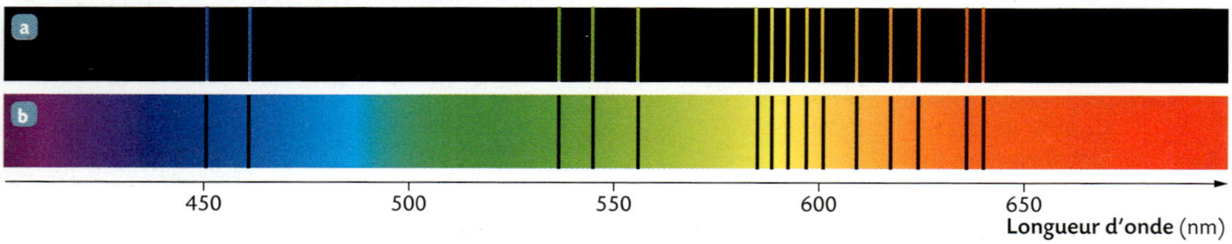

› Spectre de la lumière émise par un gaz en combustion (a) ; spectre de la lumière blanche après traversée de ce gaz (b).

Doc. 3 La découverte de W. WIEN (1893)

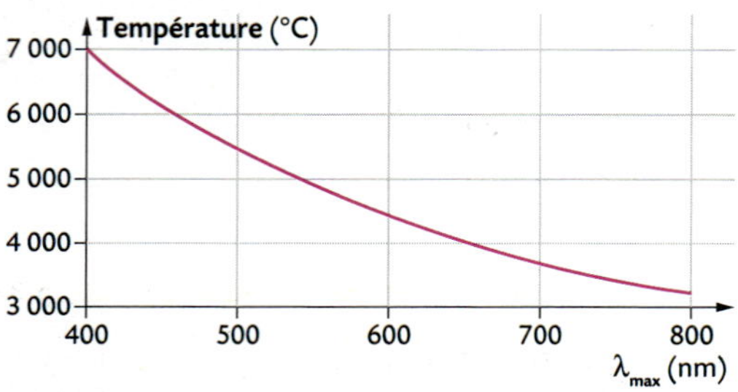

En 1893, Wilhelm WIEN, physicien autrichien, montre que la radiation lumineuse émise avec la plus grande intensité par un corps chauffé dépend de la température de ce corps. La longueur d'onde λ_{max} de cette radiation augmente quand la température diminue. Pour une étoile très chaude, le maximum d'intensité lumineuse émise est dans le bleu ; il peut être dans le vert ou le rouge pour une étoile moins chaude.

Doc. 4 L'analyse de la lumière des étoiles

Les premiers spectres de la lumière du Soleil ont été observés sur un écran. Les astrophysiciens utilisent aujourd'hui des caméras reliées à des systèmes informatiques qui déterminent l'intensité lumineuse correspondant à chaque radiation.

La courbe représentant l'intensité lumineuse des radiations émises par une étoile en fonction des longueurs d'onde de ces mêmes radiations est appelée le **profil spectral de l'étoile**. Le profil spectral du Soleil est représenté ci-dessous.

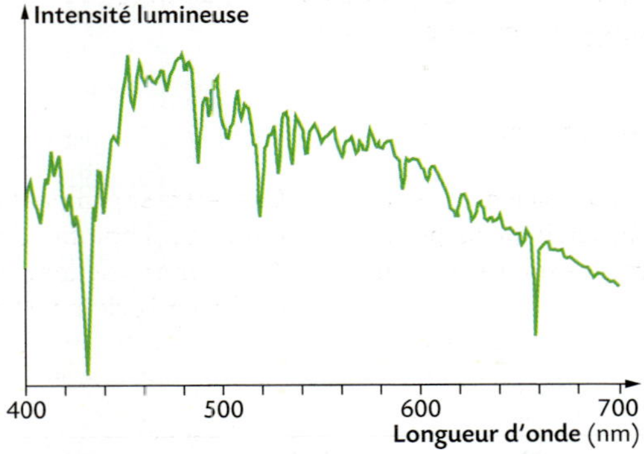

L'allure globale du profil spectral permet de connaître la longueur d'onde de la radiation émise avec une intensité maximale.

Le spectre de la lumière émise peut être reconstruit en faisant correspondre des bandes sombres aux minima d'intensité lumineuse.

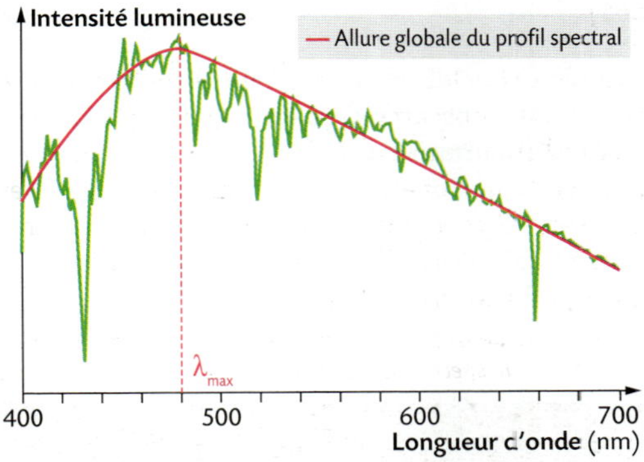

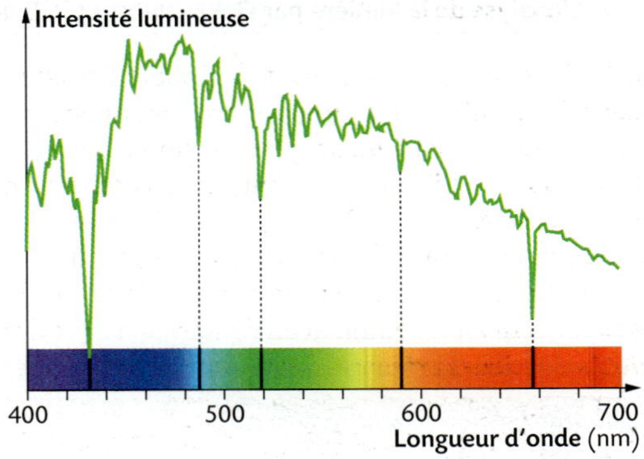

Analyse et synthèse

Compétences travaillées

1. Pourquoi les raies noires du spectre solaire n'avaient-elles pas pu être observées avant J. FRAUNHOFER (**doc. 1**) ?
2. Quelle comparaison proposent G. KIRCHHOFF et R. BUNSEN pour identifier les entités chimiques présentes dans l'atmosphère du Soleil (**doc. 2**) ?

S'approprier • Extraire des informations.

3. Lorsque la température d'une source augmente, comment évolue la longueur d'onde de la radiation correspondant à la plus grande intensité lumineuse émise (**doc. 3**) ?
4. Comment sont traduites les raies noires du spectre du Soleil sur son profil spectral (**doc. 4**) ?

Analyser • Exploiter des informations.

Un pas vers le cours

→ Fiche **Rédaction d'une réponse argumentée**, p. 320.

5. En quelques lignes, expliquer comment la température de surface et la composition de l'atmosphère d'une étoile peuvent être connues.

Communiquer • Rédiger une réponse argumentée.

Cours

1 Quels sont les différents types de spectres ?

A. Lumière et longueur d'onde

Doc. 1

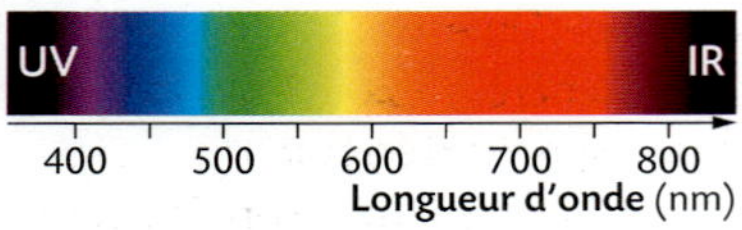

> Spectre de la lumière blanche. Cette lumière comporte toutes les radiations visibles par l'œil humain. Les radiations ultraviolettes (UV) et infrarouges (IR) ne sont pas visibles par l'œil humain.

- La lumière traversant une fente peut être décomposée à l'aide d'un prisme ou d'un réseau. En la projetant ensuite sur un écran, on obtient le spectre de cette lumière.
- La lumière blanche (doc. 1) est **polychromatique**. Chaque nuance colorée de son spectre correspond à une **radiation monochromatique**. Sur un spectre, une radiation est repérée par une grandeur appelée la **longueur d'onde λ**, généralement exprimée en nanomètre (doc. 1). Les radiations de la lumière blanche, dans le vide ou dans l'air, ont des longueurs d'onde comprises environ entre 400 nm (violet) et 800 nm (rouge).
- Le spectre de la lumière blanche est **continu** car les couleurs se suivent sans interruption.
- Le spectre de la lumière émise par un laser ne comporte qu'une raie colorée. Cette lumière est **monochromatique**.
- Le spectre de la lumière émise par un gaz excité sous faible pression comporte plusieurs raies colorées. Il est **discontinu** car les raies sont séparées par des zones noires (doc. 2). C'est un **spectre de raies.** Cette lumière est **polychromatique**.

Doc. 2

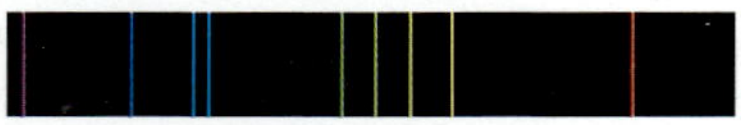

> Spectre de la lumière émise par un gaz excité.

B. Spectres d'émission et d'absorption

- Un gaz excité sous faible pression émet des radiations lumineuses de longueurs d'onde caractéristiques (doc. 4a).
Le spectre de cette lumière est un **spectre d'émission**. Il est constitué de **raies colorées sur fond noir** et il est **discontinu** (doc. 3a).
- Lorsqu'une lumière blanche traverse un gaz sous faible pression, certaines radiations sont absorbées par ce gaz (doc. 4b).
Le spectre de la lumière transmise par le gaz est un **spectre d'absorption**. Il est constitué de **raies noires sur fond coloré** (doc. 3b).

Doc. 3

> Spectre d'émission de l'hydrogène (a) ; spectre d'absorption du lithium (b).

→ Exercices 5 à 9, p. 33.

Doc. 4

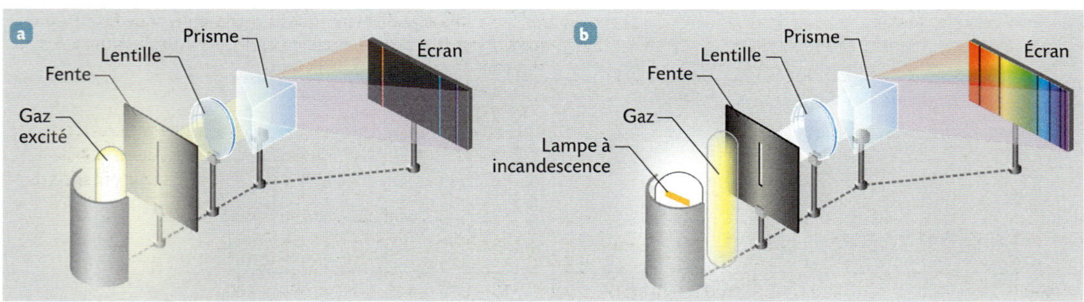

> Dispositifs permettant d'obtenir le spectre d'émission (a) et le spectre d'absorption (b) des entités d'un gaz.

2 Comment exploiter les informations contenues dans des spectres ?

A. Lumière et entités chimiques

• Une entité chimique (atome, ion ou molécule) ne peut absorber que les radiations qu'elle est capable d'émettre. Les raies noires de son spectre d'absorption sont donc repérées aux **mêmes longueurs d'onde** que les raies colorées de son spectre d'émission (**doc. 5a** et **5b**). Les longueurs d'onde des radiations émises ou absorbées par une entité chimique permettent d'**identifier** cette entité.

Doc. 5

> Spectre d'émission (a) et d'absorption (b) du mercure.

B. Lumière et température

• Le spectre de la lumière émise par un **corps chaud** est **continu** et dépend de la **température de surface** de ce corps. Le spectre de la lumière émise par un corps chauffé s'enrichit vers le violet quand la température de ce corps augmente (**doc. 6a** et **6c**).

• La courbe qui représente l'intensité lumineuse des radiations émises par un corps, en fonction des longueurs d'onde de ces mêmes radiations, est appelée le **profil spectral** (**doc. 6b** et **6d**). L'abscisse de son maximum permet d'**évaluer la température de surface** de ce corps.

Doc. 6

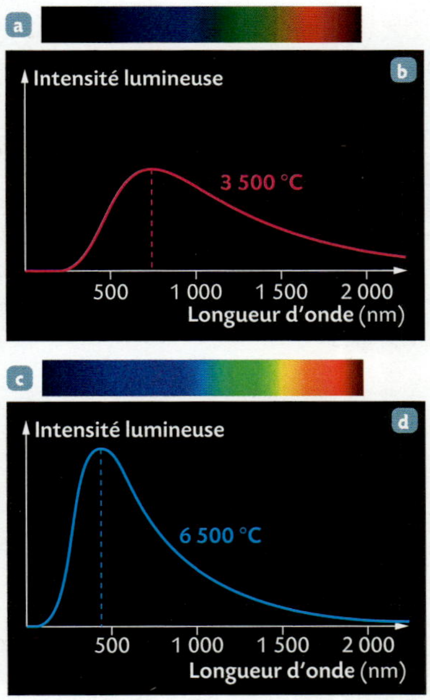

> Spectres (a et c) et profils spectraux (b et d) de la lumière émise par un corps à deux températures différentes.

C. Analyse de la lumière d'une étoile

• Les gaz de l'atmosphère d'une étoile absorbent certaines radiations de la lumière émise par cette étoile. Dans le spectre de la lumière d'une étoile (**doc. 7b**), les raies noires renseignent sur les **entités chimiques** présentes dans son atmosphère. Elles peuvent être repérées sur le spectre (**doc. 7b**) ou par l'abscisse des minima du profil spectral (**doc. 7a**).

• La longueur d'onde λ_{max} de la radiation émise avec la plus grande intensité par une étoile nous renseigne sur sa **température de surface**. Cette longueur d'onde est repérée sur le profil spectral (**doc. 7a**).

L'analyse de la lumière venant du Soleil montre que son atmosphère est essentiellement composée d'**hydrogène** et d'**hélium**. Il en est de même pour l'ensemble du Soleil.

→ Exercices 10 à 19, p. 33-34.

Doc. 7

Les dispositifs actuellement utilisés en astrophysique fournissent directement le profil spectral de l'étoile. À partir du profil spectral, on reconstitue le spectre de l'étoile.

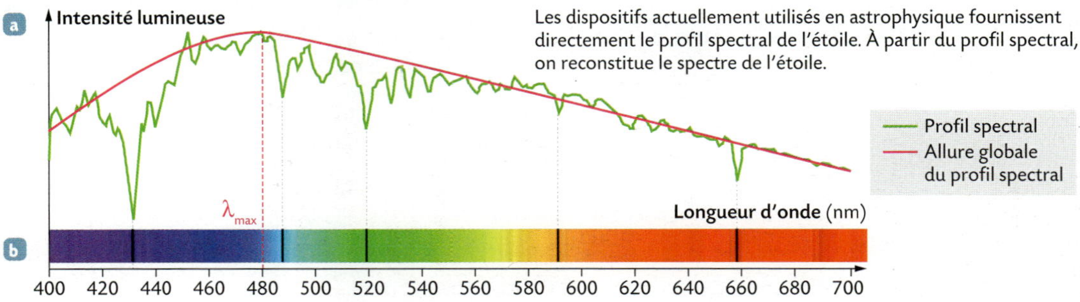

> Profil spectral (et allure globale de ce profil spectral) de la lumière émise par le Soleil (a) ; spectre correspondant (b).

Essentiel

1 Différents types de spectres

Spectre de la lumière blanche

Toute lumière peut être décomposée à l'aide d'un prisme ou d'un réseau ; cela permet d'obtenir son spectre.

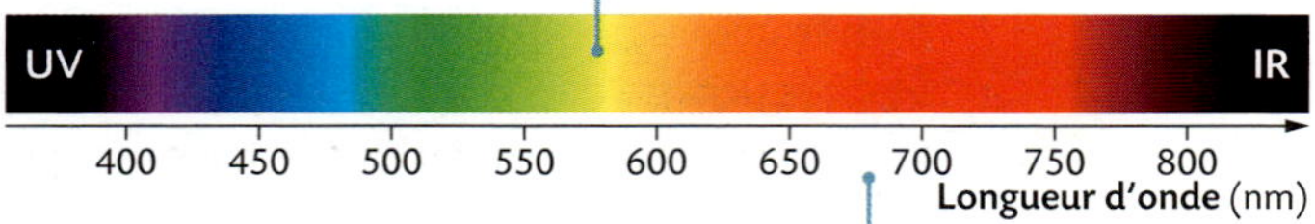

Chaque nuance colorée du spectre correspond à une radiation monochromatique, caractérisée par sa **longueur d'onde**.
La longueur d'onde est généralement mesurée en nanomètre (nm).

Spectres d'émission

> Spectre d'émission d'un corps chauffé.

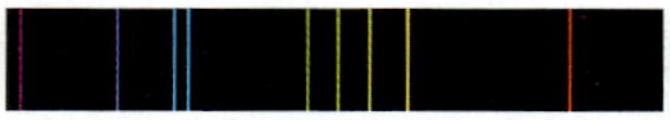

> Spectre d'émission d'une entité chimique.

Spectre d'absorption

> Spectre d'absorption d'une entité chimique.

Spectre continu — Spectres de raies

2 Informations transportées par la lumière

Composition chimique

- Les **radiations émises** (a) ou **absorbées** (b) par une entité chimique ont les **mêmes longueurs d'onde**.

a

b

→ Cela permet d'**identifier une entité chimique**.

Température

- Le **spectre** de la lumière émise par un **corps chaud** dépend de la **température de surface** de ce corps.

→ Cela permet d'**évaluer la température de surface de ce corps**.

Application à la lumière venant d'une étoile

- L'analyse de la lumière en provenance d'une étoile permet de déterminer :
  – les entités chimiques qui composent son atmosphère ;
  – sa température de surface.
- **L'hydrogène et l'hélium sont les principaux constituants du Soleil**.

QCM

→ Corrigés, p. 338.

Pour chaque question, indiquer la (ou les) bonne(s) réponse(s).

1 Différents types de spectres

Si erreur, revoir § 1, p. 28.

	A	B	C
1 Un spectre lumineux est le résultat de :	la décomposition d'une lumière.	la recomposition d'une lumière.	la propagation de la lumière.
2 Le spectre ci-dessous est celui : 	de la lumière blanche.	d'une lumière monochromatique.	d'une lumière polychromatique.
3 Le spectre ci-dessous est un spectre : 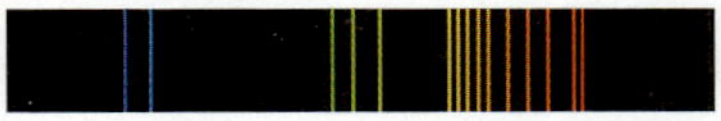	d'absorption.	d'émission.	de désintégration.
4 Le spectre d'absorption du mercure est représenté ci-dessous. 	Il est continu.	Il s'agit d'un spectre de raies.	Les raies d'absorption sont colorées.
5 Un gaz excité sous faible pression émet de la lumière. Le spectre de cette lumière est :	un spectre de raies.	un spectre continu.	un spectre d'émission.

2 Informations transportées par la lumière

Si erreur, revoir § 2, p. 29.

	A	B	C
1 Une entité chimique gazeuse, sous faible pression, est éclairée par de la lumière blanche. Le spectre de la lumière ayant traversé ce gaz est :	caractéristique de cette entité chimique.	constitué de raies noires sur fond coloré.	appelé spectre d'émission.
2 Plus le spectre d'une source lumineuse s'enrichit vers le rouge, plus cette source est :	froide.	chaude.	de petite taille.
3 Un maréchal-ferrant chauffe l'extrémité d'une barre de fer. 	Toute la barre de fer est à la même température.	Les zones qui émettent de la lumière blanche sont les plus chaudes.	Les zones qui émettent de la lumière rouge sont les plus chaudes.
4 Une étoile bleue est :	plus chaude qu'une étoile rouge.	plus froide qu'une étoile rouge.	plus proche de l'observateur qu'une étoile rouge.

Exercice résolu

Compétences
- Mobiliser ses connaissances.
- Lire un schéma.

3 Étudier le spectre de l'atome de lithium

Énoncé

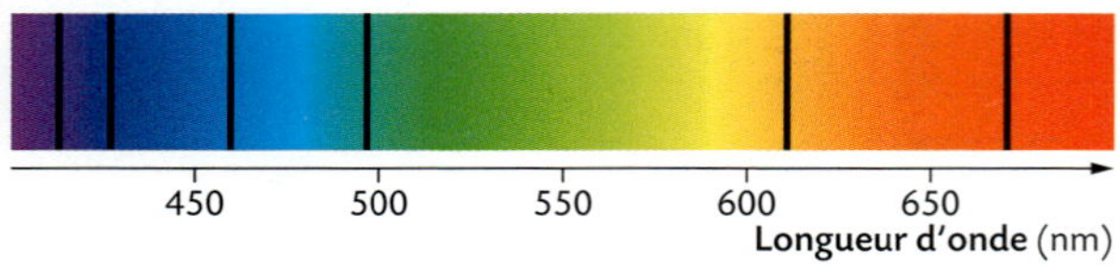

Le lithium est très abondant dans l'Univers. Il est notamment présent dans la croûte terrestre à hauteur de 20 mg par kilogramme de croûte terrestre.

Le document ci-dessus est un spectre de l'atome de lithium trouvé sur Internet sans légende.

1 Justifier que le spectre proposé est un spectre d'absorption.

2 Décrire le spectre d'émission de l'atome de lithium.

> Extraction du chlorure de lithium en Bolivie.

Analyse de l'énoncé

Qu'est-ce qu'un spectre ? À quoi correspondent les raies observées sur ce spectre ?

Quel est le lien entre le spectre d'émission et le spectre d'absorption ?

Qu'est ce qui différencie un spectre d'émission et un spectre d'absorption ?

Conseils

→ Un spectre est le résultat de la décomposition d'une lumière. Les zones noires observées sur un spectre correspondent aux radiations qui ne sont pas présentes dans cette lumière.

1 → Il faut déterminer si le spectre proposé présente un fond noir avec des raies colorées ou un fond coloré avec des raies noires, puis utiliser les définitions du cours.

2 → Une entité chimique ne peut absorber que les radiations qu'elle est capable d'émettre. Il faut donc repérer les longueurs d'onde des raies manquantes sur le spectre d'absorption.

Solution rédigée

1 Le spectre proposé est un spectre d'absorption, car il présente un fond coloré avec des raies noires qui correspondent aux radiations absorbées par l'atome de lithium.

2 Le spectre d'émission est constitué de raies colorées sur un fond noir. Les couleurs de ces raies sont les mêmes que celles des radiations absorbées par le lithium ; ce sont donc les couleurs qui manquent sur le spectre d'absorption.
Le spectre d'émission du lithium comporte donc des raies violettes, une bleue (vers 460 nm), une verte (vers 500 nm) et deux rouges (vers 610 nm et 670 nm).

4 Application immédiate

Le document ci-contre est le spectre d'émission de l'hydrogène.

• Quelles sont les longueurs d'onde des radiations qui peuvent être absorbées par l'atome d'hydrogène ?

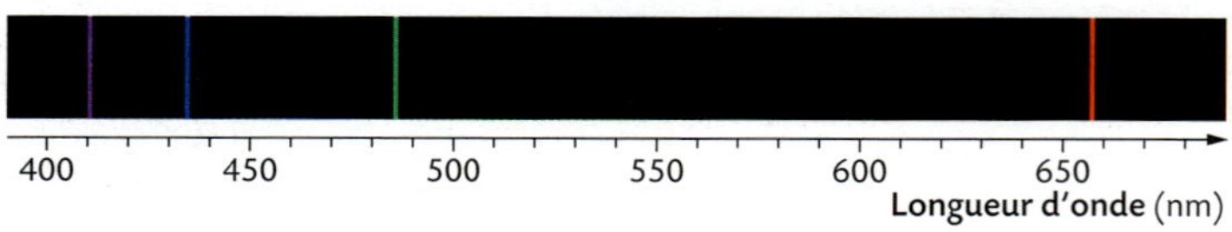

→ Corrigés, p. 338.

Exercices

Compétences — Parcours d'apprentissage

Compétences	5	14	15	17	20	27
Savoir qu'un corps chaud émet un rayonnement continu dont les propriétés dépendent de la température.				•		
Repérer, par sa longueur d'onde dans un spectre d'émission ou d'absorption, une radiation caractéristique d'une entité chimique.		•	•		•	
Savoir que la longueur d'onde caractérise, dans l'air et le vide, une radiation monochromatique.	•				•	
Interpréter le spectre de la lumière émise par une étoile : température de surface et entités chimiques présentes dans l'atmosphère de l'étoile.					•	•
Connaître la composition chimique du Soleil.						•

Pour commencer

Différents types de spectres

5 Caractériser une radiation

■ Mobiliser ses connaissances.

1. Quelle grandeur peut-on utiliser pour caractériser une radiation lumineuse ?

2. En quelle unité cette grandeur est-elle habituellement exprimée ?

6 Reconnaître le spectre de la lumière blanche

■ Discuter un résultat.

• Parmi les spectres ci-dessous, identifier celui qui est correctement légendé. Justifier la réponse.

a

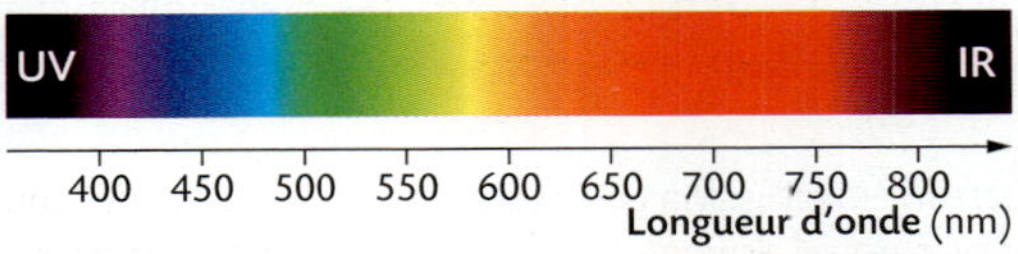

b

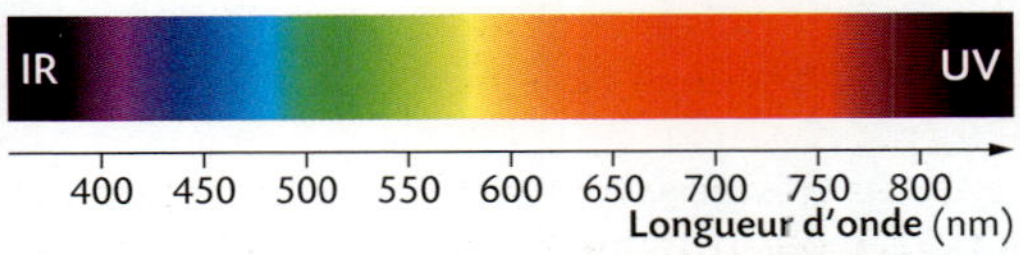

c

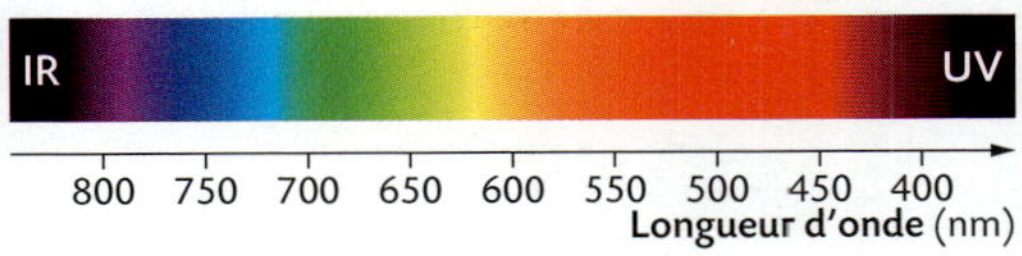

7 Reconnaître la nature d'un spectre (1)

■ Mobiliser ses connaissances.

• Le spectre suivant est-il :
– un spectre d'absorption ou d'émission ?
– un spectre continu ou un spectre de raies ?

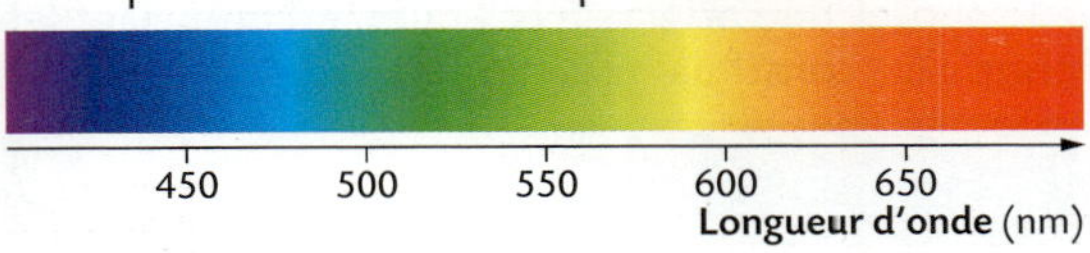

8 Reconnaître la nature d'un spectre (2)

■ Mobiliser ses connaissances.

• Le spectre suivant est-il :
– un spectre d'absorption ou d'émission ?
– un spectre continu ou un spectre de raies ?

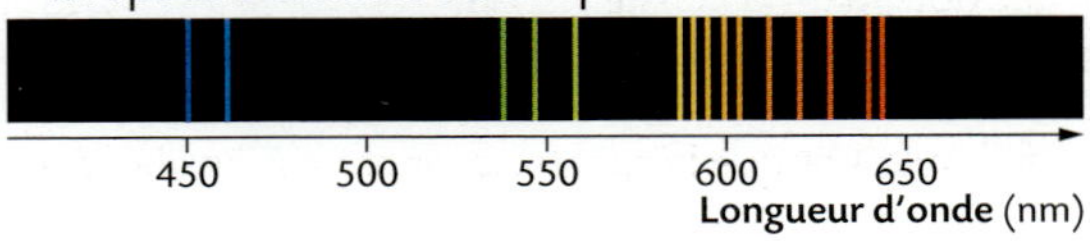

9 Reconnaître la nature d'un spectre (3)

■ Mobiliser ses connaissances.

• Le spectre suivant est-il :
– un spectre d'absorption ou d'émission ?
– un spectre continu ou un spectre de raies ?

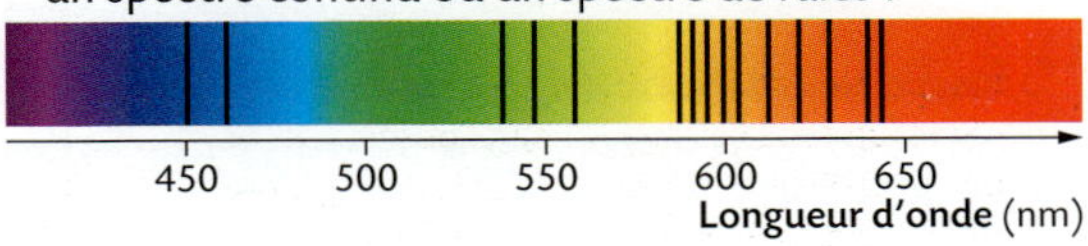

Informations transportées par la lumière

10 Comparer des spectres (1)

■ Exploiter des informations ; rédiger une explication.

• Les spectres suivants peuvent-ils correspondre à la même entité chimique ? Justifier.

11 Comparer des spectres (2)

■ Exploiter des informations ; rédiger une explication.

• Les spectres suivants peuvent-ils correspondre à la même entité chimique ? Justifier.

12 Attribuer un spectre à une entité (1)

■ Mobiliser ses connaissances ; interpréter des résultats.

1. Les spectres ci-dessous sont-ils des spectres d'émission ou d'absorption ?

2. Le chrome émet très peu de radiations situées dans le domaine du rouge.
Parmi ces spectres, lequel est susceptible de correspondre à celui du chrome ?

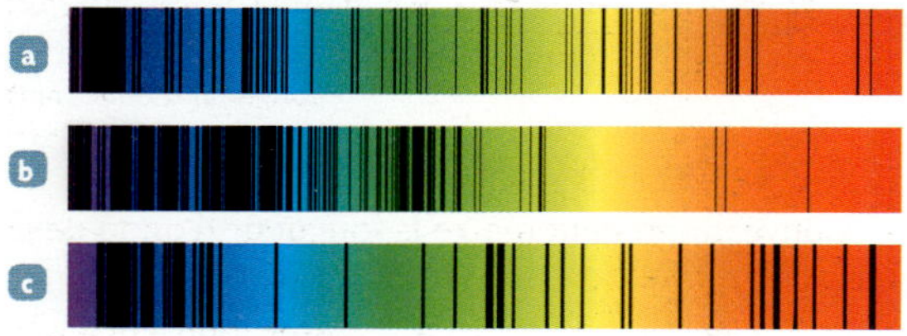

13 Attribuer un spectre à une entité (2)

■ Rédiger une explication.

1. Les spectres ci-dessous sont-ils des spectres d'émission ou d'absorption ?

2. L'hélium absorbe, entre autres, des radiations situées dans le domaine du jaune-orangé et du rouge.
Parmi ces spectres, lequel est susceptible de correspondre à celui de l'hélium ?

14 Repérer une radiation

■ Extraire et exploiter des informations.

Une partie du spectre d'absorption de l'atome de zinc est représentée ci-dessous :

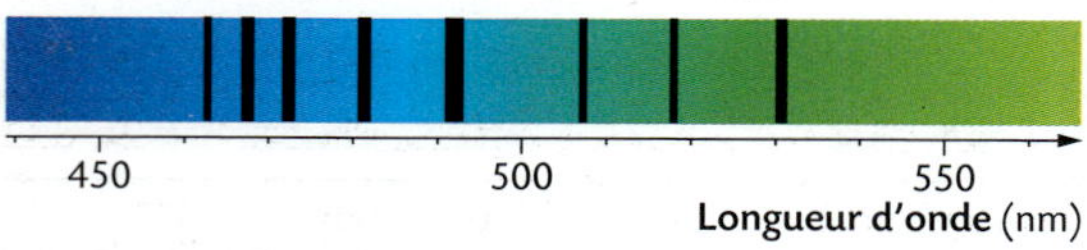

• Déterminer les longueurs d'onde des radiations absorbées par l'atome de zinc dans le domaine du vert.

15 Exploiter un spectre

■ Interpréter des résultats.

1. Comparer les longueurs d'onde des radiations que peut émettre une entité chimique à celles des radiations qu'elle peut absorber.

2. À l'aide du spectre d'absorption de l'atome de zinc représenté à l'exercice **14**, indiquer les longueurs d'onde comprises entre 450 et 500 nm des radiations que peut émettre un atome de zinc.

16 Attribuer une température à une source

■ Interpréter des résultats.

Les spectres suivants sont obtenus par décomposition de la lumière émise par une lampe à incandescence dont le filament est porté à deux températures différentes.

• Comparer les températures du filament lors des expériences **a** et **b**.

17 Comparer la température d'étoiles

■ Rédiger une réponse argumentée.

Sur la photo ci-contre, on distingue des étoiles de différentes couleurs.

• Laquelle des deux étoiles repérées est la plus chaude ?

18 Associer à chaque étoile sa température

■ Extraire et exploiter des informations.

a Rigel est une étoile bleue de la constellation d'Orion.
b Bételgeuse est une supergéante rouge.
c Le Soleil, de type naine jaune, est la seule étoile du système solaire.

• Associer à chacune des étoiles ci-dessus sa température moyenne de surface parmi les propositions suivantes :
α. 3 100 °C ; β. 5 800 °C ; γ. 11 000 °C.
Justifier les réponses.

> Nébuleuse d'Orion, située dans la constellation d'Orion.

19 Connaître la composition du Soleil

■ Rédiger une explication.

Le spectre de la lumière venant du Soleil comporte des raies noires sur un fond continu coloré.

• Proposer une origine à ces raies, en rappelant les principaux constituants du Soleil.

Pour s'entraîner

20 Connaître les critères de réussite

Analyser la lumière des étoiles

- Extraire et exploiter des informations ; Interpréter des mesures.

Les profils spectraux de deux étoiles, A et B, sont représentés ci-dessous :

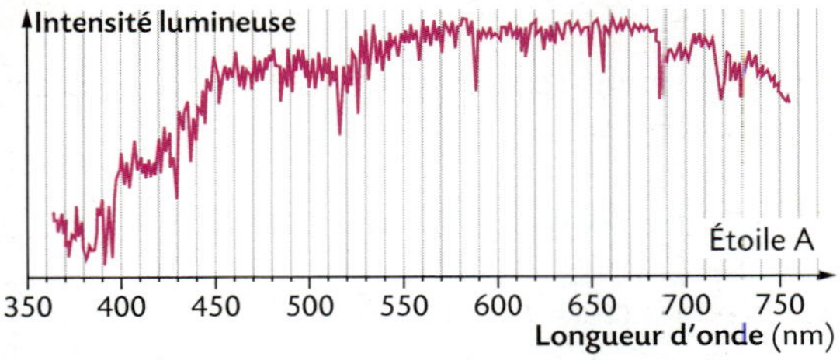

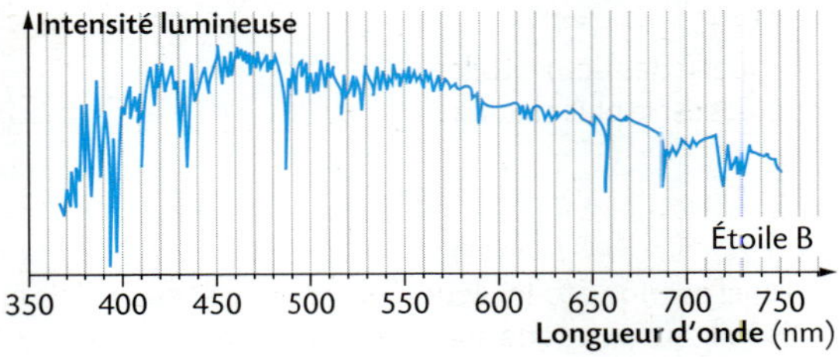

Données

- Quelques longueurs d'onde de radiations caractéristiques de l'hydrogène H :
  397 nm 434 nm 486 nm 656 nm

1. Laquelle de ces deux étoiles est la plus chaude ?

2. Montrer que l'atmosphère de l'étoile B contient de l'hydrogène.

	Critères de réussite	Barème
1.	Les deux profils spectraux sont correctement exploités pour trouver λ_{max}.	1 pt
	Le lien entre λ_{max} et la température est rappelé.	1 pt
	L'étoile la plus chaude est choisie correctement.	0,5 pt
2.	Le lien entre les longueurs d'onde caractéristiques de l'hydrogène et les pics du profil spectral B est correctement établi.	0,5 pt
	La présence d'hydrogène est établie.	0,5 pt
	Pour l'ensemble des réponses	
	Les réponses sont correctement rédigées.	0,5 pt
	cours maîtrisé / réponse complète / présentation	**4 pts**

21 Il en connaît un rayon sur le laser

- Mobiliser ses connaissances ; effectuer des calculs numériques ; interpréter des résultats.

Les lasers sont des sources de lumière monochromatique. Inventés dans les années 1960, ils ont trouvé des applications dans de nombreux domaines (médecine, télécommunications, industrie du numérique, etc.).

Les lasers hélium-néon (He-Ne) sont souvent utilisés dans les laboratoires et dans les lycées. La longueur d'onde de la radiation émise est $6{,}328 \times 10^{-7}$ m.

On donne ci-dessous les spectres d'émission de l'atome d'hélium (a) et de l'atome de néon (b) :

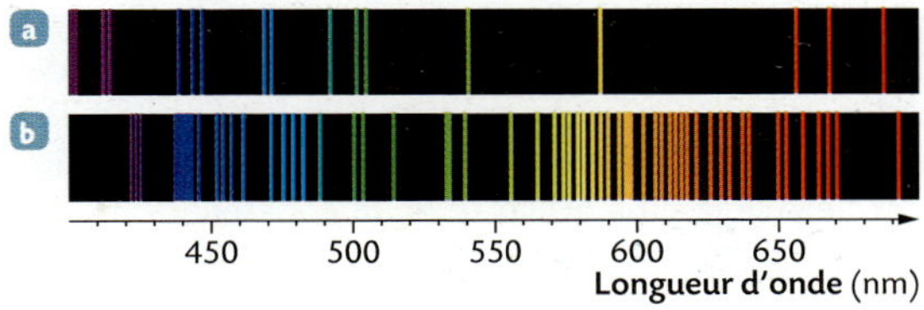

1. Que signifie l'adjectif « monochromatique » ?

2. Convertir en nanomètre la longueur d'onde de la radiation émise par un laser hélium-néon.

3. La lumière émise par ce laser correspond à une raie d'émission de l'un de ces atomes.
Identifier cet atome.

22 À chacun son rythme

Lampes spectrales

- Extraire et exploiter des informations ; rédiger une réponse argumentée.

*Commencer par résoudre l'*énoncé compact. *En cas de difficultés, passer à l'*énoncé détaillé.

Certaines des radiations émises par des atomes d'hydrogène (486,1 nm et 656,3 nm), par des atomes d'hélium (587,6 nm) ou par des atomes de cadmium (480,0 nm et 643,9 nm) peuvent servir de référence pour étalonner un spectre.
Les spectres d'émission de trois lampes spectrales (une à hydrogène, une à hélium et une à cadmium) sont représentés ci-dessous :

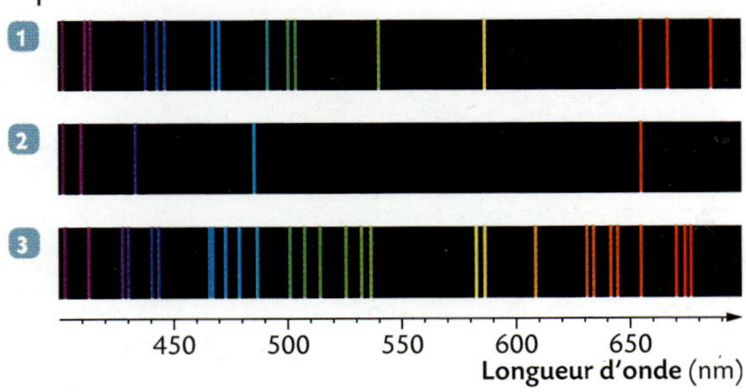

Énoncé compact

- Associer chaque spectre à une des trois lampes.

Énoncé détaillé

1. a. À quoi correspondent les raies colorées sur un spectre d'émission ?
b. Quelle grandeur permet de caractériser une radiation ?

2. a. Quelle est la particularité du spectre de la lampe 2 par rapport aux deux autres ?
b. En déduire le type d'atomes absents de cette lampe.
c. Associer chaque spectre à une des trois lampes.

23 L'étoile Véga

- Mobiliser ses connaissances ; interpréter des résultats.

Lorsque l'on représente graphiquement l'intensité lumineuse des radiations en provenance d'une étoile en fonction de leurs longueurs d'onde, on obtient le profil spectral de cette étoile. Cette courbe fournit des informations sur la composition chimique de l'étoile.
Véga, située à 25 années de lumière du système solaire, est l'étoile la plus brillante de la constellation de la Lyre. Une partie de son profil spectral est représentée ci-dessous :

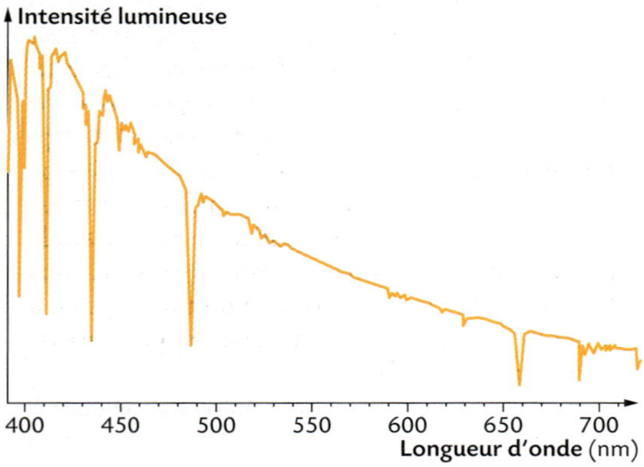

1. Dans le profil spectral d'une étoile, à quoi correspondent les pics vers le bas ?

2. a. Les longueurs d'onde des radiations caractéristiques du sodium correspondent-elles à des pics visibles dans le profil spectral de Véga ?
b. Ce profil spectral permet-il de détecter du sodium dans l'atmosphère de Véga ?

Données

- Quelques longueurs d'onde de radiations caractéristiques du sodium :
  411 nm 498 nm 568 nm 589 nm

24 Toute la lumière sur les lampes

- Mobiliser ses connaissances ; interpréter des résultats.

Les lampes à décharge que l'on peut trouver dans les éclairages publics émettent des lumières qui paraissent de bleu à orangé.
Le spectre d'une de ces lampes est représenté ci-dessous :

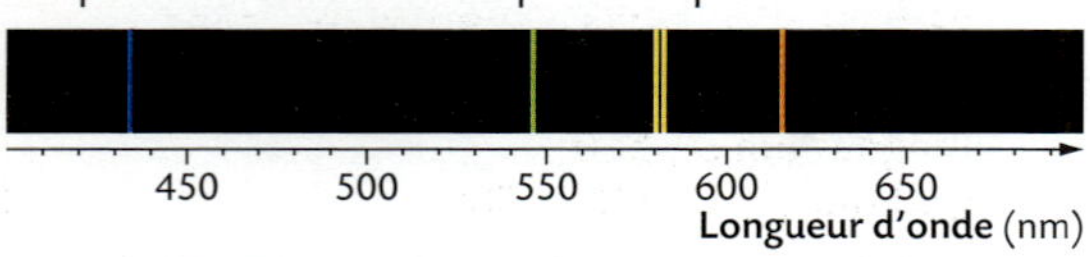

1. De quel type de spectre s'agit-il ?

2. Comment qualifier la lumière émise par cette lampe ?

3. a. Dans quelle gamme de longueurs d'onde, exprimées en mètre, cette lampe émet-elle ?
b. Repérer les longueurs d'onde des radiations présentes dans le spectre de la lumière émise par cette lampe.
c. Identifier, à l'aide des données, l'entité chimique responsable de l'émission lumineuse.

Données

- Ci-dessous, quelques longueurs d'onde (en nm) de radiations caractéristiques de trois entités chimiques.

H :	410	434	486	656
Li :	412	497	610	671
Hg :	436	546	579	615

25 A Sharper View of the Stars

- Extraire des informations ; mobiliser ses connaissances.

About 20 years ago, one of the authors of this article took his father's binoculars and **tiptoed out** of the house at night. Although the largest stars could **engulf** our entire solar system within their luminous diameters, every star (aside from the sun) is simply too distant **to be resolved** with binoculars. Two decades later, the same kid can see a circular disk, at least for some of the brightest stars. This stellar resolution takes advantage of interferometry. Interferometry at radio **wavelengths** has succeeded brilliantly, mapping the structures of distant galaxies and quasars by their radio emissions. Only in the past 15 years, however, has technology allowed interferometry at infrared and visual wavelengths **to take off**. Ground-based optical interferometers can see, for the brightest stars, details 100 times finer than Hubble can.

Extrait du site Internet www.sciamdigital.com

Vocabulaire : (to) *tiptoe out* : sortir sur la pointe des pieds ; (to) *engulf* : engloutir ; (to) *be resolved* : être distingué ; *wavelength* : longueur d'onde ; (to) *take off* : décoller.

1. Quels sont les instruments d'observation cités dans le texte ? Les classer par résolution (niveau de détails visibles) croissante.

2. Quels sont les domaines des radiations utilisées dans ces types d'interférométrie ?

3. Expliquer le titre de cet exercice.

26 Le Soleil sous son meilleur profil

■ Extraire des informations ; interpréter des résultats.

Le profil spectral est la courbe représentant l'intensité lumineuse des radiations provenant d'une étoile en fonction de leurs longueurs d'onde. Celui du Soleil est représenté ci-dessous. L'allure globale du profil spectral permet de repérer la longueur d'onde de la radiation émise avec le maximum d'intensité.

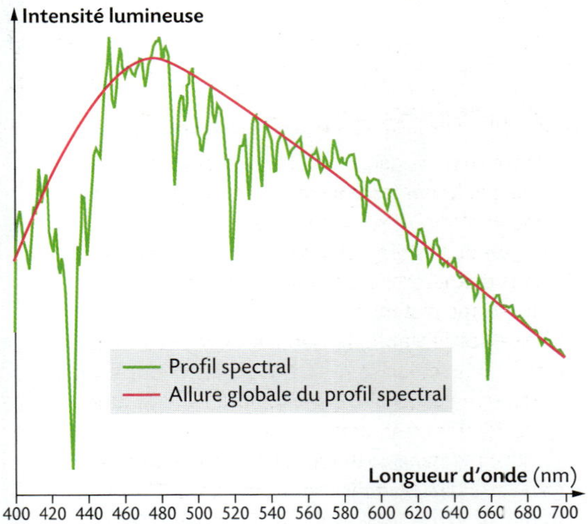

1. La lumière solaire est-elle monochromatique ou polychromatique ? Justifier.

2. Comment peut-on interpréter l'existence de minima d'intensité pour certaines longueurs d'onde dans le profil spectral de la lumière solaire ?

3. a. Quels sont les principaux constituants du Soleil ?
b. En faisant l'hypothèse que les constituants cités précédemment sont les seuls présents dans l'atmosphère du Soleil, donner une estimation des longueurs d'onde des quatre raies les plus visibles apparaissant sur leurs spectres.

4. L'expérience montre que certaines des raies repérées dans le profil spectral n'apparaissent pas sur les spectres des constituants cités à la question 3a.
Que peut-on en déduire ?

Pour aller plus loin

27 Résolution de problème

Prendre la température d'une étoile

■ Extraire et exploiter des informations ; interpréter des résultats ; construire les étapes d'une résolution de problème.

Doc. 1

On peut utiliser le profil spectral d'une étoile pour déterminer la température de sa surface. Il s'agit d'un graphique représentant l'intensité de la lumière en provenance de cette étoile en fonction de la longueur d'onde. Dans ce profil, on repère les longueurs d'onde des minima, qui correspondent aux raies d'absorption, et le domaine où le spectre est le plus lumineux. Un profil spectral où le maximum d'intensité est situé dans le rouge correspond à celui d'une étoile plus froide que celle où le maximum est situé dans le violet. Pour le Soleil, ce maximum est situé à 480 nm, ce qui correspond à une température de surface de 5 700 °C.

D'après le site Internet www.univers-astronomie.fr

Doc. 2

Profil spectral d'une étoile

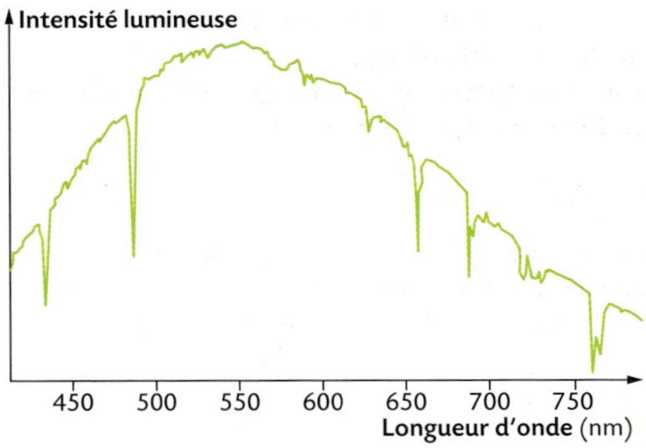

Doc. 3

Longueurs d'onde (en nm) de radiations caractéristiques d'entités chimiques

Sodium :	411	498	568	589
Hydrogène :	434	486	656	
Magnésium :	520			
Carbone :	530	565		

• Comparer à celles du Soleil la température de surface de cette étoile et la composition de son atmosphère.

→ Pistes de résolution, p. 334.

Retour sur l'ouverture du chapitre 2

Quelles informations peut-on obtenir en analysant la lumière venant des étoiles ?

28 VY *Canis Majoris*

■ Extraire et exploiter des informations ; mobiliser ses connaissances ; interpréter des résultats ; rédiger une réponse argumentée.

Doc. 1 Le télescope Herschel

Le télescope spatial Herschel a analysé la lumière venant de l'étoile VY *Canis Majoris*. La qualité des spectromètres Pacs et Spire de ce télescope a permis d'obtenir un profil spectral contenant des centaines de raies dues à un grand nombre d'atomes et de molécules, en particulier de l'eau et du monoxyde de carbone.

D'après le site Internet www.asso-copernic.org

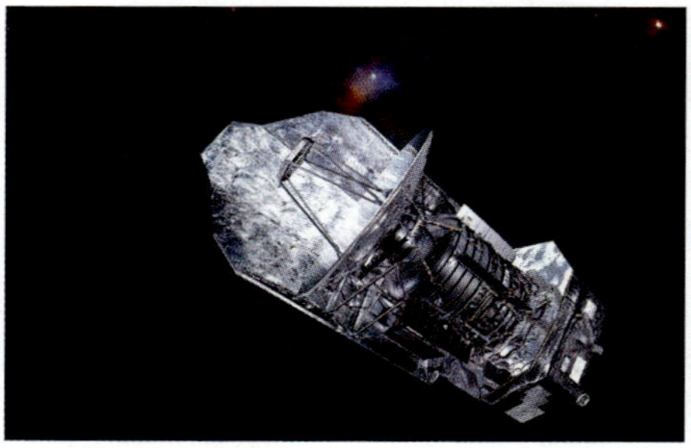

> Télescope spatial Herschel.

Doc. 2 La spectrographie infrarouge

Les étoiles éjectent des nuages de poussières et de gaz au cours de leur vie. Ces nuages sont complètement opaques à la lumière visible. En revanche, observés en spectroscopie infrarouge, ce sont des zones de l'espace très brillantes. En effet, le rayonnement des étoiles est absorbé par les poussières et les gaz, qui, à leur tour, émettent dans l'infrarouge.

Le spectromètre Spire permet d'obtenir un profil spectral complet dans une grande gamme de longueurs d'onde et notamment les infrarouges. Il a donc été possible, grâce à lui, d'obtenir le spectre de l'étoile VY *Canis Majoris*.

Doc. 3 Le profil spectral de VY *Canis Majoris*

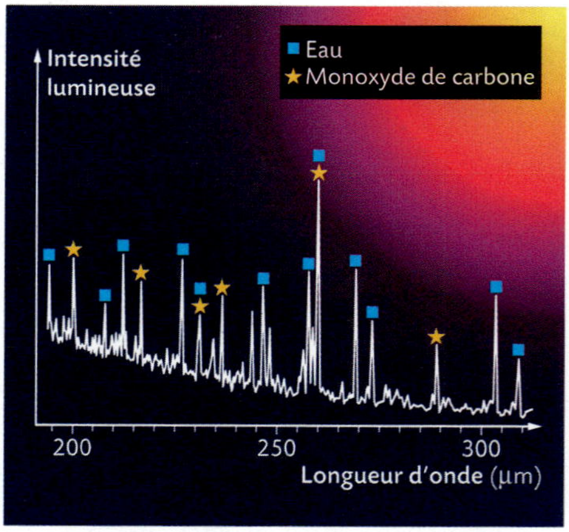

> Profil spectral de l'étoile VY *Canis Majoris* obtenu avec le spectromètre Spire.

1. En utilisant le spectre de la lumière blanche (voir p. 30), montrer que le profil spectral du **doc. 3** correspond à des radiations qui n'appartiennent pas au domaine visible ni au domaine des ultraviolets.

2. Les pics qui apparaissent sur le profil spectral correspondent-ils à des raies d'émission ou d'absorption ?

3. Proposer une explication à la présence de ces raies.

4. Comment ce type d'analyse permet-il de connaître la composition d'un astre ?

Donnée

- 1 micromètre (ou 1 micron) :
  1 µm = 1×10^{-6} m

UNIVERS

> Le *Very Large Telescope* de l'Observatoire européen austral est situé au Chili. Son altitude de 2 635 m permet de limiter les effets de l'atmosphère sur les observations astronomiques qui y sont réalisées. Ces effets sont d'autant plus importants que l'épaisseur d'atmosphère traversée par la lumière analysée est grande.

Chapitre

3

Réfraction et observations astronomiques

Quels sont les effets de l'atmosphère terrestre sur la lumière qui la traverse ?

→ Exercice 29, p. 54.

Compétences

- *Pratiquer une démarche expérimentale pour établir un modèle à partir d'une série de mesures et pour déterminer l'indice de réfraction d'un milieu.* → Activité 1
- Interpréter qualitativement la dispersion de la lumière blanche par un prisme. → Activité 2
- Analyser des documents scientifiques portant sur l'observation du système solaire. → Activités 3 et 4

Activité expérimentale

Histoire des sciences

1 Réfraction de la lumière

La lumière peut être déviée lorsqu'elle passe d'un milieu transparent à un autre. Ce phénomène est appelé réfraction. Il dépend d'une caractéristique des milieux nommée **indice de réfraction**.

▶ **Comment déterminer l'indice de réfraction d'un milieu transparent à partir d'une série de mesures ?**

Compétence

- *Pratiquer une démarche expérimentale pour établir un modèle à partir d'une série de mesures et pour déterminer l'indice de réfraction d'un milieu.*

Doc. 1 Découverte de la loi de la réfraction

Dès l'Antiquité, de nombreux savants cherchent à modéliser le phénomène de réfraction.

- **Au IIe siècle**, le Grec C. Ptolémée étudie des faisceaux lumineux passant de l'air à l'eau. Il établit un tableau de valeurs et montre que l'angle de réfraction i_2 augmente avec l'angle d'incidence i_1.
- **Au début du XVIIe siècle,** l'Allemand J. Kepler propose une loi selon laquelle l'angle de réfraction i_2 est proportionnel à l'angle d'incidence i_1.
- **Quelques années plus tard**, le Néerlandais W. Snell et le Français R. Descartes énoncent la loi reliant les angles i_1 et i_2 : $\sin i_2 = k \times \sin i_1$.
- **Actuellement**, la loi de la réfraction relative aux angles s'écrit :

$$n_1 \times \sin i_1 = n_2 \times \sin i_2$$

où n_1 et n_2 sont les indices de réfraction qui caractérisent les milieux 1 et 2.
L'indice de réfraction de l'air vaut 1,00 dans les conditions habituelles.

Doc. 2 Schématisation d'une réfraction

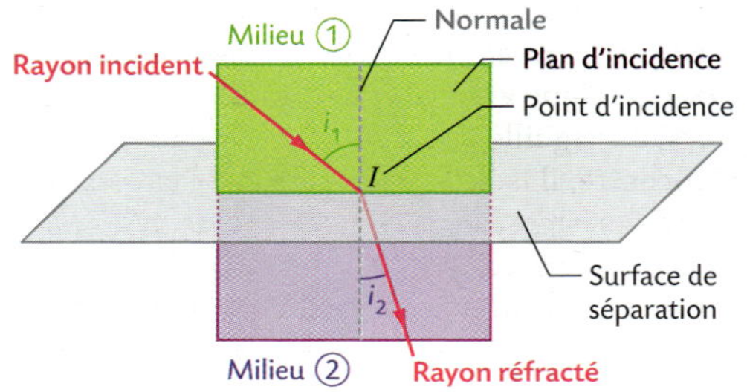

Doc. 3 Dispositif expérimental

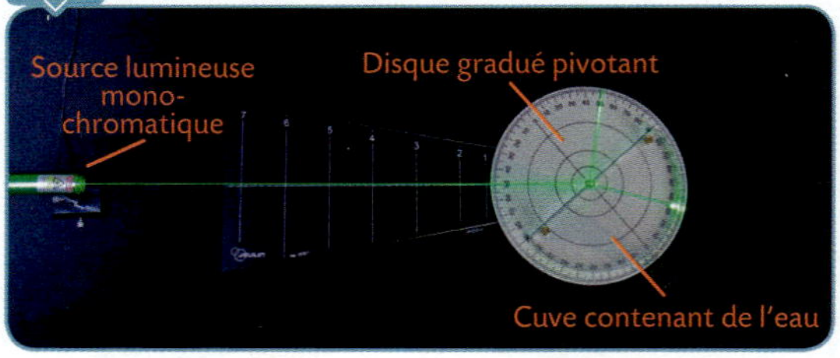

Analyse des documents

À la maison

1 Faire un schéma du dispositif expérimental (**doc. 3**) et le légender à l'aide des termes utilisés dans les **doc. 1** et **2**.

Pratique expérimentale

2 Utiliser le montage (**doc. 3**) pour dresser un tableau de valeurs, comme l'a fait C. Ptolémée, en faisant varier i_1 de 0° à 70° par pas de 10°.

3 En utilisant les résultats précédents, confirmer ou infirmer les idées de C. Ptolémée et de J. Kepler sur la réfraction (**doc. 1**).

4 a. Tracer la courbe représentant $\sin i_2$ en fonction de $\sin i_1$ et montrer que les résultats des mesures sont en accord avec la loi $\sin i_2 = k \times \sin i_1$ (**doc. 1**).

b. Déterminer la constante k pour la situation expérimentale étudiée.

c. En déduire l'indice de réfraction n_2 de l'eau.

Un pas vers le cours

5 Décrire une démarche pour déterminer un indice de réfraction.

Compétences travaillées

- 1 : **S'approprier** • Extraire l'information utile. **Réaliser** • Faire un schéma adapté.
- 2 : **Réaliser** • Mettre en œuvre un protocole.
- 3 : **Réaliser** • Interpréter des résultats.
- 4 : **Valider** • Discuter de la validité d'une loi. **Analyser** • Utiliser un modèle pour prévoir.
- 5 : **Communiquer** • Rédiger une explication.

2 Dispersion de la lumière

Au XVIIe siècle, Isaac NEWTON a interprété l'expérience de dispersion de la lumière solaire.

▶ **Comment peut-on réaliser la dispersion de la lumière ?**

Compétence

- Interpréter qualitativement la dispersion de la lumière blanche par un prisme.

Doc. 1 Interprétation de la dispersion de la lumière solaire par I. NEWTON

« Au début de l'année 1666, je me procurai un prisme de verre pour réaliser la célèbre expérience des couleurs. Ayant à cet effet obscurci ma chambre et fait un petit trou dans les volets, pour laisser entrer une quantité convenable de rayons de Soleil, je plaçai mon prisme contre ce trou, pour réfracter les rayons sur le mur opposé. »

I. NEWTON remarque que la tache lumineuse n'est pas seulement colorée, elle est aussi très allongée : **la « partie bleue » est plus déviée par le prisme que la « partie rouge »**. [...]

De fil en aiguille, I. NEWTON arrive à ce qu'il appelle l'expérience « cruciale » : à l'aide d'un trou dans une planchette, il isole la partie bleue de la tache produite par le prisme, et il envoie cette lumière bleue sur un second prisme. Elle est déviée, certes, mais pas étalée, ni colorée autrement !

[...] Cette fois I. NEWTON est sûr d'avoir trouvé : la lumière « blanche » du Soleil est un mélange de toutes les couleurs, et le prisme dévie différemment ces diverses lumières.

Extraits de *Newton et la mécanique céleste*, J.-P. MAURY, Collection « Découvertes », © Éditions Gallimard, 1990.

Doc. 2 L'expérience de I. NEWTON

> Représentation colorisée de l'expérience des couleurs d'I. NEWTON.

Matériel disponible

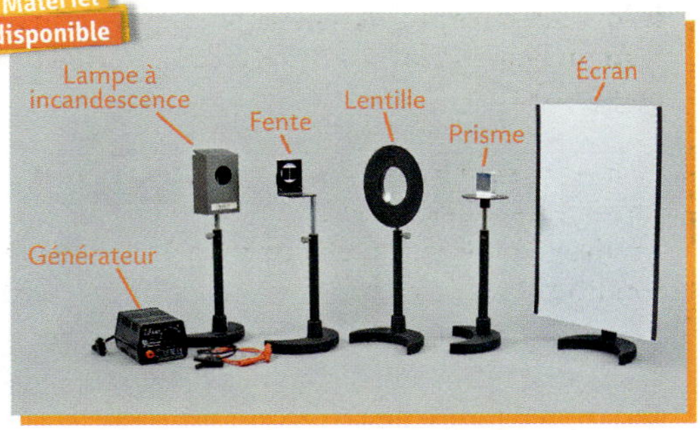

Analyse des documents

À la maison

1. Qu'a montré I. NEWTON en réalisant l'expérience « cruciale » ?
2. a. Quel synonyme du mot « dispersion » J.-P. MAURY utilise-t-il ?
   b. Schématiser, puis annoter, le montage utilisé par I. NEWTON (**doc. 2**).

Compétences travaillées

S'approprier • Extraire l'information utile.
Réaliser • Faire un schéma adapté.

Pratique expérimentale

- En utilisant le matériel disponible, réaliser le montage qui permet d'obtenir le **spectre de la lumière blanche** sur l'écran.

3. a. Décrire le spectre de la lumière blanche observé sur l'écran.
   b. Vérifier l'observation qui figure en gras dans le **doc. 1**.

Réaliser • Mettre en œuvre un protocole.
Communiquer • Rédiger une explication.

Un pas vers le cours

4. a. Quel phénomène permet d'expliquer la déviation de la lumière lorsqu'elle traverse le prisme ?
   b. Expliquer la dispersion de la lumière par le prisme.

Communiquer • Rédiger une explication.

Activité documentaire

À la maison

3 Un phénomène atmosphérique

Le phénomène de réfraction de la lumière dans les différentes couches de l'atmosphère donne lieu à des observations surprenantes.

▶ **Comment la réfraction de la lumière par l'atmosphère permet-elle d'observer des mirages ?**

Compétence

- Analyser des documents scientifiques portant sur l'observation du système solaire.

Doc. 1 Le mont Canigou depuis Marseille

Le mont Canigou, situé dans les Pyrénées-Orientales, culmine à 2 785 m. Pendant 2 à 3 jours aux mois de février et d'octobre, on peut, depuis Marseille, le voir devant le Soleil couchant (photographie ci-contre).

› Schématisation de la situation. 253 km séparent Marseille du mont Canigou.

Doc. 2 Le phénomène de mirage

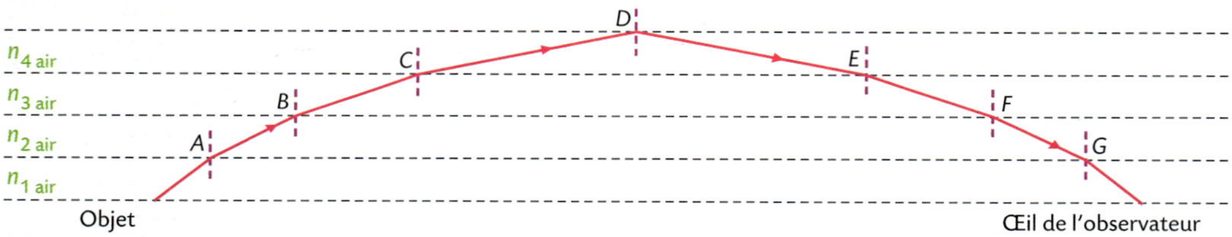

L'indice de réfraction de l'air dépend de la température : il augmente lorsque la température diminue. Cette variation d'indice de réfraction provoque la courbure des faisceaux lumineux qui se propagent depuis un objet jusqu'à l'œil d'un observateur. C'est le phénomène de mirage.

Ainsi, quand l'air près du sol est plus froid que celui situé en altitude, les faisceaux lumineux venant du sol se courbent vers le bas. On a schématisé ci-dessus cette situation en découpant arbitrairement l'atmosphère en tranches horizontales et en considérant que l'indice de réfraction est constant à l'intérieur d'une tranche.

Analyse et synthèse

Compétences travaillées

1 a. Comment se propage la lumière dans un milieu homogène ?

b. À l'aide du schéma du **doc. 1**, vérifier qu'il serait impossible d'observer le mont Canigou depuis Marseille si l'atmosphère était un milieu homogène.

S'approprier • Mobiliser ses connaissances.
Analyser • Utiliser un modèle pour prévoir.

2 a. Que représentent les segments en pointillés violets du **doc. 2** ?

b. En quel(s) point(s) y a-t-il réfraction ?

c. Reproduire le schéma du **doc. 1** et y indiquer le trajet de la lumière qui permet d'expliquer l'observation du mont Canigou depuis Marseille.

Valider • Confronter un modèle à des résultats expérimentaux.

Un pas vers le cours

3 En quoi l'atmosphère peut-elle gêner les observations astronomiques ?

Communiquer • Rendre compte à l'écrit.

Activité documentaire

À la maison

4 Observations astronomiques

Compétence

- Analyser des documents scientifiques portant sur l'observation du système solaire.

Les observations astronomiques sont souvent réalisées depuis la Terre.

▶ **Comment l'atmosphère terrestre modifie-t-elle l'observation des astres ?**

Doc. 1 La réfraction atmosphérique

Dans l'atmosphère terrestre, la température et la pression de l'air varient avec l'altitude. À très haute altitude, l'air se raréfie et son indice de réfraction se rapproche de celui du vide, c'est-à-dire 1. Lorsque l'on se rapproche du sol, l'indice de réfraction de l'air augmente, tout en restant très proche de 1. La variation de l'indice de réfraction de l'air entraîne de multiples réfractions sur les diverses couches atmosphériques. À cause de ces réfractions, les astres paraissent toujours plus hauts dans le ciel qu'ils ne sont en réalité. Le phénomène est d'autant plus marqué que l'astre observé est plus proche de l'horizon. Lors de son coucher, le Soleil paraît de plus en plus aplati.

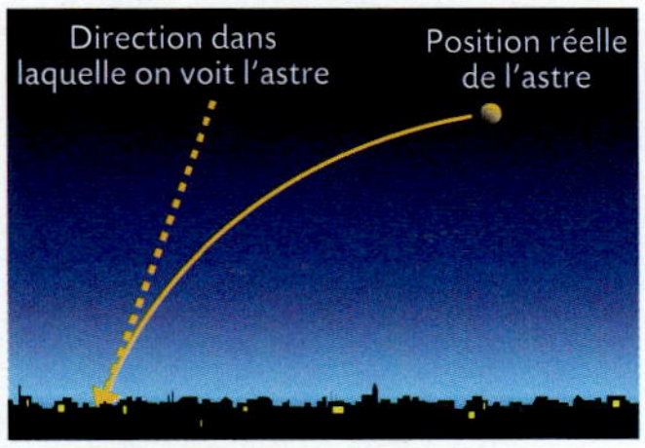

> Position apparente des astres.

> Déformation apparente du Soleil couchant.

Doc. 2 L'absorption atmosphérique

Le Soleil et les étoiles émettent des rayonnements électromagnétiques dans un large domaine de longueurs d'onde allant des rayons gamma aux ondes radio.
Jusqu'au XXe siècle, les astronomes n'avaient pas connaissance des rayonnements invisibles. En effet, la technologie des siècles précédents ne permettait pas de les détecter. De plus, certains de ces rayonnements ne parviennent pas jusqu'à la surface de la Terre, car ils sont absorbés par l'atmosphère.

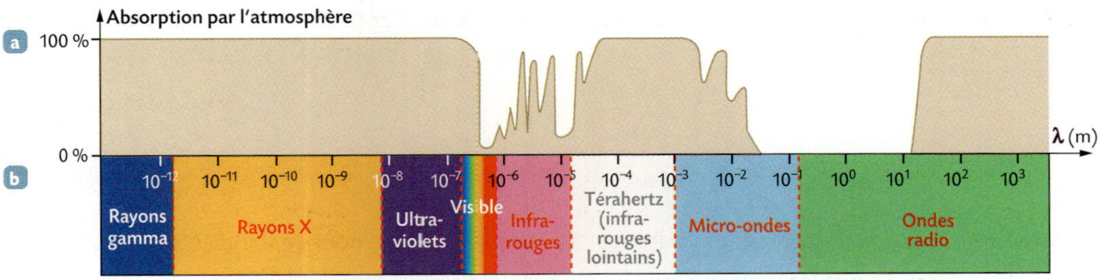

> Absorption des rayonnements par l'atmosphère en fonction de leur longueur d'onde (a) et domaines des rayonnements électromagnétiques (b).

Analyse et synthèse

→ Fiche 1, p. 320.

Expliquer en quoi l'atmosphère terrestre peut faire obstacle aux observations du système solaire.

Compétences travaillées

S'approprier • Reformuler.
Communiquer • Rédiger une synthèse.

Cours

Doc. 1

a

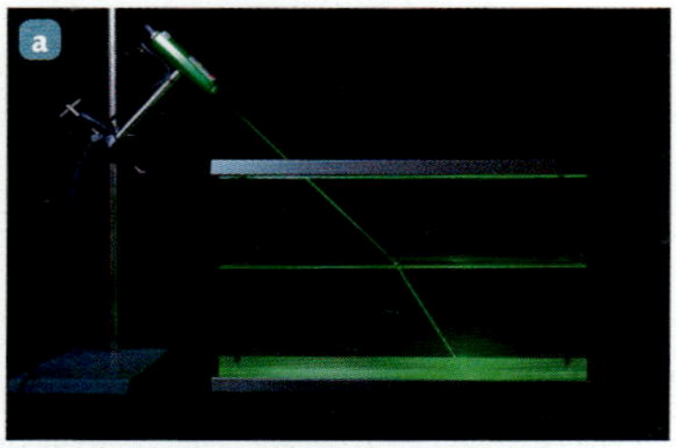

b

> Réfraction d'un faisceau lumineux monochromatique passant de l'air dans l'eau (**a**). La réfraction de la lumière permet d'expliquer pourquoi l'ours paraît décapité sur cette photographie (**b**).

Doc. 2

a

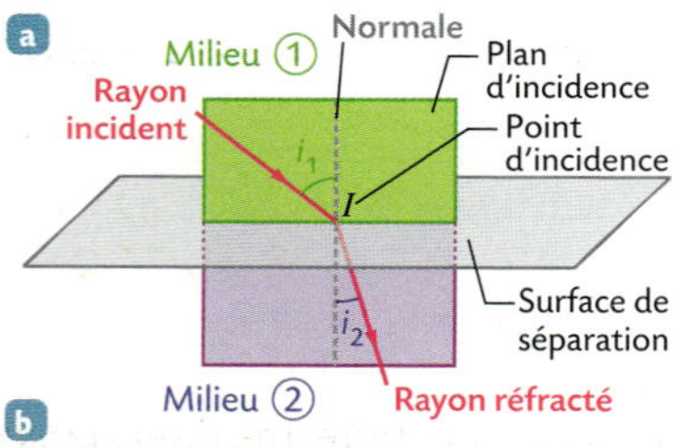

b

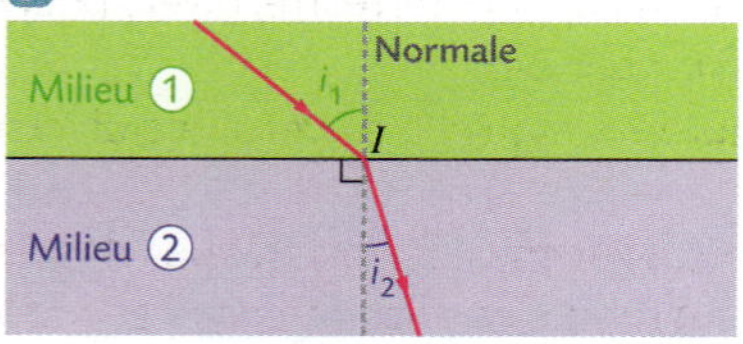

> Réfraction d'un faisceau lumineux passant d'un milieu ① à un milieu ② : dessin en perspective (**a**) et schéma dans le plan d'incidence (**b**).

La relation $n_1 \times \sin i_1 = n_2 \times \sin i_2$ est la loi de DESCARTES relative aux angles pour la réfraction.

1 Qu'est-ce que la réfraction de la lumière ?

A. Le phénomène de réfraction

• La lumière se propage en ligne droite dans un milieu transparent et homogène (**chapitre 1**, p. 16). Dans un tel milieu, le trajet rectiligne d'un étroit faisceau lumineux entre deux points est modélisé par un segment, appelé **rayon lumineux**.

• Lorsque la lumière change de **milieu de propagation**, elle peut changer de direction. C'est le phénomène de réfraction (**doc. 1**).

La **réfraction** est le changement de direction de propagation d'un faisceau lumineux passant d'un milieu transparent à un autre.

B. Les lois de la réfraction

• La réfraction d'un faisceau lumineux passant d'un milieu ① à un milieu ② est dessinée, puis schématisée, dans le **doc. 2**.

– Le **rayon incident** est le rayon lumineux se propageant dans le premier milieu traversé ; le **rayon réfracté** est le rayon lumineux se propageant dans le deuxième milieu traversé.

– Le **point d'incidence *I*** est le point d'intersection du rayon incident avec la surface de séparation des deux milieux.

– La **normale** est la droite perpendiculaire à la surface de séparation des deux milieux et passant par le point d'incidence *I*.

– Le **plan d'incidence** est le plan contenant le rayon incident et la normale.

– L'**angle d'incidence i_1** est l'angle entre le rayon incident et la normale ; l'**angle de réfraction i_2** est l'angle entre le rayon réfracté et la normale.

• Les **lois de SNELL-DESCARTES** pour la réfraction d'un faisceau lumineux (**activité 1**) ont été énoncées au XVIIe siècle.

• Le rayon incident et le rayon réfracté sont situés :
– dans le même plan ;
– de part et d'autre de la normale.

• Les angles d'incidence i_1 et de réfraction i_2 vérifient la relation :

$$n_1 \times \sin i_1 = n_2 \times \sin i_2$$

n_1 : Indice de réfraction du milieu ① ; n_2 : Indice de réfraction du milieu ②

Pour une radiation lumineuse donnée, l'indice de réfraction d'un milieu transparent et homogène est un nombre sans unité supérieur ou égal à 1. Il caractérise ce milieu. En arrondissant au centième, l'indice de l'air est égal à 1,00 ; celui de l'eau est égal à 1,33.

La relation $n_1 \times \sin i_1 = n_2 \times \sin i_2$ permet de **déterminer l'indice de réfraction** d'un milieu transparent et homogène.

→ Exercices 6 à 12, p. 49.

2 Comment expliquer la dispersion de la lumière blanche par un prisme ?

Doc. 3

> Le verre d'un prisme est un milieu dispersif.

Doc. 4

Longueur d'onde (nm)	Indice de réfraction
404,7	1,540
567,9	1,525
671,6	1,521

> Indices de réfraction du verre d'un prisme pour différentes longueurs d'onde.

Doc. 5

> Schématisation de la dispersion de la lumière blanche par un prisme.

- Le phénomène de dispersion de la lumière a été étudié par I. NEWTON au XVIIe siècle (**activité 2** et **doc. 3**).

La **dispersion de la lumière** est la séparation des différentes radiations de cette lumière.

- Un milieu permettant d'observer la dispersion de la lumière est qualifié de **dispersif** : son indice de réfraction dépend de la longueur d'onde. C'est le cas du verre d'un prisme (**doc. 4**).

L'indice de réfraction d'un **milieu dispersif** dépend de la longueur d'onde de la radiation lumineuse qui le traverse.

- La loi de SNELL-DESCARTES relative aux angles pour la réfraction permet d'interpréter la dispersion de la lumière par un prisme.
En effet, quand les diverses radiations de la lumière blanche rencontrent la première face du prisme, elles ont le même angle d'incidence (**doc. 5**). De plus, on considère que l'indice de réfraction de l'air est quasiment le même pour toutes ces radiations.
Le verre du prisme est un milieu dispersif : son indice de réfraction n'est pas le même pour les différentes radiations de la lumière qui le traverse. Ces radiations sont donc réfractées avec des angles différents et sont ainsi séparées les unes des autres. La seconde réfraction, à la sortie du prisme, accentue le phénomène.

→ Exercices 13 à 16, p. 49-50.

3 Quels sont les effets de l'atmosphère sur les observations astronomiques ?

Doc. 6

> L'observatoire suisse Sphinx est situé à 3 771 m d'altitude.

- Lorsque la lumière traverse l'atmosphère terrestre, divers phénomènes peuvent se produire. Par exemple :
  - la lumière peut être **réfractée** lorsqu'elle traverse les diverses couches de l'atmosphère (**activités 3** et **4**) ;
  - la lumière peut être **dispersée** car, même si l'air est très peu dispersif, l'épaisseur de l'atmosphère peut rendre ce phénomène observable ;
  - des radiations de la lumière peuvent être **absorbées** par l'atmosphère terrestre (**activité 4**).

Ces phénomènes peuvent gêner l'observation des astres depuis la Terre. Pour tenter de s'en affranchir, les astronomes utilisent des instruments d'observation embarqués à bord de satellites, de sondes spatiales ou installés en altitude (**doc. 6**).

- La dispersion de la lumière n'est pas toujours un phénomène gênant. Elle est utilisée en **spectroscopie** (**chapitre 2**, p. 29) pour analyser la lumière des étoiles.

→ Exercices 17 et 18, p. 50.

Essentiel

1 Réfraction de la lumière

Réfraction et lois de Snell-Descartes

- La **réfraction** est le changement de direction d'un faisceau lumineux passant d'un milieu transparent à un autre.
- L'**angle de réfraction** (i_1) dépend de l'angle d'incidence (i_2) et des indices de réfraction des milieux :

$$n_1 \times \sin i_1 = n_2 \times \sin i_2$$

- Le rayon incident et le rayon réfracté sont situés dans le plan d'incidence et de part et d'autre de la normale.

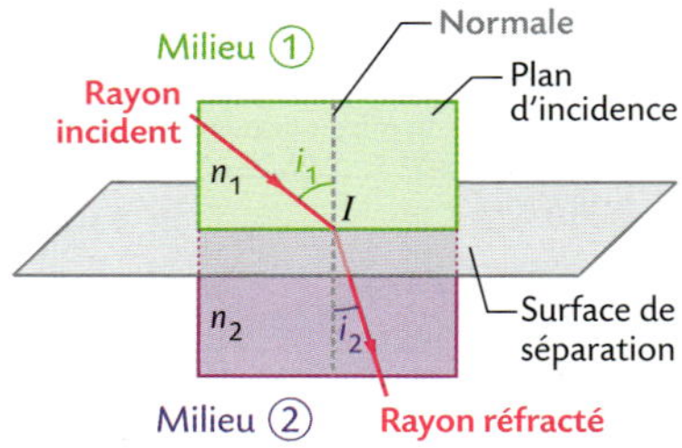

Indice de réfraction n

- Pour une radiation lumineuse donnée, l'indice de réfraction d'un milieu transparent et homogène est un nombre sans unité supérieur ou égal à 1. Il caractérise ce milieu.
- On peut déterminer un indice de réfraction grâce à des mesures d'angles et à la loi de Snell-Descartes relative aux angles. Pour cela, on exploite une mesure ou une série de mesures.

2 Dispersion de la lumière blanche par un prisme

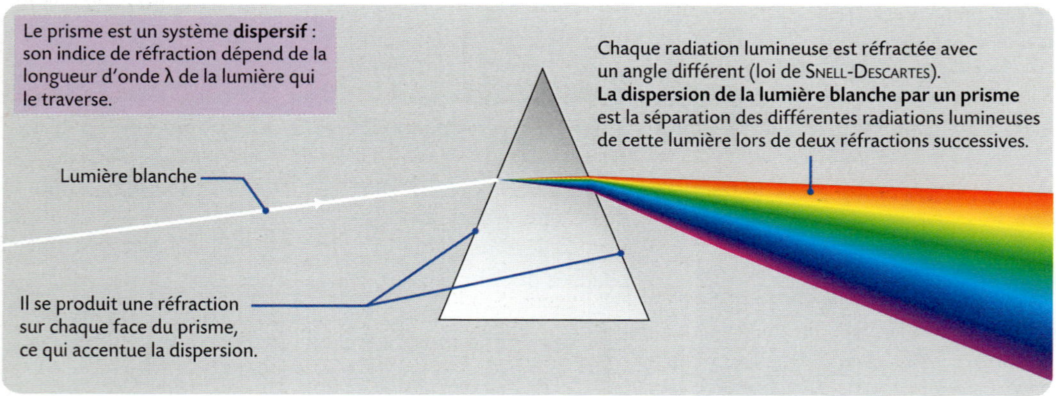

3 Observations astronomiques

- Lorsque la lumière provenant des astres traverse l'atmosphère, il se produit divers phénomènes qui peuvent gêner l'observation de ces astres. Pour limiter les effets de l'atmosphère sur cette lumière, les instruments d'observation sont fréquemment installés en haute altitude, voire envoyés dans l'espace.

QCM

→ Corrigés, p. 338.

Pour chaque question, indiquer la (ou les) bonne(s) réponse(s).

1 Réfraction de la lumière

Si erreur, revoir § 1, p. 44.

	A	B	C
1 Lors d'une réfraction, la lumière change :	de couleur.	de direction de propagation.	de milieu de propagation.
2 Le phénomène de réfraction peut se produire si :	les milieux traversés sont transparents et ont des indices de réfraction égaux.	les milieux traversés sont transparents et ont des indices de réfraction différents.	L'angle d'incidence est nul.
3 On représente ci-dessous une réfraction. 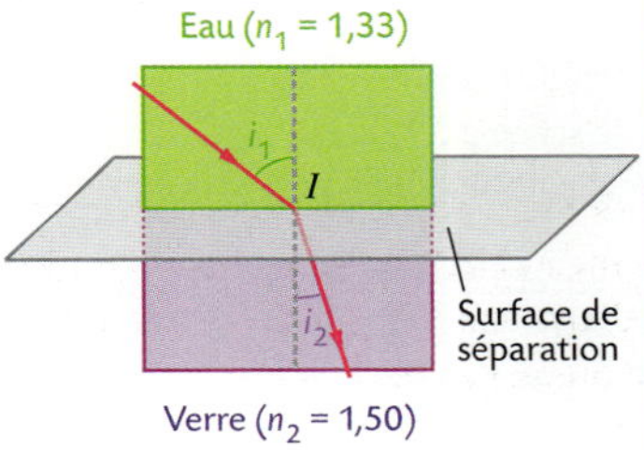	Le rayon incident se propage dans l'eau.	La droite en pointillés est la droite d'incidence.	i_2 est l'angle de réfraction, i_1 est l'angle d'incidence.
4 Dans la situation précédente, si l'angle de réfraction mesure 58° :	la mesure de l'angle d'incidence est 73°.	la mesure de l'angle d'incidence est 0,96°.	la mesure de l'angle d'incidence est 49°.
5 Dans la situation précédente, si on remplace l'eau par de l'air, d'indice de réfraction égal à 1,00 :	l'angle de réfraction est plus grand que précédemment.	l'angle de réfraction n'est pas modifié.	l'angle de réfraction est plus petit que précédemment.

2 Dispersion de la lumière blanche par un prisme

Si erreur, revoir § 2, p. 45.

	A	B	C
1 Un milieu est dit dispersif lorsqu'il :	absorbe les différentes radiations d'un faisceau lumineux.	sépare les différentes radiations d'un faisceau lumineux.	réfléchit les différentes radiations d'un faisceau lumineux.
2 Un prisme disperse la lumière blanche car son indice de réfraction dépend de :	la longueur d'onde des radiations qui le traversent.	l'angle d'incidence.	sa forme géométrique.

3 Observations astronomiques

Si erreur, revoir § 3, p. 45.

	A	B	C
1 La lumière qui nous parvient d'une étoile s'est propagée dans le vide avant de pénétrer dans l'atmosphère terrestre, dont l'indice de réfraction varie en fonction de l'altitude.	Cette lumière se propage en ligne droite depuis l'étoile jusqu'à l'observateur.	Cette lumière se propage en ligne droite dans le vide.	Cette lumière est réfractée par l'atmosphère terrestre.

Exercice résolu

Compétences
- Faire un schéma.
- Effectuer un calcul littéral et numérique.

4 Déterminer un indice de réfraction

Énoncé

Un faisceau lumineux monochromatique issu d'une source lumineuse traverse une cuve en forme de demi-cylindre contenant un liquide. La cuve est placée sur un disque gradué comme indiqué sur le schéma ci-contre.

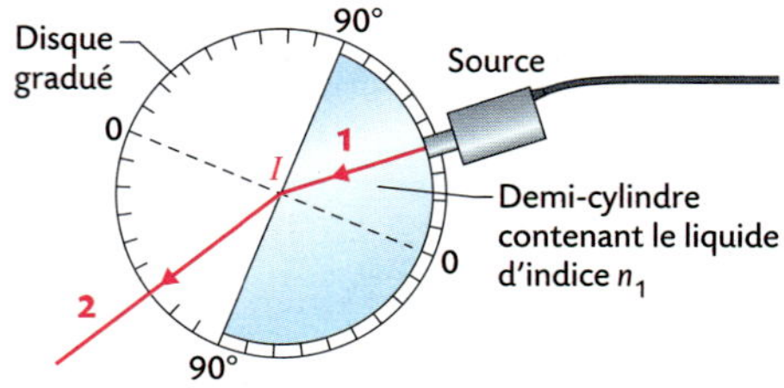

1. Quel est le rayon réfracté parmi les rayons numérotés sur le schéma ?
2. Schématiser l'expérience. Indiquer les valeurs de l'angle d'incidence i_1 et de l'angle de réfraction i_2.
3. Calculer l'indice de réfraction n_1 du liquide.

Données
- La cuve utilisée a une épaisseur suffisamment faible pour pouvoir négliger la réfraction qui se produit sur ses parois.
- L'indice de réfraction de l'air est égal à 1,00.

Analyse de l'énoncé
- Qu'est-ce que le rayon réfracté ?
- Qu'est-il important de faire apparaître sur le schéma ? Comment sont définis ces deux angles ?
- Quelle relation fait intervenir les indices de réfraction ?

Conseils

1 Utiliser la définition du rayon réfracté.
Repérer le point d'incidence où le rayon est dévié et prendre en compte le sens de propagation de la lumière depuis la source.

2 Faire apparaître, dans le schéma, les éléments indispensables à la compréhension du phénomène : rayon incident, rayon réfracté, milieux de propagation et surface les séparant, normale.
Les angles sont mesurés par rapport à la normale.

3 La relation qui fait intervenir les indices de réfraction est la loi de Snell-Descartes relative aux angles pour la réfraction.
Isoler l'indice n_1, qui est la grandeur recherchée.
Effectuer ensuite l'application numérique en contrôlant le paramétrage dégrés/radians de la calculatrice. Les rabats II et III de ce manuel présentent ce paramétrage.

Solution rédigée

1 Le rayon incident se propage dans le premier milieu, avant le point d'incidence : il s'agit du rayon 1. Le rayon réfracté est le rayon dans le second milieu, après le point d'incidence : il s'agit du rayon numéro 2.

2

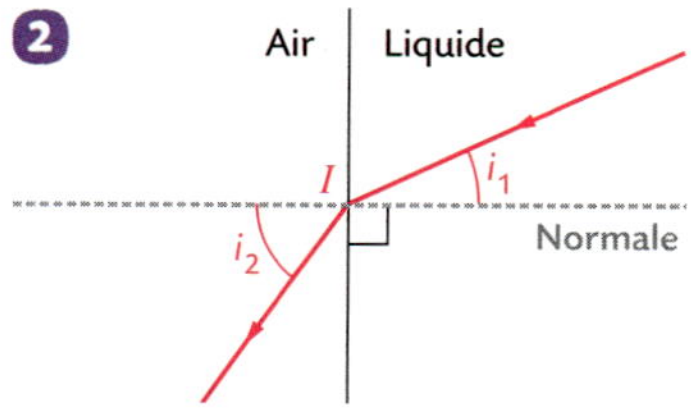

L'angle d'incidence i_1 vaut 40° et l'angle de réfraction i_2 vaut 60°.

3 La loi de Snell-Descartes relative aux angles permet de calculer la valeur de l'indice de réfraction n_1 :

$$n_1 = \frac{n_2 \times \sin i_2}{\sin i_1}$$

Avec $n_2 = 1{,}00$, $i_1 = 40°$ et $i_2 = 60°$, il vient :

$$n_1 = \frac{1{,}00 \times \sin 60}{\sin 40} \approx 1{,}3$$

L'indice de réfraction n_1 du liquide est 1,3.

5 Application immédiate

Dans le cadre de l'exercice précédent, quelle est la valeur de l'angle d'incidence si l'angle de réfraction vaut 45° ?

→ Corrigés, p. 338.

Exercices

Compétences

Parcours d'apprentissage 6 13 17 22 29

- *Pratiquer une démarche expérimentale pour établir un modèle à partir d'une série de mesures et pour déterminer un indice de réfraction.*
- Interpréter qualitativement la dispersion de la lumière par un prisme.
- Analyser des documents scientifiques portant sur l'observation du système solaire.

Pour commencer

Réfraction de la lumière

6 Connaître le phénomène de réfraction (1)

- Mobiliser ses connaissances.

1. Définir le phénomène de réfraction.

2. a. Dans la loi de la réfraction de Snell-Descartes $n_1 \times \sin i_1 = n_2 \times \sin i_2$, que représentent les grandeurs n_1, n_2, i_1 et i_2 ?

b. Quelles sont leurs unités ?

7 Connaître le phénomène de réfraction (2)

- Mobiliser ses connaissances.

• Quelle grandeur caractéristique des milieux est responsable du phénomène de réfraction ?

8 Identifier les angles d'incidence et de réfraction

- Mobiliser ses connaissances

• Sur le schéma ci-dessous, identifier l'angle d'incidence et l'angle de réfraction.

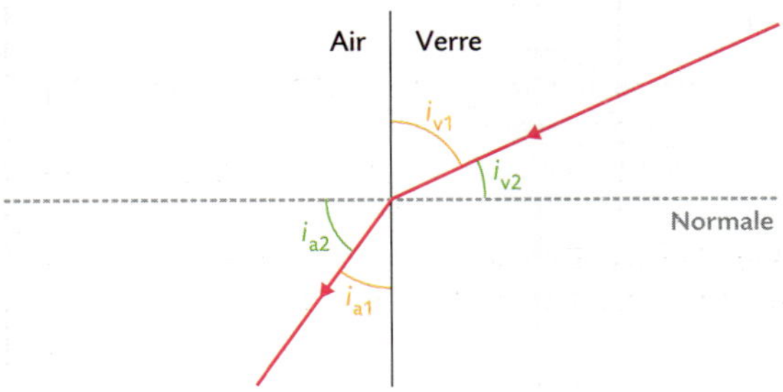

9 Schématiser le phénomène de réfraction

- Faire un schéma adapté.

• Schématiser la situation de réfraction suivante en indiquant le point d'incidence I, en dessinant la normale et en repérant les angles d'incidence et de réfraction.

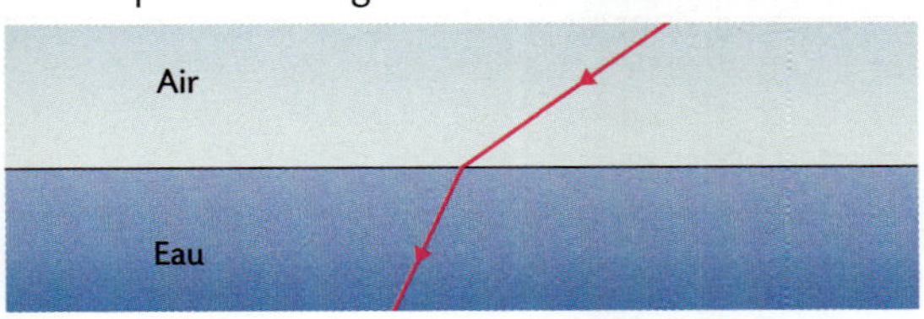

10 Étudier quantitativement la réfraction (1)

- Effectuer un calcul littéral et numérique.

• À l'aide de la loi de Snell-Descartes relative aux angles, calculer l'angle de réfraction i_2 pour un angle d'incidence i_1 égal à 25,0° et des indices de réfraction n_1 égal à 1,00 et n_2 égal à 1,39.

11 Étudier quantitativement la réfraction (2)

- Effectuer un calcul littéral et numérique.

• Calculer l'indice de réfraction n_1 sachant que pour un angle d'incidence i_1 égal à 27,0° l'angle de réfraction i_2 est égal à 30,6° dans le cas où l'indice de réfraction n_2 est égal à 1,21.

12 Étudier quantitativement la réfraction (3)

- Effectuer un calcul littéral et numérique ; reformuler.

Lorsqu'un faisceau lumineux arrive sur une surface séparant deux milieux, avec une incidence de 0°, on parle d'incidence nulle.

1. Quel est l'angle de réfraction correspondant à cette incidence ?

2. Dans ces conditions, pourquoi peut-on dire que le faisceau lumineux n'est pas dévié ?

Dispersion de la lumière blanche par un prisme

13 Connaître le phénomène de dispersion (1)

- Mobiliser ses connaissances.

• Pourquoi dit-on qu'un prisme est dispersif ?

14 Connaître le phénomène de dispersion (2)

- Mobiliser ses connaissances ; faire preuve d'esprit critique.

Vincent a schématisé ci-contre l'expérience de dispersion de la lumière blanche.

• Expliquer en quoi son schéma est faux.

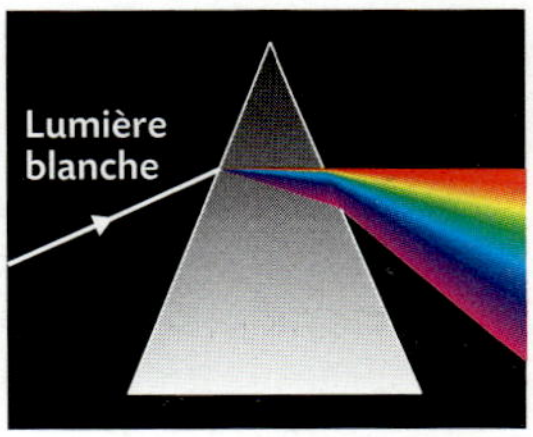

15 Connaître le phénomène de dispersion (3)

■ Mobiliser ses connaissances ; faire preuve d'esprit critique.

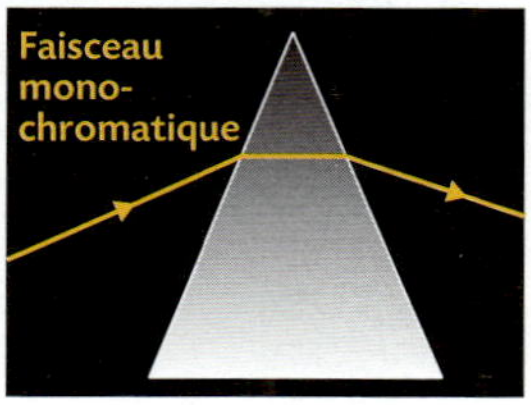

• Expliquer en quoi le schéma ci-contre ne rend pas compte du phénomène de dispersion de la lumière.

16 Interpréter le phénomène de dispersion

■ Mobiliser ses connaissances.

• Quelle propriété de l'indice de réfraction d'un milieu est à l'origine du phénomène de dispersion de la lumière blanche ?

Observations astronomiques

17 S'interroger sur le choix d'une technologie d'observation

■ Identifier un problème.

• Citer un intérêt d'utiliser des instruments d'observation embarqués dans des satellites en orbite terrestre.

18 Connaître des phénomènes atmosphériques

■ Mobiliser ses connaissances.

• Citer deux effets de l'atmosphère pouvant gêner les observations astronomiques réalisées depuis le sol terrestre.

Pour s'entraîner

19 J'en vois de toutes les couleurs

■ Mobiliser ses connaissances ; extraire et exploiter des informations d'un texte.

De nombreux instruments d'optique comme les loupes, les microscopes, les appareils photographiques ou les télescopes utilisés pour observer les astres, sont équipés de lentilles qui réfractent la lumière.

> Observation de Vénus.

Les propriétés de convergence ou de divergence de ces lentilles dépendent de leur indice de réfraction. Lorsqu'une lentille est traversée par une lumière polychromatique, on peut observer des irisations colorées qui rappellent un arc-en-ciel. Ce défaut est appelé aberration chromatique.
Pour limiter ces aberrations chromatiques, on peut associer à cette lentille une ou plusieurs autres lentilles, aux propriétés dispersives différentes.

1. Quelle propriété physique des lentilles est à l'origine d'aberrations chromatiques ? Citer un autre système optique possédant cette propriété.

2. En s'appuyant sur le cours et sur le document ci-dessus, interpréter qualitativement l'observation d'aberrations chromatiques.

20 Connaître les critères de réussite SVT

Le Poisson archer maîtrise la réfraction

■ Identifier un problème ; effectuer des calculs littéraux et numériques ; faire un schéma.

Les Toxotes ou Poissons archers, se nourrissent à la fois de proies aquatiques mais également d'arthropodes et de gastéropodes terrestres, souvent proches de la surface.
La particularité du Poisson archer est qu'il peut, en projetant un puissant jet d'eau avec sa bouche, faire tomber ses proies en surface avant de les attraper. Après avoir repéré sa future proie, le poisson s'oriente, se rapproche et se positionne. Le museau affleure à la surface de l'eau mais les deux gros yeux restent sous la surface. Le tir du Toxotes est pourtant confronté à une difficulté majeure : pour viser, il lui faut tenir compte de la différence d'indice de réfraction entre l'eau et l'air.

Deux hypothèses ont été proposées pour expliquer la précision du Poisson archer. La première est qu'il se positionne à la verticale de sa proie, **tirant perpendiculairement à la surface de l'eau. Il voit donc théoriquement l'insecte où il est vraiment.** Cependant l'observation montre que plus probablement son habileté résulte d'un apprentissage : c'est à force de rater sa cible que le Toxotes corrigerait de lui-même la réfraction.

Extrait du site Internet www.inra.fr

1. Expliquer le passage écrit en gras dans le texte.

2. a. Schématiser le cheminement de la lumière allant de la proie à l'œil du Toxotes dans la deuxième hypothèse, en localisant les angles d'incidence et de réfraction.
b. Calculer l'angle de réfraction pour un faisceau lumineux provenant d'une proie et d'angle d'incidence 20°.

3. Pourquoi, dans sa position de tir, le Poisson archer est-il « confronté à une difficulté majeure » ?

Données

• $n_{air} = 1,00$ • $n_{eau} = 1,33$

Critères de réussite	Barème
1. Les angles d'incidence et de réfraction sont identifiés dans cette situation et l'absence de déviation est justifiée.	1 pt
L'explication est correctement rédigée.	0,5 pt
2. a. Le schéma comporte la proie, l'œil du Toxotes, la surface de séparation air/eau, un rayon lumineux incident et un rayon réfracté. Les angles sont bien placés.	1 pt
b. Les paramètres de la loi de SNELL-DESCARTES relative aux angles pour la réfraction sont identifiés dans la situation proposée.	1 pt
L'angle recherché est exprimé et calculé.	1 pt
3. La difficulté est identifiée et correctement formulée.	0,5 pt
Pour l'ensemble des réponses	
Les réponses sont correctement rédigées.	0,5 pt
cours maîtrisé / réponse complète / présentation	**5,5 pts**

21 Capture Amazing Photography Effects with a Glass of Water — ARTS

■ Extraire et exploiter des informations d'une photographie ; mobiliser ses connaissances.

The refraction of light is one of the most commonly observed phenomena and is a **perennial** favourite of photographers. [...] it's actually a rather simple photography effect you can recreate anywhere. [...]

For this project you'll need to make a simple background. We've created a diagonal black and white stripe [...] you could even introduce some colour. Position super-clean drinking glasses in front of the **backdrop**, and fill them with water to varying levels. [...] Use a tripod, as **small changes in camera angle will affect [...] the pattern**. Daylight can work perfectly, but we'll be using a flashgun here as we're shooting in lowlight conditions.

Extrait du site Internet www.digitalcameraworld.com

Vocabulaire : *perennial* : perpétuel ; *backdrop* : arrière-plan ; *pattern* : dessin, motif.

1. Rappeler le nom et la définition du phénomène lumineux à l'origine de l'effet visuel décrit dans le texte.

2. Pour chaque portion encadrée de la photographie, détailler les phénomènes subis par la lumière lors de son cheminement, depuis le fond strié jusqu'à l'objectif de l'appareil photographique.

3. Expliquer la partie du texte écrite en gras.

22 Besoin d'un indice pour l'identifier ?

■ Exploiter des résultats ; utiliser un modèle pour prévoir ; faire un graphique.

On peut identifier un liquide en déterminant son indice de réfraction. Pour cela, un faisceau de lumière monochromatique est dirigé vers un liquide comme indiqué sur le schéma ci-dessous.

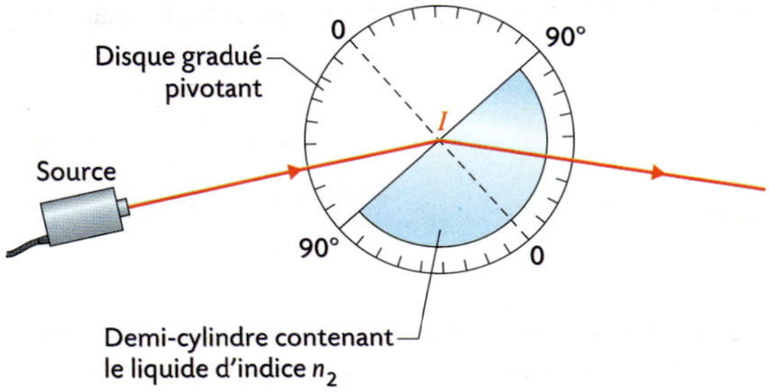

On note i_1 l'angle d'incidence dans l'air et i_2 l'angle de réfraction. Pour la lumière utilisée, l'indice de l'air n_1 est égal à 1,00 et l'indice du liquide est noté n_2.
Le tableau ci-dessous regroupe les mesures réalisées pour divers angles d'incidence ainsi que les sinus de ces angles.

	A	B	C	D	E	F	G	H
1	i_1 (en degrés)	0	10	20	30	40	50	
2	i_2 (en degrés)	0	7	15	22	28	34	
3	sin i_1	0	0,17	0,34	0,50	0,64	0,77	
4	sin i_2	0	0,12	0,26	0,37	0,47	0,56	

1. Reproduire le tableau et compléter la dernière colonne en utilisant le schéma.

2. À l'aide d'un tableur, d'une calculatrice graphique ou sur papier millimétré, construire la représentation graphique de sin i_1 en fonction de sin i_2.

3. Montrer que les valeurs expérimentales obtenues sont en accord avec la loi de SNELL-DESCARTES relative aux angles pour la réfraction.

4. Déterminer la valeur de l'indice de réfraction n_2 du liquide étudié.

5. Le liquide étudié est-il de l'éthanol ou du glycérol ?

Données

- $n_{éthanol} = 1,36$
- $n_{glycérol} = 1,47$
- La cuve utilisée a une épaisseur suffisamment faible pour pouvoir négliger la réfraction qui se produit lorsque la lumière traverse ses parois.

23 La pierre qui brille

■ Extraire et exploiter des informations d'un texte ; effectuer un calcul littéral et numérique ; faire un schéma ; écrire un résultat de manière adaptée.

Quand de la lumière blanche traverse un diamant, elle est décomposée. Lorsqu'elle en ressort, on voit un éventail de couleurs allant du rouge au violet.

On note respectivement n_R et n_V les indices de réfraction du diamant pour les radiations rouge et violette. L'indice de réfraction n_R est inférieur à n_V. On considère que l'indice de réfraction de l'air est le même pour toutes les radiations.

1. Quel est le nom du phénomène observé sur la photo ci-dessus ? Quelle est son origine ?

2. a. Pour un même angle d'incidence i_1 mesuré dans l'air, exprimer la relation de SNELL-DESCARTES dans le cas d'une radiation rouge, puis d'une radiation violette.

b. Reproduire les schémas ci-contre. Les compléter à l'aide des résultats de la question précédente.

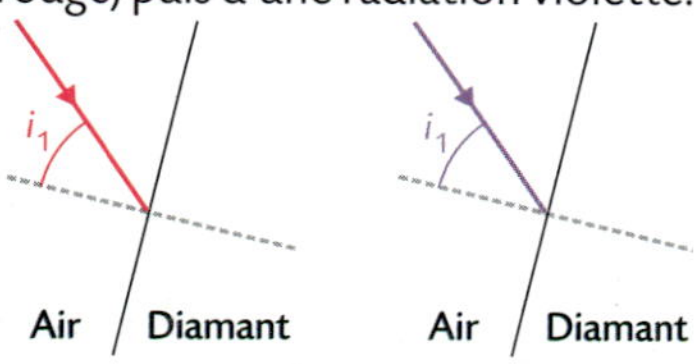

3. On définit un coefficient de dispersion d'une pierre précieuse (le diamant, par exemple) comme étant la différence entre l'indice de réfraction n_V et l'indice de réfraction n_R. L'indice de réfraction n_V du diamant est 2,453 et son coefficient de dispersion est 0,044.
Quel est l'indice de réfraction n_R du diamant ?

24 À chacun son rythme

Pour arriver à bon port, suivre la déviation

■ Mobiliser et organiser ses connaissances ; faire un schéma ; identifier un problème ; rédiger une réponse argumentée.

*Commencer par résoudre l'*énoncé compact. *En cas de difficultés, passer à l'*énoncé détaillé.

On étudie la dispersion d'un faisceau lumineux polychromatique constitué de deux radiations de longueur d'onde 460 nm (domaine du bleu) et 740 nm (domaine du rouge).
L'expérience est partiellement schématisée ci-après.
L'indice de réfraction du prisme est d'autant plus élevé que la longueur d'onde de la radiation qui le traverse est faible.

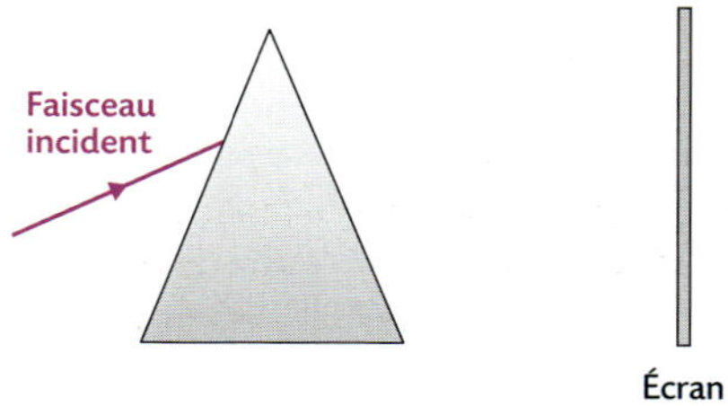

Énoncé compact

• Décrire le plus précisément possible le spectre lumineux observé à l'écran.

Énoncé détaillé

1. a. Définir les termes « dispersion » et « radiation polychromatique ».
b. Pour laquelle des radiations citées dans le texte l'indice de réfraction du prisme est-il le plus élevé ?

2. Par rapport à la direction d'incidence :
a. identifier la radiation la plus déviée lors de la première réfraction ;
b. identifier la radiation la plus déviée lors de la seconde réfraction.

3. Le spectre observé est-il continu ou discontinu ?

4. À partir des prévisions précédentes et à l'aide du schéma ci-dessus, indiquer la position relative des raies colorées observées sur l'écran.

Pour aller plus loin

25 Résolution de problème

Détermination d'un indice de réfraction

■ Exploiter une représentation graphique ; effectuer des calculs ; construire les étapes d'une résolution de problème.

La représentation graphique ci-dessous a été obtenue lors de l'étude de la réfraction d'un faisceau lumineux passant de l'air d'indice égal à 1,00 dans un solide transparent.

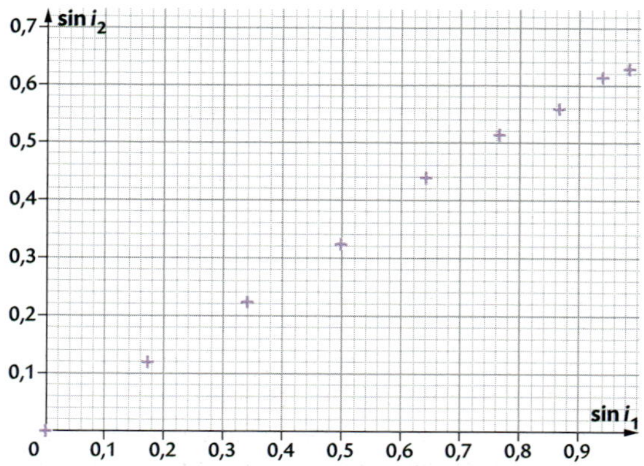

• Le matériau testé est-il du plexiglas, dont l'indice de réfraction est égal à 1,49 ?

→ Pistes de résolution, p. 334.

26 Fenêtre sur le monde

■ Extraire des informations ; effectuer des calculs littéraux ; interpréter des résultats.

Un jeune enfant observe par la fenêtre de sa chambre l'étoile polaire, dans la constellation de la Petite Ourse. Cette étoile est connue par les marins pour indiquer le Nord.

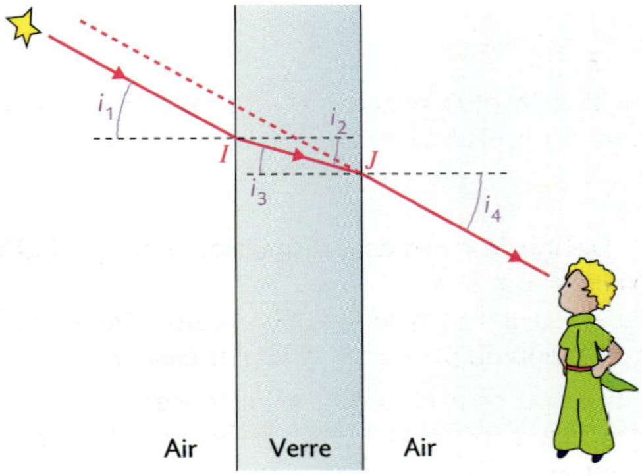

La vitre de la fenêtre est plane et verticale. L'indice de réfraction de l'air, noté n_{air}, est supposé le même de part et d'autre de la vitre. Celui du verre est noté n_v.

1. Sur le schéma ci-dessus, identifier le rayon incident.

2. Combien de fois la lumière émise par l'étoile est-elle réfractée en traversant la vitre ?

3. a. Quelle est la relation entre l'angle d'incidence i_1 et l'angle de réfraction i_2 ?
b. Quelle est la relation entre l'angle d'incidence i_3 et l'angle de réfraction i_4 ?
c. Montrer que l'angle i_2 est égal à l'angle i_3.

4. En déduire que le faisceau lumineux émerge de la vitre parallèlement à sa direction d'incidence.

27 Réflexion sur une bonne réfraction

■ Faire un schéma ; proposer et discuter une hypothèse ; effectuer des calculs.

Les prismes sont des systèmes optiques qui peuvent notamment être utilisés pour dévier la lumière.
On souhaite dévier un faisceau lumineux monochromatique horizontal à l'aide du prisme schématisé ci-contre. La lumière pénètre dans le prisme par sa face verticale *AB*. L'indice de réfraction du prisme vaut 1,70.

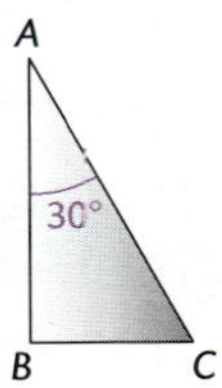

1. a. Quel est l'angle entre le faisceau incident et la droite (*AB*) ?
b. Pourquoi, dans cette situation, le faisceau n'est-il pas dévié lorsqu'il pénètre dans le prisme ?

2. a. Quelle est la somme des angles d'un triangle ?
b. À l'aide d'un schéma, déterminer la mesure de l'angle d'incidence sur la face *AC*.
c. Calculer l'angle de réfraction à la sortie du prisme.

3. Citer une autre application des prismes.

28 Tu crois que ça passe ?

■ Extraire et exploiter des informations d'un texte et de graphiques ; interpréter des observations.

L'atmosphère terrestre est transparente à la lumière solaire, de l'ultraviolet (UV) au proche infrarouge (IR). Elle est opaque pour certaines radiations infrarouges. Les courbes ci-dessous représentent les pourcentages (%) de lumière absorbée soit par l'ensemble de l'atmosphère, soit par du dioxyde de carbone, soit par de l'eau, en fonction de la longueur d'onde (λ) exprimée en nanomètre.

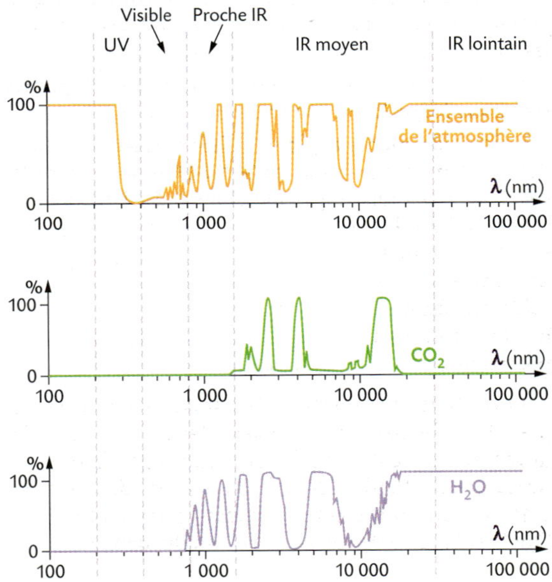

1. a. Indiquer dans quels domaines de longueurs d'onde le dioxyde de carbone CO_2 laisse passer le mieux les différentes radiations et les domaines dans lesquels il les absorbe le plus.
b. Faire de même pour l'eau H_2O.
c. Doit-on tenir compte des raies d'absorption de ces deux composés lors de la réalisation d'un spectre d'étoile dans le domaine du visible depuis un observatoire terrestre ? Pourquoi ?

2. Doit-on tenir compte de l'influence du CO_2 et de H_2O si le spectre est réalisé dans l'infrarouge ?

3. Pourquoi certaines observations ont-elles été améliorées par l'utilisation du télescope spatial Hubble en orbite autour de la Terre depuis 1990 ?

Retour sur l'ouverture du chapitre 3

Quels sont les effets de l'atmosphère terrestre sur la lumière qui la traverse ?

29 S'adapter au moindre changement

- Extraire et exploiter des informations ; mobiliser ses connaissances ; rendre compte à l'écrit.

En 1998, le VLT (Very Large Telescope, qui signifie « très grand télescope ») est inauguré sur le site de Cerro Paranal, au Chili, à 2635 m d'altitude. Il s'agit d'un instrument européen composé de quatre télescopes principaux et de quatre télescopes auxiliaires dont les miroirs primaires ont des diamètres respectifs de 8,2 m et 1,8 m. Il est possible, avec le VLT, d'observer des galaxies lointaines et des exoplanètes. Ces observations se font dans le domaine du visible et de l'infrarouge.
Le site de Cerro Paranal se trouve en plein désert et n'a pas été choisi au hasard. Loin des lumières parasites dues aux activités humaines, il y règne un climat qui permet des observations tout au long de l'année. Sa proximité avec la mer et son altitude minimisent les effets des turbulences de l'atmosphère.
Les mouvements des différentes masses d'air atmosphériques entraînent des fluctuations non prévisibles de la densité de l'air et donc de l'indice de réfraction. **La lumière issue des astres subit alors de nombreuses réfractions avant de parvenir aux télescopes terrestres.** Cela se traduit par des images floues et déformées. L'optique adaptative a pour but de corriger ce défaut. Cette technique consiste à analyser en temps réel les perturbations de la lumière reçue. Un calculateur commande la déformation du miroir afin de compenser les effets de la turbulence atmosphérique plusieurs centaines de fois par seconde. Grâce à l'optique adaptative, les performances des télescopes terrestres équipés rivalisent avec celles des télescopes spatiaux, comme le célèbre Hubble dont le miroir mesure « seulement » 2,4 m de diamètre.

1. Résumer le texte sous forme d'une fiche d'identité présentant le VLT.

2. Expliquer la phrase écrite en gras dans le texte.

3. L'efficacité des télescopes dépend, entre autres, du diamètre de leurs miroirs.
Hubble permet cependant d'observer l'espace aussi bien, voire mieux qu'un télescope terrestre.
Quels sont les avantages et les inconvénients des télescopes terrestres et spatiaux ?

> Dans la galaxie du Petit Nuage de Magellan, on peut apercevoir deux régions : à gauche, une nébuleuse (région de l'espace où naissent des étoiles) ; à droite, les restes de l'explosion d'une étoile en supernova.

UNIVERS

Chapitre

4

L'atome

Quelle est la structure d'un atome ?

→ Exercice 30, p. 70.

> Les supernovae sont à l'origine des éléments lourds présents dans l'Univers.

Compétences

- Connaître la constitution d'un atome et de son noyau. → **Activité 1**
- Savoir que l'atome est électriquement neutre. → **Activité 1**
- Connaître le symbole de quelques éléments.
- Savoir que le numéro atomique caractérise l'élément.
- Savoir que la masse de l'atome est pratiquement égale à celle de son noyau. → **Activité 1**
- *Pratiquer une démarche expérimentale pour vérifier la conservation des éléments au cours d'une réaction chimique.* → **Activité 2**

Activité documentaire

À la maison

1 Évolution des idées sur l'atome

De nombreux modèles ont été proposés successivement pour décrire l'atome.

▶ **Quelles ont été les grandes étapes de l'évolution du modèle de l'atome ?**

Compétences

- Connaître la constitution d'un atome et de son noyau.
- Savoir que l'atome est électriquement neutre.
- Savoir que la masse d'un atome est pratiquement égale à celle de son noyau.

Dès 400 ans av. J.C., le Grec **DÉMOCRITE** (460-370 av. J.-C.) a l'intuition que la matière est constituée de petits « grains » indivisibles, qu'il appelle atomes (du grec *atomos*, littéralement « insécable »). Il imagine les atomes pleins et immuables.

ARISTOTE (384-322 av. J.-C.) ne croit pas à l'existence des atomes. Pour lui, la matière est pleine et constituée d'un mélange de quatre « éléments » : le feu, l'air, la terre et l'eau. Son prestige est tel que le modèle de **DÉMOCRITE** est abandonné. Il faudra attendre plus de vingt siècles pour que la notion d'atome soit réhabilitée.

En 1805, l'Anglais **John DALTON** (1766-1844) reprend l'hypothèse atomique de **DÉMOCRITE**. Selon lui, l'atome est une sphère pleine de matière, semblable à une boule de billard.

En 1897, le physicien anglais **John Joseph THOMSON** (1856-1940) découvre l'un des composants de l'atome : l'électron, particule chargée négativement. En 1904, il propose un modèle dans lequel les électrons sont plongés dans une sphère chargée positivement, comme des prunes (plum en anglais) dans un *pudding*. Dans ce modèle, les électrons dispersés au sein de l'atome équilibrent la charge positive de la sphère. L'ensemble est électriquement neutre.

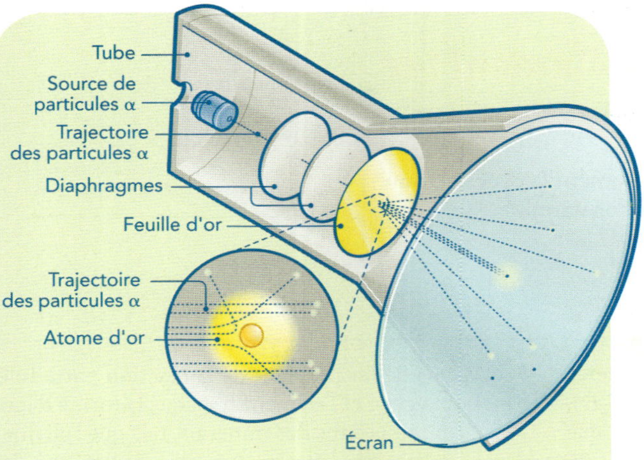

> Un écran fluorescent est placé après la feuille d'or. Un point lumineux se forme sur l'écran chaque fois qu'il est percuté par une particule α.

Un modèle toujours en évolution

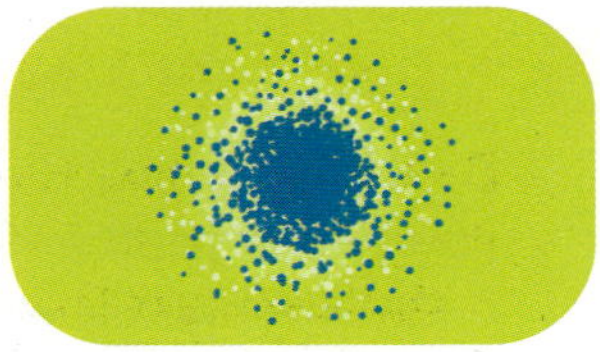

De nombreux scientifiques (**N. Bohr** en 1913, **E. Schrödinger** en 1926, **J. Chadwick** en 1932, etc.) ont enrichi la description de l'atome. Le noyau est constitué de particules : les protons et les neutrons. Le neutron n'est pas chargé. La charge d'un proton est exactement opposée à celle d'un électron. L'atome est électriquement neutre. Le noyau concentre la plus grande partie de la masse de l'atome. Le modèle actuel de l'atome, appelé modèle probabiliste, fait intervenir la physique quantique. Cette théorie établit que les électrons n'ont pas d'orbite définie, mais permet de déterminer leur « probabilité de présence » autour du noyau.

1909

En 1909, le physicien et chimiste britannique **Ernest Rutherford** (1871-1937) bombarde une feuille d'or très fine avec des particules α, bien plus petites que les atomes d'or et chargées positivement. Il observe qu'une tache fluorescente intense apparaît au centre de l'écran et que quelques taches fluorescentes apparaissent à la périphérie de la tache centrale.

Cette expérience a conduit **E. Rutherford** à proposer, en 1911, un nouveau modèle : un atome est constitué d'un noyau central très petit autour duquel des électrons chargés négativement sont en mouvement, comme les planètes autour du Soleil ; l'atome est donc constitué essentiellement de vide.

Analyse et synthèse

Compétences travaillées

	Compétences travaillées
1 Pour les scientifiques présentés page de gauche, l'atome peut-il renfermer du vide ? Justifier en illustrant par des phrases issues du document.	**S'approprier ; analyser** • Extraire et exploiter les informations.
2 Montrer que les résultats expérimentaux obtenus par E. Rutherford contredisent les prévisions d'Aristote, de J. Dalton et de J.J. Thomson.	**Analyser** • Interpréter des résultats expérimentaux.
3 Pourquoi peut-on déduire de l'expérience de E. Rutherford que l'atome contient, en son centre, un noyau qui repousse les particules α ?	**Valider** • Confronter un modèle à des résultats expérimentaux.
4 a. Quel est le signe de la charge électrique portée par le noyau ? b. Schématiser l'atome selon le modèle de E. Rutherford.	**Analyser** • Interpréter des résultats expérimentaux ; modéliser.
5 La masse d'un électron est environ 2 000 fois plus petite que celle d'un proton ou d'un neutron. Dans le texte « Un modèle toujours en évolution », quelle phrase illustre cette affirmation ?	**S'approprier ; analyser** • Extraire et exploiter les informations.

Un pas vers le cours

→ Fiche **Rédaction d'une réponse argumentée**, p. 320.

6 Rédiger, en 15 lignes maximum, une **réponse argumentée** expliquant en quoi l'expérience de Rutherford a remis en cause les modèles précédents.	**Communiquer** • Rendre compte à l'écrit.

Activité

documentaire & expérimentale

2 La planète Mars et l'élément fer

Sur la planète Mars, l'élément fer est très abondant et présent sous plusieurs formes.

▶ **Comment vérifier expérimentalement la conservation d'un élément au cours d'une transformation ?**

Compétences

- *Pratiquer une démarche expérimentale pour vérifier la conservation des éléments au cours d'une réaction chimique.*

A Analyse de la surface de la planète Mars

À la maison

Doc. 1 Mars, la planète rouge

La couleur de cette planète est due aux poussières rouges composées en partie d'oxyde de fer Fe_2O_3 (s), présentes à sa surface. Les scientifiques pensent que cet oxyde de fer provient de la réaction entre l'élément oxygène et l'élément fer, sous la forme d'ions Fe^{2+} contenus dans des minerais, tels que l'olivine.

Doc. 2 Analyse de la surface de Mars par le *Rover Curiosity*

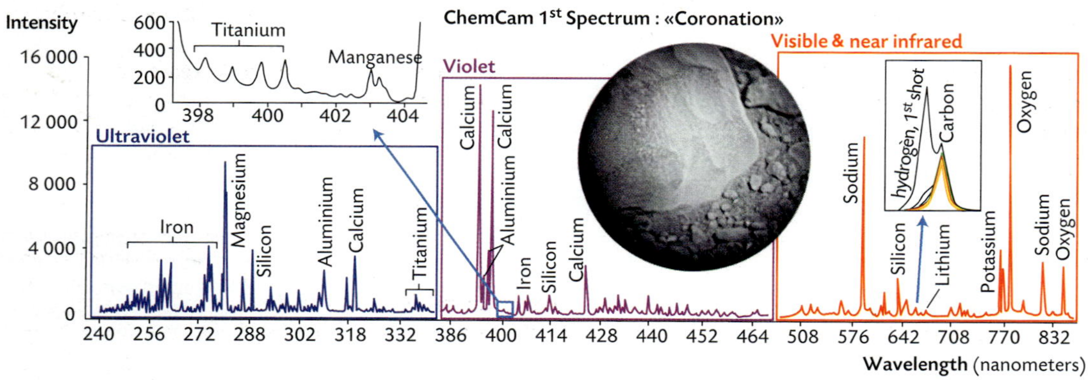

> Spectre donnant la composition d'une roche martienne (document issu du site de la Nasa).

Depuis août 2012, un véhicule autonome, baptisé rover *Curiosity*, explore le sol martien, notamment grâce au *ChemCam*, qui analyse la composition des roches à distance (voir un exemple de spectre obtenu ci-dessus).

> Image de synthèse représentant le véhicule autonome (rover *Curiosity*) en train d'effectuer un tir laser en vue d'analyser une roche martienne.

Analyse des documents

1. Pourquoi la planète Mars apparaît-elle rouge (**doc. 1**) ?
2. Pourquoi le fer est-il présent à la surface de Mars sous forme d'oxyde de fer (**doc. 1**) ?
3. a. Comment le spectre obtenu par l'instrument *ChemCam* permet-il de valider la présence de fer à la surface de Mars (**doc. 2**) ?
   b. À quels domaines de longueurs d'onde appartiennent les radiations caractéristiques de l'élément fer (**doc. 2**) ?

Compétences travaillées

S'approprier • Extraire l'information utile
Analyser • Exploiter les informations extraites

Conservation de l'élément fer

Doc. 3 Formation des ions fer Fe^{2+}

Des ions fer Fe^{2+} se forment lorsque l'on verse une solution d'acide chlorhydrique dans un tube à essais contenant de la poudre de fer.

Doc. 4 Formation de l'hydroxyde de fer, $Fe(OH)_2$ (s)

Les ions fer Fe^{2+} réagissent avec les ions hydroxyde, HO^-, d'une solution d'hydroxyde de sodium pour former un précipité d'hydroxyde de fer $Fe(OH)_2$ (s).

Doc. 5 Oxydation de l'hydroxyde de fer $Fe(OH)_2$ (s)

Au contact du dioxygène de l'air, l'hydroxyde de fer, $Fe(OH)_2$ (s) se transforme spontanément en hydroxyde de fer $Fe(OH)_3$ (s).
Après déshydratation, l'hydroxyde de fer donne de l'oxyde de fer Fe_2O_3 (s).

> Oxyde de fer Fe_2O_3 (s).

Doc. 6 Réaction entre l'oxyde de fer et l'aluminium

Lorsque l'on chauffe fortement un mélange de poudre d'oxyde de fer Fe_2O_3 (s) et de poudre d'aluminium, il se produit une **réaction violente**.
À l'issue de cette réaction, il se forme un liquide qui se solidifie lorsqu'il refroidit. Le solide obtenu est attiré par un aimant.
Regarder une vidéo de cette réaction à l'adresse suivante : http://www.youtube.com/watch?v=wZ1vWN8qBew

VIDEO

Pratique expérimentale

4 Établir un protocole expérimental permettant de fabriquer, en toute sécurité, de l'oxyde de fer Fe_2O_3 (s) à partir de fer métallique. Détailler la liste du matériel utilisé.

- Observer les pictogrammes des réactifs et rechercher les risques que peut présenter leur utilisation (rabats IV-V). S'organiser en conséquence.
- Après accord du professeur, mettre en œuvre ce protocole.

5 Recopier et compléter le cycle ci-dessous.

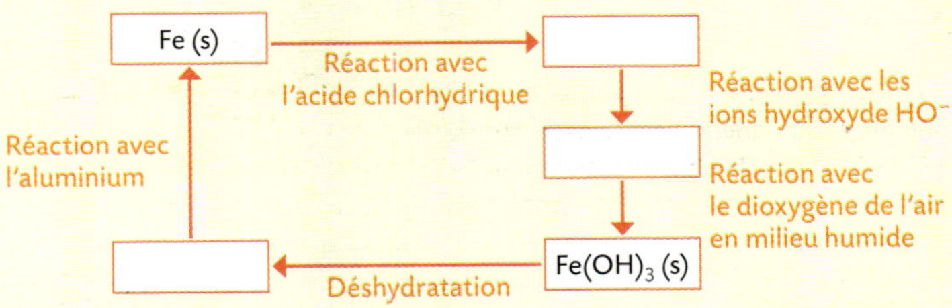

6 Réaliser une synthèse numérique des expériences en l'illustrant de photos ou de schémas. Préciser, pour chacune d'elles, la nature de l'espèce chimique contenant l'élément fer avant et après réaction.

Compétences travaillées

- **Analyser** • Élaborer un protocole ; organiser les informations extraites.
- **Réaliser** • Mettre en œuvre un protocole.
- **Analyser** • Observer et exploiter les informations.
- **Communiquer** • Rendre compte à l'écrit ; rédiger une synthèse.

Un pas vers le cours

7 Comment la série de transformations effectuées montre-t-elle que l'élément fer est conservé ?

Valider • Discuter de la validité d'une propriété.

Cours

1 Quelle est la structure d'un atome ?

A. Constitution d'un atome

Un atome est constitué d'un noyau **chargé positivement** et d'électrons **chargés négativement** en mouvement désordonné autour de ce noyau (**doc. 1**).

Le noyau d'un atome est constitué de protons et de neutrons, appelés **nucléons** (**doc. 2**).

Le **nombre de nucléons** d'un noyau est noté A.

Le **nombre de protons** d'un noyau est noté Z. Il est appelé numéro atomique.

Le **nombre de neutrons** d'un **noyau** est donc égal à $A - Z$.

Doc. 1

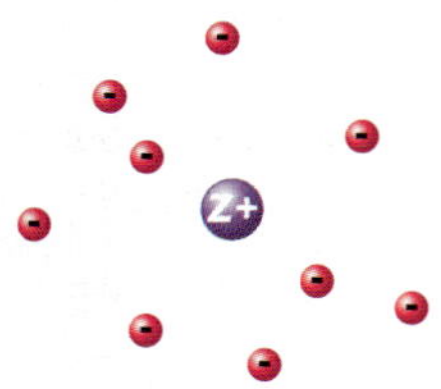

> Représentation simplifiée, ou modèle, d'un atome.

Doc. 2

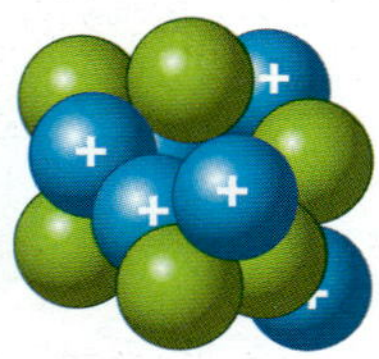

> Le noyau est constitué de protons, chargés positivement, et de neutrons, non chargés.

• Un neutron n'est pas chargé.
Un proton a une charge électrique +e.
Un électron a une charge électrique –e (**doc. 3**).
La charge électrique **e**, de valeur $e = 1{,}60 \times 10^{-19}$ C, est appelée **charge élémentaire**.

Un **atome** n'est **pas chargé**, car il possède autant de protons que d'électrons : il possède **Z protons** dans son noyau et **Z électrons** dans son nuage, ou cortège, électronique.

• La charge électrique positive d'un noyau est donc égale à $Q = Z \times e$.
La charge du nuage électronique de l'atome correspondant est négative et égale à $Q' = Z \times (-e) = -Z \times e$.

Dans le système international d'unités, l'unité de charge électrique est le coulomb, de symbole C.

B. Masse d'un atome

• Les masses d'un proton m_p et d'un neutron m_n sont voisines (**doc. 3**).
En se limitant à trois chiffres significatifs, on peut considérer que ces masses sont égales :

$$m_p \approx m_n \approx m_{nucléon} \qquad m_{nucléon} = 1{,}67 \times 10^{-27} \text{ kg}$$

• La masse d'un électron est environ 2 000 fois plus petite que celle d'un nucléon (**doc. 3**) : **la masse d'un atome peut donc se confondre avec celle de son noyau**.
Par conséquent, la masse m d'un atome est quasiment égale à la masse des A nucléons qui constituent son noyau :

$$m \approx A \times m_{nucléon}$$

Doc. 3

Particule	Charge (C)	Masse (kg)
Proton	$1{,}602 \times 10^{-19}$	$1{,}672\,6 \times 10^{-27}$
Neutron	0	$1{,}674\,9 \times 10^{-27}$
Électron	$-1{,}602 \times 10^{-19}$	$9{,}109\,3 \times 10^{-31}$

> Charges et masses du proton, du neutron et de l'électron.

C. Dimension d'un atome

• **Un atome est environ 100 000 fois plus volumineux que son noyau.**
Comme l'a établi l'expérience de RUTHERFORD (**activité 1**), l'espace considérable existant entre les électrons d'un atome et son noyau est vide : **le volume occupé par un atome est donc essentiellement constitué de vide**. L'atome a une structure lacunaire.

On assimile un atome et son noyau à des sphères. Les diamètres de ces sphères sont très différents :
• diamètre d'un atome : 10^{-10} m ;
• diamètre de son noyau : 10^{-15} m.

→ Exercices 6 à 11, p. 65.

2 Comment se forment les ions monoatomiques ?

Doc. 4

> La tolbachite est un minéral de formule $CuCl_2$ constitué d'ions Cu^{2+} et d'ions chlorure Cl^-.

Un **ion monoatomique** se forme lorsqu'un atome **gagne** ou **perd** un ou plusieurs **électrons.**

Seul le cortège électronique est modifié ; le noyau reste inchangé et garde le même nombre de protons et de neutrons.

- Un **anion** est un ion de **charge négative** : par exemple, un **atome** de chlore qui **gagne un électron** forme l'**anion** de formule Cl^- (**doc. 4**).
- Un **cation** est un ion de **charge positive** : par exemple, un **atome** de cuivre qui **perd deux électrons** forme le **cation** de formule Cu^{2+} (**doc. 4**).

→ **Exercices 12 à 14**, p. 65-66.

3 Qu'est-ce qu'un élément chimique ?

A. Élément chimique

Un **élément chimique** est caractérisé par son numéro atomique *Z*.

Tous les **représentants**, atomes ou ions, d'un **élément chimique** donné ont donc des **noyaux contenant le même nombre de protons**.

- Chaque élément chimique possède un nom et est caractérisé par un symbole. Ce symbole commence par une lettre majuscule, parfois suivie d'une lettre minuscule (**doc. 5**).
- Au cours des réactions chimiques, les noyaux ne sont pas modifiés : les éléments chimiques se conservent. Aucun élément ne peut apparaître ou disparaître au cours d'une réaction chimique (**doc. 6**).

Doc. 5

Nom de l'élément	Symbole	Numéro atomique *Z*
Hydrogène	H	1
Carbone	C	6
Azote	N	7
Oxygène	O	8
Chlore	Cl	17

> Symboles de quelques éléments chimiques.

Doc. 6

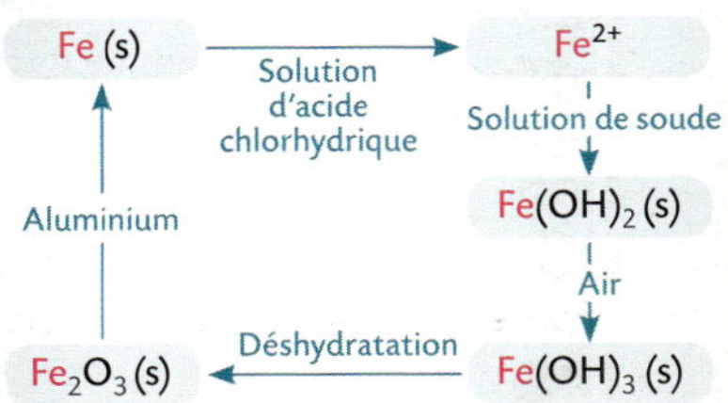

> Conservation de l'élément fer au cours des réactions étudiées dans l'**activité 2**.

B. Notation symbolique d'un atome

Un atome de symbole chimique **X**, dont le noyau comporte ***Z* protons** et ***A* nucléons** est noté (**doc. 7**) :

$$^{A}_{Z}X$$

Doc. 7

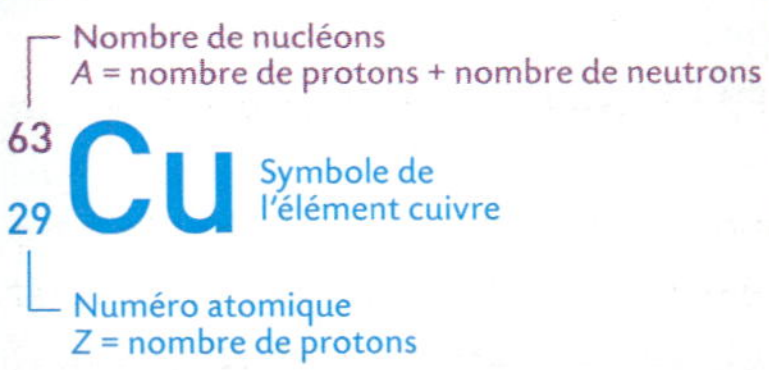

> Notation symbolique d'un atome de cuivre 63.

C. Isotopes

Des atomes ou des ions **isotopes** ont le **même nombre de protons, et donc le même numéro atomique *Z***, mais des **nombres de nucléons *A* différents**.

Ainsi, les atomes de cuivre 63 ($^{63}_{29}Cu$) et de cuivre 65 ($^{65}_{29}Cu$) sont isotopes car ils ont le même numéro atomique $Z = 29$ mais des nombres de nucléons différents. Ils ont donc des nombres de neutrons différents (respectivement 34 et 36 neutrons).

→ **Exercices 15 à 17**, p. 66.

Essentiel

1 Les constituants de l'atome

Atome

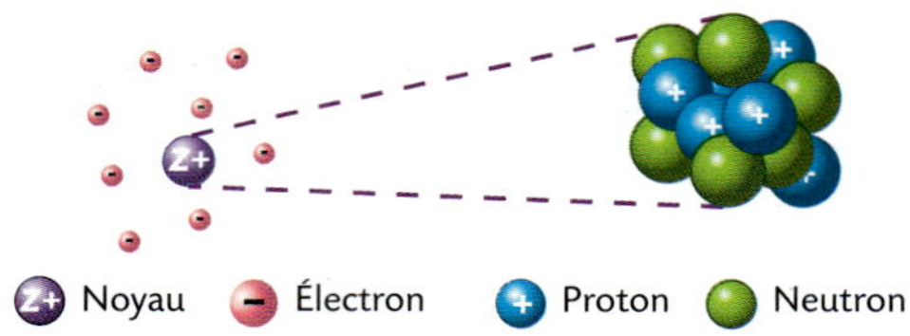

Propriétés

- électriquement neutre : autant de protons que d'électrons
- masse concentrée dans le noyau : $m_{\text{atome}} \approx m_{\text{noyau}}$
- structure lacunaire

Constitution

Noyau

- A nucléons
- charge : $Q = +Z \times e$
- masse : $m_{\text{noyau}} \approx A \times m_{\text{nucléon}}$

+

Nuage électronique

- Z électrons
- en mouvement autour du noyau
- charge d'un électron : $q = -e$
- masse : $m_{\text{électron}} \ll m_{\text{nucléon}}$

Le noyau est constitué de :

Z protons

- charge d'un proton : $q = +e$
- masse : m_{proton}

+

$(A - Z)$ neutrons

- charge d'un neutron : $q = 0$
- masse : $m_{\text{neutron}} = m_{\text{proton}} = m_{\text{nucléon}}$

2 Les ions monoatomiques

Fe (Atome) —— Perte de 3 électrons ——→ Fe^{3+} (Cation)

O^{2-} (Anion) ←—— Gain de 2 électrons —— O (Atome)

Ion monoatomique :
ion qui provient d'un atome ayant **gagné** ou **perdu** un ou plusieurs électrons

3 L'élément chimique

- Un **élément chimique** est caractérisé par son **numéro atomique Z et son symbole**.

Notation symbolique d'un atome

$^{A}_{Z}X$

- A : Nombre de nucléons = Z protons + $(A - Z)$ neutrons
- X : Symbole de l'élément
- Z : Numéro atomique = nombre de protons

Deux **isotopes** : même nombre de protons Z, mais nombre de neutrons différent

- $^{63}_{29}Cu$: 29 protons + 34 neutrons ; 29 protons
- $^{65}_{29}Cu$: 29 protons + 36 neutrons ; 29 protons

QCM

→ Corrigés, p. 338.

Pour chaque question, indiquer la (ou les) bonne(s) réponse(s).

1 Les constituants de l'atome

Si erreur, revoir § 1, p. 60.

	A	B	C
1 Le noyau d'un atome de fer comportant 26 protons et 30 neutrons est caractérisé par :	$A = 26$ et $Z = 30$.	$A = 56$ et $Z = 30$.	$A = 56$ et $Z = 26$.
2 Le noyau d'un atome d'uranium est caractérisé par $A = 235$ et $Z = 92$. Ce noyau contient :	92 neutrons.	235 nucléons.	92 protons.
3 Un atome :	est électriquement neutre.	possède autant de neutrons que de protons.	possède autant d'électrons que de protons.
4 La masse d'un atome est à peu près égale à la masse :	de ses protons.	de ses nucléons.	de son noyau.
5 Un atome est :	cent mille fois plus grand que son noyau.	10^5 fois plus grand que son noyau.	10^5 fois plus petit que son noyau.

2 Les ions monoatomiques

Si erreur, revoir § 2, p. 61.

	A	B	C
1 Un atome de cobalt Co qui a perdu 3 électrons devient :	un ion Co^{3+}.	un ion Co^{3-}.	un cation.
2 Un ion sulfure S^{2-} est obtenu à partir d'un atome qui :	a perdu deux électrons.	a gagné deux électrons.	a perdu deux protons.

3 L'élément chimique

Si erreur, revoir § 3, p. 61.

	A	B	C
1 Un atome de chlore Cl qui possède 35 nucléons et 17 protons a pour notation symbolique :	$^{17}_{35}Cl$	$^{35}_{17}Cl$	$^{52}_{17}Cl$
2 Les atomes $^{2}_{1}H$ et $^{3}_{2}He$:	sont isotopes.	appartiennent au même élément chimique.	ont le même nombre de neutrons.
3 Au cours de la suite de réactions : 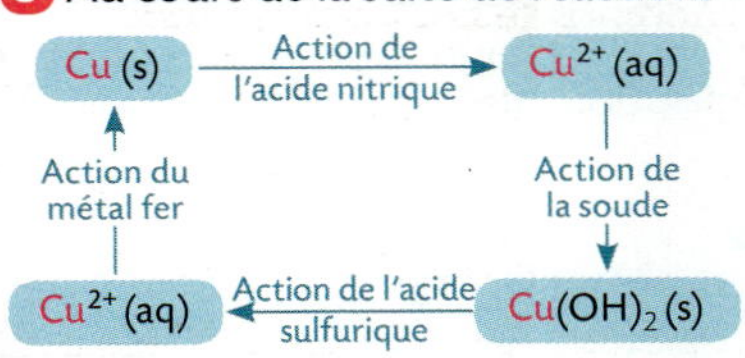	l'élément cuivre se conserve.	Cu(s) et Cu^{2+} possèdent le même nombre d'électrons.	les noyaux de cuivre restent inchangés.

Exercice résolu

Compétences
- Mobiliser et organiser ses connaissances.
- Utiliser un modèle pour décrire.

4 Établir la notation symbolique d'un atome

Énoncé

Io est un satellite naturel de la planète Jupiter. Les volcans d'Io libèrent du soufre, qui colore en jaune sa surface. Le symbole de l'élément soufre est S. Le noyau d'un atome de soufre a pour masse approchée $m = 5{,}34 \times 10^{-26}$ kg et possède 16 protons.

1 Déterminer le nombre d'électrons de cet atome et la composition de son noyau.

2 Écrire sa notation symbolique.

Donnée

- Masse d'un nucléon : $m_{\text{nucléon}} = 1{,}67 \times 10^{-27}$ kg

> Avec plus de 400 volcans en activité, Io est le satellite le plus actif du Système Solaire.

Analyse de l'énoncé

Pourquoi la masse indiquée pour le noyau est-elle une valeur approchée ?

Quelle est la propriété de l'atome qui est liée à son nombre d'électrons ?

De quelles particules est constitué le noyau d'un atome ?

Conseils

1 Il s'agit d'une masse approchée, car on considère que $m_{\text{proton}} \approx m_{\text{neutron}} = m_{\text{nucléon}}$.

Un atome est électriquement neutre. Le nombre d'électrons est donc égal au nombre de protons du noyau.

Un noyau est constitué de nucléons : protons et neutrons.

La masse approchée m du noyau est donnée par la relation : $m \approx A \times m_{\text{nucléon}}$.

Il est donc possible d'en déduire le nombre de nucléons du noyau.

Le nombre de protons étant connu, le nombre de neutrons peut être déterminé.

2 Utiliser la notation $^{A}_{Z}\text{X}$, où X est le symbole de l'élément considéré.

Solution rédigée

1 Un atome étant électriquement neutre, son nombre d'électrons est égal au nombre de protons de son noyau, soit **16 électrons**.

La masse approchée du noyau est proportionnelle au nombre de nucléons du noyau : $m \approx A \times m_{\text{nucléon}}$

donc : $$A = \frac{m}{m_{\text{nucléon}}} = \frac{5{,}34 \times 10^{-26}}{1{,}67 \times 10^{-27}} = 32{,}0$$

Donc $\mathbf{A = 32}$.

Le noyau contient $Z = 16$ protons et $A = 32$ nucléons.

Le nombre N de neutrons est égal à :

$$N = A - Z = 32 - 16 = \mathbf{16}$$

2 La notation symbolique de l'atome est $^{32}_{16}\text{S}$.

5 Application immédiate

Les cellules photovoltaïques CIS (Cuivre – Indium – Sélénium) ont un bon rendement énergétique pour la production d'électricité à partir de la lumière solaire.
Le noyau d'un atome de sélénium, de symbole Se, a pour masse approchée $m = 1{,}32 \times 10^{-25}$ kg et possède $N = 45$ neutrons.

1 Déterminer le nombre d'électrons de cet atome, ainsi que la composition de son noyau.

2 Écrire sa notation symbolique.

Donnée

- Masse d'un nucléon : $m_{\text{nucléon}} = 1{,}67 \times 10^{-27}$ kg

> Panneaux solaires contenant des cellules photovoltaïques.

→ Corrigés, p. 338.

Exercices

Compétences — Parcours d'apprentissage

Compétences	6	8	10	15	17	20	26
Connaître la constitution d'un atome et de son noyau.	●						●
Connaître et utiliser le symbole ${}^{A}_{Z}X$.				●			●
Savoir que l'atome est électriquement neutre.			●			●	●
Connaître le symbole de quelques éléments.					●		●
Savoir que la masse d'un atome est pratiquement égale à celle de son noyau.		●					
Savoir que le numéro atomique caractérise l'élément.					●		●

Données

- Charge élémentaire : $e = +1{,}60 \times 10^{-19}$ C
- Masse d'un nucléon : $m_{\text{nucléon}} = 1{,}67 \times 10^{-27}$ kg

Pour commencer

Les constituants de l'atome

6 Déterminer la composition d'un noyau

■ Mobiliser ses connaissances.

Le noyau d'un atome de fluor est caractérisé par les nombres $A = 19$ et $Z = 9$.

1. Déterminer le nombre de protons du noyau.

2. En déduire le nombre de neutrons du noyau.

7 Déterminer la composition d'un atome

■ Mobiliser ses connaissances.

Le noyau d'un atome de cobalt contient 27 protons et 32 neutrons.

1. Déterminer les valeurs de A et Z pour cet atome.

2. Déterminer le nombre d'électrons d'un atome de cobalt. Justifier.

8 Calculer la masse d'un atome

■ Effectuer des calculs.

Le noyau d'un atome d'or contient 79 protons et 121 neutrons.

1. Déterminer les valeurs de A et Z pour cet atome.

2. Déterminer le nombre d'électrons de cet atome.

3. Calculer la masse du nuage électronique de cet atome. On donne $m_{\text{électron}} = 9{,}11 \times 10^{-31}$ kg.

4. a. Vérifier que la masse des électrons est négligeable devant la masse des nucléons.

b. En déduire la masse de l'atome.

Voir les données en haut de page.

9 Calculer un nombre de neutrons

■ Reformuler ; effectuer des calculs.

La masse m d'un atome et la masse $m_{\text{nucléon}}$ d'un nucléon sont reliés par $m = A \times m_{\text{nucléon}}$.

1. Reformuler cette relation à l'aide d'une phrase.

2. Exprimer A en fonction de m et $m_{\text{nucléon}}$.

3. Un atome de carbone ($Z = 6$) a une masse de $2{,}00 \times 10^{-26}$ kg.

a. Calculer le nombre de nucléons A de cet atome.

b. En déduire le nombre de neutrons de son noyau.

Voir les données en haut de page.

10 Calculer la charge d'un noyau

■ Reformuler ; effectuer des calculs.

La charge Q d'un noyau est proportionnelle au numéro atomique Z de l'atome considéré. Le coefficient de proportionnalité est la charge élémentaire e.

1. Exprimer la relation de façon littérale.

2. Calculer la charge du noyau de l'atome de carbone caractérisé par $A = 12$ et $Z = 6$.

3. En déduire la valeur de la charge de son nuage électronique.

Voir les données en haut de page.

11 Calculer le numéro atomique d'un noyau

■ Effectuer des calculs ; extraire l'information utile.

Le noyau d'un atome a une charge $Q = 1{,}28 \times 10^{-18}$ C.

1. Calculer son numéro atomique Z.

2. Identifier l'atome parmi ceux présentés dans le tableau ci-dessous :

Symbole de l'atome	C	N	O	F
Numéro atomique	6	7	8	9

3. Déterminer le nombre d'électrons du nuage électronique de cet atome.

Voir les données en haut de page.

Les ions monoatomiques

12 Déterminer la charge d'un ion

■ Mobiliser ses connaissances.

Un ion possède 10 électrons et 12 protons.

1. S'agit-il d'un anion ou d'un cation ?

2. La formule de cet ion est-elle X^{2+} ou X^{2-} ?

13 Déterminer la composition d'un ion

■ Mobiliser ses connaissances.

L'atome de magnésium, de numéro atomique $Z = 12$, de nombre de nucléons $A = 24$ et de symbole Mg, forme un cation en perdant deux électrons.

1. Écrire la formule de cet ion.

2. Déterminer le nombre de protons et de neutrons de cet ion.

3. Exprimer la charge du nuage électronique en fonction de la charge élémentaire e.

Voir les données en haut de la page précédente.

14 Déterminer un numéro atomique

■ Mobiliser ses connaissances.

Un ion a pour formule X^{3-}. Il possède 10 électrons.

1. S'agit-il d'un anion ou d'un cation ?

2. Déterminer son numéro atomique.

L'élément chimique

15 Exploiter une notation symbolique

■ Rédiger une explication ; restituer ses connaissances.

Un atome de silicium a pour notation symbolique $^{28}_{14}Si$.

1. Donner la signification des informations « 14 », « 28 » et « Si ».

2. Déterminer la composition de cet atome.

16 Établir une notation symbolique

■ Mobiliser ses connaissances.

Recopier et compléter le tableau ci-dessous :

Nombre de protons	6	7	17	20
Nombre de neutrons	7	8	19	21
Nombre d'électrons	6	7	18	18
Symbole de l'élément	C	N	Cl	Ca
Notation symbolique de l'atome ou ion correspondant				

17 Identifier des isotopes

■ Construire un tableau.

On considère les atomes dont les notations symboliques sont :

$$^{12}_{6}C \; ; \; ^{12}_{7}N \; ; \; ^{13}_{6}C \; ; \; ^{13}_{7}N.$$

1. Construire un tableau comportant le nom de chacun des atomes ci-dessus ainsi que sa composition.

2. Identifier les atomes isotopes.

3. Un atome possède 6 protons et 8 neutrons. Donner sa notation symbolique.

Pour s'entraîner

18 Histoire des sciences

Le symbole d'un élément

■ Extraire l'information utile ; restituer ses connaissances.

Les règles permettant d'attribuer les symboles aux éléments chimiques ont été définies par J. J. Berzelius en 1813. Généralement, le symbole est la première lettre écrite en majuscule du nom français ou latin de l'élément. Par exemple, le nom latin du sodium est *natrium* et l'azote a aussi été appelé nitrogène. Dans le cas où les noms de plusieurs atomes commencent par la même lettre, il fait suivre la lettre majuscule par une autre lettre du nom en minuscule.

1. Voici quelques notations :

Li ; MG ; O ; na ; CO ; N ; f.

Quelles notations ne correspondent pas au symbole d'un élément chimique ? Corriger les symboles erronés.

2. Écrire les symboles des éléments carbone, hydrogène et cuivre.

19 L'élément fer dans l'art pariétal ARTS

■ Extraire l'information utile ; restituer ses connaissances.

L'art pariétal désigne les œuvres réalisées par les hommes sur les parois des grottes. La grotte Chauvet, découverte en 1994 en Ardèche, recèle des œuvres datant du paléolithique et représentant de nombreux animaux sauvages : lions, rhinocéros, mammouths, ours, etc. L'utilisation des ocres permettait d'obtenir des teintes jaunes, orangées et rouges. Ces ocres sont des roches constituées d'un mélange d'argile, de sable et de pigments minéraux contenant des ions Fe^{3+}.

1. Pourquoi les ocres ont-elles été utilisées par les hommes préhistoriques ?

2. Déterminer le nombre de protons, de neutrons et d'électrons contenus dans un ion Fe^{3+}.

3. Qu'est-ce qui caractérise l'élément fer ?

Donnée

• Notation symbolique d'un atome de fer : $^{56}_{26}Fe$

20 Connaître les critères de réussite

L'étiquette d'une eau minérale

- Construire un tableau ; mobiliser ses connaissances.

Analyse (mg/l)

Calcium (Ca^{2+}) 68	Hydrogénocarbonates (HCO_3^-) 219
Sodium (Na^+) 21	Sulfates (SO_4^{2-}) 39
Magnésium (Mg^{2+}) 11	Chlorures (Cl^-) 28
Potassium (K^+) 2	Nitrates (NO_3^-) .... < 1

Extrait sec à 180° : 300 mg/l – pH : 7,3

1. Construire un tableau comportant les ions monoatomiques présents dans l'eau minérale dont l'étiquette est reproduite ci-dessus. Indiquer dans chaque cas s'il s'agit d'un anion ou d'un cation.

2. À l'aide des données ci-dessous, compléter le tableau en indiquant le nombre d'électrons de chacun des ions monoatomiques.

Symbole de l'élément	Z
Ca	20
Na	11
Mg	12
K	19
H	1

Symbole de l'élément	Z
C	6
O	8
S	7
Cl	17
N	7

	Critères de réussite	Barème
1.	Les ions polyatomiques ne sont pas représentés dans le tableau. La définition de cation et anion est bien appliquée.	1 pt
	Le tableau est pertinent et permet de répondre à la question.	0,25 pt
	Les colonnes et les lignes du tableau sont bien renseignées. Le tableau est tracé à la règle et un titre est donné.	0,5 pt
2.	Le décompte des électrons est correctement effectué.	1,25 pt
	Une troisième colonne a été créée. La réponse est justifiée à l'aide d'une phrase précédant le tableau.	0,5 pt

| cours maîtrisé | réponse complète | présentation **5 pts**

21 Grains présolaires

- Restituer ses connaissances ; utiliser un modèle.

L'analyse de deux météorites trouvées dans l'antarctique a donné des renseignements importants sur la formation du système solaire. Ces météorites contiennent toutes deux des silicates, à base de silicium et d'oxygène. Ces silicates présentent un excès de noyaux d'oxygène 18 par rapport à *la composition du mélange des isotopes de l'oxygène que l'on trouve toujours sur Terre et dans le système solaire*. Ils pourraient provenir d'une supernova à l'origine de la formation du Soleil. L'oxygène 18 comporte deux neutrons de plus que son isotope le plus courant qui a pour notation $^{16}_{8}O$.

1. Expliquer en deux lignes maximum le passage écrit en italique dans le texte.

2. Décrire la composition d'un noyau d'oxygène 16.

3. Donner la notation symbolique de l'oxygène 18.

4. Les atomes d'oxygène 16 et 18 ont-ils la même masse ? Justifier.

22 L'arsenic

- Mobiliser ses connaissances ; effectuer un calcul ; respecter les règles de sécurité.

L'arsenic ($Z = 33$) est un atome qui existe sous forme d'un seul isotope naturel possédant 75 nucléons. À l'état pur, l'arsenic de symbole As est un solide gris, mais il est rarement présent sous cette forme sur Terre bien qu'il existe quelques gisements d'arsenic à l'état natif. Dans le langage courant, le terme « arsenic » désigne improprement l'un des composés les plus importants de l'arsenic : l'anhydride arsénieux, de formule As_2O_3.
On trouve l'anhydride arsénieux dans certains poisons, mais il est néanmoins encore utilisé en injection à très faibles doses, comme médicament anticancéreux.
C'est en modifiant le dosage du médicament de son mari que Thérèse Desqueyroux tente de l'empoisonner.

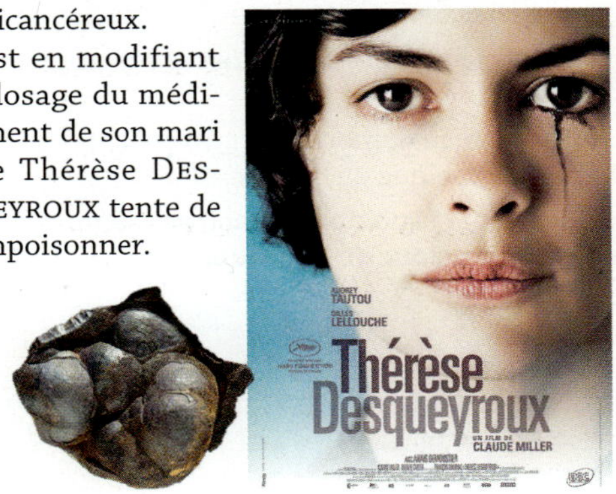

1. Que signifie le terme « état natif » ?

2. Déterminer la composition du noyau de l'atome d'arsenic.

3. Donner sa notation symbolique.

4. En déduire le nombre d'électrons de cet atome.

5. Calculer la charge de son nuage électronique.

6. Combien d'électrons l'ion As^{3+} possède-t-il ?

7. Sur un flacon d'anhydride arsénieux, on peut voir les pictogrammes suivants. Expliquer succinctement la signification des pictogrammes 1, 3 et 4.

Voir les données en haut de la page 65.

23 À chacun son rythme

Des ions en prévention des caries

■ Effectuer des calculs ; exploiter les informations extraites.

Commencer par résoudre l'énoncé compact. En cas de difficultés, passer à l'énoncé détaillé.

« L'efficacité des fluorures en prévention de la carie dentaire est démontrée depuis longtemps. Le fluor a contribué de façon déterminante, en particulier sous forme de pâtes dentifrices fluorées, à la spectaculaire régression de la carie observée depuis deux à trois décennies dans les pays développés et notamment en France. »

Extrait du site Internet sante.gouv.fr

La charge électronique du noyau d'un atome de fluor est $1{,}44 \times 10^{-18}$ C. Le fluor forme facilement l'ion fluorure F^-.

Énoncé compact

• Combien d'électrons possède l'ion fluorure ?

Énoncé détaillé

1. Écrire la relation entre le nombre de protons Z, la charge élémentaire e et la charge Q du noyau d'un atome.

2. Calculer le nombre de protons composant le noyau d'un atome de fluor.

3. En déduire le nombre d'électrons contenus dans le nuage électronique de l'atome.

4. Déterminer le nombre d'électrons contenus dans le nuage électronique de l'ion fluorure.

24 À chacun son rythme

La planète rouge

■ Extraire l'information et exploiter les informations extraites.

Commencer par résoudre l'énoncé compact. En cas de difficultés, passer à l'énoncé détaillé.

La couleur rouge de la surface de Mars est due, entre autres, à la présence d'oxyde de fer.
On cherche à déterminer la composition de l'oxyde de fer.

De formule brute Fe_xO_y, l'oxyde de fer est électriquement neutre. L'ion fer présent dans cet oxyde est issu d'un atome de fer qui a perdu trois électrons et l'ion oxyde d'un atome d'oxygène qui en a gagné deux.

Énoncé compact

• À l'aide des informations ci-dessus, déterminer la formule de l'oxyde de fer (avec x et y entiers les plus petits possibles).

Énoncé détaillé

1. L'ion fer a perdu trois électrons. S'écrit-il Fe^{3+} ou Fe^{3-} ?

2. Déterminer la formule de l'ion oxyde.

3. Si l'oxyde de fer Fe_xO_y est électriquement neutre, les charges positives des cations sont compensées par les charges négatives des anions. Donner la valeur des entiers x et y les plus petits possibles intervenant dans sa formule brute Fe_xO_y.

25 The Copernicium

■ Extraire l'information et exploiter les informations extraites.

In June 2009, the International Union of Fundamental and Applied Chemistry (IUPAC) officially gave the name of Copernicium to the chemical element having the highest **atomic number** ever **recorded**. The IUPAC supported the proposal of Sigurd Hofman's and al., scientists of Helmholtz Center who synthesised it for the first time in 1996, naming it after Nicolas Copernic (1473-1543), the famous scientist considered as one of the fathers of modern physics. The atomic number of Copernicium is 112 and its chemical formula is Cn. Its most stable isotope owns 285 nucleons. So far, hardly a hundred Copernicium atoms have been synthesised, which induces that its physical and chemical **characteristics** have been mainly projected by means of calculus out of the few experimental results available to scientists. It appears that Copernicium might have chemical properties similar to those of a noble gas.

D'après le site Internet www.bulletins-electroniques.com

Vocabulaire : *atomic number* : numéro atomique ; *recorded* : rencontré ; *characteristics* : propriétés.

L'UICPA (IUPAC en anglais) est une organisation qui gère les nomenclatures, les symboles et la terminologie des éléments chimiques.

1. Donner la définition des termes suivants : *chemical element, proton, neutron, nucleus*.

2. Quelle est la particularité de l'atome de copernicium ?

3. Écrire la notation symbolique de l'isotope le plus stable du copernicium.

4. Déterminer le nombre de neutrons contenus dans son noyau et calculer la masse de cet atome.

5. Qu'est-ce qui différencie la centaine d'atomes de copernicium synthétisés ?

26 Les météorites métalliques

■ Mobiliser ses connaissances.

Les météorites métalliques sont constituées d'un alliage de fer et de nickel.

1. Le noyau d'un atome de fer contient 26 protons et 33 neutrons.

a. Déterminer le nombre d'électrons de cet atome.

b. Déterminer sa notation symbolique.

2. Le noyau d'un atome de nickel a pour notation symbolique $^{59}_{28}Ni$.

a. Déterminer le nombre de nucléons présents dans le noyau de cet atome.

b. Les atomes de fer et de nickel sont-ils isotopes ? Justifier.

27 Le cinabre : médicament utilisé en homéopathie

■ Mobiliser ses connaissances ; utiliser un modèle.

Le cinabre, de formule HgS, est utilisé en homéopathie, notamment dans les affections dermatologiques. L'élément soufre est présent dans ce composé sous forme d'ions sulfure. On donne, dans le désordre, le nombre de protons, neutrons et électrons de l'ion sulfure, de formule S^{2-} : 16, 18, 17.

1. L'ion sulfure est-il un cation ou un anion ?

2. Déterminer la composition de cet ion.

3. En déduire la notation symbolique de l'élément soufre.

4. a. Déterminer la charge du noyau de l'ion sulfure.

b. Calculer la charge de son nuage électronique.

5. Le cinabre étant un solide ionique électriquement neutre, en déduire la formule des ions mercure qu'il renferme. On donne le symbole du mercure : Hg.

Pour aller plus loin

28 Résolution de problème

Prix d'un « atome de diamant »

■ Construire les étapes d'une résolution de problème ; exploiter les informations extraites.

Le diamant est un cristal constitué uniquement d'atomes de carbone. On considère que ces atomes sont tous des atomes de carbone 12 ($A = 12$ nucléons). Il faut en moyenne traiter 20 tonnes de minerai pour extraire 1,0 g de diamants, soit 5,0 carats. Le diamant coûte très cher : un diamant de 1,1 carat peut être vendu 15 000 €.

• Combien coûte un « atome de diamant » ?

→ Pistes de résolution, p. 334.

29 Réaction de fusion

■ Extraire et exploiter des informations ; exploiter un graphique.

Doc. 1

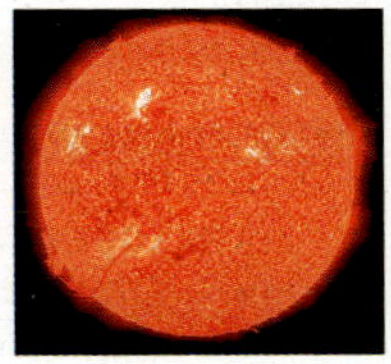

La fusion est le « mariage » de noyaux légers donnant naissance à des noyaux plus lourds. La fusion existe naturellement dans les étoiles. Au cœur du Soleil, une température de l'ordre de plusieurs dizaines de millions de degrés permet la fusion de noyaux légers comme ceux d'hydrogène H en hélium He :

$$^{1}_{1}H + ^{2}_{1}H \rightarrow ^{3}_{2}He$$

Ces réactions de fusion thermonucléaire libèrent beaucoup d'énergie, ce qui explique la très haute température à la surface de cet astre : près de 5 700 °C.

D'après le site Internet www.cea.fr Jeunes > L'énergie nucléaire).

Doc. 2

On appelle énergie de liaison d'un noyau l'énergie que l'on doit fournir à ce noyau au repos pour le séparer en ses nucléons libres au repos. Cette énergie se note $\mathscr{E}_L$ et s'exprime en joule (J).

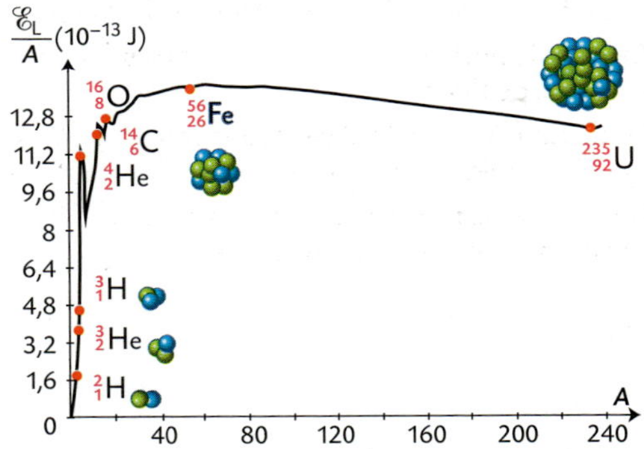

1. Que représente l'axe des abscisses ?

2. Justifier la valeur nulle de l'énergie de liaison par nucléon du noyau $^{1}_{1}H$.

3. Déterminer les énergies de liaison du noyau d'hélium de notation symbolique $^{4}_{2}He$ et de son isotope.

4. Quelle différence existe-t-il entre les noyaux $^{2}_{1}H$ et $^{1}_{1}H$?

5. L'énergie de liaison par nucléon $\frac{\mathscr{E}_L}{A}$ caractérise la stabilité d'un noyau. Plus cette énergie est grande, plus le noyau correspondant est stable.

a. Parmi les noyaux présents sur le graphique (doc. 2), préciser celui qui est le plus stable et donner sa composition.

b. Repérer sur la courbe les noyaux mis en jeu dans la réaction de fusion donnée en exemple dans le doc. 1. Le noyau alors formé est-il plus stable ou moins stable que les noyaux de départ ? Justifier.

Retour sur l'ouverture du chapitre 4

Quelle est la structure d'un atome ?

30 Les supernovæ

■ Mobiliser ses connaissances ; extraire et exploiter des informations ; effectuer des calculs.

Doc. 1 Qu'est-ce qu'une supernova ?

Une supernova est une étoile très massive (généralement de masse huit fois supérieure à celle du Soleil, $M(\text{Soleil}) = 1{,}9891 \times 10^{30}$ kg), appelée étoile supergéante, qui explose après effondrement de son cœur. Elle devient alors aussi brillante que des milliards d'étoiles.

Doc. 2 La fusion de deux noyaux

La fusion est le « mariage » de noyaux légers donnant naissance à des noyaux plus lourds. Elle s'accompagne d'une très grande libération d'énergie.

Doc. 3 Les supernovæ à l'origine des éléments lourds

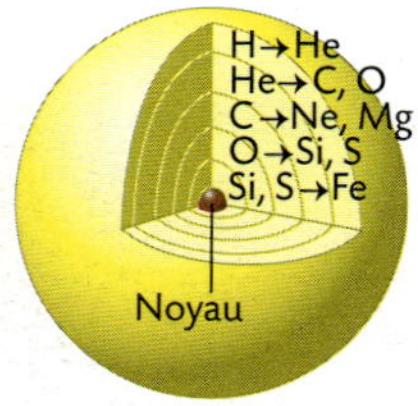

Dans une étoile, une partie des noyaux d'hydrogène fusionnent pour former des noyaux d'hélium. Les noyaux produits fusionnent à leur tour pour former des noyaux de plus en plus lourds qui migrent vers le centre de l'étoile. Les noyaux les plus lourds formés étant ceux de l'élément fer, le cœur de l'étoile est constitué de fer.
Si le cœur de fer de l'étoile dépasse une masse limite, il s'effondre sur lui-même. L'onde de choc qui en résulte expulse violemment les couches externes de l'étoile et les noyaux qu'elle contient : c'est une supernova. Dans le cœur de fer, la densité est telle que les protons se transforment en neutrons. L'étoile devient alors une étoile à neutrons. Les noyaux projetés dans l'espace lors de l'explosion de l'étoile sont alors soumis à un très important bombardement de neutrons qu'ils capturent pour former les noyaux les plus lourds de la nature, jusqu'à l'uranium. C'est le phénomène de nucléosynthèse explosive.

1. Expliquer ce qu'est une supernova.

2. a. Le Soleil peut-il évoluer en supernova ?
b. L'étoile Rigel, ou *Beta Orionis*, est l'étoile la plus brillante de la constellation d'Orion. Sa masse est $M_R = 4{,}1771 \times 10^{31}$ kg. L'étoile Rigel peut-elle être qualifiée de supergéante ?

3. Citer cinq éléments chimiques produits au cœur d'une étoile supergéante.

4. Expliquer d'où provient l'uranium présent dans l'Univers.

5. Sur Terre, à l'état naturel, il existe trois types de noyaux d'uranium de notation symbolique : ${}^{234}_{92}\text{U}$, ${}^{235}_{92}\text{U}$ et ${}^{238}_{92}\text{U}$. Comment appelle-t-on ces noyaux ?

6. L'uranium 235 est utilisé dans les centrales nucléaires. Que signifie l'expression « uranium 235 » ? Quelle est la composition d'un atome d'uranium 235 ?

7. L'uranium est une ressource non renouvelable. Justifier cette affirmation à l'aide du texte.

UNIVERS

> Le « salar » d'Atacama au Chili est un des plus importants gisements de lithium. Le lithium, comme tous les métaux de la première colonne de la classification, réagit violemment avec l'eau.

Chapitre 5

Classification périodique des éléments de l'Univers

Comment sont rangés les éléments chimiques de l'Univers dans la classification périodique ?

→ Exercice 32, p. 86.

Compétences

- Dénombrer les électrons de la couche externe. → **Activité 1**
- Connaître et appliquer les règles du duet et de l'octet pour rendre compte de la charge des ions monoatomiques usuels. → **Activité 1**
- Utiliser la classification périodique pour retrouver la charge des ions monoatomiques. → **Activité 3**
- *Localiser, dans la classification périodique, les familles des alcalins, des halogènes et des gaz nobles.*
- *Mettre en œuvre un protocole pour identifier des ions.* → **Activité 4**

Activité documentaire

À la maison

Compétences

- Dénombrer les électrons de la couche externe.
- Rendre compte de la charge des ions monoatomiques en appliquant les règles de l'octet et du duet.

1 La charge des ions monoatomiques

▶ **À quelles règles obéit la charge des ions monoatomiques ?**

Doc. 1 **Règles de remplissage des couches électroniques d'un atome ou d'un ion monoatomique**

Les électrons d'un atome ou d'un ion se répartissent en couches électroniques notées *K*, *L*, *M*, etc. Chaque couche contient un nombre maximum d'électrons :

Couche électronique	*K*	*L*	*M*
Nombre maximum d'électrons	2	8	18

Une couche est saturée lorsqu'elle contient son nombre maximal d'électrons. Les électrons remplissent dans l'ordre les couches *K*, puis *L*, puis *M*.

L'atome de soufre S, de numéro atomique $Z = 16$, contient 16 protons et donc 16 électrons à répartir sur les couches électroniques.
Sa formule électronique s'écrit :

$$S : K^2 L^8 M^6 \qquad 2 + 8 + 6 = 16$$

Couches internes (saturées) : $K^2 L^8$ — Couche externe (non saturée dans ce cas) : M^6

Doc. 2 **Exemples d'ions monoatomiques présents dans quelques minéraux terrestres**

Minéraux	Sylvinite	Corindon	Spodumène	Béryl
Formule	NaCl, KCl	Al_2O_3	$LiAlSi_2O_6$	$Be_3Al_2Si_6O_{18}$
Cation(s)	Na^+, K^+	Al^{3+}	Li^+, Al^{3+}	Be^{2+}, Al^{3+}
Anion(s)	Cl^-	O^{2-}	Anions non monoatomiques	

› Sylvinite.

Analyse et synthèse

Compétences travaillées

1 Reproduire et compléter ce tableau :

Atome	Sodium Na	Aluminium Al	Oxygène O	Chlore Cl
Numéro atomique *Z*	11	13	8	17
Nombre d'électrons				
Formule électronique				

Analyser • Utiliser un modèle pour décrire.

2 a. Rechercher la formule chimique des ions correspondants (**doc. 2**).
b. Ajouter les lignes « Formule chimique de l'ion », « Nombre d'électrons de l'ion » et « Formule électronique de l'ion ». Compléter ces lignes.

S'approprier ; analyser • Extraire et exploiter des informations.
Réaliser • Construire un tableau.

3 Comparer les couches externes de tous ces ions.

4 Construire un nouveau tableau et reprendre les questions **1**, **2** et **3** pour les atomes de lithium (Li : $Z = 3$) et de béryllium (Be : $Z = 4$).

Analyser • Utiliser un modèle pour décrire.

Un pas vers le cours

5 a. Les gaz nobles, comme l'hélium (He : $Z = 2$), le néon (Ne : $Z = 10$) et l'argon (Ar : $Z = 18$), sont très stables. Établir la formule électronique de leurs atomes et comparer ces formules à celles des ions étudiés.

Analyser • Proposer un modèle.

b. La formation des ions étudiés obéit à la règle du duet ou à la règle de l'octet. Proposer un énoncé de ces règles.

Valider • Interpréter des résultats.

6 En appliquant la règle de l'octet, déterminer la formule chimique des ions fluorure (fluor F : $Z = 9$) et magnésium (Mg : $Z = 12$).

Analyser • Utiliser un modèle pour prévoir.

Activité documentaire

À la maison

2 La classification de Mendeleïev

En 1869, le chimiste russe Dimitri Mendeleïev présente une classification des éléments chimiques.

▶ **Quelle a été la démarche suivie par D. Mendeleïev pour classer les éléments chimiques ?**

Compétence
- Étudier la démarche de Mendeleïev pour établir sa classification.

Doc. 1 La démarche de D. Mendeleïev

Étudiant les 63 éléments chimiques connus à l'époque, le savant prend soudain conscience qu'en les rangeant selon leur masse atomique croissante se dessine une nette périodicité concernant leurs propriétés. Pour mettre en évidence cette dernière, il choisit de ranger les 63 éléments verticalement en fonction de leur masse atomique croissante, changeant de colonne quand des propriétés particulières réapparaissent.

Extrait de « La chimie à l'honneur », *Cahiers scientifiques de l'Université des Sciences et Technologies de Lille*, 1998.

Doc. 2 La classification de D. Mendeleïev

			Ti=50	Zr=90	?=180.
			V=51	Nb=94	Ta=182.
			Cr=52	Mo=96	W=186.
			Mn=55	Rh=104,4	Pt=197,1
			Fe=56	Rn=104,4	Ir=198.
			Ni=Co=59	Pl=106,6	Os=199.
H=1			Cu=63,4	Ag=108	Hg=200.
	Be=9,4	Mg=24	Zn=65,2	Cd=112	
	B=11	Al=27,4	?=68	Ur=116	Au=197?
	C=12	Si=28	?=70	Sn=118	
	N=14	P=31	As=75	Sb=122	Bi=210?
	O=16	S=32	Se=79,4	Te=128?	
	F=19	Cl=35,5	Br=80	I=127	
Li=7	Na=23	K=39	Rb=85,4	Cs=133	Tl=204.
		Ca=40	Sr=87,6	Ba=137	Pb=207.
		?=45	Ce=92		
		?Er=56	La=94		
		?Yt=60	Di=95		
		?In=75,6	Th=118?		

Doc. 3 Température de fusion

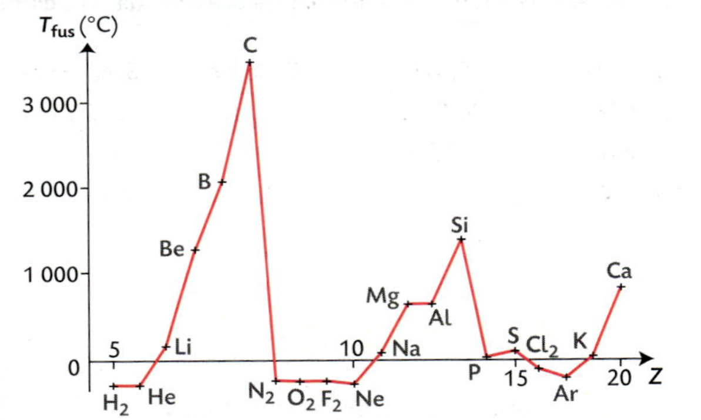

› Température de fusion T_{fus} des corps ne comportant qu'un seul élément chimique en fonction du numéro atomique de cet élément.

Analyse et synthèse

1. L'un des critères de classement de D. Mendeleïev est la masse atomique (**doc. 1**). Est-ce le critère actuellement utilisé (voir rabat VI) ?
2. a. Quels sont les éléments qui apparaissent dans les deux premières colonnes de la classification de D. Mendeleïev (**doc. 2**) ?
   b. Comment sont-ils rangés dans la classification actuelle (rabat VI) ?
3. a. Illustrer la dernière phrase du **doc. 1** à l'aide des **doc. 2** et **3**.
   b. Montrer que la **fiche Identification des ions**, p. 332, permet d'illustrer la périodicité des propriétés chimiques des éléments de la ligne du fluor F (**doc. 2**). Situer ces éléments dans la classification actuelle.
4. Pourquoi D. Mendeleïev s'interroge-t-il sur la place de l'iode I et du tellure Te (**doc. 2**) ? Proposer une explication (voir classification, rabat VI).

Compétences travaillées
- **S'approprier ; analyser** • Extraire et exploiter des informations.
- **Valider** • Interpréter des observations.
- **Analyser** • Proposer une hypothèse.

Un pas vers le cours

5. Présenter, en une dizaine de lignes, la démarche suivie par D. Mendeleïev pour établir sa classification.

Communiquer • Rédiger une synthèse.

Activité documentaire

À la maison

3 Une utilisation de la classification périodique

La classification périodique des éléments permet de prévoir les propriétés des éléments chimiques.

▶ **Comment utiliser la classification pour déterminer la charge des ions monoatomiques ?**

Compétence

- Utiliser la classification périodique pour retrouver la charge des ions monoatomiques.

Doc. 1 Extrait du tableau périodique des éléments

1							18
$_1$H	2	13	14	15	16	17	$_2$He
$_3$Li	$_4$Be	$_5$B	$_6$C	$_7$N	$_8$O	$_9$F	$_{10}$Ne
$_{11}$Na	$_{12}$Mg	$_{13}$Al	$_{14}$Si	$_{15}$P	$_{16}$S	$_{17}$Cl	$_{18}$Ar
$_{19}$K	$_{20}$Ca						

Doc. 2 Quelques ions présents dans les minéraux terrestres

Minerai	Formule	Cation(s)	Anion(s)
Sylvinite	NaCl, KCl	Na^+, K^+	Cl^-
Sellaïte	MgF_2	Mg^{2+}	F^-
Fluorine	CaF_2	Ca^{2+}	F^-
Corindon	Al_2O_3	Al^{3+}	O^{2-}

> Fluorine.

> Corindon.

Analyse et synthèse

Compétences travaillées

1. a. Reproduire les trois premières lignes du tableau du **doc. 1**. À côté du symbole de chaque élément chimique, indiquer la formule électronique des atomes.
b. Dans ce tableau, indiquer la formule chimique des ions présents dans le **doc. 2** en dessous de l'élément correspondant.

2. a. Combien d'électrons externes possèdent les atomes de la colonne 1 ? de la colonne 2 ?
b. Quelle est la charge électrique des ions monoatomiques de la colonne 1 ? de la colonne 2 ?
c. En déduire la formule chimique des ions formés à partir des atomes de lithium Li et de béryllium Be.

S'approprier ; analyser • Extraire et exploiter des informations.

3. Prévoir la formule chimique de l'ion formé à partir de l'atome de bore B.

Analyser • Proposer une hypothèse.

4. Reprendre la démarche précédente pour prévoir la charge électrique et la formule chimique des ions pour les éléments des colonnes 16 et 17.

Analyser • Utiliser un modèle pour prévoir.

Un pas vers le cours

→ Fiche **Rédaction d'une réponse argumentée**, p. 320.

5. a. Rédiger une **réponse argumentée**, de dix lignes maximum, expliquant comment retrouver la charge d'un ion monoatomique à partir de la place de son élément dans la classification périodique.
b. Les résultats obtenus sont-ils en accord avec les règles du duet et de l'octet ? Justifier.

Communiquer • Rédiger une réponse argumentée.

Activité expérimentale

4 Des eaux minérales

Sur les étiquettes des bouteilles d'eaux minérales, on peut lire des messages tels que « *Hépar, votre dose de magnésium* », « *Vittel, source naturelle de calcium* », « *St-Yorre, la force minérale* ».

▶ **Comment distinguer ces eaux au laboratoire de chimie ?**

Compétence

- *Mettre en œuvre un protocole pour identifier des ions.*

Doc. 1 L'origine minérale des eaux

L'eau tombant sous forme de pluie ou de neige s'infiltre dans des terrains perméables ou par des fractures géologiques. Au cours de cette lente percolation, à l'abri de la pollution, des substances s'y dissolvent. La composition d'une eau minérale varie donc selon la nature des roches traversées. Ainsi, les eaux qui traversent des zones calcaires seront très riches en ions calcium ; d'autres traversant des zones granitiques le seront moins.

D'après *Science & Vie*, hors-série n° 211, juin 2000.

Doc. 2 Des eaux minérales différentes

« Les eaux minérales naturelles se distinguent par leur composition [...] spécifique. L'équilibre entre les minéraux, leur concentration respective confère à l'eau minérale naturelle une saveur et une signature caractéristique de son terroir [...]. »

Extrait du site Internet www.eaumineralenaturelle.fr

Volvic

ANALYSE CARACTÉRISTIQUE (mg/litre)			
CALCIUM	11,5	CHLORURES	13,5
MAGNÉSIUM	8,0	NITRATES	6,3
SODIUM	11,6	SULFATES	8,1
POTASSIUM	6,2	SILICE	31,7
BICARBONATES	71,0		

Minéralisation totale : 130 mg/litre (Résidu sec à 180 °C) – pH : 7

> Puisée au cœur de l'Auvergne, cette eau minérale est faiblement minéralisée (130 $mg \cdot L^{-1}$).

SOURCE ROYALE COMPOSITION MOYENNE en mg/l			
Bicarbonates	4368	Sodium	1708
Chlorures	322	Potassium	110
Sulfates	174	Calcium	90
Fluorures	1	Magnésium	11

Minéralisation totale, Extrait sec à 180 °C : 4774 mg/l – pH : 6,6

> Cette eau puise ses minéraux dans les profondeurs de la terre d'Auvergne. Elle est fortement minéralisée (4 774 $mg \cdot L^{-1}$), notamment en ions chlorure (322 $mg \cdot L^{-1}$).

Minéralisation caractéristique en mg/l.

Calcium : 555
Magnésium : 110
Sodium : 14
Sulfate : 1479
Hydrogénocarbonate : 403
Résidu sec à 180 °C : 2513

> Émergeant à l'est de la ville de Vittel, cette eau fortement minéralisée (2 513 $mg \cdot L^{-1}$) est très riche en ions calcium (555 $mg \cdot L^{-1}$) et magnésium (110 $mg \cdot L^{-1}$).

Investigation

Les eaux minérales présentées dans le **doc. 2** sont respectivement réparties dans trois béchers.

▶ **Identifier l'eau minérale de chacun des béchers.**

En cas de difficultés, des solutions partielles sont disponibles en fin de manuel (p. 334).

Compétences travaillées

S'approprier
Analyser
Réaliser
Valider
Être autonome et faire preuve d'initiative

Un pas vers le cours

Rédiger un compte rendu présentant la démarche suivie en détaillant le protocole expérimental, l'observation, l'interprétation et la conclusion, c'est-à-dire la réponse au problème posé.

Communiquer • Rendre compte à l'écrit.

Cours

1 Comment se répartissent les électrons d'un atome ou d'un ion monoatomique ?

Doc. 1

Couche électronique	K	L	M
Nombre maximal d'électrons	2	8	18

> Nombre maximal d'électrons des différentes couches électroniques.

Doc. 2

Al : $K^2 L^8 M^3$

Couche externe non saturée ici

2 + 8 + 3 = 13 électrons

> Formule électronique d'un atome d'aluminium Al ($Z = 13$: 13 protons donc 13 électrons pour l'atome) dans son état fondamental.

- Les électrons d'un atome ou d'un ion monoatomique se répartissent en **couches électroniques**, notées ***K***, ***L***, ***M***, etc. Ces couches ne peuvent contenir qu'un nombre limité d'électrons (**doc. 1**). Une couche qui contient son **nombre maximal d'électrons** est **saturée**.
- Dans l'état le plus stable, dit état fondamental, d'un atome ou d'un ion monoatomique, les électrons remplissent d'abord la couche K. Lorsqu'elle est saturée, les électrons restants remplissent la couche L, puis, si nécessaire, la couche M, etc.

La **formule électronique** d'un atome ou d'un ion monoatomique décrit la répartition de ses électrons sur les différentes couches électroniques. On note, dans l'ordre, chaque couche occupée avec le nombre d'électrons qu'elle contient en exposant, en haut à droite (**doc. 2**).

- La **couche externe** est la **dernière couche électronique occupée**. Les électrons de la couche externe, ou électrons externes, sont les moins liés au noyau.

→ Exercices 6 à 9, p. 81.

2 Que sont les règles du duet et de l'octet ?

A. Énoncé des règles

*Duet vient du latin *duo*, qui signifie « ensemble de deux ».
**Octet vient du latin *octo*, qui signifie « huit ».

- **La structure électronique en duet* de l'hélium et la structure électronique externe en octet** du néon, de l'argon, etc., sont très stables** (**doc. 3**) : les gaz nobles (hélium, néon, etc,) sont inertes chimiquement. Cette stabilité est recherchée par tous les atomes.

Au cours des transformations chimiques, les atomes tendent à obtenir la **structure électronique du gaz noble** de numéro atomique le plus proche.

Règle du duet : Les atomes de numéro atomique voisin de 2 tendent à obtenir la structure électronique en **duet** de l'hélium.

Règle de l'octet : Les autres atomes tendent à obtenir la structure électronique externe en **octet** des gaz nobles autres que l'hélium.

Doc. 3

Atome	Z	Formule électronique
Hélium He	2	K^2
Néon Ne	10	$K^2 L^8$
Argon Ar	18	$K^2 L^8 M^8$

> Formule électronique des atomes de quelques gaz nobles.

B. Charge des ions monoatomiques

Doc. 4

> Le corindon est essentiellement constitué d'ions Al^{3+} et O^{2-}.

- De nombreux éléments existent à l'état d'ions monoatomiques stables (**doc. 4**), de même formule électronique que les gaz nobles (**activité 1**). Ces ions vérifient les règles du duet ou de l'octet.
- L'atome d'aluminium, de numéro atomique $Z = 13$, a pour formule électronique $K^2 L^8 M^3$. Il forme un cation Al^{3+}, de formule électronique $K^2 L^8$, qui a **8 électrons externes**, comme le néon.
- L'atome d'oxygène, de numéro atomique $Z = 8$, a pour formule électronique $K^2 L^6$. Il forme un anion O^{2-}, de formule électronique $K^2 L^8$, qui a **8 électrons externes**, comme le néon.

→ Exercices 10 à 13, p. 81.

Doc. 5

Colonne 1	Colonne 2	Colonne 13	Colonne 14	Colonne 15	Colonne 16	Colonne 17	Colonne 18	
$_1$H K^1							$_2$He K^2	1re période
$_3$Li $K^2 L^1$	$_4$Be $K^2 L^2$	$_5$B $K^2 L^3$	$_6$C $K^2 L^4$	$_7$N $K^2 L^5$	$_8$O $K^2 L^6$	$_9$F $K^2 L^7$	$_{10}$Ne $K^2 L^8$	2e période
$_{11}$Na $K^2 L^8 M^1$	$_{12}$Mg $K^2 L^8 M^2$	$_{13}$Al $K^2 L^8 M^3$	$_{14}$Si $K^2 L^8 M^4$	$_{15}$P $K^2 L^8 M^5$	$_{16}$S $K^2 L^8 M^6$	$_{17}$Cl $K^2 L^8 M^7$	$_{18}$Ar $K^2 L^8 M^8$	3e période

> Formules électroniques des atomes des éléments des trois premières périodes (lignes) de la classification périodique.

3 Quelle est la structure de la classification périodique ?

A. Classification périodique

La classification périodique actuelle (voir rabat VI) diffère de la classification établie par D. MENDELEÏEV en 1869 (**activité 2**).

L'étude de ses trois premières périodes montre que (**doc. 5**) :
– les éléments sont rangés par **numéro atomique *Z* croissant** ;
– une **nouvelle période** est utilisée chaque fois que la formule électronique des atomes fait intervenir une **nouvelle couche électronique** ;
– les éléments chimiques dont les atomes ont le **même nombre d'électrons externes** sont disposés dans une **même colonne**.

Les **atomes isotopes** possèdent le même nombre de protons, mais des nombres de neutrons différents : ils appartiennent au même élément chimique et sont donc situés dans la même case de la classification périodique. Le mot isotope vient des mots grecs *isos* (« même ») et *topos* (« lieu »).

B. Familles chimiques

Les éléments d'une même famille chimique appartiennent à la même colonne de la classification périodique et possèdent des propriétés chimiques voisines :
– La famille des **alcalins** (lithium, sodium, potassium, etc.) est constituée des éléments de la colonne 1, à l'exception de l'hydrogène*.
– La famille des **halogènes** (fluor, chlore, brome, iode, etc.) constitue la colonne 17.
– La famille des **gaz nobles** constitue la colonne 18.

*Cas de l'hydrogène
H : K^1 —(−1e⁻)→ H^+ : pas d'électron
H : K^1 —(+1e⁻)→ H^- : K^2 (2 électrons externes)

C. Charge des ions monoatomiques

Conformément aux **règles du duet et de l'octet**, les atomes forment des ions dont la charge peut se déduire de la place de leur élément dans la classification (**activité 3**, **doc. 6** et **7**).

Les atomes des éléments des **colonnes 1, 2 ou 13** ont **1, 2 ou 3 électron(s) externe(s)**. Ils peuvent le(s) perdre pour former des **cations** de formule M^+, M^{2+} ou M^{3+}.
Les atomes des éléments des **colonnes 15, 16 ou 17** ont **5, 6 ou 7 électrons externes**. Ils peuvent gagner **3, 2** ou **1** électron(s) pour former des **anions** de formule X^{3-}, X^{2-} ou X^-.

→ Exercices 14 à 19, p. 82.

Doc. 6

Colonne 1 :
$_{11}$**Na** : $K^2 L^8 M^1$ ➡ $_{11}$**Na**$^+$: $K^2 L^8$

Colonne 2 :
$_{12}$**Mg** : $K^2 L^8 M^2$ ➡ $_{12}$**Mg**$^{2+}$: $K^2 L^8$

Colonne 13 :
$_{13}$**Al** : $K^2 L^8 M^3$ ➡ $_{13}$**Al**$^{3+}$: $K^2 L^8$

> Les cations formés à partir d'atomes des colonnes 1, 2 et 13 de la 3e période possèdent tous 8 électrons externes.

Doc. 7

Colonne 15 :
$_{15}$**N** : $K^2 L^5$ ➡ $_{15}$**N**$^{3-}$: $K^2 L^8$

Colonne 16 :
$_8$**O** : $K^2 L^6$ ➡ $_8$**O**$^{2-}$: $K^2 L^8$

Colonne 17 :
$_9$**F** : $K^2 L^7$ ➡ $_9$**F**$^-$: $K^2 L^8$

> Les anions formés à partir d'atomes des colonnes 15, 16 et 17 de la 2e période possèdent tous 8 électrons externes.

Essentiel

1 Répartition des électrons d'un atome ou d'un ion monoatomique

Les électrons se répartissent sur les couches *K*, puis *L*, puis *M*, etc.

S : $Z = 16$ $K^2 L^8 M^6$

Pour **S** : couches *K* et *L* saturées, couche externe *M* non saturée

Couche électronique	*K*	*L*	*M*
Nombre maximal d'électrons	2	8	18

2 Régles du duet et de l'octet

Au cours des transformations chimiques, les atomes ont tendance à obtenir la structure électronique du gaz noble de numéro atomique le plus proche :

- **deux** électrons pour l'hélium **règle du duet**
- **huit** électrons externes pour les autres gaz nobles (néon, argon, etc.) **règle de l'octet**

$$\mathrm{Al} : K^2 L^8 M^3 \xrightarrow{-3e^-} \mathrm{Al}^{3+} : K^2 L^8 : \mathrm{O}^{2-} \xleftarrow{+2e^-} \mathrm{O} : K^2 L^6$$

3 Classification périodique

Colonne 1	Colonne 2	Colonne 13	Colonne 14	Colonne 15	Colonne 16	Colonne 17	Colonne 18
1 électron externe	2 électrons externes	3 électrons externes	4 électrons externes	5 électrons externes	6 électrons externes	7 électrons externes	8 électrons externes (sauf He : $2e^-$)
Ion X^+	Ion X^{2+}	Ion X^{3+}		Ion X^{3-}	Ion X^{2-}	Ion X^-	
Alcalins*						Halogènes	Gaz nobles

*sauf H

Éléments d'une famille chimique :

- **même colonne** de la classification ;
- **même nombre d'électrons externes** pour leurs atomes et **mêmes propriétés chimiques**.

$_3$**Li** : $K^2 L^1$
2e période
Colonne 1
Famille des **alcalins**

$_{17}$**Cl** : $K^2 L^8 M^7$
3e période
Colonne 17
Famille des **halogènes**

$_{10}$**Ne** : $K^2 L^8$
2e période
Colonne 18
Famille des **gaz nobles**

QCM

→ Corrigés, p. 338.

Pour chaque question, indiquer la (ou les) bonne(s) réponse(s).

1 Répartition des électrons d'un atome ou d'un ion

Si erreur, revoir § 1, p. 76.

	A	B	C
1 La seule formule électronique correcte est :	$K^2 L^9 M^1$.	$K^3 L^8 M^1$.	$K^2 L^8 M^2$.
2 Un ion de formule électronique $K^2 L^8 M^8$ possède :	2 électrons externes.	18 électrons externes.	8 électrons externes.
3 Un atome possédant 9 électrons a :	1 électron externe.	7 électrons externes.	9 électrons externes.

2 Règles du duet et de l'octet

Si erreur, revoir § 2, p. 76.

	A	B	C
1 Un atome de formule électronique $K^2 L^1$ tend à respecter la règle :	de l'octet.	du duet.	de l'octave.
2 Un atome de formule électronique $K^2 L^7$:	tend à respecter la règle de l'octet.	tend à respecter la règle du duet.	ne forme pas d'ions.
3 Pour obtenir la formule électronique d'un gaz noble, un atome de magnésium Mg de formule électronique $K^2 L^8 M^2$ peut former :	le cation Mg^{2+}.	l'atome Ne.	l'anion Mg^{6-}.
4 Pour obtenir la formule électronique d'un gaz noble, un atome de chlore de formule électronique $K^2 L^8 M^7$ peut former :	le cation Cl^+.	l'anion Cl^-.	le cation Cl^{7+}.

3 Classification périodique

Si erreur, revoir § 3, p. 77.

	A	B	C
1 Dans la classification périodique, les éléments sont rangés par :	ordre alphabétique.	numéro atomique croissant.	masse atomique croissante.
2 Les atomes de formules électroniques $K^2 L^6$ et $K^2 L^3$ appartiennent à la même :	période de la classification.	colonne de la classification.	famille chimique.
3 Les gaz nobles :	possèdent tous un octet d'électrons externes.	appartiennent à la colonne 18 de la classification.	sont très stables.
4 Tous les atomes des éléments de la colonne 1 de la classification :	possèdent 1 électron externe.	appartiennent à la famille des alcalins.	forment des ions de formule X^+.
5 Un atome X d'un élément de la colonne 13 de la classification :	forme un anion X^{3-}.	forme un cation X^{3+}.	forme un cation X^+.

Exercice résolu

Compétences
- Mobiliser et organiser ses connaissances.
- Utiliser un modèle pour décrire.

4 Déterminer la charge d'un ion

Énoncé

Les fumeurs noirs sont des sources hydrothermales sous-marines, dues à l'activité magmatique de la Terre. Les fluides chauds émis par ces sources sont très riches en minéraux : sulfures de fer, de cuivre, etc. Des études sont en cours pour tenter d'exploiter les minéraux et la chaleur de ces fumeurs. Le numéro atomique de l'élément soufre S, très présent dans ces fumeurs, est $Z = 16$.

1. Quel est le nombre d'électrons externes d'un atome de soufre ?
2. Sans utiliser la classification, déterminer la période et la colonne auxquelles appartient l'élément soufre.
3. Déduire de la formule électronique d'un atome de soufre la charge et la formule chimique de l'ion sulfure qu'il forme. Ce résultat est-il cohérent avec la place de l'élément dans la classification ?

Analyse de l'énoncé

- Comment déterminer la couche électronique externe d'un atome ?
- Quelle formule relative à un atome peut être reliée à la position de cet atome dans la classification ?
- Quelles règles permettent d'expliquer la formation des ions monoatomiques ? Comment exploiter le numéro de la colonne à laquelle appartient l'élément ?

Conseils

1. Utiliser le numéro atomique de l'élément pour déterminer le nombre d'électrons de l'atome.
   Établir la formule électronique de l'atome et identifier la dernière couche occupée.
2. Utiliser la couche électronique externe pour déterminer la période et le nombre d'électrons externes pour déterminer la colonne.
3. Utiliser la règle de l'octet, puis la colonne de l'élément dans la classification.

Solution rédigée

1. De numéro atomique $Z = 16$, un atome de soufre possède 16 protons. Il est électriquement neutre, donc il possède 16 électrons. Sa formule électronique est :
$$K^2\, L^8\, M^6$$
La couche M étant la dernière couche occupée, l'atome de soufre possède 6 **électrons externes**.

2. L'élément soufre appartient :
   – à la **3e période** car sa couche électronique externe est la couche M ;
   – à la **colonne 16** car cette couche externe est occupée par six électrons.

3. D'après la règle de l'octet, l'atome de soufre tend à obtenir un octet d'électrons externes. Pour cela, il doit gagner deux électrons et former ainsi l'anion de formule chimique $\mathbf{S^{2-}}$.

Cet anion porte **deux charges élémentaires négatives**, ce qui est bien la charge attendue pour un ion monoatomique d'un élément de la colonne 16 de la classification.

5 Application immédiate

L'élément béryllium Be a pour numéro atomique $Z = 4$.

1. Quel est le nombre d'électrons externes d'un atome de béryllium ?
2. Sans utiliser la classification, déterminer la période et la colonne auxquelles appartient l'élément béryllium.
3. Déterminer la formule chimique de l'ion que forme un atome de béryllium. Ce résultat est-il cohérent avec la place de cet élément dans la classification ?

> Échantillon de béryllium.

→ Corrigés, p. 339

Exercices

Compétences

Parcours d'apprentissage

Compétences	6	10	12	16	18	20	22
Dénombrer les électrons de la couche externe.	•					•	
Connaître et appliquer les règles du duet et de l'octet pour rendre compte de la charge des ions monoatomiques usuels.		•	•				•
Localiser, dans la classification périodique, les familles des alcalins, des halogènes et des gaz nobles.					•	•	
Utiliser la classification périodique pour retrouver la charge des ions monoatomiques.				•		•	•

Pour commencer

Répartition des électrons d'un atome ou d'un ion monoatomique

6 **Utiliser la formule électronique d'atomes**

▪ Mobiliser et organiser ses connaissances.

On donne la formule électronique des atomes de :

a. carbone C : $K^2 L^4$ **b.** azote N : $K^2 L^5$

c. argon Ar : $K^2 L^8 M^8$

1. Quelle est la couche électronique externe de chacun de ces atomes ?

2. Quel est, pour chaque atome, le nombre d'électrons externes ?

7 **Établir la formule électronique d'atomes**

▪ Extraire et exploiter les informations d'un tableau.

Le tableau ci-dessous précise la couche électronique externe et le nombre d'électrons externes des atomes d'hélium He, de lithium Li, de fluor F et de silicium Si :

Atome	He	Li	F	Si
Couche externe	K	L	L	M
Nombre d'électrons externes	2	1	7	4

• En déduire la formule électronique de ces atomes.

8 **Dénombrer les électrons externes (1)**

▪ Mobiliser et organiser ses connaissances.

On donne le numéro atomique des atomes suivants :

a. oxygène O : $Z = 8$ **b.** néon Ne : $Z = 10$

c. phosphore P : $Z = 15$

1. Déterminer le nombre d'électrons de ces atomes.

2. Établir leur formule électronique.

3. Combien d'électrons externes possèdent-ils ?

9 **Dénombrer les électrons externes (2)**

▪ Mobiliser et organiser ses connaissances ; construire un tableau.

On donne le numéro atomique des atomes et ions suivants :

a. béryllium Be^{2+} : $Z = 4$

b. magnésium Mg : $Z = 12$ **c.** chlorure Cl^- : $Z = 17$

• Construire un tableau précisant le nombre d'électrons de ces entités, leur formule électronique et leur nombre d'électrons externes.

Règles du duet et de l'octet

10 **Déterminer la charge d'un cation**

▪ Mobiliser et organiser ses connaissances ; rédiger une explication.

La couleur du quartz fumé est due à la présence d'ions aluminium. L'élément aluminium Al a pour numéro atomique $Z = 13$.

1. Parmi les formules électroniques ci-dessous, choisir celle qui correspond à un atome d'aluminium :

a. $K^2 L^7 M^4$ **b.** $K^2 L^8 M^3$ **c.** $K^2 L^8 M^1$

2. En déduire la formule et la charge d'un ion aluminium. Justifier la réponse.

11 **Déterminer la charge d'un anion**

▪ Mobiliser et organiser ses connaissances ; rédiger une explication.

1. Déterminer la formule électronique d'un atome d'oxygène O (de numéro atomique $Z = 8$).

2. En déduire la formule et la charge d'un ion oxygène, appelé ion oxyde. Justifier la réponse.

12 **Identifier des atomes ou des ions stables (1)**

▪ Restituer ses connaissances ; extraire et exploiter des informations.

1. Quelles règles doivent respecter les atomes et les ions stables ?

2. Quels sont les atomes et les ions stables parmi ceux dont les formules électroniques sont données ci-dessous ?

a. He : K^2 **b.** Li : $K^2 L^1$ **c.** F : $K^2 L^7$

d. F^- : $K^2 L^8$ **e.** Ne : $K^2 L^8$ **f.** Mg : $K^2 L^8 M^2$

g. Mg^+ : $K^2 L^8 M^1$ **h.** Mg^{2+} : $K^2 L^8$ **i.** Ca^{2+} : $K^2 L^8 M^8$

13 **Identifier des atomes ou des ions stables (2)**

▪ Restituer ses connaissances ; mobiliser et organiser ses connaissances.

1. Énoncer les règles du duet et de l'octet.

2. Identifier les atomes et les ions stables parmi ceux dont les formules électroniques sont données ci-dessous :

a. Li : $K^2 L^1$ **b.** Li^+ : K^2 **c.** Li^{7-} : $K^2 L^8$

d. F^- : $K^2 L^8$ **e.** F : $K^2 L^7$ **f.** F^{7+} : K^2

g. Ne : $K^2 L^8$ **h.** Ne^{8+} : K^2 **i.** Ne^{8-} : $K^2 L^8 M^8$

Classification périodique

14 Situer des éléments dans la classification

▪ Extraire et exploiter des informations.

La formule électronique de certains atomes est donnée ci-dessous :

a. K^1 b. K^2 c. $K^2\,L^3$ d. $K^2\,L^5$
e. $K^2\,L^6$ f. $K^2\,L^8\,M^1$ g. $K^2\,L^8\,M^2$ h. $K^2\,L^8\,M^5$
i. $K^2\,L^8\,M^6$ j. $K^2\,L^8\,M^8$

1. Regrouper les atomes dont les éléments appartiennent à une même période de la classification.
À quelle période appartient chaque regroupement ?

2. Regrouper les atomes dont les éléments appartiennent à une même colonne de la classification et localiser cette colonne pour chaque regroupement.

15 Exploiter la structure de la classification

▪ Mobiliser et organiser ses connaissances ; construire un tableau.

Un atome a pour formule électronique $K^2\,L^4$.

1. Préciser la place (période et colonne) de son élément dans la classification périodique.

2. Construire un extrait de la classification périodique centré sur cet élément, en indiquant ses plus proches voisins, lorsqu'ils existent, et en précisant leur numéro atomique et la formule électronique de leurs atomes.

16 Déterminer la charge d'un ion

▪ Mobiliser et organiser ses connaissances.

Le télescope spatial ISO a détecté dans les nuages interstellaires des minéraux tels que l'olivine ou le pyroxène à l'état de fines poussières. Ces deux minéraux contiennent des ions magnésium. L'élément magnésium Mg appartient à la colonne 2 de la classification périodique.

• Déterminer la formule chimique des ions magnésium. Justifier la réponse.

17 Prévoir la charge d'ions monoatomiques

▪ Extraire et exploiter des informations.

Un élément, noté X, est situé dans la 3e période et à la colonne 15 de la classification périodique.

1. Prévoir la charge et la formule chimique des ions monoatomiques de cet élément.

2. a. Identifier X et repérer le nom et le symbole des éléments de sa famille chimique à l'aide de la classification périodique (rabat VI).
b. Écrire la formule chimique des ions monoatomiques de ces éléments.

18 Localiser une famille chimique

▪ Extraire et exploiter des informations.

La formule électronique d'atomes de quelques alcalins est donnée ci-dessous :

a. Li : $K^2\,L^1$ b. Na : $K^2\,L^8\,M^1$ c. K : $K^2\,L^8\,M^8\,N^1$

1. Justifier que les atomes des alcalins appartiennent à une même colonne de la classification périodique.

2. Où se situe la famille des alcalins dans la classification périodique ?

19 Reconnaître des familles chimiques

▪ Extraire et exploiter des informations.

La formule électronique d'atomes de différents éléments est donnée ci-dessous :

a. K^1 b. K^2 c. $K^2\,L^5$
d. $K^2\,L^8$ e. $K^2\,L^8\,M^1$ f. $K^2\,L^8\,M^2$
g. $K^2\,L^8\,M^6$ h. $K^2\,L^8\,M^8$ i. $K^2\,L^8\,M^8\,N^1$

1. Regrouper les éléments qui appartiennent à une même famille chimique.

2. Préciser la place de la famille des gaz nobles dans la classification périodique. Reconnaître les atomes des gaz nobles dans les propositions ci-dessus.

Pour s'entraîner

20 Connaître les critères de réussite

Le fluor sur Terre

▪ Mobiliser et organiser ses connaissances ; utiliser un modèle pour décrire ; rédiger une réponse.

Le fluor existe sur Terre à l'état d'ions fluorure stables de formule F^- dans différents minéraux : topaze, tourmaline, etc. Cet élément appartient à la 2e période de la classification périodique.

› Topaze.

1. À quelle colonne de la classification le fluor appartient-il ?

2. Qu'est-ce qui caractérise une famille chimique ? Nommer la famille chimique du fluor.

3. Déterminer le numéro atomique du fluor.

4. Pourquoi l'élément fluor existe-t-il naturellement sur Terre sous forme d'ion fluorure ?

	Critères de réussite	Barème
1.	La colonne est localisée à partir de la valeur et du signe de la charge.	1 pt
	Une explication est donnée.	0,5 pt
2.	La définition est correcte. Le nom de la famille est connu.	1 pt
3.	La structure de la classification est connue et bien utilisée.	1 pt
	Une explication est donnée ; la détermination du nombre de protons est justifiée.	1 pt
4.	Le lien entre stabilité et formule électronique est fait.	0,5 pt
Pour l'ensemble des réponses		
	Rédaction de la réponse.	0,5 pt

| cours maîtrisé | réponse complète | présentation **5,5 pts**

Exercices

21 À chacun son rythme

Des ions dans l'océan

■ Extraire et exploiter des informations ; rédiger une explication.

Commencer par résoudre l'énoncé compact. *En cas de difficultés, passer à* l'énoncé détaillé.

De nombreuses espèces chimiques, arrachées de la croûte terrestre, sont transportées par les rivières et les vents vers les océans. Leur teneur dans l'océan dépend de leur stabilité et de leur rôle biologique. On veut identifier l'un des ions monoatomiques présents dans l'océan. Cet ion a pour formule chimique X^- et possède huit électrons sur sa couche externe M.

Énoncé compact

• Déterminer le numéro atomique de cet élément, puis l'identifier à l'aide de la classification (rabat VI).

Énoncé détaillé

1. Quelles couches électroniques sont occupées par les électrons de cet ion ?

2. Établir la formule électronique de cet ion.

3. En déduire la formule électronique de l'atome correspondant.

4. Déterminer le numéro atomique de l'élément correspondant, puis identifier cet élément à l'aide de la classification périodique (rabat VI).

22 Composition chimique du Soleil

■ Extraire et exploiter les informations ; construire un tableau.

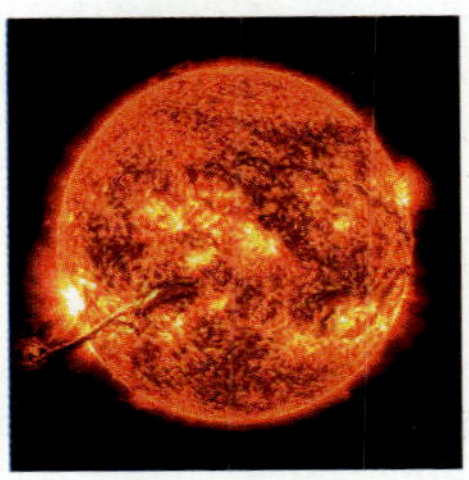

L'étude de la lumière émise par le Soleil (qui se dit *helios* en grec) a permis de déterminer sa composition. Ainsi, en 1865, l'astronome français J. Janssen découvre que l'hélium est un élément présent dans le Soleil en observant une éclipse totale à Guntur (Inde). En 1882, cet élément est identifié sur Terre dans la lave du Vésuve par le vulcanologue italien L. Palmierie, avant d'être isolé par le Britannique W. Ramsay en 1895.

On veut décrire puis identifier, à l'aide de la classification périodique (rabat VI), quatre éléments, notés X_1, X_2, X_3 et X_4, présents dans le Soleil. On dispose des informations suivantes :

X_1 : élément qui appartient à la 3ᵉ période et à la colonne 1 de la classification.

X_2 : $Z = 2$

X_3 : formule électronique de l'atome $K^2\,L^8\,M^8\,N^2$.

X_4 : élément qui appartient à la 2ᵉ période et donne des ions monoatomiques de formule X^{3-}.

1. À partir de ces informations, construire un tableau qui indique pour chaque élément :
- son nom ;
- son symbole ;
- son numéro atomique ;
- la formule électronique de son atome ;
- la formule des ions monoatomiques stables que cet atome peut éventuellement former.

2. Proposer une explication concernant le choix du nom de l'élément hélium.

23 À chacun son rythme

Les ions du sang

■ Extraire et exploiter des informations ; utiliser un modèle pour décrire.

Commencer par résoudre l'énoncé compact. *En cas de difficultés, passer à* l'énoncé détaillé.

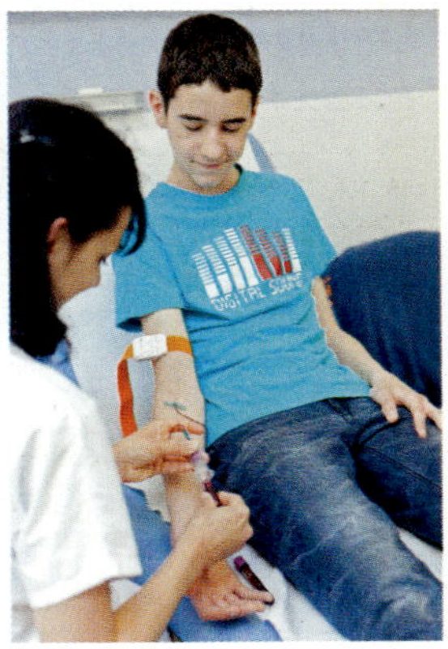

Un ionogramme sanguin est un examen médical qui permet de déterminer les teneurs du sang en certains ions. Il permet de surveiller les apports par perfusion et de dépister un déséquilibre dû à un trouble hormonal, une insuffisance rénale, une malabsorption intestinale, etc.
L'un des ions contrôlés a pour formule X^{2+} et il appartient à la 4ᵉ période de la classification périodique.

Énoncé compact

• Établir, en justifiant, la formule électronique d'un atome de l'élément X.

Énoncé détaillé

1. Le passage de l'atome X à l'ion X^{2+} se fait-il par gain ou perte d'électrons ?

2. À quelle règle obéit le passage de l'atome X à l'ion X^{2+} ? À quelle période appartient le gaz noble auquel tend à ressembler l'ion X^{2+} ?

3. Quelle est la formule électronique de l'ion X^{2+} ? Justifier.

4. En déduire la formule électronique de l'atome de l'élément X.

24 Histoire des sciences

La démarche de Mendeleïev

■ Mobiliser et organiser ses connaissances ; extraire et exploiter des informations ; faire preuve d'esprit critique ; rédiger une explication.

Dès le début du XIXe siècle, les chimistes cherchent à classer les éléments chimiques connus en recherchant des relations mathématiques entre leurs masses atomiques. Seuls quelques chimistes vont chercher à classer les éléments en s'intéressant également à leurs propriétés physiques et chimiques. C'est le cas du chimiste russe D. Mendeleïev. En 1869, lors de la présentation de sa classification, il expose ses conclusions qu'il publiera ensuite dans son ouvrage *Principes de chimie* :

> I. Les éléments disposés d'après la grandeur de leur poids atomique présentent une périodicité des propriétés.
> II. Les éléments qui se ressemblent par leurs fonctions chimiques présentent des poids atomiques croissant uniformément (K, Rb, Cs).
> V. La grandeur poids atomique détermine le caractère de l'élément.
> VI. Il faut attendre la découverte de plusieurs corps simples encore inconnus, ressemblant, par exemple à Al et Si et ayant un poids atomique entre 65 et 75.

Ainsi D. Mendeleïev prédit l'existence d'un élément situé juste en dessous de l'aluminium, qu'il nomme *ékaaluminium*. Il prévoit pour ce métal une température de fusion peu élevée et la formule de l'oxyde et du chlorure correspondants.

1. Le mot poids est-il bien adapté ? Par quel terme doit-on le remplacer ?

2. Selon quel critère les éléments chimiques sont-ils actuellement ordonnés ?

3. a. Dans la classification périodique (rabat VI), rechercher la position des éléments potassium K, rubidium Rb et césium Cs. Pourquoi peut-on dire qu'ils se « ressemblent » ?
b. Quels ions monoatomiques stables forment les atomes de ces éléments ?

4. a. Rechercher la position de l'aluminium dans la classification (rabat VI) et en déduire celle de l'*ékaaluminium*.
b. Quel est le nom actuel de l'*ékaaluminium* ?
c. Quelle est la charge des ions monoatomiques stables que peuvent former les atomes de ces deux éléments ?
d. L'oxyde d'aluminium est un solide de formule Al_2O_3. Quelle est la formule de l'oxyde d'*ékaaluminium* ?

25 Tableau périodique

■ Mobiliser et organiser ses connaissances ; extraire et exploiter les informations.

Doc. 1 Extrait de la classification périodique

1							18
H	2	13	14	15	16	17	He
	Be	B	C		O	F	
Na			Si	P			

Doc. 2 Caractéristiques de certains éléments

- Le soufre S a des propriétés chimiques analogues à l'oxygène O.
- Le lithium Li est un alcalin.
- Les ions monoatomiques du magnésium ont pour formule chimique Mg^{2+}.
- L'azote N appartient à la même famille que le phosphore P.
- Le chlore Cl forme facilement l'anion Cl^-.
- Les atomes de néon Ne ont une structure électronique externe en octet et appartiennent à la même période que le béryllium Be.
- Les atomes d'aluminium Al possèdent 3 électrons externes.
- L'argon Ar est un gaz noble.

1. Recopier l'extrait de la classification périodique, représenté dans le doc. 1. Compléter ce tableau avec les éléments cités dans le doc. 2.

2. Pourquoi la 1re période de la classification ne comporte-t-elle que deux éléments ?

26 Déterminer la charge de l'ion tellurure

■ Extraire et exploiter les informations.

L'ingodite est un minéral constitué d'ions bismuth, sulfure et tellurure. Le tellure Te appartient à la colonne 16 de la classification.

1. Déterminer la charge et la formule chimique des ions tellurure.

2. La formule des ions sulfure est S^{2-}. L'élément soufre peut-il appartenir à la famille du tellure ?

27 Équilibre acido-basique de l'organisme

■ Extraire et exploiter des informations ; utiliser un modèle pour prévoir.

L'équilibre acidobasique et l'état d'hydratation d'un organisme peuvent être contrôlés par la mesure de la teneur de certains ions dans le sang ou les urines. Deux de ces ions sont monoatomiques et appartiennent à la même famille chimique.
Le premier a pour numéro atomique $Z = 11$.

1. Établir la formule électronique de l'atome correspondant.

2. En déduire, en justifiant, la formule et la charge de cet ion.

3. Quelle est la formule chimique de l'autre ion ?

4. À quelle colonne de la classification appartiennent ces deux éléments ? Nommer leur famille chimique.

28 Why Gold?

■ Extraire et exploiter des informations ; proposer une hypothèse.

The periodic table lists 118 different chemical elements. And yet, for thousands of years, humans have really liked one of them in particular: gold. Gold has been used as money for millennia, and its price has been going through the roof.
Why gold? Why not lithium or promethium?
The elements of the far-right column of the table are chemically stable. But there's also a big **drawback**: they're gases. You could put all your gaseous money in a jar, but if you opened the jar, you'd be broke. So the right-hand column must be **crossed out**.
Lithium belongs to the far left-hand column. If you expose lithium to air, it will cause a **huge** fire that can burn through concrete walls. Money that spontaneously bursts into flames is clearly a bad idea. In fact, you don't want your money undergoing any kind of spontaneous chemical reactions. And it turns out that a lot of the elements in the periodic table are pretty reactive. Not all of them burst into flames. But sometimes they corrode, start to **fall apart**. Another 38 elements must be **crossed out**, because they're too reactive.
Other chemical elements with great names like promethium, einsteinium, are radioactive : put some einsteinium in your pocket, and a year later, you'll be dead...
The element chosen as money should not be too heavy, it should not be too uncommon. It must have been discovered early enough and should be easily **melted**. This is gold that meets all these criteria.

D'après le site Planet Money.

Vocabulaire : *drawback* : inconvénient ; *crossed out* : barré ; *huge* : énorme ; *(to) fall apart* : se désagréger; *melted* : fondu.

1. Quel est le thème du document ?
2. Pourquoi les éléments de la colonne 18 ne peuvent-ils pas être utilisés comme monnaie ? Nommer la famille chimique correspondante et citer deux de ses éléments.
3. À quelle famille chimique appartient le lithium ? Pourquoi les éléments de cette famille ne peuvent-ils pas être utilisés comme monnaie ?
4. Quelle est l'origine des noms *prométhéum* et *einstenium* ? Citer un autre exemple d'élément radioactif.
5. Pourquoi ne peut-on utiliser le carbone comme monnaie ?
6. Le palladium a été découvert en 1807. Pourquoi ne peut-il pas être utilisé comme monnaie ?
7. Le platine a un bel éclat brillant, il ne se ternit pas comme l'argent métallique, il n'est pas corrosif et fond vers 1 770 °C. Pourquoi ne peut-il pas être utilisé comme monnaie ?

Pour aller plus loin

29 Résolution de problème

Halogène

■ Construire les étapes d'une résolution de problème ; extraire et exploiter des informations.

• Quel est le numéro atomique du deuxième élément de la famille des halogènes ?

→ **Pistes de résolution**, p. 334.

30 Traceur isotopique

■ Mobiliser et organiser ses connaissances ; extraire et exploiter des informations ; utiliser un modèle pour prévoir.

L'élément strontium est un traceur utile pour étudier les relations entre rivière et nappe d'eau souterraine, ainsi qu'entre nappe et aquifère.
La variation du rapport isotopique ${}^{87}_{38}Sr$ / ${}^{86}_{38}Sr$ permet de déterminer la provenance des eaux souterraines et de comprendre comment les réserves d'eaux souterraines se rechargent.
Le strontium appartient à la colonne 2 de la classification.

1. Qu'est-ce qu'un aquifère ?
2. Quelle est la composition des noyaux de strontium étudiés ?
3. Sachant qu'en grec les termes *isos* et *topos* signifient respectivement « même » et « lieu », pourquoi ces atomes sont-ils dits isotopes ?
4. Déterminer la charge de l'ion monoatomique du strontium que l'on peut trouver dans l'eau.

31 Les solides ioniques

■ Mobiliser et organiser ses connaissances ; extraire et exploiter des informations ; utiliser un modèle pour décrire.

L'iodure d'aluminium est un solide constitué d'ions iodure et d'ions aluminium. L'iode est un halogène et l'aluminium appartient à la colonne 13 de la classification périodique.
Le soufre appartient à la colonne 16 de la classification et le chlore à la colonne 17.

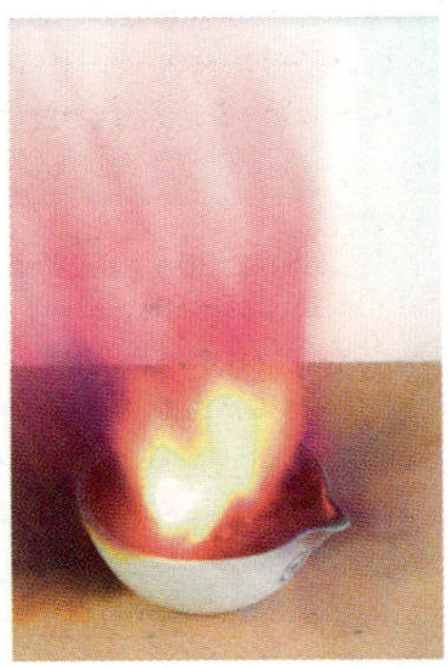
> Formation de l'iodure d'aluminium.

1. Quelle est la formule d'un ion iodure ? Justifier.
2. Quelle est la formule d'un ion aluminium ? Justifier.
3. Pourquoi l'iodure d'aluminium a-t-il pour formule AlI_3 ?
4. En déduire la formule du chlorure d'aluminium.
5. Établir la formule du solide ionique contenant les ions sulfure et aluminium.

Retour sur l'ouverture du chapitre 5

Comment sont rangés les éléments chimiques de l'Univers dans la classification périodique ?

32 Les alcalins

- Mobiliser et organiser ses connaissances ; extraire et exploiter des informations et des observations ; rédiger un réponse argumentée ; proposer une hypothèse.

Doc. 1 Propriétés physiques

Le lithium, le sodium et le potassium sont des métaux mous. Ils sont conservés dans de l'huile de paraffine, ont un éclat métallique mais se ternissent rapidement à l'air.

Doc. 2 Propriétés atomiques

Les atomes sont souvent modélisés par des sphères centrées sur leur noyau. Le rayon de ces sphères, ou rayon atomique, peut être déterminé de différentes façons.

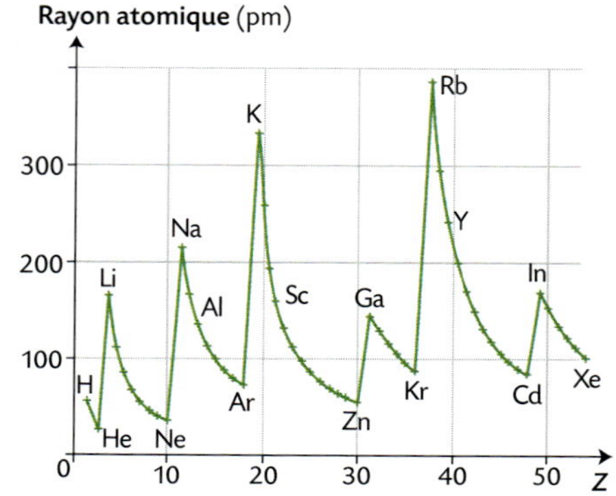

> Rayon atomique en fonction de Z.

Doc. 3 Propriétés chimiques

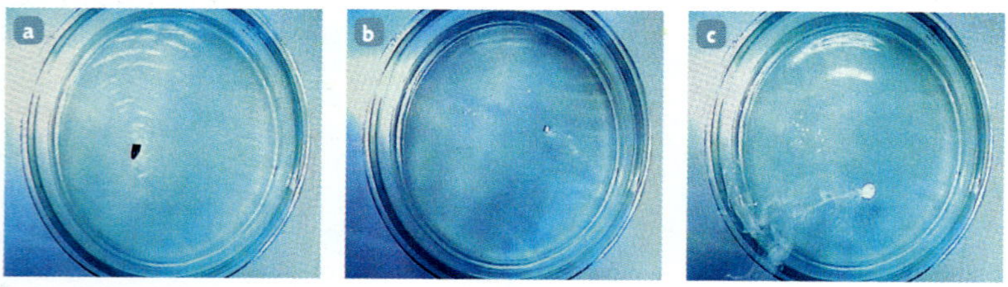

Les métaux alcalins réagissent vivement avec l'eau en donnant un dégagement de dihydrogène, des ions hydroxyde HO^- (aq) et des ions monoatomiques.

> Réaction avec l'eau du lithium métallique (a), du sodium métallique (b) et du potassium métallique (c).

1. Pourquoi le gisement du salar d'Atacama est-il constitué de chlorure de lithium LiCl et non de lithium Li métallique ?

2. Déterminer la place des éléments lithium ($Z = 3$) et sodium ($Z = 11$) dans la classification périodique.

3. Dans la classification périodique, l'élément potassium est situé immédiatement sous l'élément sodium.
Combien d'électrons externes possède un atome de potassium ?

4. Quelles sont les charges et les formules chimiques des ions monoatomiques que forment les atomes de lithium, de sodium et de potassium ?

5. Rédiger une réponse argumentée de dix lignes maximum expliquant pourquoi les éléments lithium, sodium et potassium appartiennent à la même famille chimique.

6. Quels sont les deux ions monoatomiques stables que peut former l'ion hydrogène ? Expliquer pourquoi l'hydrogène n'appartient pas à la famille des alcalins.

UNIVERS

> En observant la position du Soleil depuis le même point sur Terre au cours de la journée, on le voit décrire un arc de cercle. Jusqu'au XVIe siècle, on pensait que le Soleil et les planètes étaient en mouvement autour de la Terre. On sait aujourd'hui que la Terre, comme les autres planètes, tourne autour du Soleil.

Chapitre 6

La relativité du mouvement

Qu'est-ce que la relativité du mouvement ?

→ Exercice 25, p. 98.

Compétence

- Comprendre que la nature du mouvement dépend du référentiel choisi. → Activités 1 et 2

Activité documentaire

Histoire des sciences

À la maison

1 Les mouvements, une question de point de vue

Depuis Aristote (environ –300 av J.-C.) et jusqu'au XVIe siècle, on pensait que la Terre était immobile et que le Soleil, la Lune et les planètes tournaient autour d'elle. Galilée (1564-1642) a contribué à remettre en cause cette théorie.

▶ **Que faut-il définir pour décrire le mouvement d'un objet ?**

Compétence

- Comprendre que la nature du mouvement observé dépend du référentiel choisi.

Dans cette bande dessinée, Galilée présente ses idées à Andrea, le fils de sa gouvernante.

Inspiré de *La vie de Galilée* de B. Brecht, traduit de l'allemand par E. Recoing. © L'Arche Éditeur, Paris, 1990.

Analyse et synthèse

Compétences travaillées

1. Quelle hypothèse sur le mouvement des astres Galilée remet-il en cause ?
2. Quel astre Galilée suppose-t-il immobile ?
3. a. Dans cette BD, que représente la chaise ? Que représente la table ?
   b. Quel mouvement de la Terre est illustré par le mouvement que Galilée impose à la chaise d'Andrea ?

S'approprier • Extraire des informations ; mobiliser et organiser ses connaissances.
Analyser • Exploiter des informations.

4. Quel autre mouvement Galilée aurait-il pu imposer à la chaise d'Andrea pour faire la même démonstration ?

Analyser • Proposer un modèle.

Un pas vers le cours

5. Que faut-il préciser pour décrire le mouvement d'un objet ?

Communiquer • Rédiger une réponse.

Activité expérimentale

2 La rétrogradation de Mars

En observant Mars du même endroit, nuit après nuit à la même heure, un astronome peut constater que le déplacement apparent de cette planète dans le ciel change de sens.

▶ **Pourquoi le mouvement de Mars, vu depuis la Terre, change-t-il de sens ?**

Compétence

- Comprendre que la nature du mouvement observé dépend du référentiel choisi.

Doc. 1 Mouvement apparent de Mars

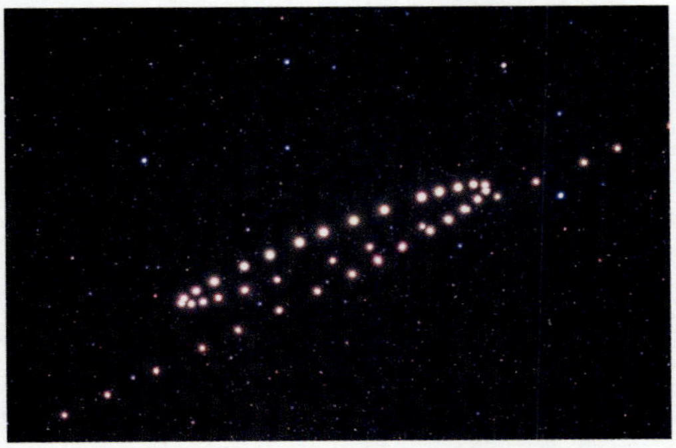

> Mouvement apparent de la planète Mars dans le référentiel géocentrique.

Doc. 2 Schématisation des mouvements

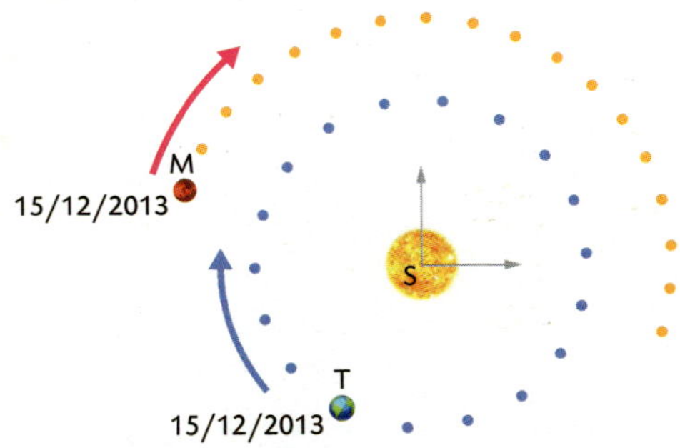

> Positions des centres de Mars (M) et de la Terre (T) dans le référentiel héliocentrique tous les 20 jours à partir du 15/12/2013.

Pratique expérimentale

- Configurer le logiciel Stellarium® pour simuler l'observation du ciel le 15 décembre 2013 à 23 h 30 min en direction du Sud-Est depuis Paris. Faire afficher les lignes des constellations ainsi que leurs noms.
- Centrer l'observation sur l'une des étoiles de la constellation de la Vierge.
- Observer, jour après jour, toujours à la même heure, le déplacement de la planète Mars par rapport à la constellation de la Vierge. Poursuivre l'observation jusqu'à fin juin 2014.

Réaliser • Mettre en œuvre un protocole.

1. Décrire le phénomène observable aux alentours du 1er mars 2014.

S'approprier • Extraire des informations ; décrire des phénomènes.

- Au centre d'une feuille de papier calque, tracer deux axes dans les mêmes directions et sens que ceux représentés sur le **doc. 2**. Placer l'intersection des axes du calque sur la position de la Terre le 15/12/2013 sans modifier leur orientation. Pointer la position de Mars à cette date.
- Faire glisser la feuille sur les différentes positions de la Terre sans modifier les directions des axes et marquer la position de Mars pour chaque position du calque, à la date correspondante.

Réaliser • Mettre en œuvre un protocole.

2. Montrer que la construction obtenue sur le calque est compatible avec l'observation.

Analyser • Exploiter des observations. *Communiquer* • Rédiger une explication.

Un pas vers le cours

3. Justifier l'expression « Le mouvement est relatif à l'observateur » à l'aide du **doc. 2** et de la construction sur le calque.

Analyser • Exploiter des observations. *Communiquer* • Rédiger une explication.

Compétences travaillées

Cours

1 Que faut-il définir avant d'étudier un mouvement ?

A. Définir le système

> Avant d'étudier un mouvement, il faut identifier le corps dont on étudie le mouvement. On définit ainsi le **système** étudié.

Le mouvement d'un système est généralement complexe. Au lycée, on se limite à l'étude d'un seul de ses points.
Exemple : pour décrire le mouvement d'une planète, on étudie seulement le mouvement du centre de cette planète.

Doc. 1

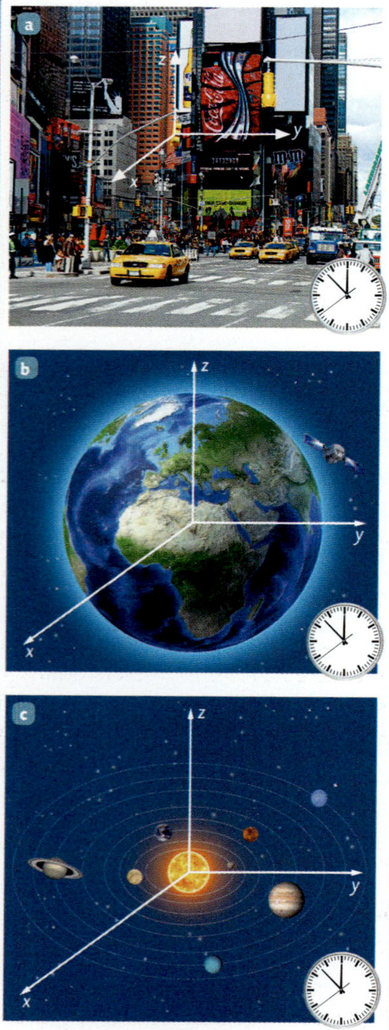

> Exemples de référentiel terrestre (a), de référentiel géocentrique (b) et de référentiel héliocentrique (c).

B. Préciser le référentiel

• La description du mouvement d'un système nécessite un observateur. Cet observateur est lié à un objet par rapport auquel est décrit le mouvement (**activité 1**).

> Avant de décrire le mouvement d'un système, il faut indiquer l'objet de référence par rapport auquel on décrit le mouvement. Cet objet de référence est appelé le **référentiel**.

• Un **référentiel terrestre** (**doc. 1a**) est lié à un objet fixe par rapport à la surface de la Terre.

• Le **référentiel géocentrique** (**doc. 1b**) est lié au centre de la Terre.

• Le **référentiel héliocentrique** (**doc. 1c**) est lié au centre du Soleil.

• On associe à un référentiel :
– un repère d'espace qui permet de connaître les coordonnées du système ;
– un repère de temps (horloge) qui permet de connaître les dates auxquelles les différentes positions sont occupées par le système.

Les axes des repères d'espace associés aux référentiels **géocentrique** et **héliocentrique** pointent vers trois étoiles lointaines considérées fixes.

• Pour l'étude du mouvement d'un système, il est judicieux de choisir un référentiel dans lequel le mouvement est le plus simple :
– un **référentiel terrestre** est utilisé pour l'étude des mouvements à la surface de la Terre (**doc. 1a**) ;
– le **référentiel géocentrique** est utilisé pour l'étude du mouvement des satellites de la Terre (**doc. 1b**) ;
– le **référentiel héliocentrique** est utilisé pour l'étude du mouvement des planètes du système solaire (**doc. 1c**).

Exemple : le mouvement du taxi (**doc. 1a**) est simple dans le référentiel terrestre.

→ **Exercices 6 à 9**, p. 95.

2 Comment décrire un mouvement ?

L'étude du mouvement d'un système consiste à définir le système, puis à déterminer sa **trajectoire** (ou celle de l'un de ses points) et l'évolution de la valeur de sa **vitesse** dans un référentiel donné.

A. La trajectoire

Dans un référentiel donné, la **trajectoire** d'un point d'un système est l'ensemble des positions successives occupées par ce point au cours du mouvement du système.

Dans un référentiel donné, le mouvement d'un système est :
- **rectiligne** si la trajectoire est une portion de droite (doc. 2a) ;
- **circulaire** si la trajectoire est une portion de cercle (doc. 2b) ;
- **curviligne** si la trajectoire est une portion de courbe (doc. 3a).

Doc. 2

> Dans un référentiel terrestre, le mouvement d'une étoile filante est rectiligne (a) et celui des étoiles est circulaire (b).

B. L'évolution de la valeur de la vitesse

Dans un référentiel donné, la **valeur *v* de la vitesse** d'un point d'un système est égale au rapport de la distance parcourue, *d*, par la durée du parcours, Δt :

$$v = \frac{d}{\Delta t}$$

v en mètre par seconde ($m \cdot s^{-1}$) ; *d* en mètre (m) ; Δt en seconde (s)

La **durée du parcours** est l'intervalle de temps séparant le début du mouvement étudié de sa fin. C'est pour cela qu'elle est notée Δt et non *t*.

La valeur de la vitesse peut aussi s'exprimer en kilomètre par heure ($km \cdot h^{-1}$) quand *d* est exprimée en kilomètre (km) et Δt en heure (h).

- Dans un référentiel donné, si au cours d'un mouvement :
  - la valeur de la vitesse du système augmente, alors le mouvement est **accéléré** (doc. 3a) ;
  - la valeur de la vitesse du système diminue, alors le mouvement est **décéléré**, ou ralenti (doc. 3a) ;
  - la valeur de la vitesse du système reste constante, alors le mouvement est **uniforme** (doc. 3b).
- L'évolution de la vitesse du système peut être étudiée sur une image qui représente les positions successives occupées par le système à des intervalles de temps de même durée (doc. 3).

→ Exercices 10 à 14, p. 95-96.

Doc. 3

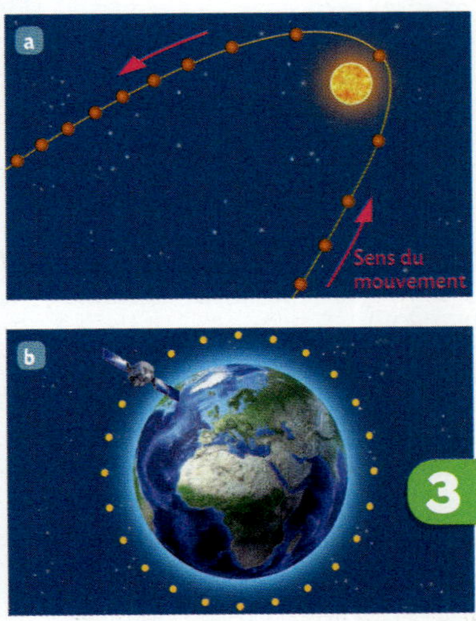

> Dans le référentiel héliocentrique, la comète a un mouvement accéléré à l'approche du Soleil et décéléré si elle s'en éloigne (a). En orbite circulaire autour de la Terre, un satellite a un mouvement uniforme dans le référentiel géocentrique (b).

3 Qu'est-ce que la relativité du mouvement ?

La description du **mouvement** d'un système dépend du référentiel choisi. On dit que le mouvement est **relatif au référentiel**.

Exemple : on considère que la planète Mars a un mouvement circulaire dans le référentiel héliocentrique alors qu'elle a un mouvement curviligne dans le référentiel géocentrique (activité 2).

→ Exercices 15 et 16, p. 96.

Essentiel

1 Définition du système et du référentiel

Système

- Corps dont on étudie le mouvement.
→ Au Lycée, on limite souvent le système à l'un de ses points.

Référentiel

- Objet par rapport auquel on étudie le mouvement du système.
→ On lui associe un repère d'espace et un repère de temps (horloge).

Trois exemples de référentiels :

- Référentiel terrestre

- Référentiel géocentrique

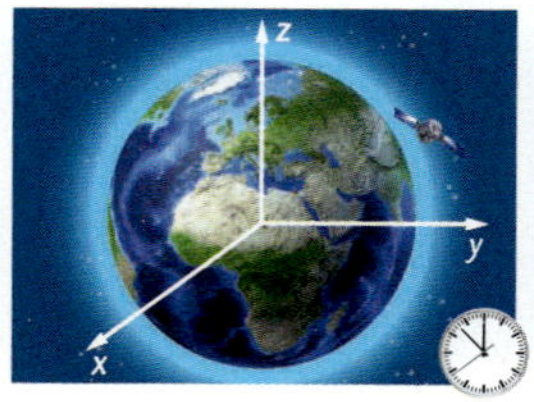

- Référentiel héliocentrique

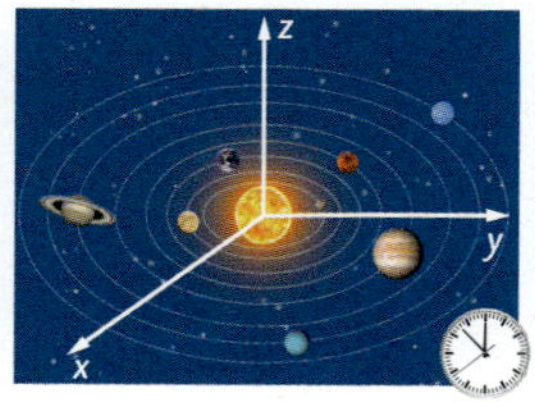

2 Description du mouvement

Après avoir défini le système étudié et le référentiel d'étude, on décrit le mouvement du système en s'intéressant à la forme de sa **trajectoire** et à l'évolution de la **valeur de sa vitesse**.

Trajectoire

- Ensemble des positions successives occupées par le système au cours du temps.

Valeur de la vitesse

$v = \dfrac{d}{\Delta t}$ avec d en mètre (m), Δt en seconde (s), v en mètre par seconde ($m \cdot s^{-1}$)

Caractéristiques du mouvement

- **Rectiligne** si la trajectoire est une portion de droite.

- **Circulaire** si la trajectoire est un cercle ou une portion de cercle.

- **Curviligne** si la trajectoire est une portion de courbe.

Exemples pour un mouvement rectiligne

- **Accéléré** si la valeur de la vitesse augmente.

- **Décéléré** si la valeur de la vitesse diminue.

- **Uniforme** si la valeur de la vitesse est constante.

3 Relativité du mouvement

- Le mouvement d'un système est **relatif** : sa description dépend du référentiel choisi.

QCM

→ Corrigés, p. 338.

Pour chaque question, indiquer la (ou les) bonne(s) réponse(s).

1 Définition du système et du référentiel

Si erreur, revoir § 1, p. 90.

	A	B	C
1 Un référentiel doit être défini pour :	décrire le mouvement d'un système.	calculer la valeur de la vitesse d'un système.	connaître le système.
2 Un référentiel terrestre est lié :	au centre de la Terre.	au centre du Soleil.	à un point fixe de la surface de la Terre.
3 On souhaite étudier le mouvement de la Lune par rapport à la Terre.	Le référentiel géocentrique est le plus adapté.	Le système étudié est la Lune.	Le système étudié est la Terre.

2 Description du mouvement

Si erreur, revoir § 2, p. 91.

	A	B	C
1 Dans un référentiel donné, un système a un mouvement circulaire uniforme.	Sa trajectoire est une portion de droite.	La valeur de sa vitesse est constante.	Sa trajectoire est une portion de cercle.
2 Dans un référentiel donné, la relation entre la valeur de la vitesse v d'un système, la distance d parcourue et la durée de parcours Δt est :	$d = \frac{v}{\Delta t}$	$d = \frac{\Delta t}{v}$	$d = v \times \Delta t$
3 Dans le référentiel géocentrique, les pôles géographiques Sud et Nord de la Terre, sont : 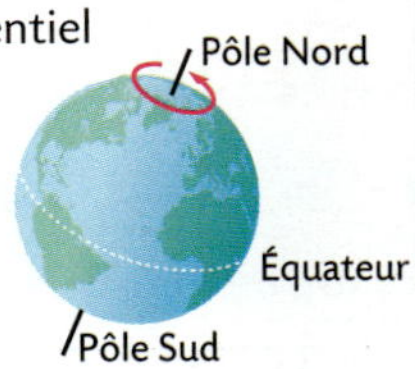	en mouvement circulaire uniforme.	immobiles.	en mouvement rectiligne uniforme.
4 On considère que la distance entre le centre de Mars et le centre du Soleil est constante. Le mouvement du centre de Mars :	est circulaire dans le référentiel héliocentrique.	est circulaire dans un référentiel terrestre.	est rectiligne dans le référentiel terrestre.

3 Relativité du mouvement

Si erreur, revoir § 3, p. 91.

	A	B	C
1 Allongé sur la plage, Vincent regarde le ciel étoilé. Il est immobile dans :	le référentiel géocentrique.	un référentiel terrestre.	le référentiel héliocentrique.
2 Vincent est toujours allongé sur la plage. Il est en mouvement dans :	le référentiel géocentrique.	le référentiel terrestre.	le référentiel héliocentrique.

Exercice résolu

Compétences
- Mobiliser ses connaissances.
- Effectuer des calculs.

4 Décrire un mouvement

Énoncé

Saturne est une des plus grosses planètes du système solaire. Elle est entourée d'anneaux et d'une soixantaine de satellites, appelés lunes. Le satellite Titan est situé à une distance pratiquement constante, égale à $1,22 \times 10^6$ km du centre de Saturne. Il tourne autour de Saturne avec une vitesse de valeur constante et effectue un tour en 15,9 jours.

1 **a.** Dans quel référentiel Titan est-il animé d'un mouvement circulaire uniforme ?

b. Dans quel référentiel est-il immobile ?

c. Pourquoi dit-on que le mouvement de Titan est relatif ?

2 Calculer la valeur de la vitesse de Titan dans le référentiel défini à la question **1a**.

Analyse de l'énoncé

- Quel est le système étudié ? Que représente cette distance ?
- Que signifie « relatif » ?
- Que faut-il connaître pour calculer la valeur d'une vitesse ?

Conseils

→ Le système étudié est Titan, un satellite de Saturne. Il décrit un mouvement circulaire autour du centre de Saturne. Le rayon de la trajectoire est $1,22 \times 10^6$ km.

1 Le mouvement de Titan peut être décrit dans divers référentiels. Il faut bien comprendre que Titan tourne autour de Saturne.

2 Pour calculer la valeur d'une vitesse, il faut connaître la distance d parcourue en une durée Δt. Pendant la durée d'un tour, Titan parcourt le périmètre de sa trajectoire circulaire.

Il faut garder les valeurs non arrondies dans les calculs successifs. Le résultat doit comporter un nombre de chiffres significatifs en accord avec celui des données.

L'unité de la valeur de la vitesse dépend des unités utilisées pour d et Δt.

Solution rédigée

1 **a.** Titan est animé d'un mouvement circulaire uniforme dans le référentiel « saturnocentrique », lié au centre de Saturne.

b. Titan est immobile dans le référentiel lié à Titan.

c. Comme tout mouvement, celui de Titan dépend du référentiel choisi : il est relatif au référentiel.

2 La valeur de la vitesse d'un système est donnée par :

$v = \dfrac{d}{\Delta t}$ avec $d = 2\pi \times R$, où R représente la distance qui sépare le centre de Saturne du centre de Titan.

$\Delta t = 15,9 \times 24 \times 3\,600 \approx 1,37 \times 10^6$ s

$$v_T = \frac{2\pi \times 1,22 \times 10^6 \times 10^3}{1,37 \times 10^6} \approx 5,58 \times 10^3 \text{ m·s}^{-1}$$

La valeur de la vitesse de Titan dans le référentiel « saturnocentrique » est $5,58 \times 10^3$ m·s^{-1}.

5 Application immédiate

On considère que le centre de la planète Mars et celui du Soleil sont constamment distants de $2,28 \times 10^8$ km. Le centre de la planète Mars tourne autour du Soleil à une vitesse de valeur constante et effectue un tour complet en 687 jours.

1 Dans quel référentiel le centre de la planète Mars est-il animé d'un mouvement circulaire ?

2 Dans quel référentiel est-il immobile ?

3 Calculer la valeur de sa vitesse dans le référentiel défini à la question **1**.

→ Corrigés, p. 338.

Exercices

Compétences

Compétences	Parcours d'apprentissage
Comprendre que la nature du mouvement dépend du référentiel choisi.	15, 22
Savoir définir un système et préciser le référentiel.	6, 8
Savoir décrire un mouvement.	10, 22

Pour commencer

Définition du système et du référentiel

6 Définir un système
■ Mobiliser ses connaissances.

1. Lors d'une étude de mouvement, qu'appelle-t-on le système ?

2. Dans chacune des situations suivantes, préciser le système étudié.
a. Étude du mouvement de Vénus par rapport au Soleil.
b. Observation du mouvement curviligne de la comète de Halley dans le référentiel héliocentrique.

7 Choisir le bon système
■ Mobiliser ses connaissances.

• Dans chacune des situations suivantes, préciser le système étudié.
a. Observation du mouvement du satellite Io autour de Jupiter.
b. Suivi du mouvement du télescope spatial Hubble dans le référentiel géocentrique.

8 Définir un référentiel
■ Mobiliser ses connaissances.

1. Lors d'une étude de mouvement, qu'appelle-t-on le référentiel ?

2. a. Quel référentiel est le plus judicieux pour étudier le mouvement des planètes du système solaire ?
b. Décrire ce référentiel.

9 Choisir un référentiel
■ Mobiliser ses connaissances.

• Pourquoi est-il judicieux d'étudier le mouvement du centre de la Lune dans le référentiel géocentrique ?

Description du mouvement

10 Décrire un mouvement
■ Mobiliser ses connaissances.

Dans le référentiel héliocentrique, on considère que le centre de la Terre décrit un cercle et que la valeur de sa vitesse peut être considérée constante.
• Quel(s) terme(s) utilise-t-on pour décrire le mouvement du centre de la Terre dans ce référentiel ?

11 Associer un mouvement à un référentiel
■ Mobiliser ses connaissances.

Sur la photographie ci-dessus, on a repéré, à intervalles de temps de même durée, les positions successives du sommet d'une fusée lors de son décollage.

1. Décrire le mouvement du sommet de la fusée dans le référentiel associé à la fusée.

2. Décrire le mouvement du sommet de la fusée dans un référentiel terrestre.

12 Caractériser un mouvement
■ Rédiger une explication.

On a représenté les positions successives d'un point d'un système à intervalles de temps de même durée dans un référentiel terrestre.
• Décrire, dans chaque cas, le mouvement du système.

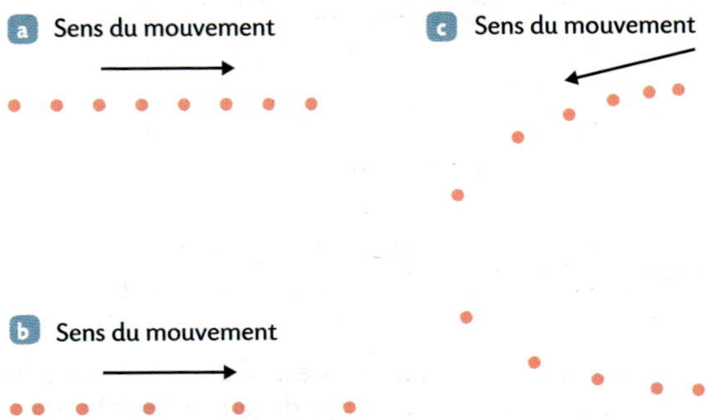

13 Exprimer une vitesse
■ Mobiliser ses connaissances.

1. Donner l'expression permettant de calculer la valeur de la vitesse d'un système.

2. Préciser le nom et les unités de chaque grandeur.

14 Calculer la valeur d'une vitesse

■ Effectuer des calculs numériques.

Jupiter tourne autour du Soleil. Sa trajectoire est assimilée à un cercle de $7{,}78 \times 10^8$ km de rayon. Elle effectue un tour en $3{,}74 \times 10^8$ s.

• Calculer la valeur de la vitesse du centre de Jupiter dans le référentiel héliocentrique.
Donner le résultat en $m \cdot s^{-1}$, puis en $km \cdot h^{-1}$.

Relativité du mouvement

15 Associer un référentiel à un mouvement

■ Mobiliser ses connaissances.

1. Dans quel référentiel un point de la surface de la Terre est-il :
a. immobile ?
b. animé d'un mouvement circulaire uniforme ?

2. Quelle propriété du mouvement d'un système est mise en évidence par la question précédente ?

16 Décrire un mouvement

■ Mobiliser ses connaissances.

On s'intéresse au mouvement du centre de la Lune. La distance entre les centres de la Terre et de la Lune est constante.

1. Dans quel référentiel la trajectoire du centre de la Lune est-elle circulaire ?

2. Sa trajectoire est-elle la même dans le référentiel héliocentrique ?

3. Quelle propriété du mouvement d'un système est mise en évidence par les questions précédentes ?

Pour s'entraîner

17 L'orbite terrestre

■ Mobiliser ses connaissances ; effectuer des calculs numériques.

La Terre tourne autour du Soleil. Sa trajectoire est assimilée à un cercle de $1{,}50 \times 10^8$ km de rayon. Elle en effectue le tour complet, appelé révolution, en 365,25 jours.

1. Donner la définition de « référentiel héliocentrique ».

2. Dans ce référentiel :
a. en quelle durée, appelée période de révolution, le centre de la Terre effectue-t-il un tour autour du Soleil ?
b. quelle est la distance parcourue par le centre de la Terre lors d'une révolution ?
c. En déduire la valeur de la vitesse du centre de la Terre dans ce référentiel. L'exprimer en $m \cdot s^{-1}$.

18 À chacun son rythme

Mars et ses satellites

■ Extraire des informations ; mobiliser ses connaissances ; effectuer des calculs numériques.

*Commencer par résoudre l'*énoncé compact. *En cas de difficultés, passer à l'*énoncé détaillé.

Mars est la quatrième planète du système solaire, par ordre de distance croissante au Soleil. Elle possède deux satellites naturels, Phobos et Deimos.

Le centre de Deimos et celui de Mars sont constamment distants de $2{,}35 \times 10^4$ km. La période de révolution de Deimos, c'est-à-dire la durée nécessaire pour effectuer un tour complet autour de Mars, est 30,3 h.

Énoncé compact

• Calculer la valeur de la vitesse du centre de Deimos dans deux référentiels différents. Pourquoi ces résultats illustrent-ils la relativité du mouvement ?

Énoncé détaillé

1. a. Quelle est la nature du mouvement du centre de Deimos dans son propre référentiel ?
b. En déduire la valeur de sa vitesse dans ce référentiel.

2. a. Quelle est la nature de la trajectoire du centre de Deimos dans le référentiel « marsocentrique » ?
b. Calculer la distance parcourue par le centre de Deimos, lorsqu'il effectue un tour complet autour de Mars.
c. Calculer la valeur de la vitesse du centre de Deimos dans le référentiel évoqué à la question 2a.

3. Montrer que ces résultats illustrent la relativité du mouvement.

19 Geostationary Satellites

■ Exploiter des informations.

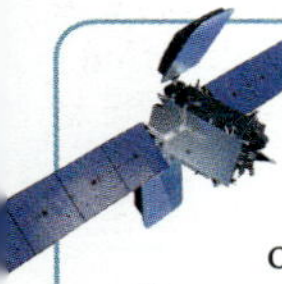

Geostationary satellites have the same orbital period as the Earth's rotation period. They appear to be fixed over one spot above the equator. Such satellites are often used for communication purposes.

1. Quelle est la nature du mouvement d'un satellite géostationnaire dans un référentiel terrestre ?

2. Quelle est la nature du mouvement de ce satellite dans le référentiel géocentrique ?

20 Ça tourne !

■ Extraire des informations.

La photographie ci-dessous a été prise de nuit, avec un grand temps de pose.

1. Que représentent les arcs de cercles visibles dans le ciel sur cette photographie ?

2. Dans quel référentiel les observe-t-on ?

3. Quel phénomène illustre cette photographie ?

21 La rétrogradation de Mars

■ Mobiliser ses connaissances ; extraire des informations.

Les graphiques **a** et **b** ci-dessous représentent les trajectoires de Mars (en rouge), de la Terre (en bleu) et du Soleil (en orange) dans deux référentiels. Sur ces trajectoires, les positions successives de ces trois astres sont repérées par des points à des intervalles de temps de même durée.

a

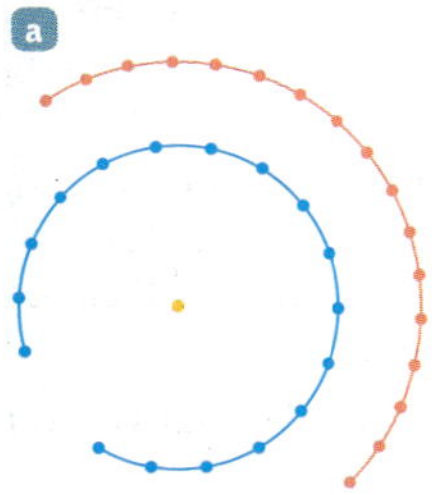

b

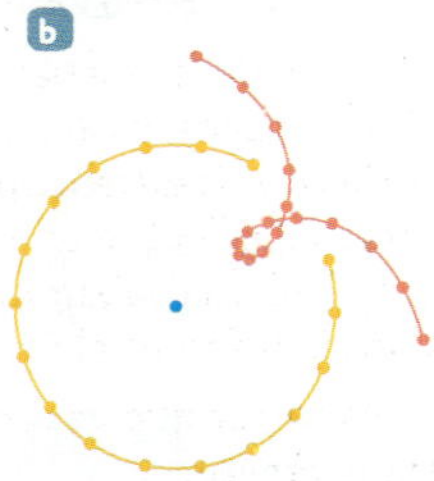

1. Dans chaque cas :
a. quel est l'astre immobile ?
b. quel est le référentiel d'étude ?

2. Quelle est la nature de la trajectoire de Mars dans chacun de ces référentiels ?

3. Justifier le caractère relatif du mouvement du centre de Mars.

22 Connaître les critères de réussite

Ça tourne ou pas ?

■ Mobiliser ses connaissances ; effectuer des calculs numériques.

1. Définir le référentiel géocentrique.

2. a. On considère un objet immobile à la surface de la Terre, au niveau de l'équateur. Calculer la valeur de sa vitesse, en kilomètre par heure, dans le référentiel géocentrique.
b. Comparer qualitativement cette valeur avec celle d'un objet immobile à Paris. Justifier.

3. Sur l'illustration ci-dessus, quel personnage a raison ? Justifier en précisant le référentiel choisi par chacun des personnages.

Données

- Rayon terrestre : $R_T = 6{,}38 \times 10^3$ km
- Durée mise par la Terre pour effectuer un tour complet autour de l'axe des pôles : $T = 86\,164$ s

	Critères de réussite	Barème
1.	Connaissance de la définition.	0,5 pt
	Rédaction d'une phrase.	0,5 pt
2.	a. Connaissance de l'expression de la valeur de la vitesse (avec les unités).	0,5 pt
	Identification de la distance parcourue en un jour.	1 pt
	Calcul correct de la valeur de la vitesse et présentation du résultat avec l'unité adaptée.	0,5 pt
	b. Identification d'un critère de comparaison et argumentation de la réponse.	0,5 pt
3.	Connaissance des conditions de définition d'un mouvement.	1 pt
Pour l'ensemble des réponses		
	Les réponses sont correctement rédigées.	0,5 pt

| cours maîtrisé | réponse complète | présentation | **5 pts**

Pour aller plus loin

23 Satellite géostationnaire

■ Extraire des informations ;
effectuer des calculs numériques.

Certains satellites géostationnaires sont utilisés pour l'observation météorologique en continu de la surface terrestre. Ces satellites sont positionnés à la verticale d'un point de l'équateur et sont immobiles par rapport à la surface de la Terre. Ils sont constamment distants du centre de la Terre de 42 180 km.

Donnée

• Durée mise par la Terre pour effectuer un tour complet autour de l'axe des pôles : $T = 86\,164$ s

1. Quelle est la particularité du mouvement d'un satellite géostationnaire dans un référentiel terrestre ?

2. Dans quel référentiel un satellite géostationnaire possède-t-il un mouvement circulaire ?

3. Quelle est la durée mise par un satellite géostationnaire pour parcourir un tour autour de la Terre ?

4. Calculer la valeur de la vitesse du satellite dans le référentiel défini à la question **2**.
Donner le résultat en $m \cdot s^{-1}$, puis en $km \cdot h^{-1}$.

24 Résolution de problème

Des satellites pour quoi faire ?

■ Extraire et exploiter des informations ;
mobiliser ses connaissances ; interpréter des résultats ;
construire les étapes d'une résolutuon de problème.

Doc. 1 La constellation O_3b

Les premiers satellites de la constellation O_3b ont été mis en orbite circulaire autour de l'équateur fin juin 2013, à 8 063 km d'altitude.
Leur rôle est de servir de relais spatiaux entre les utilisateurs d'Internet et la toile mondiale, grâce à des antennes paraboliques.
O_3b est l'abréviation de « Other 3 billion » : les « trois autres milliards » d'individus, habitants des pays du Sud « sous-connectés » qui, faute de moyens ou d'infrastructures, n'ont pas facilement accès à l'Internet comme dans les pays riches.

D'après le site Internet sciencesetavenir.nouvelobs.com

Doc. 2 Vitesse d'un satellite

Un satellite en orbite circulaire autour de la Terre a un mouvement uniforme.
La valeur de sa vitesse v est donnée par la relation :

$$v = \sqrt{\frac{G \times M_T}{r}}$$

où G est la constante universelle de gravitation ($G = 6{,}67 \times 10^{-11}\ m^3 \cdot s^{-2} \cdot kg^{-1}$), M_T est la masse de la Terre ($M_T = 5{,}97 \times 10^{24}$ kg) et r est le rayon de l'orbite du satellite.
On donne le rayon de la Terre : $R_T = 6{,}38 \times 10^3$ km.

• Combien de tours sur son orbite un satellite de la constellation O_3b effectue-t-il en 24 h ?

→ Pistes de résolution, p. 334.

Retour sur l'ouverture du chapitre 6

Qu'est-ce que la relativité du mouvement ?

25 Mouvement apparent du Soleil

■ Mobiliser ses connaissances ; rédiger une réponse argumentée.

Au cours de la journée, on peut voir le Soleil décrire une portion de cercle, plus ou moins haute suivant la date. La direction du lever et du coucher du Soleil, sa hauteur à midi, ainsi que la durée de la journée varient au cours de l'année.
C'est l'inclinaison de l'axe de la Terre sur le plan de son orbite qui est la cause des changements de hauteur du Soleil et des variations de la durée de la journée.

1. Dans quel référentiel ce mouvement du Soleil est-il observé ?

2. Dans quel référentiel le Soleil serait-il immobile ?

3. En prenant le mouvement du Soleil comme exemple, expliquer pourquoi on dit qu'un mouvement est relatif.

> La sonde Cassini-Huygens a été lancée en 1997 pour étudier la planète Saturne. Elle est en orbite autour de cette planète depuis juillet 2004.

UNIVERS

Chapitre

7

La gravitation universelle

Quelles sont les conséquences des interactions gravitationnelles ?

→ Exercice 26, p. 113.

Compétences

- Calculer la force d'attraction gravitationnelle qui s'exerce entre deux corps à répartition sphérique de masse. → **Activité 3**
- Savoir que la pesanteur terrestre résulte de l'attraction terrestre. → **Activité 3**
- Comparer le poids d'un même corps sur la Terre et sur la Lune.
- Savoir qu'une force s'exerçant sur un corps modifie la valeur de sa vitesse et/ou la direction de son mouvement. → **Activité 2**
- Utiliser le principe d'inertie pour interpréter des mouvements simples en termes de forces. → **Activité 2**
- *Mettre en œuvre une démarche d'expérimentation utilisant des techniques d'enregistrement pour comprendre la nature des mouvements observés dans le système solaire.* → **Activité 2**

Activité documentaire

À la maison

1 Modélisation d'une action mécanique

Une boule de bowling est soumise à des actions exercées par la Terre et la piste.

▶ **Comment modéliser les actions exercées sur la boule ?**

Compétence

- Modéliser une action mécanique par une force.

Doc. 1 De l'action mécanique à la force

Lorsqu'une boule de bowling est posée sur la piste, elle est soumise à l'action gravitationnelle de la Terre, qui l'attire vers le bas, et à l'action de la piste, qui l'empêche de tomber.

Chaque action est modélisée par une force :
– la force exercée par la Terre sur la boule est notée $\vec{F}_{T/B}$;
– la force exercée par la piste sur la boule est notée $\vec{F}_{P/B}$.

Doc. 2 Schématisation d'une force

Une **force** est représentée, sur un schéma, par un **segment fléché**, appelé vecteur, noté $\vec{F}$.

Une force est caractérisée par :

- sa **direction**, qui est la droite support du segment fléché ;
- son **sens**, donné par l'orientation du segment fléché ;
- sa **valeur**, proportionnelle à la longueur du segment fléché et qui s'exprime en newton (N).

Le **point d'application** de la force est le point où l'on considère que s'exerce la force. Il correspond au point de départ du segment fléché.

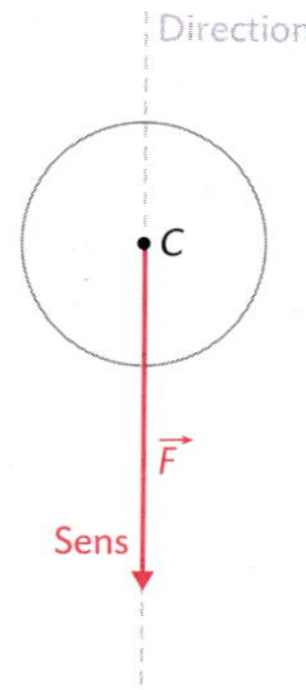

> Schématisation de la force $\vec{F}$ exercée sur un corps de centre C.

Doc. 3 Des forces qui se compensent

Lorsqu'une boule de bowling est immobile sur la piste, les forces $\vec{F}_{T/B}$ et $\vec{F}_{P/B}$ sont exactement opposées ; on dit qu'elles se compensent. Il en est de même lorsque la boule roule en mouvement rectiligne uniforme.

Analyse et synthèse

1 a. Lorsque la boule est immobile sur la piste horizontale, comparer la direction, le sens, la valeur et le point d'application de la force $\vec{F}_{T/B}$ avec ceux de la force $\vec{F}_{P/B}$ (**doc. 2** et **3**).

b. Représenter ces forces sur un schéma (**doc. 2**).

2 Faire de même lorsque la boule roule en ligne droite sur la piste horizontale avec une vitesse de valeur constante (**doc. 2** et **3**).

Compétences travaillées

S'approprier • Extraire des informations.
Réaliser • Faire un schéma.

Un pas vers le cours

3 a. Quelles sont les caractéristiques d'une force ?

b. Quand dit-on que deux forces se compensent ?

Communiquer • Rédiger une explication.

Activité expérimentale

Activité

2 Lien entre force et mouvement

▶ **Quel peut être l'effet d'une force sur le mouvement d'un corps ?**

Compétences

- Savoir qu'une force s'exerçant sur un corps modifie la valeur de sa vitesse et/ou la direction de son mouvement.
- Utiliser le principe d'inertie pour interpréter des mouvements simples en termes de forces.
- *Mettre en œuvre une démarche d'expérimentation utilisant des techniques d'enregistrement pour comprendre la nature des mouvements observés dans le système solaire.*

Doc. 1 Les mouvements étudiés

- Placer une webcam au-dessus d'une table lisse et horizontale.
- **Situation 1 :** Faire rouler une boule en la lançant sur la table tout en filmant le mouvement.
- **Situation 2 :** Relier la boule par un fil inextensible à un point fixe situé sur la table (photographie ci-contre). Tendre le fil, puis faire rouler la boule autour du point fixe tout en filmant le mouvement.

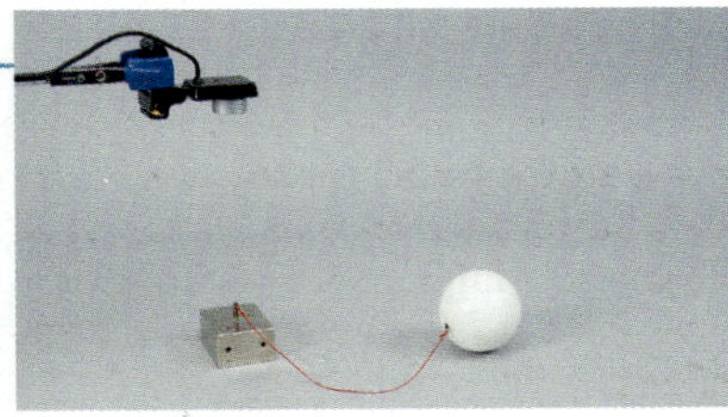

Doc. 2 Schémas des situations

Situation 1

> Vue de côté, dans le plan vertical du mouvement (a).

Situation 2

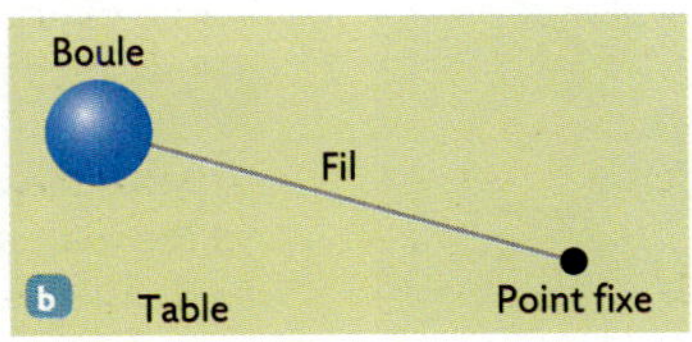

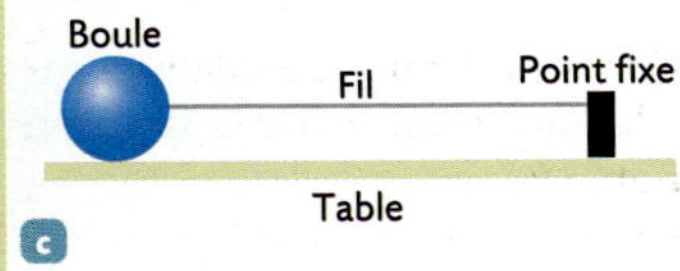

> Vue de dessus (b).
Vue de côté, dans le plan vertical contenant le fil (c).

Pratique expérimentale

Compétences travaillées

- Réaliser les protocoles du doc. 1. Pour chaque situation, lorsque la main n'est plus en contact avec la boule, repérer les positions de cette dernière à l'aide d'un logiciel de pointage vidéo.

Réaliser • Mettre en œuvre un protocole.

1 a. Dans quel référentiel le mouvement de la boule est-il étudié ?
b. Pour chaque situation, comparer l'évolution des distances parcourues par la boule entre deux images consécutives séparées par la même durée et en déduire l'évolution de la valeur de sa vitesse.

Valider • Interpréter des observations, des mesures.

2 Construire un tableau présentant, dans chaque situation, la trajectoire de la boule, l'évolution de la valeur de sa vitesse et la nature de son mouvement.

Réaliser • Construire un tableau.

3 Recopier les schémas du doc. 2.
Sur le schéma a, représenter les forces exercées sur la boule.
Sur le schéma b, représenter la force exercée par le fil sur la boule.
Sur le schéma c, représenter les forces exercées sur la boule.

Réaliser • Faire un schéma adapté.

4 Repérer la situation dans laquelle les forces exercées sur la boule se compensent et la situation dans laquelle les forces ne se compensent pas.

Valider • Interpréter des observations.

Un pas vers le cours

5 Quel est l'effet de la force exercée par le fil dans la situation 2 ?

Analyser • Proposer une hypothèse.

Activité documentaire

À la maison

3 NEWTON et la gravitation

La gravitation retient la Lune autour de la Terre. Au voisinage de la Terre, tout corps est soumis à la pesanteur terrestre.

▶ **Y a-t-il un lien entre la gravitation et la pesanteur terrestre ?**

Compétences

- Calculer la force d'attraction gravitationnelle qui s'exerce entre deux corps à répartition sphérique de masse.
- Savoir que la pesanteur terrestre résulte de l'attraction terrestre.

Doc. 1 **L'interaction gravitationnelle**

NEWTON énonce que tous les corps s'attirent mutuellement. **La gravitation augmente avec la masse des corps et diminue rapidement quand on les éloigne.** Attention, cette force est exercée par chaque corps. Ainsi la Terre attire la Lune, mais la Lune attire également la Terre avec la même intensité ! De la même façon, votre stylo chute parce que la Terre l'attire mais le minus attire aussi la maousse…

D'après le magazine *Science et Vie Junior*, mai 2010.

Doc. 2 **Modélisation de l'interaction gravitationnelle entre la Terre et la Lune**

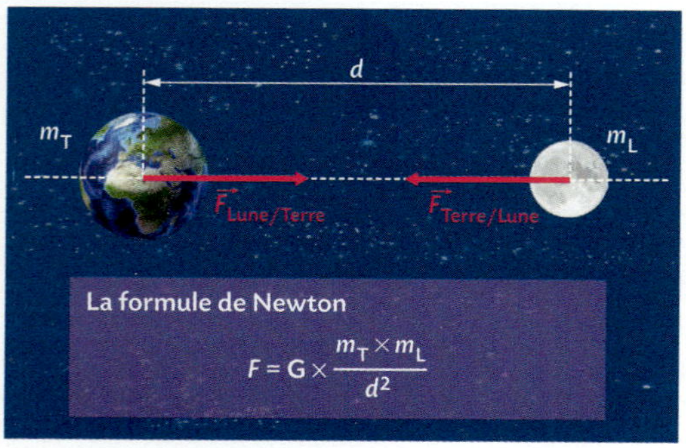

Données

- Masse de la Terre : $m_T = 5{,}97 \times 10^{24}$ kg
- Rayon de la Terre : $R_T = 6{,}37 \times 10^{6}$ m
- Constante universelle de gravitation :

$$G = 6{,}67 \times 10^{-11}\ \text{N}\cdot\text{m}^2\cdot\text{kg}^{-2}$$

Analyse et synthèse

Compétences travaillées

1. Montrer que la formule de NEWTON du **doc. 2** est cohérente avec la phrase en gras du **doc. 1**.

Analyser • Exploiter des informations ; identifier les paramètres qui influencent un phénomène.

2. Justifier l'expression du **doc. 1** : « le minus attire aussi la maousse ».

Communiquer • Rendre compte à l'écrit.

3. On peut lire dans un livre de physique de Troisième que le poids d'un corps est l'action due à la gravitation que la Terre exerce sur lui.
La valeur P du poids d'un corps de masse m situé à la surface de la Terre est :

$$P = m \times g \quad \text{avec } g = 9{,}81\ \text{N}\cdot\text{kg}^{-1}$$

a. Calculer la valeur du poids d'un corps de masse $m = 50{,}0$ kg situé à la surface de la Terre.

b. Calculer la valeur de la force d'attraction gravitationnelle exercée par la Terre sur ce corps.

Réaliser • Effectuer des calculs littéraux ou numériques.

Un pas vers le cours

4. Comparer les valeurs de la force d'attraction gravitationnelle et du poids.

Valider • Interpréter des observations.

1 Qu'est-ce que l'interaction gravitationnelle ?

Doc. 1

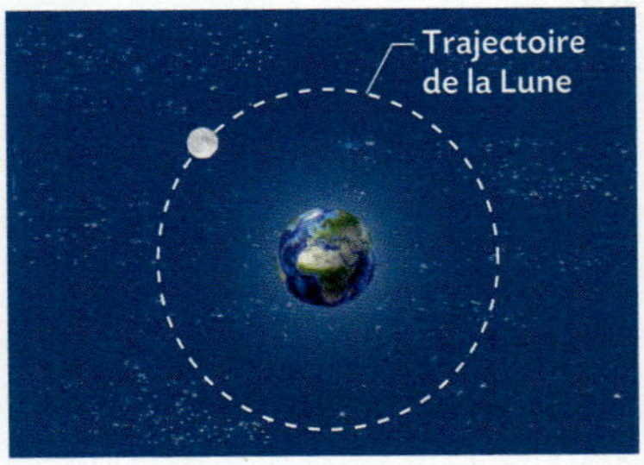

> Dans le référentiel géocentrique, la trajectoire quasiment circulaire de la Lune est due à l'attraction de la Terre.

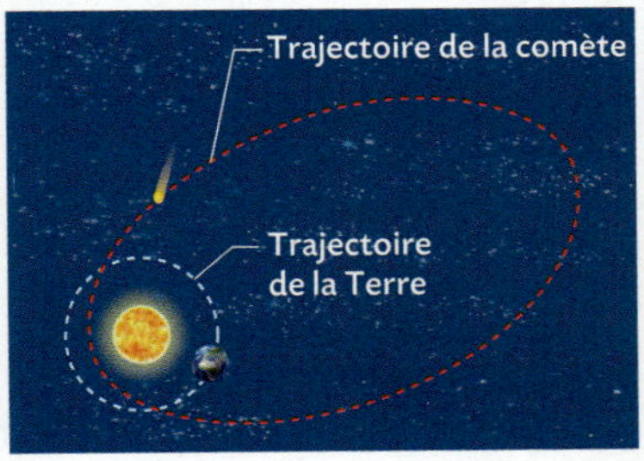

> Dans le référentiel héliocentrique, la trajectoire elliptique d'une comète et celle quasiment circulaire de la Terre sont dues à l'attraction du Soleil.

Doc. 2

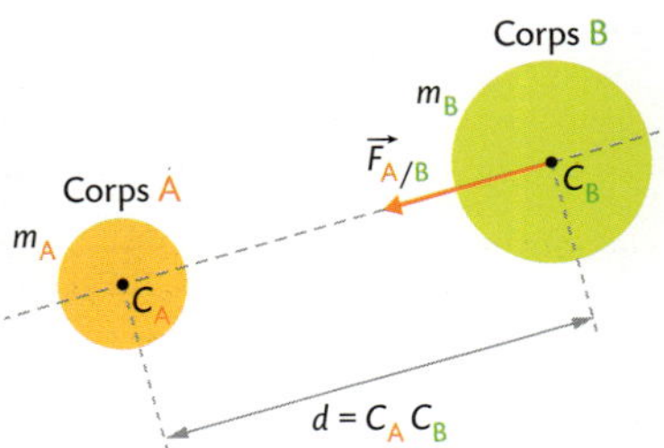

> Représentation de la force $\vec{F}_{A/B}$ exercée par le corps A sur le corps B.

Doc. 3

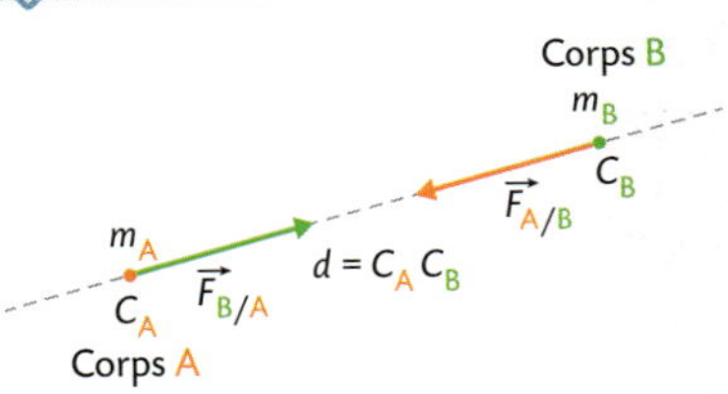

> Interaction gravitationnelle entre deux corps A et B dont seuls les centres C_A et C_B ont été représentés.

A. La gravitation universelle

Le physicien anglais Isaac NEWTON (1642-1727) a montré que deux corps exercent toujours l'un sur l'autre des actions d'attraction gravitationnelle (**doc. 1** et **activité 3**). Cette attraction se nomme la **gravitation universelle**.

B. La force d'attraction gravitationnelle

L'attraction gravitationnelle exercée par un corps sur un autre est modélisée par une force (**doc. 2** et **activité 3**).
L'attraction gravitationnelle exercée par un corps A sur un corps B, dont les masses respectives m_A et m_B sont régulièrement réparties autour de leurs centres C_A et C_B distants de d, peut être modélisée par une force, notée $\vec{F}_{A/B}$, appelée **force d'attraction gravitationnelle**.

Les caractéristiques de la force d'attraction gravitationnelle $\vec{F}_{A/B}$ sont :

- sa **direction** : la droite passant par les centres C_A et C_B des deux corps ;
- son **sens** : de B vers A ;
- sa **valeur** : $F_{A/B} = G \times \dfrac{m_A \times m_B}{d^2}$, exprimée en newton (N).

La constante G est la constante universelle de gravitation :

$$G = 6{,}67 \times 10^{-11}\ \text{N}\cdot\text{m}^2\cdot\text{kg}^{-2}$$

Les masses m_A et m_B sont exprimées en kilogramme (kg).
d est la distance C_AC_B, exprimée en mètre (m).

Le **point d'application** de la force $\vec{F}_{A/B}$ est le centre C_B du corps B.

C. L'interaction gravitationnelle

- Dans le système solaire, les planètes et le Soleil s'attirent mutuellement. De même, la Terre nous attire et nous attirons la Terre. C'est l'interaction gravitationnelle.
- L'**interaction gravitationnelle** entre deux corps A et B est modélisée par deux forces $\vec{F}_{A/B}$ et $\vec{F}_{B/A}$ (**doc. 3** et **activité 3**).

Ces deux forces ont :

- la même direction ;
- des sens opposés ;
- la même valeur : $F_{A/B} = F_{B/A} = G \times \dfrac{m_A \times m_B}{d^2}$.

Les points d'application de ces forces sont différents.

→ **Exercices 6 à 12**, p. 109-110.

2 Qu'est-ce que la pesanteur ?

A. Le poids d'un corps sur Terre

Doc. 4

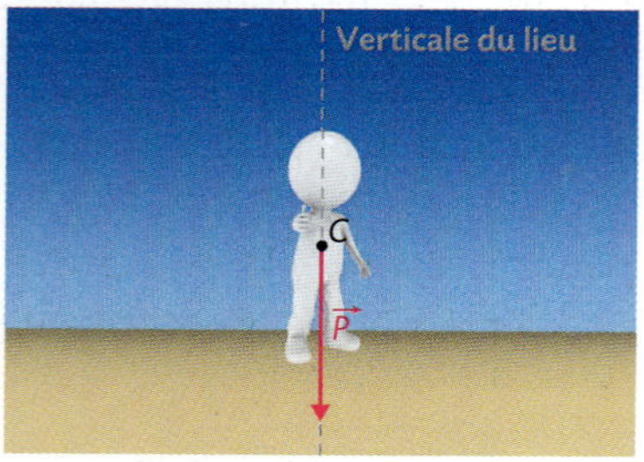

> Représentation du poids d'un corps.

- Le poids $\vec{P}$ d'un corps de masse m et de centre C (**doc. 4**) est caractérisé par :
  - sa **direction** : la verticale du lieu où se trouve le corps, c'est-à-dire la droite passant par les centres du corps et de la Terre ;
  - son **sens** : vers le bas, c'est-à-dire vers le centre de la Terre ;
  - sa **valeur** : $P = m \times g$, exprimée en newton (N).

  Dans cette expression, la masse m du corps est exprimée en kilogramme (kg) et g est l'intensité de la pesanteur, exprimée en newton par kilogramme ($N \cdot kg^{-1}$).

  Sur Terre, g vaut environ 9,81 $N \cdot kg^{-1}$.

Le **point d'application** du poids est le centre C du corps appelé centre de gravité.

B. Le poids et la force d'attraction gravitationnelle

Doc. 5

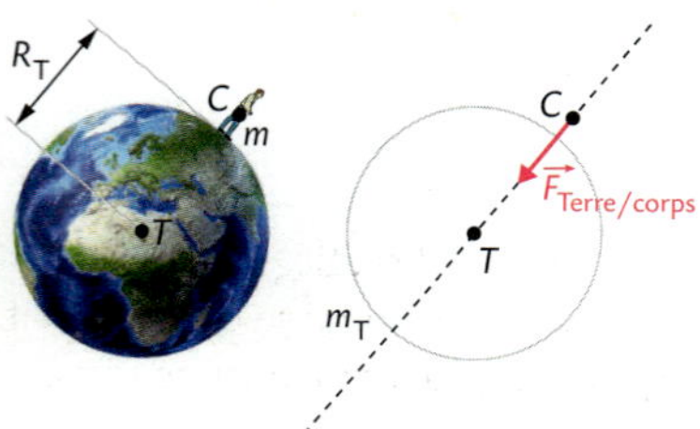

> Représentation de la force d'attraction gravitationnelle $\vec{F}_{Terre/corps}$ exercée par la Terre sur un corps proche de sa surface.

- On considère un corps de masse m, placé à la surface de la Terre de masse m_T (**doc. 5**).

La valeur $F_{Terre/corps}$ de la force d'attraction gravitationnelle $\vec{F}_{Terre/corps}$ exercée par la Terre sur un corps de masse m placé à sa surface a pour expression :

$$F_{Terre/corps} = G \times \frac{m_T \times m}{R_T^2}$$

On utilise les valeurs suivantes :
- masse de la Terre : $m_T = 5{,}97 \times 10^{24}$ kg ;
- rayon de la Terre : $R_T = 6{,}37 \times 10^6$ m.

On obtient
$$F_{Terre/corps} = 6{,}67 \times 10^{-11} \times \frac{5{,}97 \times 10^{24}}{(6{,}37 \times 10^6)^2} \times m$$
$$F_{Terre/corps} = 9{,}81 \times m$$

- La force d'attraction gravitationnelle $\vec{F}_{Terre/corps}$ est caractérisée par :
  - sa direction : la droite (CT), c'est-à-dire la verticale du lieu où se situe le corps ;
  - son sens : vers le centre de la Terre ;
  - sa valeur : $F_{Terre/corps} = 9{,}81 \times m$. C'est l'expression de la valeur du poids $P = m \times g$ avec $g = 9{,}81$ $N \cdot kg^{-1}$.

On retrouve les caractéristiques du poids vues au paragraphe 2A.

- La **masse** m d'un corps dépend de la quantité de matière contenue dans ce corps, mais pas du lieu où il se trouve.
- La valeur P du **poids** d'un corps dépend de la masse m du corps, mais également du lieu où il se trouve.

Le **poids d'un corps** situé au voisinage de la Terre est assimilé à la **force d'attraction gravitationnelle** que la Terre exerce sur ce corps.

L'action exercée par la Terre sur les corps proches de sa surface se nomme la **pesanteur**.

Doc. 6

a

> La Lune n'est pas en mouvement rectiligne uniforme dans le référentiel géocentrique. Elle est donc soumise à des forces qui ne se compensent pas.

b

> La valeur de la vitesse d'une comète augmente lorsqu'elle s'approche du Soleil. Elle est donc soumise à des forces qui ne se compensent pas.

C. Le poids d'un corps sur la Lune

• La valeur du poids d'un corps de masse m situé au voisinage de la Lune est, de la même manière, assimilée à la valeur de la force d'attraction gravitationnelle que la Lune exerce sur ce corps.
Avec les valeurs $m_L = 7{,}35 \times 10^{22}$ kg (masse de la Lune) et $R_L = 1{,}74 \times 10^6$ m (rayon de la Lune), on obtient :

$$F_{\text{Lune/corps}} = G \times \frac{m_L}{R_L^2} \times m = 1{,}62 \times m$$

• Pour comparer la valeur du poids d'un corps sur la Terre avec celle du poids de ce même corps sur la Lune, il suffit de calculer le rapport des valeurs des forces d'attraction gravitationnelle :

$$\frac{F_{\text{Terre/corps}}}{F_{\text{Lune/corps}}} = \frac{9{,}81 \times m}{1{,}62 \times m} \quad \text{soit} \quad \frac{F_{\text{Terre/corps}}}{F_{\text{Lune/corps}}} = 6{,}06$$

La valeur du poids d'un corps sur la Lune est environ 6 fois plus faible que celle du poids du même corps sur la Terre.

→ Exercices 13 à 15, p. 110.

3 Quels sont les effets d'une force sur le mouvement d'un corps ?

POINT MATH L'équivalence

En mathématiques, une **équivalence** est une double implication. Par exemple, l'énoncé « Une personne est majeure **si et seulement si** elle a plus de 18 ans » est une équivalence. Cet énoncé regroupe les quatre implications suivantes :
- « **Si** une personne est majeure, **alors** elle a plus de 18 ans. »
- « **Si** une personne a plus de 18 ans, **alors** elle est majeure. »
- « **Si** une personne n'est pas majeure, **alors** elle n'a pas plus de 18 ans. »
- « **Si** une personne n'a pas plus de 18 ans, **alors** elle n'est pas majeure. »

A. Le principe d'inertie

Un corps est immobile ou en mouvement rectiligne uniforme **si et seulement si** les forces qui s'exercent sur lui se compensent. Il en serait de même si le corps n'était soumis à aucune force.
C'est le **principe d'inertie**.

Deux forces se compensent si et seulement si elles ont même direction, des sens opposés et même valeur (**activité 1**).

Exemple : une boule de bowling a un mouvement rectiligne uniforme dans un référentiel terrestre (**activité 1**). Elle est soumise à deux forces qui se compensent : son poids $\vec{P}$ et la force $\vec{F}_{P/B}$ exercée par la piste.

B. Applications du principe d'inertie

• Une force peut modifier :
– la direction du mouvement d'un corps (**doc. 6a** et **activité 2**).
– la valeur de la vitesse d'un corps (**doc. 6b**).

• Une force n'est pas nécessaire pour entretenir un mouvement comme l'illustre le **doc. 7**.

Une force s'exerçant sur un corps modifie la valeur de sa vitesse et/ou la direction de son mouvement.

→ Exercices 16 à 17, p. 110.

Doc. 7

> Une sonde spatiale, lorsqu'elle est aux confins du système solaire a pratiquement un mouvement rectiligne uniforme. Elle n'est soumise à aucune force.

Essentiel

1 L'interaction gravitationnelle

- Tous les corps de l'Univers sont en interaction attractive. C'est la **gravitation universelle**.
- Deux corps A et B dont les masses m_A et m_B sont régulièrement réparties autour de leurs centres C_A et C_B distants de d, exercent l'un sur l'autre des actions attractives.
L'action attractive exercée par le corps A sur le corps B est modélisée par une **force** notée $\vec{F}_{A/B}$.
Réciproquement, le corps B exerce sur le corps A une action attractive modélisée par une force $\vec{F}_{B/A}$ de même direction, de sens opposé et de même valeur.

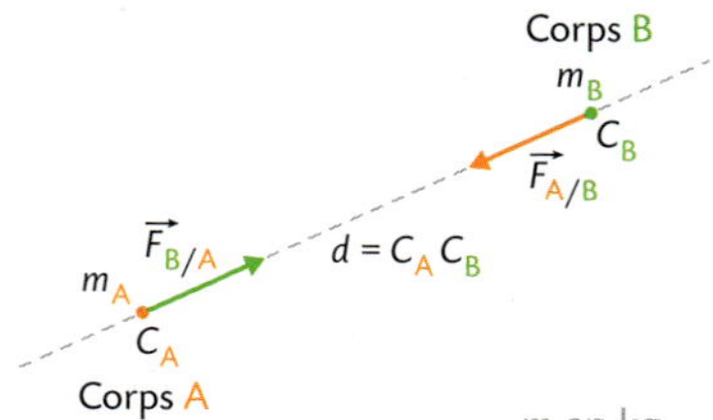

$$F_{A/B} = F_{B/A} = G \times \frac{m_A \times m_B}{d^2}$$

m en kg ; d en m ; F en N ; G en $N \cdot m^2 \cdot kg^{-2}$

2 La pesanteur

- La pesanteur terrestre est l'action gravitationnelle exercée par la Terre sur un corps proche de sa surface.
- Le poids d'un corps à la surface de la Terre est assimilé à la force d'attraction gravitationnelle exercée par la Terre sur ce corps.
- La valeur du poids d'un corps est environ six fois plus faible sur la Lune que sur la Terre.

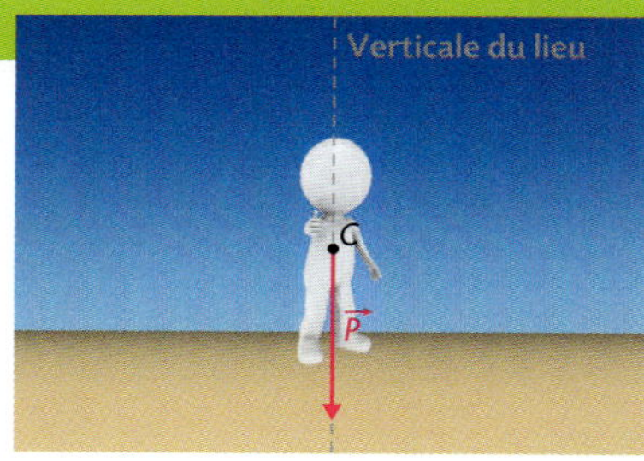

3 Les effets d'une force sur le mouvement d'un corps

- **Principe d'inertie :** un corps est immobile ou en mouvement rectiligne uniforme si et seulement si les forces qui s'exercent sur lui se compensent. Il en serait de même si le corps n'était soumis à aucune force.
- Le principe d'inertie permet d'interpréter le mouvement d'un corps en fonction des forces qui s'exercent sur lui.
- Une force s'exerçant sur un corps modifie la valeur de sa vitesse et/ou la direction de son mouvement.

Illustrations du principe d'inertie

Dans les exemples suivants, les positions successives du système en mouvement sont repérées à des intervalles de temps de même durée.

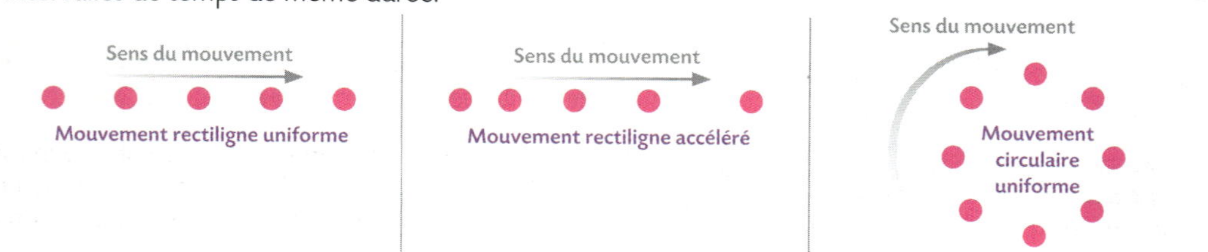

Les forces se compensent. | Les forces ne se compensent pas. | Les forces ne se compensent pas.

QCM

→ Corrigés, p. 338.

Pour chaque question, indiquer la (ou les) bonne(s) réponse(s).

Données

- Constante universelle de gravitation : $G = 6{,}67 \times 10^{-11}\ N \cdot m^2 \cdot kg^{-2}$
- Masse de la Terre : $m_T = 6{,}0 \times 10^{24}$ kg
- Masse du Soleil : $m_S = 2{,}0 \times 10^{30}$ kg
- Distance Soleil-Terre : $d_{ST} = 1{,}5 \times 10^8$ km
- Intensité de la pesanteur sur la Terre : $g = 9{,}8\ N \cdot kg^{-1}$
- Intensité de la pesanteur sur la Lune : $g_L = 1{,}6\ N \cdot kg^{-1}$

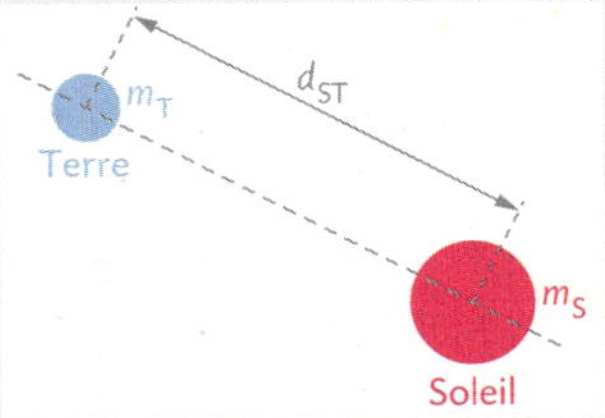

1 L'interaction gravitationnelle

Si erreur, revoir § 1, p. 103.

	A	B	C
1 La gravitation universelle entre deux corps A et B est due :	aux charges électriques des corps A et B.	aux masses des corps A et B.	aux couleurs des corps A et B.
2 D'après les données ci-dessus, l'expression $G \times \dfrac{m_T \times m_S}{d_{ST}^2}$ est :	la valeur de la force exercée par la Terre sur le Soleil.	la valeur de la force exercée par le Soleil sur la Terre.	la valeur du poids du Soleil sur la Terre.
3 $G \times \dfrac{m_T \times m_S}{d_{ST}^2}$ vaut :	$5{,}3 \times 10^{33}$ N.	$3{,}6 \times 10^{28}$ N.	$3{,}6 \times 10^{22}$ N.

2 La pesanteur

Si erreur, revoir § 2, p. 104-105.

	A	B	C
1 Le poids d'un miroir de télescope de masse m situé à la surface de la Terre :	est assimilé à l'attraction gravitationnelle exercée par la Terre sur ce miroir.	a pour valeur $m \times g$	a pour valeur $\dfrac{m}{g}$
2 La relation entre la valeur P du poids d'un astronaute sur la Terre et la valeur P_L de son poids sur la Lune est :	$\dfrac{P_L}{P} \approx 6$	$\dfrac{P}{P_L} \approx 6$	$P \approx 6P_L$

3 Les effets d'une force sur le mouvement d'un corps

Si erreur, revoir § 3, p. 105.

	A	B	C
1 La Lune a un mouvement circulaire uniforme dans le référentiel géocentrique.	Elle n'est soumise à aucune force.	Elle est soumise à des forces qui se compensent.	Elle est soumise à des forces qui ne se compensent pas.
2 Une force exercée sur un astéroïde :	peut modifier la valeur de sa vitesse.	peut modifier sa trajectoire.	n'a aucune influence sur son mouvement.

Exercice résolu

Compétences
- Extraire et exploiter des informations.
- Faire un schéma adapté.

4 Calculer une force d'attraction gravitationnelle

Énoncé

Les satellites géostationnaires sont positionnés à la verticale d'un point de l'équateur et sont immobiles par rapport à la surface de la Terre. Ces satellites, situés à une distance $d = 42\,180$ km du centre de la Terre, sont souvent utilisés pour les télécommunications.
Alphasat, le plus gros satellite de télécommunications jamais réalisé en Europe, a une masse $m_A = 6{,}65 \times 10^3$ kg.

1 **a.** Écrire l'expression de la valeur $F_{T/A}$ de la force d'attraction gravitationnelle exercée par la Terre sur le satellite géostationnaire Alphasat.

b. Calculer cette valeur.

2 Sur un schéma où apparaissent la Terre et le satellite Alphasat, représenter la force $\vec{F}_{T/A}$ sans souci d'échelle.

Données
- Masse de la Terre : $m_T = 5{,}97 \times 10^{24}$ kg
- $G = 6{,}67 \times 10^{-11}$ N·m²·kg⁻²

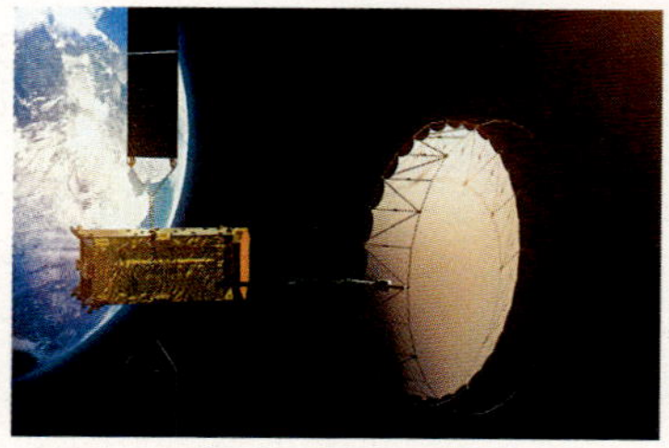

> Alphasat a été mis en orbite le 25 juillet 2013 par la fusée Ariane 5.

Analyse de l'énoncé

- Dans quel référentiel le satellite est-il immobile ?
- Quelles sont les unités à utiliser ?
- Quels sont la direction et le sens de la force $\vec{F}_{T/A}$?

Conseils

→ Un satellite géostationnaire est immobile dans un référentiel terrestre.

1 **a.** Les notations du texte doivent être respectées : m_A et m_T pour les masses, d pour la distance.
b. → Il faut faire attention aux unités : masses en kilogramme et distance en mètre.

2 → Une force d'attraction gravitationnelle a des caractéristiques précises :
– sa direction est la droite passant par les centres des deux corps en interaction ;
– son sens va du corps qui subit la force vers celui qui l'exerce ;
– son point d'application se situe au centre du corps qui subit cette force.

Solution rédigée

1 **a.** La force d'attraction gravitationnelle exercée par la Terre sur le satellite a pour expression :

$$F_{T/A} = G \times \frac{m_T \times m_A}{d^2}$$

b. $$F_{T/A} = 6{,}67 \times 10^{-11} \times \frac{5{,}97 \times 10^{24} \times 6{,}65 \times 10^3}{(42\,180 \times 10^3)^2}$$

$$F_{T/A} \approx 1{,}49 \times 10^3 \text{ N.}$$

2

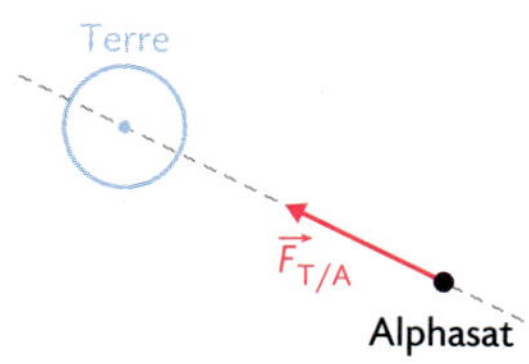

5 Application immédiate

Un satellite de masse m_S se situe à $13{,}4 \times 10^3$ km du centre de la Terre.

1 Quelle est la force d'attraction gravitationnelle représentée par le segment fléché rouge sur le schéma ci-contre ?

2 **a.** Donner l'expression de la valeur de cette force.

b. Calculer sa valeur.

Données
- Masse de la Terre : $m_T = 5{,}97 \times 10^{24}$ kg
- Masse du satellite : $m_S = 11 \times 10^3$ kg
- $G = 6{,}67 \times 10^{-11}$ N·m²·kg⁻²

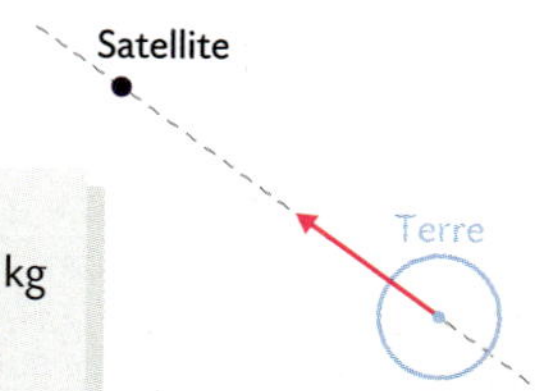

→ Corrigés, p. 338.

Exercices

Compétences

Compétences	9	13	16	21	26
Calculer la force d'attraction gravitationnelle qui s'exerce entre deux corps.	•				•
Savoir que la pesanteur terrestre résulte de l'attraction terrestre.		•			
Comparer le poids d'un même corps sur la Terre et sur la Lune.				•	
Savoir qu'une force s'exerçant sur un corps modifie la valeur de sa vitesse et/ou la direction de son mouvement.					•
Utiliser le principe d'inertie pour interpréter des mouvements simples en termes de forces.			•		•

Parcours d'apprentissage

Pour commencer

L'interaction gravitationnelle

6 Caractériser l'interaction gravitationnelle (1)

■ Mobiliser et organiser ses connaissances.

La gravitation universelle régit le mouvement des planètes autour du Soleil.

• La force gravitationnelle est-elle attractive ou répulsive ?

7 Caractériser l'interaction gravitationnelle (2)

■ Extraire et exploiter des informations ; faire preuve d'esprit critique.

• Quel schéma représente correctement l'interaction gravitationnelle entre deux corps A et B ? Justifier la réponse.

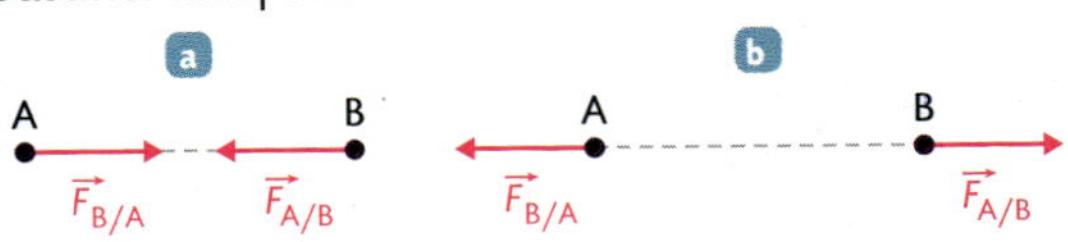

8 Reconnaître une force

■ Mobiliser et organiser ses connaissances.

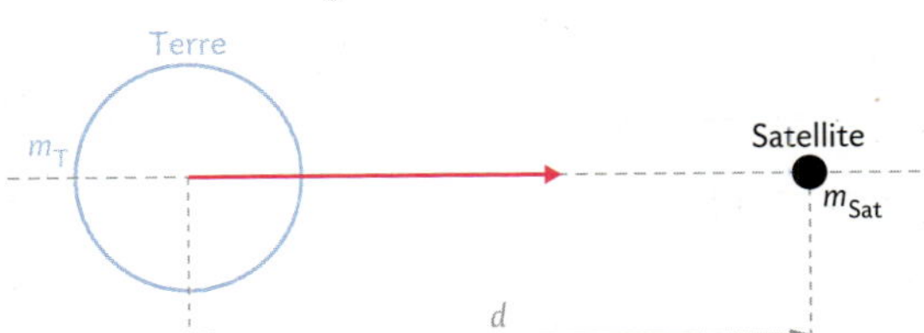

1. Quelle force d'attraction gravitationnelle est représentée par le segment fléché du schéma ci-dessus ?

2. Écrire l'expression littérale de la valeur de cette force en utilisant les notations du schéma.

9 Étudier une force d'attraction (1)

■ Effectuer des calculs ; faire un schéma adapté.

Le centre de la Lune, satellite naturel de la Terre, se situe à une distance moyenne $d_{TL} = 3{,}8 \times 10^5$ km du centre de la Terre.

1. a. Donner l'expression de la valeur $F_{T/L}$ de la force d'attraction gravitationnelle exercée par la Terre sur la Lune.

b. Calculer cette valeur.

2. Représenter, sans souci d'échelle, cette force $\vec{F}_{T/L}$ sur un schéma où apparaissent la Terre et la Lune.

Données

- $G = 6{,}67 \times 10^{-11}$ N·m²·kg⁻²
- Masse de la Terre : $m_T = 5{,}97 \times 10^{24}$ kg
- Masse de la Lune : $m_L = 7{,}35 \times 10^{22}$ kg

10 Étudier une force d'attraction (2)

■ Effectuer des calculs ; écrire un résultat de manière adaptée.

Le centre de la Lune se situe à une distance $d_{SL} = 1{,}5 \times 10^8$ km de celui du Soleil.

1. Donner l'expression de la valeur $F_{S/L}$ de la force d'attraction gravitationnelle exercée par le Soleil sur la Lune.

2. Calculer cette valeur.

3. En déduire la valeur $F_{L/S}$ de la force d'attraction gravitationnelle exercée par la Lune sur le Soleil.

Données

- $G = 6{,}67 \times 10^{-11}$ N·m²·kg⁻²
- Masse du Soleil : $m_S = 2{,}0 \times 10^{30}$ kg
- Masse de la Lune : $m_L = 7{,}35 \times 10^{22}$ kg

11 Connaître la force d'attraction gravitationnelle

■ Mobiliser et organiser ses connaissances ; faire un schéma.

Le 4 octobre 1957, Spoutnik 1 est mis en orbite par l'URSS (actuelle Russie). C'est le premier satellite artificiel. Sa seule mission est d'émettre une succession de signaux sonores.

1. Écrire l'expression littérale de la valeur $F_{T/S1}$ de la force d'attraction gravitationnelle exercée par la Terre sur Spoutnik 1.
Préciser la signification et l'unité de chaque grandeur.

2. Représenter sur un schéma, sans souci d'échelle, la Terre, Spoutnik 1 et $\vec{F}_{T/S1}$.

12 Exploiter l'expression de la force d'attraction gravitationnelle

■ Effectuer des calculs numériques ; écrire un résultat de manière adaptée.

Dans le tableau ci-dessous, F représente la valeur de la force d'attraction gravitationnelle exercée par un corps A de masse m_A sur un corps B de masse m_B dont les centres sont distants de d.

	F (N)	m_A (kg)	m_B (kg)	d (m)
1		$3{,}5 \times 10^2$	$5{,}97 \times 10^{24}$	$4{,}2 \times 10^7$
2	$2{,}0 \times 10^{20}$		$5{,}97 \times 10^{24}$	$3{,}8 \times 10^8$
3	$3{,}5 \times 10^{22}$	$2{,}0 \times 10^{30}$	$5{,}97 \times 10^{24}$	

• Recopier ce tableau et compléter les valeurs manquantes.

Donnée

• $G = 6{,}67 \times 10^{-11}\ N \cdot m^2 \cdot kg^{-2}$

La pesanteur

13 Relier le poids et la masse

■ Mobiliser et organiser ses connaissances.

1. À quoi est assimilé le poids d'un corps sur Terre ?

2. a. Quelle relation lie l'intensité de la pesanteur g sur Terre, la masse m d'un corps et la valeur P de son poids ?
b. Indiquer les unités de ces différentes grandeurs.

14 Différencier la masse et le poids

■ Effectuer des calculs ; écrire un résultat de manière adaptée ; discuter un résultat.

Lors du premier voyage habité sur la Lune en 1969, la mission Apollo 11 a rapporté des roches ayant sur la Lune un poids de valeur P_L égale à 34,7 N.

1. Quelle est la masse m des roches lunaires rapportées sur Terre ?

2. Quelle est la valeur P de leur poids sur Terre ?

3. Comparer les valeurs des poids de ces roches sur la Lune et sur la Terre.

Données

• Intensité de la pesanteur sur la Terre : $g = 9{,}81\ N \cdot kg^{-1}$
• Intensité de la pesanteur sur la Lune : $g_L = 1{,}62\ N \cdot kg^{-1}$

15 Calculer des valeurs de poids

■ Effectuer des calculs numériques ; écrire un résultat de manière adaptée.

La Terre n'est pas tout à fait sphérique, elle est légèrement aplatie au niveau des pôles. C'est l'une des causes de la variation de l'intensité de la pesanteur à la surface du globe. Ainsi, g varie entre $9{,}78\ N \cdot kg^{-1}$ (à l'équateur) et $9{,}83\ N \cdot kg^{-1}$ (aux pôles).

• Calculer la valeur du poids d'une personne de 65,5 kg :
a. à l'équateur ;
b. à un des pôles.

Les effets d'une force sur le mouvement d'un corps

16 Connaître et appliquer le principe d'inertie

■ Mobiliser et organiser ses connaissances.

1. Rappeler le principe d'inertie.

2. Les forces qui s'exercent sur un système se compensent-elles lorsque son mouvement est :
a. rectiligne accéléré ?
b. rectiligne uniforme ?
c. circulaire uniforme ?

3. Que peut-on dire du mouvement d'un corps soumis à des forces qui ne se compensent pas ?

17 Appliquer le principe d'inertie

■ Mobiliser et organiser ses connaissances.

1. La Terre est pratiquement en mouvement circulaire uniforme dans le référentiel héliocentrique.
Les forces appliquées à la Terre se compensent-elles ?

2. La sonde Voyager 1 a quitté le système solaire en 2013. Elle est tellement éloignée de tout astre qu'elle n'est plus soumise à aucune action gravitationnelle.
Quel est son mouvement dans le référentiel héliocentrique ?

Pour s'entraîner

18 La bonne schématisation

■ Mobiliser ses connaissances.

• Quel schéma représente correctement l'interaction gravitationnelle entre deux corps A et B de masses respectives m_A et m_B avec $m_A = 2m_B$? Justifier.

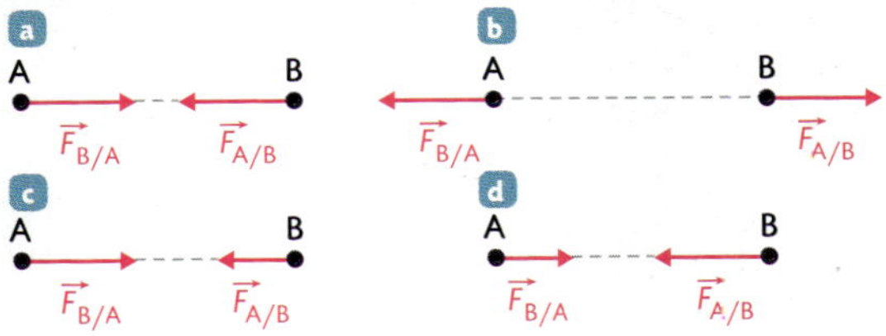

19 Quand tout varie

■ Effectuer des calculs littéraux ; exploiter des résultats.

La valeur $F_{T/S1}$ de la force exercée par la Terre sur un satellite S1 de masse m_1 a pour expression :

$$F_{T/S1} = G \times \frac{m_T \times m_1}{d_1^2}$$

avec d_1 la distance séparant les centres de la Terre et du satellite et m_T la masse de la Terre.

1. Comment se nomme cette force ?

2. $F_{T/S2}$ est la valeur de la force exercée par la Terre sur un satellite S2 de masse $m_2 = 2m_1$ et placé sur la même orbite que celle de S1. Comparer $F_{T/S1}$ et $F_{T/S2}$.

3. Le satellite S3 a la même masse que le satellite S1, mais son orbite est telle que $d_3 = \frac{d_1}{2}$. Comparer $F_{T/S1}$ et $F_{T/S3}$.

20 À chacun son rythme

Le programme Galileo

■ Extraire et exploiter des informations ; mobiliser et organiser ses connaissances ; effectuer des calculs.

Commencer par résoudre l'énoncé compact. En cas de difficultés, passer à l'énoncé détaillé.

Galileo est un programme européen de radionavigation par satellite. Ce programme prévoit de mettre 30 satellites en orbite à moyenne altitude (23 222 km).

Données

- $G = 6{,}67 \times 10^{-11}$ N·m²·kg⁻²
- Masse de la Terre : $m_T = 5{,}97 \times 10^{24}$ kg
- Rayon de la Terre : $R_T = 6{,}37 \times 10^3$ km
- Masse d'un satellite : $m_S = 700$ kg

Énoncé compact

1. Calculer la valeur $F_{T/S}$ de la force d'attraction gravitationnelle exercée par la Terre sur un des satellites.

2. Les forces qui s'exercent sur le satellite se compensent-elles ?

Énoncé détaillé

1. a. À quelle distance d_{TS} du centre de la Terre se situe un de ces satellites ?

b. Quelle est l'expression de la valeur $F_{T/S}$ de la force d'attraction gravitationnelle exercée par la Terre sur ce satellite ? Calculer cette valeur.

2. a. Quelle est la trajectoire du satellite dans le référentiel géocentrique ?

b. Les forces sur le satellite se compensent-elles ? On s'aidera du principe d'inertie.

21 Connaître les critères de réussite

Le poids d'un astronaute

■ Extraire et exploiter des informations ; effectuer des calculs littéraux et numériques.

Neil Armstrong, premier homme à marcher sur la Lune, avait une masse m_A de 70 kg. Sur la Lune, équipement compris, la valeur P_L de son poids est 229 N.

1. Calculer la masse m_E de l'équipement d'Armstrong.

2. Calculer la valeur P_T du poids d'Armstrong équipé sur Terre.

3. En comparant les valeurs P_T et P_L, expliquer pourquoi il lui était si aisé de faire des bonds sur la Lune.

Données

- Intensité de la pesanteur sur la Terre : $g = 9{,}81$ N·kg⁻¹
- Intensité de la pesanteur sur la Lune : $g_L = 1{,}62$ N·kg⁻¹

	Critères de réussite	Barème
1.	Connaissance de la définition.	0,5 pt
	Ne pas s'arrêter à la masse d'Armstrong équipé.	1 pt
	Rédaction d'une phrase.	0,5 pt
2.	Connaissance de la définition.	0,5 pt
	Rédaction d'une phrase.	0,5 pt
3.	Comparaison faite par le calcul du rapport des deux valeurs.	0,5 pt
	Rédaction argumentée.	0,5 pt
	cours maîtrisé / réponse complète / présentation	4 pts

Pour aller plus loin

22 Hubble Finds New Neptune Moon

- Extraire et exploiter des informations ; mobiliser et organiser ses connaissances ; effectuer des calculs numériques ; écrire un résultat de manière adaptée.

While analyzing Neptune photos taken by the Hubble Space Telescope, astronomer Mark SHOWALTER of the SETI Institute noticed an extra white dot about 65 400 miles from Neptune, located between the orbits of the moons Larissa and Proteus. Hubble's extraordinary sensitivity and sharpness caught an object that is roughly one hundred million times **fainter** than the faintest star that can be seen with the naked eye.

Thankfully, M. SHOWALTER also had 150 archival Neptune photographs taken by Hubble from 2004 to 2009. The same white dot appeared over and over again. This allowed him to **plot** a circular orbit for the moon, designated S/2004 N 1, which completes one revolution around Neptune every 23 hours. His discovery raises the number of known moons orbiting Neptune to 14.

D'après le site Internet hubblesite.org

Vocabulaire : *fainter* : moins brillant ; (to) *plot* : tracer

1. Quel est le nombre de lunes de Neptune découvertes à ce jour ?

2. Quelle est la trajectoire de la lune S/2004 N 1 par rapport au centre de Neptune ?

3. Quelle est l'expression de la valeur $F_{N/S}$ de la force d'attraction gravitationnelle exercée par Neptune sur la lune S/2004 N 1 de masse m_S ?
Préciser les unités.

4. On peut écrire $F_{N/S}$ sous la forme $F_{N/S} = k \times m_S$.
a. Quelle est l'expression littérale de k ?
b. Calculer sa valeur.

Données

- $G = 6{,}67 \times 10^{-11}$ N·m²·kg⁻²
- Masse de Neptune : $m_N = 1{,}0 \times 10^{26}$ kg
- 1 mile = 1609 m

23 La pesanteur terrestre

- Mobiliser et organiser ses connaissances ; effectuer des calculs ; rédiger une explication argumentée.

Le poids $\vec{P}$ d'un corps de masse m à la surface de la Terre a pour valeur $P = m \times g$ avec $g = 9{,}81$ N·kg^{-1}. Le poids est une force orientée vers le centre de la Terre.
On souhaite comparer le poids d'un corps avec la force d'attraction gravitationnelle $\vec{F}_{T/C}$ exercée par la Terre sur ce corps situé à sa surface.

1. Quels sont la direction et le sens de la force d'attraction gravitationnelle $\vec{F}_{T/C}$?

2. Écrire l'expression de la valeur $F_{T/C}$ de la force d'attraction gravitationnelle exercée par la Terre sur ce corps.

3. On peut écrire $F_{T/C}$ sous la forme $F_{T/C} = k \times m$.
À l'aide de la réponse à la question précédente, donner l'expression littérale de k. Calculer sa valeur.

4. Pourquoi peut-on assimiler $\vec{P}$ à $\vec{F}_{T/C}$?

Données

- $G = 6{,}67 \times 10^{-11}$ N·m^2·kg^{-2}
- Masse de la Terre : $m_T = 5{,}97 \times 10^{24}$ kg
- Rayon de la Terre : $R_T = 6{,}37 \times 10^3$ km

24 Surveillance de la Terre

- Mobiliser et organiser ses connaissances ; effectuer des calculs numériques ; faire un schéma adapté.

Spot 6 est un satellite d'observation de la Terre. Il a une masse m de 712 kg et se déplace à une altitude de 721 km. Sa période de révolution dans le référentiel géocentrique est 99 min.

1. Calculer la valeur de la vitesse du satellite Spot 6 dans le référentiel géocentrique.

2. Calculer la valeur $F_{T/S}$ de la force d'attraction gravitationnelle exercée par la Terre sur Spot 6.

3. Schématiser la situation et représenter la force $\vec{F}_{T/S}$ en prenant comme échelle 1 cm pour $2{,}0 \times 10^3$ N.

4. On a représenté sur le schéma ci-dessous la force $\vec{F}_{S/T}$ exercée par le satellite Spot 6 sur la Terre avec l'échelle de la question **3**.

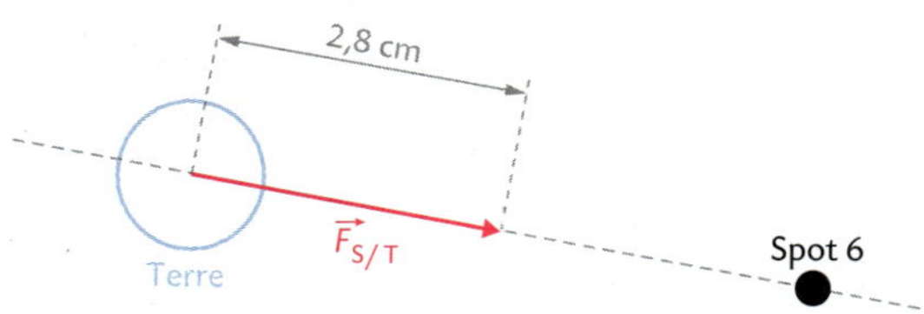

Cette représentation est-elle correcte ?

Données

- $G = 6{,}67 \times 10^{-11}$ N·m^2·kg^{-2}
- Masse de la Terre : $m_T = 5{,}97 \times 10^{24}$ kg
- Rayon de la Terre : $R_T = 6{,}37 \times 10^3$ km

25 Résolution de problème

Troisième loi de Kepler

■ Extraire et exploiter des informations ; effectuer des calculs ; construire les étapes d'une résolution de problème.

Doc. 1 La 3e loi de Kepler

La 3e loi de Kepler indique que le rapport entre le carré de la période de révolution T d'une planète autour du Soleil et le cube du rayon r de son orbite est une constante qui dépend de la masse m_S du Soleil :

$$\frac{T^2}{r^3} = \text{constante} = \frac{4\pi^2}{G \times m_S}$$

T en s — r en m — m_S en kg

Doc. 2 Mouvements dans le système solaire

La Terre est située à $1{,}50 \times 10^8$ km du Soleil.
Sa période de révolution est 365,25 jours.
La période de révolution de Vénus est 224,7 jours.

• Qui de Vénus ou de la Terre est la plus attirée par le Soleil ?

Données

- $G = 6{,}67 \times 10^{-11}$ N·m²·kg⁻²
- Masse de Vénus : $m_V = 4{,}87 \times 10^{24}$ kg
- Masse de la Terre : $m_T = 5{,}97 \times 10^{24}$ kg

→ Pistes de résolution, p. 334.

Retour sur l'ouverture du chapitre 7

Quelles sont les conséquences des interactions gravitationnelles ?

26 Assistance gravitationnelle

■ Extraire et exploiter des informations ; mobiliser et organiser ses connaissances ; effectuer des calculs ; faire un schéma.

L'assistance gravitationnelle modifie la valeur de la vitesse et la trajectoire d'une sonde spatiale. La sonde Cassini-Huygens, de masse $m = 5{,}6 \times 10^3$ kg, a été lancée en octobre 1997 afin d'explorer Saturne. Au cours de son périple de sept ans, elle a bénéficié d'une assistance gravitationnelle à quatre reprises : deux fois par Vénus, une fois par la Terre et enfin une fois par Jupiter. Le 26 avril 1998, la sonde a frôlé Vénus en passant à 287 km de sa surface. Aucun lanceur actuel n'est capable de donner à une sonde de la masse de Cassini-Huygens l'énergie suffisante pour rejoindre Saturne par une trajectoire directe.

On a représenté ci-dessous trois positions consécutives d'une planète et d'une sonde spatiale, ainsi que l'évolution de la valeur de la vitesse de la sonde dans le référentiel héliocentrique.

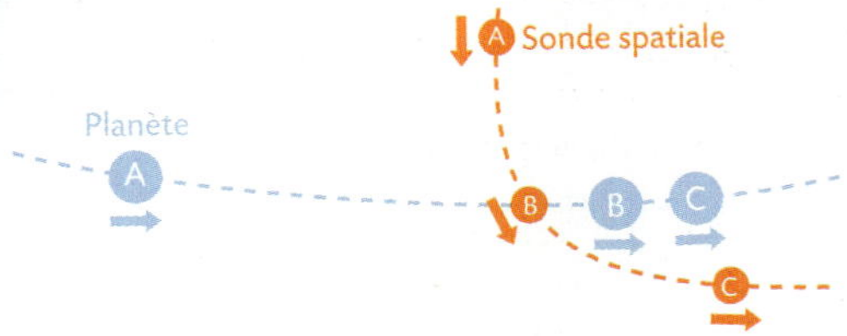

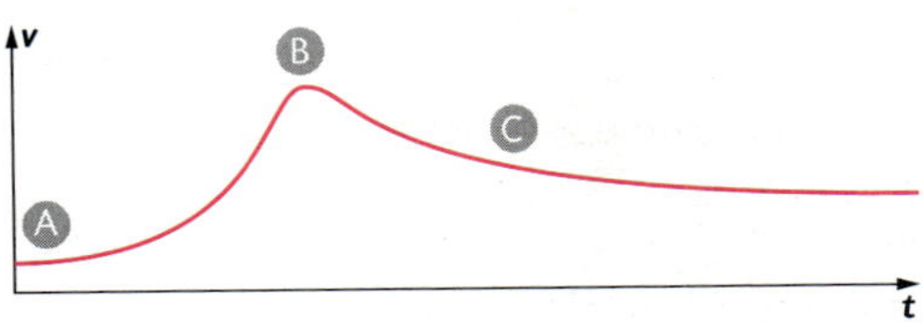

1. a. Quelle elle la distance d entre la sonde et le centre de Vénus le 26 avril 1998 ?
b. Écrire l'expression de la valeur $F_{V/CH}$ de la force d'attraction gravitationnelle exercée par Vénus sur Cassini-Huygens.
c. Calculer sa valeur le 26 avril 1998.
d. Schématiser, sans souci d'échelle, Vénus, la sonde et la force $\vec{F}_{V/CH}$.

2. a. Quels sont les effets de la force $\vec{F}_{V/CH}$ sur le mouvement de la sonde Cassini-Huygens ?
b. Quelle serait la trajectoire de la sonde à partir de la position A en l'absence de Vénus ?

3. Quel est l'intérêt d'une assistance gravitationnelle ?

Données

- $G = 6{,}67 \times 10^{-11}$ N·m²·kg⁻²
- Masse de Vénus : $m_V = 4{,}87 \times 10^{24}$ kg
- Rayon de Vénus : $R_V = 6\,052$ km

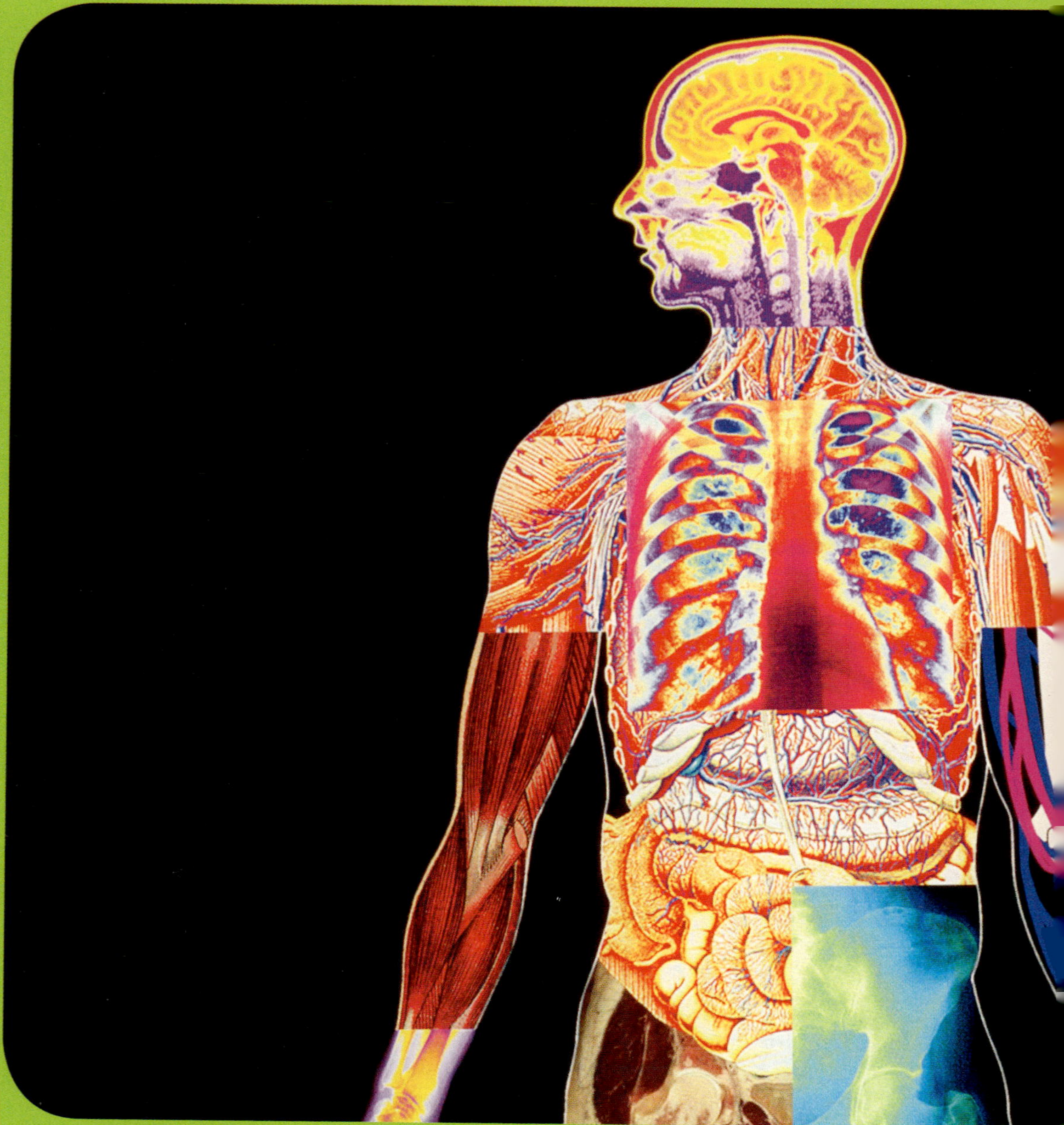

SANTÉ

Une culture scientifique est indispensable pour procéder à des choix raisonnés en matière de santé.
La physique et la chimie interviennent dans de nombreux domaines du diagnostic médical et des médicaments : la radiographie et l'échographie utilisent des ondes ; des espèces chimiques sont identifiées et dénombrées lors d'analyses chimiques ; les médicaments contiennent des molécules issues du milieu naturel ou synthétisées par l'homme.

Vu au Collège

→ Corrigés, p. 338.

Pour chaque question, indiquer la (ou les) bonne(s) réponse(s).

	A	B	C
1 On dissout du sucre dans de l'eau, on obtient une solution non saturée. Cette solution peut être qualifiée de : 	corps pur.	mélange homogène.	mélange hétérogène.
2 On dissout du sel dans de l'eau, on obtient une solution d'eau salée non saturée. Le sel :	est le solvant.	est le soluté.	a fondu.
3 Les constituants d'un mélange hétérogène :	peuvent être séparés par décantation.	sont visibles à l'œil nu.	ne peuvent pas être séparés.
4 Dans un corps pur constitué de molécules :	toutes les molécules sont identiques.	tous les atomes constituant une de ces molécules sont identiques.	toutes les molécules sont constituées d'un seul atome.
5 Une molécule :	est toujours constituée d'atomes identiques.	peut être constituée d'atomes identiques.	est l'un des constituants d'un atome.
6 La molécule d'eau, de formule H_2O, est constituée :	d'un atome d'hydrogène et deux atomes d'oxygène.	de deux atomes d'hydrogène et d'un atome d'oxygène.	de deux molécules d'hydrogène et d'une molécule d'oxygène.
7 Le pH d'une solution acide est : 	supérieur à 7.	égal à 7.	inférieur à 7.
8 Le signal ci-dessous représente l'évolution au cours du temps d'une tension alternative périodique. 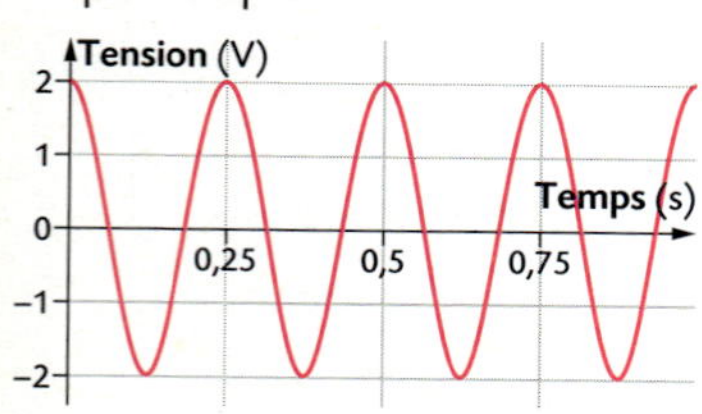	Quatre périodes sont visibles sur ce graphique.	La période de ce signal vaut 2,0 secondes.	La période de ce signal vaut 4 volts.
9 Une tension périodique a une fréquence de 40 Hz. Sa période vaut :	40 s.	25 ms.	0,025 s.
10 Une tension périodique de période 2 s reprend les mêmes valeurs toutes les :	2 s.	0,5 s.	périodes.

SANTÉ

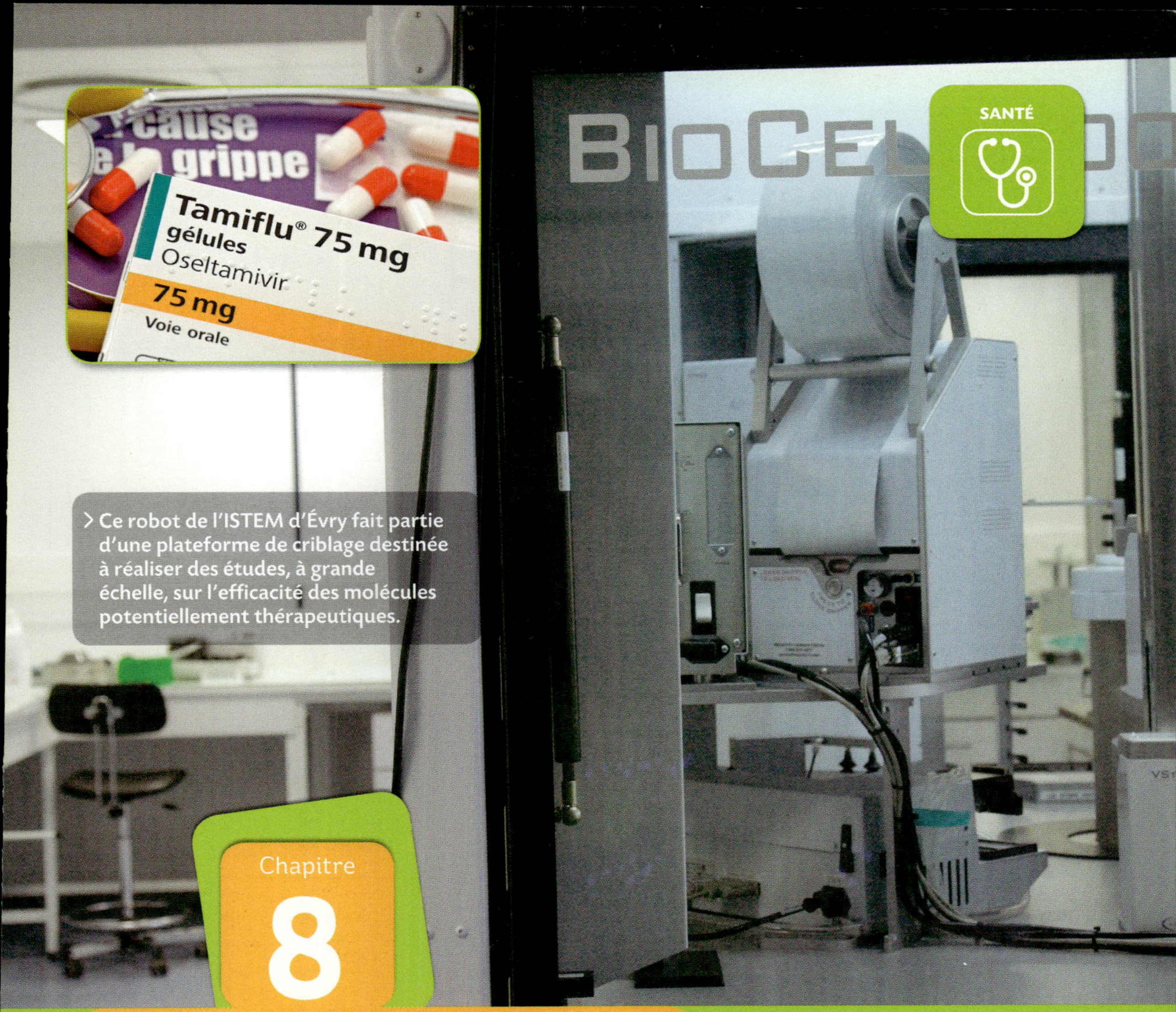

> Ce robot de l'ISTEM d'Évry fait partie d'une plateforme de criblage destinée à réaliser des études, à grande échelle, sur l'efficacité des molécules potentiellement thérapeutiques.

Chapitre

8

De la molécule au médicament

Comment modéliser une molécule pour en étudier la structure ?

→ Exercice 25, p. 130.

> La structure des molécules de médicaments influence leurs propriétés thérapeutiques. La modélisation moléculaire permet de reproduire virtuellement la structure des molécules et de simuler ainsi leur activité thérapeutique. L'oseltamivir, un antigrippal, a été mis au point selon cette méthode.

Compétences

- Savoir qu'à une formule brute peuvent correspondre plusieurs formules semi-développées. → Activité 1
- Représenter des formules développées et semi-développées correspondant à des modèles moléculaires. → Activité 2
- *Utiliser des modèles moléculaires et des logiciels de représentation.* → Activités 1 et 2
- Repérer la présence d'un groupe caractéristique dans une formule développée. → Activité 2

Activité expérimentale

1 Modélisation des molécules

La matière qui nous entoure est constituée d'atomes qui peuvent s'assembler pour former des molécules.

▶ **Comment décrire l'agencement des atomes dans une molécule ?**

Compétences
- *Utiliser des modèles moléculaires et des logiciels de représentation.*
- Savoir qu'à une formule brute peuvent correspondre plusieurs formules semi-développées.

Doc. 1 Les modèles des molécules

Dans un modèle moléculaire, chaque atome est modélisé par une boule, de couleur et de taille déterminées. Ces boules peuvent être liées entre elles afin de modéliser des molécules.

On distingue les modèles compacts et les modèles éclatés :
– les modèles compacts représentent au mieux la réalité et permettent d'évaluer le volume des molécules ;
– les modèles éclatés permettent de représenter les liaisons entre les atomes.

Couleur du modèle	blanc	noir	bleu	rouge	vert
Symbole de l'atome	H	C	N	O	Cl
Nom de l'atome	Hydrogène	Carbone	Azote	Oxygène	Chlore

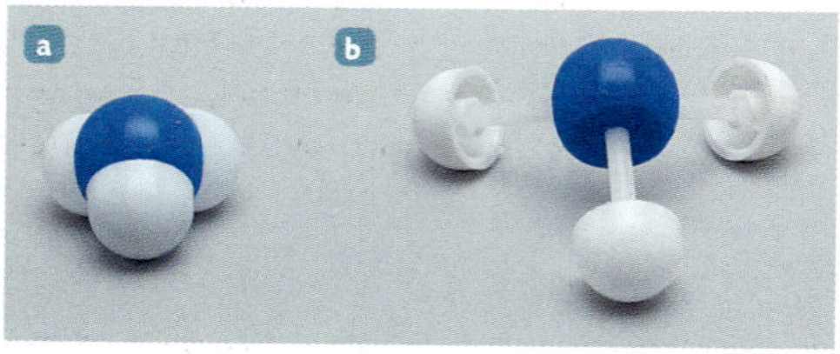

> Modèles compact (a) et éclaté (b) de la molécule d'ammoniac NH_3. Le dosage de l'ammoniac dans le sang peut permettre de révéler une insuffisance hépatique.

Ces modèles ne sont qu'une représentation de la réalité, mais ils en facilitent la compréhension. Il est également possible de modéliser des molécules grâce à des logiciels.

Analyse du document

À la maison

1. Pourquoi les boules modélisant les atomes ont-elles des couleurs et des tailles différentes (**doc. 1**) ?

Compétences travaillées — **S'approprier ; analyser** • Extraire et exploiter des informations. **Analyser** • Prendre conscience des limites d'un modèle.

Pratique expérimentale

2. À l'aide des modèles moléculaires puis d'un logiciel, modéliser les molécules de dihydrogène H_2, de chlorure d'hydrogène HCl, d'eau H_2O, d'ammoniac NH_3, de méthane CH_4, de dioxygène O_2, de diazote N_2 et de dioxyde de carbone CO_2.

Réaliser • Utiliser le matériel de manière adaptée.

3. Deux molécules, l'éthanol et le méthoxyméthane, possèdent la même formule brute C_2H_6O. À l'aide d'un logiciel de représentation, déterminer deux manières d'agencer les atomes de carbone, d'hydrogène et d'oxygène.

Analyser • Proposer un modèle.

Un pas vers le cours

4. Comparer la façon dont peuvent s'agencer, avec d'autres atomes, les atomes d'oxygène et d'azote dans une molécule.
5. L'éthanol et le méthoxyméthane (vus à la question 3) sont appelées isomères. Proposer une définition de ce terme.

Valider • Mettre en lien des phénomènes et des concepts.

Activité expérimentale

2 De la molécule au médicament

De nombreuses molécules ont démontré leur utilité pour combattre des maladies. Les chercheurs en conçoivent de nouvelles, à la structure similaire, mais avec de meilleures propriétés thérapeutiques.

▶ **Pourquoi la mise au point de nouveaux médicaments nécessite-t-elle une connaissance de la structure des molécules ?**

Compétences

- *Utiliser des modèles moléculaires et des logiciels de représentation.*
- Repérer la présence d'un groupe caractéristique.
- Représenter des formules développées et semi-développées.

Doc. 1 Des médicaments contre la douleur

L'acide salicylique, présent dans les fleurs de reine-des-prés, a longtemps été utilisé pour lutter contre la douleur. Synthétisé en 1853 et mis sur le marché en 1899, l'acide acétylsalicylique, usuellement nommé aspirine, l'a supplanté.
À la fin des années 1880, l'industrie des colorants valorise un déchet, le paranitrophénol, en le transformant en phénacétine, aux effets antipyrétiques et antalgiques. Le paracétamol, de structure voisine, est synthétisé en 1878 et commercialisé 50 ans plus tard comme médicament à l'activité thérapeutique similaire, mais avec moins d'effets secondaires.

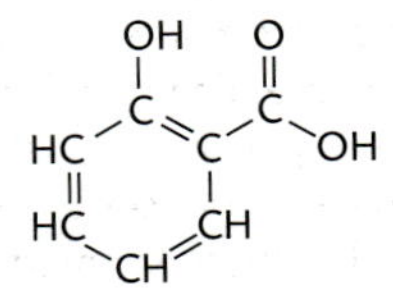

› Formule semi-développée de l'acide salicylique.

Doc. 2 Les nootropiques

Les nootropiques ou nootropes (du grec *noos* « esprit » et *tropos* « courber ») sont des médicaments qui améliorent le fonctionnement du cerveau. Le piracetam a été le premier nootrope synthétisé. D'autres composés, dits « racetam » (oxiracetam, aniracetam), ont des effets et des structures moléculaires similaires.

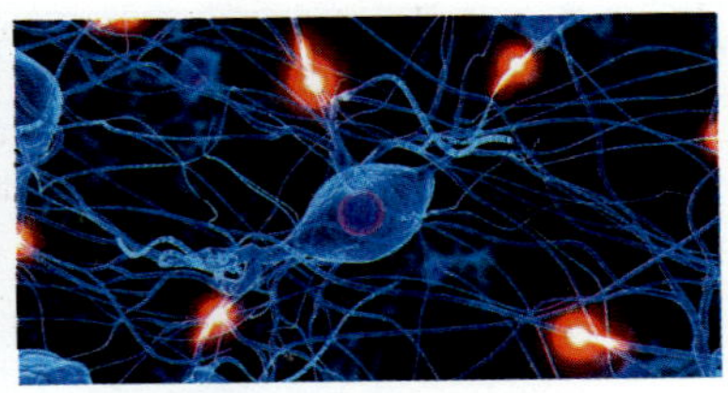
› Représentation informatique de la transmission synaptique entre neurones.

Analyse des documents (À la maison)

1. Rechercher les définitions des mots « antipyrétique » et « antalgique ».
2. Pour quel effet thérapeutique un nootropique est-il utilisé (**doc. 2**) ?

Compétences travaillées — **S'approprier ; analyser** • Extraire et exploiter des informations.

Pratique expérimentale

3. Dans la librairie du module de comparaison du logiciel ScribMol®*, rechercher et afficher, sur la même fenêtre, les molécules dont les noms sont écrits en bleu dans le **doc. 1**. Faire de même avec celles du **doc. 2**.

Réaliser • Utiliser le matériel de manière adaptée.

4. En s'inspirant de la formule semi-développée de l'acide salicylique proposée au **doc. 1**, représenter celles des molécules étudiées.

Analyser • Proposer un modèle.

* Logiciel en ligne gratuit disponible à l'adresse http://librairiedemolecules.education.fr/outils/scribmol/

Un pas vers le cours

5. Dans les formules semi-développées représentées à la question 4, repérer et nommer quelques groupes caractéristiques (voir le tableau du §2, p. 121).
6. Comment peut-on expliquer les effets thérapeutiques similaires des molécules du **doc. 1** ? des molécules du **doc. 2** ?

S'approprier ; analyser • Extraire et exploiter des informations ; utiliser un modèle pour décrire. **Valider** • Mettre en lien des phénomènes et de concepts.

Cours

1 Qu'est-ce qu'une molécule ?

A. De l'atome à la molécule

La matière est constituée d'atomes.

- Un atome est désigné par un nom et une formule chimique :

Nom de l'atome	Hydrogène	Carbone	Azote	Oxygène	Chlore
Symbole de l'atome	H	C	N	O	Cl

- Une **molécule** est un édifice électriquement neutre formé d'un nombre limité d'atomes liés les uns aux autres.

Doc. 1

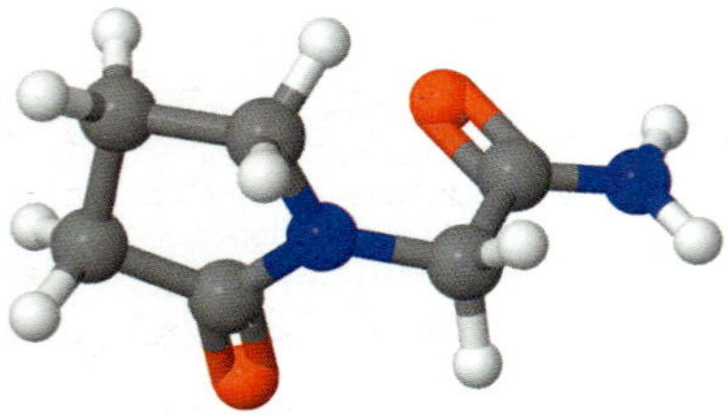

> La molécule de piracetam est utilisée pour améliorer le fonctionnement du cerveau. Elle se compose de **6** atomes de carbone **C**, **10** d'hydrogène **H**, **2** d'azote **N** et **2** d'oxygène **O**. La formule brute de la molécule s'écrit $C_6H_{10}N_2O_2$.

B. Modélisation des molécules

La **formule brute** d'une molécule est l'écriture la plus compacte décrivant la nature et le nombre des atomes de cette molécule.

- Pour écrire une formule brute, on écrit côte à côte les symboles des éléments présents dans la molécule, en précisant (en indice en bas et à droite) le nombre d'atomes de chaque élément (**doc. 1**). L'indice 1 n'est jamais spécifié.

Exemples : l'atome d'hydrogène a pour symbole H et la molécule d'eau a pour formule brute H_2O.

- Dans les molécules de dihydrogène H_2, de chlorure d'hydrogène HCl et d'eau H_2O, chaque atome d'hydrogène est lié aux autres atomes par une **liaison simple**.

Dans les molécules de dioxygène O_2 ou de diazote N_2, des **liaisons double** ou **triple** s'établissent entre les atomes (**activité 1**).

Dans la **formule développée** d'une molécule, toutes les liaisons sont représentées : une **liaison** est modélisée par un tiret entre les atomes et une **liaison multiple** par plusieurs tirets.

Une **formule semi-développée** est obtenue en simplifiant une formule développée : on ne représente pas les liaisons engagées par les atomes d'hydrogène (**doc. 2**).

Doc. 2

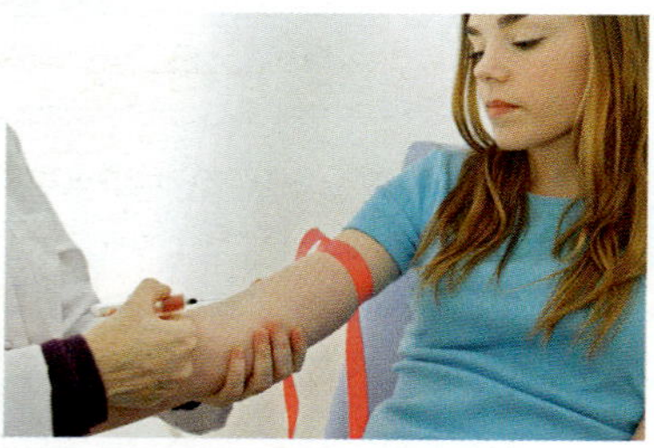

> Un prélèvement de sang permet de dépister une consommation récente d'éthanol (« alcool »), molécule de formule brute C_2H_6O. Ses formules développée (**a**) et semi-développée (**b**) sont représentées ci-dessous :

a

```
    H   H
    |   |
H — C — C — O — H
    |   |
    H   H
```

b $CH_3—CH_2—OH$

- Les chimistes ont créé des **modèles moléculaires** pour modéliser les molécules et étudier leurs propriétés.

Nom des molécules	Formule brute	Formule développée	Modèle moléculaire compact	Modèle moléculaire éclaté
Eau	H_2O	H—O—H		
Dioxyde de carbone	CO_2	O=C=O	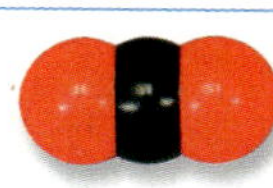	
Diazote	N_2	N≡N		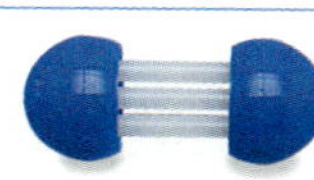

C. Notion d'isomérie

- La formule brute ne renseigne pas sur l'enchaînement des atomes qui constituent la molécule : à une même formule brute peuvent correspondre plusieurs molécules différentes (**activité 1**).

On appelle **isomères** des espèces chimiques dont les molécules ont la même formule brute mais des enchaînements d'atomes différents.

Exemple : la molécule de méthoxyméthane possède la même formule brute C_2H_6O que celle d'éthanol (**doc. 3**).

Des isomères ont des **propriétés physiques et chimiques différentes** et constituent des espèces chimiques différentes.

Exemples : à température et pression ordinaires, le méthoxyméthane est gazeux alors que l'éthanol est liquide : leurs propriétés physiques sont différentes. Leurs propriétés chimiques sont également différentes.

- Pour décrire la structure d'une molécule, il faut donc établir sa formule semi-développée ou développée.

→ Exercices 5 à 13, p. 125-126.

Doc. 3

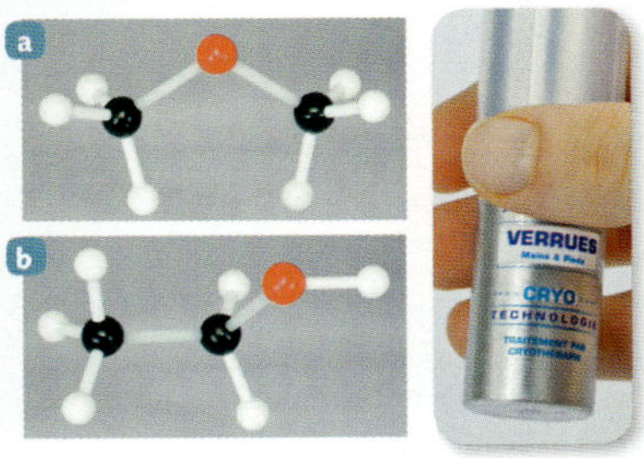

> Le méthoxyméthane (**a**), appelé aussi éther méthylique ou bien encore diméthyléther (DME), est utilisé pour traiter les verrues dans les fluides cryogéniques vendus en pharmacie. C'est un isomère de l'éthanol (**b**).

2 Qu'est-ce qu'un groupe caractéristique ?

Dans une molécule, un **groupe caractéristique** est un groupement d'atomes qui ne contient pas uniquement des atomes de carbone et d'hydrogène.

Exemple : la phénacétine (**doc. 4**) contient deux groupes caractéristiques : un groupe amide et un groupe étheroxyde.

- Un groupe caractéristique confère à une molécule des propriétés particulières.
- La connaissance de la structure d'une molécule permet d'identifier les groupes caractéristiques importants pour l'effet thérapeutique recherché et de synthétiser de nouveaux médicaments.

Le tableau suivant présente les principaux groupes caractéristiques que l'on peut rencontrer dans les molécules des médicaments (**activité 2** et **doc. 4**).

→ Exercices 14 et 15, p. 126.

Doc. 4

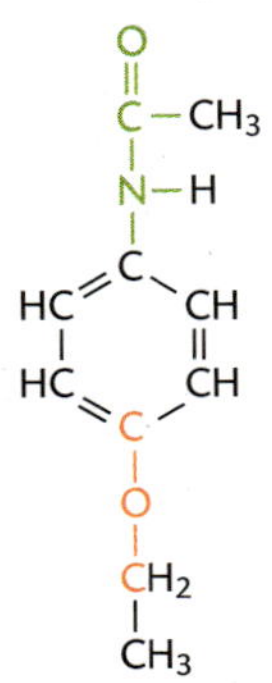

> Formule semi-developpée de la phénacétine.

Nom	Hydroxyle	Amine	Étheroxyde	Carbonyle	Carboxyle	Ester	Amide
Structure*	$-O-H$	$-\overset{\vert}{N}-$	$-\overset{\vert}{\underset{\vert}{C}}-O-\overset{\vert}{\underset{\vert}{C}}-$	$-\overset{O}{\overset{\Vert}{C}}-$	$-\overset{O}{\overset{\Vert}{C}}-O-H$	$-\overset{O}{\overset{\Vert}{C}}-O-\overset{\vert}{\underset{\vert}{C}}-$	$-\overset{O}{\overset{\Vert}{C}}-\overset{\vert}{N}-$
Modèle moléculaire							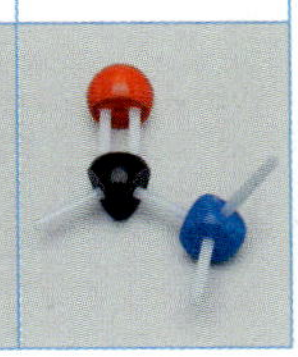

*Ces groupes ne peuvent être liés directement qu'à des atomes d'hydrogène H ou de carbone C.

Essentiel

1 Décrire une molécule

Molécule

Définition

Édifice électriquement neutre formé d'un assemblage d'atomes.

Modélisation

Formule chimique

- Indique la nature et le nombre des atomes de la molécule.
- Peut représenter l'enchaînement des atomes dans la molécule.

Exemples

	Éthanol	Méthoxyméthane
Formule brute	C_2H_6O	
Formule développée	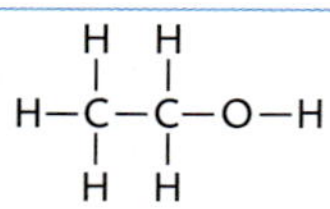	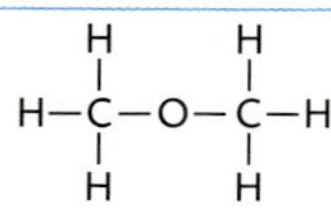
Formule semi-développée	CH_3-CH_2-OH	CH_3-O-CH_3

Modèle moléculaire

Modélise chaque atome par une boule, de couleur et de taille déterminées.

Exemples

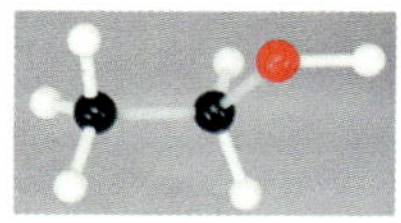

› Éthanol.

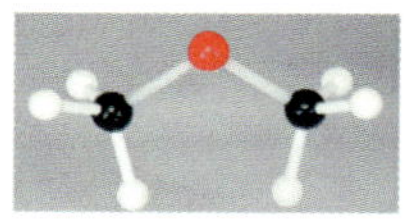

› Méthoxyméthane.

Isomères

Les molécules d'espèces isomères ont la même formule brute, mais des enchaînements d'atomes différents.

Deux espèces isomères ont des propriétés physiques et chimiques différentes.

Exemple

L'éthanol et le méthoxyméthane sont des espèces isomères.

2 Repérer la présence de groupes caractéristiques

Dans une molécule, un **groupe caractéristique** est un groupement d'atomes qui ne contient pas uniquement des atomes de carbone et d'hydrogène. Il confère à une molécule des propriétés particulières.

Exemples

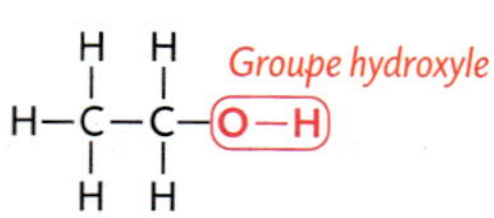

Éthanol

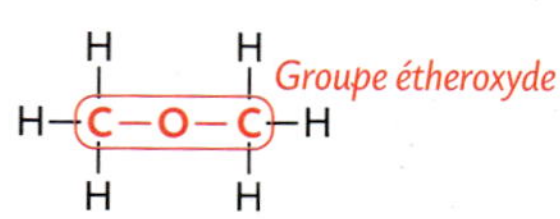

Méthoxyméthane

QCM

→ Corrigés, p. 338.

Pour chaque question, indiquer la (ou les) bonne(s) réponse(s).

Données
- Couleurs des modèles moléculaires : voir p. 118
- Principaux groupes caractéristiques : voir p. 121

1 Décrire une molécule

Si erreur, revoir § 1, p. 120.

	A	B	C
1 Une molécule de dioxyde de carbone CO_2 contient :	1 atome de carbone.	2 atomes de carbone.	2 atomes d'oxygène.
2 Une molécule de pentachlorure de phosphore contient 5 atomes de chlore et 1 atome de phosphore. Sa formule brute s'écrit :	PCl_5	P_5Cl	P_1Cl_5
3 L'éther a longtemps été utilisé comme anesthésique. Sa molécule, représentée ci-dessous, a : 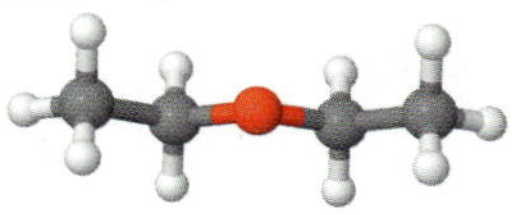	pour formule brute : $C_4H_{10}O$	pour formule semi-développée : $CH_3-CH_2-O-CH_2-CH_3$	pour formule semi-développée : $CH_3CH_2OCH_2CH_3$
4 L'éther (ci-dessus) et le butan-2-ol (ci-dessous) : 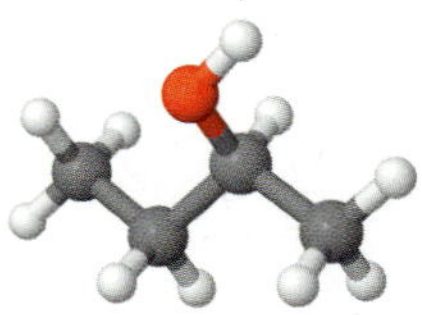	sont deux espèces identiques.	sont deux espèces isomères.	sont deux espèces différentes.

2 Repérer la présence de groupes caractéristiques

Si erreur, revoir § 2, p. 121.

	A	B	C
1 Le groupe caractéristique hydroxyle est présent dans :	$H_3C-O-CH_3$		
2 La molécule d'acide lactique contient les groupes hydroxyle et carboxyle. Sa formule peut être :	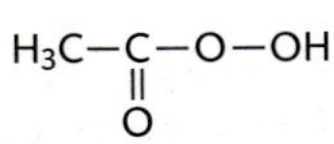	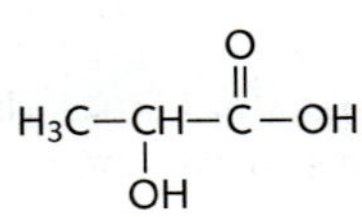	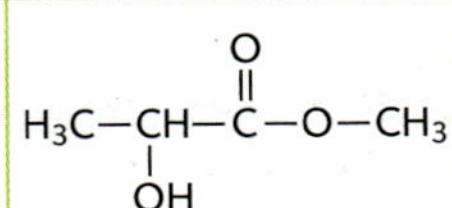
3 La molécule dont la formule est représentée ci-contre contient : 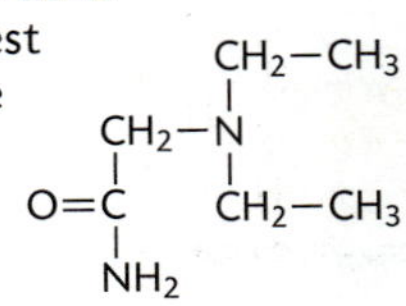	un groupe amine.	un groupe hydroxyle.	un groupe amide.

Exercice résolu

Compétences
- Mobiliser et organiser ses connaissances.
- Utiliser et proposer un modèle.

3 Représenter des formules de molécules

Énoncé

La chlorméthine (modèle moléculaire ci-contre) a été utilisée dans le traitement de certains cancers. Son usage est désormais abandonné en raison de sa forte toxicité.

1 À partir du modèle moléculaire ci-contre, établir les formules développée et semi-développée de la molécule.

2 Écrire sa formule brute.

Données

Code couleur des modèles moléculaires :

○ H Hydrogène — ● C Carbone — ● N Azote — ● O Oxygène — ● Cl Chlore

Analyse de l'énoncé

- Que représentent les boules colorées et les tiges dans un modèle moléculaire ?
- Qu'est-ce qui différencie une formule développée d'une formule semi-développée ?
- Dans une formule brute, comment indiquer le nombre des atomes de la molécule ?

Conseils

→ Dans un modèle moléculaire :
– les boules représentent les atomes (le code couleur permet d'identifier les atomes) ;
– les tiges représentent les liaisons (ici, uniquement des liaisons simples).

1 Déterminer les atomes présents dans la molécule à partir du code couleur fourni.

→ Dans la **formule développée** d'une molécule, les liaisons sont représentées par des tirets.

Dans la **formule semi-développée**, les liaisons engagées par les atomes d'hydrogène ne sont pas représentées.

2 → Préciser, en indice en bas et à droite, le nombre d'atomes de chaque élément. L'indice 1 n'est pas spécifié.

Solution rédigée

1 La molécule de chlorméthine ne contient que des liaisons simples. Sa **formule développée** s'écrit :

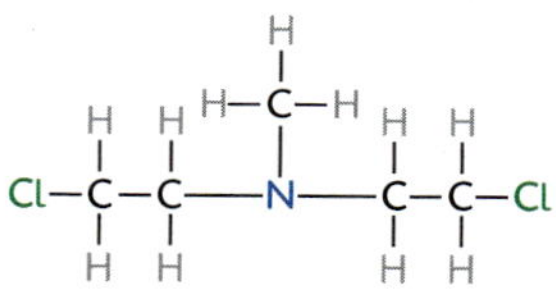

Sa **formule semi-développée** s'écrit :

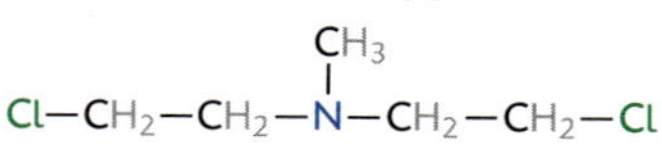

2 La molécule de chlorméthine contient **cinq** atomes de **carbone**, onze atomes d'hydrogène, **un** atome d'**azote** et **deux** atomes de **chlore** :

$C_5H_{11}NCl_2$

4 Application immédiate

Un médicament utilisé dans le traitement de la cataracte contient du méthylsilanetriol et de l'acide para-hydroxycinnamique.

• Établir les formules semi-développées des deux molécules à partir des modèles reproduits ci-contre.

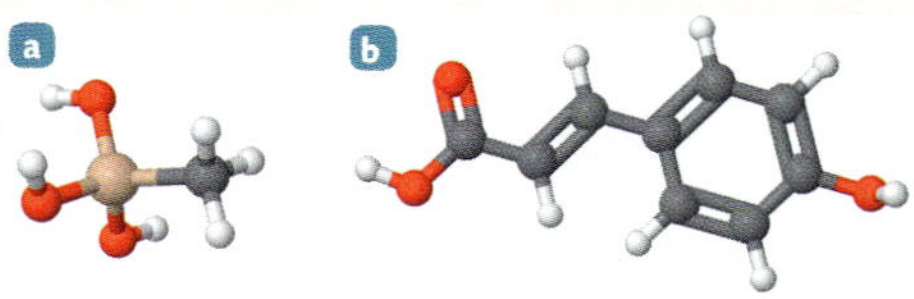

> Modèles du méthylsilanetriol (a) et de l'acide para-hydroxycinnamique (b).

Données

Voir le code couleur donné ci-dessus. L'atome de silicium Si est modélisé par une boule rose.

→ Corrigés, p. 338.

Exercices

Compétences

Parcours d'apprentissage

Compétences	9	12	14	16	17	21
Représenter des formules développées et semi-développées correspondant à des modèles moléculaires.	•				•	•
Savoir qu'à une formule brute peuvent correspondre plusieurs formules semi-développées.		•				•
Repérer la présence d'un groupe caractéristique dans une formule développée.			•	•	•	•
Utiliser des modèles moléculaires et des logiciels de représentation.	•	•				•

Données

- Couleurs des modèles moléculaires : voir tableau, p. 118
- Principaux groupes caractéristiques : voir tableau, p. 121

Pour commencer

Décrire une molécule

5 Lire la formule brute d'une molécule

■ Mobiliser et organiser ses connaissances.

La mesure du taux de créatinine dans le sang permet d'identifier un dysfonctionnement de la filtration rénale. La molécule de créatinine a pour formule brute $C_4H_7N_3O$.

• Indiquer la nature et le nombre des atomes qui constituent la molécule.

6 Écrire la formule brute d'une molécule

■ Mobiliser et organiser ses connaissances.

La molécule de cholestérol contient 27 atomes de carbone, 46 atomes d'hydrogène et 1 atome d'oxygène.

• Écrire la formule brute de cette molécule.

7 Établir la formule brute d'une molécule

■ Utiliser un modèle.

• Écrire la formule brute de la molécule de peroxyde d'hydrogène dont le modèle moléculaire est reproduit ci-contre.

8 Choisir un modèle moléculaire

■ Proposer un modèle.

La monochloramine a pour formule brute NH_2Cl.

• Identifier son modèle moléculaire :

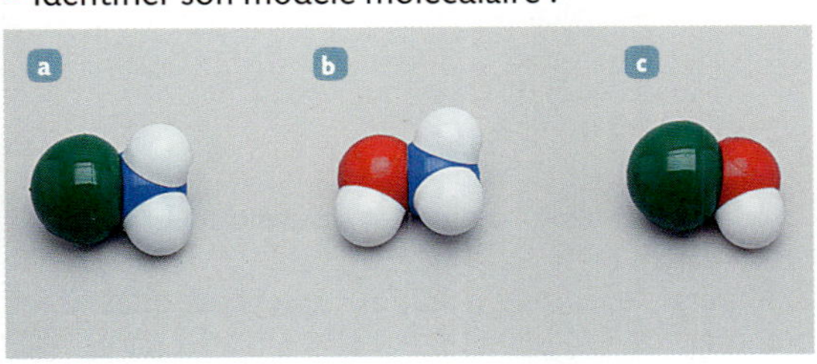

9 Écrire des formules développées et semi-développées

■ Utiliser et proposer un modèle.

• Écrire les formules développées et semi-développées des molécules d'éthoxyéthane et d'urée dont les modèles moléculaires sont représentés ci-dessous :

a

b

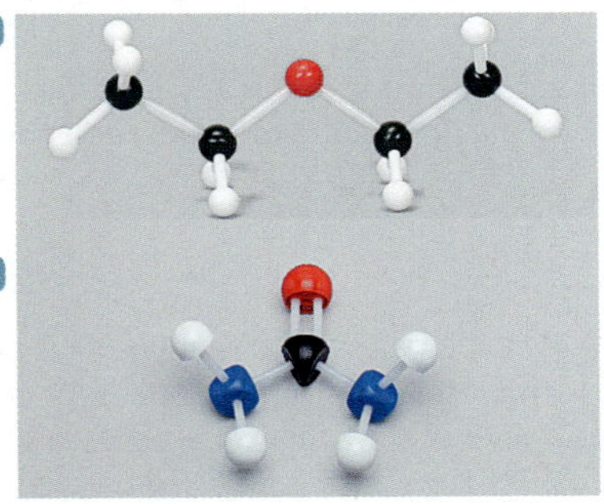

> Molécules d'éthoxyéthane (a) et d'urée (b).

10 Utiliser une formule semi-développée

■ Utiliser et proposer un modèle.

La molécule d'acide valproïque, aux effets antiépileptiques, a pour formule semi-développée :

$$\begin{array}{l} \qquad\quad H_3C-CH_2-CH_2 \quad O \\ \qquad\qquad\qquad\qquad\quad | \qquad\ \ \| \\ H_3C-CH_2-CH_2-CH-C-OH \end{array}$$

• Choisir son modèle parmi les suivants :

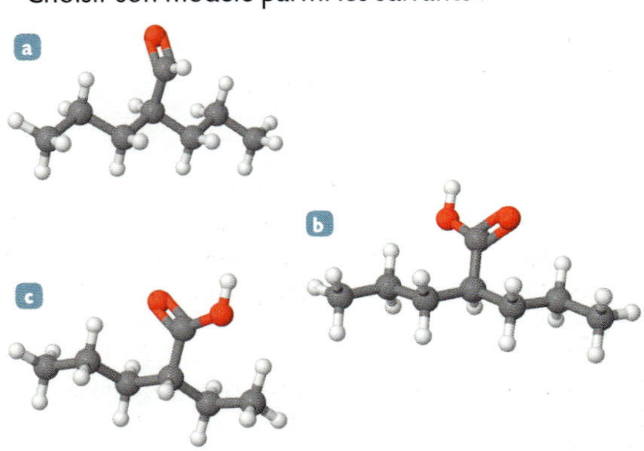

11 Établir une formule semi-développée

■ Utiliser et proposer un modèle.

> La vitamine B1 est présente dans les fruits et les légumes.

L'acide pyruvique provient de la dégradation du glucose par l'organisme. Son dosage dans le sang peut permettre de diagnostiquer une carence en vitamine B1.

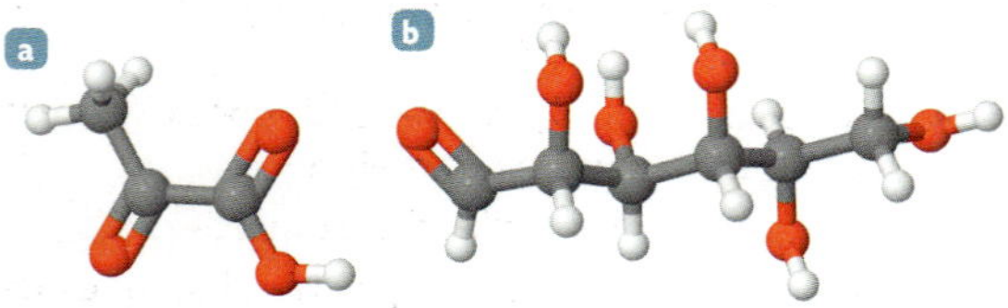

> Modèles de l'acide pyruvique (a) et du glucose (b).

• Établir les formules semi-développées des deux molécules à partir de leurs modèles moléculaires.

12 Identifier des isomères

■ Restituer ses connaissances ; utiliser un modèle.

1. Qu'appelle-t-on des espèces isomères ?

2. Parmi les molécules dont les modèles sont représentés ci-dessous, quelles sont celles d'espèces d'isomères ?

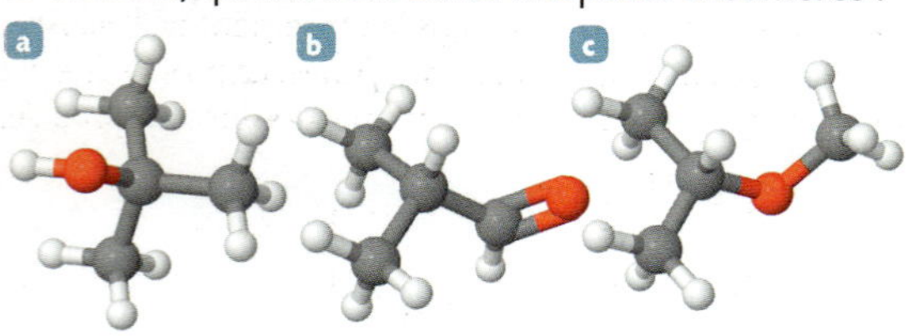

13 Représenter des isomères

■ Proposer un modèle.

La xylidine est le nom commun à six espèces isomères. Les formules semi-développées de deux de ces isomères sont représentées ci-dessous :

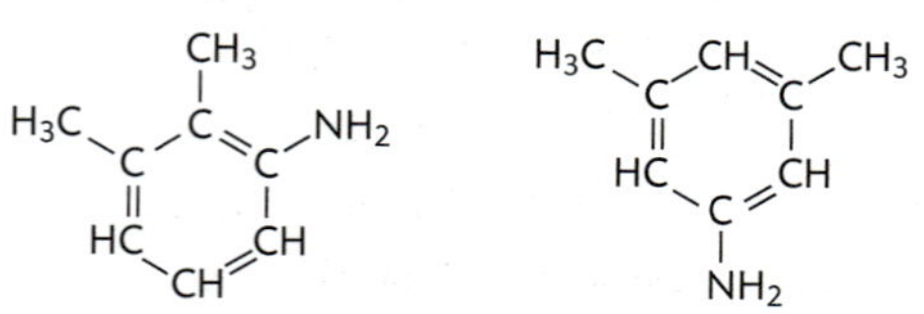

1. Justifier que ces molécules sont celles d'espèces isomères.

2. Représenter la formule semi-développée d'un autre isomère qui ne diffère que par la position des groupes méthyle $-CH_3$ et du groupe amine $-NH_2$.

Reconnaître la présence de groupes caractéristiques

14 Repérer des groupes caractéristiques

■ Utiliser un modèle.

Le dosage urinaire d'hydroxyproline permet de diagnostiquer certaines maladies osseuses.

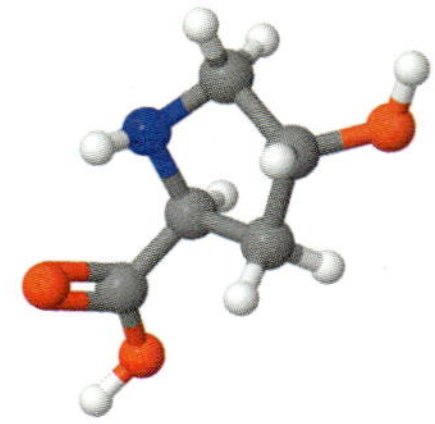

• Écrire la formule développée de la molécule à partir de son modèle et entourer les groupes caractéristiques présents.

15 Nommer des groupes caractéristiques

■ Mobiliser et organiser ses connaissances ; utiliser un modèle.

Le méthotrexate est préconisé dans le traitement de la polyarthrite rhumatoïde.

• Nommer les groupes caractéristiques repérés dans sa formule semi-développée représentée ci-dessous :

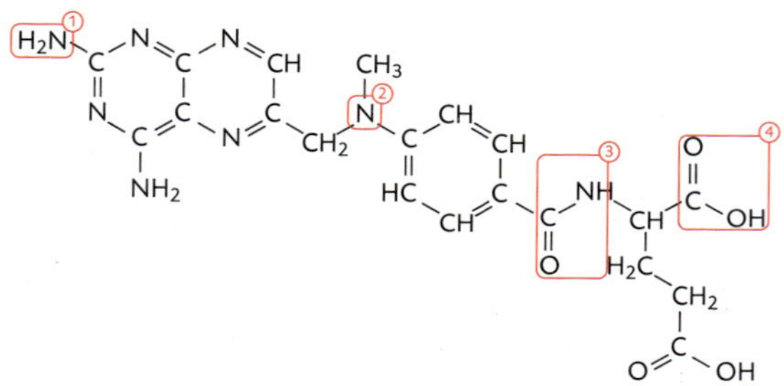

Pour s'entraîner

16 Les principes actifs du Synthol®

■ Utiliser un modèle.

L'acide salicylique, le résorcinol et le vératrole entrent dans la composition du médicament Synthol®.

1. La molécule d'acide salicylique contient un groupe carboxyle et le résorcinol possède deux groupes hydroxyle. Identifier les formules semi-développées des trois molécules :

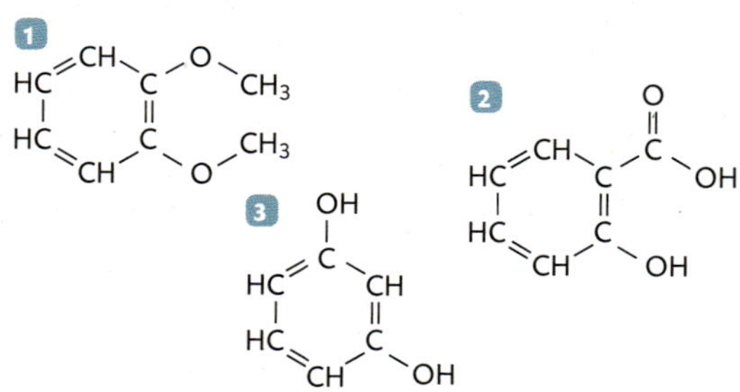

2. a. Recopier les formules semi-développées des trois molécules.

b. Repérer les autres groupes caractéristiques et les nommer.

17 Connaître les critères de réussite

Affection respiratoire

■ Utiliser un modèle ; présenter sous une forme appropriée.

Le gaïacol, extrait du bois de gaïac, est utilisé en médecine pour faciliter la respiration.

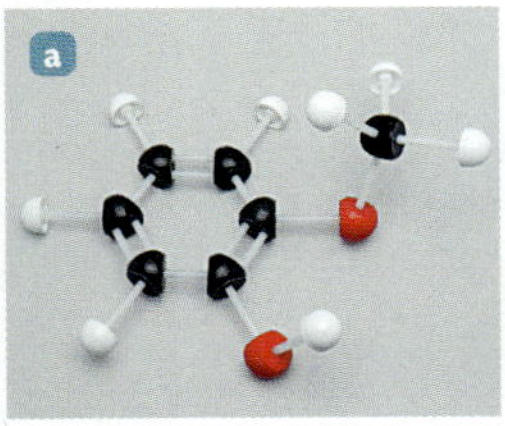

> Modèle moléculaire de la molécule de gaïacol (a).
Le gaïac est un arbre au bois très dur (b).

1. Écrire les formules brute, développée et semi-développée de la molécule de gaïacol.

2. Entourer, puis nommer, les groupes caractéristiques présents dans la molécule.

	Critères de réussite	Barème
1.	Chaque formule écrite est correcte.	1,5 pt
	Chaque formule est nommée.	0,5 pt
2.	Seuls les atomes formant le groupe sont entourés. Les groupes sont nommés correctement.	1 pt
	Le nom donné est relié au groupe.	0,5 pt
	Pour l'ensemble des réponses	
	Les représentations sont soignées (symboles des atomes, indices et tirets de liaison lisibles) et les groupes sont entourés proprement.	0,5 pt
	cours maîtrisé · réponse complète · présentation	**4 pts**

18 À chacun son rythme

Des vertus thérapeutiques différentes

■ Se questionner, reformuler ; utiliser un modèle.

*Commencer par résoudre l'*énoncé compact. *En cas de difficultés, passer à l'*énoncé détaillé.

Le méthylparabène est utilisé dans les médicaments pour son activité antibactérienne et antifongique. Le salicylate de méthyle a des propriétés analgésiques et antipyrétiques. Il est un faible agent antibactérien.

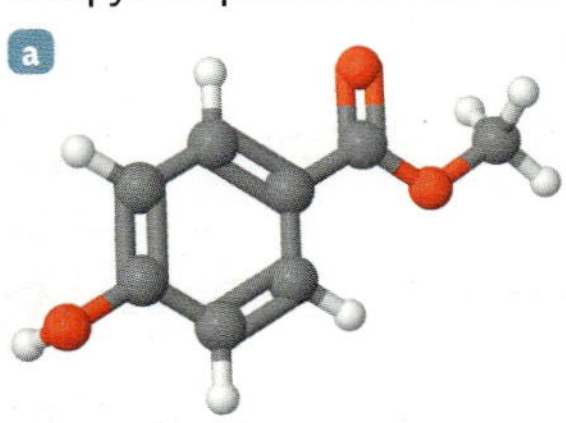
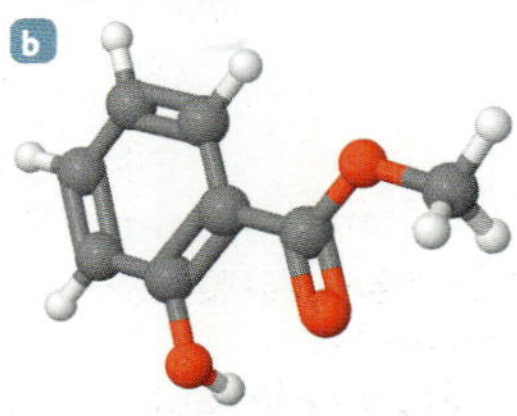

> Modèles du méthylparabène (a) et du salicylate de méthyle (b).

Énoncé compact

1. Ces deux molécules sont-elles celles d'espèces isomères ?

2. Justifier la différence de leurs effets thérapeutiques.

Énoncé détaillé

1. a. Qu'appelle-t-on des espèces isomères ?

b. Les formules semi-développées représentées ci-dessous correspondent-elles bien aux modèles proposés ?

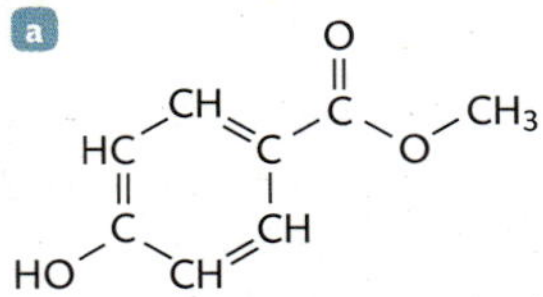
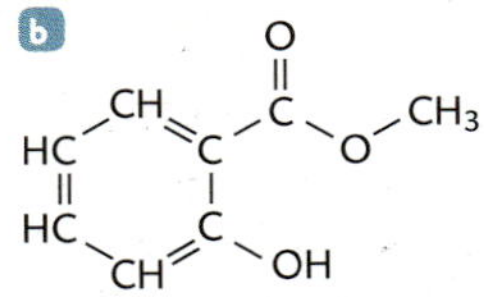

> Formules semi-développées du méthylparabène (a) et du salicylate de méthyle (b).

c. À partir de ces formules semi-développées, écrire la formule brute de chacune des molécules.

d. Les deux espèces sont-elles des isomères ?

2. **a.** Que peut-on dire des propriétés chimiques de deux espèces isomères ?

b. Justifier la différence de leurs effets thérapeutiques.

19 Des molécules aux propriétés différentes

■ Extraire et exploiter des informations ; utiliser un modèle ; proposer une hypothèse.

Lors du développement de médicaments, des molécules ayant une structure chimique proche d'un principe actif connu, dites analogues, sont créées et testées afin d'étudier une éventuelle activité thérapeutique similaire. La prométhazine, utilisée dans le traitement de l'allergie, possède également une action sédative. La promazine est prescrite comme tranquillisant dans les cas de schizophrénie.

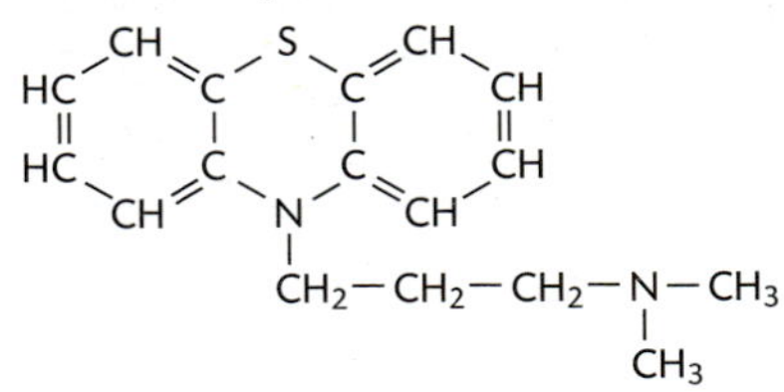

> Formule semi-développée de la prométhazine.

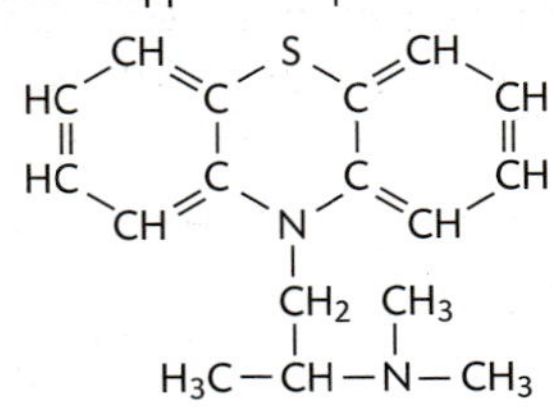

> Formule semi-développée de la promazine.

1. a. Pourquoi ces deux molécules sont-elles des analogues ?

b. Ont-elles une propriété thérapeutique commune ?

2. a. Ces deux molécules sont-elles celles d'espèces isomères ? Justifier la réponse.

b. Pourquoi n'ont-elles pas des effets thérapeutiques strictement identiques ?

20 Histoire des sciences

La naissance d'un médicament

■ Extraire et exploiter des informations ; utiliser un modèle ; interpréter des observations.

En 1942, une équipe médicale de Montpellier remarque qu'un sulfamide antibactérien entraîne des hypoglycémies graves chez les patients.
En 1956, deux sulfamides hypoglycémiants sont mis sur le marché : le tolbutamide et le carbutamide. Leur mécanisme d'action en tant qu'antidiabétique ne sera déterminé que dans les années 1980.

Extrait de *Petite histoire des médicaments de l'Antiquité à nos jours*, Y. LANDRY, © Éditions Dunod, 2011.

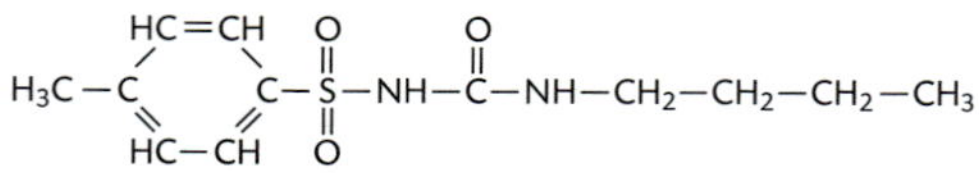

> Le tolbutamide est un médicament antidiabétique sans activité antibactérienne.

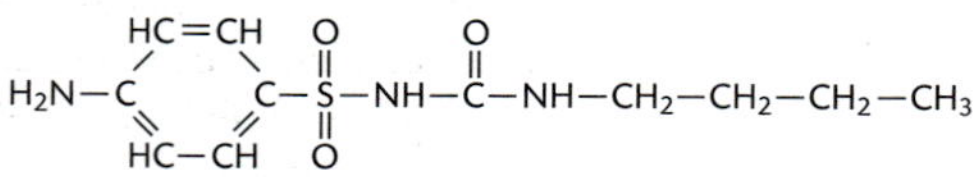

> Le carbutamide est un agent antibactérien avec un effet secondaire antidiabétique.

1. Comment les chimistes ont-ils mis au point ces antidiabétiques ?

2. a. Recopier les formules semi-développées. Entourer et nommer le groupe caractéristique du carbutamide que l'on ne retrouve pas dans le tolbutamide.
b. Ce groupe caractéristique participe-t-il à l'activité antibactérienne du carbutamide ?
c. Quel est l'effet thérapeutique commun aux deux molécules ?
d. Quelle est la partie de la molécule responsable de cette activité ?

21 Un médicament issu de l'aspirine

■ Mobiliser et organiser ses connaissances ; proposer et utiliser un modèle.

Le salbutamol est un bronchodilatateur utilisé lors des crises d'asthme. Il peut être synthétisé à partir de l'aspirine.

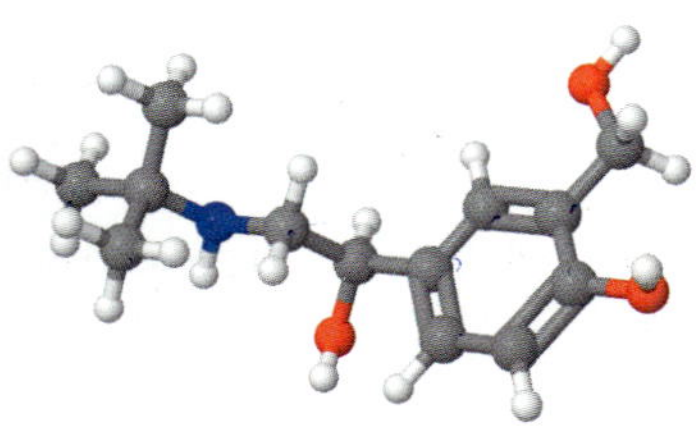

> Modèle du salbutamol.

1. Écrire les formules brute et semi-développée de la molécule de salbutamol dont le modèle est reproduit ci-contre.

2. Repérer et nommer ses groupes caractéristiques.

3. Lors de la première étape de la synthèse à partir de l'aspirine, il se forme un produit A :

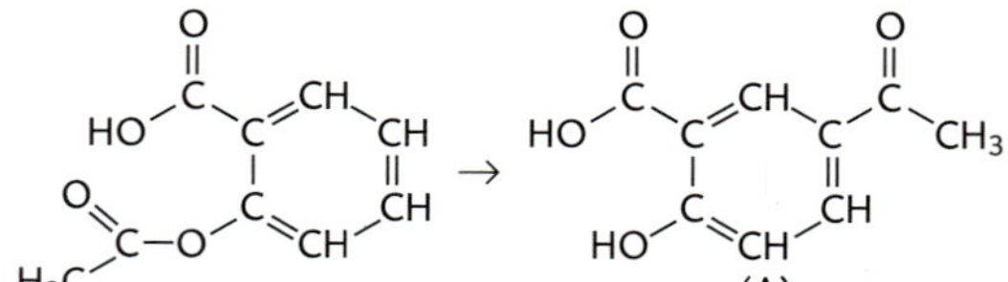

(A)

a. Montrer que l'espèce A est un isomère de l'aspirine.
b. Recopier les formules, puis repérer et nommer les groupes caractéristiques qui diffèrent entre l'aspirine et le produit A.

22 Superman Returns

■ Extraire et exploiter des informations ; utiliser un modèle.

Jason White, the son of Lois Lane and Superman, suffers from asthma. He uses clenbuterol, a bronchodilator, to make breathing easier. **Clenbuterol has some structural and pharmacological similarities to epinephrine**, also known as adrenaline. Adrenaline is a hormone used historically for bronchospasm.

> Molecular model of clenbuterol.

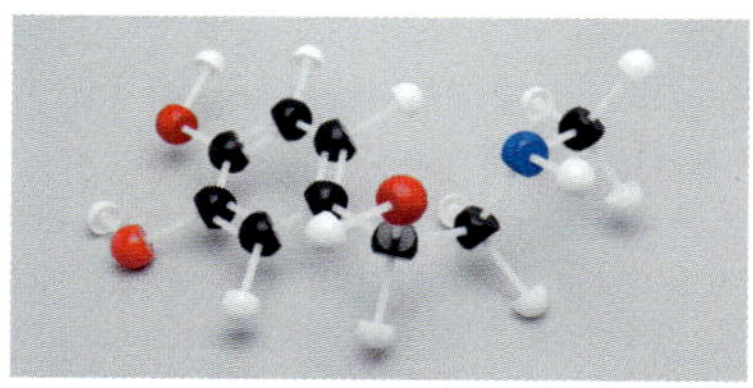

> Molecular model of epinephrine.

Vocabulaire : *to breathe* : respirer.

1. À partir des modèles moléculaires représentés ci-dessus, écrire les formules semi-développées des deux molécules. Repérer et nommer les groupes caractéristiques.

2. Commenter la phrase en gras dans le texte.

23 Rédiger une réponse argumentée

- Extraire et exploiter des informations ; rédiger une réponse argumentée.

Doc. 1

Une molécule « tête de série » est choisie pour son activité thérapeutique. Sa structure peut être modifiée pour mettre au point un médicament plus efficace. « La synthèse permet d'obtenir rapidement toute une série d'analogues dont la structure n'est que légèrement modifiée par rapport au composé tête de série. »

Extrait de *Chimie pharmaceutique*, L. PATRICK GRAHAM, © Éditions De Boeck, 2002.

Doc. 2

Le Prontosil® est le premier médicament antibactérien mis au point en 1935. Il contient de la sulfamidochrysoïdine. Plus tard, des chercheurs précisent le pôle actif du Prontosil® et ouvrent la voie à la sulfamidothérapie. En 1937, un analogue au Prontosil® est mis au point : le Septoplix®. Il contient du sulfanilamide, aux effets thérapeutiques similaires. Par la suite, des antibiotiques analogues au Septoplix® sont commercialisés, comme la sulfadiazine.

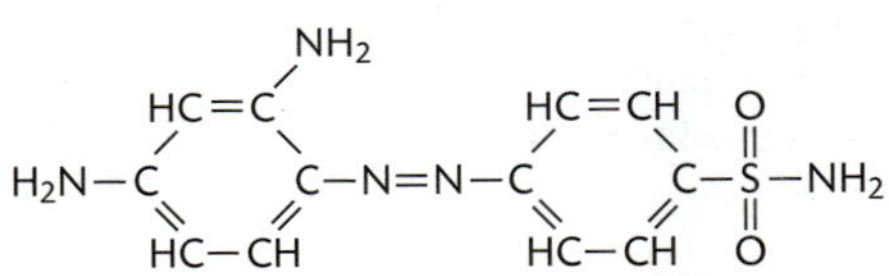

> Formule semi-développée de la sulfamidochrysoïdine (Prontosil®).

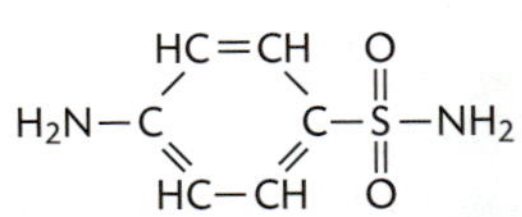

> Formule semi-développée du sulfanilamide (Septoplix®).

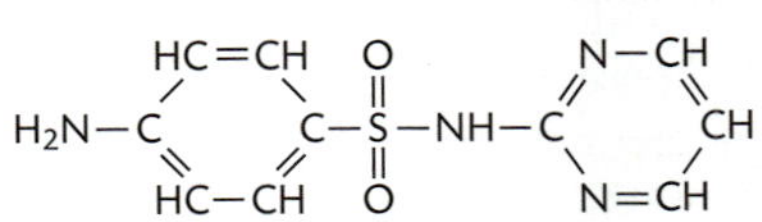

> Formule semi-développée de la sulfadiazine.

- En s'appuyant sur les réponses aux questions **1** à **5**, rédiger une réponse argumentée de 10 lignes expliquant comment la modification de la structure d'une molécule « tête de série » permet de concevoir des médicaments plus efficaces.

1. a. Donner la définition d'une molécule « tête de série ».

b. Expliquer comment les chimistes améliorent l'efficacité d'un médicament.

c. Qu'est-ce qu'une molécule « analogue » ?

2. Quel est l'effet thérapeutique commun aux molécules citées dans le **doc. 2** ?

3. Repérer la partie commune aux molécules de sulfamidochrysoïdine et de sulfanilamide.

4. Expliquer pourquoi l'activité thérapeutique n'est souvent due qu'à une partie de la molécule.

5. Pourquoi la sulfadiazine est-elle « analogue » du sulfanilamide ?

→ Fiche **Rédaction d'une réponse argumentée**, p. 320.

Pour aller plus loin

24 Résolution de problème

Efficacité d'un médicament

- Construire les étapes d'une résolution de problème.

Doc. 1

Deux critères conditionnent le passage du médicament dans le sang : l'hydrophilie* (la molécule se solubilise dans l'eau et suit l'eau dans l'organisme jusqu'à son élimination) et la lipophilie** (la molécule peut franchir librement une membrane cellulaire).
La longueur de la chaîne carbonée d'une molécule influe sur l'efficacité du médicament. Plus le nombre d'atomes de carbone est grand, plus le caractère lipophile augmente et plus la molécule pénètre les membranes cellulaires. Toutefois, le caractère hydrophile décroît quand la lipophilie augmente : la solubilité de la molécule diminue dans les milieux aqueux.

* Affinité pour l'eau. ** Affinité pour les corps gras.

Doc. 2

Les alkylrésorcinols constituent une famille de molécules dérivées du résorcinol et comportent une longue chaîne carbonée. Certaines molécules ont une activité antibiotique.

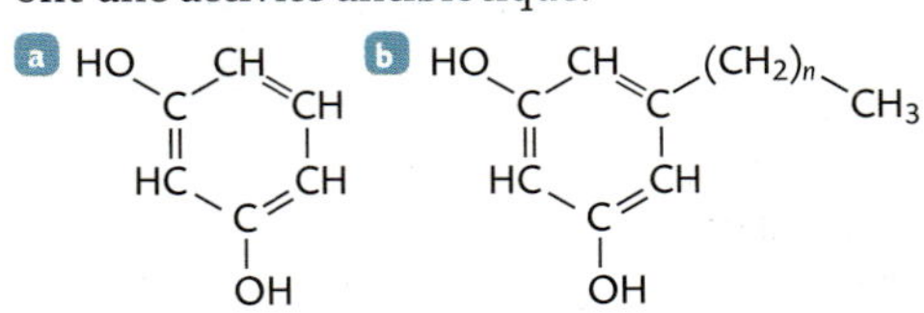

> Formule semi-développée de la molécule de résorcinol (**a**) ; formule semi-développée d'un alkylrésorcinol (**b**).

- Un chimiste doit développer un antibiotique de la famille des alkylrésorcinols. À quel paramètre doit-il s'intéresser pour contrôler l'efficacité du médicament et comment doit-il le fixer ?

→ **Pistes de résolution**, p. 334.

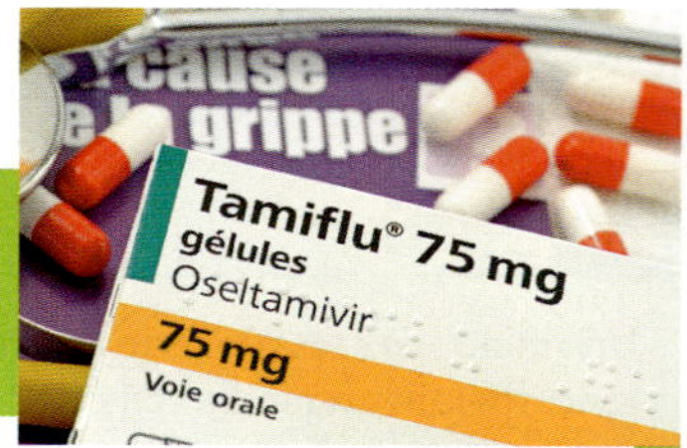

Retour sur l'ouverture du chapitre 8

Comment modéliser une molécule pour en étudier la structure ?

25 Une traque haut débit

■ Extraire et exploiter des informations ; mobiliser et organiser ses connaissances ; utiliser un modèle ; rédiger une explication.

Doc. 1

Un médicament est une molécule qui agit au niveau d'une cellule vivante en se fixant sur une cible biologique. [...]
C'est la forme de la molécule et la position de ses groupements d'atomes dans l'espace qui déterminent la possibilité d'avoir une interaction entre le médicament et sa cible dans l'organisme.

Extrait de « Chimie et biologie, un mariage particulièrement fécond », *La chimie et la santé au service de l'homme*, © Éditions EDP Sciences.

Doc. 2

Aujourd'hui, pour mettre au point un médicament, la technique de référence est le criblage à haut débit. Il consiste à repérer, parmi des milliers de molécules référencées, celle qui est la plus apte à répondre au problème traité. Totalement robotisées, des plates-formes de criblage permettent de tester l'effet d'une molécule sur une cible biologique au rythme de... une molécule par seconde ! La molécule potentiellement active ainsi repérée constitue une « tête de série ». L'étape qui suit vise à optimiser cette tête de série en molécule active innovante : on modifie sa structure chimique et on teste ces modifications sur son interaction avec le site actif de la protéine cible. Ces essais sont réalisés par ordinateur. Le zanamivir et l'oseltamivir, deux antigrippaux, ont été mis au point selon cette méthode.

Extrait de « Les substances actives sont traquées avec des méthodes haut débit », S. Furois, article publié en novembre 2006 dans *Sciences Ouest*, n° 237.

Doc. 3

a

b

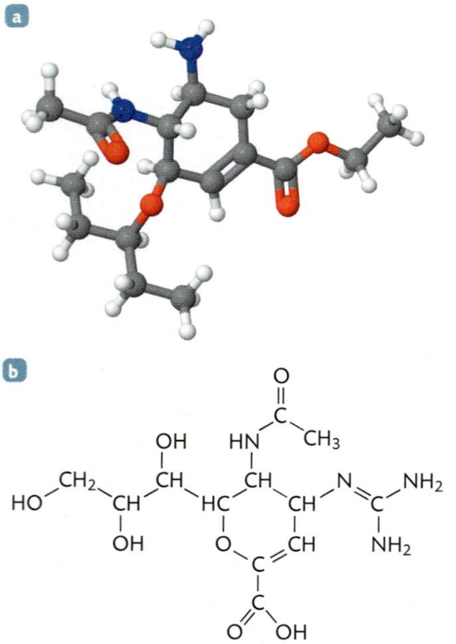

> Modèle de la molécule d'oseltamivir (Tamiflu®) (a). Formule semi-développée de la molécule de zanamivir (Relenza®) (b).

1. a. Écrire la formule semi-développée de la molécule d'oseltamivir et recopier celle de zanamivir (**doc. 3**).
b. Entourer et nommer tous les groupes caractéristiques identifiables dans ces molécules.

2. Ces deux espèces sont-elles isomères ?

3. Pourquoi la détermination de la structure d'une molécule est-elle un objectif des pharmaco-chimistes ?

4. Citer une cible biologique avec laquelle interagit un médicament (**doc. 2**).

5. a. Pourquoi les essais se font-ils par la méthode de criblage ?
b. Quelles sont les étapes mises en œuvre dans la technique de criblage pour mettre au point un médicament ?

6. Qu'appelle-t-on molécule « tête de série » ?

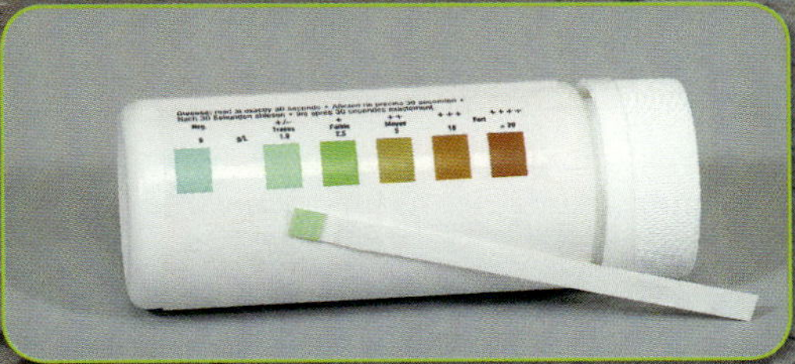

SANTÉ

Chapitre

9

De l'analyse médicale au contrôle qualité : une affaire de solutions

Comment déterminer la concentration massique d'une espèce chimique en solution ?

→ Exercice 40, p. 150.

> Le diabète est une maladie liée à une concentration en glucose élevée dans le sang et dans les urines. Pour mesurer cette concentration, les personnes diabétiques peuvent utiliser des bandelettes de test.

Compétences

- Savoir qu'une solution peut contenir des molécules ou des ions. → Activité 1
- Extraire et exploiter des informations concernant la nature des espèces chimiques citées dans des contextes variés. → Activité 1
- Savoir que la concentration d'une solution en espèce dissoute peut s'exprimer en $g \cdot L^{-1}$. → Activités 1 et 2
- Connaître et exploiter l'expression de la concentration massique d'une espèce moléculaire ou ionique dissoute. → Activité 2
- *Élaborer ou mettre en œuvre un protocole de dissolution, de dilution.* → Activités 2 et 3
- *Pratiquer une démarche expérimentale pour déterminer la concentration d'une espèce (échelle de teintes, méthode par comparaison).* → Activité 3
- Déterminer la masse d'un échantillon à partir de sa densité, de sa masse volumique. → Activité 4

Activité documentaire

À la maison

1 Résultats d'un bilan sanguin

Le sang apporte aux cellules les espèces chimiques dont elles ont besoin et évacue les déchets qu'elles produisent.

▶ **Quelles informations trouve-t-on dans un bilan sanguin ?**

Compétences

- Savoir qu'une solution peut contenir des molécules ou des ions.
- Extraire et exploiter des informations concernant la nature des espèces chimiques citées dans des contextes variés.
- Savoir que la concentration d'une solution en espèce dissoute peut s'exprimer en $g \cdot L^{-1}$.

Doc. 1 Les constituants du sang

Le sang est composé de **cellules** (globules rouges, globules blancs, plaquettes) baignant dans une solution aqueuse, le **plasma sanguin**.

Le plasma sanguin est composé à 92 % d'eau dans laquelle sont dissoutes des espèces chimiques : des molécules (glucose, lipides, protéines, vitamines, hormones, etc.) et des ions (Na^+, K^+, Ca^{2+}, HCO_3^-, Cl^-, etc.).

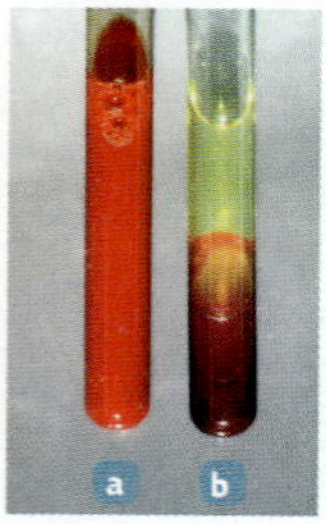

> Sang prélevé (a) ; séparation des constituants du sang : en bas les cellules du sang et en haut le plasma sanguin (b).

Doc. 2 Exemple de résultats d'un bilan sanguin

Un extrait du bilan sanguin réalisé sur une jeune femme montre les résultats suivants :

- Hémoglobine................ 14,6 g/dL
- Glycémie........................ 1,22 g/L
- Calcium .... 94 mg/L

Doc. 3 Bilan sanguin

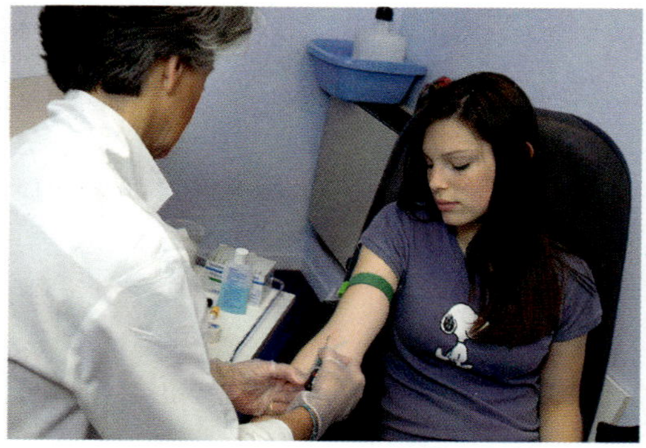

Un bilan sanguin permet de déterminer la concentration du sang en divers composés : hormones, globules rouges et blancs, sels minéraux, plaquettes, etc. Il permet le diagnostic ou le suivi de certaines maladies, par comparaison des mesures avec des valeurs de référence, pour chacun des composés étudiés. Par exemple :

– pour l'hémoglobine : 120 à 170 g/L ;
– pour la glycémie : 0,75 à 1,10 g/L ;
– pour le calcium : 0,084 à 0,102 g/L.

Analyse et synthèse

Compétences travaillées

1. Le sang est-il un corps pur ou un mélange (**doc. 1**) ? Justifier.
2. Pourquoi peut-on dire que le plasma sanguin est une solution aqueuse (**doc. 1**) ?
3. Quels sont les deux types de solutés dissous dans le plasma sanguin ? Citer quelques exemples de chacun d'eux (**doc. 1**).

S'approprier ; analyser • Extraire et exploiter des informations.
Communiquer • Rendre compte à l'écrit.

4. a. Pourquoi un médecin prescrit-il un bilan sanguin (**doc. 2** et **3**) ?
b. Que signifie l'indication 94 mg/L, relative au calcium (**doc. 2**) ?
c. La patiente du **doc. 2** a-t-elle un problème de santé (**doc. 2** et **3**) ?

S'approprier • Se questionner.
Analyser • Exploiter des résultats ; proposer une hypothèse.

Un pas vers le cours

→ Fiche Analyse dimensionnelle, p. 326.

5. À l'aide des unités des valeurs de référence (**doc. 3**), indiquer l'expression qui définit la concentration massique t d'une espèce chimique de masse m dissoute dans une solution de volume $V_{solution}$:

1. $t = m \times V_{solution}$ 2. $t = \dfrac{V_{solution}}{m}$ 3. $t = \dfrac{m}{V_{solution}}$

Réaliser • Effectuer une analyse dimensionnelle.

Activité expérimentale

Activité

2 Préparation de solutions

Les solutions aqueuses de glucose sont souvent utilisées en perfusion.

► **Comment préparer une solution de glucose de concentration massique donnée ?**

Compétences

- Exploiter l'expression de la concentration massique d'une espèce moléculaire ou ionique dissoute.
- Savoir que la concentration d'une solution en espèce dissoute peut s'exprimer en $g \cdot L^{-1}$.
- *Élaborer ou mettre en œuvre un protocole de dissolution, de dilution.*

Doc. 1 Solution de glucose pour perfusion

L'étiquette d'une solution de glucose pour perfusion indique :

Glucose 10 %
Volume .... 500 mL.
Pour 100 mL de solution injectable :
– masse de glucose anhydre : 10,0 g ;
– eau pour préparation injectable : qsp* 100 mL.

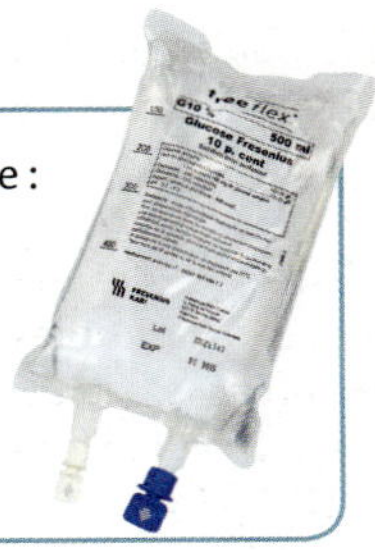

* qsp = quantité suffisante pour.

Doc. 2 Concentration massique

Si $m(\text{E})$ est la masse d'une espèce chimique E dissoute dans une solution de volume V_{solution}, alors la concentration massique, notée $t(\text{E})$, de cette espèce dans la solution s'écrit :

$$t(\text{E}) = \frac{m(\text{E})}{V_{\text{solution}}}$$

t en $g \cdot L^{-1}$; m en g ; V en L

Matériel et produits disponibles

- Du glucose anhydre en poudre.
- Deux fioles jaugées de 50,0 mL avec bouchons.
- Une pipette jaugée de 10,0 mL avec pipeteur.
- Une capsule de pesée.
- Un entonnoir à solide.
- Une spatule métallique.
- Une pipette Pasteur.
- Une balance électronique à 0,01 g.
- De l'eau distillée.
- Deux béchers de 50 mL.

Les protocoles à suivre pour réaliser une dissolution et une dilution sont présentés sur la fiche Préparation d'une solution, p. 331.

Pratique expérimentale

Compétences travaillées

1. Rédiger un protocole expérimental permettant, avec le matériel et les produits disponibles, de préparer un volume $V_1 = 50{,}0$ mL de la solution de glucose, notée S_1, dont l'étiquette est donnée au **doc. 1**.
   - Après accord du professeur, mettre en œuvre ce protocole.

   Analyser • Élaborer un protocole. *Réaliser* • Mettre en œuvre un protocole.

2. Calculer la concentration massique t_1 (**doc. 2**) de la solution S_1 préparée.

   Réaliser • Effectuer des calculs numériques.

3. Rédiger un protocole expérimental permettant, à partir de la solution S_1 et avec le matériel et les produits disponibles, de préparer un volume $V_2 = 50{,}0$ mL d'une solution S_2 de glucose de concentration massique $t_2 = 20\ g \cdot L^{-1}$.
   - Après accord du professeur, mettre en œuvre ce protocole.

   Analyser • Élaborer un protocole. *Réaliser* • Effectuer des calculs numériques. *Réaliser* • Mettre en œuvre un protocole.

4. Quelles sont les sources d'erreur, liées à la préparation des deux solutions, qui peuvent avoir une incidence sur la valeur des concentrations des solutions préparées (voir fiche Précision d'une mesure, p. 324) ?

   Valider • Rechercher les sources d'erreurs.

Un pas vers le cours

5. Vérifier, par le calcul, que la masse de glucose prélevé dans la solution S_1 est égale à la masse de glucose présent dans la solution S_2.

   Analyser • Exploiter des résultats. *Réaliser* • Effectuer des calculs numériques.

Activité expérimentale

Compétences

- Élaborer et mettre en œuvre un protocole de dilution.
- Pratiquer une démarche expérimentale pour déterminer la concentration d'une espèce (échelle de teintes, méthode par comparaison).

3 Une histoire de concentration

▶ **Comment évaluer la concentration massique d'une solution ?**

Les solutions de permanganate de potassium sont utilisées pour soigner les érythèmes (irritations de la peau). Un préparateur en pharmacie a préparé 1,00 L d'une solution aqueuse S de permanganate de potassium en ne versant qu'une partie d'un sachet contenant 0,25 g de permanganate de potassium. À l'aide des documents suivants, on veut évaluer la concentration massique de la solution et vérifier ainsi qu'elle est utilisable pour soigner un érythème.

Doc. 1 Permanganate de potassium

Le permanganate de potassium est un solide de formule brute $KMnO_4$. Dissous dans l'eau, il donne des solutions aqueuses dont la couleur violette est due à la présence de l'ion permanganate MnO_4^- (aq).
En pharmacie, le permanganate de potassium est vendu en sachet de 0,25 g.
Pour soigner les érythèmes, il est recommandé d'utiliser des solutions de concentration voisine de 0,10 g·L^{-1} en permanganate de potassium.

Doc. 2 Échelle de teintes

Une échelle de teintes est un ensemble de solutions de concentrations différentes et connues d'une même espèce chimique colorée.
Pour comparer les teintes des différentes solutions, celles-ci sont versées dans des contenants identiques, généralement des tubes à essais. Dans ces conditions, deux solutions contenant une même espèce chimique colorée à la même concentration ont la même teinte.
Une échelle de teintes est souvent préparée par dilutions successives d'une solution mère de concentration connue.

› Échelle de teintes en permanganate de potassium.

Doc. 3 Dilution pour préparer une échelle de teintes

Solution mère S_m à diluer
Concentration massique connue : t_m
Volume de solution mère à prélever : V_m

Solution fille S_f à préparer
Concentration massique souhaitée : $t_f < t_m$
Volume de la solution fille préparée : $V_f > V_m$

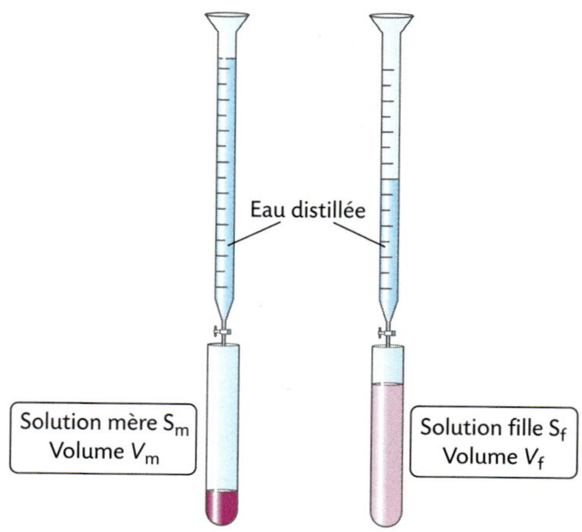

Doc. 4 Facteur de dilution *F*

Le facteur de dilution *F* est défini par :

$$F = \frac{t_m}{t_f} \quad \text{ou} \quad F = \frac{V_f}{V_m} \quad \text{avec } F > 1.$$

Ainsi, si $\boldsymbol{F = 2}$, $t_f = \frac{t_m}{2}$ et $V_f = 2 \times V_m$.

La solution mère est **diluée 2 fois**.

Matériel et produits disponibles

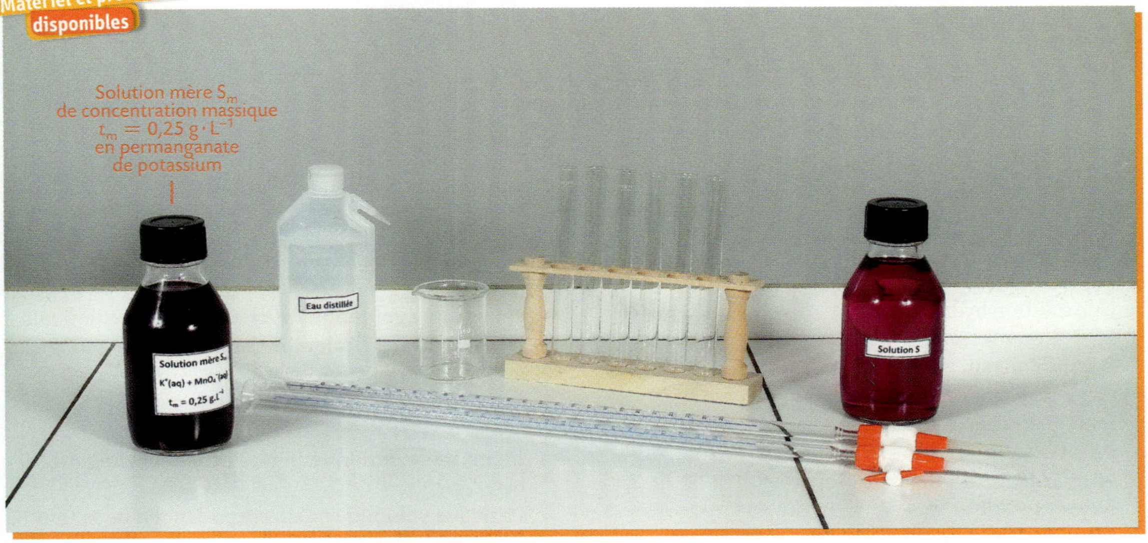

Analyse des documents

À la maison

1 a. À partir du **doc. 3**, expliquer ce qu'est une dilution.
b. Montrer que le facteur de dilution est toujours supérieur à 1 (**doc. 4**).

2 Reproduire ce tableau, puis le compléter à l'aide des documents :

Solution fille	S_{f1}	S_{f2}	S_{f3}	S_{f4}	S_{f5}
Volume V_m (mL)	1,0	2,0	4,0	6,0	8,0
Volume V_{eau} (mL)					
Volume V_f (mL)	10,0	10,0	10,0	10,0	10,0
Facteur de dilution F					
Concentration massique t_F (g·L^{-1})					

Compétences travaillées

Analyser • Exploiter des informations.

Communiquer • Rendre compte à l'écrit.

Réaliser • Construire un tableau ; effectuer des calculs numériques.

Pratique expérimentale

- Faire vérifier le tableau par le professeur, puis, après son accord, préparer l'échelle de teintes avec le matériel et les produits disponibles.

3 Proposer une méthode permettant, à l'aide de l'échelle de teintes précédente, d'estimer la valeur, ou de déterminer un encadrement, de la concentration massique t_S en permanganate de potassium de la solution S.

4 La solution peut-elle être utilisée pour soigner les érythèmes ?

5 Comment pourrait-on améliorer la précision de la méthode ?

Réaliser • Mettre en œuvre un protocole.

Analyser • Élaborer un protocole ; évaluer un ordre de grandeur.

Valider • Interpréter des observations.

Valider • Interpréter des résultats ; faire des propositions pour améliorer la démarche.

Un pas vers le cours

6 Rédiger une synthèse décrivant la méthode utilisée pour estimer la valeur, ou déterminer un encadrement, de la concentration massique d'une espèce chimique colorée en solution.

Communiquer • Rédiger une synthèse.

Activité expérimentale

4 Préparation d'une solution hydroalcoolique

Pour limiter la prolifération des germes pathogènes, il est parfois nécessaire de se désinfecter les mains avec une solution hydroalcoolique.

► **Comment préparer une telle solution ?**

Compétence

- Déterminer la masse d'un échantillon à partir de sa densité, de sa masse volumique.

Doc. 1 Solution hydroalcoolique

Une solution hydroalcoolique à 70 % en masse de propan-2-ol (un alcool) est obtenue en mélangeant cet alcool à de l'eau. Pour préparer 50,0 mL de cette solution, il faut prélever 35,0 mL de propan-2-ol.

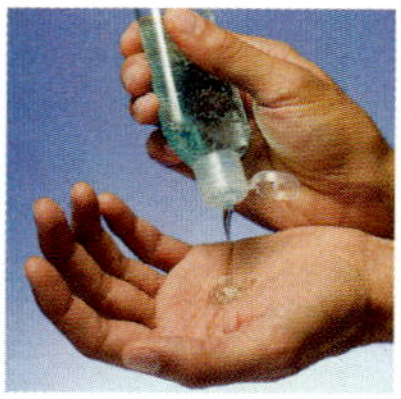

Matériel et produits disponibles

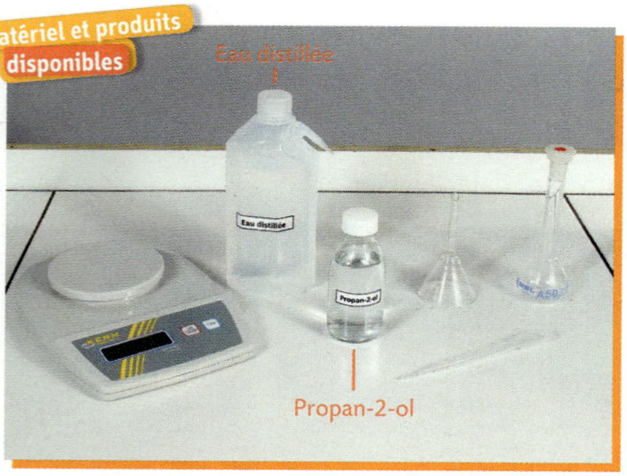

Données

- $1{,}0\ \text{mL} = 1{,}0 \times 10^{-3}\ \text{L}$
- À 20 °C, $\rho(\text{eau}) = 1{,}00\ \text{g·mL}^{-1} = 1{,}00 \times 10^{3}\ \text{g·L}^{-1}$

Doc. 2 Masse volumique et densité

- La **masse volumique** ρ**(E)** d'une espèce chimique E est égale au quotient de sa masse $m(\text{E})$ par son volume $V(\text{E})$:

$$\rho(\text{E}) = \frac{m(\text{E})}{V(\text{E})}$$

La masse volumique peut s'exprimer en g·mL^{-1} ou en g·L^{-1}.
La masse volumique d'un corps dépend de sa température.

- La **densité** d**(E)** d'une espèce chimique E est égale au quotient de sa masse volumique notée $\rho(\text{E})$ par la masse volumique de l'eau notée $\rho(\text{eau})$ toutes deux mesurées à la même température :

$$d(\text{E}) = \frac{\rho(\text{E})}{\rho(\text{eau})}$$ Même unité

La densité n'a pas d'unité.

Doc. 3 Étiquette d'un flacon de propan-2-ol

Propan-2-ol
Densité : 0,785

Investigation

► **Préparer 50,0 mL de solution hydroalcoolique.**

En cas de difficultés, des solutions partielles sont disponibles en fin de manuel (p. 334).

Compétences travaillées

S'approprier ; analyser ; réaliser ; valider ; être autonome et faire preuve d'initiative

Un pas vers le cours

Rédiger une synthèse présentant la différence entre la masse volumique d'une espèce chimique et sa concentration massique en solution.

Communiquer • Rendre compte à l'écrit.

1 Qu'est-ce qu'une solution ?

A. Corps pur ou mélange

Un **corps pur** est constitué d'**une seule espèce chimique**, représentée par sa formule chimique.
Un **mélange** est constitué de **plusieurs espèces chimiques**.

Exemple : Le sang est un mélange qui contient plusieurs espèces chimiques, dont le glucose, de formule $C_6H_{12}O_6$, et l'urée, de formule CH_4N_2O (**activité 1**).

- Un mélange peut être homogène ou hétérogène.
Il est homogène si l'on ne peut pas distinguer ses différents constituants à l'œil nu.

Doc. 1

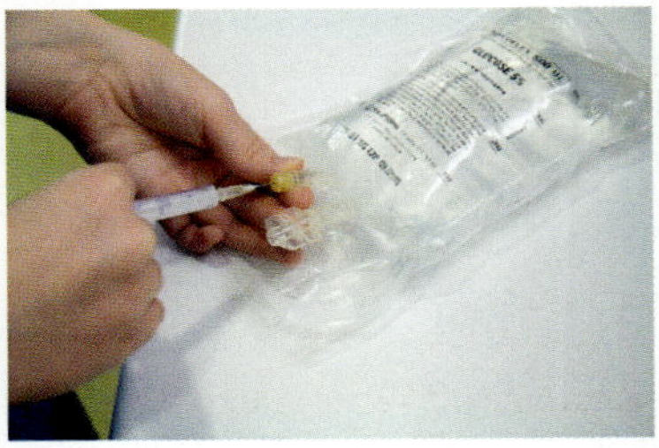

> Poche pour perfusion contenant une solution aqueuse de glucose.

B. Solution, soluté et solvant

- Une solution est un cas particulier de mélange homogène.

Une **solution** est obtenue par dissolution d'une espèce chimique dans un **solvant**. L'espèce chimique dissoute est appelée **soluté**.

- Lorsque le solvant est l'**eau**, la solution est appelée **solution aqueuse**. L'eau constitue alors l'espèce majoritaire de la solution.
Les solutions de glucose et le sérum physiologique sont des solutions aqueuses utilisées en médecine (**doc. 1** et **2**).

Doc. 2

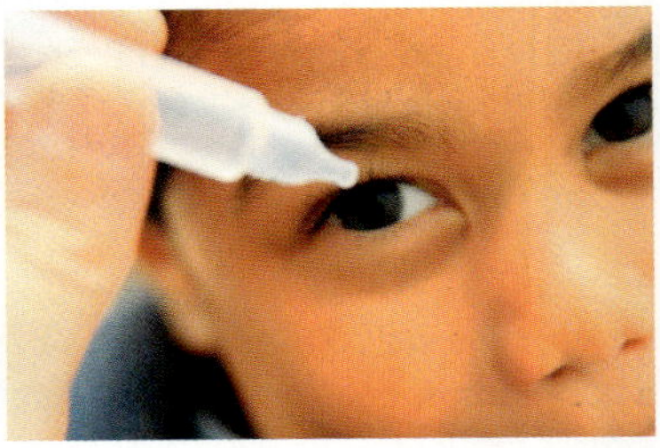

> Le sérum physiologique est une solution aqueuse de chlorure de sodium que l'on peut utiliser pour se nettoyer les yeux.

C. Des molécules ou des ions en solution

- Le glucose est une espèce chimique dont la molécule a pour formule brute $C_6H_{12}O_6$. La dissolution du glucose dans l'eau donne une solution aqueuse dont le soluté est le glucose, noté $C_6H_{12}O_6(aq)$ (**activité 2**).

- Le chlorure de sodium est une espèce chimique de formule brute NaCl. Il est constitué d'ions sodium Na^+ et d'ions chlorure Cl^-. Lorsqu'il est dissous dans l'eau, les ions sont dispersés dans la solution aqueuse. Le soluté chlorure de sodium est présent sous la forme d'ions chlorure $Cl^-(aq)$ et d'ions sodium $Na^+(aq)$. Comme l'eau et le soluté sont électriquement neutres, la solution l'est aussi.

- Le plasma sanguin est une solution qui contient des molécules et des ions : du glucose, des lipides, des ions calcium Ca^{2+}, des ions chlorure Cl^-, etc. (**activité 1** et **doc. 3**).

Une solution peut contenir des molécules, des ions ou les deux.

Doc. 3

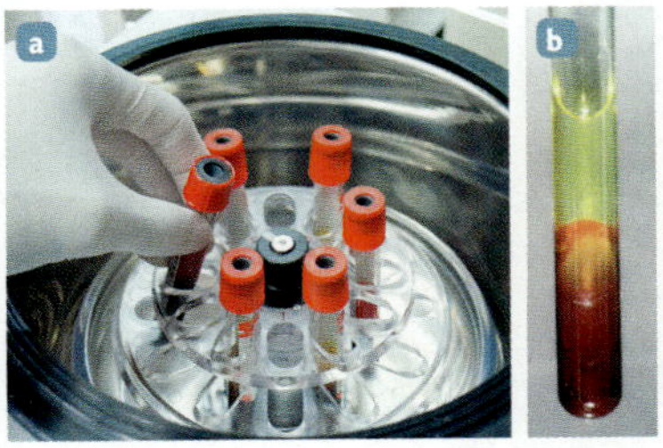

> Le plasma sanguin est une solution aqueuse qui contient des molécules et des ions. On utilise un appareil appelé centrifugeuse (a) pour séparer les cellules du sang et le plasma sanguin (b).

→ Exercices 6 à 9, p. 143.

2 Qu'est-ce que la concentration massique d'une solution ?

Les résultats d'analyses médicales indiquent les concentrations massiques d'espèces chimiques dosées dans le sang (activité 1) ou dans l'urine.

La **concentration massique**, ou **teneur**, $t(\text{E})$ d'une espèce chimique E dissoute en solution est le quotient de la masse $m(\text{E})$ de soluté par le volume V_{solution} de la solution :

$$\mathbf{t(E)} = \frac{\mathbf{m(E)}}{\mathbf{V_{solution}}}$$

t en g·L^{-1} ; m en g ; V en L

Cette relation est valable uniquement dans le cas où le **soluté** est **totalement dissous** dans la solution. La **solution** est alors dite **non saturée** (doc. 4).

Doc. 4

> Solution de diiode non saturée (a) ; solution de diiode saturée (présence de diiode solide) (b).

→ Exercices 10 à 13, p. 143-144.

3 Comment préparer une solution aqueuse ?

Afin d'adapter la posologie d'un médicament, il est parfois nécessaire de réaliser des **dissolutions** ou des **dilutions**.

A. Par dissolution d'un corps pur

Pour préparer une solution aqueuse de volume V_{solution}, à la concentration massique $t(\text{E})$ en une espèce chimique E, il faut prélever puis dissoudre une masse $m(\text{E})$:

$$\mathbf{m(E)} = \mathbf{t(E)} \times \mathbf{V_{solution}}$$

Doc. 5

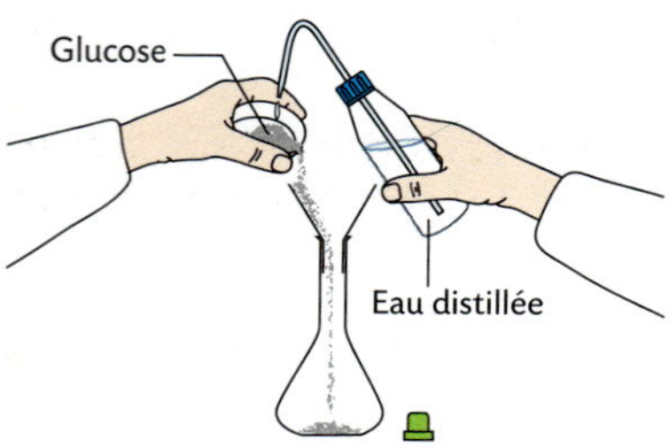

> Préparation d'une solution aqueuse de glucose par dissolution.

• Les solutions de glucose des poches pour perfusion sont préparées par dissolution de glucose **solide** (doc. 5 et activité 2). La fiche **Préparation d'une solution**, p. 331, décrit les différentes étapes à suivre lors de la préparation d'une solution par **dissolution d'un solide**.

• Dans le cas d'un **liquide**, prélever une masse $m(\text{E})$ peut se faire directement avec une balance ou à partir de la mesure du volume correspondant $V(\text{E})$. Pour passer d'une grandeur à l'autre, il est nécessaire d'utiliser la masse volumique $\rho(\text{E})$ de l'espèce chimique E.

La **masse volumique** $\rho(\text{E})$ d'une espèce chimique est le quotient de sa masse $m(\text{E})$ par le volume $V(\text{E})$ qu'elle occupe :

$$\rho(\text{E}) = \frac{\mathbf{m(E)}}{\mathbf{V(E)}}$$

ρ en g·L^{-1} ; m en g ; V en L

La masse volumique dépend de la température.
Dans le système international, la masse s'exprime en kg et le volume s'exprime en m^3. La masse volumique s'exprime donc en kg·m^{-3}.

La concentration massique t d'un soluté dissous en solution et la masse volumique ρ_{sol} d'une solution peuvent s'exprimer dans la même unité, mais elles correspondent à des grandeurs différentes :

$$t = \frac{m(\text{soluté})}{V_{\text{solution}}}$$

$$\rho_{\text{sol}} = \frac{m(\text{solution})}{V_{\text{solution}}}$$

Doc. 6

Espèce chimique	Densité *d*
Acétone (ℓ)	0,78
Éthanol (ℓ)	0,79
Dichlorométhane (ℓ)	1,33
Aluminium (s)	2,70
Cuivre (s)	8,96
Platine (s)	21,45

> Densité de quelques espèces chimiques liquides (ℓ) ou solides (s) à 20 °C.

• Généralement, les étiquettes des flacons des produits chimiques solides ou liquides indiquent leur densité (doc. 6).

La **densité *d*(E)** d'une espèce chimique solide ou liquide est égale au quotient de sa masse volumique ρ(E) par la masse volumique de l'eau ρ(eau) mesurées à la même température :

$$d(\text{E}) = \frac{\rho(\text{E})}{\rho(\text{eau})}$$

Sans unité — Même unité

avec $\rho(\text{eau}) = 1{,}00 \times 10^3\ \text{g·L}^{-1} = 1{,}00\ \text{g·mL}^{-1}$ à 20 °C.

B. Par dilution

Diluer une solution aqueuse consiste à lui ajouter de l'eau pour obtenir une solution **moins concentrée**.

• La solution utilisée pour réaliser la dilution est appelée solution mère. Dans un volume V_m de **solution mère S_m**, de concentration massique t_m en soluté, la masse *m* de soluté dissous est :

$$m = t_m \times V_m$$

• Si on lui ajoute de l'eau, on obtient un volume V_f de **solution fille S_f** de concentration massique t_f. La masse *m* de soluté dissous est :

$$m = t_f \times V_f$$

Au cours d'une dilution, la masse de soluté dans la solution mère prélevée et la masse de soluté dans la solution fille obtenue sont égales :

$$t_m \times V_m = t_f \times V_f$$

Doc. 7

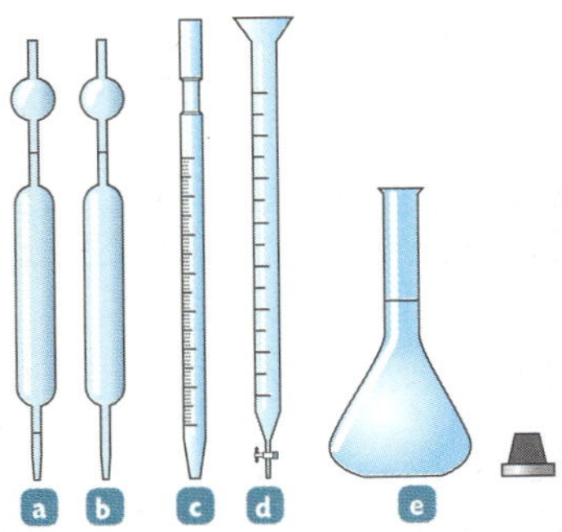

> Verrerie de précision pour la préparation de solution : pipette jaugée à 2 traits de jauge (a) ; pipette jaugée à 1 trait de jauge (b) ; pipette graduée (c) ; burette graduée (d) ; fiole jaugée et bouchon (e).

• Le facteur de dilution *F* est défini par :

$$F = \frac{t_m}{t_f} \quad \text{ou} \quad F = \frac{V_f}{V_m}$$

Comme $t_f < t_m$, le facteur de dilution est toujours supérieur à 1.
Exemple : si une solution mère est diluée 20 fois pour obtenir une solution fille, $F = 20$.

• La préparation de solution de **concentration précise** par dilution ou par dissolution nécessite d'utiliser de la **verrerie de précision** (doc. 7). La fiche **Préparation d'une solution**, p. 331, décrit les différentes étapes de la préparation d'une solution par **dilution**.

• Une **échelle de teintes** est obtenue en préparant plusieurs solutions filles par dilution d'une solution mère de concentration connue en un soluté coloré (doc. 8 et activité 3).
Elle permet de déterminer approximativement la concentration d'une espèce chimique colorée par comparaison des teintes.

Doc. 8

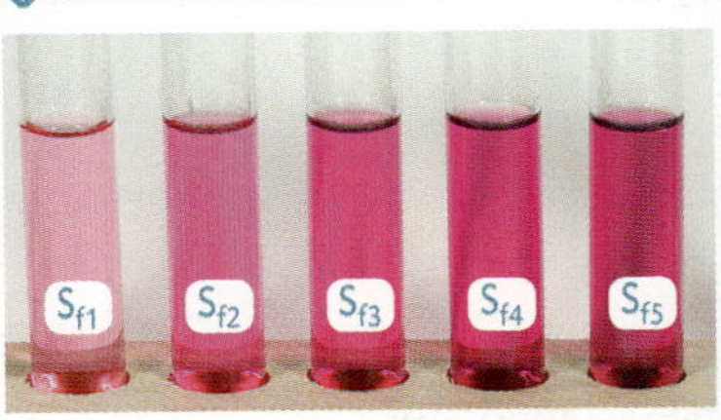

> Échelle de teintes en permanganate de potassium.

→ Exercices 14 à 23, p. 144-145.

Essentiel

1 Les solutions

- Un **corps pur** est constitué d'**une seule espèce chimique**. Un **mélange** est constitué de **plusieurs espèces chimiques**.
- Une **solution** est obtenue par dissolution d'une espèce chimique dans un **solvant**.
L'espèce chimique dissoute est appelée **soluté**.
Lorsque le solvant est **l'eau**, la solution est appelée **solution aqueuse**.
- Une solution peut contenir des **ions**, des **molécules** ou les deux à la fois.

2 Concentration massique

- Concentration massique t(E) d'une espèce chimique E dissoute en solution :

$$t(\text{E}) = \frac{m(\text{E})}{V_{\text{solution}}}$$

t en g·L^{-1} ; m en g ; V en L

3 Les préparations de solutions

- **Diluer** une solution aqueuse consiste à lui ajouter de l'eau pour obtenir une solution **moins concentrée**.
- Au cours d'une dilution, la masse de soluté dissous dans la solution mère prélevée et la masse de soluté dissous dans la solution fille obtenue sont égales :

Masse de soluté de la solution mère — $t_m \times V_m = t_f \times V_f$ — Masse de soluté de la solution fille

Préparation de solutions

Par dissolution d'une espèce chimique E

Masse de l'espèce à prélever :

$$m(\text{E}) = t(\text{E}) \times V_{\text{solution}}$$

Liquide ou solide

Liquide

$$V(\text{E}) = \frac{m(\text{E})}{\rho(\text{E})}$$

Matériel à utiliser

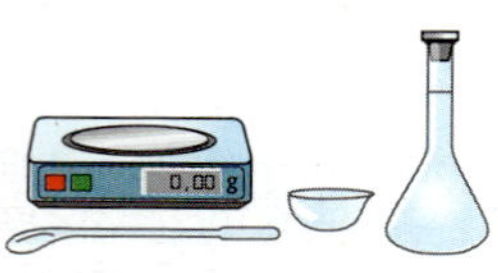

Par dilution d'une solution mère

Volume de solution mère à prélever :

$$V_m = \frac{t_f \times V_f}{t_m}$$

Facteur de dilution

$$F = \frac{t_m}{t_f} = \frac{V_f}{V_m} \quad \text{soit} \quad V_m = \frac{V_f}{F}$$

Matériel à utiliser

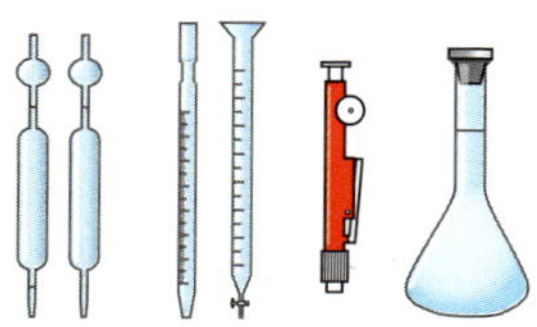

- Masse volumique ρ(E) d'une espèce chimique E :

$$\rho(\text{E}) = \frac{m(\text{E})}{V(\text{E})}$$

ρ en g·L^{-1} ; m en g ; V en L

- Densité d(E) d'une espèce chimique E solide ou liquide :

$$d(\text{E}) = \frac{\rho(\text{E})}{\rho(\text{eau})}$$

d : sans unité ; $\rho(\text{E})$ et $\rho(\text{eau})$: même unité

QCM

→ Corrigés, p. 338.

Pour chaque question, indiquer la (ou les) bonne(s) réponse(s).

1 Les solutions

Si erreur, revoir § 1, p. 137.

	A	B	C
1 Une espèce chimique est :	un corps pur.	un mélange.	toujours un solide.
2 Une solution aqueuse :	est un corps pur.	est un mélange.	ne contient que de l'eau.
3 Dans une solution aqueuse de diiode : 	le diiode est le soluté.	l'eau est le soluté.	l'eau est le solvant.
4 Une solution peut contenir :	des ions.	des molécules.	des ions et des molécules.

2 Concentration massique

Si erreur, revoir § 2, p. 138.

	A	B	C
1 Une solution de volume $V = 2{,}0$ L contient 10 g de glucose dissous. La concentration massique en glucose de la solution est :	$20\ g\cdot L^{-1}$.	$0{,}20\ g\cdot L^{-1}$.	$5{,}0\ g\cdot L^{-1}$.
2 Pour préparer 100 mL d'une solution de chlorure de sodium à $1{,}00\ g\cdot L^{-1}$, il faut peser une masse de chlorure de sodium égale à :	100 g.	1,00 g.	0,100 g.

3 Les préparations de solutions

Si erreur, revoir § 3, p. 138.

	A	B	C
1 Pour préparer un volume V_f d'une solution fille de concentration massique t_f à partir d'une solution mère de concentration massique t_m, il faut prélever un volume V_m de solution mère égal à :	$V_m = \frac{t_m \times V_f}{t_f}$	$V_m = \frac{t_f \times V_f}{t_m}$	$V_m = t_f \times V_f \times t_m$
2 Un sirop doit être dilué 8 fois. Si on verse 5 mL de ce sirop dans un verre, cette dilution est obtenue :	en ajoutant 40 mL d'eau.	en ajoutant 8 mL d'eau.	quand le volume de boisson est égal à 40 mL.
3 La masse volumique $\rho(E)$ d'une espèce chimique, sa masse $m(E)$ et son volume $V(E)$ sont reliés par :	$\rho(E) = m(E) \times V(E)$	$\rho(E) = \frac{m(E)}{V(E)}$	$m(E) = \rho(E) \times V(E)$
4 La densité d'une espèce chimique :	n'a pas d'unité.	a la même unité que la masse volumique.	est toujours supérieure à 1,00.

Exercice résolu

Compétences
- Extraire et exploiter des informations.
- Effectuer des calculs.

4 Diluer une solution antiseptique

Énoncé

La Bétadine® dermique est une solution antiseptique utilisée pour le traitement des plaies ou des brûlures. L'espèce active de la solution est la povidone iodée.
Un volume $V_{solution} = 100$ mL de cette solution contient une masse $m = 10{,}0$ g de povidone iodée.
La Bétadine® dermique peut être utilisée pure ou diluée. Pour le lavage des plaies, la solution doit être diluée 10 fois.

1. Calculer la concentration massique t_m de la solution de Bétadine® dermique.
2. Calculer la concentration massique t_f de la solution diluée.
3. Déterminer le volume V_m de solution antiseptique à prélever pour préparer un volume $V_f = 200$ mL de solution diluée.

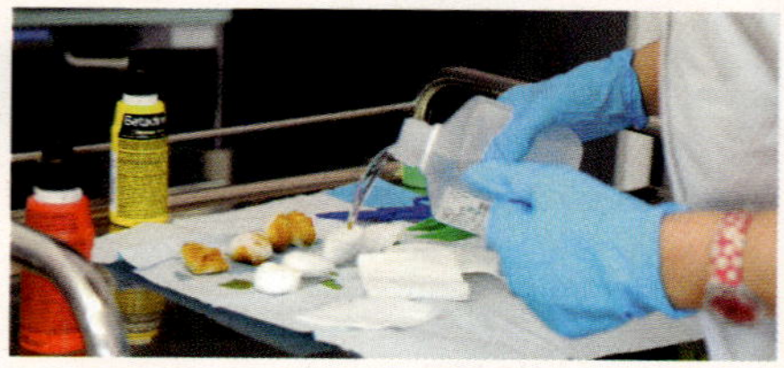

Analyse de l'énoncé

- Que signifie diluer 10 fois une solution ?
- Quelles grandeurs permettent de déterminer une concentration massique ?
- Comment relier la concentration massique de la solution diluée à celle de la Bétadine ?
- Quelle relation utiliser pour déterminer le volume de solution mère nécessaire ?

Conseils

→ Revoir la définition du facteur de dilution.

1. Utiliser l'expression de la concentration massique (voir cours, § 2, p. 138) pour calculer la concentration de la solution mère.
Faire attention aux unités et aux chiffres significatifs.

2. Utiliser le facteur de dilution (voir cours, § 3B, p. 139), qui relie les concentrations massiques des solutions mère et fille.
Le facteur de dilution est un nombre entier : il est donc connu précisément.

3. Utiliser le facteur de dilution (voir cours, § 3B, p. 139), qui relie le volume de solution mère à prélever et le volume de solution fille obtenue.
Le facteur de dilution est un nombre entier : il est donc connu précisément.

Solution rédigée

1. La concentration massique en povidone iodée t_m de la solution antiseptique est :
$$t_m = \frac{m}{V_{solution}} \quad \text{donc} \quad t_m = \frac{10{,}0}{100 \times 10^{-3}} = 100 \text{ g}\cdot\text{L}^{-1}$$

2. La solution est diluée 10 fois, donc le facteur de dilution F est égal à 10. Or $F = \frac{t_m}{t_f}$.
On en déduit : $t_f = \frac{t_m}{F}$ soit $t_f = \frac{100}{10} = \mathbf{10{,}0\ g\cdot L^{-1}}$.

3. Le facteur de dilution s'écrit aussi $F = \frac{V_f}{V_m}$.
Le volume V_m à prélever est donc $V_m = \frac{V_f}{F}$
soit $V_m = \frac{200}{10} = 20{,}0$ mL
Il faut prélever 20,0 mL de la solution antiseptique.
Remarque : pour calculer le volume V_m, on aurait pu utiliser la relation $t_m \times V_m = t_f \times V_f$.
$$V_m = \frac{t_f \times V_f}{t_m} \quad \text{soit} \quad V_m = \frac{10{,}0 \times 200}{100} = 20{,}0 \text{ mL}.$$

5 Application immédiate

L'eau de Dalibour est une solution antiseptique moussante utilisée pour le nettoyage des lésions de la peau. Les espèces actives de la solution sont le sulfate de cuivre et le sulfate de zinc. La concentration massique en sulfate de zinc est égale 3,5 g·L^{-1}.
En dermatologie, cette solution peut être utilisée pure ou diluée. Pour la prescription médicale d'un patient, un pharmacien mélange 100 mL de la solution antiseptique avec le volume d'eau nécessaire pour préparer 500 mL de solution diluée.

1. Combien de fois la solution antiseptique a-t-elle été diluée ?
2. Calculer la concentration massique t_f en sulfate de zinc de la solution diluée.

→ Corrigés, p. 338.

Exercices

Compétences

Compétences	6	8	10	16	20	25	30	34
Savoir qu'une solution peut contenir des molécules ou des ions.		•						•
Extraire et exploiter des informations concernant la nature des espèces chimiques citées dans des contextes variés.	•							•
Savoir que la concentration massique d'une solution en espèce dissoute peut s'exprimer en $g \cdot L^{-1}$.			•				•	
Connaître et exploiter l'expression de la concentration massique d'une espèce moléculaire ou ionique dissoute.			•	•		•	•	
Élaborer ou mettre en œuvre un protocole de dissolution, de dilution.				•			•	
Pratiquer une démarche expérimentale pour déterminer la concentration d'une espèce (échelle de teintes, méthode par comparaison).							•	
Déterminer la masse d'un échantillon à partir de sa densité, de sa masse volumique.					•			•

(Parcours d'apprentissage : 6, 8, 10, 16, 20, 25, 30, 34)

Donnée

- Masse volumique de l'eau à 20 °C : $\rho(\text{eau}) = 1{,}00 \times 10^3\ g \cdot L^{-1}$

Pour commencer

Les solutions

6 Identifier un corps pur et un mélange

▪ Mobiliser et organiser ses connaissances.

L'étiquette d'un médicament indique qu'il contient différentes espèces chimiques parmi lesquelles le paracétamol, le lactose et l'amidon.

500 mg cp

Forme : comprimé	**par cp**
Paracétamol	500 mg

Excipients : lactose, amidon, prégélatinisé, talc, carboxyméthyl-amidon, stéarate de magnésium, amidon de blé (gluten).

1. Le paracétamol est-il un corps pur ? Justifier.

2. Ce médicament est-il un corps pur ? Justifier.

7 Distinguer corps pur et mélange

▪ Restituer ses connaissances.

1. Donner la définition d'un corps pur.

2. Qu'est-ce qui distingue un corps pur d'un mélange ?

3. L'eau de mer est-elle un corps pur ou un mélange ?

8 Identifier des solutés

▪ Mobiliser et organiser ses connaissances.

L'urine est un liquide biologique composé majoritairement d'eau et contenant certains déchets que l'organisme doit éliminer :
– l'urée, de formule brute CH_4N_2O ;
– la créatinine, molécule indicateur du bon fonctionnement des reins ;
– des ions potassium K^+, chlorure Cl^-, sulfate SO_4^{2-}, calcium Ca^{2+}, etc.

1. L'urine est-elle une solution aqueuse ?

2. a. Quels sont les deux types de solutés présents dans l'urine ?
b. Citer quelques exemples de chacun de ces deux types de solutés.

9 Connaître les constituants d'une solution

▪ Mobiliser et organiser ses connaissances.

Une solution est préparée en dissolvant du fructose dans de l'eau.

1. Identifier le soluté et le solvant de la solution.

2. Pourquoi s'agit-il d'une solution aqueuse ?

Concentration massique

10 Calculer une concentration massique

▪ Restituer ses connaissances ; effectuer un calcul.

Une solution est préparée par dissolution d'une masse $m = 20$ g de sulfate de cuivre. Le volume V_{solution} de la solution obtenue est égal à 0,50 L.

1. Donner la définition de la concentration massique d'une espèce chimique dissoute en solution.

2. Calculer la concentration massique en sulfate de cuivre de la solution préparée.

11 Calculer une masse de soluté à dissoudre

▪ Restituer ses connaissances ; effectuer un calcul.

Une solution de chlorure de sodium a une concentration massique $t = 18{,}0\ g \cdot L^{-1}$ et un volume $V_{\text{solution}} = 2{,}00$ L.

1. Donner l'expression de la concentration massique d'une espèce chimique dissoute en solution.

2. Calculer la masse de chlorure de sodium dissoute dans la solution.

12 Relier masse, volume d'une solution et concentration massique

■ Mobiliser et organiser ses connaissances ; effectuer un calcul.

Reproduire et compléter le tableau ci-dessous :

Solution	1	2	3
Masse de soluté dissous	... g	8,0 g	0,15 g
Volume de la solution	0,50 L	... L	0,020 L
Concentration massique en soluté	$20\ g \cdot L^{-1}$	$4{,}0\ g \cdot L^{-1}$	$...\ g \cdot L^{-1}$

13 Convertir des concentrations massiques

■ Mobiliser et organiser ses connaissances ; effectuer un calcul.

Les résultats d'un bilan sanguin indiquent :

- **Cholestérol total** 2 500 mg/L
  Valeurs de référence : inférieur à 2,20 g/L
- **Glucose** 7,9 dg/L
  Valeurs de référence : 0,75 à 1,10 g/L

• Les concentrations massiques en cholestérol total et en glucose appartiennent-elles aux intervalles des valeurs de référence ?

Les préparations de solutions

14 Distinguer dilution et dissolution

■ Mobiliser et organiser ses connaissances.

Dans un premier verre, on verse une solution aqueuse de glucose à laquelle on ajoute de l'eau, puis on agite la solution obtenue. Dans un second verre, on verse de l'acétylcystéïne en poudre, médicament indiqué pour lutter contre l'encombrement des bronches. On ajoute de l'eau, puis on agite et on obtient une solution homogène.

• Dans quel cas a-t-on effectué une dissolution ? une dilution ? Justifier.

15 Connaître le matériel de laboratoire

■ Mobiliser et organiser ses connaissances.

• Reproduire et compléter le tableau suivant :

Nom	Fiole jaugée	...	Pipette graduée	...
Schéma				

16 Préparer une solution par dissolution

■ Effectuer un calcul ; élaborer un protocole expérimental.

On trouve en pharmacie des sachets contenant 0,50 g de permanganate de potassium. Une solution aqueuse de permanganate de potassium de concentration massique égale à $0{,}50\ g \cdot L^{-1}$ peut être utilisée comme antiseptique externe.

1. Quelle masse de permanganate de potassium faut-il utiliser pour préparer un volume $V_{solution} = 0{,}10$ L de solution de concentration égale à $0{,}50\ g \cdot L^{-1}$?

2. Indiquer le protocole à suivre pour préparer la solution.

17 Rédiger un protocole de dissolution

■ Mobiliser et organiser ses connaissances ; élaborer un protocole expérimental.

Une masse $m = 5{,}00$ g de glucose est dissoute dans de l'eau pour préparer un volume $V_{solution} = 100{,}0$ mL d'une solution aqueuse de glucose.

• Rédiger le protocole expérimental à suivre pour préparer cette solution.

18 Rédiger un protocole de dilution

■ Mobiliser et organiser ses connaissances ; élaborer un protocole expérimental.

Un volume $V_m = 10{,}0$ mL de solution mère de fructose est prélevé pour préparer, par dilution dans l'eau, une solution fille de volume $V_f = 200$ mL.

• Rédiger le protocole expérimental à suivre pour préparer la solution fille.

19 Déterminer un volume de solution mère à prélever

■ Restituer ses connaissances ; mobiliser et organiser ses connaissances ; effectuer un calcul.

On dispose d'une solution mère de diiode de concentration massique $t_m = 0{,}25\ g \cdot L^{-1}$. On souhaite préparer, à partir de la solution mère, un volume $V_f = 0{,}200$ L de solution fille de concentration massique en diiode $t_f = 0{,}10\ g \cdot L^{-1}$.

1. Écrire la relation entre les concentrations massiques et les volumes des solutions mère et fille.

2. Calculer le volume V_m de solution mère à prélever pour préparer la solution fille.

20 Calculer une masse à partir d'une masse volumique

■ Restituer ses connaissances ; mobiliser et organiser ses connaissances ; effectuer un calcul.

Le dichlorométhane est un corps pur de masse volumique $\rho = 1{,}33 \times 10^3\ g \cdot L^{-1}$.

1. Donner l'expression de la masse volumique d'un corps pur.

2. Quelle est la masse de 0,75 L de dichlorométhane ?

21 Calculer une masse volumique

■ Restituer ses connaissances ; mobiliser et organiser ses connaissances ; effectuer un calcul.

L'acétone est une espèce chimique utilisée pour fabriquer certains médicaments. Un volume égal à 2,00 L d'acétone pure a une masse de $1{,}58 \times 10^3$ g.

1. Donner la définition de la masse volumique d'un corps pur.

2. Calculer la masse volumique de l'acétone.

22 Distinguer masse volumique et densité d'un corps pur

■ Mobiliser et organiser ses connaissances ; rédiger une explication.

L'étiquette d'un flacon d'acide acétique pur porte l'indication « 1,07 à 20 °C ».

• Cette valeur correspond soit à la masse volumique, soit à la densité de l'acide acétique. L'associer à l'une des deux grandeurs proposées. Justifier.

23 Calculer une densité

■ Restituer, mobiliser et organiser ses connaissances.

À 20 °C, la masse volumique du corps pur cyclohexane est égale à 779 $g \cdot L^{-1}$.

1. Définir la densité du cyclohexane.

2. Calculer sa valeur.

Pour s'entraîner

24 Médicament antidiarrhéique

■ Extraire et exploiter des informations ; effectuer un calcul.

L'Imodium® est un médicament antidiarrhéique. L'espèce chimique active de ce médicament est le lopéramide. Une solution buvable du médicament, de volume $V_{solution} = 150$ mL, contient une masse $m = 20{,}0$ mg de lopéramide.

1. Définir la concentration massique d'une espèce chimique dissoute en solution.

2. Calculer, en $g \cdot L^{-1}$, la concentration massique en lopéramide de ce médicament.

25 Connaître les critères de réussite

Sirop antitussif

■ Extraire et exploiter des informations ; effectuer un calcul.

L'étiquette d'un sirop antitussif pour enfant indique qu'il contient 85 mg de pholcodine, pour 100 mL de solution. Le médicament est administré par voie orale grâce une cuillère-mesure de volume 5,0 mL. La dose journalière de pholcodine à ne pas dépasser chez l'enfant est de 1,0 mL par kilogramme de « poids corporel ».

1. Calculer, en $g \cdot L^{-1}$, la concentration massique en pholcodine du sirop antitussif.

2. En utilisant la concentration massique, déterminer la masse de pholcodine contenue dans une cuillère-mesure de volume 5,0 mL remplie de ce sirop.

3. Quel est le nombre maximal de cuillères-mesures de sirop qu'un enfant de 21 kg peut ingérer en une journée ?

	Critères de réussite	Barème
1.	L'expression de la concentration massique est correcte. Le calcul est exact.	1,5 pt
	L'unité du résultat est celle qui a été demandée dans l'énoncé. Le nombre de chiffres significatifs est correct.	0,5 pt
2.	L'expression de la concentration massique est correctement utilisée pour en déduire l'expression de la masse. Le calcul est exact.	1 pt
	La méthode utilisée est justifiée. Le nombre de chiffres significatifs est correct.	0,5 pt
3.	Le résultat numérique est juste.	0,5 pt
	Le résultat donné est le nombre entier immédiatement inférieur au résultat du calcul effectué. La méthode utilisée est justifiée.	0,5 pt
Pour l'ensemble des réponses		
	Les explications sont rédigées en utilisant un langage scientifique rigoureux.	0,5 pt

cours maîtrisé | réponse complète | présentation — **5 pts**

26 Un problème de concentration

■ Se questionner, identifier un problème ; proposer une stratégie de résolution ; effectuer un calcul.

Les teneurs en saccharose de divers sirops contre la fièvre et la toux sont données dans le tableau suivant :

Sirop	Teneur en saccharose
1	18,84 g pour 100 mL
2	5 g pour 15 mL
3	3,5 g pour 5 mL
4	896 mg pour 1 mL

• Établir un classement de ces sirops du moins sucré au plus sucré en expliquant la méthode utilisée.

27 Huile essentielle de lavande

■ Restituer ses connaissances ; extraire et exploiter des informations ; effectuer un calcul.

L'huile essentielle de lavande peut être utilisée pour dégager les voies respiratoires en cas de rhume. L'odeur caractéristique de cette huile essentielle est due principalement à l'acétate de linalyle. À 20 °C, une masse $m = 10{,}74$ g d'acétate de linalyle occupe un volume $V = 12{,}0$ mL.

1. Définir la masse volumique d'une espèce chimique.

2. Calculer, en $g \cdot L^{-1}$, la masse volumique de l'acétate de linalyle.

3. En déduire sa densité.

28 Densité de la glycérine

■ Justifier ou élaborer un protocole ; effectuer un calcul.

Le glycérol, appelé aussi glycérine, est une espèce chimique utilisée dans les médicaments et les cosmétiques pour ses propriétés hydratantes et lubrifiantes.
Afin de déterminer la densité de la glycérine, une fiole jaugée de volume 50,0 mL est pesée vide, puis remplie jusqu'au trait de jauge avec de la glycérine. On mesure les masses suivantes :

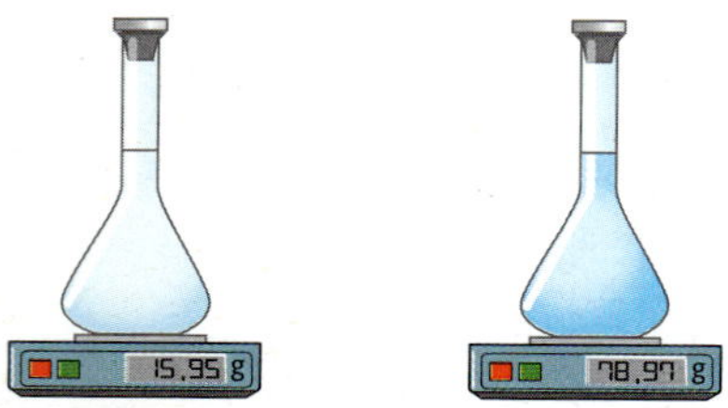

1. Expliquer le mode opératoire utilisé pour déterminer la masse volumique de la glycérine.

2. Calculer la masse volumique de la glycérine.

3. En déduire la densité de la glycérine.

29 Solution d'éosine

■ Mobiliser ses connaissances ; effectuer un calcul.

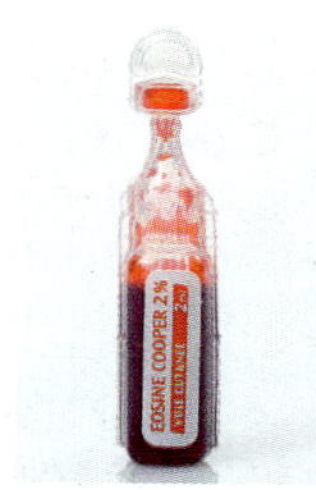

L'éosine est un colorant utilisé pour ses propriétés asséchantes. Les flacons d'éosine disponibles en pharmacie ont un volume $V_m = 2{,}0$ mL et une concentration massique en éosine égale à $t_m = 20\ g \cdot L^{-1}$.
On verse le contenu d'un flacon d'éosine dans une fiole jaugée de volume $V_f = 50{,}0$ mL, que l'on complète avec de l'eau jusqu'au trait de jauge.
On note t_f la concentration massique de la solution ainsi préparée.

1. Quelle relation lie les concentrations massiques t_m et t_f et les volumes V_m et V_f ?

2. Calculer la concentration massique t_f.

30 Solution de Dakin

■ Extraire et exploiter des informations ; effectuer un calcul ; exploiter des observations, des résultats, des mesures ; discuter un résultat.

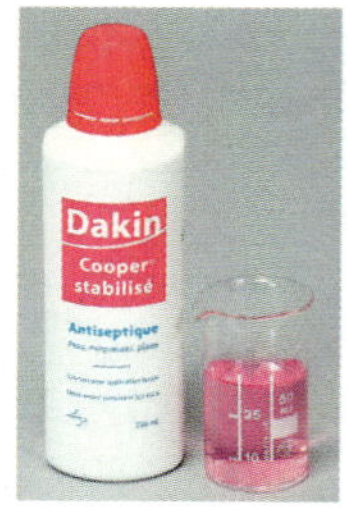

La solution de Dakin est une solution aqueuse antiseptique pour la peau et les muqueuses. Elle est composée d'un mélange d'espèces chimiques ; sa couleur est due au permanganate de potassium. On cherche à déterminer un encadrement de la concentration massique en permanganate de potassium de la solution de Dakin à partir d'une échelle de teintes.
Une solution mère S_m de concentration massique $t_m = 32\ mg \cdot L^{-1}$ en permanganate de potassium est utilisée pour préparer cinq solutions filles, chacune de volume $V_f = 10{,}0$ mL. Pour cela, on verse un volume V_m différent de la solution mère dans cinq tubes à essais identiques et on complète avec de l'eau distillée, selon le tableau suivant :

Solution fille	S_{f1}	S_{f2}	S_{f3}	S_{f4}	S_{f5}
Volume V_m (mL)	1,0	2,0	3,0	4,0	5,0
Concentration massique t_f ($mg \cdot L^{-1}$)					

1. Écrire la relation entre les concentrations massiques et les volumes des solutions mère et fille.

2. Recopier et compléter le tableau.

3. Avec quelle verrerie mesure-t-on les volumes V_m ?

4. Dans un tube à essais identique aux cinq tubes utilisés, on verse 10,0 mL de solution de Dakin. La teinte de la solution est comprise entre les teintes des solutions S_{f3} et S_{f4}.
Donner un encadrement de la concentration massique en permanganate de potassium de la solution de Dakin.

5. Le fabriquant indique que 100 mL de solution de Dakin contiennent 1,0 mg de permanganate de potassium. Calculer la concentration massique t_{Dakin} en permanganate de potassium de la solution de Dakin.

6. La valeur de la concentration massique calculée est-elle cohérente avec celle déduite de l'échelle de teintes ?

31 Solution sucrée pour sportif

■ Mobiliser et organiser ses connaissances ; extraire et exploiter des informations ; effectuer un calcul ; rédiger une explication.

Les boissons isotoniques pour sportifs contiennent environ 6 grammes de sucre pour 100 mL de solution. Un sportif dispose d'un sac à dos gourde de contenance égale à 1,5 L et désire réaliser lui-même une solution ayant la même concentration en sucre que les boissons isotoniques du commerce.

1. a. Comment doit-il procéder pour préparer sa boisson en utilisant des morceaux de sucre de masse 5,7 g ?
b. S'agit-il d'une dilution ou d'une dissolution ?

2. Après plusieurs heures de sport, le sportif a bu les trois-quarts du contenu de sa gourde. Il la complète avec de l'eau.
a. S'agit-il d'une dilution ou d'une dissolution ?
b. Quelle est la concentration massique de la nouvelle solution ?

32 Rédiger une réponse argumentée

▪ Mobiliser et organiser ses connaissances ; extraire et exploiter des informations ; effectuer un calcul ; rédiger une réponse argumentée.

Doc. 1

Un amalgame dentaire, communément appelé « plombage », est constitué à près de 50 % de mercure liquide (soit environ 1 g). Le reste de l'amalgame est constitué d'autres métaux comme l'argent, le cuivre, l'étain, etc. La plupart des amalgames ont été posés avant 2007. Aujourd'hui, les dentistes préfèrent utiliser des résines composites (polymérisables). Lors de la dépose d'un amalgame, les dentistes prennent certaines précautions.

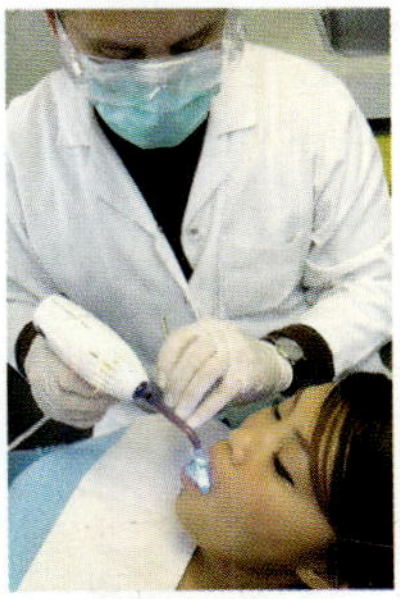

> Utilisation d'une lampe UV pour polymériser un composite.

Doc. 2

Le mercure est le seul métal liquide à température et pression ambiantes. Il est très volatil et s'associe facilement aux molécules organiques en formant de nombreux dérivés mercuriels.

Le mercure, sous forme de vapeurs, est inhalé puis transformé en ion mercurique Hg^{2+}, qui passe dans le sang. Le mercure est toxique, en particulier pour les reins (néphrotoxique) et pour le système nerveux (neurotoxique). L'intoxication par le mercure s'appelle l'hydrargie ou hydrargyrisme. Les symptômes sont des troubles mentaux plus ou moins graves, une salivation excessive, des douleurs abdominales, des vomissements, de l'urémie (accumulation d'urée liée à une insuffisance de la fonction rénale). Les premiers signes neurologiques apparaissent à partir d'une concentration en mercure dans le sang de 200 µg/L.

D'après le rapport d'information du Sénat n° 261, déposé le 5 avril 2001.

Donnée

• Volume sanguin du corps d'un adulte : environ 5 L

1. a. Quel est le principal constituant d'un amalgame dentaire (**doc. 1**) ?
b. Ce constituant est-il toxique (**doc. 2**) ?
c. Quel est le risque encouru lors du retrait d'un amalgame ?
d. Si le mercure contenu dans un amalgame était libéré sous forme gazeuse et intégralement inhalé par le patient lors du retrait de l'amalgame, quelle serait la concentration du sang en mercure ?

2. Utiliser les réponses aux questions précédentes pour rédiger une courte réponse argumentée expliquant pourquoi le retrait d'un amalgame dentaire doit se faire avec précaution, en utilisant un système d'aspiration.

→ Fiche **Rédaction d'une réponse argumentée**, p. 320.

33 À chacun son rythme

À consommer avec modération

▪ Extraire et exploiter des informations ; effectuer un calcul ; rédiger une explication.

*Commencer par résoudre l'*énoncé compact. *En cas de difficultés, passer à l'*énoncé détaillé.

Doc. 1 Dose journalière admissible

La dose journalière admissible, ou DJA, est la masse maximale d'une espèce chimique qu'un individu peut ingérer quotidiennement sans risque pour la santé. Elle s'exprime généralement en milligramme (mg) d'espèce absorbée par kilogramme (kg) de « poids corporel » (masse de l'individu).

Doc. 2 L'aspartame

L'aspartame est un édulcorant ayant un pouvoir sucrant environ 200 fois supérieur à celui du « sucre » (saccharose). Il est souvent utilisé pour sucrer les aliments tout en limitant l'apport calorique.

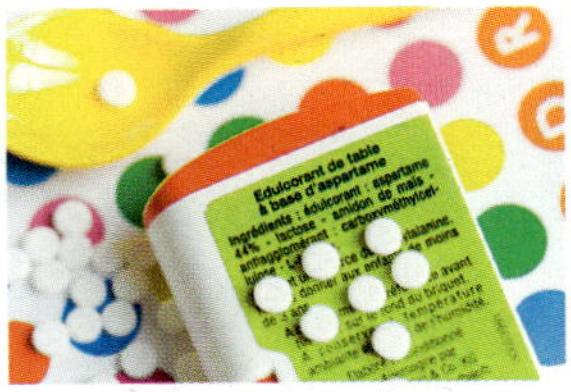

La DJA de l'aspartame est 40 mg/kg.
En Europe, l'aspartame est autorisé dans les boissons allégées (light) à une concentration massique maximale de 0,6 $g \cdot L^{-1}$.

Énoncé compact

• Combien de canettes contenant 330 mL de boisson allégée un individu de 60 kg peut-il boire quotidiennement sans dépasser la DJA de l'aspartame ?

Énoncé détaillé

1. Calculer la masse d'aspartame contenu dans une canette de boisson allégée (**doc. 2**).

2. Déduire de la DJA la masse maximale d'aspartame que peut consommer quotidiennement un individu de 60 kg.

3. À partir des deux résultats précédents, déterminer le nombre de canettes contenant 330 mL de boisson allégée qu'un individu de 60 kg peut ingérer quotidiennement sans dépasser la DJA de l'aspartame.

34 Alcool modifié

- Extraire et exploiter des informations ; effectuer un calcul ; rédiger une explication.

Les solutions alcooliques sont utilisées pour nettoyer la peau qui ne présente pas de plaies, et pour désinfecter le petit matériel médical (thermomètre, ciseaux, etc.). L'étiquette d'un flacon d'alcool modifié indique :

L'alcool présent dans la solution est l'éthanol. Le flacon contient 200 mL de solution alcoolique.

1. Quels sont les solutés et le solvant de cette solution ?
2. Calculer, en mL, le volume d'éthanol dans la solution.
3. Quelle masse d'éthanol contient la solution ?

Donnée

- Masse volumique de l'éthanol à 20 °C : 790 $g \cdot L^{-1}$

Pour aller plus loin

35 Homeopathy and Dilutions

- Extraire et exploiter des informations ; effectuer un calcul ; rédiger une explication.

Homeopathy is an alternative medicine created in 1796 by Samuel HAHNEMANN. He thought that a substance that causes the symptoms of a disease in healthy people will cure similar symptoms in sick people. The remedies are prepared by repeatedly diluting a stock solution in alcohol or distilled water, followed by forceful shaking. Hahnemann created the "centesimal" or "C scale", diluting a substance by a factor of 100 at each stage.
A 2 CH dilution requires a substance diluted to one part in 100, and then some of that diluted solution is diluted by a further factor of 100. This works out **to one part of the original substance in 10,000 parts of the solution.**

Vocabulaire : *disease* : maladie ; *stock solution* : solution de base ou solution mère ; *forceful* : énergique ; *stage* : étape ; *further* (adj.) : supplémentaire ; *this works out* : cela donne.

1. Quel est le facteur de dilution correspondant au passage d'une solution à 1 CH à une solution à 2 CH ?
2. Justifier la phrase du texte écrite en gras.
3. Si la concentration massique en espèce chimique active de la solution mère est égale à 5,0 $g \cdot L^{-1}$, quelle est la concentration massique de la solution à 11 CH ?
4. Dans une solution mère d'arnica, la principale espèce chimique active est l'hélénaline, à effet anti-inflammatoire.

La masse d'une molécule d'hélénaline est :

$$m_{\text{hélénaline}} = 4{,}36 \times 10^{-22} \text{ g.}$$

a. Combien de molécules d'hélénaline y a-t-il dans un litre de solution d'arnica 11 CH préparée à partir de la solution mère de la question **3** ?
b. Pourquoi peut-on dire qu'à partir de 12 CH la probabilité de trouver une molécule d'hélénaline dans un litre de solution est nulle ?

36 Résolution de problème

Comprimé et solution buvable

- Construire les étapes d'une résolution de problème ; effectuer un calcul ; rédiger une explication.

Le Célestène® est un médicament dont l'espèce active est utilisée comme anti-inflammatoire. On le trouve sous forme de comprimés sécables ou de solutions buvables.
Pour soigner un enfant, ses parents doivent lui donner un comprimé dosé à 2,0 mg d'espèce active. Or, dans leur armoire à pharmacie, il ne reste plus de comprimé. Cependant, ils trouvent un flacon de Célestène® sur lequel figurent les indications suivantes :

> CÉLESTÈNE 0,05 % : solution buvable (arôme orange) ; flacon de 30 mL (1 200 gouttes) avec compte-gouttes gradué à 20, 30 et 40 gouttes.

Sur la notice, ils lisent que ce médicament a une concentration massique en espèce active de 0,5 mg/mL.

- Comment les parents doivent-ils procéder pour soigner leur enfant avec le médicament dont ils disposent ?

→ Pistes de résolution, p. 334.

37 ⌛ **Histoire des sciences**

L'anesthésie des prémices à nos jours

D'après le sujet « zéro », Baccalauréat S, 2013.

■ Extraire et exploiter des informations ;
effectuer un calcul ;
proposer des hypothèses ;
rédiger une explication.

En 1840, le dentiste américain W. MORTON eut l'idée d'utiliser l'éthoxyéthane afin d'endormir un patient. Il fallut attendre l'automne 1846 pour que le docteur J. WARREN, assisté de W. MORTON, réussisse deux opérations chirurgicales indolores pour les patients. L'anesthésie venait de naître.
À l'heure actuelle, du fait de son extrême inflammabilité, de ses nombreux effets secondaires, de sa toxicité et du risque élevé de dépendance qu'il entraîne, l'éthoxyéthane n'est pratiquement plus utilisé comme anesthésiant. D'autres molécules l'ont remplacé. C'est le cas, par exemple, de la kétamine. Pour induire l'anesthésie, elle peut être injectée en intraveineuse avec une dose d'environ 2 mg par kg de « poids corporel ».

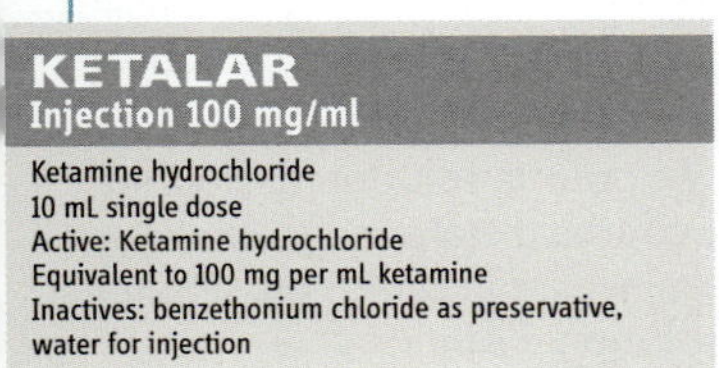

L'effet ne durant que 5 à 10 min, la kétamine est ensuite injectée régulièrement au cours de l'anesthésie jusqu'à la fin de l'intervention chirurgicale. Elle peut aussi être administrée par perfusion (500 mg de kétamine sont alors contenus dans 500 mL de solution). L'anesthésie est induite grâce à un débit rapide de la perfusion. Dès la perte de conscience, le débit est fortement diminué.

1. a. Quel est le nom du premier anesthésiant utilisé en chirurgie ?
b. Quand a-t-il été utilisé la première fois ?

2. Le modèle moléculaire de l'éthoxyéthane est donné ci-contre.

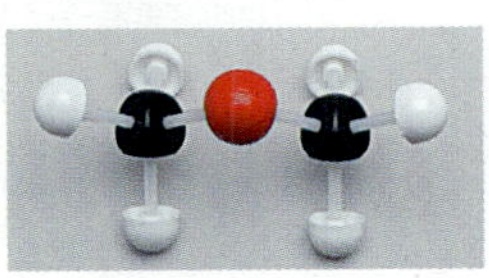

a. Écrire la formule brute et la formule semi-développée de la molécule.
b. Repérer et nommer le groupe caractéristique présent de cette molécule (voir **chapitre 8**, p. 121).

3. Pourquoi l'éthoxyéthane a-t-il été peu à peu abandonné ?

4. a. Calculer la masse de kétamine présente dans le flacon dont l'étiquette est donnée ci-dessus.
b. Pour un adulte de 75 kg, le contenu du flacon est-il suffisant pour induire l'anesthésie ?
c. Quel est le facteur de dilution permettant de préparer la solution contenue dans la poche à perfusion à partir de la solution contenue dans le flacon ?

38 **EPO**

■ Extraire et exploiter des informations ;
proposer des hypothèses ;
rédiger une explication.

Doc. 1

L'**erythropoïétine** (EPO) est une hormone naturelle produite par les reins. Elle agit sur la moelle osseuse et stimule la production des globules rouges. Une injection d'EPO de synthèse permet ainsi aux patients présentant une anémie d'augmenter leur hématocrite.

Doc. 2

L'**hématocrite**, noté H, est le rapport du volume *V*(globules rouges) occupé par les globules rouges d'un échantillon de sang, au volume *V*(sang) de cet échantillon. Il dépend du sexe et de l'âge de l'individu. Un hématocrite faible se traduit par une mauvaise oxygénation des cellules (celles du cœur, des poumons, des muscles, etc.).

Doc. 3

La **darbépoétine α** est une espèce chimique synthétique similaire à l'érythropoïétine. On la trouve dans des seringues pré-remplies de volumes et de concentrations massiques différents.
Exemples de conditionnement :

Concentration massique en darbépoétine α	Volume de médicament dans la seringue
25 µg/mL	0,4 mL
40 µg/mL	0,5 mL
100 µg/mL	0,3 mL
100 µg/mL	0,4 mL
100 µg/mL	0,5 mL

1. Pour combattre une anémie, un patient de 67 kg doit recevoir, chaque semaine, une injection lui apportant 0,45 µg de darbépoétine α par kilogramme de « poids corporel ». Parmi les conditionnements proposés au **doc. 3**, choisir celui qui est adapté au cas du patient.

2. L'EPO est une espèce chimique considérée comme dopante. Elle est ainsi interdite aux sportifs lors des entraînements et en compétition. Expliquer pourquoi.

3. L'EPO n'est pas décelable directement dans le sang et les urines d'un sportif dopé. Il est cependant possible de suspecter un dopage à l'EPO quand l'hématocrite du sportif est élevé.
a. En utilisant les notations du **doc. 2**, écrire la définition de l'hématocrite sous la forme d'une égalité mathématique.
b. Pourquoi, pour éviter d'être contrôlé positif, un sportif dopé à l'EPO est-il tenté de boire un grand volume d'eau avant le contrôle ?

39 Solution colorée pour bain de bouche

- Extraire et exploiter des informations ; effectuer un calcul ; tracer un graphique ; exploiter des observations, des résultats, des mesures.

Doc. 1

L'**Alodont®** est une solution colorée pour bain de bouche dont la couleur bleue est due à la présence du colorant bleu patenté.
La concentration massique en bleu patenté de l'Alodont® peut être déterminée par une méthode colorimétrique utilisant une échelle de teintes et un appareil appelé spectrophotomètre.

Doc. 2

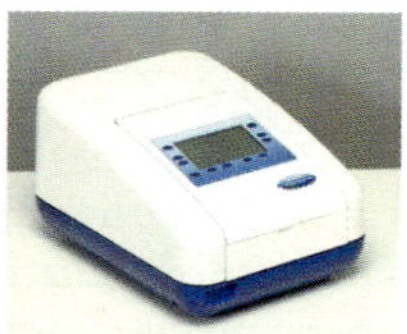

Un **spectrophotomètre** est un appareil qui permet d'étudier de façon quantitative l'absorption de la lumière par une espèce colorée. Un spectrophotomètre affiche une grandeur sans unité, appelée absorbance et notée A. L'absorbance A est une grandeur proportionnelle à la concentration massique t de l'espèce colorée dans la solution étudiée.

Doc. 3

À partir d'une solution mère S_m de concentration massique $t_m = 2{,}0\ mg{\cdot}L^{-1}$ en bleu patenté, on prépare par dilution cinq solutions filles. Le tableau ci-dessous indique, entre autres, les volumes V_m de la solution mère prélevés pour préparer les solutions filles.

Solution fille	S_{f1}	S_{f2}	S_{f3}	S_{f4}	S_{f5}
Volume V_m (mL)	2,0	3,0	4,0	5,0	6,0
Volume V_{eau} (mL)					
Volume V_f (mL)	10,0	10,0	10,0	10,0	10,0
Facteur de dilution F					
Concentration massique t_f ($g{\cdot}L^{-1}$)					
Absorbance	0,105	0,153	0,211	0,259	0,319

1. Avec quelle verrerie ont été prélevés les volumes V_m et V_{eau} (**doc. 3**) ?
2. Recopier et compléter le tableau.
3. Tracer la courbe d'étalonnage représentant l'absorbance A en fonction de la concentration massique t_f.
4. L'absorbance mesurée pour la solution d'Alodont® est 0,175. À partir de la courbe d'étalonnage, expliquer comment on peut déterminer la concentration massique en bleu patenté de la solution d'Alodont®.

Retour sur l'ouverture du chapitre 9

Comment déterminer la concentration massique d'une espèce chimique en solution ?

40 Régulation de la glycémie

- Extraire et exploiter des informations ; effectuer un calcul ; rédiger une explication.

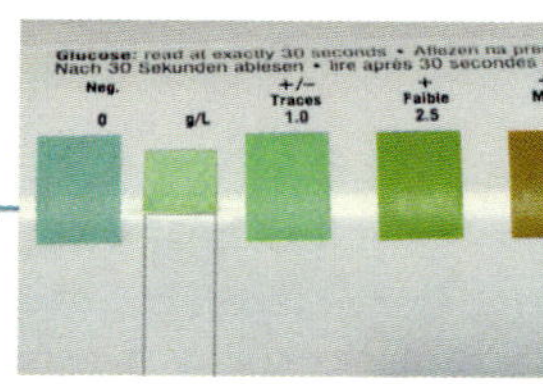

Pour mesurer sa glycémie, une personne diabétique peut utiliser des bandelettes d'autocontrôle. Une goutte d'urine est déposée sur la zone sensible de la bandelette. La couleur prise par la bandelette est comparée aux couleurs d'une échelle de teintes. Ceci permet de déterminer une valeur approchée de la glycémie.

1. Quelle est la glycémie du patient qui a utilisé la bandelette de la photographie ?
2. Pour les bandelettes utilisées, la glycémie est considérée comme normale quand elle est comprise entre 0,72 et 1,08 $g{\cdot}L^{-1}$. Commenter le résultat indiqué par la bandelette.
Quelques heures après le test précédent, ce patient est pris d'un malaise.
Il mesure de nouveau sa glycémie avec un appareil électronique qui indique 0,36 $g{\cdot}L^{-1}$.
3. En considérant que ce patient a un volume sanguin égal à 5,5 L, quelle masse de glucose lui manque-t-il pour avoir une glycémie égale à 1,00 $g{\cdot}L^{-1}$?
4. Ce patient a une boîte de comprimés de glucose à prendre en cas de malaise. Un comprimé contient 4,0 g de glucose.
Combien ce patient doit-il prendre de comprimés pour retrouver une glycémie normale ?

SANTÉ

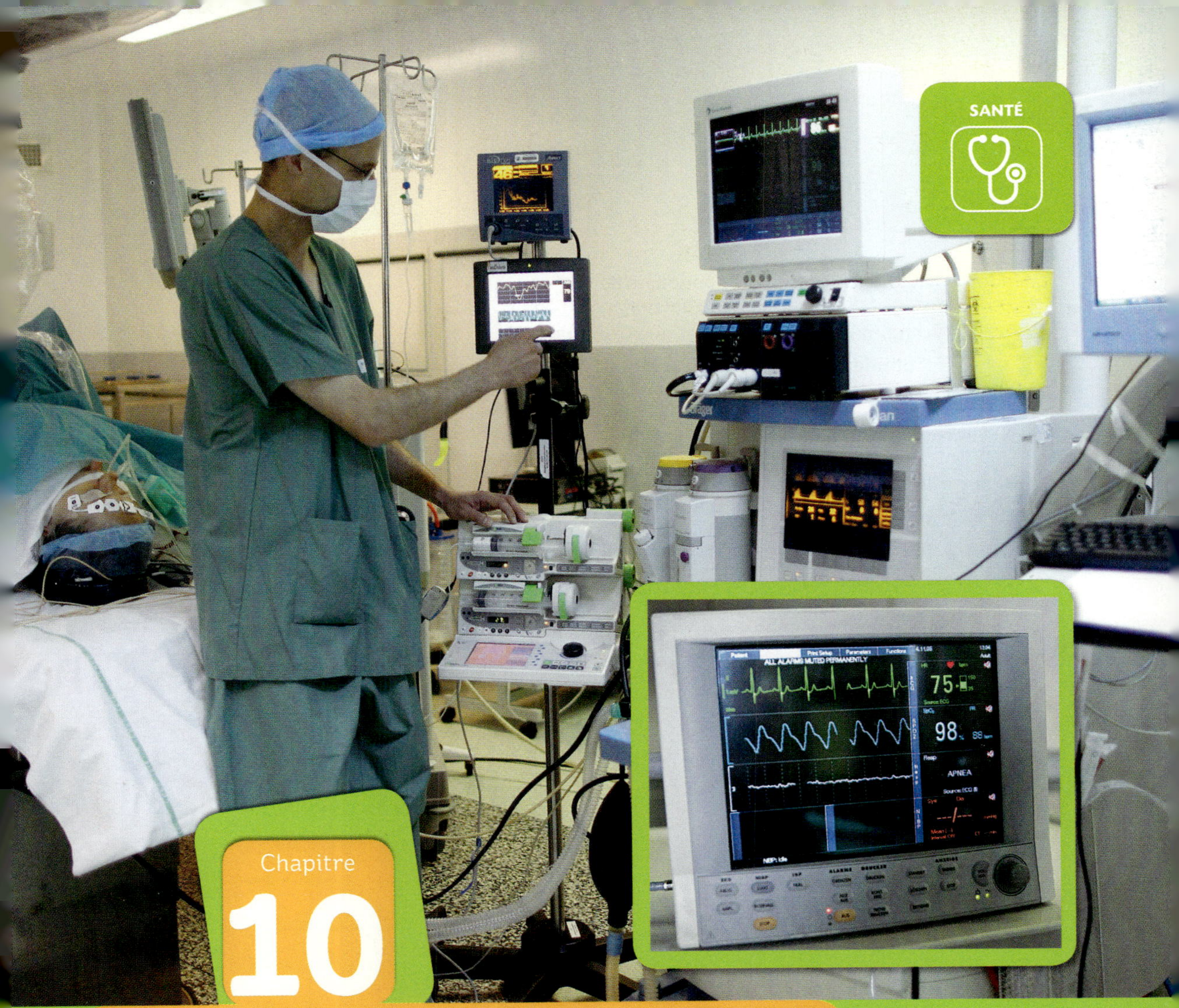

Chapitre **10**

Les signaux périodiques en médecine

> L'écran d'un moniteur cardiaque affiche des signaux qui permettent de suivre l'activité du cœur. Le battement du cœur est généralement un phénomène périodique.

Quelles sont les caractéristiques d'un signal périodique ?

→ Exercice 26, p. 164.

Compétences

- Connaître et utiliser les définitions de la période et de la fréquence d'un phénomène périodique. → Activités 2 et 3
- *Identifier le caractère périodique d'un signal sur une durée donnée.* → Activité 1
- *Déterminer les caractéristiques d'un signal périodique.* → Activités 2 et 3
- Connaître une valeur approchée de la vitesse du son dans l'air. → Activité 4

Activité documentaire

À la maison

1 Identifier un signal périodique

De nombreux phénomènes périodiques, comme la respiration ou le battement du cœur, rythment le fonctionnement du corps humain.

▶ **Comment identifier le caractère périodique d'un signal ?**

Compétence

- *Identifier le caractère périodique d'un signal sur une durée donnée.*

Doc. 1 Électrocardiogramme

L'électrocardiogramme (ECG) est l'enregistrement, au cours du temps, de signaux électriques liés à l'activité du cœur. Il est réalisé grâce à des capteurs adaptés.

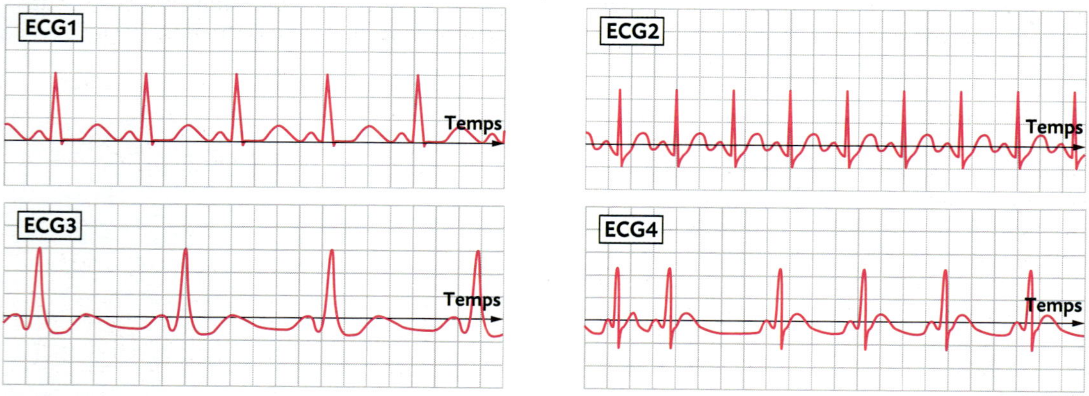

> Exemples d'électrocardiogrammes.

Doc. 2 Électroencéphalogramme

L'électroencéphalogramme (EEG) est l'enregistrement de signaux électriques liés à l'activité cérébrale.

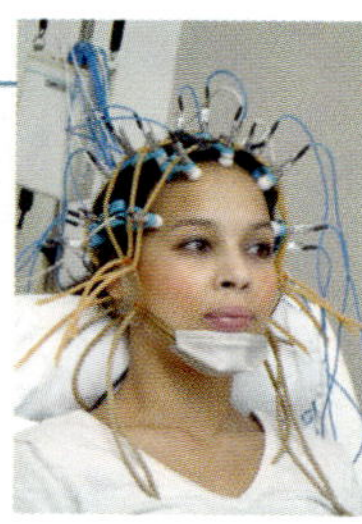

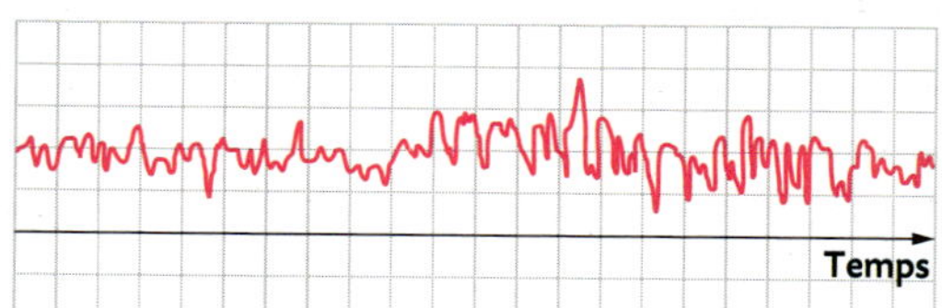

> Exemple d'électroencéphalogramme.

Analyse et synthèse

Compétences travaillées

1 a. Parmi les électrocardiogrammes du **doc. 1**, lesquels montrent une activité cardiaque périodique sur la durée de l'enregistrement ?

b. L'activité cérébrale est-elle périodique sur la durée de l'enregistrement du **doc. 2** ?

Analyser • Interpréter des résultats.

Un pas vers l'essentiel

2 À partir de l'enregistrement d'un signal au cours du temps, expliquer comment on identifie son caractère périodique. On s'aidera d'un schéma.

Communiquer • Rédiger une explication.

Activité documentaire

À la maison

2 Mesurer le rythme cardiaque

Le battement du cœur est généralement un phénomène périodique, mesuré par le rythme cardiaque exprimé en battement par minute.

▶ **Comment définir la période et la fréquence d'un phénomène périodique ?**

Compétences

- Connaître et utiliser les définitions de la période et de la fréquence d'un phénomène périodique.
- *Déterminer les caractéristiques d'un signal périodique.*

Doc. 1 Rythme cardiaque

Le rythme cardiaque est le nombre de battements du cœur par minute. Pour un adulte au repos, il est généralement compris entre 60 et 90.

Doc. 2 Électrocardiogramme et diagnostic médical

Un électrocardiogramme (ECG) correspond à l'enregistrement au cours du temps de l'activité électrique du cœur. Sur un ECG, chaque motif est associé à un battement du cœur. Il permet au médecin d'effectuer des diagnostics, notamment celui des troubles du rythme cardiaque. Ainsi, un patient souffrant de tachycardie a un rythme cardiaque plus rapide que la normale, alors qu'un patient souffrant de bradycardie a un rythme plus lent.

Doc. 3 ECG de deux patients

Voici les ECG de deux patients au repos. L'un d'eux possède un rythme cardiaque normal ; l'autre souffre d'un trouble du rythme cardiaque.

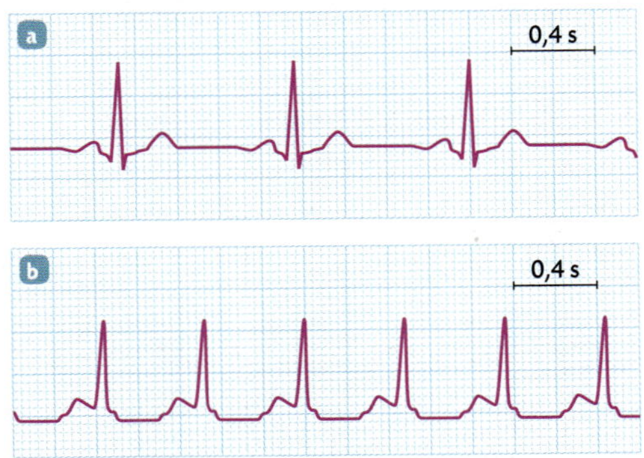

Rappel du collège

Un signal **périodique** est caractérisé par un motif élémentaire qui se répète au cours du temps. Sa **période** T et sa **fréquence** f sont liées par la relation $f = \frac{1}{T}$ avec T en seconde (s) et f en hertz (Hz).

Sur l'exemple ci-contre, un motif est repéré par la portion de courbe tracée en bleu.

La période est $T = 0{,}2$ s et la fréquence est $f = \frac{1}{0{,}2} = 5$ Hz.

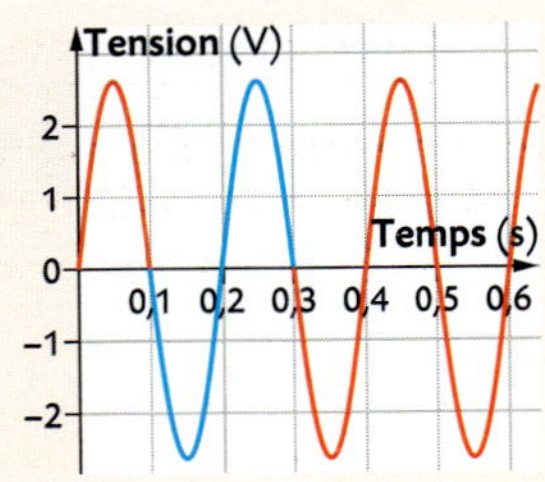

Investigation

▶ **Associer à chacun de ces patients son ECG et identifier le trouble du rythme cardiaque dont souffre l'un des deux patients.**

En cas de difficultés, des solutions partielles sont disponibles en fin de manuel (p. 334).

Compétences travaillées

S'approprier
Analyser
Réaliser
Valider
Être autonome et faire preuve d'initiative

Un pas vers l'essentiel

Définir la période et la fréquence d'un phénomène périodique, puis rappeler la relation entre ces deux grandeurs.

Communiquer • Rédiger une réponse.

Activité expérimentale

3 Étudier des sons

Pour tester les capacités auditives de l'oreille humaine, on fait écouter des sons au patient.
Les signaux électriques correspondant à ces sons peuvent être visualisés sur un écran.

► **Quelles sont les caractéristiques des signaux périodiques ?**

Compétences

- Connaître et utiliser les définitions de la période et de la fréquence d'un phénomène périodique.
- *Déterminer les caractéristiques d'un signal périodique.*

Doc. 1 Audiométrie

L'audiométrie est une mesure des capacités auditives d'un patient. Lors de cet examen, chaque oreille est testée séparément. On mesure l'intensité minimale qui permet au patient d'entendre les différents sons. Pour cela, on utilise des sons périodiques de différentes fréquences, en allant du son le plus grave au son le plus aigu.

Doc. 2 Montage expérimental

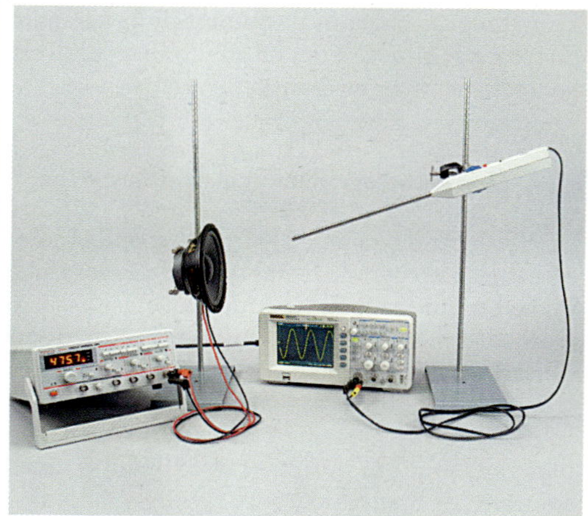

Le générateur de signaux périodiques alimente le haut-parleur. Le microphone, placé face au haut-parleur, capte le son produit par le haut-parleur et délivre un signal électrique. L'oscilloscope, connecté au microphone, permet de visualiser ce signal dont les variations correspondent à celles du son.

Pratique expérimentale

- Réaliser l'enregistrement d'un son périodique à l'aide d'un oscilloscope numérique (**doc. 2**) ou d'un système informatisé.

1 Quelle grandeur visualise-t-on sur l'axe des abscisses (horizontal) de l'écran où s'affiche le signal ? sur l'axe des ordonnées (vertical) ?

2 Déterminer la période T du signal. En déduire sa fréquence f.

3 Déterminer les valeurs maximale et minimale de la grandeur enregistrée au cours du temps.

Compétences travaillées

Réaliser • Mettre en œuvre un protocole.

Analyser • Exploiter des mesures.
Réaliser • Effectuer des calculs.

Un pas vers l'essentiel

4 a. Quelles sont les grandeurs caractéristiques d'un signal périodique ?
b. Imprimer ou reproduire la courbe obtenue et y faire apparaître ces grandeurs caractéristiques.

Communiquer • Rédiger une réponse ; faire un schéma.

Activité expérimentale

4 Mesurer la vitesse de propagation des ultrasons

Les ultrasons sont des sons de fréquence trop élevée pour être perçus par l'oreille humaine. La connaissance de leur vitesse de propagation a permis leur utilisation en médecine pour des échographies.

► **Quelle est la valeur de la vitesse des ultrasons dans l'air ?**

Compétence

- Connaître une valeur approchée de la vitesse du son dans l'air.

Doc. 1 Salves ultrasonores

Une salve ultrasonore est une onde ultrasonore émise par intermittence à intervalles de temps de même durée.

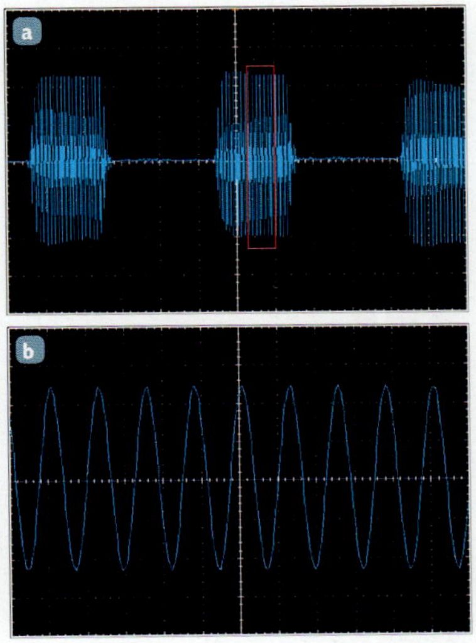

> Signal émis par un émetteur de salves ultrasonores (a) ; zoom obtenu en modifiant les réglages de l'oscilloscope (b).

Matériel disponible

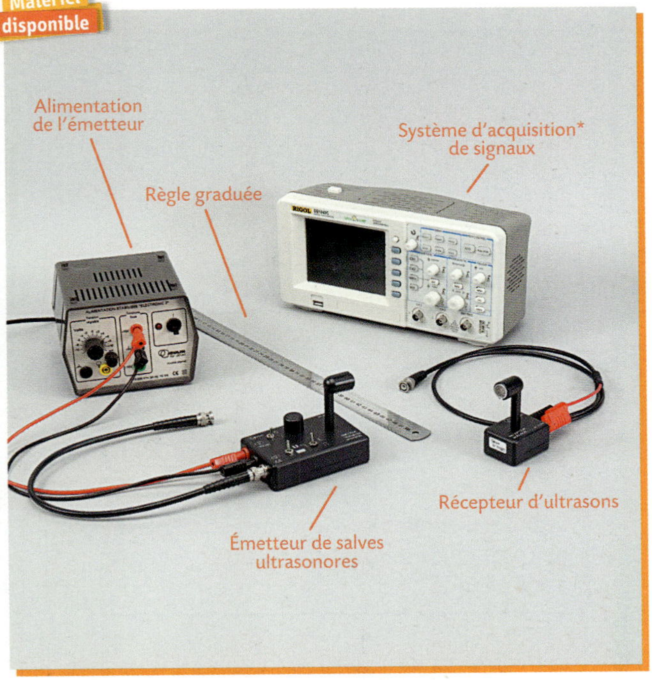

* Le système d'acquisition peut être un oscilloscope ou une interface d'ordinateur.

Investigation

► **Déterminer expérimentalement la valeur de la vitesse des ultrasons dans l'air.**

En cas de difficultés, des solutions partielles sont disponibles en fin de manuel (p. 334).

Compétences travaillées

- S'approprier
- Analyser
- Réaliser
- Valider
- Être autonome et faire preuve d'initiative

Un pas vers l'essentiel

1. Rédiger un compte rendu présentant la démarche suivie en détaillant le protocole expérimental, l'observation, l'interprétation et la conclusion.
2. La valeur de la vitesse des sons dans l'air à 20 °C est de l'ordre de 340 $m \cdot s^{-1}$. Comparer cette valeur avec celle trouvée pour les ultrasons.
3. Les valeurs obtenues par différents groupes d'élèves ne sont pas identiques. Rechercher les causes pouvant conduire à ces différences.

Réaliser • Effectuer des calculs.
Communiquer • Rédiger une réponse.
Valider • Rechercher des sources d'erreur.

Essentiel

1 Signaux périodiques

Un **signal périodique** est un signal qui se répète identique à lui-même à des intervalles de temps de même durée.

La **période** T d'un signal périodique est la plus petite durée au bout de laquelle le signal se répète. Elle s'exprime en seconde (s).

La **tension maximale** U_{max} d'un signal électrique est la plus grande valeur prise par cette tension. Elle s'exprime en volt (V).

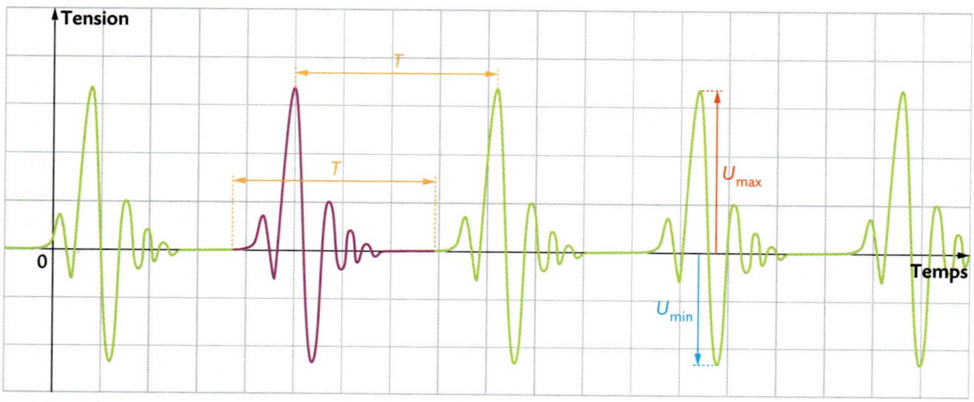

Le **motif élémentaire** d'un signal périodique est une portion de ce signal dont la durée est égale à une période.

La **tension minimale** U_{min} d'un signal électrique est la plus petite valeur prise par cette tension. Elle s'exprime en volt (V).

- La fréquence f d'un signal périodique est le nombre de fois où ce signal se répète identique à lui-même en une seconde.

$$f = \frac{1}{T}$$

f en hertz (Hz) ; T en seconde (s)

- Les caractéristiques d'un signal périodique sont **sa période**, **sa fréquence**, **sa tension maximale** et **sa tension minimale**.
- En médecine :
  – l'analyse de signaux électriques issus de capteurs appropriés (ECG, EEG) permet d'établir les diagnostics sur l'activité cardiaque ou cérébrale des patients ;
  – des signaux périodiques sont utilisés pour les diagnostics médicaux comme l'audiogramme ou l'échographie.

2 Valeur de la vitesse du son

- La valeur de la vitesse du son dans l'air est de l'ordre de 340 $m \cdot s^{-1}$ à 20 °C.
- Dans un même milieu de propagation, la valeur de la vitesse du son est la même pour des sons audibles ou inaudibles.

QCM

→ Corrigés, p. 338.

Pour chaque question, indiquer la (ou les) bonne(s) réponse(s).

Doc. 1

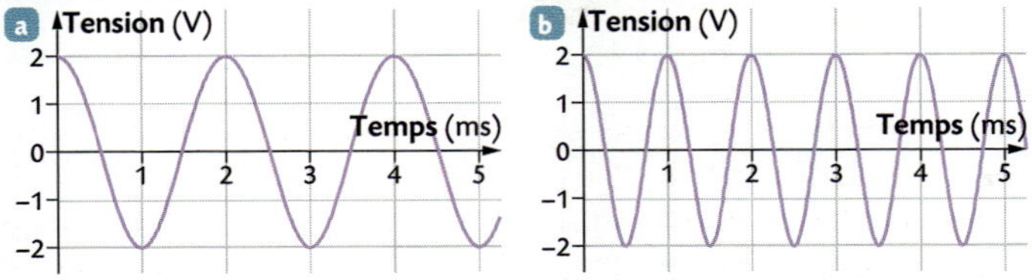

> Signaux électriques correspondant à des sons émis lors d'une audiométrie.

Doc. 2

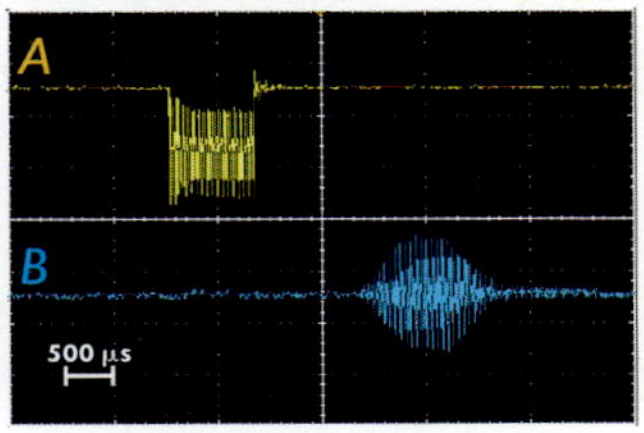

1 Signaux périodiques

Si erreur, revoir § 1, p. 156.

	A	B	C
1 Un signal périodique a obligatoirement la (les) propriété(s) suivante(s) :	le motif est symétrique par rapport à l'axe des abscisses.	le motif se répète à des intervalles de temps de même durée.	le motif présente alternativement des valeurs positives et négatives.
2 Sur l'ECG ci-dessous, la ligne en pointillés est la référence des tensions. 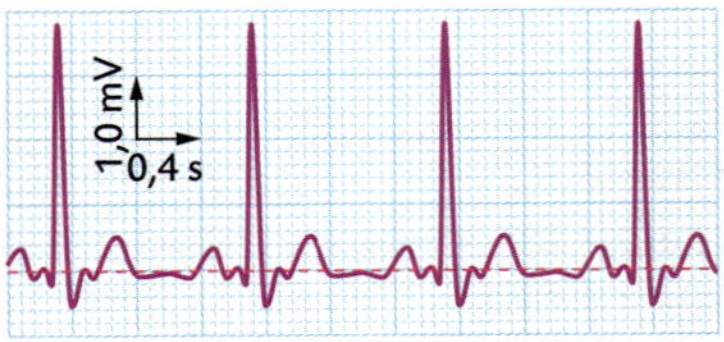	La période T est 3,0 s.	La fréquence f est 0,83 Hz, soit 50 pulsations par minute.	La tension maximale est supérieure à 3 mV.
3 Sur la durée de l'enregistrement, l'ECG suivant : 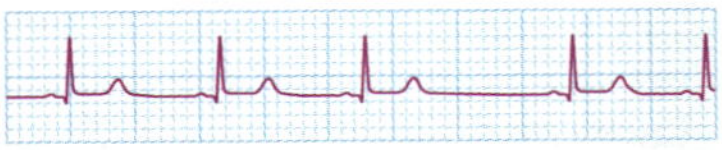	est périodique.	présente une portion périodique.	met en évidence une irrégularité du rythme cardiaque.
4 Lors d'une audiométrie, un patient est soumis à un son de 500 Hz. Quel signal électrique du **doc. 1** peut correspondre au son émis ?	Le signal **a**.	Le signal **b**.	Aucun des deux.
5 Un émetteur de salves ultrasonores est connecté à la voie A d'un oscilloscope et un récepteur est connecté à la voie B (**doc. 2**).	Le début de la réception commence avant la fin de l'émission.	L'émetteur émet des ultrasons pendant 500 µs.	Le début de la réception survient 1,9 ms après le début de l'émission.

2 Valeur de la vitesse du son

Si erreur, revoir § 2, p. 156.

	A	B	C
1 La valeur de la vitesse du son dans l'air à 20 °C est :	la même que celle des ultrasons.	d'environ 340 $m \cdot s^{-1}$.	d'environ 300 000 $km \cdot s^{-1}$.

Exercice résolu

Compétences
- Mobiliser ses connaissances.
- Effectuer un calcul.

3 Déterminer la période et la fréquence d'un signal

Le document ci-dessous représente un extrait de l'électrocardiogramme d'un patient. La ligne en pointillés est prise comme référence pour les tensions.

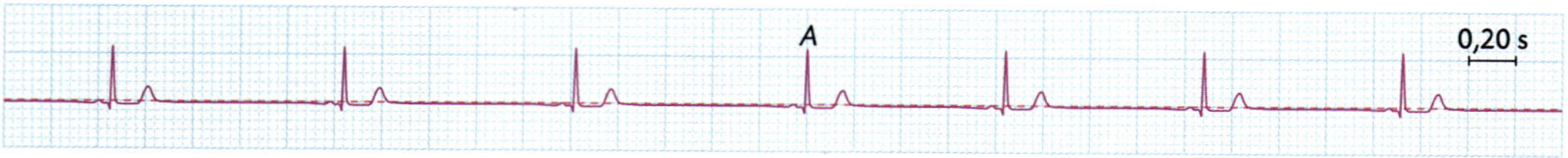

Énoncé

1. Ce signal est-il périodique sur toute la durée de l'enregistrement ?
2. Sur la portion de l'enregistrement située à gauche du point A, le signal est considéré périodique. Calculer sa période.
3. Calculer la fréquence cardiaque de ce patient, en hertz, puis en battement par minute.

Analyse de l'énoncé

- Qu'est-ce qu'un signal périodique ? Sur quel axe de l'ECG le temps est-il repéré ?
- Comment la période est-elle définie ?
- Quelle est la relation entre la fréquence et la période ?
- Comment convertit-on des hertz en battement par minute ?

Conseils

1. Un signal périodique comporte un motif qui se répète régulièrement au cours du temps.
La durée est mesurée sur l'axe horizontal.

2. La définition de la période est à connaître ; si besoin revoir la page 156.
Pour améliorer la précision de la mesure de la période, il faut **mesurer la durée du plus grand nombre possible de motifs**. Pour déterminer la durée à partir de l'échelle, il faut établir une proportionnalité :

1,0 graduation	0,20 s
x graduations	$(x \times \frac{0,20}{1})$ s

3. La fréquence en hertz est l'inverse de la période en seconde.
Ici, la fréquence représente le nombre de battements par seconde. Il y a 60 secondes dans une minute. Le nombre de battements par minute s'écrit donc $60 \times f$ (avec f en hertz).
Pour ne pas cumuler des erreurs d'arrondis, utiliser la valeur non arrondie de f.

Solution rédigée

1. À partir du point A, la durée qui sépare deux pics n'est plus la même. Donc ce signal n'est pas périodique sur toute la durée de l'enregistrement.

2. On mesure, par exemple, la durée de 3 périodes. Cette durée s'étale sur 14,7 graduations. Or 1,0 graduation représente 0,20 s. On a donc :
$$T = \frac{14,7 \times 0,20}{3} = 0,98 \text{ s}$$
La période de battement du cœur de ce patient est donc 0,98 s sur la portion de l'enregistrement située à gauche du point A.

3. La fréquence f est l'inverse de la période :
$$f = \frac{1}{T}$$
(f en Hz, T en s)

Donc : $f = \frac{1}{0,98} \approx$ **1,0 Hz.**

Il y a 60 fois plus de battements dans une minute que dans une seconde. Il y a donc $60 \times \frac{1}{0,98} \approx$ **61 battements par minute**.

4 Application immédiate

Calculer la fréquence, en battement par minute, sur la portion de l'enregistrement à droite du point A.

→ Corrigés, p. 338.

Exercices

Compétences

Parcours d'apprentissage

Compétences	5	7	9	11	23	24
Connaître et utiliser les définitions de la période et de la fréquence d'un phénomène périodique.		•	•			•
Identifier le caractère périodique d'un signal sur une durée donnée.	•					•
Déterminer les caractéristiques d'un signal périodique.				•		
Connaître une valeur approchée de la vitesse du son dans l'air.					•	

Pour commencer

Signaux périodiques

5 Reconnaître des signaux périodiques

▪ Mobiliser ses connaissances.

1. Donner la définition d'un signal périodique.

2. Parmi les signaux suivants, identifier ceux qui sont périodiques sur la durée d'enregistrement.

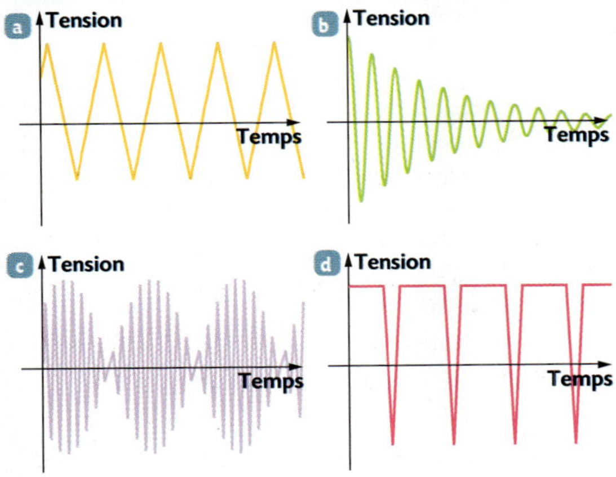

6 Caractériser un signal périodique

▪ Mobiliser ses connaissances.

1. Quelles sont les grandeurs qui permettent de décrire un signal électrique périodique ?

2. Préciser l'unité de chacune d'elles.

7 Déterminer la période d'un signal

▪ Mobiliser ses connaissances ; effectuer un calcul.

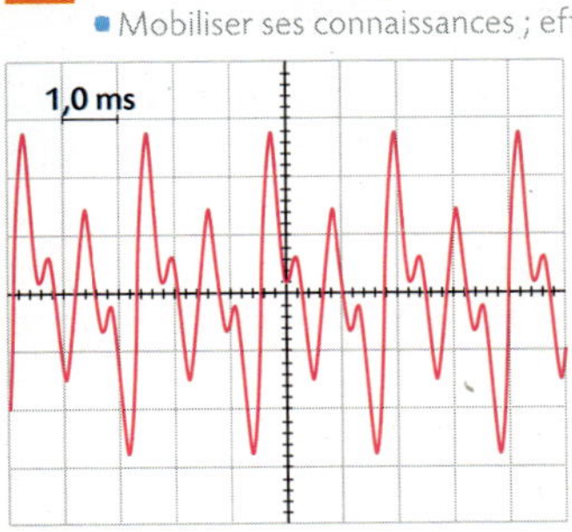

1. Définir la période T d'un signal périodique.

2. Déterminer le plus précisément possible la période du signal ci-contre.

8 Déterminer la fréquence d'un signal

▪ Mobiliser ses connaissances ; effectuer un calcul.

1. Définir la fréquence f d'un signal périodique.

2. Déterminer la fréquence du signal de l'exercice 7.

9 Calculer une fréquence et une période (1)

▪ Effectuer des calculs.

Pour contrôler leurs efforts, certains sportifs portent une montre cardiofréquencemètre qui indique le rythme cardiaque en battement par minute. Lors d'un entraînement, la montre affiche 127 battements par minute.

1. Calculer la fréquence cardiaque en hertz.

2. En déduire la période correspondante.

10 Calculer une fréquence et une période (2)

▪ Effectuer des calculs.

Le yoga permet de se relaxer en contrôlant le rythme de sa respiration. Au cours d'un exercice de relaxation, lors d'une séance de yoga, Élisa contrôle son pouls et compte 26 battements en 30 secondes.

1. Calculer la fréquence cardiaque en battement par minute, puis en hertz.

2. En déduire la période de battement de son cœur.

11 Exploiter un ECG (1)

■ Exploiter des mesures.

Le document ci-dessous représente un extrait d'un électrocardiogramme.
La ligne en pointillés est la référence des tensions.

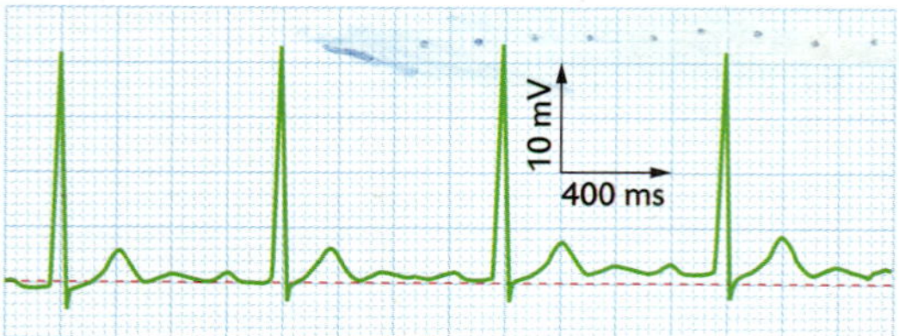

1. Déterminer la période de battement de ce cœur.
2. En déduire la fréquence cardiaque correspondante.
3. Déterminer la tension maximale de ce signal.

12 Exploiter des ECG (2)

■ Mobiliser ses connaissances ; effectuer des calculs.

Le document ci-dessous représente un extrait de deux électrocardiogrammes.

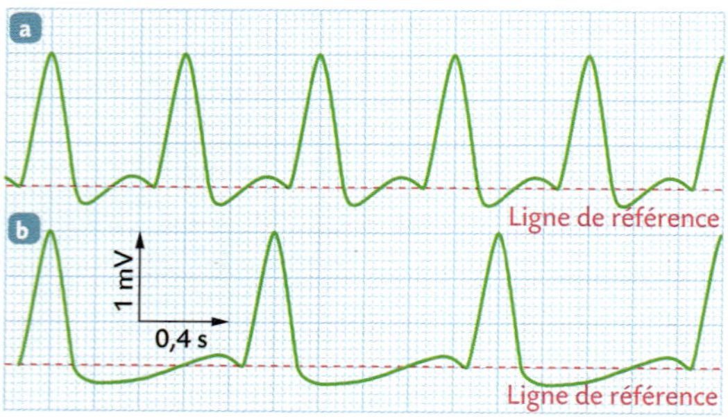

1. Pour les deux signaux ci-dessus, quelles sont les grandeurs caractéristiques égales ? différentes ?
2. Déterminer les valeurs de ces grandeurs.

Valeur de la vitesse du son

13 Connaître la valeur de la vitesse du son dans l'air

■ Mobiliser ses connaissances.

1. Donner la valeur de la vitesse de propagation du son dans l'air à 20 °C.
2. Les ultrasons utilisés en échographie ont des fréquences supérieures à celles des sons audibles. Comparer la valeur de leur vitesse de propagation à la valeur de celle des sons audibles, dans le même milieu.

14 Utiliser la valeur de la vitesse du son dans l'air

■ Effectuer des calculs ; mobiliser ses connaissances.

Un émetteur de salves ultrasonores est connecté à la voie 1 d'un oscilloscope et un récepteur est connecté à la voie 2. Ils sont placés face à face. Sur l'oscilloscope réglé sur 500 µs/div, on obtient les courbes suivantes.

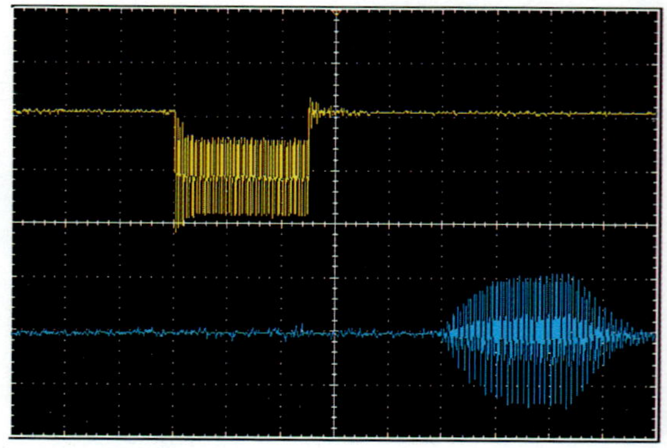

1. Rappeler la valeur de la vitesse de propagation du son dans l'air à 20 °C.
2. a. Déterminer la durée séparant le début de l'émission et le début de la réception.
b. En déduire la distance entre l'émetteur et le récepteur.

Pour s'entraîner

15 Représenter un signal périodique

■ Faire un graphique.

• Sur du papier millimétré ou quadrillé, représenter plusieurs périodes d'un signal électrique de tension minimale – 2 V, de tension maximale + 3,0 V, de période $T = 6$ ms et dont le motif a la forme ci-contre. Préciser les grandeurs et leurs unités, ainsi que les échelles choisies en abscisses et en ordonnées.

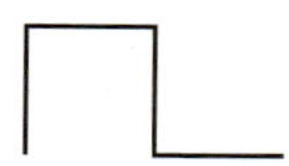

16 La plongée en apnée

■ Rédiger une explication ; effectuer des calculs.

Lors d'une plongée en apnée, la période de battement du cœur augmente par réaction au froid et à la pression. Ainsi, celle de Sofiane est passée de 0,75 s à 1,5 s lors d'une immersion.

1. a. Lors de cette immersion, par quel nombre la période de battement du cœur de Sofiane a-t-elle été multipliée ?
b. Sans calcul, dire comment sa fréquence cardiaque a évolué.
2. a. Calculer, en battement par minute, la fréquence cardiaque de Sofiane avant l'immersion et lors de l'immersion.
b. Ces valeurs sont-elles en accord avec la réponse donnée à la question 1b ?

17 Évolution des caractéristiques d'un signal périodique

■ Mobiliser ses connaissances ; faire un schéma adapté.

1. Comment évolue la période d'un signal électrique si :
a. on double sa fréquence ?
b. on divise sa fréquence par deux ?
c. on divise sa tension maximale par deux ?

2. À partir du signal ci-dessous, représenter les signaux correspondant aux trois situations de la question 1.

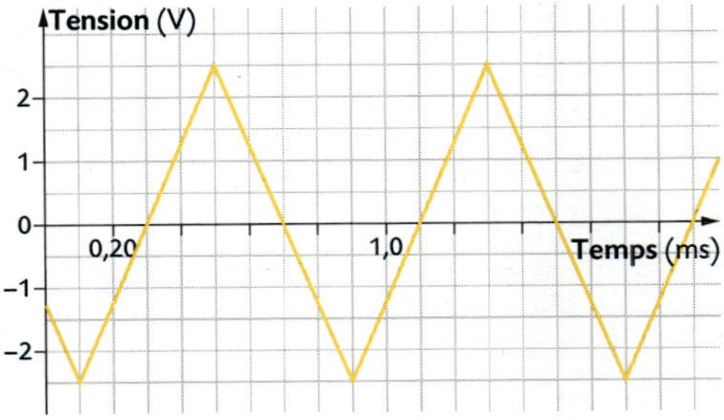

18 Résolution de problème

La « teen buzz mosquito »

■ Construire les étapes d'une résolution de problème.

La presbyacousie est une perte auditive liée à l'âge. Ce phénomène affecte notamment les sons aigus dont les fréquences sont situées au-delà de 15 kHz.
Des adolescents se sont servis de cette baisse d'acuité auditive pour créer une sonnerie de portable, la « teen buzz mosquito », inaudible par les adultes.
L'analyse d'une sonnerie téléchargée sur Internet par un élève a donné le signal suivant :

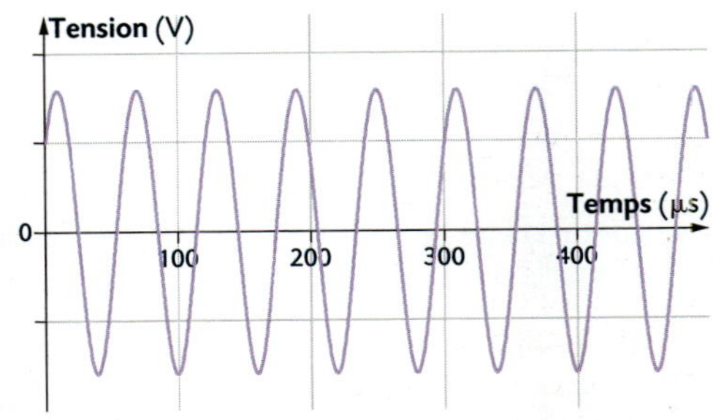

• La sonnerie téléchargée peut-elle être la « teen buzz mosquito » ?

→ **Pistes de résolution**, p. 334.

19 Test auditif

■ Mobiliser ses connaissances ; exploiter des mesures.

Doc. 1 Du signal électrique au son

Des signaux électriques envoyés à un casque audio génèrent des sons ayant la même fréquence que celle du signal électrique.
Un signal de grande fréquence donne un son aigu.
Un signal de faible fréquence donne un son grave.

Doc. 2 Test audiométrique

Les signaux ci-dessous correspondent à deux sons A et B utilisés lors d'un test d'audition.

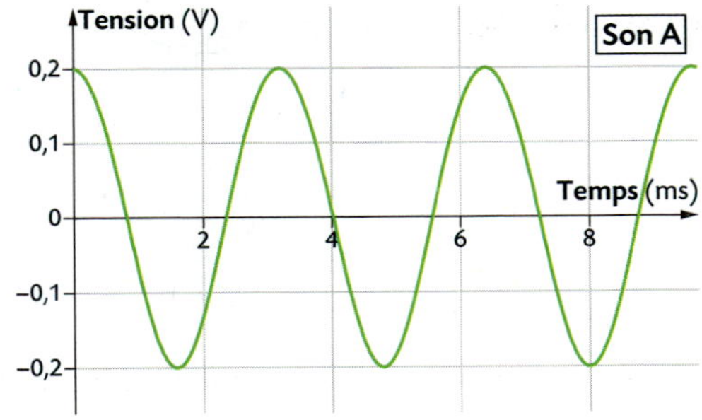

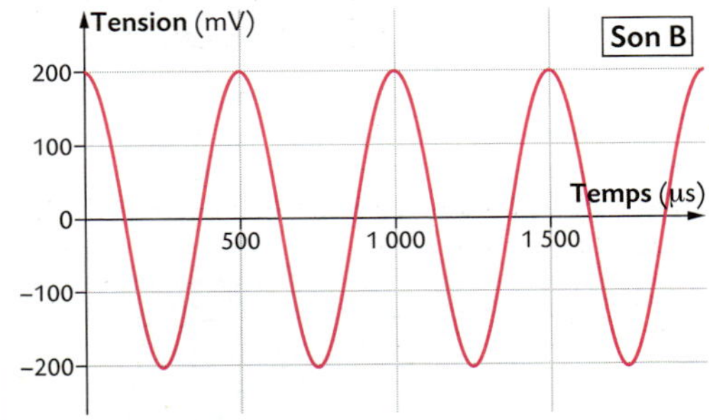

1. Déterminer la période de chaque son.
2. Calculer les fréquences correspondantes.
3. Quel est le son le plus aigu ?

20 Dental Cleaning

■ Extraire des informations ; argumenter.

The ultrasonic cleaning method is used in dental procedures. This method offers dentist a cost-efficient way to clean a patient's teeth.
When the tip of the scaler held against the tooth, sound waves (from frequency 25 to 45 kHz) bounce off the tooth and cause the tartar and plaque to break up. The water coming from the scaler then washes the broken debris away. The tip of the scaler does not damage the enamel of the tooth as traditional hand-scaling methods. This method only uses the vibrations, so patients can expect a painless process.

From the website www.ehow.com

Vocabulaire : *scaler* : outil de détartrage ; *(to) bounce* : rebondir ; *tartar* : tartre ; *enamel* : émail.

1. Quelle est la nature des ondes utilisées pour le détartrage dentaire ?
2. Par rapport à un détartrage traditionnel qui consiste à enlever le tartre par grattage, quel est l'intérêt d'utiliser ce type d'ondes ?

21 Une séance de travaux pratiques

▪ Exploiter des informations ; effectuer des calculs.

Lors d'une séance de travaux pratiques, on se propose de déterminer la valeur de la vitesse des ondes ultrasonores utilisées lors d'une échographie. Pour cela, on visualise sur un oscilloscope les signaux reçus par deux récepteurs à ultrasons, R_1 et R_2, disposés face à un émetteur de salves ultrasonores. Les récepteurs R_1 et R_2 sont respectivement reliés aux voies 1 et 2 de l'oscilloscope.

Dans une première situation, les deux récepteurs sont placés côte à côte.
Dans une seconde situation, on éloigne le récepteur R_2 d'une distance $d = 40$ cm du récepteur R_1.
Les oscillogrammes obtenus dans les deux situations sont donnés ci-dessous. Ils ne sont pas obligatoirement dans l'ordre des expériences.

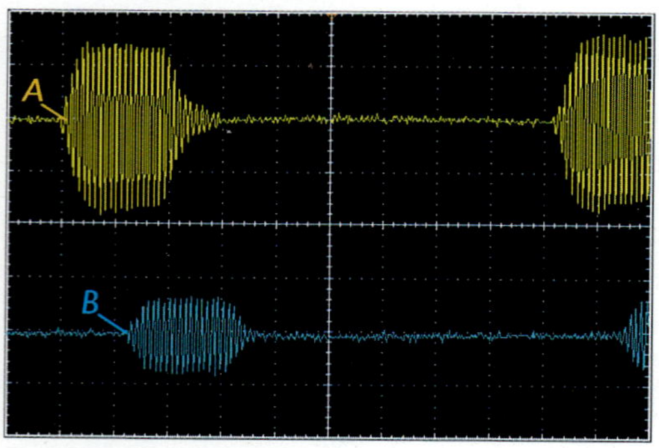

› Oscillogramme 1 (1 ms/div).

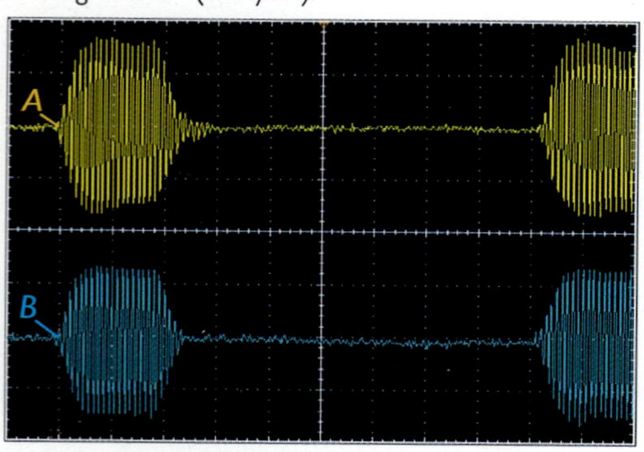

› Oscillogramme 2 (1 ms/div).

1. a. Sur les oscillogrammes 1 et 2, que représente le point *A* ? le point *B* ?
b. Associer chaque situation décrite dans l'énoncé à l'oscillogramme correspondant.

2. a. Sur l'oscillogramme 1, que représente le décalage temporel entre les points *A* et *B* ?
b. Calculer sa valeur.

3. En déduire la valeur de la vitesse des ultrasons dans les conditions de l'expérience.

22 À chacun son rythme

Mesure de la vitesse du son dans l'eau

▪ Extraire des informations ; effectuer des calculs ; discuter un résultat.

*Commencer par résoudre l'*énoncé compact. *En cas de difficultés, passer à l'*énoncé détaillé.

En 1828, sur le lac Léman, le physicien suisse Jean-Daniel COLLADON et le mathématicien français Charles STURM mesurent la valeur de la vitesse du son dans l'eau. Ils se trouvent dans deux bateaux séparés de 13 km.

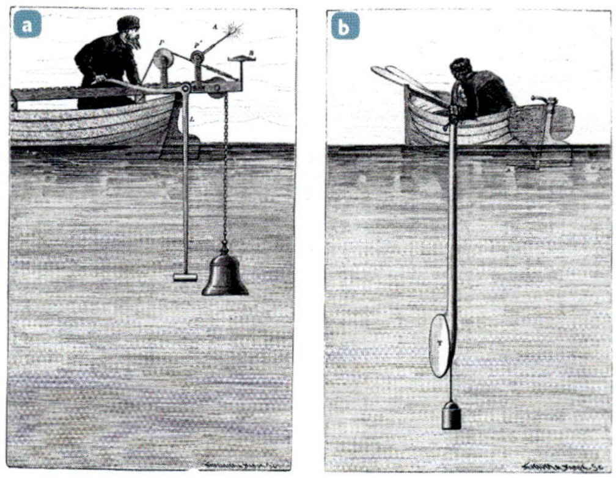

Dans le premier bateau (**a**), l'expérimentateur frappe, avec un marteau, une cloche de bronze immergée dans l'eau et produit simultanément un éclair. Dans le second bateau (**b**), l'expérimentateur est muni d'un stéthoscope, relié à un cornet acoustique immergé, et d'un chronomètre.
Lors de cette expérience, ils obtiennent une durée de propagation du son dans l'eau de 9,1 s.

Énoncé compact

• La valeur de la vitesse du son dans l'eau est-elle plus grande que celle du son dans l'air ?

Énoncé détaillé

1. Quel est le rôle du stéthoscope utilisé par l'expérimentateur ?

2. a. Qu'ont mesuré J.-D. COLLADON et C. STURM lors de cette expérience ?
b. Qu'ont-ils négligé ?
c. Que connaissaient-ils ?

3. a. Donner la relation entre la distance qui sépare les bateaux, la durée mesurée et la valeur de la vitesse du son dans l'eau.
b. En déduire la valeur de la vitesse du son dans l'eau, mesurée lors de l'expérience.

4. Rappeler la valeur de la vitesse de propagation du son dans l'air.

5. La valeur de la vitesse du son dans l'eau est-elle plus grande que celle du son dans l'air ?

23 Connaître les critères de réussite

Vitesse et milieu de propagation

■ Mobiliser ses connaissances ; effectuer des calculs.

Doc. 1 Les ondes ultrasonores en échographie

La technique de l'échographie utilise des ondes ultrasonores. Selon la nature du milieu traversé, la valeur de la vitesse de propagation de ces ondes n'est pas la même.

Doc. 2 La mesure de la vitesse des ondes ultrasonores

Un émetteur et un récepteur d'ondes ultrasonores sont placés face à face, dans l'air ou dans l'eau, à une distance fixe d l'un de l'autre.
À l'aide d'un oscilloscope numérique, on enregistre le signal capté par le récepteur. L'origine des dates ($t = 0$ s) est l'instant de l'émission. Selon les milieux traversés, on obtient les deux oscillogrammes ci-dessous :

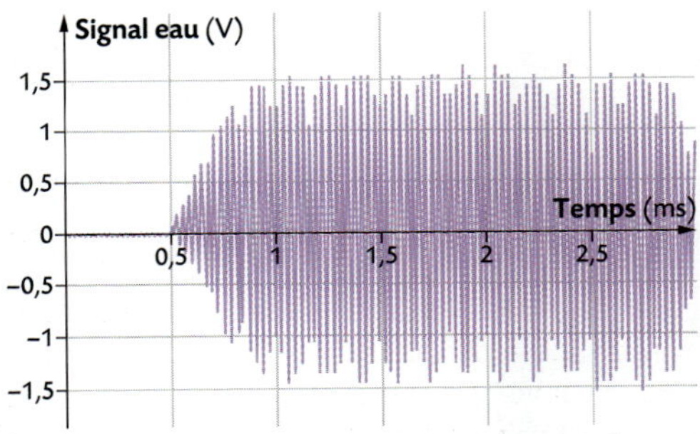

> Signal reçu pour une propagation dans l'eau.

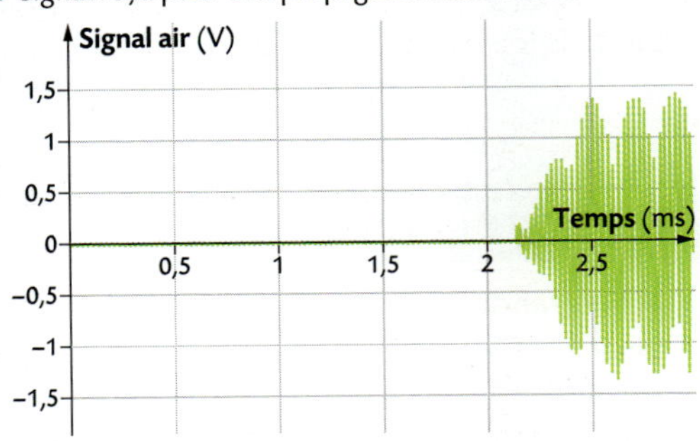

> Signal reçu pour une propagation dans l'air.

1. Sans faire de calcul, expliquer à l'aide des graphiques dans quel milieu la propagation des ultrasons est la plus rapide.

2. L'émetteur et le récepteur sont séparés par une distance $d = 75$ cm. Calculer la valeur de la vitesse de propagation des ultrasons :
a. dans l'eau ; b. dans l'air.

3. Les résultats trouvés sont-ils en accord avec l'affirmation du **doc. 1** et avec la valeur connue de la vitesse dans l'air à 20 °C ?

	Critères de réussite	Barème
1.	L'explication est correctement rédigée en évoquant une durée entre l'émission et la réception, ainsi que la distance entre l'émetteur et le récepteur.	1 pt
2.	Connaissance de l'expression de la valeur de la vitesse (avec les unités).	0,5 pt
	a. et b. Calcul correct de la valeur de la vitesse et présentation du résultat avec l'unité adaptée.	1 pt
3.	Rédaction d'une phrase de conclusion cohérente avec le document et avec le cours.	1 pt

| cours maîtrisé | réponse complète | présentation | **3,5 pts**

Pour aller plus loin

24 L'hyperventilation en haute montagne

■ Mobiliser ses connaissances ; effectuer des calculs ; argumenter.

En altitude, la raréfaction du dioxygène provoque, chez les alpinistes, un phénomène d'hyperventilation qui se traduit par une augmentation de la fréquence respiratoire. Ainsi, près du sommet de l'Everest, la fréquence respiratoire d'un alpiniste a été mesurée à 86 cycles par minute contre 12 par minute lorsqu'il est au repos au niveau de la mer.

1. Dans quelle(s) condition(s) la respiration peut-elle présenter un caractère périodique ?

2. Quelle est la période d'un cycle respiratoire de l'alpiniste :
a. près du sommet de l'Everest ?
b. au niveau de la mer ?

3. Justifier que ces valeurs sont en accord avec la raréfaction du dioxygène en altitude.

25 Utilisation d'un oxymètre

- Exploiter des informations ; effectuer des calculs ; rédiger une explication.

Les oxymètres sont couramment utilisés en médecine pour déterminer rapidement le rythme cardiaque et l'oxygénation du sang.

En classe de physique chimie, un élève a enregistré son pouls deux fois : au repos, puis à l'issue d'un bref exercice physique.
Il a obtenu les résultats ci-contre.

1. Peut-on considérer que le pouls de l'élève est un signal périodique ? Pourquoi ?

2. Discuter chacune des propositions suivantes, indiquer si elle est vraie ou fausse et la corriger si nécessaire, en justifiant :

a. Le rythme cardiaque est deux fois plus petit pour l'enregistrement 1 que pour l'enregistrement 2.

b. L'enregistrement 1 a été obtenu à l'issue de l'exercice physique, alors que le 2 correspond à une situation de repos.

c. Lors de l'enregistrement 2, le rythme cardiaque était proche de 120 battements par minute.

d. Le rythme cardiaque a varié de près de 40 % entre l'enregistrement 1 et l'enregistrement 2.

e. Si la période des battements cardiaques diminue de 40 %, alors leur fréquence augmente de 40 %.

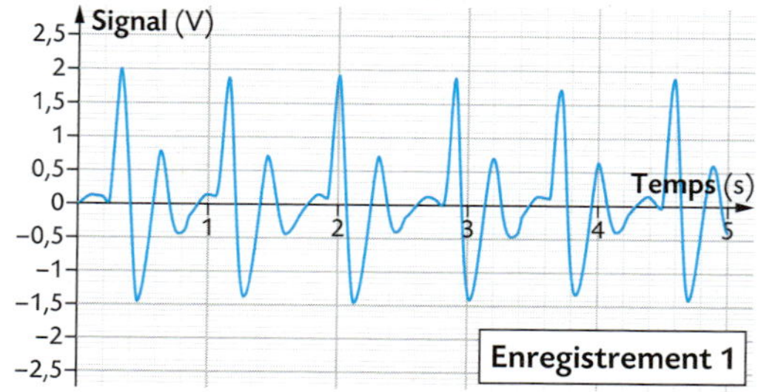

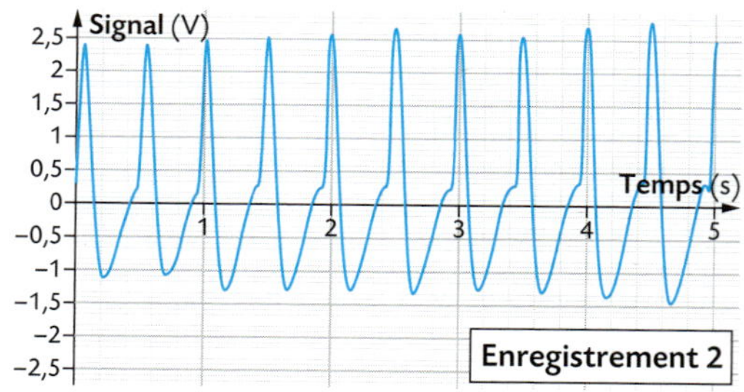

Retour sur l'ouverture du chapitre 10

Quelles sont les caractéristiques d'un signal périodique ?

26 L'écran d'un moniteur cardiaque

- Extraire des informations ; effectuer des calculs.

L'écran d'un moniteur cardiaque affiche en temps réel l'activité électrique du cœur d'un patient.

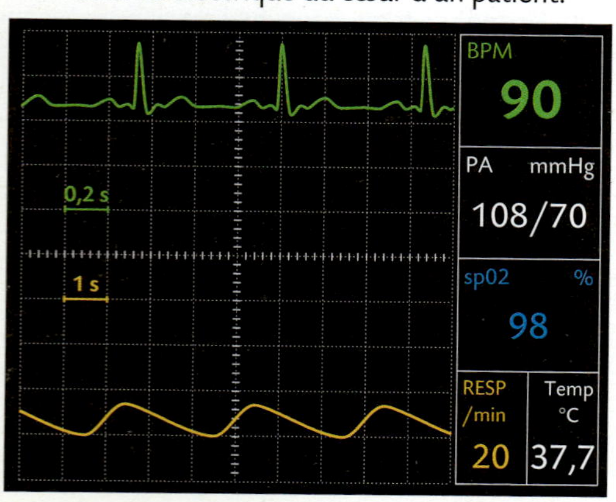

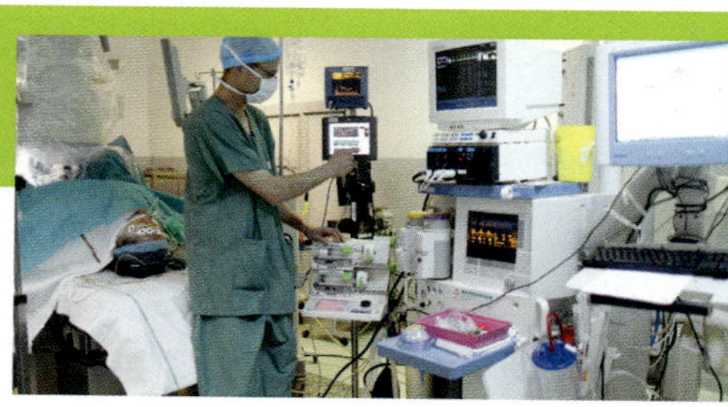

1. Quelle grandeur mesure-t-on suivant l'axe horizontal de cet écran ?

2. L'activité cardiaque est représentée en vert. Pourquoi peut-on la qualifier de périodique ?

3. a. Déterminer sa période.

b. En déduire sa fréquence.

4. L'indication en haut à droite de l'écran représente la fréquence cardiaque en battement par minute. Montrer que cette valeur est en accord avec celle calculée précédemment.

5. a. Quelle(s) autre(s) grandeur(s) caractérise(nt) ce signal ?

b. Que faudrait-il connaître pour en calculer les valeurs ?

SANTÉ

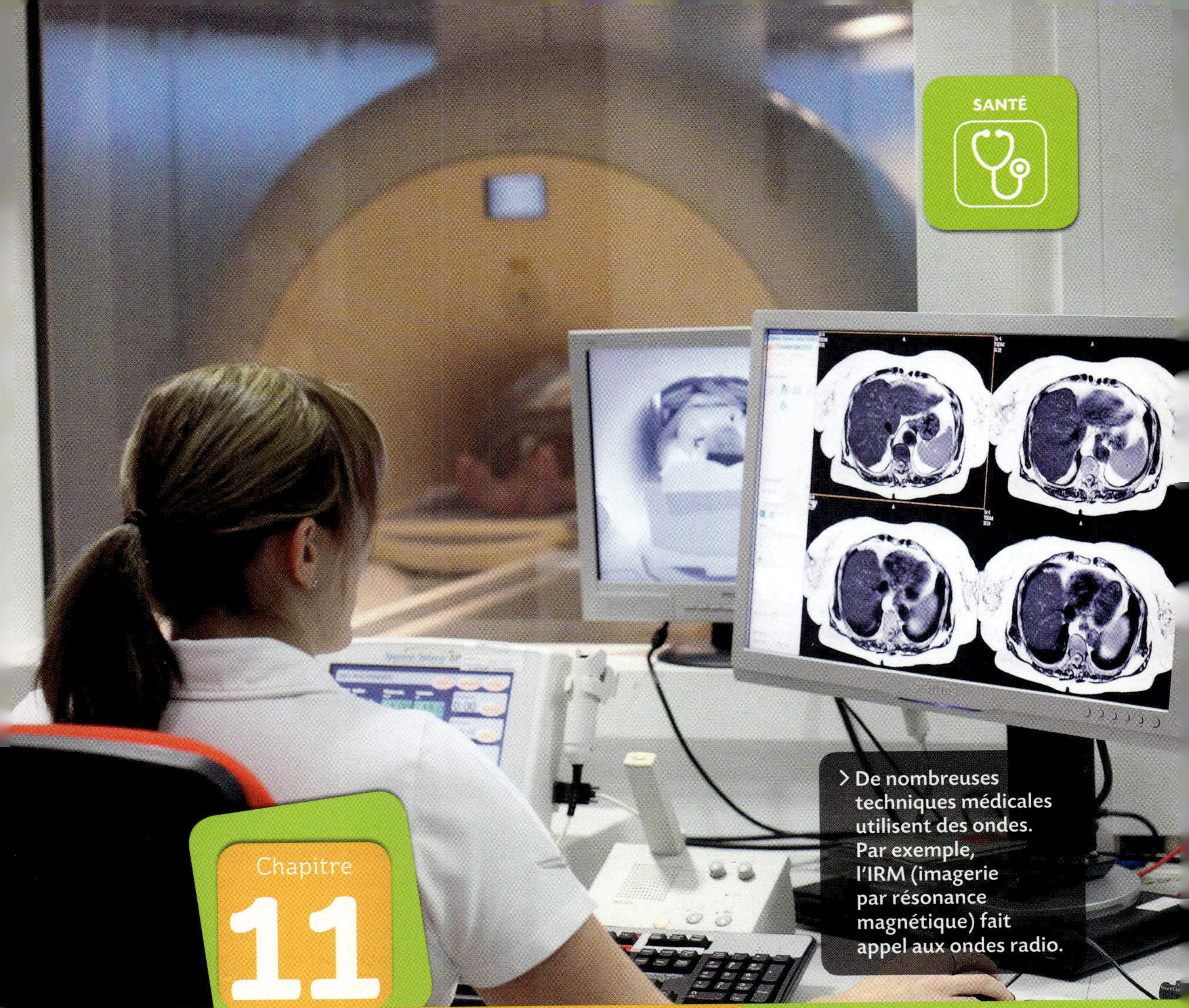

> De nombreuses techniques médicales utilisent des ondes. Par exemple, l'IRM (imagerie par résonance magnétique) fait appel aux ondes radio.

Chapitre 11

Les ondes au service de la médecine

Comment les ondes sont-elles utilisées en médecine ?

→ Exercice 30, p. 180.

Compétences

- Extraire et exploiter des informations concernant la nature des ondes et leurs fréquences en fonction de l'application médicale. → Activité 1
- *Pratiquer une démarche expérimentale sur la réfraction et la réflexion totale.* → Activité 3
- *Pratiquer une démarche expérimentale pour comprendre le principe des méthodes d'exploration et l'influence des milieux de propagation.* → Activité 2

Activité documentaire

À la maison

1 Les ondes au service du diagnostic

Compétence

- Extraire et exploiter des informations concernant la nature des ondes et leurs fréquences en fonction de l'application médicale.

La radiographie a été découverte à la fin du XIXe siècle par Wilhelm Conrad RÖNTGEN. Depuis, de nouveaux principes physiques ont permis la mise au point d'autres techniques d'imagerie médicale.

▶ **Quelles sont les caractéristiques des ondes utilisées en médecine ?**

Doc. 1 La radiographie

La radiographie permet d'observer les structures osseuses et les articulations. Elle utilise des rayons X qui peuvent traverser le corps humain. Ce sont des ondes électromagnétiques, de même nature que les ondes lumineuses, mais dont les fréquences sont de l'ordre de 10^{16} à 10^{20} Hz.
Les rayons X sont plus ou moins absorbés selon les milieux dans lesquels ils se propagent. Les rayons traversant le corps radiographié provoquent le noircissement d'un film placé derrière le patient. Les parties du corps peu absorbantes comme les poumons paraissent noires, celles très absorbantes, comme les os, paraissent blanches.

D'après le site Internet www.frm.org/dossiers-3.html

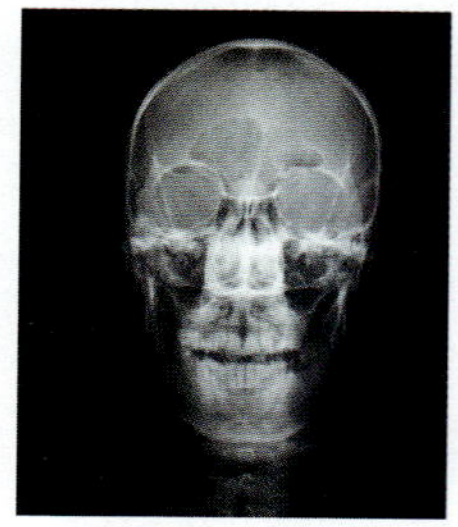

Doc. 2 L'audiométrie

L'audiométrie permet de tester l'audition d'un patient et de quantifier un éventuel déficit auditif. Pour chaque fréquence choisie par le médecin, l'audiomètre envoie des sons de différents niveaux d'intensité sonore au patient qui indique s'il les entend. Ces résultats sont transcrits sous forme d'un graphique représentant la perte d'audition en fonction de la fréquence des sons. Le niveau d'intensité sonore et les pertes sont mesurés en décibel (dB).

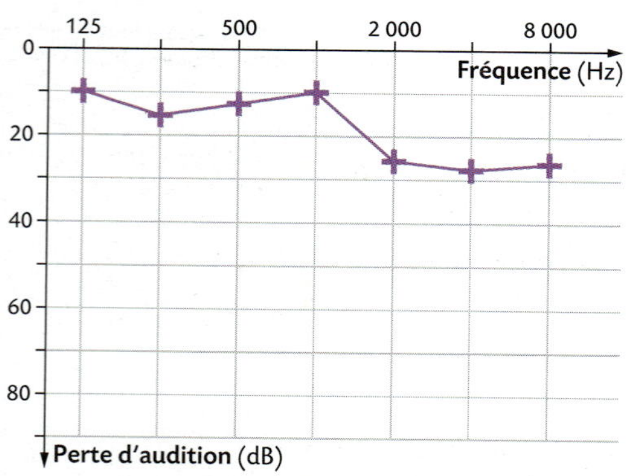

Doc. 3 L'échographie

L'échographie permet d'explorer de nombreux organes : le cœur (image ci-dessous), le foie, etc.
Une sonde recouverte d'un gel est posée sur la peau. Elle contient à la fois un émetteur et un récepteur d'ondes ultrasonores, de fréquences comprises entre quelques mégahertz et une vingtaine de mégahertz. Ces ondes peuvent être absorbées, transmises ou réfléchies par les substances qu'elles rencontrent. L'échographe mesure la durée de l'aller-retour de l'onde entre la sonde et la zone réfléchissante. Il compare également l'intensité du signal émis et celle du signal reçu après réflexion. L'analyse de ces mesures permet d'obtenir une image.

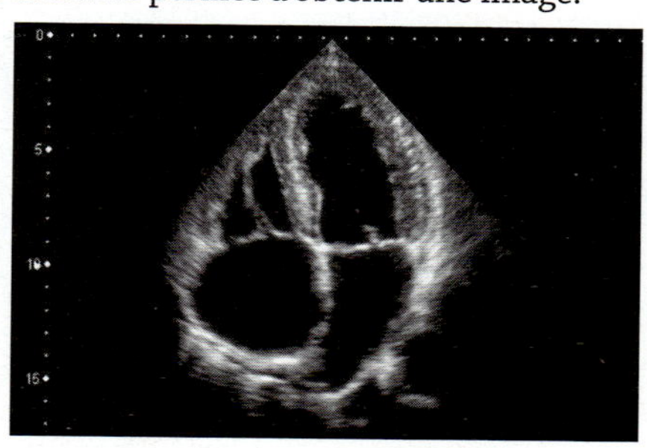

Un pas vers le cours

→ Fiche 1, p. 320.

Comparer ces trois types de techniques de diagnostic médical en précisant notamment la nature et les propriétés des ondes utilisées.

Compétence travaillée

Communiquer • Rédiger une réponse argumentée.

2 Le principe de l'échographie

L'échographie est une technique de diagnostic médical utilisant des ondes ultrasonores. Les ultrasons émis sous forme de salves, par une sonde échographique, sont réfléchis par les divers obstacles qu'ils rencontrent et retournent vers la sonde.

▶ **Comment déterminer une distance en utilisant des ultrasons ?**

Compétence

- *Pratiquer une démarche expérimentale pour comprendre le principe des méthodes d'exploration.*

Doc. 1 Le phénomène d'écho

On peut mettre en évidence le phénomène d'écho et s'en servir pour déterminer une distance. Pour cela, il faut utiliser un émetteur de salves ultrasonores et un récepteur d'ultrasons placés côte à côte, face à un obstacle. Les salves ultrasonores émises par l'émetteur se réfléchissent sur l'obstacle et sont captées par le récepteur. Les signaux issus de l'émetteur et du récepteur sont observés à l'aide d'un système d'acquisition.

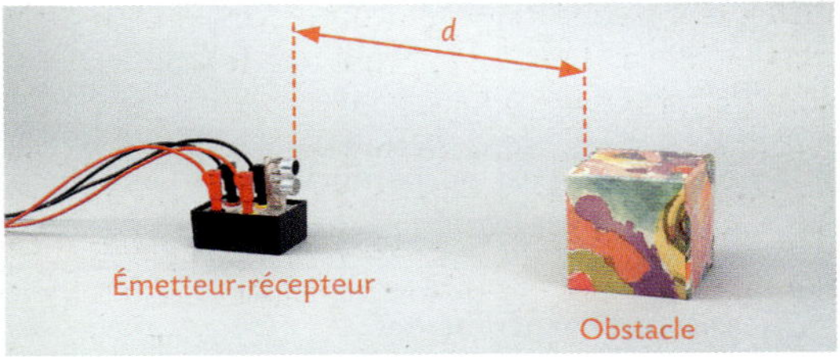

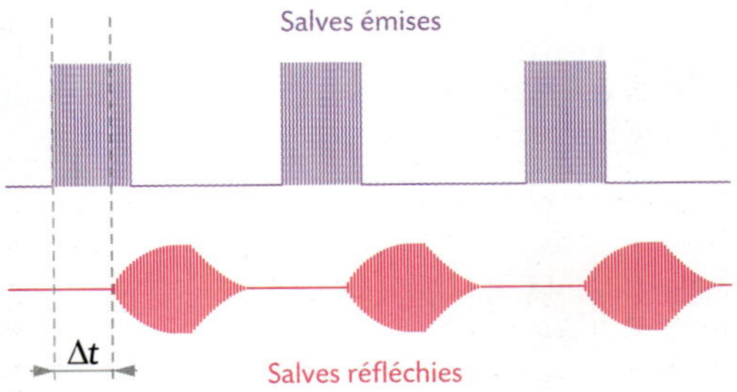

Matériel disponible

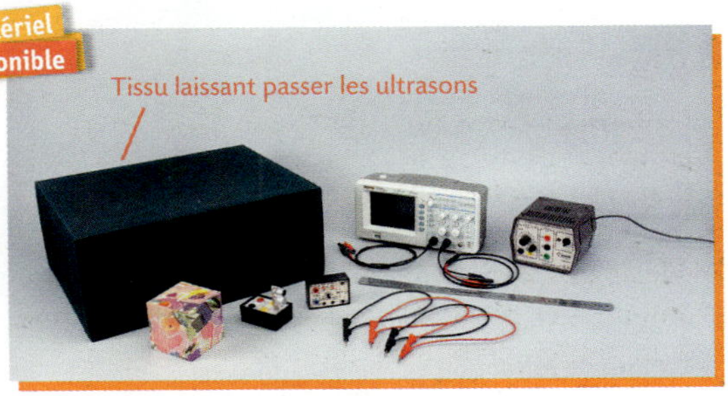

Analyse des documents

À la maison

Compétences travaillées

1 a. Que représentent les grandeurs d et Δt dans le **doc. 1** ?
b. Donner l'expression de la distance parcourue par les ultrasons, entre leur émission et leur réception après réflexion, en fonction de d.

S'approprier • Extraire des informations ; se questionner.

2 Quelle est la relation entre d, Δt et v, la valeur de la vitesse de propagation des ultrasons dans l'air ?

S'approprier • Mobiliser ses connaissances.

Investigation

3 On dispose d'une boîte opaque à la lumière mais laissant passer les ultrasons, dans laquelle est caché un objet. Déterminer la position de l'objet sans ouvrir la boîte.
En cas de difficultés, des solutions partielles sont disponibles en fin de manuel (p. 334).

S'approprier
Analyser
Réaliser
Valider
Être autonome et faire preuve d'initiative

Un pas vers le cours

4 En quelques lignes, proposer une explication du principe de l'échographie.

Communiquer • Rédiger une explication.

Activité expérimentale

3 La réflexion totale

La fibroscopie est un examen médical au cours duquel un médecin peut observer l'intérieur du corps. Dans une fibre optique, la lumière est guidée grâce au phénomène de réflexion totale.

▶ **Quelles sont les conditions de réflexion totale ?**

Compétence

- *Pratiquer une démarche expérimentale sur la réflexion totale.*

Doc. 1 Réfraction et réflexion

La **réfraction** d'un rayon lumineux **incident** passant d'un milieu ① à un milieu ② et sa **réflexion** dans le milieu ① sont schématisées ci-contre.
Les **angles** permettant de repérer ces rayons sont mesurés par rapport à la **normale** qui est perpendiculaire à la **surface de séparation** des deux milieux. I est le point d'incidence.

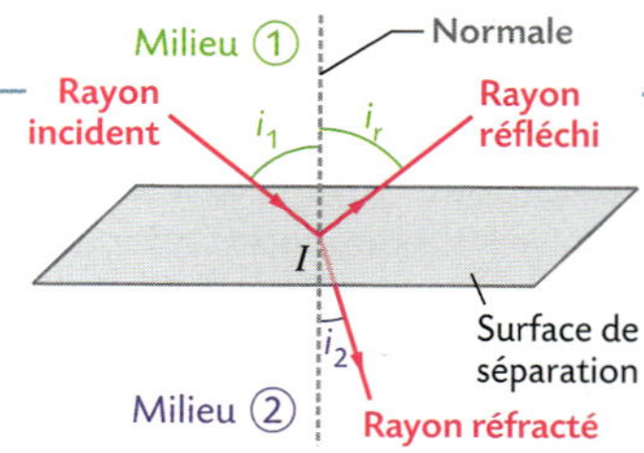

Doc. 2 Dispositif expérimental

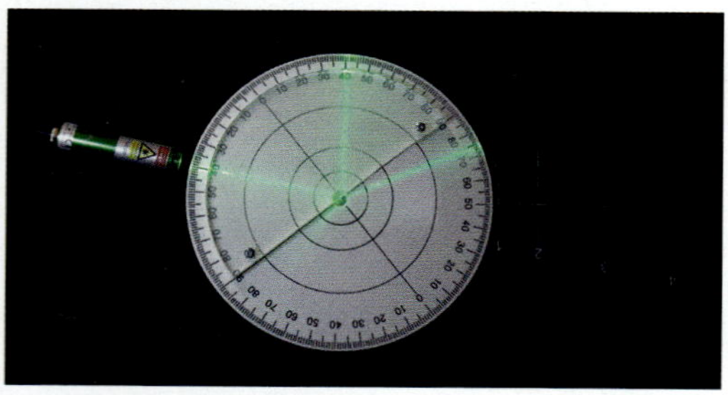

L'indice de réfraction de l'air est 1,00.

Doc. 3 Réfraction limite

Dans certaines situations, le rayon réfracté est perpendiculaire à la normale. On a alors $i_2 = 90°$, c'est la **réfraction limite**. Dans ce cas, le sinus de l'angle limite d'incidence, $i_{1\ell}$, est donné par :

$$\sin i_{1\ell} = \frac{n_2}{n_1}$$

où n_1 et n_2 sont les indices de réfraction qui caractérisent les milieux ① et ②.
Au-delà de cet angle d'incidence, le rayon réfracté n'existe plus.

Pratique expérimentale

Compétences travaillées

1. Schématiser le montage du **doc. 2** et le légender à l'aide des termes du **doc. 1**.
   - Réaliser le montage du **doc. 2**.
2. a. Dans quel milieu mesure-t-on l'angle d'incidence ? l'angle de réfraction ?
   b. Existe-t-il des angles d'incidence pour lesquels le faisceau réfracté disparaît ?
   - Tourner le dispositif afin d'inverser les rôles des deux milieux.

   Réaliser • Mettre en œuvre un protocole.
   Analyser • Exploiter des observations.
3. Dans cette nouvelle situation, reprendre les questions 2a et 2b.
4. À partir des observations précédentes, donner une condition sur les indices de réfraction pour pouvoir observer une réflexion totale.
   Analyser • Proposer une hypothèse.
5. Lorsqu'il existe, mesurer l'angle limite d'incidence et montrer qu'il est en accord avec la relation du **doc. 3**.
   Valider • Discuter de la validité d'une loi.

Un pas vers le cours

6. Quelles sont les conditions nécessaires pour observer une réflexion totale ?
   Communiquer • Rédiger une synthèse.

Doc. 1

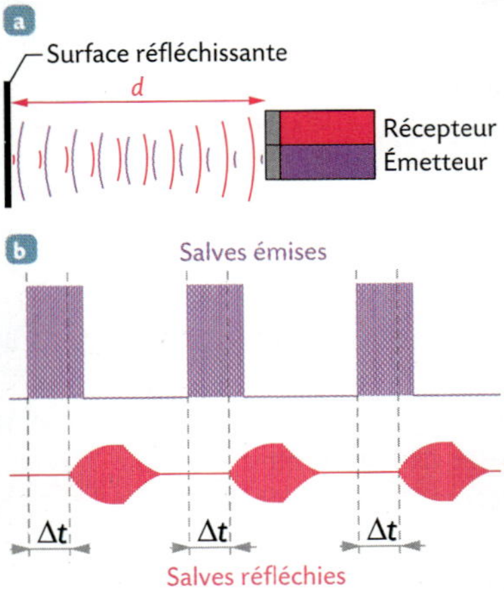

> Principe de l'écho (a) ; signaux obtenus lors de la mesure d'une distance grâce au principe de l'écho (b).

Doc. 2

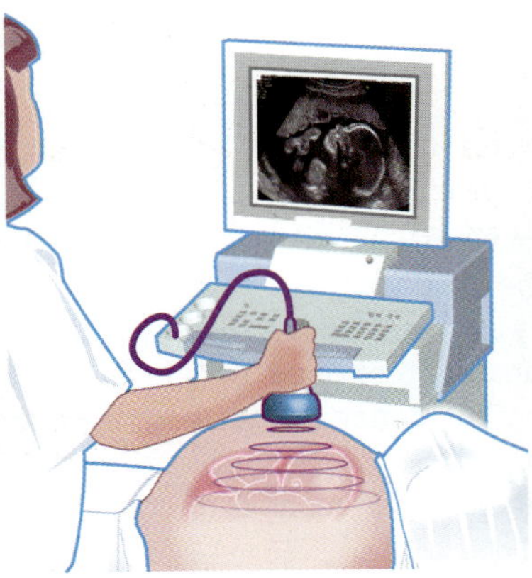

> Principe de l'échographie.

Doc. 3

> Examen d'audiométrie.

1 Comment utilise-t-on les ondes ultrasonores et sonores en médecine ?

A. Réflexion et échographie

Principe de l'écho

- Lorsque des ondes ultrasonores ou sonores rencontrent la surface de séparation entre deux milieux, elles peuvent être absorbées, réfléchies ou transmises. L'importance de ces phénomènes dépend de la nature des milieux rencontrés.

- Dans le cas de la **réflexion**, l'onde reste dans le premier milieu. Elle peut effectuer un **aller-retour** entre un émetteur-récepteur et une surface réfléchissante. Cette réflexion acoustique est appelée **écho** (doc. 1a).
La durée Δt (doc. 1b) de l'aller-retour est liée à la valeur v de la vitesse de propagation de cette onde dans le milieu et à la distance d séparant l'émetteur-récepteur de la surface réfléchissante (activité 2). La distance parcourue par l'onde en un aller-retour étant $2d$, on a :

$$d = \frac{v \times \Delta t}{2}$$

v en mètre par seconde ($m \cdot s^{-1}$) ; d en mètre (m) ; Δt en seconde (s)

Application à l'échographie

- En **échographie** (activité 1), on utilise des ondes ultrasonores de fréquences comprises entre 2 MHz et 20 MHz.

- Une sonde échographique (doc. 2) est constituée d'un émetteur et d'un récepteur accolés. Elle est placée au contact de la peau. Les ondes ultrasonores émises se propagent dans le corps et sont réfléchies, avec des intensités différentes, par les surfaces séparant les milieux traversés. L'analyse des signaux reçus donne des informations sur les organes rencontrés par les ondes.

- Les divers organes sont mis en évidence à partir de la mesure de l'intensité des ondes réfléchies.

- La distance séparant la sonde de l'organe observé est obtenue à partir de la mesure de la durée de l'aller-retour.

B. Audiométrie

- En **audiométrie** (activité 1), on travaille avec des ondes sonores de fréquences comprises entre 125 Hz et 8 kHz.

- Lors d'un test d'audiométrie (doc. 3), un casque émet des sons de fréquence et d'intensité variables. Pour chaque fréquence, le patient indique au médecin le seuil à partir duquel il entend le son.

- La mesure des fréquences et des intensités sonores perçues permet d'établir l'audiogramme du patient.

→ Exercices 5 à 10, p. 175.

2 Comment utilise-t-on les ondes électromagnétiques en médecine ?

Lorsqu'un faisceau de lumière monochromatique se propageant dans un premier milieu rencontre un autre milieu (**doc. 4**), il peut :
– changer de milieu : c'est la **réfraction** (**chapitre 3**) ;
– rester dans le même milieu : c'est la **réflexion** (**activité 3**).

Doc. 4

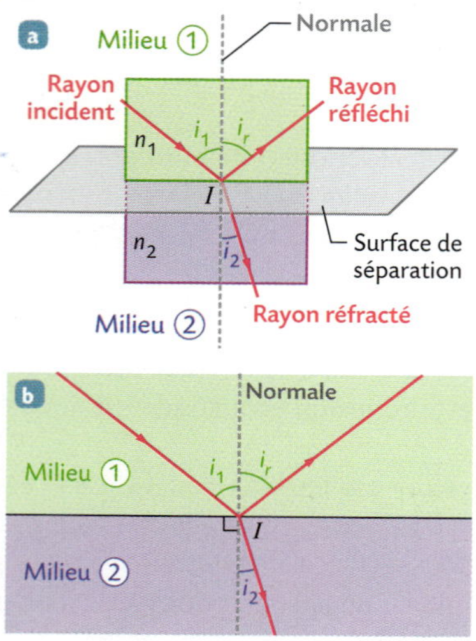

> Réfraction et réflexion ; dessin en perspective (**a**) ; schéma dans le plan d'incidence (**b**).

A. Lois de Snell-Descartes

Lois pour la réfraction

Les lois de Snell-Descartes pour la réfraction sont étudiées au **chapitre 3** :
– le **rayon incident** et le **rayon réfracté** sont situés dans le **plan d'incidence** et de part et d'autre de la **normale** ;
– les angles et les indices de réfraction sont liés par la relation :

$$n_1 \times \sin i_1 = n_2 \times \sin i_2$$

n_1 et n_2 sont les **indices de réfraction** des milieux ① et ②.

Lois pour la réflexion

Le **rayon incident** et le **rayon réfléchi** sont situés dans le **plan d'incidence** et de part et d'autre de la **normale**.
Les angles d'incidence et de réflexion vérifient la relation $i_1 = i_r$.

Doc. 5

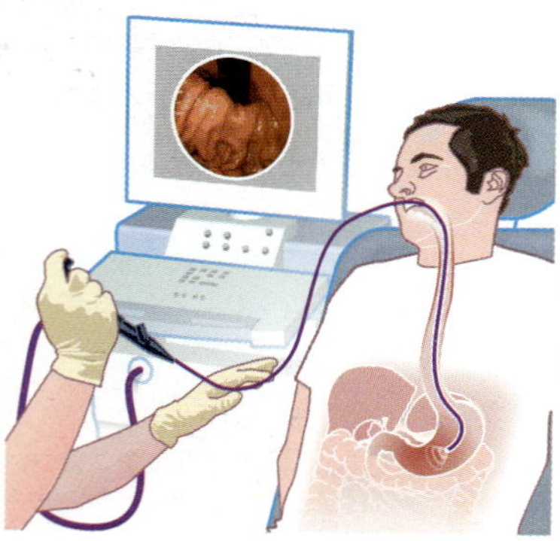

> Principe d'une fibroscopie. Dans la fibre optique, la lumière se propage par une succession de réflexions totales.

B. Cas particulier de la réflexion totale

• Lorsque la lumière passe d'un milieu ① à un milieu ② avec $n_2 < n_1$, il existe une valeur $i_{1\ell}$ de l'angle d'incidence i_1 telle que, si $i_1 > i_{1\ell}$, le rayon réfracté n'existe pas. Il y a alors **réflexion totale** (**doc. 6c**). Ce phénomène est mis en jeu dans les fibres optiques (**doc. 5**).
L'angle $i_{1\ell}$ est appelé l'**angle d'incidence limite**. Il correspond à un angle de réfraction $i_2 = 90\,°$ (**doc. 6b**). La loi de Snell-Descartes relative aux angles pour la réfraction permet alors d'écrire :

$$\sin i_{1\ell} = \frac{n_2}{n_1}$$

• La réfraction et la réflexion peuvent se produire simultanément : les schémas du **doc. 6** illustrent les diverses situations possibles.

Doc. 6

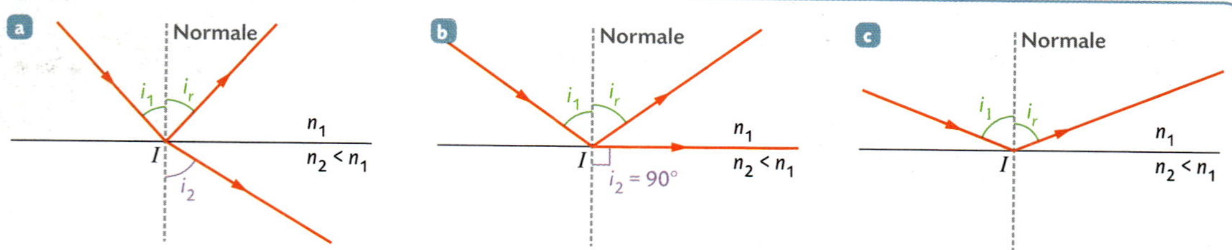

> Réfraction et réflexion (**a**). Si $i_1 < i_{1\ell}$, alors $i_2 < 90°$.

> Réfraction limite et réflexion (**b**). Si $i_1 = i_{1\ell}$, alors $i_2 = 90°$.

> Réflexion totale (**c**). Si $i_1 > i_{1\ell}$, alors pas de réfraction.

C. Applications au diagnostic médical

Les phénomènes d'absorption, de réflexion et de réfraction peuvent se produire avec tous types d'ondes (**activités 1** et **3**). Une onde est caractérisée par sa fréquence.
Le document ci-dessous donne les ordres de grandeur des fréquences d'ondes électromagnétiques utilisées en médecine selon les applications recherchées.

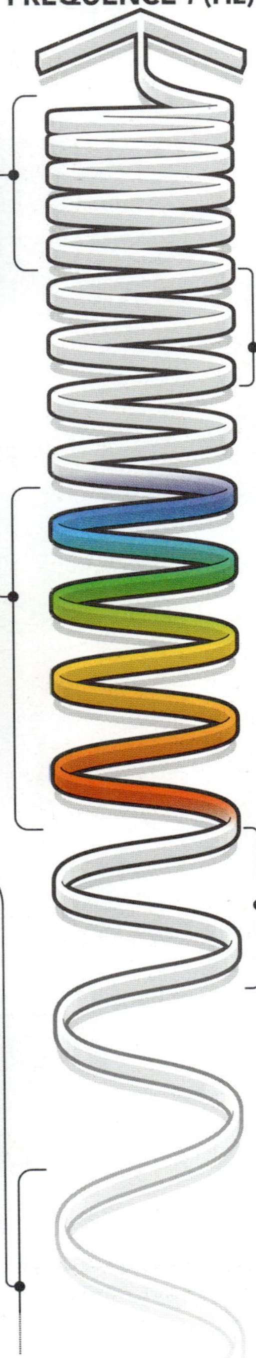

Ondes gamma

Fréquence de l'ordre de 10^{20} Hz
Scintigraphie
Exploration non invasive du corps humain

Les rayons γ, émis par des traceurs radioactifs fixés sur les parties du corps humain à explorer, sont détectés par des capteurs.

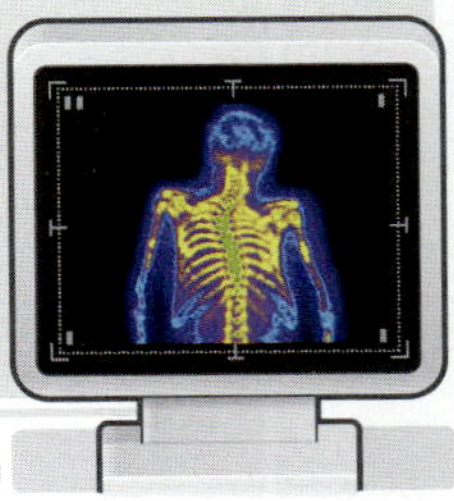

Ondes X

Fréquence de l'ordre de 10^{18} Hz
Radiographie, scanner
Exploration non invasive du corps humain

Les rayons X émis par l'appareil sont plus ou moins absorbés par les différentes parties du corps du patient.

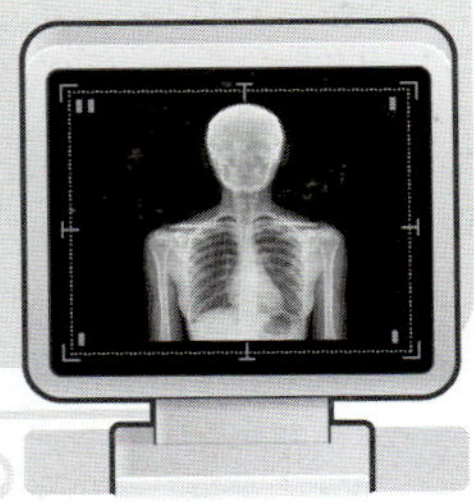

Ondes visibles

Fréquence de l'ordre de 10^{14} Hz
Imagerie par fibroscopie
Exploration peu invasive du corps humain

La lumière émise par une source est guidée dans des fibres optiques par des réflexions totales jusqu'à l'organe à observer. Elle retourne ensuite dans la fibre, jusqu'au capteur.

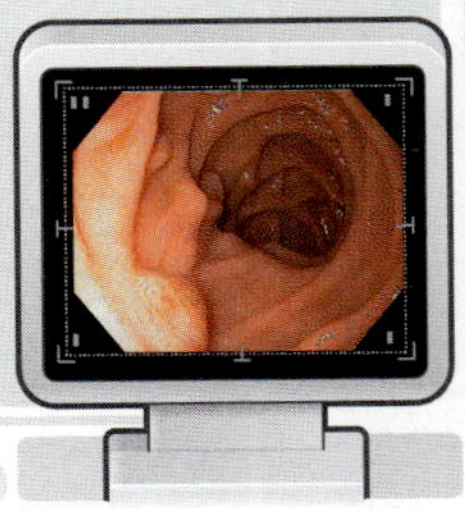

Ondes infrarouges

Fréquence de l'ordre de 10^{13} Hz
Thermographie
Exploration non invasive du corps humain

Les ondes émises par le patient sont captées par une caméra thermique.

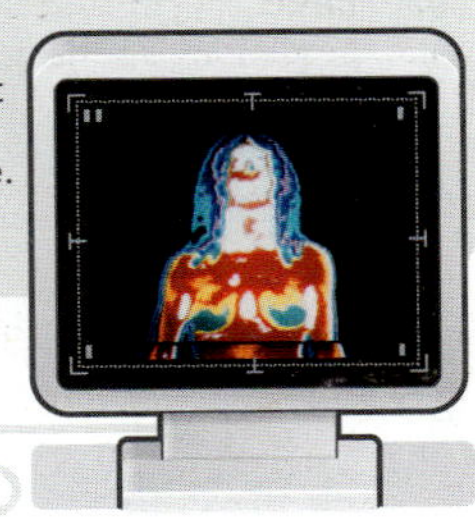

Ondes radios

Fréquence de l'ordre de 10^{8} Hz
IRM (imagerie par résonance magnétique)
Exploration non invasive du corps humain

Les ondes émises par l'appareil sont absorbées par les noyaux d'hydrogène du corps du patient.

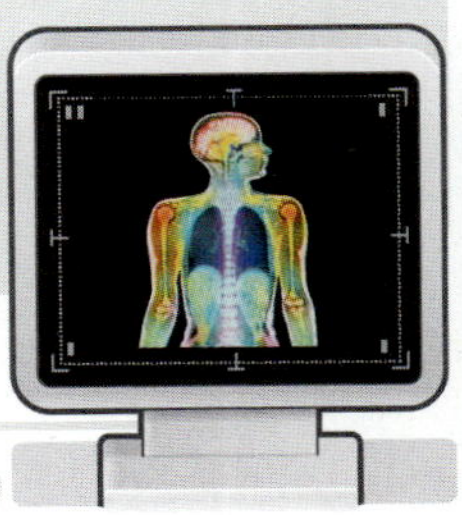

→ Exercices 11 à 17, p. 175-176.

Essentiel

1 Ondes ultrasonores et sonores en médecine

- Lors d'un **écho**, l'onde effectue un **aller-retour** entre un système émetteur-récepteur et un obstacle réfléchissant.
Des distances peuvent être évaluées en exploitant le phénomène d'écho.

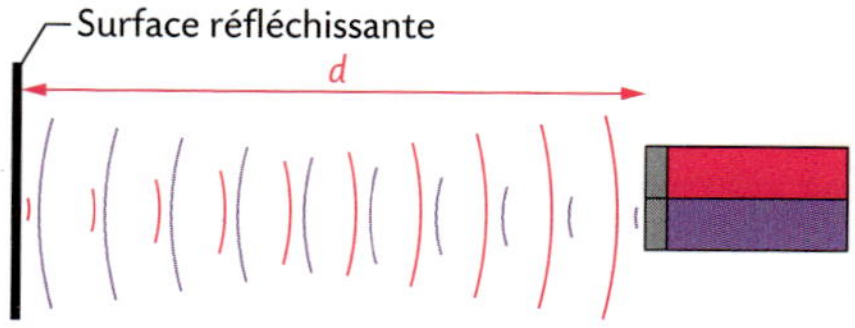

$$d = \frac{v \times \Delta t}{2}$$

- d : Distance entre l'émetteur-récepteur et l'obstacle en mètre (m)
- v : Valeur de la vitesse de propagation de l'onde en mètre par seconde ($m \cdot s^{-1}$)
- Δt : Durée de l'aller-retour en seconde (s)

- L'**échographie** est un diagnostic médical qui utilise des ondes ultrasonores.
- L'**audiométrie** est un diagnostic médical qui utilise des ondes sonores.

2 Ondes électromagnétiques en médecine

- La **réfraction** est le changement de direction d'un faisceau lumineux passant d'un milieu transparent à un autre.
Lors d'une réfraction, on a :

$$n_1 \times \sin i_1 = n_2 \times \sin i_2$$

- La **réflexion** est le renvoi d'un faisceau lumineux dans le milieu transparent dont il provient.
Les angles d'incidence i_1 et de réflexion i_r sont **égaux**.
- La **réflexion totale** est le cas particulier où le rayon réfracté n'existe pas.
Elle se produit dans le milieu ① si $n_1 > n_2$ et si $i_1 > i_{1\ell}$

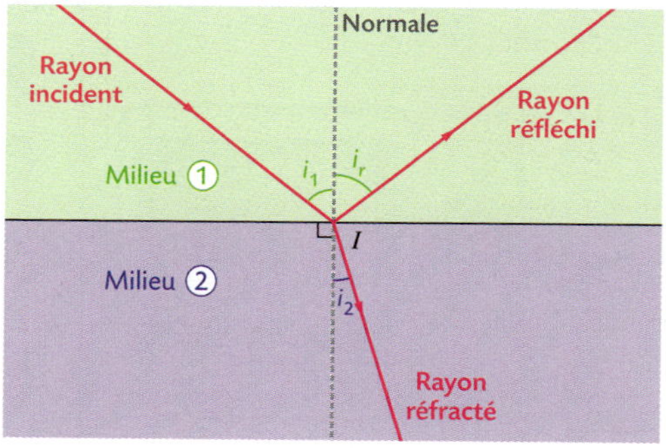

> Les trois rayons et la normale sont contenus dans le **plan d'incidence**.

- La lumière se propage dans le cœur d'une fibre optique par une succession de réflexions totales.
- L'**IRM**, la **fibroscopie**, la **radiographie** et la **scintigraphie** sont des techniques de diagnostic médical qui utilisent des ondes électromagnétiques.

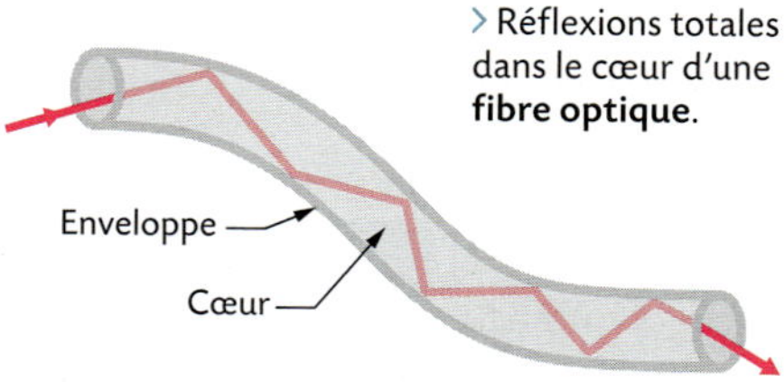

> Réflexions totales dans le cœur d'une **fibre optique**.

Synthèse

En médecine, les ondes sont choisies en fonction de l'**application médicale** voulue. Elles diffèrent par leur **nature** et leur **fréquence**.

QCM

→ Corrigés, p. 338.

Doc. 1

Lors d'une échographie, pour déterminer la distance d séparant la sonde d'un organe observé, on utilise la relation $d = \frac{v \times \Delta t}{2}$

Doc. 2

Un rayon lumineux se propage dans un milieu ① jusqu'au point I.

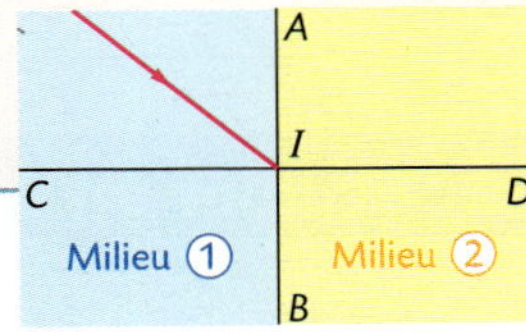

Pour chaque question, indiquer la (ou les) bonne(s) réponse(s).

1 Ondes ultrasonores et sonores en médecine

Si erreur, revoir § 1, p. 169.

	A	B	C
1 Dans la relation du **doc. 1**, v est la valeur de la vitesse de propagation :	des ultrasons dans le corps.	des ultrasons dans l'air.	de la lumière dans le corps.
2 Dans la relation du **doc. 1**, Δt est la durée mise par les ondes pour faire :	un aller entre la sonde et l'organe.	un aller-retour entre la sonde et l'organe.	un retour entre l'organe et la sonde.
3 Dans la relation du **doc. 1**, le nombre 2 traduit le fait que les ondes :	effectuent un aller-retour entre la sonde et l'organe.	parcourent deux fois la distance entre la sonde et l'organe.	se propagent deux fois plus rapidement dans le corps que dans l'air.
4 Si l'organe est plus éloigné de la sonde, la durée de propagation des ondes :	augmente.	ne varie pas.	diminue.
5 Lors d'un diagnostic audiométrique, on utilise :	des ondes ultrasonores.	des ondes sonores.	des ondes électromagnétiques.

2 Ondes électromagnétiques en médecine

Si erreur, revoir § 2, p. 170-171.

	A	B	C
1 Dans le schéma du **doc. 2** :	la droite (AB) est la normale passant par I.	la droite (CD) est la normale passant par I.	la surface de séparation entre les deux milieux contient la droite (AB).
2 Dans le **doc. 2**, l'angle d'incidence se mesure entre :	le rayon incident et la droite (AB).	le rayon incident et la droite (CD).	la droite (AB) et la droite (CD).
3 Lors d'une réflexion de la lumière, l'angle de réflexion est :	inférieur à l'angle d'incidence.	égal à l'angle d'incidence.	supérieur à l'angle d'incidence.
4 Dans une fibre optique de fibroscope, la lumière reste canalisée à l'intérieur de la fibre grâce :	à la réfraction.	à la réflexion limite.	à la réflexion totale.
5 La lumière est canalisée dans le cœur (milieu ①) d'une fibre optique dont l'enveloppe est le milieu ② car :	$n_1 > n_2$ et $i_1 > i_{1\ell}$.	$n_2 > n_1$ et $i_1 > i_{1\ell}$.	$n_1 > n_2$ et $i_1 < i_{1\ell}$.

Exercice résolu

Compétences
- Mobiliser et organiser ses connaissances.
- Effectuer un calcul littéral.
- Élaborer un protocole.

3 Étudier un matériau de fibre optique

Énoncé

On étudie un matériau transparent utilisé pour fabriquer des fibres optiques d'endoscope. On souhaite mesurer son indice de réfraction n_2. On dépose un bloc cubique de ce matériau sur un demi-cylindre en verre d'indice de réfraction $n_1 = 1{,}50$. Un faisceau lumineux est envoyé en direction du centre C du demi-cylindre.

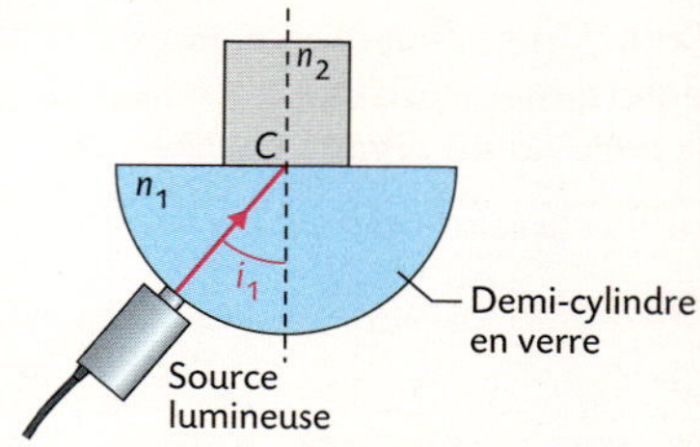

1 Quel(s) phénomène(s) lumineux peut(vent) se produire au point C ?

2 Dans le cas où l'angle de réfraction i_2 vaut 90°, exprimer l'angle limite d'incidence $i_{1\ell}$ en fonction de n_1 et n_2.

3 À quelles conditions observe-t-on le phénomène de réflexion totale en C ?

4 Proposer un protocole expérimental permettant de calculer n_2 en utilisant le principe de la réflexion totale.

Analyse de l'énoncé
- Quelle est la particularité de ce point ?
- Quelle est la relation entre ces angles ?
- Quel est le lien entre cet indice de réfraction et le début de l'exercice ?

Conseils

1 Le point C est le point d'intersection entre la surface de séparation de deux milieux transparents et le rayon incident. En ce point, la lumière peut changer de milieu et/ou rester dans le même milieu.

2 Il faut utiliser la relation de SNELL-DESCARTES relative aux angles pour une réfraction en remarquant que $i_2 = 90°$.

3 L'énoncé utilise le pluriel ; on a donc au minimum deux conditions à rappeler.

4 Réfléchir aux grandeurs que l'on connaît, à celle(s) que l'on peut mesurer à l'aide du dispositif et à celle(s) que l'on peut calculer.

Solution rédigée

1 En C, la lumière arrive au niveau de la surface de séparation de deux milieux transparents. On peut observer *a priori* les phénomènes de réfraction et de réflexion.

2 On utilise la relation de SNELL-DESCARTES relative aux angles pour une réfraction : $n_1 \times \sin i_1 = n_2 \times \sin i_2$.

Ici, $i_1 = i_{1\ell}$ et $i_2 = 90°$. Or $\sin 90° = 1$.

La relation précédente s'écrit donc : $n_1 \times \sin i_{1\ell} = n_2 \times 1$

Il vient alors : $\sin i_{1\ell} = \dfrac{n_2}{n_1}$ et $i_{1\ell} = \sin^{-1}\left(\dfrac{n_2}{n_1}\right)$

3 En C, on observe le phénomène de réflexion totale à condition que :

$$n_1 > n_2 \quad \text{et} \quad i_1 > i_{1\ell}$$

4 À partir de l'expression de la question **2**, on isole n_2 :

$$n_2 = n_1 \times \sin i_{1\ell}$$

L'indice n_1 est connu. Il reste donc à déterminer $i_{1\ell}$.

Après avoir déposé le bloc cubique sur le demi-cylindre, on envoie le faisceau lumineux en direction de C avec un angle d'incidence nul. On augmente progressivement l'angle d'incidence jusqu'à ne plus observer de rayon réfracté dans le cube.

i_2 est alors égal à 90° et i_1 est égal à $i_{1\ell}$. On peut donc calculer n_2.

4 Application immédiate

On fabrique le cœur d'une fibre optique dans un matériau d'indice de réfraction n_c et on l'entoure d'une gaine d'indice de réfraction n_g égal à 1,15.

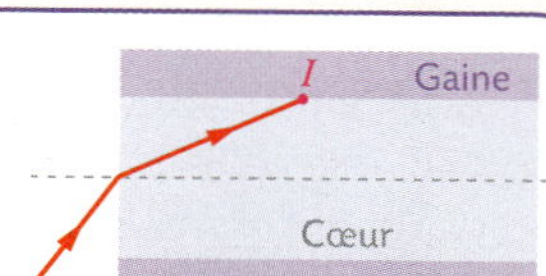

1. Calculer l'indice de réfraction n_c sachant que l'angle limite d'incidence vaut 47,9°.

2. Comparer n_g et n_c et citer l'autre condition pour observer une réflexion totale.

→ Corrigés, p. 338.

Exercices

Compétences

Parcours d'apprentissage : 9 – 16 – 18 – 19 – 27 – 30

- Extraire et exploiter des informations concernant la nature des ondes et leurs fréquences en fonction de l'application médicale. (18, 30)
- *Pratiquer une démarche expérimentale sur la réfraction et la réflexion totale.* (16)
- *Pratiquer une démarche expérimentale pour comprendre le principe des méthodes d'exploration et l'influence des milieux de propagation.* (9, 19, 27)

Pour commencer

Ondes ultrasonores et sonores en médecine

5 Connaître le phénomène d'écho

- Mobiliser ses connaissances.

• Quel phénomène physique est à l'origine de l'écho d'une onde sonore ?

6 Exploiter le phénomène d'écho

- Mobiliser ses connaissances.

Afin de comprendre le principe de l'échographie, on réalise l'expérience schématisée ci-dessous :

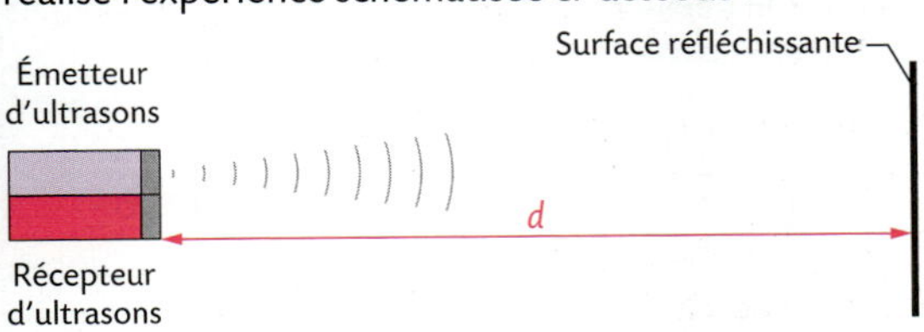

1. Quelle(s) grandeur(s) permet(tent) de déterminer la distance d en utilisant le principe de l'écho ?

2. Quelle est la relation entre ces grandeurs et la distance d ? Préciser les unités de ces grandeurs.

7 Étudier un écho (1)

- Faire preuve d'esprit critique.

Lucina annote des courbes obtenues lors d'une expérience réalisée dans l'eau pour illustrer le principe de l'échographie :

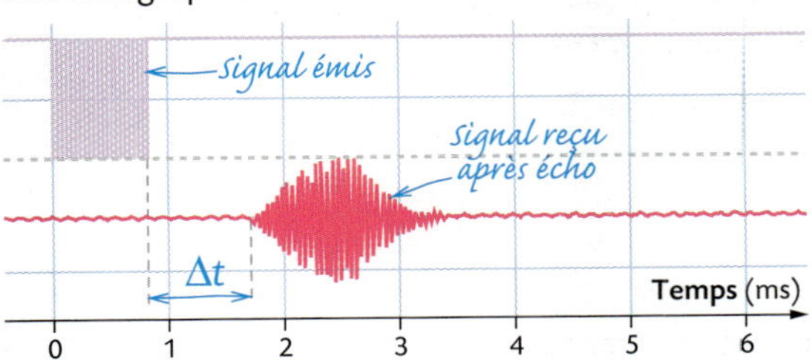

1. Discuter de la validité de ses annotations.

2. Comment doit-elle faire pour déterminer, à partir de ces courbes, la distance entre l'émetteur-récepteur et la paroi réfléchissante utilisés lors de l'expérience ?

8 Étudier un écho (2)

- Extraire des informations d'une représentation graphique.

Lors de l'étude de la réflexion de salves d'ultrasons sur un écran, on a obtenu les deux courbes ci-dessous. L'axe des temps est le même pour les deux courbes.

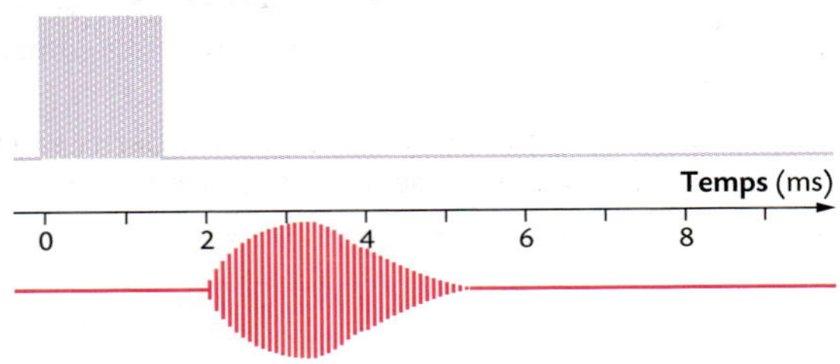

1. Identifier la courbe correspondant aux salves émises et celle correspondant aux salves reçues.

2. Quelle est la durée de l'aller-retour de ces ondes entre le dispositif émetteur-récepteur et l'écran ?

9 Déterminer une distance grâce à un écho

- Extraire et exploiter des informations d'une représentation graphique ; effectuer un calcul.

• Pour l'oscillogramme de l'exercice **7**, sachant que les ultrasons se propagent dans l'eau à une vitesse de valeur 1 500 $m \cdot s^{-1}$, calculer la distance séparant l'émetteur-récepteur de la paroi réfléchissante.

10 Déterminer la valeur d'une vitesse grâce à un écho

- Effectuer un calcul littéral et numérique.

Lors de l'expérience présentée dans l'exercice **8**, la distance entre le dispositif émetteur-récepteur et l'écran est 34 cm et les ultrasons se propagent dans l'air.

• Quelle est la valeur de la vitesse de propagation des ultrasons dans l'air séparant le dispositif émetteur-récepteur et l'écran ?

Ondes électromagnétiques en médecine

11 Connaître le phénomène de réfraction

- Mobiliser ses connaissances ; faire un schéma adapté.

• Définir le phénomène de réfraction de la lumière et l'illustrer à l'aide d'un schéma.

12 Connaître le phénomène de réflexion

▪ Mobiliser ses connaissances ; faire un schéma adapté.

1. Définir le phénomène de réflexion de la lumière et l'illustrer à l'aide d'un schéma.

2. Quelle relation existe-t-il entre l'angle d'incidence et l'angle de réflexion ?

13 Connaître le phénomène de réflexion totale (1)

▪ Mobiliser ses connaissances.

1. Que signifie l'adjectif « totale » dans l'expression « réflexion totale » ?

2. À quelle(s) condition(s) le phénomène de réflexion totale peut-il être observé ?

3. Dans quel type d'examen médical la réflexion totale de la lumière est-elle utilisée ?

14 Connaître le phénomène de réflexion totale (2)

▪ Identifier les grandeurs qui influencent un phénomène.

L'indice de réfraction de l'eau est supérieur à celui de l'air.

1. Est-il possible d'observer le phénomène de réflexion totale si un faisceau lumineux se propage de l'eau vers l'air ?

2. Même question si un faisceau lumineux se propage de l'air vers l'eau.

15 Schématiser le phénomène de réfraction et celui de réflexion totale

▪ Mobiliser ses connaissances ; faire un schéma adapté.

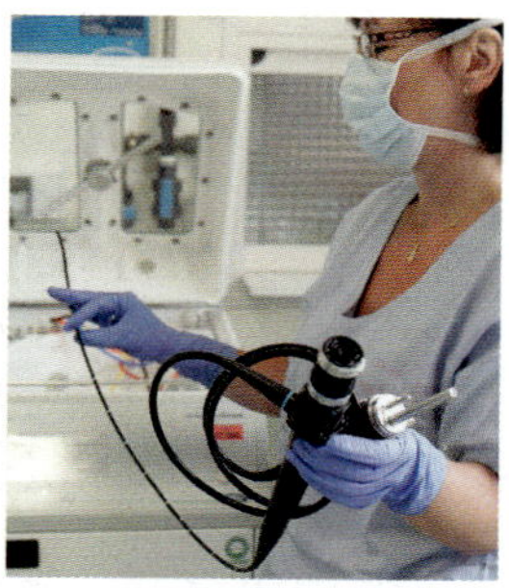

Les fibroscopes utilisés en médecine contiennent des fibres optiques.

• Reproduire et compléter le schéma d'une fibre optique donné ci-dessous en prolongeant la marche du rayon lumineux arrivant en I dans chacune des situations suivantes :

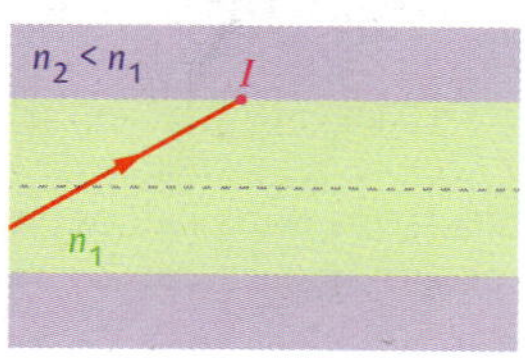

a. l'angle d'incidence est supérieur à l'angle d'incidence limite ;
b. l'angle d'incidence est inférieur à l'angle d'incidence limite.

16 Exploiter un phénomène de réflexion totale (1)

▪ Interpréter des observations.

Un faisceau lumineux se propage dans l'eau. On observe que ce faisceau est totalement réfléchi lorsqu'il parvient à la surface de séparation entre cette eau et de l'air.

1. Quel milieu contient le faisceau incident ?

2. Par rapport à cette observation :
a. comparer les indices de réfraction des deux milieux ;
b. comparer l'angle d'incidence et l'angle d'incidence limite.

17 Exploiter un phénomène de réflexion totale (2)

▪ Proposer une hypothèse et discuter de sa validité.

Un faisceau lumineux se propage dans l'eau et rencontre une paroi en verre. Dans ce cas, on observe que le phénomène de réfraction accompagne toujours celui de réflexion.
Quand la lumière se propage du verre vers l'eau, on observe que le phénomène de réfraction ne se produit pas toujours.

• Utiliser ces observations pour comparer les indices de réfraction de l'eau et du verre.

Pour s'entraîner

18 Des rayonnements pour soigner ?

▪ Extraire des informations.

La radiothérapie consiste à irradier une tumeur par un faisceau de rayonnements X et γ. Cela permet de « tuer » les cellules cancéreuses, car leurs molécules d'ADN sont partiellement détruites par cette irradiation. Les rayonnements utilisés ont des fréquences pouvant atteindre 10^{22} Hz.

1. Expliquer l'effet thérapeutique de l'irradiation.

2. a. Les ondes utilisées sont-elles des ondes sonores, ultrasonores ou électromagnétiques ?
b. En utilisant la page 171, indiquer l'ordre de grandeur des fréquences de ces ondes.

19 Échographie d'un fœtus

▪ Extraire et exploiter des informations d'un schéma ; interpréter une observation.

Lors d'une échographie prénatale, un médecin veut mesurer le diamètre D de la tête d'un fœtus par échographie.

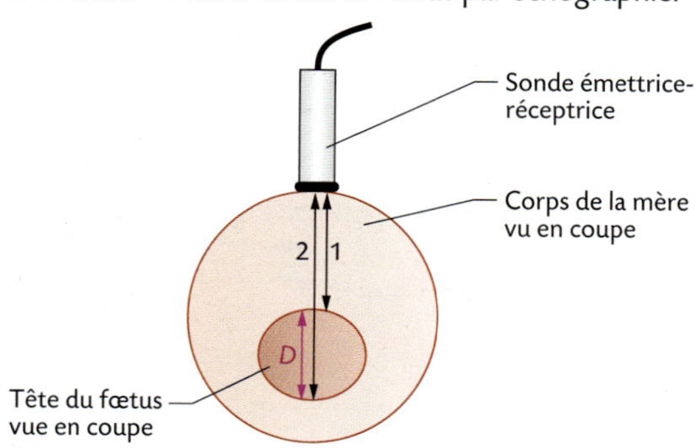

1. Sur le schéma ci-dessus, que représentent les flèches numérotées 1 et 2 ?

2. Expliquer pourquoi les réceptions de chaque écho ne se font pas au même instant.

20 Mesure d'un fœtus par échographie

■ Faire un schéma ; proposer et discuter une hypothèse ; effectuer des calculs littéraux et numériques.

Lors de l'expérience décrite dans l'exercice **19**, les ondes ultrasonores utilisées se propagent dans le corps de la mère et dans celui du fœtus à des vitesses de même valeur $v = 1\,500\ \text{m}\cdot\text{s}^{-1}$.

Le schéma de l'expérience est représenté dans l'exercice **19** sans souci d'échelle.

Chaque impulsion émise par la sonde donne deux échos. Le premier est reçu 70,0 µs après l'émission, le second 150 µs après l'émission.

1. Repérer à quel endroit se produit chacune des deux réflexions des ondes ultrasonores.

2. a. Déterminer la distance d_1 séparant la sonde de l'avant de la tête du fœtus.

b. Déterminer la distance d_2 séparant la sonde de l'arrière de la tête du fœtus.

3. En déduire le diamètre D de la tête du fœtus.

21 L'échographie Doppler

■ Mobiliser ses connaissances ; extraire et exploiter des informations d'un texte.

L'échographie Doppler est utilisée pour étudier la circulation sanguine. Elle associe à l'échographie la technique du Doppler.

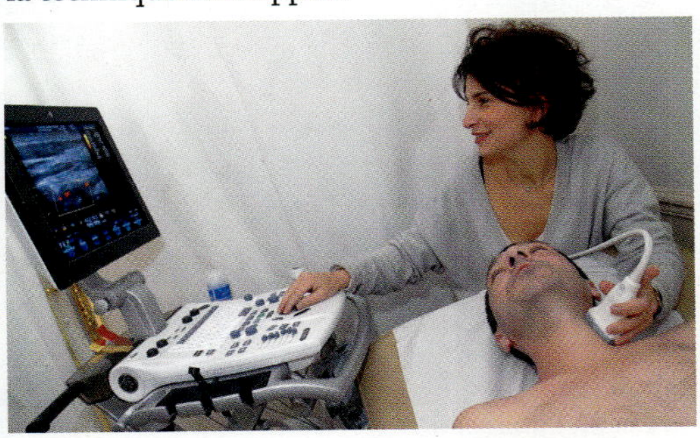

Cette technique permet, grâce aux ultrasons, de déterminer le sens et la valeur de la vitesse de l'écoulement du sang dans le système circulatoire. Sur une image d'échographie Doppler, les vaisseaux sanguins apparaissent en noir et blanc, et un code couleur révèle le sens de déplacement du sang. Cet examen, sans danger pour le patient, est souvent mis en œuvre pour vérifier la circulation du sang dans l'aorte et les artères du cou.

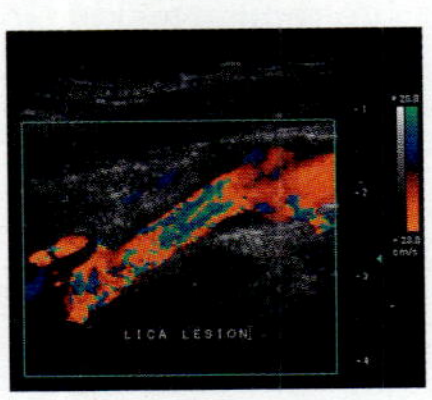

1. Quelles ondes sont utilisées dans une échographie Doppler ?

2. Quelles informations peuvent être déduites de cet examen ?

3. Sur quel phénomène physique est basée l'échographie ?

22 Diagnostic artistique ARTS

■ Exploiter des informations ; faire un schéma ; rédiger une explication.

Les rayons X permettent de traverser toutes les couches d'un tableau, support compris, sauf dans le cas de présence de plomb, qui leur est totalement opaque. Une plaque sensible placée derrière le tableau s'obscurcit d'autant plus que l'intensité du rayonnement X ayant traversé l'œuvre est plus grande. Le plomb apparaît donc en blanc sur les clichés.

Les pigments minéraux sans plomb ou les pigments organiques sont presque complètement transparents aux rayons X.

Les rayons X permettent de voir les différentes opérations qu'une toile a subies.

Ils permettent d'analyser la couche de peinture et de distinguer ainsi les repeints, les masticages, les anciennes restaurations, les repentirs du peintre, etc. **Les rayons X sont le meilleur moyen d'analyse non destructive** pour l'histoire de l'art.

1. À partir de ce document, schématiser la situation d'analyse d'une œuvre aux rayons X en faisant apparaître une source de rayons X, une toile et une plaque sensible.

2. Représenter le chemin du rayonnement X quand il rencontre :

a. du plomb ; **b.** un pigment de peinture sans plomb.

3. Qu'observe-t-on sur la plaque sensible lorsque des rayons X traversent des pigments organiques ou minéraux ?

4. Expliquer la phrase en gras dans le texte et faire une analogie avec la radiographie médicale.

23 Fibroscopie et tumeurs

■ Extraire et exploiter des informations ; mobiliser ses connaissances ; raisonner.

Le cancer du poumon est une des premières causes de mortalité en France. Plus les lésions bronchiques sont diagnostiquées tôt et plus les chances de guérison sont grandes. Pour détecter les cellules cancéreuses, on réalise des prélèvements, puis des analyses.

Certaines zones bronchiques étant de faible épaisseur, la fibroscopie ne permet pas toujours d'accéder jusqu'aux cellules avec des instruments de prélèvement. Dans ce cas, on injecte au patient un produit photosensible absorbé uniquement par les cellules cancéreuses. Ce produit émet de la lumière lorsqu'il est éclairé par le rayonnement ultraviolet canalisé dans une fibre optique. Les cellules cancéreuses sont alors détectées par fibroscopie.

1. Pourquoi est-il parfois difficile de faire des prélèvements de cellules ?

2. Expliquer l'intérêt de l'ajout du produit photosensible.

3. Quels sont les phénomènes lumineux mis en jeu dans l'examen décrit ?

24 Effet thermique des ondes radios

- Extraire et exploiter des informations d'un texte, d'une représentation graphique ; identifier les grandeurs qui influencent un phénomène.

Doc. 1 Traitement radiofréquence

Les ondes électromagnétiques radios de fréquence égale à 400 kHz peuvent être utilisées pour la destruction de certains tissus malades. En effet, dans des conditions adéquates, ces ondes provoquent un échauffement suffisant pour entraîner la mort des cellules des tissus à soigner.
Cette technique, dite radiofréquence, a de multiples applications, par exemple dans le traitement de l'arythmie (irrégularité du rythme cardiaque), de tumeurs rénales (des reins) ou hépatiques (du foie). Afin de bien repérer les zones à traiter, de suivre précisément la progression de la sonde radiofréquence introduite dans le corps du patient et de vérifier la destruction des tissus, l'intervention peut être suivie par échographie.

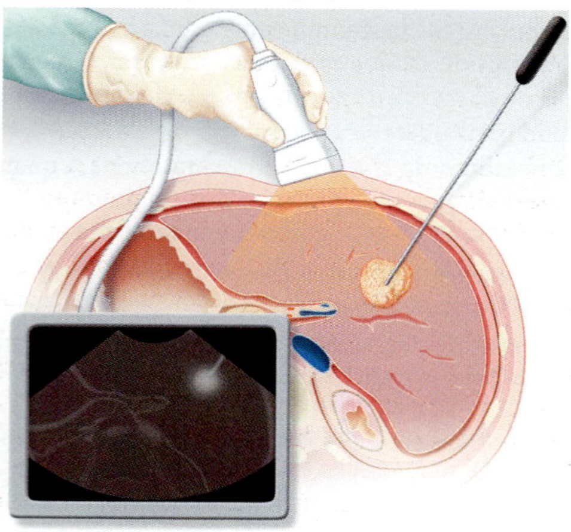

Doc. 2 Destruction de cellules par ondes radios

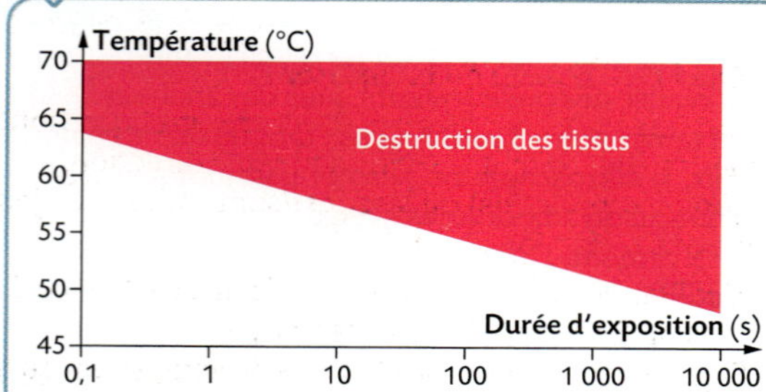

1. Lors d'une intervention radiofréquence :
a. quels sont les deux types d'ondes utilisées ?
b. dans quels buts le sont-elles ?

2. Quels paramètres le radiologue qui pratique l'intervention doit-il contrôler pour obtenir les « conditions adéquates » entraînant la mort des cellules ? Illustrer la réponse par des exemples quantitatifs.

25 À chacun son rythme

Il réfléchit à ce qu'il observe

- Mobiliser et organiser ses connaissances ; identifier un problème.

Commencer par résoudre l'énoncé compact. En cas de difficultés, passer à l'énoncé détaillé.

Un élève désire comprendre le principe de fonctionnement d'une fibre optique. Pour cela, il dispose d'un tube en verre d'indice de réfraction $n_1 = 1{,}50$. L'air est un milieu d'indice de réfraction $n_2 = 1{,}00$.

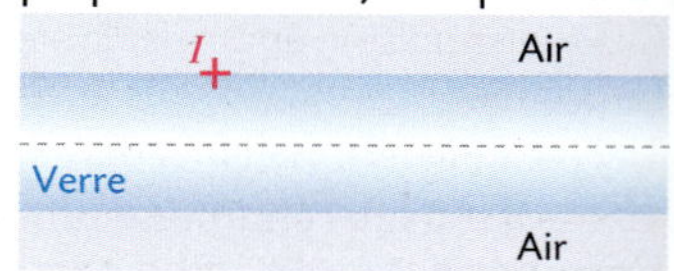

Énoncé compact

- Quel doit être l'angle d'incidence minimal en I pour qu'un rayon lumineux reste dans le tube en verre ?

Énoncé détaillé

1. Quel(s) phénomène(s) lumineux peut(peuvent) se produire au point I ?

2. Dans le cas où l'angle de réfraction i_2 vaut 90°, exprimer et calculer l'angle limite d'incidence $i_{1\ell}$.

3. Quel doit être l'angle d'incidence minimal en I pour qu'un rayon lumineux reste dans le tube en verre ?

26 Mouse and Light

- Extraire et exploiter des informations d'un texte ; mobiliser ses connaissances.

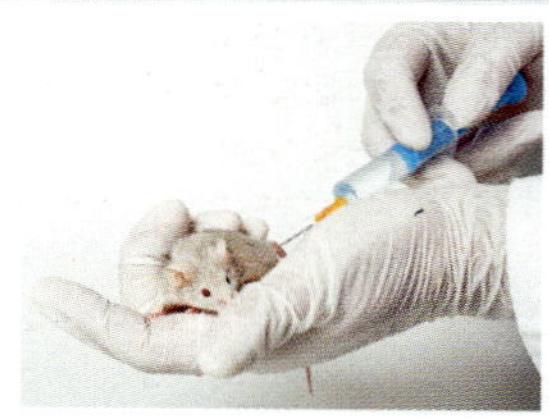

Light can now be used to heal diabetes in mice. "Light is a great tool to interface with biological systems, but there is a fundamental problem. It gets scattered when it hits tissue, and at depths much thinner than our skin", says lead author M. Choi of Harvard Medical School in Boston.
Choi and his colleagues designed an implantable gel that could get around this, by guiding light under the mouse's skin. To control diabetes, the team shone a light into the mouse and at an implanted gel using a fibre optic cable attached to its head. The light triggered cells in the gel to produce a compound that stimulated the secretion of insulin and stabilised blood glucose levels.

Vocabulaire : *(to) scatter*: disperser; *(to) shine a light*: éclairer; *(to) trigger*: déclencher.

1. Quelle pathologie est abordée dans cet article ?

2. a. Par quel dispositif la lumière est-elle guidée ?
b. Quel phénomène est mis en jeu dans ce dispositif ?

3. Pourquoi utiliser le gel mentionné ?

27 Connaître les critères de réussite

Plus fort que Batman SVT

■ Mobiliser ses connaissances, faire des calculs littéraux et numériques.

Les chauves-souris localisent les obstacles en utilisant des ultrasons. Le décalage temporel entre l'émission et la réception du signal ultrasonore leur permet d'évaluer des distances.

1. Expliquer comment la mesure d'une durée peut conduire à l'évaluation d'une distance.

2. Une chauve-souris reçoit un signal réfléchi sur un obstacle 1,47 ms après son émission.
Calculer la distance séparant la chauve-souris de l'obstacle.

	Critères de réussite	Barème
1.	Connaissance de la relation entre durée, distance et vitesse.	0,5 pt
	Rédaction de l'explication.	1 pt
2.	Connaissance de la valeur de la vitesse du son dans l'air.	0,5 pt
	Calcul correct de la distance parcourue par les ultrasons avec l'unité adaptée.	1 pt
	Présentation du résultat avec les unités adaptées.	0,5 pt
Pour l'ensemble des réponses		
	Les réponses sont correctement rédigées.	0,5 pt
	cours maîtrisé / réponse complète / présentation	4 pts

Pour aller plus loin

28 Le laser en médecine

■ Extraire et exploiter des informations ; mobiliser ses connaissances ; discuter une information.

Le laser est utilisé dans de nombreux domaines médicaux, du plus connu, l'ophtalmologie, jusqu'au traitement cardiaque.

Doc. 1

Le Lasik 100 % laser est une technique de plus en plus utilisée, pour traiter toutes les myopies. L'opération au Lasik est extrêmement sophistiquée, entièrement robotisée et assistée par ordinateur. Cette technique consistant à découper la cornée pour « retailler » le cristallin de l'œil présente un des meilleurs taux de réussite pour l'opération de la myopie, améliore les conditions de sécurité (un risque opératoire inférieur à 0,3 % des cas opérés) et donne des résultats très rapides avec une amélioration de la vision en moins de 24 h.

D'après le site Internet www.lasik.fr

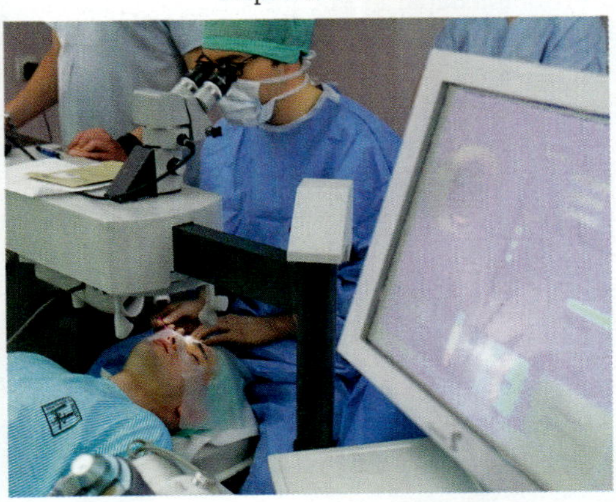

Doc. 2

En oncologie, la thérapie photodynamique (TPD) détruit les cellules cancéreuses en ayant recours à un médicament, appelé photosensibilisant, qui rend les cellules sensibles à la lumière laser.
On l'utilise, par exemple, pour traiter les tumeurs logées dans l'œsophage ou dans un poumon.
La TPD se déroule habituellement en deux étapes :
• l'administration du photosensibilisant et son absorption par toutes les cellules de l'organisme. Il demeure cependant plus longtemps dans les cellules cancéreuses que dans les cellules normales ;
• l'exposition, après un certain temps, des cellules cancéreuses à une lumière laser de faible intensité.
Le photosensibilisant absorbe la lumière et engendre ainsi une réaction chimique qui détruit les cellules cancéreuses tout en épargnant la plupart des cellules normales.

D'après le site Internet www.cancer.ca

1. Quel type d'onde émet un laser ?

2. Un laser émet un faisceau monochromatique dont l'énergie est concentrée dans une seule direction.
Quelle(s) propriété(s) du laser est(sont) mise(s) en jeu dans une opération au Lasik ?

3. L'utilisation du laser pour corriger la myopie fait partie des techniques de chirurgie réfractive.
a. Rappeler la définition du phénomène lumineux auquel l'adjectif « réfractive » se réfère.
b. Expliquer pourquoi une telle intervention peut améliorer la vision du patient.

4. Expliquer en quelques lignes le principe de la TPD.

5. Pourquoi faut-il attendre avant d'utiliser le laser en TPD ?

29 Résolution de problème

Thermographie

■ Construire les étapes d'une résolution de problème ; extraire des informations de supports variés ; effectuer un calcul littéral et numérique.

Doc. 1

La thermographie est une technique consistant à détecter à distance des ondes électromagnétiques émises par un objet. Ceci permet d'obtenir une image de l'objet dans laquelle à chaque couleur correspond une température de sa surface. Elle est utilisée en médecine, en industrie, dans le bâtiment, etc.

Doc. 2

La température θ (en degré Celsius) de la surface d'un corps est liée à la longueur d'onde λ_{max} (en nanomètre) de la radiation émise par ce corps avec le maximum d'intensité. La relation entre ces grandeurs peut s'écrire $\theta = \dfrac{2{,}89 \times 10^6}{\lambda_{max}} - 273$

Doc. 3

En thermographie médicale, il est possible de détecter des différences de températures de l'ordre de 0,1 °C. Des problèmes locaux inflammatoires ou circulatoires, ainsi que certaines tumeurs non profondes (cancers du sein, de la thyroïde, par exemple) peuvent être diagnostiqués. La température corporelle se situe habituellement entre 36,1 et 37,8 °C en l'absence de problèmes médicaux.

Doc. 4

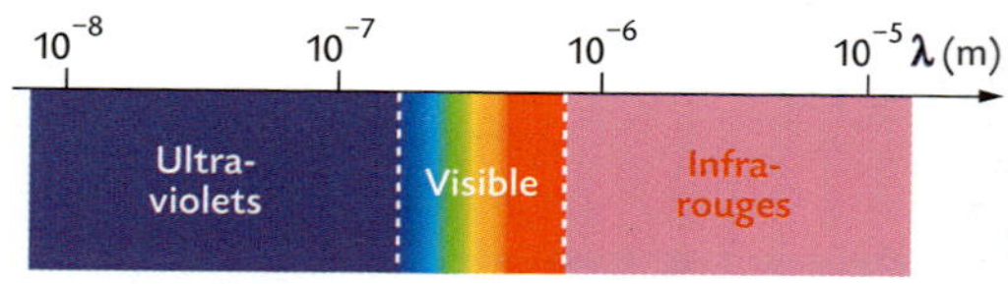

› Extrait du spectre des ondes électromagnétiques.

• Les ondes utilisées en thermographie médicale sont-elles dans le domaine visible ?

→ Pistes de résolution, p. 334.

Retour sur l'ouverture du chapitre 11

Comment les ondes sont-elles utilisées en médecine ?

30 L'imagerie par résonance magnétique (IRM)

■ Tracer une représentation graphique ; extraire et exploiter des informations ; mobiliser ses connaissances ; raisonner.

L'imagerie par résonance magnétique (IRM) utilise généralement des champs magnétiques de 1,5 T. Le tesla, de symbole T, est l'unité de la valeur *B* d'un champ magnétique.

Les recherches actuelles permettent d'envisager des valeurs *B* beaucoup plus grandes.

L'IRM utilise aussi des ondes électromagnétiques dont la fréquence *f* est choisie selon la valeur *B* du champ magnétique recherchée. Le tableau ci-dessous donne quelques exemples :

B (T)	1,0	2,0	4,0	10	15
f (MHz)	42,0	84,0	168	420	630

1. Tracer la représentation graphique de la fréquence en fonction de la valeur du champ magnétique.

2. Émettre une hypothèse sur la relation entre la fréquence *f* des ondes et la valeur *B* du champ.

3. Quelle est la fréquence du rayonnement électromagnétique utilisée dans le NeuroSpin du CEA (Commissariat à l'énergie atomique) dont la valeur du champ magnétique est 11,7 T ?

4. À quel domaine des ondes électromagnétiques appartient ce rayonnement ? On utilisera le schéma p. 171.

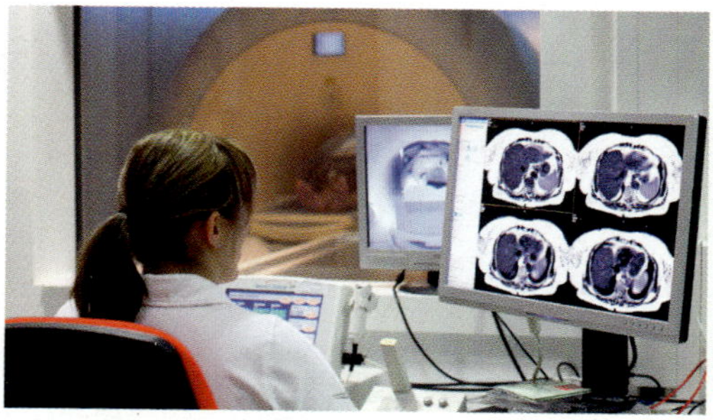

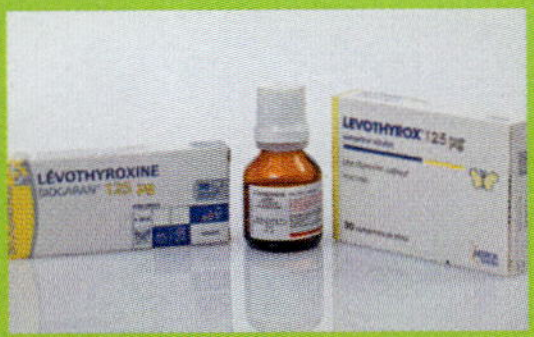

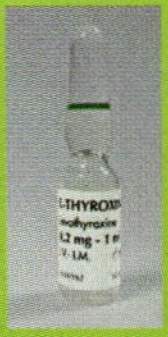

Les médicaments destinés à soigner une pathologie donnée peuvent avoir des aspects, des compositions et même des noms différents. Par exemple, ces médicaments contiennent tous de la lévothyroxine sodique et traitent le même dysfonctionnement de la thyroïde.

SANTÉ

Chapitre

12

Espèces chimiques contenues dans les médicaments

Situées dans le cou, la glande thyroïde est essentielle au bon fonctionnement de notre corps.

Quelles sont les espèces chimiques contenues dans un médicament et comment les identifier ?

→ Exercice 24, p. 196.

Compétences

- Analyser la formulation d'un médicament. → Activité 1
- Comprendre le rôle de la chimie de synthèse. → Activité 2
- *Pratiquer une démarche expérimentale pour montrer qu'une espèce active interagit avec le milieu dans lequel elle se trouve (nature du solvant, pH).* → Activité 3
- *Réaliser et interpréter une chromatographie sur couche mince.* → Activité 4

Activité documentaire

À la maison

1 Formulation d'un médicament

▶ Qu'est-ce que la formulation d'un médicament ? Quelle est son utilité ?

Compétence

- Analyser la formulation d'un médicament.

Doc. 1 Définitions

Un médicament est constitué d'un ou plusieurs **principe(s) actif(s)** possédant des effets thérapeutiques. Il contient aussi des **excipients**, espèces chimiques généralement sans effet physiologique. Le lactose est un excipient souvent utilisé, car il permet d'obtenir un volume de poudre suffisant pour fabriquer un comprimé de taille convenable. Il est dit à effet notoire, car il n'est pas sans effet : certaines personnes ne peuvent pas le digérer.

Doc. 2 Formulation d'un médicament

« L'une des étapes essentielles dans la conception d'un médicament est sa préparation ou "formulation". Celle-ci est destinée à accompagner le principe actif d'un excipient pour le rendre stable et le délivrer là où il est censé agir. Les chimistes cherchent ainsi à découvrir quelle est la meilleure forme de préparation et d'administration du médicament. »

Extrait de « Une nouvelle stratégie pour concevoir des médicaments », communiqué du CNRS du 4 décembre 2007.

Doc. 3 Quelques médicaments antidiarrhéiques

L'Imodium®, médicament mis au point le premier et protégé par brevet, est appelé médicaments *princeps*. Il existe sous deux formes. Les autres médicaments sont des génériques fabriqués à l'expiration du brevet : ils n'ont pas nécessité les mêmes études de développement et sont souvent moins chers.

IMODIUM	Par gélule
Lopéramide chlorhydrate	2 mg
Lactose	+

Excipients : lactose, amidon de maïs, talc, stéarate de magnésium, gélatine, dioxyde de titane, érythrosine, oxyde de fer jaune, bleu patenté V.

IMODIUM	Solution buvable
Lopéramide chlorhydrate	0,2 mg par mL

Excipients : glycérol, saccharine sodique, rouge cochenille A (E 124), acide citrique monohydraté, eau purifiée. Conservateurs : parahydroxybenzoates de méthyle (E 218) et de propyle (E 216). Arômes artificiels.

LOPÉRAMIDE BIOGARAN	Par gélule
Lopéramide chlorhydrate	2 mg
Lactose	159 mg

Excipients : amidon de riz, gélatine, lactose monohydrate, magnésium stéarate, talc, titane dioxyde.

LOPÉRAMIDE ZYDUS	Par gélule
Lopéramide chlorhydrate	2 mg
Lactose	+

Excipients : lactose monohydrate, titane dioxyde.

Analyse et synthèse

1. Quel est le principe actif des médicaments du doc. 3 ?
2. a. Quel est le mode d'administration de chacun de ces médicaments ?
   b. La forme buvable est destinée aux enfants. Quel est son intérêt ?
   c. Quel est le rôle du lactose dans ces médicaments ? Pourquoi est-il mis en évidence dans leur notice (doc. 1 et 3) ?
3. Commenter le nom des médicaments génériques.

Compétences travaillées

S'approprier • Mobiliser ses connaissances ; extraire l'information utile.

Analyser • Exploiter des informations.
Valider • Faire preuve d'esprit critique.
Communiquer • Rédiger une réponse.

Un pas vers le cours

4. En quoi diffèrent un médicament *princeps* et son médicament générique ?

Valider • Faire preuve d'esprit critique.

À la maison

2 Intérêt de la chimie de synthèse

Un médicament contient de nombreuses espèces chimiques.

▶ **Comment sont-elles obtenues ?**

Compétence

- Comprendre le rôle de la chimie de synthèse.

Doc. 1 Naturel ou synthétique ?

- Une espèce chimique qui existe dans la nature est dite **naturelle**.
- Une espèce chimique fabriquée par l'homme est dite **synthétique**. Elle est dite **artificielle** lorsqu'elle n'existe pas dans la nature.

Doc. 2 Le menthol

Le menthol peut être extrait de la menthe ou obtenu par synthèse à partir du myrcène par exemple. Il est utilisé comme anesthésique local, désinfectant ou décongestionnant des voies respiratoires.
Comme beaucoup d'espèces naturelles employées couramment, la demande en menthol excède considérablement l'approvisionnement à partir des ressources naturelles. Ainsi, 400 tonnes de menthol sont synthétisées chaque année.

Doc. 3 Recherche pharmaceutique et mise au point d'anticoagulants

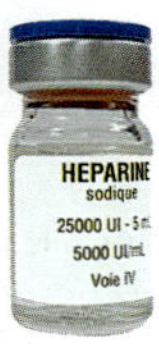

1937	1985	2003	2009
Héparine	**Énoxaparine**	**Fondaparinux / Idraparinux****	**Idrabiotaparinux****
Extraite des intestins de porcs ou des poumons de bœufs.	Synthétisé à partir de l'héparine. Plus facilement administrable que l'héparine.	Synthétiques. Moins allergisants que l'énoxaparine.	Synthétique. Aussi performant que l'idraparinux.
*Antidote** : protamine.	*Pas d'antidote**.	*Pas d'antidote**.	*Antidote** : avitidine.

* permet de stopper une éventuelle hémorragie due à l'anticoagulant ; ** essais cliniques.

Analyse et synthèse

Compétences travaillées

1. Quelles sont les utilisations du menthol (**doc. 2**) ?
2. Le menthol est-il une molécule naturelle ou synthétique ? Est-ce une espèce artificielle ? Justifier (**doc. 1** et **2**).
3. Pourquoi l'industrie chimique synthétise-t-elle le menthol (**doc. 2**) ?

S'approprier ; analyser • Extraire et exploiter des informations.

4. Qu'est-ce qu'un anticoagulant ? Pourquoi est-il important de disposer d'un antidote pour ce type de médicament (**doc. 3**) ?
5. **a.** Les espèces chimiques citées dans le **doc. 3** sont-elles naturelles ou synthétiques ? Justifier.
Lorsqu'elles sont synthétiques, préciser si elles sont artificielles ou non.
b. Le médicament Arixtra® contient du fondaparinux. Comment est appelé le fondaparinux dans ce médicament ?

S'approprier • Mobiliser et organiser ses connaissances.

Un pas vers le cours

→ Fiche **Rédaction d'une réponse augmentée**, p. 320.

6. Rédiger une courte réponse argumentée présentant l'intérêt de la chimie de synthèse pour l'industrie pharmaceutique.

Communiquer • Rédiger une réponse argumentée.

Activité expérimentale

3 Assimilation d'un médicament

▶ **Comment la formulation d'un médicament permet-elle d'adapter l'assimilation de ce dernier ?**

Compétence

- *Pratiquer une démarche expérimentale pour montrer qu'une espèce active interagit avec le milieu dans lequel elle se trouve (nature du solvant, pH).*

Doc. 1 Absorption de l'acide acétylsalicylique

L'acide acétylsalicylique, principe actif de l'aspirine, est absorbé par les parois de l'estomac ou de l'intestin.
Les molécules passent alors dans le sang, puis dans le foie. Elles sont ensuite distribuées dans tout l'organisme, puis éliminées dans les urines.
Des particules solides peuvent rester longtemps au contact de la muqueuse gastrique (si elles sont trop grosses, par exemple) : elles peuvent alors provoquer des douleurs et des lésions, en agressant cette muqueuse.

Doc. 2 Système digestif

La formation de gaz dans l'estomac accélère la vidange gastrique.

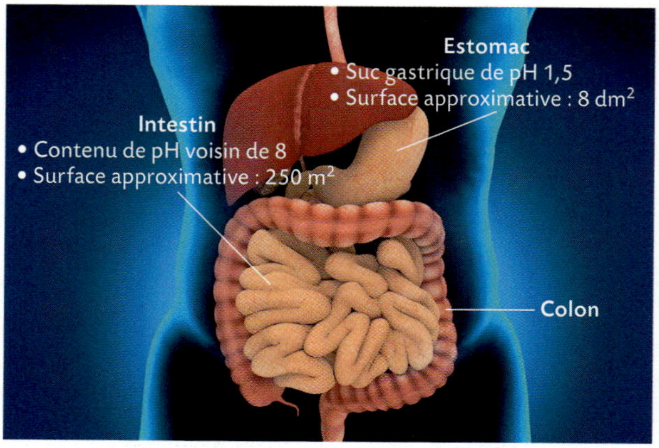

Matériel et produits disponibles

- Un couteau.
- Une spatule.
- Des béchers.
- Un agitateur magnétique.
- Un barreau aimanté.
- Une baguette de verre.
- Une coupelle.
- Un comprimé d'aspirine.
- Un comprimé d'aspirine « pH8 ».
- Un comprimé d'aspirine effervescente.
- De l'eau distillée.
- Une solution aqueuse de soude.
- Une solution aqueuse d'acide chlorhydrique.
- Du papier pH.

Investigation

Un patient souffrant de maux d'estomac a très mal à la tête.

▶ **Parmi les trois médicaments proposés, quel médicament choisir pour soulager rapidement le patient ?**

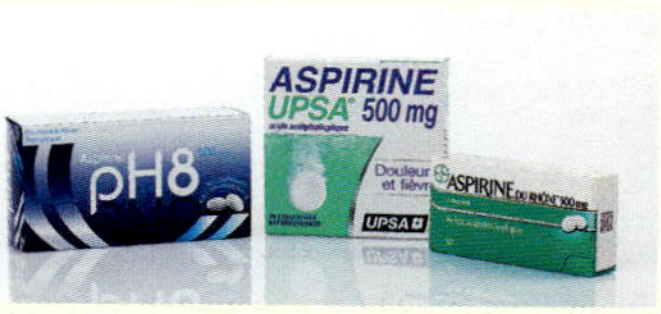

En cas de difficultés, des solutions partielles sont disponibles en fin de manuel (p. 334).

Compétences travaillées

S'approprier
Analyser
Réaliser
Valider
Être autonome et faire preuve d'initiative

Un pas vers le cours

1. Rédiger un court paragraphe présentant la démarche suivie en détaillant les résultats obtenus et les conclusions correspondantes.
2. Utiliser ces résultats pour montrer qu'un médicament interagit avec le milieu qui le contient.

Valider • Interpréter des observations.
Communiquer • Rendre compte à l'écrit.

Activité expérimentale

4 Analyse par CCM

▶ **Comment réaliser une chromatographie sur couche mince et quel est son intérêt ?**

Compétence

- *Réaliser et interpréter une chromatographie sur couche mince.*

A Chromatographie sur couche mince CCM

Doc. 1 Colorants et médicaments

La législation européenne autorise l'emploi des colorants alimentaires pour teinter les médicaments et éviter des confusions.

› Des médicaments peuvent être utilisés pour endormir quelqu'un à son insu à des fins criminelles. Depuis 2012, certaines formes buvables sont colorées en bleu pour réduire ce risque.

Doc. 2 Chromatographie de colorants

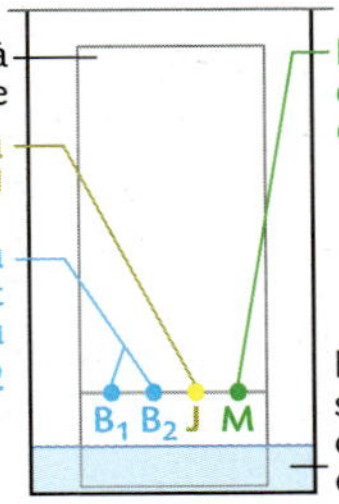

Pratique expérimentale

- À l'aide de la page 332, réaliser la chromatographie du **doc. 2**.

1. Que peut-on dire des distances parcourues par chaque colorant ?
2. Qu'observe-t-on pour les taches issues de M ? Expliquer.
3. Proposer un protocole pour identifier le colorant bleu du Rivotril®.

Compétences travaillées

Réaliser • Mettre en œuvre un protocole.
Analyser • Exploiter des observations.

B Étude d'un médicament

Matériel et produits disponibles

- Une plaque à chromatographie sensible aux UV.
- Quatre capillaires.
- Quatre tubes à hémolyse et leur support.
- Une boîte de Pétri.
- Une cuve à chromatographie.
- Du paracétamol en solution.
- De la caféine en solution.
- De l'acide acétylsalicylique en solution.
- Le médicament M en solution.
- Un éluant constitué de 1 mL d'acide formique, 4 mL de cyclohexane et 6 mL d'acétate de butyle.

Doc. 3 Révélation sous UV

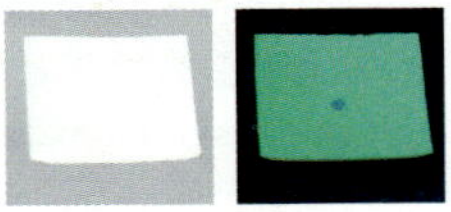

› Révélation d'une espèce chimique incolore sous UV.

Investigation

Le médicament M peut être du Doliprane (à base de paracétamol), de l'aspirine du Rhône® (à base d'acide acétylsalicylique), du claradol caféiné (à base de paracétamol et de caféine) ou de l'Actron® (à base d'acide acétylsalicylique, de paracétamol et de caféine).

▶ **Identifier le médicament M.**

En cas de difficultés, des solutions partielles sont disponibles en fin de manuel (p. 334).

Compétences travaillées

S'approprier
Analyser
Réaliser
Valider
Être autonome et faire preuve d'initiative

Un pas vers le cours

4. Rédiger un court paragraphe présentant la démarche suivie et les résultats obtenus et montrant l'intérêt de la CCM.

Communiquer • Rendre compte à l'écrit.

1 Qu'est-ce que la formulation d'un médicament ?

Doc. 1

ASPIRINE DU RHÔNE

Acide acétylsalicylique 500 mg pour un comprimé.

Excipients :
Amidon de maïs, poudre de cellulose granulée (Elcéma G 250).

> Dans l'aspirine, le principe actif est l'acide acétylsalicylique.

- La formulation d'un médicament correspond au choix de sa forme d'administration, dite forme galénique (gélule, solution buvable, etc.), et à l'élaboration de sa composition (**doc. 1**).

- Un médicament est composé de plusieurs espèces chimiques :
– un (ou des) **principe(s) actif(s)** possédant des **effets thérapeutiques** ;
– des **excipients**, le plus souvent dépourvus d'effets. Ils permettent d'améliorer l'assimilation du médicament, sa tolérance, son goût, sa conservation, mais aussi d'en faciliter la préparation.

- Un médicament ***princeps*** est le médicament mis au point à l'origine et dont la composition est protégée par brevet pour 20 ans. Lorsque le brevet passe dans le domaine public, d'autres laboratoires peuvent fabriquer des médicaments dits **génériques**.

Un **médicament générique** contient la même masse du même principe actif que le médicament *princeps* correspondant et des excipients différents ou non. Il porte souvent le nom de son principe actif.

→ Exercices 6 à 9, p. 191.

2 Comment définir le caractère naturel ou synthétique d'une espèce chimique ?

Doc. 2

> La caféine est un stimulant psychotrope. Lorsqu'elle est extraite du café, elle est qualifiée d'espèce naturelle.

Une espèce chimique est **naturelle** si elle existe dans la nature.

Une espèce chimique est **synthétique** si elle est fabriquée par l'homme ; elle est dite artificielle si elle n'existe pas dans la nature.

La chimie de synthèse (voir **chapitre 14**) permet de fabriquer, souvent à moindre coût, des espèces chimiques d'origine naturelle sans épuiser les ressources naturelles. Elle permet aussi de synthétiser de nouvelles espèces très performantes (**doc. 2** et **activité 2**).

→ Exercices 10 et 11, p. 192.

3 Comment caractériser une espèce ?

Doc. 3

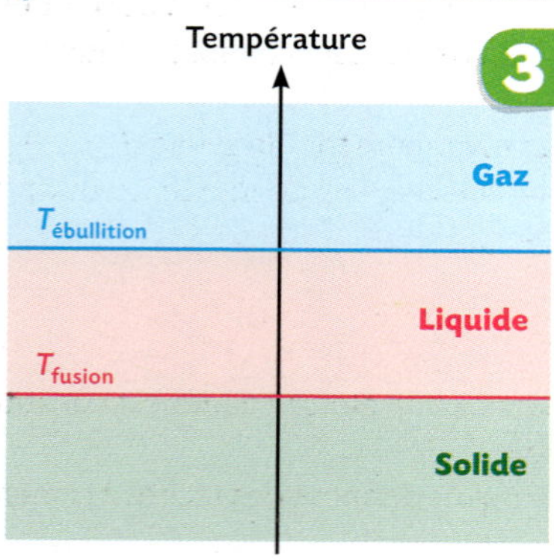

> Changements d'états d'un corps pur.

A. Caractéristiques physiques

Toute espèce chimique possède des **caractéristiques physiques** particulières permettant de **l'identifier** : densité ou masse volumique (**chapitre 9**), température de fusion, couleur, etc. (**doc. 3** et **4**).

Température de changement d'état

La mesure de la **température de fusion ou d'ébullition** d'une espèce chimique permet de **l'identifier par comparaison** avec les valeurs répertoriées dans des tables de données.

Doc. 4

ACÉTONE

- T_{fus} = −94,6 °C
- $T_{éb}$ = 56,1 °C
- Miscible avec l'eau
- Densité à 20 °C : d = 0,783
- Indice de réfraction : n = 1,3560

> Caractéristiques physiques et pictogrammes de sécurité de l'acétone, très utilisée lors de la fabrication de médicaments.

Indice de réfraction

L'**indice de réfraction** n caractérise un milieu transparent (voir **chapitre 3**). Il est mesuré avec un **réfractomètre** et permet d'**identifier** un liquide transparent.

Solubilité

Une espèce chimique solide peut se **dissoudre** de façon plus ou moins importante dans un solvant donné et à une température donnée. Lorsqu'elle ne peut plus se dissoudre, la solution obtenue est dite **saturée** (voir **chapitre 9**).

La **solubilité** s(E) d'une espèce chimique E dans un solvant donné est égale à sa concentration massique dans une solution saturée à la température considérée :

$$s(\text{E}) = \frac{m(\text{E})_{\text{dissous}}}{V_{\text{solution saturée obtenue}}}$$

s en g·L^{-1} ; m en g ; V en L

Doc. 5

> La coloration des fleurs est due à la montée des colorants dans les canaux très fins de la tige jusqu'aux pétales. De même, lors d'une CCM, l'éluant monte par capillarité dans la plaque.

B. Chromatographie sur couche mince (CCM)

Principe

Lors d'une **chromatographie sur couche mince**, les constituants d'un mélange cheminent sur un support solide, appelé **phase fixe**, car ils sont entraînés par une **phase mobile** liquide, appelée **éluant** : c'est l'**élution** (**doc. 5**).

La figure obtenue par chromatographie est appelée **chromatogramme**.

La **chromatographie sur couche mince** permet la **séparation** et l'**identification** des espèces chimiques présentes dans un mélange.

Pour un éluant et un support donnés, une espèce chimique migre de la même façon, qu'elle soit pure ou dans un mélange.

Doc. 6

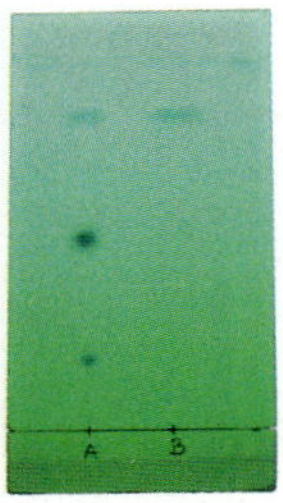

> Révélation sous U.V. d'un chromatogramme : en A, le médicament et en B, l'acide acétylsalicylique, qui donne une tache sombre sous UV. Ce chromatogramme montre que ce médicament contient de l'acide acétylsalicylique.

Révélation d'un chromatogramme

Les chromatogrammes d'espèces chimiques incolores doivent être révélés afin de repérer la position de ces espèces après élution.

La révélation peut se faire :

– sous une lampe émettant un rayonnement ultraviolet (**doc. 6**) ;

– à l'aide d'un révélateur chimique (vapeur de diiode, solution de permanganate de potassium, etc.).

Exploitation d'un chromatogramme

Sur le chromatogramme :

– si un dépôt conduit à plusieurs taches, alors le dépôt est constitué de plusieurs espèces chimiques ;

– deux espèces chimiques identiques donnent des taches à la même hauteur.

→ **Exercices 12 à 15**, p. 192-193.

Essentiel

1 Formulation d'un médicament

Médicament

Composition

- **Principe actif** : effet thérapeutique.
- **Excipients** : souvent pas d'effet notoire.

Princeps ou générique

- Médicament ***princeps*** (mis au point initialement).
- Médicaments **génériques** : même masse de même principe actif que le *princeps*, mais excipients identiques ou différents.

Formes galéniques variées

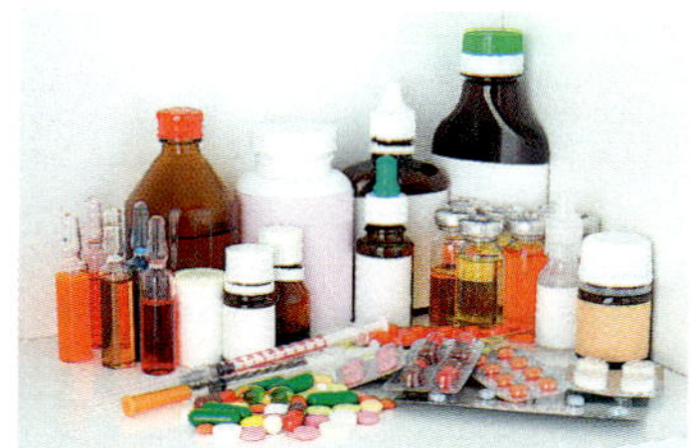

2 Espèce chimique naturelle ou synthétique

NATURE → **Espèce chimique naturelle ou synthétique** ← CHIMIE DE SYNTHÈSE → **Espèce chimique synthétique artificielle**

3 Caractérisation d'une espèce chimique

Espèce chimique E

- Température de fusion ou d'ébullition, densité, indice de réfraction, etc.
- Solubilité $s(\text{E})$ en solution saturée (présence de E solide) :

$$s(\text{E}) = \frac{m(\text{E})_{\text{dissous}}}{V_{\text{solution saturée obtenue}}}$$

s en $g \cdot L^{-1}$; m en g ; V en L

- Chromatographie sur couche mince (CCM)

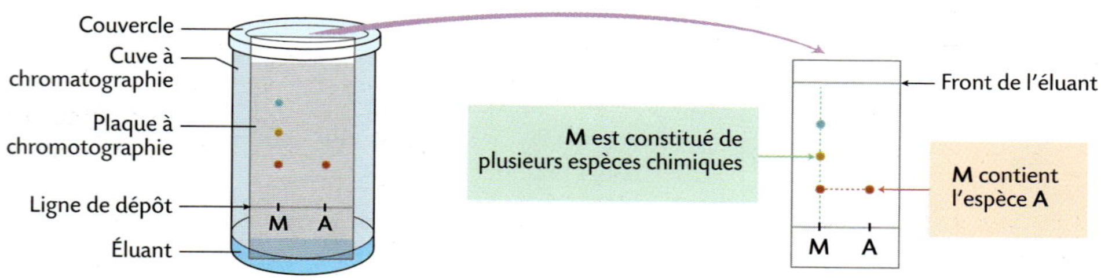

> Élution lors de la chromatographie. La ligne de dépôt ne doit pas être immergée.

La **chromatographie** permet la séparation et l'identification d'espèces chimiques.
Les chromatogrammes d'espèces chimiques incolores doivent être ***révélés*** après élution.

QCM

→ Corrigés, p. 338.

Pour chaque question, indiquer la (ou les) bonne(s) réponse(s).

1 Formulation d'un médicament

Si erreur, revoir § 1, p. 186.

	A	B	C
1 La formulation d'un médicament :	correspond à sa préparation.	détermine sa composition.	détermine sa forme galénique.
2 Un principe actif :	a un effet thérapeutique.	est souvent sans effet notoire.	rend l'action de l'excipient plus efficace.
3 Composition — p cp Paracétamol ....500 mg Excipients : magnésium stéarate, talc, carboxyméthylamidon, amidon, amidon de blé (gluten), lactose. D'après cet extrait de notice :	le principe actif est le magnésium stéarate (stéarate de magnésium).	le principe actif est le paracétamol.	le lactose est un excipient.

2 Espèce chimique naturelle ou synthétique

Si erreur, revoir § 2, p. 186.

	A	B	C
1 L'acide citrique extrait des citrons est une espèce :	naturelle.	synthétique.	artificielle.
2 Les espèces chimiques synthétiques :	sont toujours artificielles.	ne sont jamais identiques à des espèces naturelles.	peuvent être identiques à des espèces naturelles.
3 La chimie de synthèse permet :	d'économiser les ressources naturelles.	de fabriquer des espèces intéressantes.	de fabriquer des principes actifs de médicaments.

3 Caractérisation d'une espèce chimique

Si erreur, revoir § 3, p. 186-187.

	A	B	C
1 La température de fusion d'une espèce chimique est :	caractéristique de cette espèce.	la température à laquelle l'espèce fond.	la température à laquelle l'espèce se dissout dans l'eau.
2  Ces deux béchers contiennent la même masse d'acide benzoïque ajoutée à des volumes égaux d'acétate d'éthyle (a) ou de cyclohexane (b).	La solubilité de l'acide benzoïque est plus grande dans l'acétate d'éthyle que dans le cyclohexane.	La solubilité de l'acide benzoïque est plus grande dans le cyclohexane que dans l'acétate d'éthyle.	les deux solutions sont saturées.
3 La chromatographie sur couche mince :	permet d'identifier des espèces chimiques.	nécessite une élution.	est réservée aux seules espèces colorées.

Exercice résolu

Compétences
- Mobiliser et organiser ses connaissances.
- Faire preuve d'esprit critique.

4 Exploiter une chromatographie sur couche mince

Énoncé

L'Éludril®, noté ici E, est une solution antiseptique colorée utilisée en bain de bouche. On réalise une chromatographie sur couche mince pour identifier le colorant présent dans cette solution. Ce colorant peut être l'un des colorants autorisés :

E104, E122 ou E124.

Le chromatogramme obtenu est schématisé ci-contre.

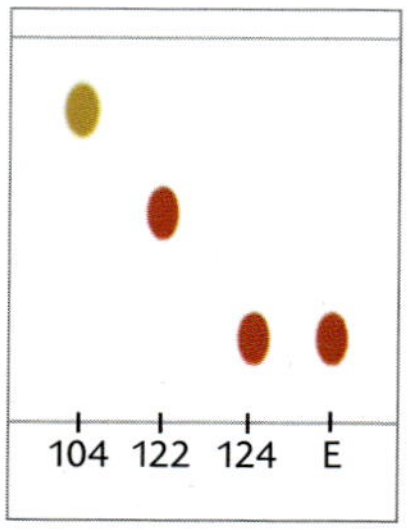

1. Identifier le colorant utilisé.
2. Les autres constituants de ce bain de bouche ne sont pas visibles sur la plaque. Proposer une méthode permettant de les visualiser.
3. Comment modifier ce protocole pour des espèces chimiques qui n'auraient pas migré lors de l'élution ?

Analyse de l'énoncé

→ Comment identifier une espèce chimique à l'aide d'une chromatographie sur couche mince ?

→ De quoi dépend la migration d'une espèce lors d'une chromatographie ?

Conseils

→ Lors d'une chromatographie sur couche mince, une espèce chimique migre de la même façon lorsqu'elle est seule ou lorsqu'elle appartient à un mélange.

1. On repère les taches qui sont au même niveau dans le chromatogramme.

2. Une espèce incolore doit être révélée pour être visualisée.

3. → L'élution d'une espèce dépend de la nature de l'éluant et de la plaque utilisés.

Solution rédigée

1. La tache correspondant au colorant du bain de bouche a migré à la même hauteur que celle relative au colorant E124.

   Le colorant contenu dans le bain de bouche est donc le E124.

2. Les espèces incolores d'un chromatogramme peuvent être révélées avec du diiode ou, lorsque c'est possible, sous UV si la plaque utilisée contient un agent fluorescent.

3. Pour modifier la migration de certaines espèces chimiques, on peut changer d'éluant.

5 Application immédiate

Pour obtenir le chromatogramme représenté ci-contre, on a déposé :
- en A, une solution d'acide acétylsalicylique ;
- en B, une solution de paracétamol ;
- en C, une solution d'un médicament antipyrétique.

Toutes ces solutions sont incolores.

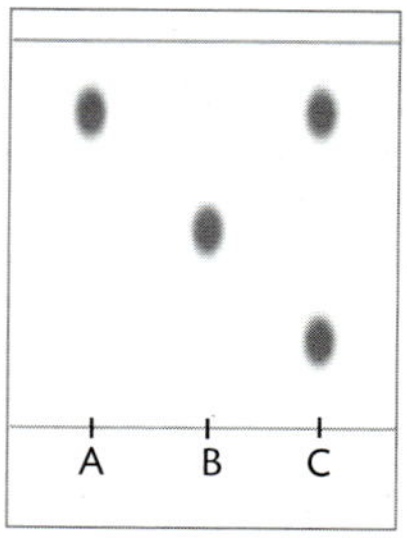

> Chromatographie sur couche mince du médicament.

1. Comment a-t-on pu révéler ce chromatogramme ?
2. Le médicament est-il composé d'une seule espèce chimique ? Justifier la réponse.
3. Le médicament contient-il de l'acide acétylsalicylique ? Justifier la réponse.

→ Corrigés, p. 338.

Exercices

Compétences

Parcours d'apprentissage

Compétences	6	10	12	14	18	19
Analyser la formulation d'un médicament.	•				•	
Comprendre le rôle de la chimie de synthèse.		•			•	•
Pratiquer une démarche expérimentale pour montrer qu'une espèce interagit avec le milieu dans lequel elle se trouve.			•			
Réaliser et interpréter une chromatographie sur couche mince.				•		•

Pour commencer

Formulation d'un médicament

6 Analyser la notice d'un médicament

▪ Mobiliser, exploiter et organiser ses connaissances.

La notice d'un anti-inflammatoire comporte les indications suivantes :

> **Comprimé effervescent. . . . . . .p cp**
> Prednisolone . . . . .5 mg
>
> **Excipients :** acide tartrique, acide citrique anhydre, bicarbonate de sodium, benzoate de lithium, saccharose.

1. Que signifie « p cp » ?

2. Identifier le ou les principe(s) actif(s).

3. Identifier les excipients. Quel est le rôle d'un excipient ?

7 Établir la notice d'un médicament

▪ Extraire et exploiter des informations.

La Polaramine® est un médicament prescrit pour soigner les affections allergiques. Il peut se présenter en comprimés qui contiennent chacun :
– 2 mg de l'antiallergique dexchlorphéniramine maléate ;
– du stéarate de magnésium et de l'amidon de maïs, utilisés comme liants et lubrifiants, afin de faciliter, entre autres, son ingestion ;
– du lactose, utilisé pour obtenir un volume de poudre permettant de fabriquer un comprimé de taille convenable.

1. Qu'est-ce qu'un principe actif ?

2. Quel est le principe actif de ce médicament ?

3. Quels sont ses excipients ?

4. Proposer un extrait de la notice de ce médicament.

8 Distinguer médicaments *princeps* et générique

▪ Restituer, mobiliser et organiser ses connaissances.

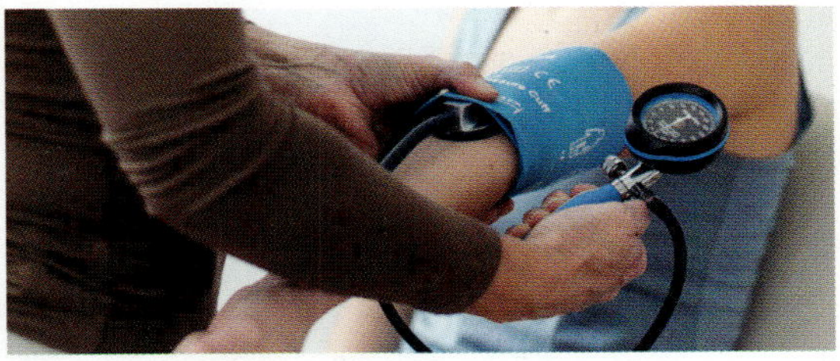

> Prise de tension.

La notice du médicament générique Acébutolol Biogaran contre l'hypertension indique :

> **Comprimé effervescent. . . . . . .p cp**
> Acébutolol chlorhydrate. . . . . . .400 mg
>
> **Excipient(s) :** amidon de maïs modifié, silice colloïdale anhydre, povidone, talc, macrogol 6000, titane dioxyde, magnésium stéarate, hypromellose, lactose monohydrate.

1. Pourquoi peut-on dire, à la lecture de son nom, que ce médicament est un générique ?

2. Quel est le principe actif du médicament *princeps* correspondant ? Quelle masse de principe actif contient-il ?

3. Quelles peuvent être les différences entre un médicament *princeps* et un médicament générique ?

9 Proposer la notice d'un médicament générique

▪ Mobiliser et organiser ses connaissances.

Un extrait de la notice du médicament *princeps* Naramig® est donné ci-dessous :

> *Classification pharmacothérapeutique :* antimigraineux
>
> **Substance. . . . . .p cp**
> Naratriptan chlorhydrate . . . . . .2,5 mg
>
> **Excipient(s) :** magnésium stéarate, cellulose microcristalline, croscarmellose sel de Na, lactose anhydre, triacétine, indigotine laque aluminique, titane dioxyde, opadry vert OY-S-21027, fer jaune oxyde, hypromellose.

Un générique de ce médicament ne contient pas d'opadry vert OY-S-21027.

1. Proposer un extrait de la notice de ce médicament générique.

2. Proposer un nom pour ce médicament générique fabriqué par le laboratoire X.

Espèce chimique naturelle ou synthétique

10 Comprendre le rôle de la chimie de synthèse (1)

▪ Extraire et exploiter des informations.

De nombreux édulcorants sont incorporés à des médicaments, car ils donnent une saveur sucrée. C'est le cas :

– du fructose, présent dans certains fruits, dans le nectar des fleurs et le miel ;

– du sorbitol, présent dans les algues rouges, les cerises et les prunes, ou préparé par action du dihydrogène sur le glucose ;

– de l'aspartame, créé par hasard par un chimiste américain ;

– du sucralose, nouvelle molécule synthétisée à partir du saccharose ;

– du stévioside, extrait des feuilles de la plante Stévia utilisée depuis des siècles par les indiens guarani.

> Culture de stévia.

1. Identifier, parmi les édulcorants proposés, les espèces naturelles, synthétiques ou artificielles.

2. Quel peut être l'intérêt de synthétiser du sorbitol pour l'industrie agroalimentaire ?

3. Quel peut être l'intérêt de synthétiser du sucralose pour l'industrie agroalimentaire ?

11 Comprendre le rôle de la chimie de synthèse (2)

▪ Extraire et exploiter des informations.

• Identifier, parmi les constituants d'un comprimé de Polaramine® (voir exercice 7), les espèces naturelles, synthétiques ou artificielles.

Données

• Le dexchlorphéniramine maléate est un composé créé par la recherche pharmaceutique. Il peut être obtenu à partir de la pyridine.

• Le stéarate de magnésium est synthétisé à partir de graisse animale ou végétale.

• Le lactose est présent dans le lait des mammifères.

Caractérisation d'une espèce chimique

12 Étudier la solubilité d'un excipient

▪ Mobiliser et organiser ses connaissances ; effectuer des calculs.

L'hydrogénocarbonate de sodium est utilisé comme excipient dans des médicaments. On étudie sa solubilité dans deux solvants.

Une masse $m = 0{,}8$ g d'hydrogénocarbonate de sodium est introduite dans de l'eau pour préparer un volume de solution $V_{solution} = 100$ mL.

Après agitation, on constate que tout le solide s'est dissous.

1. Que peut-on en conclure pour la solubilité de l'hydrogénocarbonate de sodium dans l'eau pure ?

2. On prépare de même une solution de volume $V_{solution} = 100$ mL en introduisant la même masse m d'hydrogénocarbonate de sodium dans de l'éthanol. On constate que tout le solide n'est pas dissous. Comment qualifier cette solution ?

3. Comparer les solubilités de l'hydrogénocarbonate de sodium dans l'eau et dans l'éthanol.

13 Distinguer deux principes actifs

▪ Extraire et exploiter des informations.

Des caractéristiques physiques de deux principes actifs sont données ci-dessous :

Espèce chimique	Paracétamol	Acide acétylsalicylique
Température de fusion	169 °C	135 °C
Solubilité dans l'eau à 25 °C	14,0 g·L^{-1}	4,6 g·L^{-1}
Couleur à l'état solide	Blanc	Blanc

• Proposer deux méthodes expérimentales permettant de distinguer ces deux principes actifs.

14 Analyser un chromatogramme

▪ Mobiliser et organiser ses connaissances ; rédiger une explication.

On réalise la chromatographie des espèces chimiques suivantes : l'acide salicylique (S), l'acide benzoïque (B), l'acide acétylsalicylique (A) et le mélange (M) de ces trois espèces.

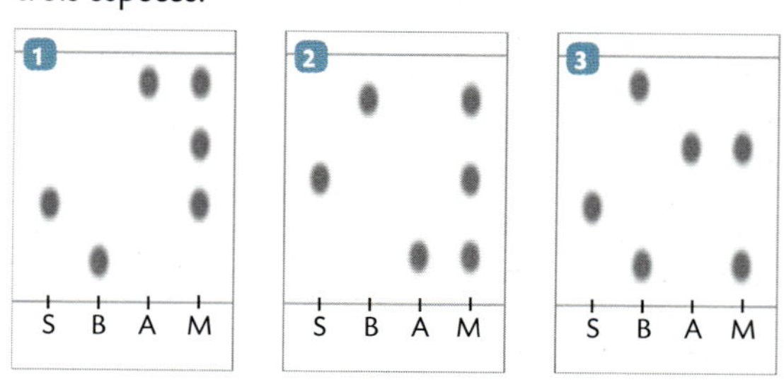

• Identifier le chromatogramme obtenu parmi les trois chromatogrammes proposés. Justifier la réponse.

15 Construire un chromatogramme

■ Organiser et exploiter ses connaissances ; faire un schéma adapté.

La chromatographie d'un médicament à base de paracétamol et de caféine a été réalisée pour identifier ses principes actifs.

• Représenter le chromatogramme qui pourrait être obtenu sachant que :
– l'éluant a parcouru 8,0 cm à partir de la ligne de dépôt ;
– le paracétamol a parcouru 4,6 cm ;
– la caféine est moins entraînée par l'éluant que le paracétamol.

Pour s'entraîner

16 Anesthésique local

■ Restituer, mobiliser et exploiter ses connaissances.

Voici la notice d'une pommade :

Classification pharmacothérapeutique : anesthésique de surface

Substance....................crème
Lidocaïne
Prilocaïne

Excipient(s) : carbomère 980 NF, ricin huile hydrogénée polyoxyéthylénée, sodium hydroxyde, eau purifiée.

1. Qu'est-ce qu'un anesthésique ? La présentation en crème est-elle adaptée ?

2. Identifier le ou les principe(s) actif(s) de cette crème.

3. Quels sont les excipients de cette crème ? Quel peut être leur rôle ?

4. Qu'est-ce qui différencie un principe actif d'un excipient ?

17 À chacun son rythme

Essence de wintergreen

■ Extraire l'information utile ; organiser et exploiter ses connaissances ; faire un schéma adapté.

*Commencer par résoudre l'*énoncé compact. *En cas de difficultés, passer à l'*énoncé détaillé.

L'essence de wintergreen, extraite de la bruyère *Gaulteria Procumbens*, est constituée à 90 % de salicylate de méthyle. Elle a des propriétés analgésiques.
On réalise une chromatographie sur couche mince en réalisant un dépôt d'essence de wintergreen et un dépôt de salicylate de méthyle, tous deux en solution.

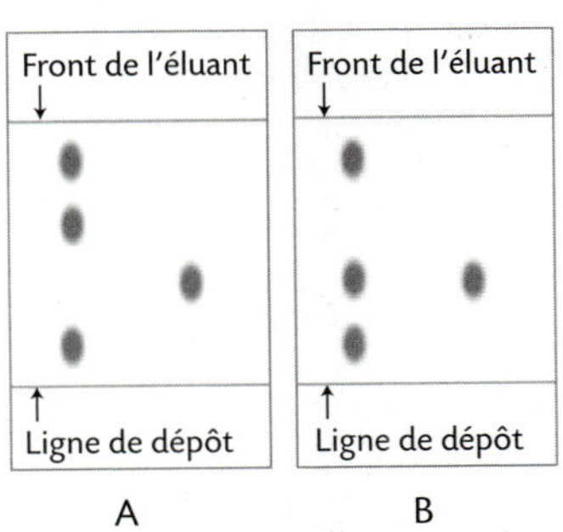

Deux chromatogrammes révélés, notés A et B, sont représentés ci-dessus.

Énoncé compact

1. Identifier le chromatogramme correspondant à la chromatographie réalisée. Justifier le choix.

2. Recopier le chromatogramme correct et y noter la position des dépôts initiaux de salicylate de méthyle noté SM et d'essence de wintergreen notée W.

Énoncé détaillé

1. a. L'essence de wintergreen est-elle constituée de plusieurs espèces chimiques ? Justifier.
b. Qu'observe-t-on lors de l'élution d'un mélange d'espèces chimiques avec un éluant adapté ?
c. Pour un même éluant, la hauteur à laquelle migre une espèce chimique est-elle la même si elle est pure ou si elle fait partie d'un mélange ?
d. L'essence de wintergreen contient-elle du salicylate de méthyle ? Si oui, que doit-on observer au niveau de la tache correspondant au salicylate de méthyle ?
e. En déduire le chromatogramme correspondant à cette chromatographie.

2. a. Recopier le chromatogramme correct.
b. A l'aide de la réponse **1a**, repérer par des croix sur la ligne de dépôt les points où ont été déposés :
– l'essence de wintergreen, notée W ;
– le salicylate de méthyle, noté SM.

18 Myorelaxants

■ Mobiliser et organiser ses connaissances ; extraire et exploiter des informations ; proposer une hypothèse.

Les notices de deux médicaments utilisés pour soulager les contractures des sportifs sont données ci-après.

Coltramyl....................p cp
Thiocolchicoside.............4 mg
Lactose......................+
Saccharose...................+

Excipient(s) : amidon de pomme de terre, talc, gélatine, lactose, magnésium stéarate, saccharose.

Thiocolchicoside Sandoz......p cp
Thiocolchicoside.............4 mg
Lactose......................+

Excipient(s) : cellulose microcristalline, silice, croscarmellose sel de Na, lactose, magnésium stéarate, povidone.

1. a. Identifier leur(s) principe(s) actif(s).
b. Identifier le médicament *princeps*. À quelle catégorie appartient le second médicament ?
c. En quoi diffèrent ces deux médicaments ?

2. Le lactose n'est pas toujours toléré. Pourquoi le lactose et le saccharose (sucre) sont-ils mis en évidence dans la notice ?

3. Le thiocolchicoside a été créé à partir de la colchicine, alcaloïde solide à 20 °C, extraite des colchiques.
a. Le thiocolchicoside est-il synthétique ? Est-ce une espèce artificielle ? Justifier.
b. Comment identifier la colchicine après son extraction ?

> Colchiques.

19 Connaître les critères de réussite

Antipaludéens

■ Extraire et exploiter des informations ; mobiliser et organiser ses connaissances

Le paludisme est une maladie infectieuse due à un parasite transmis par les moustiques anophèles. La quinine, extraite du quinquina (arbre poussant sur la cordillère des Andes) a été la première molécule utilisée en prévention.

La quinine étant toxique pour le système nerveux, les chercheurs ont créé d'autres principes actifs :

– la chloroquine, la plasmoquine, l'amodiaquine, etc., qui dérivent de la quinine ;

– l'artémisine, extraite de l'armoise, plante de la pharmacopée chinoise.

Cependant, en cas de résistance aux traitements classiques, on a recours à la quinine. Des plantations de quinquinas sont encore dédiées à l'obtention de quinine, car sa synthèse est coûteuse.

1. Qu'est-ce que le paludisme ? Quels sont les vecteurs de cette maladie ?

2. Pour chacun des principes actifs cités, préciser s'il s'agit d'une espèce naturelle ou synthétique et, dans ce dernier cas, préciser si elle est artificielle.

3. La contrefaçon de médicaments est un fléau mondial aux conséquences dramatiques.

La chromatographie sur couche mince est très utilisée dans la recherche de médicaments contrefaits. Un chromatogramme de contrôle est représenté ci-contre. Le médicament contrôlé annonce la chloroquine comme principe actif. S'agit-il d'une contrefaçon ? Justifier.

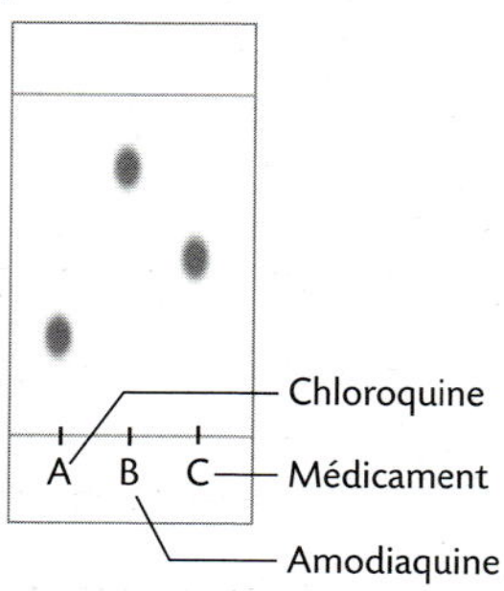

	Critères de réussite	Barème
1.	Le paludisme est correctement défini et ses agents de propagation identifiés.	0,5 pt
	La réponse est correctement rédigée.	0,5 pt
2.	Le caractère naturel ou synthétique des principes actifs est correctement déterminé. Les espèces artificielles sont bien identifiées.	1 pt
	Les réponses sont justifiées.	0,5 pt
	Les explications sont bien rédigées.	0,5 pt
3.	Le chromatogramme est correctement exploité.	1 pt
	La réponse est justifiée.	1 pt
	La justification est bien rédigée.	0,5 pt

cours maîtrisé | réponse complète | présentation — **5,5 pts**

20 Thin Layer Chromatography

■ Extraire et exploiter des informations.

Thin layer chromatography (TLC) screening procedures are recommended for the detection of counterfeit drugs.

TLC procedures are more specific and selective than WHO basic tests for the identification of drug substances and are also subject to less interference by excipients. In response to effective anticounterfeit measures, counterfeiters have often introduced small quantities of the genuine pharmaceutically active substances into the dosage forms. This gives positive identification results and in this way counterfeiters attempt to foil the process of detection. In such cases, the basic tests are inadequate; TLC procedures are therefore preferred, as they are capable of giving semi-quantitative information on the active ingredient and also on any related substances in the dosage forms.

Extract of the website apps.who.int/medicinedocs/en/ (Essential Medicines and Health Products Information Portal)

Vocabulaire : *screening* : dépistage ; *counterfeit drugs* : medicaments contrefaits ; *WHO (= Worldwide Health Organization)* : OMS (Organisation mondiale de la santé) ; *dosage forms* : formes galéniques ; *(to) attempt (to) foil* : essayer de déjouer ; *genuine* : authentique.

> Marché à Abidjan (Côte d'Ivoire).

1. Que désignent les lettres TLC ? Quelle est l'abréviation française correspondante ?

2. a. Pourquoi les faussaires introduisent-ils de faibles quantités de principes actifs dans leurs contrefaçons ?

b. La présence d'excipients a-t-elle des inconvénients lors des contrôles ?

c. Pourquoi la chromatographie sur couche mince est-elle plus adaptée aux contrôles de médicaments contrefaits que les tests d'identification des principes actifs ?

3. Un chromatogramme de contrôle d'antibiotiques est donné ci-contre. En 1, on obtient 100 % du principe actif attendu ; en 4 : on obtient 80 % du principe actif attendu. Les médicaments 2 et 3 sont-ils de bonne qualité ?

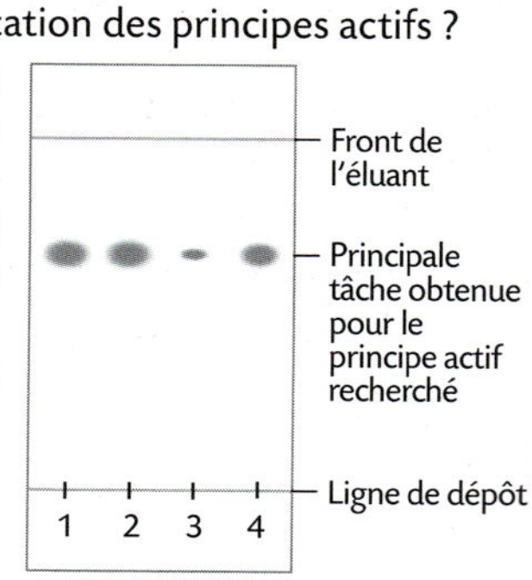

Pour aller plus loin

21 Clous de girofle

■ Extraire et exploiter des informations ; exploiter des mesures.

Les clous de girofle ont des propriétés anesthésiques et antiseptiques. On réalise une CCM en déposant une goutte de solution :
– d'huile essentielle de clous de girofle en A ;
– d'eugénol en B ;
– d'acétyleugénol en C.
On obtient le chromatogramme ci-contre.

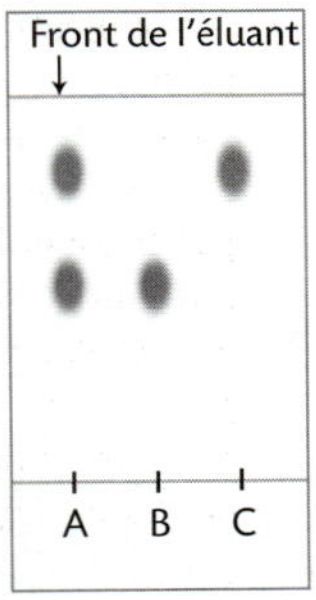

1. L'huile essentielle étudiée est-elle constituée d'une seule espèce chimique ?

2. Quels sont les constituants de l'huile essentielle que l'on peut identifier ?

3. Le rapport frontal R_f d'une espèce chimique est défini comme le rapport de la distance parcourue par l'espèce sur la distance alors parcourue par l'éluant. Déterminer le rapport frontal de l'eugénol.

22 Recherche d'un éluant

■ Extraire et exploiter des informations ; utiliser un modèle pour prévoir.

Doc. 1 CCM

Lors d'une chromatographie sur couche mince ou CCM, l'éluant monte à travers la phase fixe (couche de silice) essentiellement par capillarité. Chaque composant de l'échantillon se déplace à sa propre vitesse derrière le front de l'éluant. Pour un éluant donné, cette vitesse dépend d'une part des forces retenant le composant sur la phase fixe et, d'autre part, de sa solubilité dans l'éluant.

D'après l'ouvrage *Chimie organique expérimentale*, M. Chavanne, A. Jullien, etc. DIA, 1991.

Doc. 2 Essais d'éluants

On a dissous un mélange de limonène et de citral dans du cyclohexane et déposé sur une plaque à chromatographie une microgoutte de cette solution en trois points A, B et C. On a ensuite déposé une goutte d'un éluant différent en chaque point. L'allure de la plaque après révélation au diiode est donnée ci-dessous :

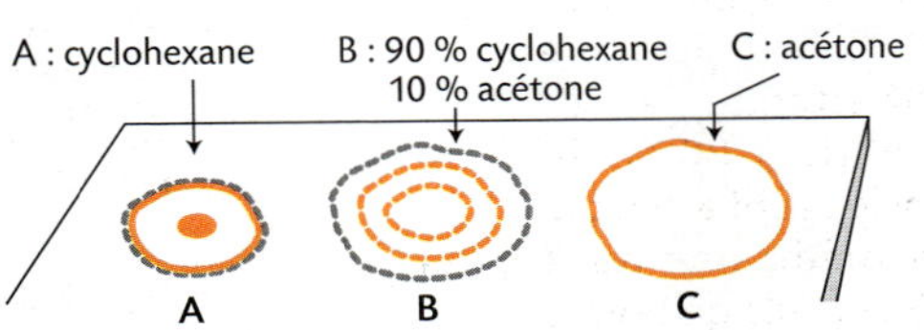

1. Pour le dépôt A, on observe une tache colorée au centre et une autre tache colorée au niveau du cercle correspondant à la progression de l'éluant. L'espèce correspond à la tâche centrale a-t-elle plus d'affinité pour la plaque ou pour le cyclohexane ?

2. Pour le dépôt C, on constate un seul cercle coloré aux limites atteintes par l'éluant. L'affinité des espèces étudiées est-elle plus importante pour la plaque ou pour l'acétone ?

3. Pour le dépôt B, on constate deux cercles colorés qui ont moins migré que l'éluant. Que peut-on en déduire ?

4. Quel éluant entraînera le limonène et le citral tout en les séparant lors de la réalisation d'une chromatographie sur couche mince ? Justifier.

23 Résolution de problème

Choix d'une forme galénique

■ Construire les étapes d'une résolution de problème.

Le traitement de la douleur est très important pour les malades. Quatre formes dites galéniques d'un même antidouleur sont disponibles (**doc. 1**).

Doc. 1 Assimilation des formes disponibles

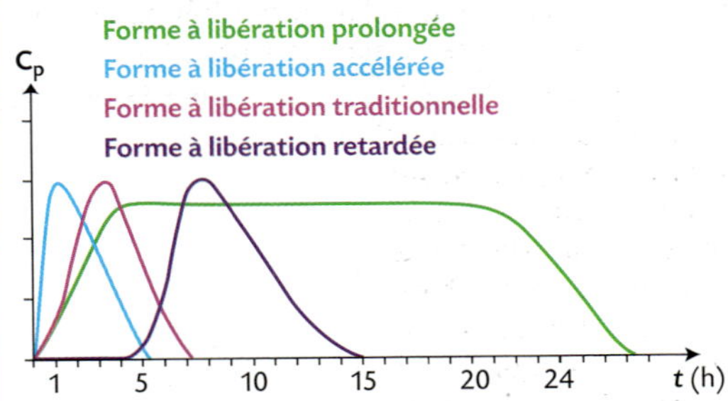

Cp : concentration dans le plasma du principe actif

Doc. 2 Administrations répétées d'un médicament

Lors de l'administration répétée d'un médicament, il y a un effet d'accumulation qui peut conduire à dépasser le seuil de toxicité.

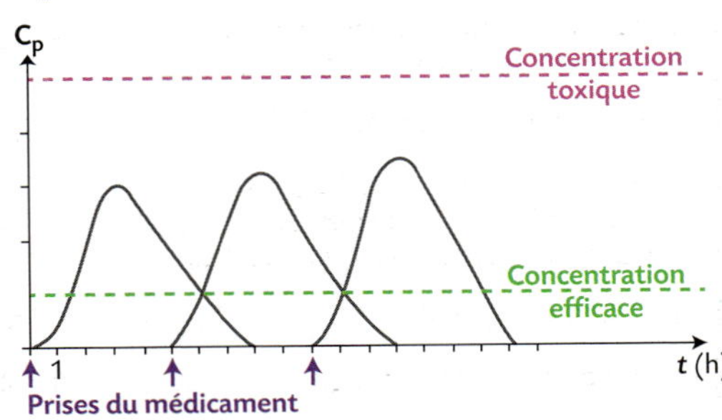

• Comment soulager très rapidement un malade et le traiter pendant environ 48 h sans dépasser le seuil de toxicité ?

→ Pistes de résolution, p. 334.

Retour sur l'ouverture du chapitre 12

Quelles sont les espèces chimiques contenues dans un médicament et comment les identifier ?

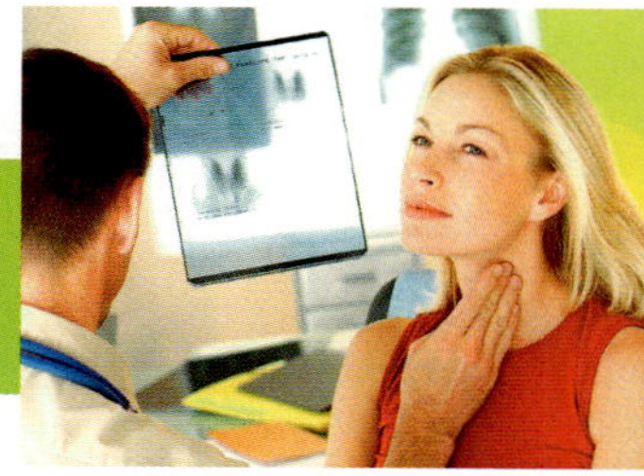

24 Médicament *princeps* et médicament générique

■ Extraire et exploiter des informations ; effectuer des calculs ; rédiger une explication.

Doc. 1 Différentes formes galéniques

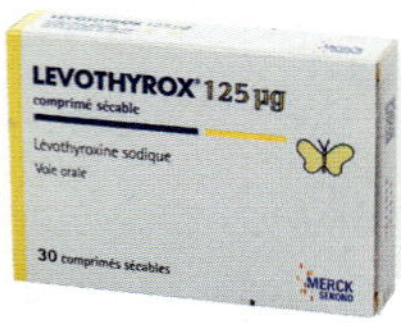

Lévothyrox 125 p cp
Lévothyroxine sodique....................125 µg
Excipient(s) : lactose monohydrate, amidon de maïs, gélatine, croscarmellose, sel de Na, magnésium stéarate.

L thyroxine Serb solution injectable p ampoule
Lévothyroxine sodique (DCI)..........200 µg
Excipient(s) : hydroxyde de sodium qsp pH 10,5, eau ppi.

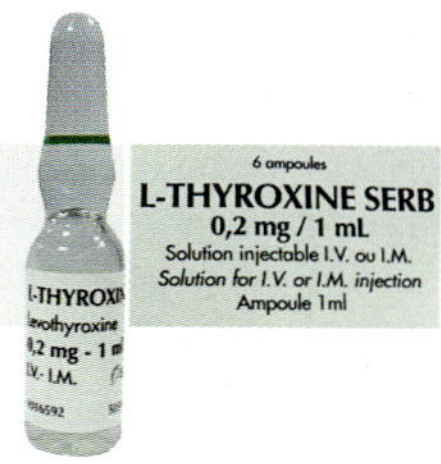

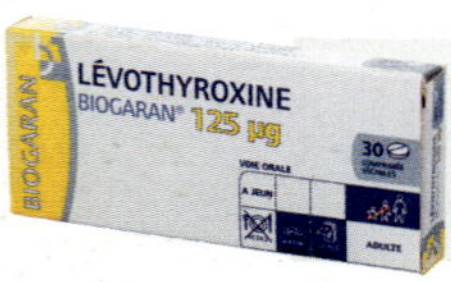

Lévothyroxine Biogaran p cp
Lévothyroxine sodique................125 µg
Excipient(s) : cellulose microcristalline, hypromellose, magnésium stéarate, mannitol.

L thyroxine Serb solution buvable p goutte
Lévothyroxine sodique (DCI)........5 µg
(150 µg/mL)
Excipient(s) : alcool éthylique à 95 % v/v, éther polyéthylène glycolique de l'huile de ricin, propylèneglycol.

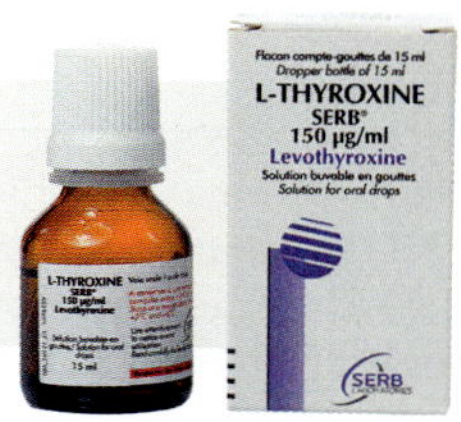

Doc. 2 Marge thérapeutique étroite

« La lévothyroxine est une hormone thyroïdienne de synthèse à marge thérapeutique étroite (ou substance dite « à dose critique »). Ainsi, chez certains patients, une variation de l'exposition, même très faible, éventuellement occasionnée par le changement de formulation peut perturber l'équilibre thérapeutique. »

Extrait de la *Lettre aux professionnels de santé*, AFSSAPS, 20 mai 2010.

1. Quelles sont les différentes formes galéniques présentées ?

2. Quelle unité est utilisée pour indiquer la masse du principe actif ?

3. a. Quel est le principe actif de ces médicaments (**doc. 1**) ? Est-il naturel ou synthétique ?
b. Proposer une méthode permettant d'identifier ce principe actif.

4. a. Quel est le médicament *princeps* ? Quels sont les médicaments génériques (**doc. 1**) ?
b. En quoi diffèrent ces médicaments ?

5. Quel nombre de gouttes de solution buvable apporte la même masse de principe actif qu'un comprimé de Lévothyrox 125® ?

6. En août 2013, une pénurie de Lévothyrox® a eu lieu. Pourquoi n'a-t-on pas pu le remplacer par les génériques correspondants (**doc. 1** et **2**) ? Proposer une explication.

> Dans le roman *Barbe bleue* d'Amélie Nothomb paru en 2012, le héros associe l'adage de Paracelse « seule la dose fait le poison », à la digitaline.

SANTÉ

Chapitre

13

L'extraction et la séparation de principes actifs

> La digitale pourprée contient une espèce chimique qui stimule le muscle cardiaque : la digitaline.

Comment extraire des espèces chimiques aux propriétés thérapeutiques ?

→ Exercice 26, p. 212.

Compétences

- Interpréter les informations provenant d'étiquettes et de divers documents. → Activités 1, 2 et 4
- *Élaborer et mettre en œuvre un protocole d'extraction à partir d'informations sur les propriétés physiques des espèces chimiques recherchées.* → Activités 2, 3 et 4
- Utiliser une ampoule à décanter, un dispositif de filtration, un appareil de chauffage dans les conditions de sécurité. → Activités 2 et 3

Activité documentaire

À la maison

1 Des plantes pour soigner des cancers

Près de 70 % des médicaments anticancéreux doivent leur existence aux principes actifs de certaines plantes.

▶ **Comment extraire des plantes ces molécules ?**

Compétence

- Interpréter les informations provenant de divers documents.

Doc. 1 Les usages traditionnels de la pervenche

Dans les îles de l'océan Indien, la décoction de toutes les parties de *Catharanthus roseus* est réputée comme agent hypoglycémique. En Ouganda, l'infusion de feuilles sert à traiter les ulcères de l'estomac. Au Botswana, les feuilles macérées dans du lait s'appliquent sur les abcès.

D'après *Plantes médicinales 1*, G. H. SCHMELZER et A. GURIB-FAKIM, 2008.

> La *Catharanthus roseus* est appelée pervenche de Madagascar en raison de son origine géographique.

Doc. 2 Une idée qui procède du hasard

En 1952, le professeur Robert Laing NOBLE, de l'université de l'Ouest Ontario (Canada), reçut vingt-cinq feuilles de pervenche. En Jamaïque, elles servaient à confectionner une tisane antidiabétique. Il ne remarqua pas d'efficacité particulière sur le taux sanguin de glucose, mais constata que toutes les souris sur lesquelles la substance avait été testée étaient mortes d'une infection généralisée. Elles n'avaient plus de globules blancs pour se défendre. D'où l'idée d'utiliser ces feuilles contre les cancers, à commencer par les leucémies*.

D'après le journal *Le Monde* du 04 mars 2011, « Des plantes contre le cancer », P. BENKIMOUN.

*Dans les cancers, et particulièrement les leucémies, le nombre de globules blancs augmente fortement. Un moyen de lutter contre cette augmentation est d'agir sur la prolifération de ces cellules.

Doc. 3 La consécration médicale

La recherche ratée d'un antidiabétique conduisit, dans les années 1960, à la mise au point de deux anti-leucémiques majeurs : la vinblastine et la vincristine, extraites des feuilles de pervenche et présentes à des doses infinitésimales dans la plante : avec une tonne de feuilles sèches, on n'obtenait par exemple que six à dix grammes de vinblastine. En 1974, Pierre POTIER et son équipe du CNRS* mirent au point une méthode permettant d'obtenir la vinblastine et la vincristine et produisirent une nouvelle molécule de synthèse : la vinorelbine, active sur les tumeurs du poumon et du sein.

D'après le magazine *Géo*, n° 414, août 2013.

*Centre national de la recherche scientifique.

Analyse et synthèse

1. Citer les usages traditionnels de la pervenche de Madagascar (doc. 1 et 2).
2. a. Pour quel effet thérapeutique cette plante a-t-elle été testée (doc. 2) ?
   b. Comment est née l'idée de l'utiliser comme anticancéreux (doc. 2) ?
3. a. Citer les deux principes actifs aux effets antileucémiques (doc. 3).
   b. Pourquoi a-t-il fallu optimiser la production de ces deux molécules ?
4. La vinorelbine est-elle une espèce naturelle (doc. 3) ?

Compétences travaillées

S'approprier • Mobiliser ses connaissances ; extraire des informations.
Analyser • Exploiter des informations.

Un pas vers le cours

5. Rechercher la définition des termes : décoction, infusion et macération.
6. Rédiger deux protocoles expérimentaux permettant d'extraire (prélever) les principes actifs de la pervenche de Madagascar en utilisant de l'eau.

S'approprier ; analyser • Extraire et exploiter des informations.
Analyser • Élaborer un protocole.
Communiquer • Rendre compte à l'écrit.

Activité expérimentale

2 Extraction de principes actifs

L'extraction d'une espèce chimique à l'aide d'un solvant s'appuie sur les notions de densité, de solubilité et de miscibilité.

▶ **Quelles doivent être les caractéristiques d'un solvant extracteur ?**

Compétences

- Interpréter les informations provenant d'étiquettes.
- *Élaborer et mettre en œuvre un protocole d'extraction à partir d'informations sur les propriétés physiques des espèces chimiques recherchées.*
- *Utiliser une ampoule à décanter, un dispositif de filtration.*

Doc. 1 Un antiseptique coloré

La Bétadine® est un antiseptique de la peau et des plaies superficielles. Son principe actif est le diiode I_2. Le diiode est peu soluble dans l'eau, mais il est soluble dans des solvants organiques (cyclohexane, par exemple).

Densité *d* : 0,779

> Extrait d'étiquette de cyclohexane.

Doc. 2 Un pigment naturel

Le lycopène est un pigment naturel appartenant à la famille des caroténoïdes. Il donne leur couleur rouge aux tomates. Des études montrent que sa consommation protègerait de diverses maladies. Le lycopène est soluble dans le cyclohexane et insoluble dans l'eau.

Pratique expérimentale

- Observer les pictogrammes du cyclohexane et agir en conséquence.
- Dans une ampoule à décanter, verser environ 10 mL d'eau puis 10 gouttes de solution aqueuse de Bétadine®. Boucher, agiter. Observer.
- Ajouter 10 mL de cyclohexane dans l'ampoule à décanter. Boucher, puis retourner l'ampoule en tenant son bouchon. Ouvrir le robinet pour dégazer et agiter.
- Fermer le robinet et replacer l'ampoule sur le support. Retirer le bouchon, puis laisser décanter. Observer la couleur de chaque phase.

1 Justifier que le cyclohexane se situe au-dessus de la phase aqueuse.

2 Après agitation, dans quelle phase se trouve principalement le diiode ?

3 Le diiode est-il plus soluble dans l'eau ou dans le cyclohexane ?

Compétences travaillées

S'approprier ; analyser • Extraire et exploiter des informations ; observer ; exploiter des observations.

Réaliser • Mettre en œuvre un protocole ; utiliser le matériel de manière adaptée ; respecter les règles de sécurité.

Valider • Interpréter des observations.

Investigation

- Proposer, puis mettre en œuvre, un protocole expérimental pour extraire le lycopène des tomates.

En cas de difficultés, des solutions partielles sont disponibles en fin de manuel (p. 334).

4 Rédiger ce protocole en expliquant les étapes proposées.

S'approprier
Analyser
Réaliser
Valider
Communiquer

Un pas vers le cours

5 Lors d'une extraction par solvant :

a. la solubilité de l'espèce dans le solvant d'extraction doit-elle être plus grande ou plus petite que sa solubilité dans le solvant de départ ?

b. le solvant d'extraction et le solvant de départ peuvent-ils être miscibles ?

c. quel solvant surnage dans une ampoule à décanter ?

6 Quelle technique a-t-on utilisée pour séparer un solide d'un liquide ?

Valider • Mettre en lien des phénomènes et des concepts.

Communiquer • Rédiger une explication.

Activité expérimentale

3 Hydrodistillation de la lavande

L'huile essentielle de lavande est conseillée en cas d'infection des voies respiratoires.

▶ **Comment extraire l'huile essentielle de la lavande ?**

Compétences

- *Élaborer et mettre en œuvre un protocole d'extraction à partir d'informations sur les propriétés physiques des espèces.*
- *Utiliser une ampoule à décanter, un appareil de chauffage dans les conditions de sécurité.*

Doc. 1 **L'hydrodistillation traditionnelle de la lavande**

Dans une distillerie traditionnelle, les huiles essentielles sont extraites et entraînées par la vapeur d'eau. L'eau, les tiges et les fleurs sont introduites dans le vase de distillerie. L'ensemble est chauffé et porté à ébullition. Le mélange gazeux, constitué de vapeur d'eau et d'huile essentielle, passe dans un col de cygne. Il est condensé dans un serpentin. Le mélange devenu liquide est recueilli dans un essencier où il décante. L'huile essentielle, moins dense que l'hydrolat, surnage. L'hydrolat, eau aromatisée par les traces de cette huile essentielle, est récupéré au bas de l'essencier. L'hydrodistillation d'environ 60 kg de fleurs de lavande permet d'obtenir 1 L d'huile essentielle.

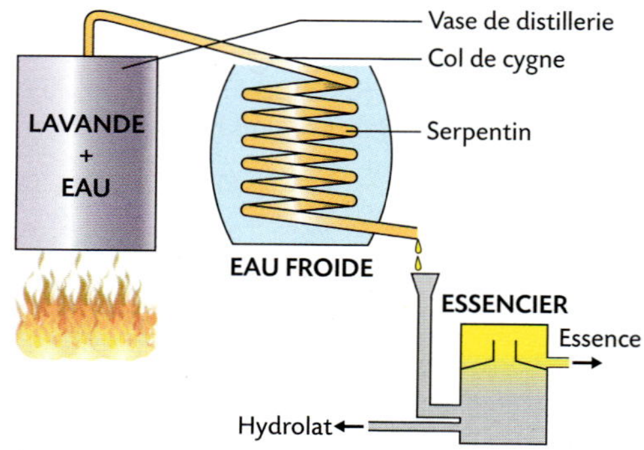

Doc. 2 **Quelques caractéristiques physiques**

	Eau	Eau salée	Cyclohexane	Huile essentielle de lavande
Densité	1,00	> 1,00	0,78	0,89
Solubilité dans l'eau (à 25 °C)		Soluble	Insoluble	Peu soluble
Solubilité dans l'eau salée (à 25 °C)	Soluble		Insoluble	Insoluble
Solubilité dans le cyclohexane (à 25 °C)	Insoluble	Insoluble		Très soluble

Analyse des documents

À la maison

Compétences travaillées

1 Le montage d'hydrodistillation (voir essentiel, p. 204) permet d'extraire l'huile essentielle des fleurs de lavande au laboratoire. Quels éléments du montage correspondent au vase de distillerie, au col de cygne, au serpentin et à l'essencier ?

S'approprier ; analyser • Extraire et exploiter des informations ; se questionner.

Investigation

- Proposer, puis mettre en œuvre, un protocole expérimental permettant d'extraire l'huile essentielle de lavande, puis de la séparer de l'hydrolat.

En cas de difficultés, des solutions partielles sont disponibles en fin de manuel (p. 334).

2 Où se situent l'huile essentielle et l'hydrolat dans l'éprouvette ?

S'approprier ; analyser ; réaliser ; valider ; communiquer ; être autonome et faire preuve d'initiative

Un pas vers le cours

3 Rédiger les protocoles en expliquant l'intérêt de chacune des étapes, puis schématiser et légender le montage d'hydrodistillation.

4 Pourquoi une huile essentielle peut-elle être extraite par hydrodistillation ?

Réaliser • Faire un schéma adapté.
Valider • Mettre en lien des phénomènes et des concepts.

Activité expérimentale

4 Les principes actifs de quelques médicaments

Le paracétamol est prescrit contre la douleur. Lorsqu'il n'est plus suffisamment efficace, on peut renforcer son action à l'aide d'autres principes actifs.

► **Comment extraire et identifier les principes actifs présents dans des médicaments antalgiques ?**

Compétences
- Interpréter les informations provenant d'étiquettes.
- *Élaborer et mettre en œuvre un protocole d'extraction.*

Doc. 1 Des médicaments antalgiques

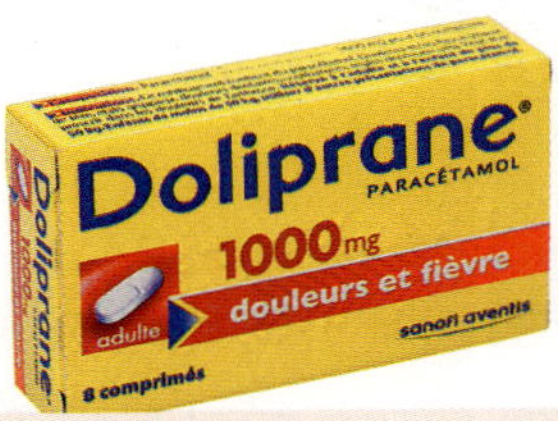

Que contient DOLIPRANE 1 000 mg comprimé ?
La substance active est :
Paracétamol. . . . . 1 000,0 mg
pour un comprimé

Les autres composants sont : povidone, amidon prégélatinisé, carboxyméthylamidon sodique (type A), talc, stéarate de magnésium.

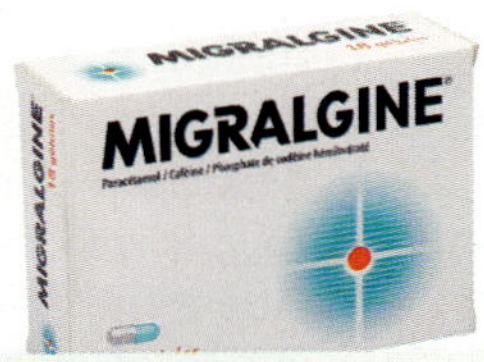

Que contient MIGRALGINE® gélule ?
Les substances actives sont :
Paracétamol. 400,0 mg
Caféine. . . . . 32,5 mg
Phosphate de codéine hémilhydraté . . . 20,0 mg

Pour une gélule
Les autres composants sont :
Silice colloïdale anhydre, lactose monohydraté, monostéaraye de glycérol.

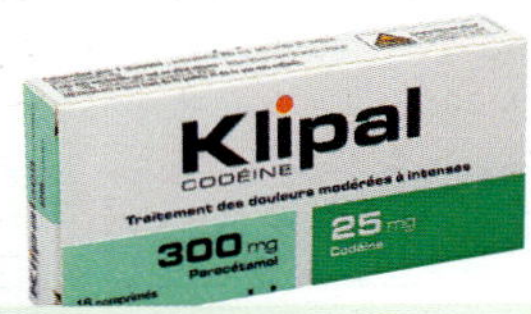

IDENTIFICATION DU MÉDICAMENT
A) DÉNOMINATION
Klipal Codéine 300 mg/25 mg, comprimé
B) COMPOSITION QUALITATIVE/QUANTITATIVE
Paracétamol. . . . . 300,00 mg
Phosphate de codéine hémilhydraté . . . . 25,00 mg
Les autres composants sont : gélatine, carmellose calcique, cellulose microcristaline, laque alumique de jaune orangé S (E 110), talc, stéarate de magnésium, métabisulfite de sodium (E 223).

Matériel et produits disponibles

- Les trois médicaments à l'état de poudre.
- Trois tubes à hémolyse et leur support
- Une plaque de silice pour chromatographie, des tubes capillaires, une lampe UV.
- De l'éthanol à 95° comme solvant d'extraction et comme éluant. Le principal risque lié à sa manipulation est donné ci-contre.

Éthanol
H225 : liquide et vapeur très inflammables.

Investigation

Les comprimés ont été broyés et la gélule a été ouverte. Les poudres ainsi obtenues ont été placées dans trois coupelles A, B et C.

► **Comment identifier les trois médicaments ?**

En cas de difficultés, des solutions partielles sont disponibles en fin de manuel (p. 334).

Compétences travaillées
S'approprier
Analyser
Communiquer
Réaliser
Être autonome et faire preuve d'initiative

Un pas vers le cours

1. Rédiger un compte rendu présentant la démarche suivie en détaillant le protocole expérimental d'une extraction solide/liquide, les observations, l'interprétation et la conclusion.
2. Commenter l'expression « extraction par solvant ».

Communiquer • Rendre compte à l'écrit ; rédiger une explication.

Cours

1 Quelles sont les techniques historiques d'extraction et de séparation ?

• L'homme a toujours utilisé les matières premières de son environnement, telles que les fleurs, les fruits (doc. 1), les feuilles ou les écorces, pour en extraire des colorants, des principes actifs, des espèces odorantes, etc. (activité 1).

Il a mis en œuvre des techniques simples telles que le **broyage** ou l'**expression** (**pressage**) (doc. 1).

Il a développé des techniques plus élaborées telle que l'**extraction par solvant**. La matière première solide est mise en contact avec le solvant afin que certains de ses constituants s'y dissolvent.

- La **macération** s'effectue en laissant la matière première en contact avec un solvant froid.
- L'**infusion** est réalisée en introduisant la matière première dans un solvant chaud (généralement l'eau bouillante).
- La **décoction** est réalisée en chauffant le végétal avec le solvant, jusqu'à ébullition.
- L'**enfleurage** consiste à déposer des fleurs sur de la graisse inodore, solide ou liquide, froide ou chaude.

L'**hydrodistillation** est l'un des plus anciens procédés d'extraction de composés odorants à partir de végétaux. Elle permet d'obtenir des huiles essentielles, aux vertus thérapeutiques (activité 3).

• Ces techniques d'extraction sont souvent suivies d'une étape de séparation, telle que la **filtration**, la **décantation** ou l'**évaporation**.

→ Voir exercices 6 à 9, p. 207.

Doc. 1

> Presser une orange pour en boire le jus est une technique d'extraction appelée expression.

Doc. 2

> Un café peut être préparé par infusion de café moulu dans l'eau chaude. Pour séparer le café liquide du marc solide, le mélange est filtré.

2 Comment réaliser une extraction par solvant ?

L'extraction par solvant et la séparation d'espèces chimiques s'appuient sur les notions de **densité** et de **solubilité** (chapitres 9 et 12) et sur la notion de **miscibilité**, vue au collège.

A. L'extraction solide/liquide

Dans une technique d'**extraction par solvant** (**solide/liquide**), la matière première solide, broyée, est laissée au contact d'un solvant liquide dans lequel les espèces à extraire sont solubles.

Lors d'une extraction solide/liquide, on procède généralement à une **macération**, une **infusion** (doc. 2) ou une **décoction** (doc. 3).

• Afin de séparer le liquide du solide, l'extraction est suivie d'une étape de séparation :
- la **décantation** qui consiste à laisser reposer le mélange ;
- ou la **filtration** (fiche Identification et séparation, p. 333).

Doc. 3

> Un café « turc » est préparé par décoction, en portant à ébullition un mélange de café et d'eau. Le café liquide est récupéré par décantation, après avoir laissé reposer le mélange.

B. L'extraction liquide/liquide

• Certains liquides, comme l'eau et l'alcool, se mélangent : ils sont **miscibles**. D'autres, tels que l'eau et l'huile (**doc. 4**) ou l'eau et le cyclohexane (**activité 2**), ne se mélangent pas : ils sont **non miscibles**.

Dans une technique **d'extraction par solvant (liquide/liquide)**, une espèce, présente dans un solvant S_1, est extraite par un autre solvant S_2 (appelé **solvant d'extraction**) dans lequel elle est plus soluble. Les deux solvants S_1 et S_2 utilisés ne doivent pas être miscibles entre eux.

• Le choix du solvant dépend de l'espèce chimique à extraire. Il doit être, autant que possible, respectueux de l'environnement et sans danger pour la santé.

• Exemple :
À 25 °C, la solubilité du diiode dans l'eau est de 0,34 $g \cdot L^{-1}$ alors qu'elle est de 28 $g \cdot L^{-1}$ dans le cyclohexane. Cette grande différence de solubilité est mise à profit pour extraire le diiode dissous dans la solution aqueuse de Bétadine® (**activité 2**).

L'extraction peut être réalisée dans une **ampoule à décanter**.

Initialement, le diiode est dissous dans l'eau. Après ajout de cyclohexane puis agitation, le diiode, plus soluble dans le cyclohexane que dans l'eau, doit se retrouver majoritairement dans le cyclohexane.

En laissant reposer le mélange, les solvants se séparent en deux phases : c'est la **décantation**.

La teinte pourpre prise par la phase supérieure et la décoloration de la phase inférieure (**doc. 5**) confirment le passage du diiode de la **phase aqueuse** à la **phase organique** (cyclohexane).

• Afin d'isoler l'espèce extraite, le solvant extracteur est éliminé par évaporation.

→ Voir exercices 10 à 16, p. 207-208.

Doc. 4

> L'huile a une densité inférieure à celle de l'eau. Dans un mélange hétérogène de deux liquides, c'est toujours celui de plus faible densité qui surnage.

Doc. 5

a

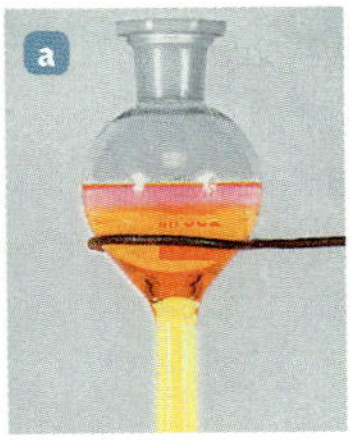

b

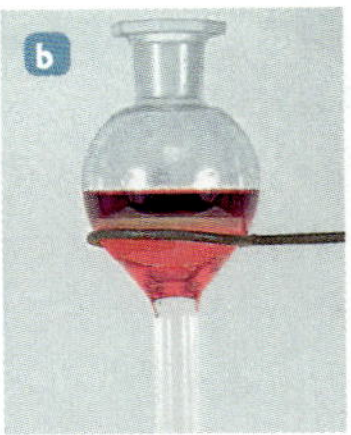

> Une ampoule à décanter est utilisée pour effectuer une extraction par solvant, puis pour séparer par décantation les deux liquides non miscibles : avant agitation (a) ; après agitation (b).

3 Comment réaliser une hydrodistillation ?

L'**hydrodistillation** permet d'extraire des espèces chimiques volatiles, très peu solubles dans l'eau, présentes dans les fleurs, les écorces, les fruits, etc. et d'obtenir des huiles essentielles.

Exemple : sous l'effet du chauffage, les cellules végétales de la lavande éclatent et libèrent les espèces aromatiques qu'elles contiennent. Ces espèces volatiles sont entraînées par la vapeur d'eau. La liquéfaction des vapeurs (appelée communément condensation) à l'aide d'un réfrigérant à eau permet de récupérer ces espèces aromatiques (**doc. 6** et **activité 3**).

L'huile essentielle et la phase aqueuse (hydrolat) alors obtenues ne sont pas miscibles. L'huile essentielle est constituée par les espèces aromatiques, mais l'hydrolat en contient encore quelques traces. L'huile essentielle, dont la densité est inférieure à celle de l'eau, surnage.

→ Voir exercices 17 et 18, p. 208-209.

Doc. 6

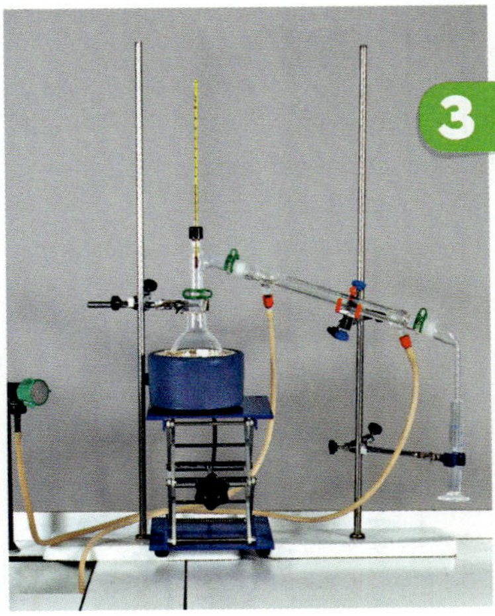

> Montage pour une hydrodistillation. Le support élévateur doit être réglé en position haute pour pouvoir éloigner rapidement le chauffe-ballon du ballon en cas de problème.

Essentiel

Une extraction consiste à extraire (prélever, isoler) une ou plusieurs espèces chimiques d'un mélange.

Quelques techniques d'extraction et de séparation

Hydrodistillation

Les espèces volatiles, très peu solubles dans l'eau à l'état liquide, sont extraites à la vapeur d'eau.

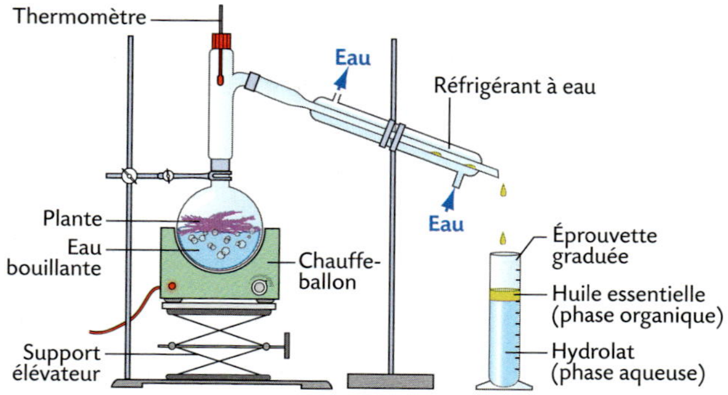

Extraction par solvant

L'espèce chimique est extraite par un solvant dans lequel elle est très soluble.

Extraction solide/liquide

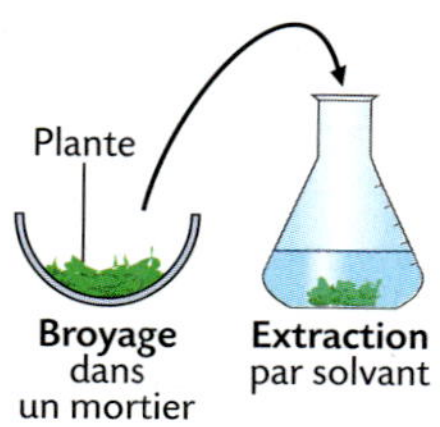

Exemples :

- Macération (dans un solvant froid)
- Infusion (dans un solvant chaud)
- Décoction (plante dans solvant porté à ébullition)

Séparation solide/liquide

- **Filtration simple**

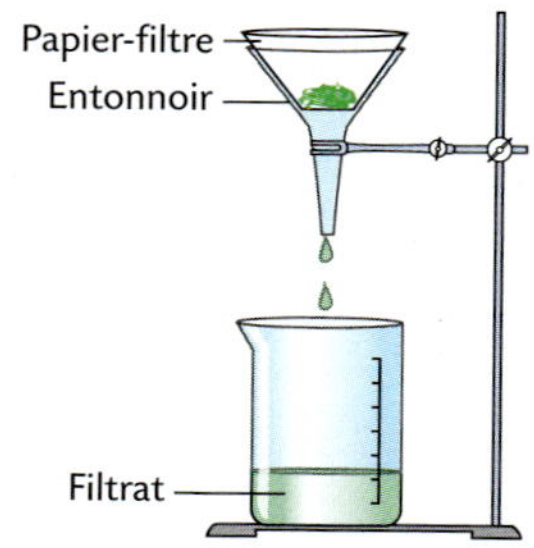

- **Filtration sous pression réduite**

(plus rapide et plus efficace que la filtration simple)

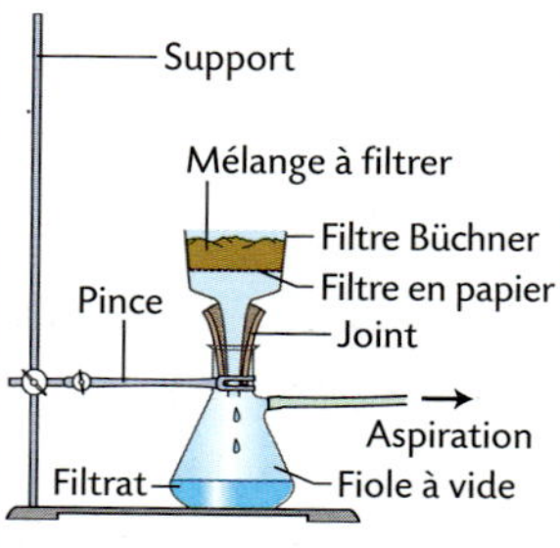

Extraction liquide/liquide

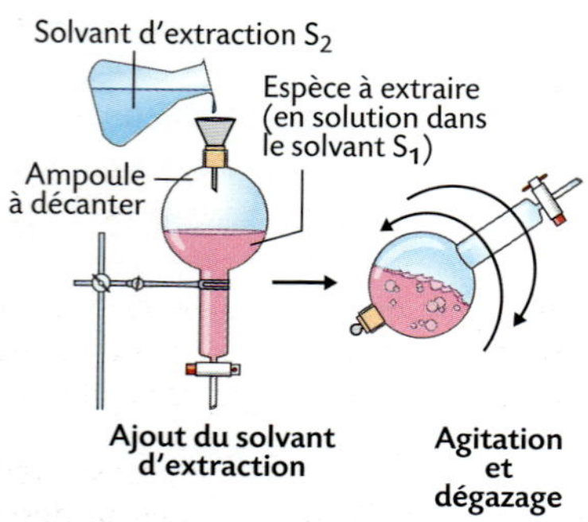

Séparation liquide/liquide

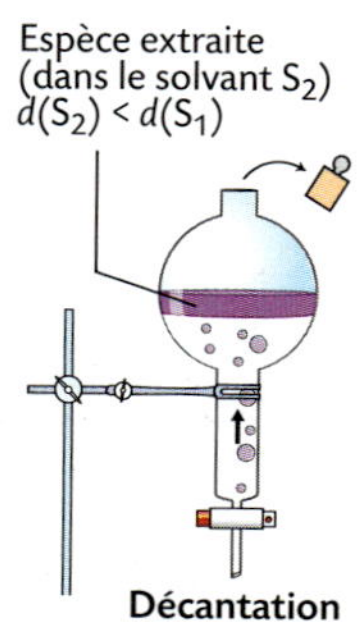

QCM

→ Corrigés, p. 338.

Pour chaque question, indiquer la (ou les) bonne(s) réponse(s).

1 Quelques techniques historiques d'extraction et de séparation

Si erreur, revoir § 1, p. 202.

	A	B	C
1 Préparer un thé, c'est faire une :	décoction.	infusion.	macération.
2 Après une infusion, le solide peut être récupéré grâce à :	un dispositif de filtration simple.	un dispositif de filtration sous vide.	une ampoule à décanter.
3 Une filtration permet de séparer un solide :	d'un liquide dans lequel il est soluble.	d'un autre solide.	d'un liquide dans lequel il est insoluble.

2 L'extraction par solvant

Si erreur, revoir § 2, p. 202-203.

	A	B	C
1 Lors d'une extraction liquide/liquide :	l'espèce chimique à extraire est plus soluble dans le solvant extracteur que dans le solvant de départ.	le solvant extracteur et le solvant de départ sont non miscibles.	le solvant extracteur et le solvant de départ sont miscibles.
2 Lorsque deux liquides ne sont pas miscibles, le liquide qui surnage :	est celui dont la densité est la plus faible.	est toujours la phase contenant l'espèce à extraire.	a une densité inférieure à 1.
3 Le tétrachlorure de carbone CCl_4 a une densité par rapport à l'eau $d = 1{,}59$. Il est non miscible à l'eau. Le schéma correct est :	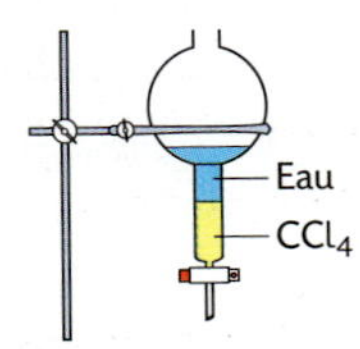	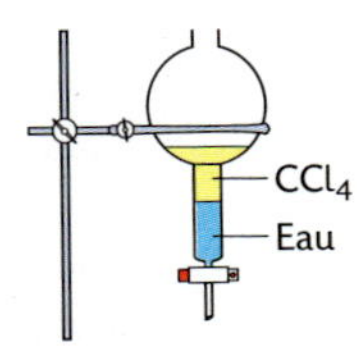	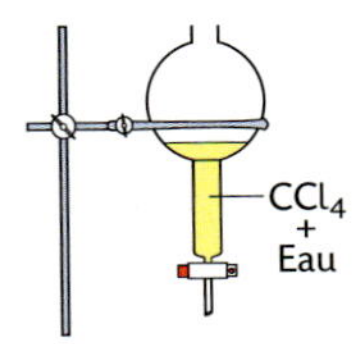
4 L'éthanol a une densité par rapport à l'eau $d = 0{,}79$. Il est miscible à l'eau. Le schéma correct est :	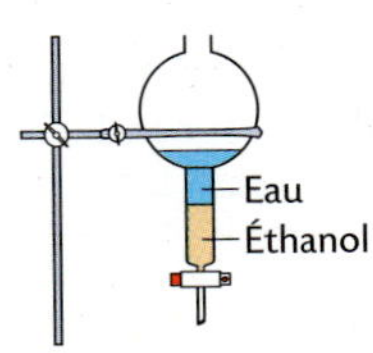	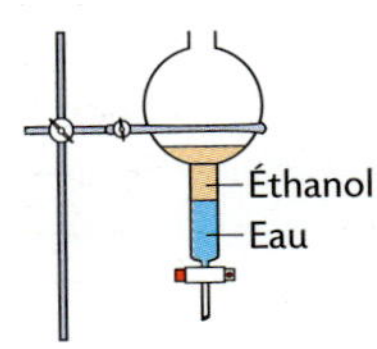	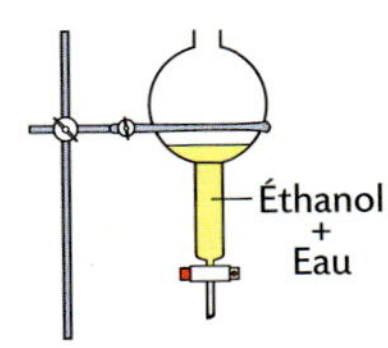

3 L'hydrodistillation

Si erreur, revoir § 3, p. 203.

	A	B	C
1 Lors d'une hydrodistillation, des espèces volatiles :	s'échappent du réfrigérant.	se vaporisent, puis se liquéfient dans le ballon.	se vaporisent et sont entraînées par la vapeur d'eau.
2 L'huile essentielle que l'on peut obtenir par hydrodistillation est :	très faiblement soluble dans l'eau.	insoluble dans l'eau.	le plus souvent située au-dessus de la phase aqueuse.

Exercice résolu

Compétences

- Mobiliser et organiser ses connaissances.
- Rédiger une explication.

4 Proposer un procédé de séparation

Énoncé

On réalise l'hydrodistillation des clous de girofle. Dans l'essencier, on récupère l'huile essentielle contenant de l'eugénol, aux vertus antiseptiques, et l'hydrolat.

1. Pourquoi récupère-t-on un hydrolat en plus de l'huile essentielle ?
2. Dans l'essencier, l'huile essentielle est-elle située au-dessus ou en dessous de l'hydrolat ?
3. Proposer un protocole expérimental pour séparer l'huile essentielle de l'hydrolat.

Donnée

Densité de l'huile essentielle de clous de girofle par rapport à l'eau : $d = 0{,}87$

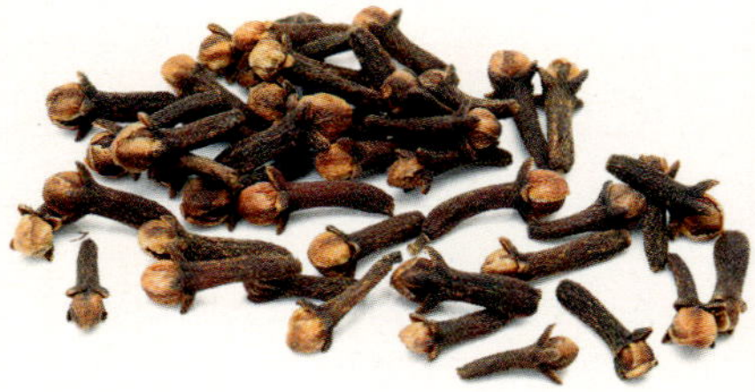

Analyse de l'énoncé

- Quel est le principe d'une hydrodistillation ? Qu'est-ce qu'un hydrolat ?
- Dans un mélange de deux liquides non miscibles, lequel surnage ?
- Quel élément de verrerie permet de séparer des liquides non miscibles ? L'huile est-elle plus ou moins dense que l'eau ?

Conseils

1. S'interroger sur l'étymologie du préfixe « hydro ».
2. Comparer la densité de l'huile à celle de l'eau de distillation.
3. La décantation est une technique de séparation de deux liquides non miscibles. La densité de l'eau est égale à 1,00.

Solution rédigée

1. Lors d'une hydrodistillation, les espèces volatiles aromatiques des clous de girofle sont entraînées par la vapeur d'eau. Après liquéfaction et décantation, on récupère l'huile essentielle et l'hydrolat, eau aromatisée par des traces d'huile essentielle.
2. L'huile essentielle est moins dense que l'hydrolat ($0{,}87 < 1{,}00$) : elle surnage dans l'essencier.
3. • Introduire le mélange dans une ampoule à décanter.
   • Déboucher et laisser reposer.
   • Récupérer d'abord la phase aqueuse (hydrolat) dans un premier bécher, puis l'huile essentielle dans un second bécher.

5 Application immédiate

L'eucalyptol est l'espèce majoritaire dans l'huile essentielle d'eucalyptus, utilisée pour traiter les inflammations des voies respiratoires. Il est peu soluble dans l'eau et sa densité est voisine de 0,92. L'hydrolat (ou « eau aromatique ») obtenu en même temps que l'huile essentielle a des vertus similaires à cette dernière. Grâce à sa faible concentration en espèces actives, il est conseillé pour les enfants.

1. **a.** Citer le nom de la technique expérimentale permettant d'obtenir l'huile essentielle et l'eau aromatique.
   b. Pourquoi l'hydrolat est-il nommé « eau aromatique » ?
   c. Pourquoi peut-on lire sur les flacons d'huiles essentielles : « Sauf avis médical, n'utilisez pas d'huiles essentielles chez les bébés et les enfants de moins de 3 ans. », alors que cette mise en garde ne figure pas sur les flacons d'eau aromatique ?
2. Schématiser le contenu d'un bécher contenant un mélange d'huile essentielle et d'eau aromatique. Annoter le schéma proposé et le justifier.

→ Corrigés, p. 338.

Exercices

Compétences — Parcours d'apprentissage

Compétences	6	12	14	17	19	21
Interpréter les informations provenant d'étiquettes et de divers documents.	•				•	•
Élaborer et mettre en œuvre un protocole d'extraction à partir d'informations sur les propriétés physiques des espèces chimiques recherchées.		•			•	•
Utiliser une ampoule à décanter, un dispositif de filtration, un appareil de chauffage dans les conditions de sécurité.		•	•	•	•	•

Pour commencer

Quelques techniques historiques d'extraction et de séparation

6 Reconnaître un procédé d'extraction

■ Restituer ses connaissances.

Dans le dictionnaire de français *Le Littré*, on peut lire la définition suivante : « Opération qui consiste à laisser séjourner, à froid, un corps solide quelconque dans un liquide qui se charge des principes solubles de ce corps. »

• L'opération décrite est-elle une décoction, une infusion ou une macération ?

7 Décrire une technique d'extraction

■ Extraire et exploiter des informations ; faire un schéma.

Les baies noires de la belladone contiennent de l'atropine, un alcaloïde actif sur le système nerveux. Dans le roman *Rutland Place* d'A. PERRY, un empoisonnement à la belladone est commis et on peut lire : « N'importe qui avait pu [...] exprimer le jus de la plante elle-même. Les baies, qui ne mûrissent qu'en automne, ne sont pas indispensables ; les feuilles suffisent amplement. »

• Nommer le procédé d'extraction évoqué dans le roman, le décrire, puis le schématiser.

8 Comprendre un procédé d'extraction

■ Proposer une hypothèse ; justifier un protocole.

En Guadeloupe, il existe de nombreuses recettes de préparations médicinales à base de feuilles, de fleurs, de bourgeons, etc.

1. En créole, on dit que l'on fait « bouyi » ou « tranpé » les plantes pour les préparations médicinales : interpréter.

2. Contre les rhumatismes, le « bwa dend » (bois d'Inde) s'utilise après avoir laissé reposer, pendant deux semaines, une quinzaine de feuilles dans un litre de rhum. Nommer la technique utilisée et justifier le mode opératoire.

9 Identifier des procédés d'extraction et de séparation

■ Mobiliser et organiser ses connaissances.

L'huile d'olive a des propriétés bénéfiques sur le plan cardio-vasculaire. Les « huiles d'olive vierges » sont obtenues par des procédés mécaniques (lavage, malaxage, *pressage* des olives, *décantation* de l'huile et de l'eau, *centrifugation* ou *filtration*). Les « huiles de grignons » sont obtenues par *traitement au solvant* (tel que l'heptane) de grignons d'olive, résidus composés des fragments de peaux, de pulpe et de noyaux.

• Décrire les procédés d'extraction et de séparation écrits en italique dans le texte ci-dessus.

L'extraction par solvant

10 Choisir une technique de séparation

■ Se questionner ; justifier un protocole.

L'alizarine, colorant rouge des racines de garance, est soluble dans l'heptane. Après un broyage des racines dans ce solvant, on cherche à récupérer le liquide coloré.

• Quelle est la technique de séparation la plus efficace : la décantation ou la filtration ?

11 Schématiser une technique de filtration simple

■ Mobiliser et organiser ses connaissances ; faire un schéma adapté.

Le limonène, utilisé comme excipient dans certains médicaments, se trouve à l'état naturel dans les zestes d'orange. Il est très soluble dans le cyclohexane.
Pour l'extraire, on broie dans un mortier le zeste d'une orange avec quelques millilitres de cyclohexane, puis on procède à une filtration simple du mélange.

1. Schématiser et légender le montage de filtration.
2. Comment peut-on améliorer la filtration ?

12 Élaborer un procédé d'extraction

▪ Justifier et élaborer un protocole.

Une infusion dans l'eau de racines d'échinacée pourpre, plante médicinale appréciée par les Indiens d'Amérique du Nord, stimule les défenses immunitaires. En revanche, une décoction d'échinacée détruit tout ou partie de ses principes actifs.

> Échinacée pourpre.

• Décrire et justifier un protocole d'extraction des principes actifs des racines d'échinacée.

13 Proposer des procédés d'extraction

▪ Extraire des informations ; justifier et élaborer un protocole.

L'hamamélis de Virginie est un arbuste utilisé en phytothérapie pour ses propriétés cicatrisantes et antibactériennes.
En décoction dans l'eau, son écorce était utilisée par les Indiens d'Amérique du Nord pour calmer les inflammations. Au XVIIIe siècle, les colons d'Amérique la laissaient « séjourner » dans du whisky pour apaiser leurs blessures.

D'après le magazine *Géo*, n° 414, août 2013.

1. Rechercher la définition du mot phytothérapie. Indiquer la source de votre recherche.

2. En employant un vocabulaire scientifique, proposer deux protocoles d'extraction des principes actifs de l'Hamamélis.

3. Comment nomme-t-on la technique d'extraction employée par les colons ?

14 Analyser un procédé de séparation

▪ Restituer et mobiliser ses connaissances ; rédiger une explication.

L'eau et l'éthoxyéthane ne sont pas miscibles. Pour séparer la phase aqueuse de la phase organique contenant un principe actif, on utilise la verrerie schématisée ci-contre.

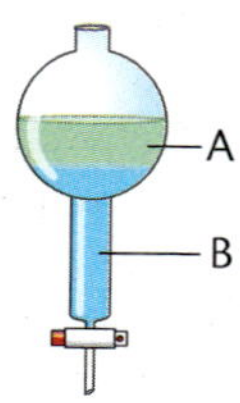

1. Comment nomme-t-on cette verrerie ?

2. La densité de l'éthoxyéthane par rapport à l'eau est égale à 0,71. Identifier, en justifiant, les phases A et B représentées sur le schéma.

15 Choisir des conditions expérimentales

▪ Extraire et exploiter des informations d'un tableau ; respecter les règles de sécurité.

La caféine est un alcaloïde présent dans le café ou le thé. Il agit comme stimulant.

La solubilité de la caféine dans deux solvants est indiquée dans le tableau ci-dessous.

Solvant	Eau à 25 °C	Eau à 80 °C	Dichlorométhane à 25 °C
Solubilité	Faible	Grande	Grande
Mentions de danger	–	–	H351 : susceptible de provoquer le cancer

• Dans quelles conditions expérimentales faut-il se placer pour extraire la caféine des feuilles de thé ?

16 Proposer un solvant d'extraction

▪ Restituer ses connaissances ; extraire et exploiter des informations d'un tableau.

L'acide acétylsalicylique est le principe actif de l'aspirine. On souhaite l'extraire d'une solution aqueuse, soit avec de l'éthanol, soit avec de l'éthoxyéthane.

1. Citer deux conditions que doit respecter le solvant d'extraction.

2. Quel solvant convient-il d'utiliser pour extraire l'acide acétylsalicylique ?

Données

Solvant	Éther diéthylique	Éthanol	Eau
Densité	0,71	0,79	1,00
Miscibilité avec l'eau	Non miscible	Miscible	
Solubilité à 25 °C de l'acide acétylsalicylique	Très soluble	Très soluble	Peu soluble

L'hydrodistillation

17 Légender un montage d'hydrodistillation

▪ Restituer ses connaissances.

1. Rappeler le principe d'une hydrodistillation.

2. Associer à chacun des mots suivants le numéro correspondant sur la photographie du montage :
ballon • erlenmeyer • réfrigérant à eau • thermomètre • support élévateur • chauffe-ballon

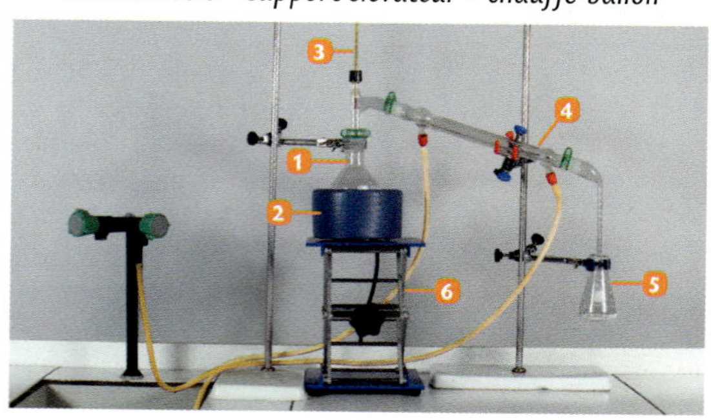

18 Schématiser un montage d'hydrodistillation

▪ Faire un schéma adapté ; restituer ses connaissances.

1. Schématiser et légender le montage d'hydrodistillation de l'exercice **17**.

2. Préciser le sens de circulation de l'eau dans le réfrigérant.

3. Quel est le rôle du support élévateur ? du réfrigérant ?

Pour s'entraîner

19 Connaître les critères de réussite

L'anéthol

▪ Extraire et exploiter des informations d'un tableau ; élaborer un protocole ; respecter les règles de sécurité ; présenter sous une forme appropriée.

L'anéthol est une espèce chimique présente dans l'anis vert, le fenouil, la badiane et l'estragon. Des tests sur des souris et des rats ont permis de constater que cette espèce possède des propriétés analgésiques et anti-convulsivantes.

> L'anis étoilé est le fruit du badianier de Chine.

• Élaborer un protocole expérimental d'extraction et de séparation de l'anéthol à partir de la badiane.

Données

Solvant	Eau	Éthanol	Dichlorométhane
Solubilité à 25 °C de l'anéthol	Peu soluble	Soluble	Soluble
Mentions de danger	–	 H225 : liquide et vapeur très inflammables	 H351 : susceptible de provoquer le cancer

Critères de réussite

Critères de réussite	Barème
Prise en compte du critère « solubilité ». Évocation des règles de sécurité. Choix raisonné du solvant d'extraction.	2 pts
Utiliser le vocabulaire spécifique. Rédiger en décomposant les étapes. Utiliser des verbes d'action en début de phrase.	1 pt
L'ensemble est soigné et l'orthographe maîtrisée.	0,5 pt
cours maîtrisé / réponse complète / présentation	**3,5 pts**

20 À chacun son rythme

Extraction d'un antiseptique

▪ Extraire et exploiter des informations d'un tableau ; élaborer un protocole ; respecter les règles de sécurité ; faire un schéma adapté.

Commencer par résoudre l'énoncé compact. En cas de difficultés, passer à l'énoncé détaillé.

Le diiode est une espèce chimique utilisée, en solution aqueuse, dans le traitement antiseptique des plaies et des brûlures superficielles de la peau.

Données

Solvant	Heptane	Tétrachlorure de carbone	Éther diéthylique	Éthanol	Eau
Densité	0,68	1,59	0,71	0,78	1,00
Solubilité à 20 °C du diiode ($g \cdot L^{-1}$)	170	260	252	214	< 1
Miscibilité avec l'eau	Non	Non	Non	Oui	
Pictogrammes de sécurité					

Énoncé compact

• Proposer un protocole expérimental permettant d'extraire le diiode d'une solution aqueuse antiseptique et l'illustrer à l'aide d'un schéma légendé.

Énoncé détaillé

1. a. Quel est le solvant de la solution antiseptique ?
b. Le diiode est-il soluble ou peu soluble dans ce solvant ?

2. Dans quel(s) solvant(s) le diiode est-il soluble ?

3. a. Pour séparer les deux phases du mélange, le solvant d'extraction et la phase aqueuse peuvent-ils être miscibles ? Justifier.
b. Parmi les solvants proposés dans le tableau, quels sont ceux qui ne sont pas miscibles à la phase aqueuse ?

4. a. Quels solvants peuvent convenir à l'extraction du diiode ?
b. Quel solvant choisir en tenant compte des risques ?

5. a. Dans un mélange, comment deux liquides non miscibles se placent-ils l'un par rapport à l'autre ?
b. Pour le solvant choisi, schématiser l'ampoule à décanter contenant les deux phases (solvant d'extraction et phase aqueuse), en précisant la nature de chacune d'elles.

21 Extraction d'un conservateur alimentaire

■ Extraire et exploiter des informations ; élaborer un protocole ; respecter les règles de sécurité.

Un soda au cola contient de l'acide benzoïque (conservateur référencé en Europe sous le code E210), de l'eau, de l'acide citrique et de l'acide phosphorique. On dispose du matériel suivant : ampoule à décanter, entonnoir, béchers, supports et noix de fixation, éprouvettes graduées.

1. Proposer un protocole expérimental permettant d'extraire uniquement l'acide benzoïque du soda.

2. Préciser la position des deux phases dans l'ampoule à décanter.

Données

Solvant	Eau	Toluène	Éthanol
Masse volumique ($g \cdot mL^{-1}$) à 20 °C	1,00	0,87	0,79
Miscibilité avec l'eau		Non miscible	Miscible
Mentions de danger (voir fin de manuel)	–	 H225, H304, H315, H336, H361d, H373	 H225
Solubilité à 20 °C de l'acide benzoïque ($g \cdot L^{-1}$)	3	110	430
Solubilité à 20 °C de l'acide phosphorique	Très soluble	Insoluble	Très soluble
Solubilité à 20 °C de l'acide citrique	Très soluble	Insoluble	Très soluble

Pour aller plus loin

22 Résolution de problème

L'abus de réglisse

■ Construire les étapes d'une résolution de problème.

Doc. 1

La réglisse est utilisée dans la médecine traditionnelle comme antispasmodique et anti-inflammatoire. À haute dose, elle peut aggraver l'hypertension artérielle. La racine sèche peut renfermer 5 % en masse de glycyrrhizine.

Doc. 2

Pour soulager les brûlures d'estomac, il est recommandé de réaliser une décoction de 50 g de racines sèches de réglisse dans un litre d'eau et de boire cette préparation.

Doc. 3

Le seuil toxique serait aux alentours d'un gramme de glycyrrhizine par jour sur une durée prolongée, mais certaines personnes peuvent montrer des signes d'intoxication à des doses plus faibles (300 à 400 mg/j).

Extrait du site Internet www.phytomania.com/reglisse.htm.

Des intoxications ont été rapportées pour des consommations de 250 à 380 mg/j sur une durée de 10 jours chez des patients cirrhotiques.

Extrait de la revue *Vigitox*, n° 34, centre antipoison de Lyon, janvier 2009.

• En supposant que toute la glycyrrhizine a été extraite lors de la décoction décrite dans le **doc. 2**, sur combien de jours, au minimum, la consommation de cette boisson doit-elle être répartie pour un patient cirrhotique ?

→ Pistes de résolution, p. 334.

23 Limonène et citral

■ Extraire et exploiter des informations ; justifier un protocole.

D'après le baccalauréat de La Réunion, 2008.

Le citral est utilisé dans des médicaments luttant contre les affections bronchiques. Le limonène est souvent utilisé comme excipient. L'écorce de nombreux agrumes contient ces deux espèces.

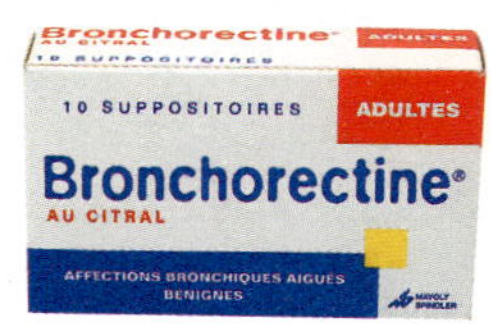

Protocole expérimental

Étape 1 :
• Réaliser l'hydrodistillation de zestes d'orange.

Étape 2 :
• Verser les liquides obtenus dans une ampoule à décanter, ajouter quelques millilitres d'une solution saturée de chlorure de sodium et agiter.
• Sous une hotte, ajouter du dichlorométhane ; agiter en dégazant régulièrement.
• Déboucher et laisser décanter.
• Récupérer la phase organique ; y introduire une spatule de sulfate de magnésium anhydre pour éliminer les traces d'eau restantes.

Étape 3 :
• Réaliser une chromatographie sur couche mince en déposant trois échantillons en solution : limonène L, huile essentielle H et citral C. L'éluant est un mélange de cyclohexane et d'éthoxyéthane. On obtient le chromatogramme ci-contre.

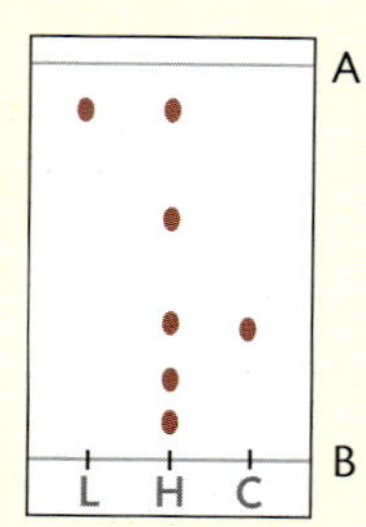

Données

	Solubilité à 25 °C				
	dans l'eau	dans l'eau salée	dans l'éthoxy-éthane	dans le cyclo-hexane	dans le dichloro-méthane
Limonène	tps	i	s	s	s
Citral	tps	i	s	s	s

tps : très peu soluble ; **i** : insoluble ; **s** : soluble

- Densités par rapport à l'eau :

$d_{\text{limonène}} = 0{,}84$ $d_{\text{citral}} = 0{,}89$

$d_{\text{eau salée}} = 1{,}10$ $d_{\text{dichlorométhane}} = 1{,}33$

1. Rappeler le principe d'une hydrodistillation.

2. Préciser l'intérêt de l'ajout d'eau salée.

a. Pour l'étape 2, représenter l'ampoule à décanter en justifiant les positions respectives des deux phases. Préciser, en le justifiant, la phase dans laquelle se trouve majoritairement l'huile essentielle.

b. Pourquoi dégaze-t-on l'ampoule lors de l'agitation ?

c. Pourquoi débouche-t-on l'ampoule lors de la décantation ?

3. a. Que matérialisent les deux traits situés en haut et en bas du chromatogramme et repérés par les lettres A et B ?

b. Interpréter ce chromatogramme.

24 La palette de Vermeer ARTS

■ Élaborer et rédiger un protocole ; proposer une hypothèse.

Doc. 1

« Vermeer* apparaît comme extrêmement classique dans les pigments qu'il utilise. Son originalité et son génie sont à chercher ailleurs, dans la façon dont il travaille et associe les couleurs et non pas dans les matériaux dont il se sert [...]. Pour les rouges, [...] de la laque de cochenille ou de garance, du bois de brésil (pour les roses et les orangés également) et des terres ocres rouges. Telle est en effet la palette vermeerienne mise au jour par les analyses en laboratoire. »

> *Vue de Delft*, de Johannes Vermeer (1660-1661).

Extrait de M. Pastoureau, *Bleu. Histoire d'une couleur*, © Éditions du Seuil (2000), Points Histoire, 2014.

* **Peintre néerlandais du XVIIe siècle, baptisé à Delft (Hollande) et à qui l'on doit, entre autres,** *La Jeune Fille à la perle* **et** *La Laitière*.

Doc. 2

Les insectes à teinture rouge, comme les cochenilles, sont encore utilisés comme pigments de peinture. La garance est une plante herbacée. Sa racine est, à elle seule, une vraie usine de colorants. Le pernambouc, ou bois du Brésil, est un arbre autrefois abondant le long du littoral brésilien. On n'utilise que le bois de cœur du tronc et des grosses branches, rouge foncé.

D'après D. Cardon, *Le monde des teintures naturelles*, © Éditions Belin (2003).

1. Classer les « pigments » que Vermeer utilisaient selon leur origine : végétale, animale ou minérale.

2. L'acide carminique est la principale matière colorée rouge violacé présente dans la cochenille. Cette molécule est soluble dans l'eau et l'éthanol, peu soluble dans l'éther diéthylique et insoluble dans le chloroforme.
Proposer, en précisant le matériel utilisé, une suite de manipulations permettant d'extraire l'acide carminique des cochenilles séchées.

3. Pour extraire les matières colorées du pernambouc, le bois est réduit en poudre et mélangé à de l'eau. L'ensemble est chauffé. Un liquide rouge-rosé est alors récupéré.

a. Quel est l'intérêt de réduire le bois en poudre ?

b. Pourquoi chauffe-t-on ?

c. Décrire le procédé de séparation permettant de récupérer le liquide.

25 A cup of tea?

■ Extraire et exploiter des informations ; restituer et mobiliser ses connaissances.

The most ancient form of extraction is the brewing of tea. A cup of tea involves solid/liquid extraction, the extraction of organic compounds from solid ground leaves using hot water as the liquid. Many compounds with pharmacological activity, such as caffeine, dissolve in the hot water. While solid/liquid extraction is the technique used to extract natural products, liquid/liquid extraction is used in laboratories.

Vocabulaire : *brewing* : préparation ; *ground* : moulu.

1. Pourquoi l'extraction de la caféine des feuilles de thé est-elle qualifiée d'extraction solide/liquide ?

2. Qu'est-ce qu'une extraction liquide/liquide ?

3. Citer deux critères qui permettent de choisir le solvant d'extraction.

Retour sur l'ouverture du chapitre 13

Comment extraire des espèces chimiques aux propriétés thérapeutiques ?

26 Un magnifique poison

- Extraire et exploiter des informations d'un texte et d'une image ; mobiliser ses connaissances ; faire des propositions ; reformuler.

Doc. 1

Dans le roman *Barbe bleue* d'Amélie NOTHOMB, le héros se souvient des femmes qu'il a aimées : « Quant à Digitaline, une beauté vénéneuse, j'ai inventé pour elle le gant mesureur. De longs gants de taffetas pourpre qui remontaient au-delà du coude et que j'avais gradués pour illustrer l'adage latin de PARACELSE « *Dosis sola facit venenum* » : Seule la dose fait le poison. »

Extrait de *Barbe bleue*, A. NOTHOMB,

Doc. 2

La digitaline, utilisée en pharmacopée comme cardiotonique, est extraite des feuilles de la digitale pourpre. Chez une personne souffrant d'insuffisance cardiaque, la digitaline produit un accroissement de l'amplitude des battements et un ralentissement du rythme. La marge entre la dose toxique et la dose thérapeutique étant très faible, la posologie peut varier suivant le patient.

D'après *L'Encyclopædia Universalis* [en ligne], P. COURRIÈRE, « Digitaline », consulté en 2013.

Doc. 3

À propos de la digitaline, Antoine-Jacques-Louis JOURDAN, docteur en médecine, écrit dans un ouvrage datant de 1828 (*Pharmacopée universelle*) :

« À haute dose, elle occasionne des convulsions et la mort. À plus petite dose, on l'emploie comme calmant. »

Il donne également quelques procédés de préparations calmantes, expectorantes, diurétiques :

« **Décoction de digitale**
Faire chauffer doucement un gros [environ 4 g] de digitale dans suffisante quantité d'eau. Quand la liqueur commence à bouillir, la retirer du feu, pour la laisser en digestion pendant un quart d'heure et la passer ensuite.
Infusion de digitale
Faire digérer pendant quatre heures dans l'eau chaude. Après suffisante digestion, filtrer.
Teinture de digitale
Faire digérer à froid du suc de digitale récemment « exprimé » dans de l'esprit de vin [alcool] pendant quelques jours et filtrer. »

1. a. Qu'est-ce que la digitaline ?
b. Pourquoi l'auteur Amélie NOTHOMB emploie-t-elle l'adjectif « vénéneuse » (**doc. 1**) ?
c. Pourquoi les gants ont-ils été confectionnés dans une couleur pourpre ?

2. a. À partir de la lecture des documents, expliquer la phrase de PARACELSE (**doc. 1**).
b. Quel est le lien avec la confection des gants mesureurs ?

3. En quoi consiste la technique de « digestion » qu'évoque le Docteur JOURDAN dans le **doc. 3** ?

4. Quelle différence peut-on faire entre une décoction et une infusion ?

5. a. Dans le texte (**doc. 3**), qu'appelle-t-on une « teinture » ?
b. Nommer la technique d'extraction conduisant à la teinture.
c. Le suc de digitale est obtenu par expression : que signifie ce terme ?

6. Une technique de séparation solide/liquide est utilisée dans les trois préparations : la citer et schématiser cette étape.

7. Réécrire les protocoles expérimentaux en employant un vocabulaire scientifique contemporain.

> Le « baume du tigre » est une pommade utilisée contre les douleurs. Le camphre est l'un de ses principaux composants.

SANTÉ

Chapitre

14

Synthèse de principes actifs et d'excipients

Comment synthétiser certains principes actifs ou excipients contenus dans les médicaments ?

→ Exercice 20, p. 223.

> Le camphre peut être obtenu par hydrodistillation de l'écorce ou des feuilles du camphrier, arbre d'Extrême-Orient. Il peut aussi être synthétisé à partir de l'α-pinène.

Compétence

- *Mettre en œuvre un protocole expérimental pour réaliser la synthèse d'une molécule et son identification.* → Activités 1 et 2

Activité documentaire

À la maison

1 Première étape de la synthèse d'un principe actif

La vanilline est une molécule extraite des gousses de vanille. Elle est utilisée lors de la synthèse d'un principe actif destiné au traitement de la maladie d'Alzheimer. La première étape est la synthèse de l'acétate de vanilline.

▶ **Comment réaliser la synthèse de l'acétate de vanilline ?**

Compétence

- *Mettre en œuvre un protocole expérimental pour réaliser la synthèse d'une molécule.*

Doc. 1 Synthèse de l'acétate de vanilline

Protocole

1. Dans un erlenmeyer de 250 mL muni d'un barreau aimanté, dissoudre 3,0 g de vanilline dans 50 mL d'une solution aqueuse d'hydroxyde de sodium de concentration massique 100 $g \cdot L^{-1}$.
2. Tout en agitant, ajouter environ 60 g de glace, puis, avec précaution, 8,64 g d'anhydride éthanoïque.
3. Équiper l'erlenmeyer d'un réfrigérant à air, puis agiter.
4. Filtrer le mélange sous vide, laver le solide à l'eau froide, puis le sécher.

Données

- L'acétate de vanilline est peu soluble dans l'eau froide et partiellement soluble à température ambiante.
- Lors de l'ajout de l'anhydride éthanoïque, le milieu réactionnel s'échauffe.
- d(anhydride éthanoïque) = 1,08

Doc. 2 Analyse du produit obtenu

Dépôts :

A : solution de vanilline

B : solution d'acétate de vanilline de référence

C : solution du produit obtenu

Éluant : mélange de 4 mL d'acétate d'éthyle et de 8 mL d'éther de pétrole.

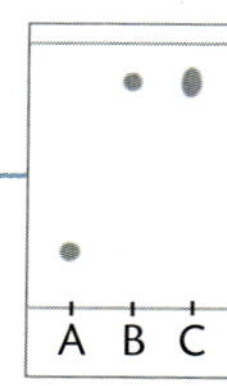

› Chromatogramme obtenu après révélation sous lampe UV.

Analyse et synthèse

	Compétences travaillées
1 Quel est le rôle du réfrigérant à air (**doc. 1**) ?	**Connaître** • Restituer ses connaissances.
2 Calculer le volume d'anhydride éthanoïque à prélever.	**Réaliser** • Effectuer des calculs.
3 Pourquoi lave-t-on le solide ? Pourquoi utilise-t-on de l'eau froide ? **4** a. Pourquoi sèche-t-on le solide ?	**Analyser** • Justifier un protocole.
b. Il est conseillé de contrôler régulièrement l'évolution de la masse du solide lors du séchage. Pourquoi ?	**Valider** • Discuter une information.
5 a. Élaborer un protocole expérimental pour effectuer la chromatographie sur couche mince décrite dans le **doc. 2**.	**Analyser** • Élaborer un protocole. **Communiquer** • Rédiger une réponse.
b. Interpréter le chromatogramme du **doc. 2**.	**Valider** • Interpréter des résultats.

Un pas vers l'essentiel

6 Rédiger un court texte dans lequel sont présentées et justifiées les principales étapes de la préparation d'un produit solide.	**Communiquer** • Rédiger une synthèse.

Activité expérimentale

2 Synthèse d'un excipient

L'acétate de linalyle, espèce chimique présente dans plusieurs plantes, est utilisé dans le traitement des ecchymoses.

▶ **Comment réaliser sa synthèse au laboratoire ?**

Compétence

- *Mettre en œuvre un protocole expérimental pour réaliser la synthèse d'une molécule.*

Doc. 1 Synthèse

- Observer les pictogrammes et les phrases de risques du linalol et de l'anhydride éthanoïque et se comporter en conséquence.
- Dans un ballon sec de 100 mL, introduire, à l'aide d'une éprouvette graduée, 5 mL de linalol. Sous la hotte, ajouter 10 mL d'anhydride éthanoïque et quelques grains de pierre ponce. Boucher le ballon.
- Réaliser le montage de chauffage à reflux (voir schéma ci-dessous) et porter le mélange à ébullition douce pendant vingt minutes.
- Arrêter le chauffage et abaisser le support élévateur. Ajouter progressivement 30 mL d'eau salée par le haut du réfrigérant.
- Laisser refroidir le mélange réactionnel, d'abord à température ambiante, puis en plongeant le ballon dans un bain d'eau froide.
- Verser le mélange dans une ampoule à décanter.

Doc. 2 Extraction

- Laisser décanter, puis éliminer la phase aqueuse.
- Laver la phase organique restante avec 20 mL d'une solution concentrée d'hydrogénocarbonate de sodium.
- Laisser décanter, puis éliminer la phase aqueuse.
- Laver la phase organique avec 20 mL d'eau distillée.
- Récupérer la phase organique dans un erlenmeyer sec.

Données

	Densité à 25 °C	Température d'ébulition (°C)	Solubilité dans l'eau salée à 25 °C
Linalol	0,86	199	Très faible
Anhydride éthanoïque	1,08	140	Très grande
Acétate de linalyle	0,89	220	Très faible
Acide éthanoïque	1,05	118	Très grande

- L'anhydride éthanoïque réagit vivement au contact de l'eau et se transforme en acide éthanoïque.

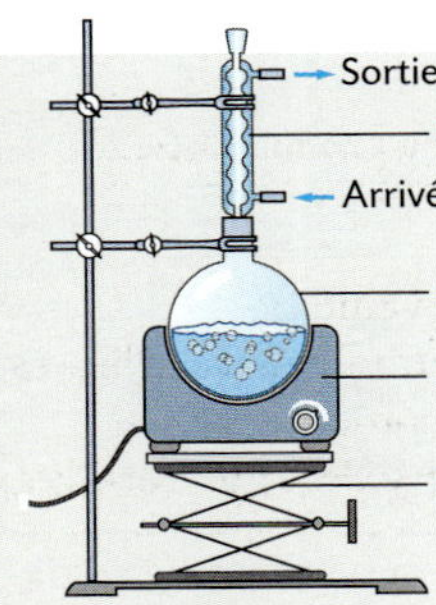

> Montage à reflux.

Pratique expérimentale

- Réaliser le protocole du **doc. 1**.

1. Justifier l'emploi d'un ballon sec pour cette synthèse.
2. Quel est le rôle de l'eau salée dans la manipulation ?
3. Prévoir la position de la phase contenant l'acétate de linalyle dans l'ampoule à décanter. Justifier.

- Réaliser le protocole du **doc. 2**.

4. Proposer une méthode permettant d'identifier le liquide obtenu.

Compétences travaillées

- **Réaliser** • Mettre en œuvre un protocole, respecter les règles de sécurité.
- **S'approprier ; analyser** • Extraire et exploiter des informations. **Analyser** • Justifier un protocole.
- **Réaliser** • Mettre en œuvre un protocole, respecter les règles de sécurité.
- **S'approprier** • Mobiliser ses connaissances.

Un pas vers l'essentiel

5. Rédiger un court texte dans lequel sont présentées et justifiées les principales étapes de la préparation d'une espèce chimique liquide.

Communiquer • Rédiger une synthèse.

Essentiel

1 Synthèse d'une espèce chimique

La **synthèse** est la préparation d'une espèce chimique à partir de réactifs. Elle se déroule en trois étapes.

Avant la manipulation

Nature et quantité des réactifs
Rechercher les pictogrammes de danger et suivre les consignes de sécurité pour les prélèvements (voir rabat V). Prélever des masses ou des volumes.

Solvant
Solubiliser, si nécessaire, les réactifs dans un solvant ajouté en grande quantité.

Conditions expérimentales
Respecter la température, la durée, etc. indiquées dans le protocole.

Étape 1. Synthèse de l'espèce chimique (chauffage à reflux)

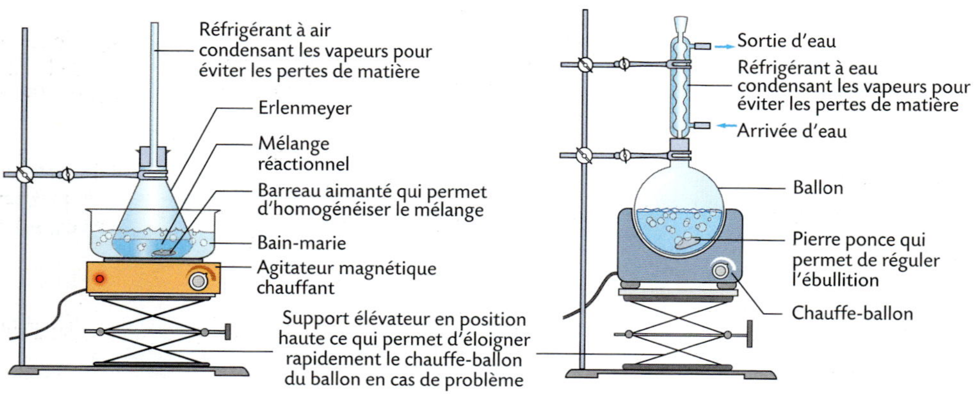

À la fin de la synthèse, refroidir le milieu réactionnel (en gardant la circulation d'eau dans le réfrigérant à eau) pour condenser les vapeurs éventuellement toxiques ou pour favoriser la précipitation d'un solide.

Étape 2. Isolement de l'espèce chimique

Liquide

- Réaliser une extraction liquide/liquide (si nécessaire).
- Réaliser une décantation.

→ **Essentiel**, p. 204.

Solide

- Réaliser une filtration.

→ **Essentiel**, p. 204.

Étape 3. Identification de l'espèce chimique

- Mesurer la température d'ébullition.
- Mesurer l'indice de réfraction.

- Réaliser une chromatographie sur couche mince.

→ **Essentiel**, p. 188.

- Mesurer la température de fusion.

QCM

→ Corrigés, p. 338.

Pour chaque question, indiquer la (ou les) bonne(s) réponse(s).

1 Synthèse d'une espèce chimique

	A	B	C
1 La représentation correcte d'un montage à reflux est :	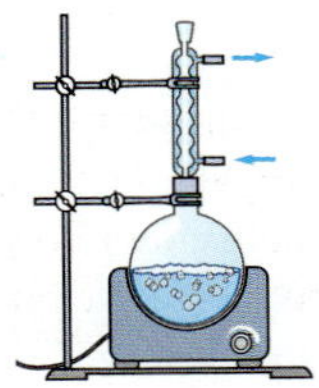		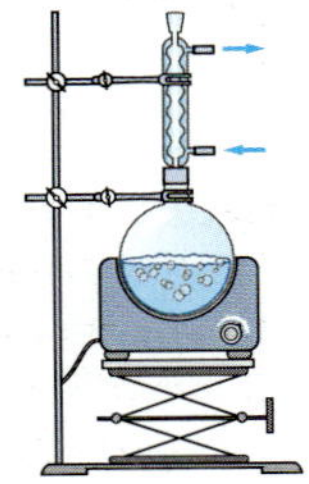
2 Lors de l'étape de chauffage à reflux le réfrigérant est nécessaire pour :	éviter la perte de matière.	recueillir les produits formés.	des raisons de sécurité.
3 Dans un réfrigérant à eau :	l'eau circule de haut en bas.	l'eau circule de bas en haut.	le sens de circulation de l'eau est indifférent.
4 À la fin de la synthèse, on refroidit le milieu réactionnel pour :	des raisons de sécurité.	condenser les vapeurs éventuellement toxiques.	faire précipiter le produit s'il est solide.
5 Pour isoler un produit solide du reste du milieu réactionnel, on peut effectuer :	une extraction liquide/liquide.	une filtration.	une hydrodistillation.
6 Dans l'ampoule à décanter, l'espèce chimique synthétisée est :	toujours présente dans la phase du dessous.	toujours présente dans la phase du dessus.	présente dans la phase où elle est le plus soluble.
7 Pour identifier le produit obtenu lors d'une synthèse, on peut effectuer :	une chromatographie sur couche mince.	une extraction.	une mesure de la température de fusion.
8 Le chromatogramme ci-dessous permet d'affirmer que : 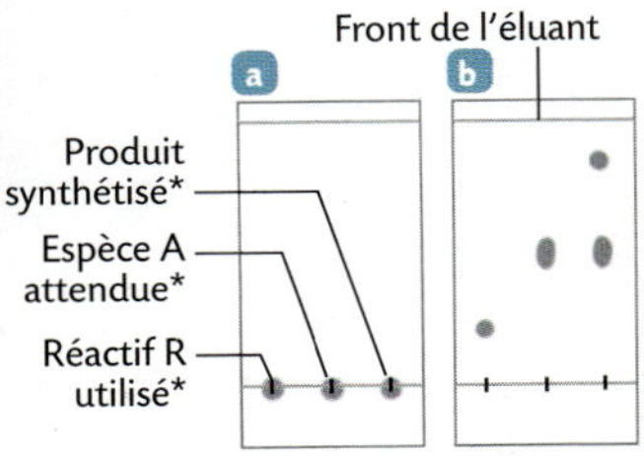 * Les espèces déposées sont en solution. > Avant élution (a) ; après élution (b).	le réactif R est encore présent dans le produit synthétisé.	des impuretés sont présentes dans le produit synthétisé.	le produit synthétisé contient bien l'espèce A.

Exercice résolu

Compétences
- Restituer ses connaissances.
- Effectuer des calculs.
- Respecter les règles de sécurité.

2 Étudier une étape d'une synthèse

Énoncé

L'acide 4-aminobenzoïque est une vitamine présente dans les crèmes solaires, car elle absorbe les radiations ultraviolettes de la lumière du soleil. Dans la première étape de sa synthèse, il faut chauffer à reflux une masse $m_1 = 8{,}0$ g de toluidine et une masse $m_2 = 9{,}1$ g d'anhydride éthanoïque. Le mélange est ensuite refroidi dans un bain de glace : des cristaux se forment.

1. Expliquer le rôle d'un réfrigérant dans un montage à reflux.
2. Calculer le volume V_2 d'anhydride éthanoïque à prélever.
3. Comment le produit de la réaction peut-il être isolé du reste du milieu réactionnel ?

Données
- Masse volumique de l'eau : $\rho(\text{eau}) = 1\,000\ \text{g} \cdot \text{L}^{-1}$
- Densité de l'anhydride éthanoïque : $d_2 = 1{,}08$

Analyse de l'énoncé

- Quel matériel utilise-t-on lors d'un chauffage à reflux ?
- Quelles données de l'énoncé permettent de calculer V_2 ?
- De quoi dépend le choix de la méthode d'isolement du produit synthétisé ?

Conseils

1. Pour réaliser un montage à reflux, on utilise un chauffe-ballon, un support élévateur, un réfrigérant à eau et un ballon.
2. Les données permettant de calculer V_2 sont d_2, m_2 et ρ(eau).
   Convertir ρ(eau) en $\text{g} \cdot \text{mL}^{-1}$. Pour calculer V_2, utiliser l'essentiel du **chapitre 9**, p. 140.
3. La méthode choisie dépend de l'état physique (solide ou liquide) du produit.

Solution rédigée

1. Le réfrigérant condense les vapeurs émises lors du chauffage.
2. La masse volumique ρ_2 de l'anhydride éthanoïque permet de déterminer le volume V_2 à prélever :

$$V_2 = \frac{m_2}{\rho_2} = \frac{m_2}{d_2 \times \rho_{\text{eau}}} = \frac{9{,}1}{1{,}08 \times 1{,}00} = 8{,}4\ \text{mL}$$

3. Le produit obtenu est solide : on l'isole en réalisant une filtration sous pression réduite (sur Büchner).

3 Application immédiate

Le véronal est utilisé comme somnifère. Pour l'obtenir, il faut d'abord synthétiser le diéthylmalonate de diéthyle en chauffant à reflux une masse $m_1 = 19{,}5$ g d'iodoéthane et une masse $m_2 = 10{,}0$ g de malonate de diéthyle. Le diéthylmalonate de diéthyle et l'iodoéthane sont des liquides. Pour isoler le véronal, on réalise une extraction par solvant.

Données
- Masse volumique de l'iodoéthane : $\rho_1 = 1{,}95\ \text{g} \cdot \text{mL}^{-1}$
- Masse volumique du malonate de diéthyle : $\rho_2 = 0{,}99\ \text{g} \cdot \text{mL}^{-1}$

1. Établir la liste du matériel nécessaire pour réaliser un montage à reflux.
2. Calculer les volumes V_1 et V_2 de malonate de diéthyle et d'iodoéthane à prélever.
3. Quel élément de verrerie doit-on utiliser pour isoler le véronal ?

→ Corrigés, p. 338.

Exercices

Compétences

Parcours d'apprentissage 6 8 12 14 17

- *Mettre en œuvre ou élaborer un protocole expérimental pour réaliser la synthèse d'une molécule.* (6, 12, 17)
- Calculer un volume à partir d'une masse et de la densité ou masse volumique. (8, 14, 17)
- *Réaliser ou interpréter une chromatographie sur couche mince.* (14)
- *Élaborer, mettre en œuvre ou justifier un protocole d'extraction à partir d'informations sur les propriétés physiques des espèces chimiques recherchées.* (12)

Pour commencer

4 Identifier les étapes d'une synthèse (1)

■ Mobiliser ses connaissances ; restituer ses connaissances.

Le protocole de synthèse d'une espèce chimique liquide est donné ci-dessous dans le désordre :

a. Introduire le contenu du ballon ainsi que 20 mL d'éther dans une ampoule à décanter. Agiter, dégazer, puis laisser décanter. Éliminer la phase aqueuse et recueillir la phase organique.

b. Réaliser la CCM du produit obtenu.

c. Dans un ballon de 250 mL, introduire 50 g d'huile de colza, 25 mL de solution alcoolique de soude. Chauffer le mélange à reflux pendant 45 minutes, puis refroidir le mélange réactionnel à l'aide d'un bain de glace.

1. Rappeler les trois étapes d'une synthèse chimique.

2. Remettre les étapes du protocole dans le bon ordre.

3. Nommer ces étapes.

5 Identifier les étapes d'une synthèse (2)

■ Mobiliser ses connaissances.

Le paracétamol est utilisé pour ses propriétés analgésiques et antipyrétiques. Pour synthétiser du paracétamol au laboratoire, on suit le protocole suivant :

1 Dans un erlenmeyer de 250 mL, introduire un barreau aimanté, 3,8 g de para-aminophénol et 20 mL d'une solution d'acide éthanoïque à 2 $mol \cdot L^{-1}$.

2 Adapter un réfrigérant à air et chauffer au bain marie.

3 Une fois le para-aminophénol dissous, laisser refroidir, puis ajouter progressivement 3,5 mL d'anhydride éthanoïque tout en agitant.

4 Refroidir dans un bain de glace : le paracétamol précipite.

5 Filtrer sous vide et laver les cristaux obtenus à l'eau glacée. Les essorer et les sécher sur papier filtre. Placer le produit brut humide obtenu à l'étuve à 80 °C.

6 Mesurer le point de fusion du produit sec obtenu.

• Identifier les phrases du texte qui concernent :

a. l'étape relative à la synthèse de l'espèce chimique ;

b. l'étape d'isolement ;

c. l'étape d'identification.

6 Rectifier le schéma d'un montage à reflux

■ Mobiliser ses connaissances ; restituer ses connaissances.

1. Citer une raison pour laquelle on peut être amené à chauffer le milieu réactionnel lors d'une synthèse.

2. Quel est le rôle du réfrigérant ?

3. Au cours d'une séance de travaux pratiques, un élève réalise le montage ci-dessous pour un chauffage à reflux. Rectifier les erreurs commises en justifiant.

7 Identifier la verrerie utilisée dans un montage à reflux

■ Faire un schéma adapté.

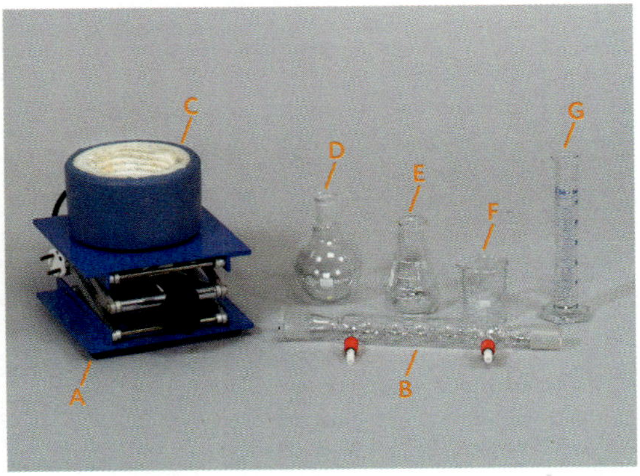

1. Schématiser et nommer les cinq éléments de verrerie présentés ci-dessus (B, D, E, F et G).

2. Choisir le matériel à utiliser pour réaliser un montage à reflux.

3. Quel est le rôle de l'élément A ?

8 Prélever des liquides (1)

■ Effectuer des calculs ; extraire et exploiter des infos.

Le salicylate de méthyle est un anti-inflammatoire. Il peut être synthétisé à partir de 30,4 g d'acide salicylique et de 16,0 g de méthanol.

Méthanol

Masse molaire moléculaire : $M = 32\ g{\cdot}mol^{-1}$.
Masse volumique : $\rho = 0{,}80\ g{\cdot}mL^{-1}$.

1. Le méthanol, dont l'étiquette est donnée ci-dessus, est un liquide. Calculer le volume à prélever.

2. Pour prélever le méthanol, on dispose d'une éprouvette graduée et d'un bécher. Lequel doit-on utiliser ? Justifier.

9 Prélever des liquides (2)

■ Effectuer des calculs.

Pour synthétiser de l'acétanilide, on fait réagir 16,2 g d'anhydride éthanoïque avec 10,2 g d'aniline.

1. Calculer les volumes V_1 et V_2 d'anhydride éthanoïque et d'aniline nécessaires.

2. Décrire leur prélèvement.

Données

- Masses volumiques :
  ρ(anhydride acétique) $= 1{,}08\ g{\cdot}mL^{-1}$
  ρ(aniline) $= 1{,}02\ g{\cdot}mL^{-1}$

10 Respecter les règles de sécurité (1)

■ Respecter les règles de sécurité.

• En utilisant les phrases de danger de l'éthanoate d'éthyle, expliquer les précautions à prendre lors de la manipulation de ce produit.

ÉTHANOATE D'ÉTHYLE

H225 : Liquide et vapeurs très inflammables.
H319 : Provoque une sévère irritation des yeux
H336 : Les vapeurs peuvent provoquer somnolence ou vertiges.

11 Respecter les règles de sécurité (2)

■ Respecter les règles de sécurité.

Sur une bouteille d'acide éthanoïque figurent les pictogrammes ci-contre.

1. Nommer ces pictogrammes.
2. Quelles précautions doit-on prendre pour le manipuler ?

12 Isoler le produit d'une synthèse (1)

■ Justifier un protocole.

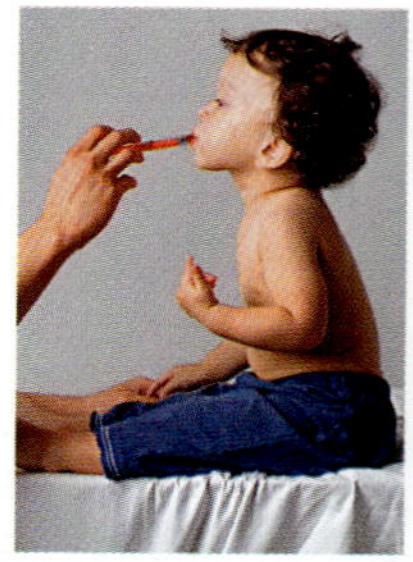

L'éthanoate d'isoamyle est une espèce chimique utilisée comme arôme dans certains sirops anti-regurgitation.
On chauffe à reflux le mélange des réactifs nécessaires à la synthèse pendant 30 min. Une fois le reflux terminé, on refroidit le ballon et on verse le mélange dans une ampoule à décanter contenant de l'eau salée dans laquelle l'éthanoate d'isoamyle est peu soluble : on observe deux phases distinctes.

1. Pourquoi observe-t-on deux phases distinctes dans l'ampoule à décanter ?

2. Schématiser l'ampoule à décanter et indiquer dans quelle phase se trouve l'éthanoate d'isoamyle.

Données

- Densités :
  d(éthanoate d'isoamyle) = 0,9 *d*(eau salée) = 1,1

13 Isoler le produit d'une synthèse (2)

■ Élaborer un protocole.

Le bénorilate est un antidouleur. Il est très soluble à chaud et peu soluble à froid dans un mélange eau-éthanol.
Pour le synthétiser, on introduit, dans 100 mL d'un mélange eau-éthanol, 18,0 g d'aspirine, 15,1 g de paracétamol et quelques gouttes d'acide sulfurique concentré. Après chauffage à reflux, le mélange est refroidi ; des cristaux se forment.

• Rédiger un protocole de cinq lignes maximum expliquant comment isoler ces cristaux.

Pour s'entraîner

14 Connaître les critères de réussite

Synthèse de la benzocaïne

■ Faire un schéma adapté ; effectuer des calculs ; interpréter des observations.

La benzocaïne est le principe actif de médicaments antidouleurs.

Doc. 1 Synthèse de la benzocaïne

Pour réaliser la synthèse de la benzocaïne, on chauffe à reflux, pendant une heure, 1,30 g d'acide 4-aminobenzoïque, 13,8 g d'éthanol de masse volumique $\rho = 0{,}79\ g{\cdot}mL^{-1}$ et quelques gouttes d'acide sulfurique.

Doc. 2 **Identification du produit obtenu**

Après traitement du milieu réactionnel, on effectue une chromatographie sur couche mince. On dépose une solution :
- d'acide 4-aminobenzoïque en A ;
- de benzocaïne en B ;
- du solide obtenu en C.

Après élution et révélation, on obtient le chromatogramme ci-contre.

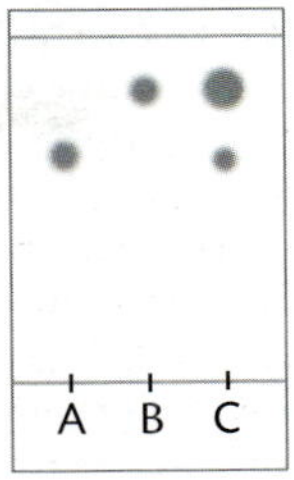

1. a. Réaliser un schéma légendé du montage réactionnel de cette synthèse (**doc. 1**).

b. Calculer le volume d'éthanol introduit dans le ballon.

2. En utilisant le chromatogramme du **doc. 2**, expliquer pourquoi le solide synthétisé au laboratoire ne peut pas être directement incorporé à un médicament.

	Critères de réussite	Barème
1.	a. Le matériel est schématisé et non dessiné. Le schéma est complet et correctement légendé.	2 pts
	Le schéma est soigné, d'une hauteur de 8 cm environ, les proportions sont respectées, les flèches des légendes sont correctement positionnées.	1 pt
	b. Le résultat numérique est correct, donné avec un nombre de chiffres cohérent avec les données et avec la bonne unité.	1,5 pt
	L'expression littérale est donnée avant l'application numérique.	0,5 pt
	Le calcul est introduit par une phrase.	0,25 pt
2.	La benzocaïne a été identifiée et la composition de C a été interprétée.	1 pt
	La réponse est correctement rédigée.	0,25 pt
	cours maîtrisé / réponse complète / présentation	**6,5 pts**

15 Un médicament contre le mal de gorge

- Justifier un protocole ; respecter les règles de sécurité ; extraire et exploiter des informations.

Le gaïacol et l'acide benzoïque sont deux principes actifs utilisés pour soulager les maux de gorge.

Doc. 1 **Phrases H**

- Soude
  H314 : Provoque des brûlures de la peau et des lésions oculaires graves.
- Alcool benzylique
  H302 : Nocif en cas d'ingestion.
  H332 : Nocif par inhalation.

Doc. 2 **Protocole de synthèse de l'acide benzoïque**

Dans un ballon, introduire 2,0 mL d'alcool benzylique, environ 20 mL de solution de soude prélevés avec une ...❶... et quelques grains de pierre ponce. Réaliser un ...❷... permettant de chauffer le mélange sans perte de matière. Verser lentement une solution aqueuse de permanganate de potassium dans le ballon, puis porter le mélange à ébullition pendant 10 min environ. Refroidir le ballon et son mélange à l'aide d'un ...❸... . Ajouter goutte à goutte 8,0 mL d'acide chlorhydrique concentré : un précipité blanc d'acide benzoïque se forme. On isole le solide obtenu en utilisant un ...❹... et on rince avec un peu d'eau bien froide. On récupère les cristaux d'acide benzoïque sur une ...❺... et on les sèche dans une étuve.

1. Compléter le texte du **doc. 2** avec la liste suivante :
dispositif de filtration · *éprouvette graduée* · *montage à reflux* · *bain de glace* · *coupelle*

2. a. Pourquoi lave-t-on les cristaux ?

b. Pourquoi les met-on dans une étuve ?

3. Quelles précautions expérimentales doit-on prendre lors de la manipulation de la soude et de l'alcool benzylique (**doc. 1**) ?

16 Synthesis of Benzoxazine

- Extraire et exploiter des informations.

« Benzoxazine has long been recognized for her wide range of biological activities, including fungistatic, bacteriostatic, and tuberculostatic activity. [...] The compound is an analog of several biologically active molecules. [...]
To a solution of paraformaldehyde (0,42 g) and potassium hydroxide (50 mg) in methanol (10 mL), N-(2-hydroxybenzyl)-p-toluidine (1,5 g) was added. The reaction mixture was heated at reflux until the suspension of N-(2-hydroxybenzyl)-p-toluidine disappeared and clear solution was obtained (≈ 15 min). The reaction mixture was concentrated and the solid formed filtered. »

Extract of *Journal of Chemical Education*, october 1985.

Vocabulaire : *range* : gamme, domaine ; *compound* : composé ; *(to) heat* : chauffer.

1. Le méthanol est le solvant de cette synthèse. Quel est son rôle ?

2. Pourquoi le milieu réactionnel est-il chauffé ? Justifier en citant le texte.

3. Quelle est la technique utilisée pour isoler la benzoxazine du reste du milieu réactionnel ?

4. Quelles sont les propriétés thérapeutiques de la benzoxazine ?

17 À chacun son rythme

Les arômes dans les médicaments

■ Élaborer un protocole expérimental.

*Commencer par résoudre l'*énoncé compact. *En cas de difficultés, passer à l'*énoncé détaillé.

L'arôme d'ananas est souvent utilisé pour corriger le mauvais goût d'un médicament. Il est principalement constitué de butanoate d'éthyle.
Pour synthétiser cette espèce chimique, on fait réagir 17,6 g d'acide butanoïque et 9,2 g d'éthanol.

Données

• Masse volumique de l'eau : $\rho = 1{,}00\ g \cdot mL^{-1}$

	Acide butanoïque	Éthanol
Pictogrammes de sécurité		
Température de fusion	– 7,9 °C	– 114 °C
Densité	0,964	0,784

Énoncé compact

• Rédiger un protocole expérimental pour prélever les réactifs, sans utiliser de balance. Réaliser un schéma légendé du montage utilisé pour le chauffage.

Énoncé détaillé

1. a. Calculer les masses volumiques ρ(éthanol) et ρ(acide butanoïque) et en déduire les volumes d'éthanol et d'acide butanoïque à prélever.
b. Quel matériel utilise-t-on pour réaliser ces prélèvements ?
c. Quelles précautions expérimentales doit-on prendre ?
2. Rédiger le protocole du prélèvement des réactifs et schématiser le montage à partir du matériel suivant :

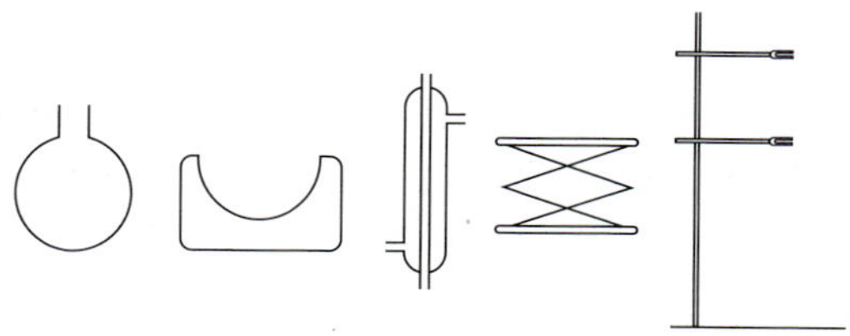

Pour aller plus loin

18 À propos de l'aspirine

■ Extraire et exploiter des informations ; effectuer des calculs ; construire une frise.

Doc. 1 L'histoire de l'aspirine

Il y a quatre millénaires, l'histoire de l'aspirine débute avec l'utilisation de l'écorce de saule pour soigner les fièvres et les douleurs. En 1828, le pharmacien français H. LEROUX isole le principe actif du saule blanc et le nomme salicine.
De son côté, en 1831, le pharmacien suisse J. PAGENSTECHER obtient de l'aldéhyde salicylique par hydrodistillation des fleurs de reine des prés. Cet aldéhyde est transformé en acide salicylique par le chimiste allemand K. LÖWIG en 1835. En 1859, le chimiste allemand H. KOLBE réussit la synthèse de l'acide salicylique à partir du phénol. L'acide salicylique est plus efficace que l'aldéhyde pour lutter contre la fièvre et la douleur, mais provoque des brûlures gastriques. En 1853, le chimiste français C.-F. GERHARDT synthétise l'acide acétylsalicylique, ayant moins d'effets secondaires que l'acide salicylique. Enfin, en 1897, un chimiste allemand de la société Bayer, F. HOFFMANN, met au point un procédé de synthèse industrielle de l'acide acétylsalicylique commercialisé sous le nom d'aspirine.

> F. HOFFMANN.

Doc. 2 Formules semi-développées

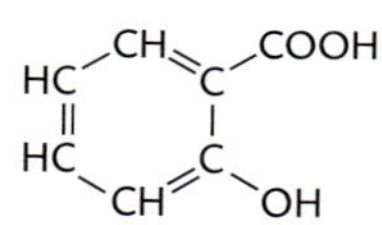

Acide salicylique

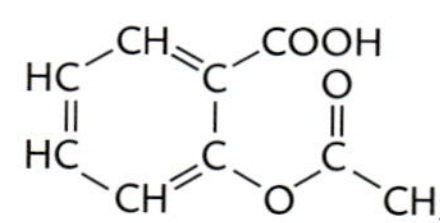

Acide acétylsalicylique (aspirine)

1. a. Quels sont les principes actifs de l'écorce de saule et de la reine des près (**doc. 1**) ?
b. Dessiner une frise chronologique et y indiquer les scientifiques et les avancées qui ont conduit à l'aspirine (**doc. 1**).

2. Pour synthétiser de l'aspirine au laboratoire on mélange 4,0 g d'acide salicylique, 6,5 g d'anhydride éthanoïque et quelques gouttes d'acide sulfurique.
a. Calculer le volume d'anhydride éthanoïque à prélever pour réaliser cette synthèse.
b. L'aspirine obtenue est un solide. Comment l'isole-t-on du milieu réactionnel ?
c. Décrire une méthode permettant de caractériser le solide obtenu.

3. Recopier les formules semi-développées de l'acide salicylique et de l'aspirine (**doc. 2**). Repérer et nommer les groupes caractéristiques présents (voir tableau, p. 121).

4. À l'aide des documents et de connaissances personnelles, rédiger un paragraphe présentant les avantages de la chimie de synthèse.

Données

• ρ(anhydride éthanoïque) $= 1{,}08\ g \cdot mL^{-1}$

19 Résolution de problème Synthèse d'un fébrifuge

■ Construire les étapes d'une résolution de problème ; élaborer un protocole ; respecter les règles de sécurité.

L'acétanilide fut l'un des premiers fébrifuges, médicaments combattant la fièvre. Il peut être synthétisé à partir d'anhydride éthanoïque et d'aniline.

Composé	Formule brute	État physique	Pictogrammes de sécurité	Masse utilisée	Densité
Anhydride éthanoïque	$C_4H_6O_3$	Liquide		16,2 g	1,08
Aniline	C_6H_7N	Liquide		10,2 g	1,02
Acide éthanoïque (solvant)	$C_2H_4O_2$	Liquide		16,0 g	1,05

Données

	Anhydride éthanoïque	Aniline	Acétanilide	Acide éthanoïque
Solubilité dans l'eau chaude	Se décompose en acide éthanoïque au contact de l'eau	Soluble	Soluble	Très soluble
Solubilité dans l'eau froide		Soluble	Très peu soluble	Très soluble

- Température de fusion de l'acétanilide : 114,3 °C
- Masse volumique de l'eau : $\rho = 1,00\ g{\cdot}mL^{-1}$

• Comment le chimiste doit-il procéder pour obtenir l'acétanilide ?

→ Pistes de résolution, p. 334.

Retour sur l'ouverture du chapitre 14

Comment synthétiser certains principes actifs ou excipients contenus dans les médicaments ?

20 Synthèse du camphre

■ Extraire et exploiter des informations ; justifier un protocole.

Le camphre est l'un des principes actifs du baume du tigre, utilisé pour soulager les douleurs musculaires. Le camphre est extrait du bois et des feuilles du camphrier. Les camphriers sont abattus et découpés en morceaux, puis une hydrodistillation est réalisée pour en extraire le camphre. La croissance du camphrier étant très lente, il faut attendre au moins cinquante ans avant de pouvoir l'exploiter.
Actuellement, l'essentiel du camphre utilisé en France est synthétisé à partir de l'α-pinène, constituant principal de l'essence de térébenthine. Dans la dernière étape d'une synthèse du camphre en laboratoire, on fait réagir du bornéol et du réactif de Jones en présence d'éthoxyéthane et d'eau. À la fin de la réaction, on introduit le contenu du ballon dans une ampoule à décanter.

Données

- Camphre et bornéol : très peu solubles dans l'eau et très solubles dans l'éthoxyéthane et la propanone
- Éthoxyéthane : $d = 0,714$; non miscible à l'eau
- Températures de fusion :
T_{fus}(camphre) = 175 °C et T_{fus}(bornéol) = 208 °C

1. Lors de la synthèse, on réalise un montage à reflux.
a. Qu'est-ce que le reflux ?
b. Schématiser et légender le montage à reflux.
c. Indiquer le rôle du support élévateur.

2. Dessiner l'ampoule à décanter et indiquer dans quelle phase se trouve le camphre.

3. Proposer une méthode permettant de caractériser le camphre obtenu par synthèse.

4. Expliquer à l'aide du document pourquoi il peut être avantageux de synthétiser un principe actif au lieu de l'extraire de substances naturelles.

FRA
FRA

SPORT

La pratique du sport est fortement répandue dans nos sociétés, pour les loisirs et en compétition. Des méthodes scientifiques sont utilisées pour analyser les mouvements, étudier l'influence des paramètres extérieurs ou pour créer de nouveaux matériaux afin d'améliorer les performances des sportifs et leur confort.

Vu au Collège

→ Corrigés, p. 338.

Pour chaque question, indiquer la (ou les) bonne(s) réponse(s).

	A	B	C
1 À la pression atmosphérique normale, le passage de l'eau pure de l'état liquide à l'état gazeux : 	est une vaporisation.	s'accompagne d'une élévation de température.	s'effectue à 100 °C.
2 Au cours du changement d'état d'un corps constitué de molécules :	la masse reste la même.	le volume reste le même.	la nature des molécules reste la même.
3 Au cours d'une réaction chimique :	la masse reste la même.	le volume reste le même.	les produits sont transformés en réactifs.
4 L'équation de la réaction chimique suivante $C + O_2 \rightarrow CO_2$ traduit :	le changement de nature des atomes.	la consommation de C et O_2 et la formation de CO_2.	la conservation du nombre d'atomes.
5 L'énergie est une grandeur physique qui s'exprime en :	watt (W).	joule (J).	volt (V).
6 L'air enfermé dans un ballon : 	a une masse.	n'occupe pas toujours le même volume.	est composé en majorité de diazote.
7 Lors d'une combustion : 	du dioxygène est consommé.	de l'énergie est consommée.	des produits se forment.
8 La lumière se propage dans le vide à 300 000 km/s. Le Soleil est à 150 000 000 km de la Terre. Pour atteindre la Terre, la lumière émise par le Soleil met :	45×10^{12} s.	500 s.	0,002 s.
9 Le poids d'un objet sur Terre est dû :	à l'action attractive qu'exerce la Terre sur cet objet.	à la pression de l'air atmosphérique.	à son énergie cinétique.
10 La pression d'un gaz se mesure :	en newton (N).	en pascal (Pa).	avec un manomètre.

Chapitre 15

Force et mouvement dans le sport

> Lors d'un saut à l'élastique, la chute est ralentie quand l'élastique s'étire.

Comment les forces peuvent-elles modifier le mouvement d'un corps ?

→ Exercice 33, p. 242.

Compétences

- Comprendre que la nature du mouvement observé dépend du référentiel choisi. → Activité 1
- *Réaliser et exploiter des enregistrements vidéo pour analyser des mouvements.* → Activité 2
- Porter un regard critique sur un protocole de mesure d'une durée en fonction de la précision attendue. → Activité 3
- Savoir qu'une force s'exerçant sur un corps modifie la valeur de sa vitesse et/ou la direction de son mouvement et que cette modification dépend de la masse du corps. → Activité 2
- Utiliser le principe d'inertie pour interpréter des mouvements simples en termes de forces. → Activité 2

Activité documentaire

À la maison

1 La relativité du mouvement

Lors d'un saut, le parachutiste doit se repérer dans l'espace, mesurer son altitude et la valeur de sa vitesse. En d'autres termes, il doit connaître les caractéristiques de son mouvement.

▶ **Que faut-il indiquer pour décrire un mouvement ?**

Compétence

- Comprendre que la nature du mouvement observé dépend du référentiel choisi.

Doc. 1 Étude d'un saut en parachute

On étudie le mouvement de deux parachutistes.
Ils quittent ensemble un hélicoptère en vol stationnaire et tombent simultanément à la verticale.
Ils ouvrent en même temps leur parachute.
L'un d'eux, muni d'une caméra, filme l'autre.

Analyse et synthèse

1. Décrire le mouvement d'un des deux parachutistes par rapport à un observateur immobile sur terre. Pour chaque phase du saut, préciser la trajectoire et l'évolution de la valeur de la vitesse du parachutiste.
On pourra s'aider des termes suivants : *rectiligne, circulaire, curviligne, horizontal, vertical, accéléré, décéléré, uniforme.*
2. De la même manière, décrire le mouvement du parachutiste sans caméra par rapport à la caméra de son collègue.

Compétences travaillées

S'approprier • Observer et décrire des phénomènes ; extraire des informations.
Analyser • Exploiter des informations sur des supports variés.

Un pas vers le cours

3. Cette expérience illustre le caractère relatif du mouvement. Expliquer cette propriété.

Communiquer • Rédiger une réponse argumentée.

Activité expérimentale

2 L'effet d'une force sur le mouvement

L'analyse de l'enregistrement vidéo d'un mouvement permet d'étudier ce mouvement.

► **Que peut-on dire des forces qui s'exercent sur un corps lorsque l'on connaît son mouvement ?**

Compétences

- Utiliser le principe d'inertie pour interpréter des mouvements simples en termes de forces.
- Savoir qu'une force s'exerçant sur un corps modifie la valeur de sa vitesse et que cette modification dépend de la masse du corps.
- *Réaliser et exploiter des enregistrements vidéo pour analyser des mouvements.*

Activité

Doc. 1 Protocole expérimental

- Placer une caméra au-dessus d'un rail horizontal sur lequel est posée une voiture.
- Pour chacune des situations ci-contre :
  – **filmer** le mouvement ;
  – **choisir** un point *A* de la voiture et **repérer** sa position, image par image, à l'aide d'un logiciel de pointage ;
  – **afficher** l'évolution temporelle de sa position sur le rail.

Situation 1

- Lancer la voiture sur le rail.
- Commencer à filmer dès que la main n'est plus en contact avec la voiture.

Situation 2

- Relier la voiture, initialement immobile, à un fil. À l'autre extrémité de ce fil, on suspend une masse.
- Commencer à filmer lorsque la voiture, soumise à la force constante exercée par le fil auquel est suspendue la masse, se met en mouvement.

Situation 3

- Alourdir la voiture en lui ajoutant un lest.
- Reproduire ensuite le protocole de la situation 2.

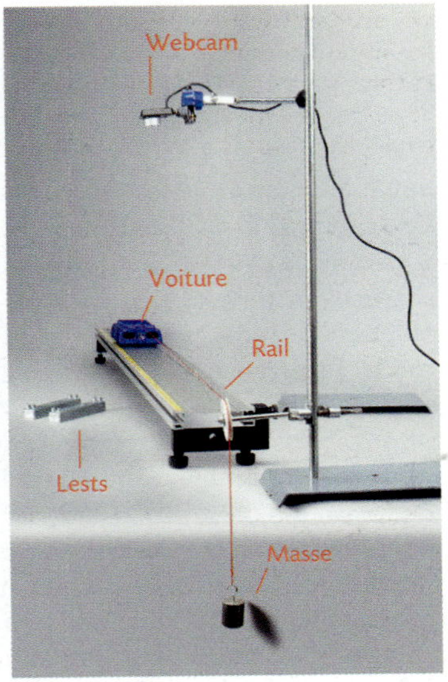

Doc. 2 Principe d'inertie

Un corps est immobile ou en mouvement rectiligne uniforme si et seulement si les forces qui s'exercent sur lui se compensent.

Pratique expérimentale

- Mettre en œuvre le protocole décrit dans le **doc. 1**.

1. Pour chaque enregistrement, répondre aux questions suivantes :
   a. Par rapport à quel objet le mouvement de la voiture est-il étudié ?
   b. Comment est l'intervalle de temps séparant les positions successives du point *A* de la voiture repérées sur les vidéos ?
   c. Décrire le mouvement du point *A* de la voiture.

Compétences travaillées

Réaliser • Mettre en œuvre un protocole.

S'approprier • Observer, décrire des phénomènes.

Un pas vers le cours

2. À l'aide du principe d'inertie (**doc. 2**), indiquer pour chaque situation du **doc. 1** si les forces qui s'exercent sur la voiture se compensent.
3. Quelle est l'influence de la masse de la voiture sur sa mise en mouvement lorsqu'elle est soumise à une force de valeur constante ?

Communiquer • Rédiger une réponse argumentée.
Analyser • Exploiter des observations, des résultats, des mesures.

Activité documentaire

À la maison

3 Un chronométrage de plus en plus précis

La plupart des compétitions sportives nécessitent la mesure d'une durée. Une grande précision du chronométrage permet au compétiteur d'évaluer l'évolution de ses performances, et facilite le classement lorsque les concurrents sont proches les uns des autres.

▶ **Dans une course automobile, la précision du chronométrage est-elle toujours suffisante ?**

Compétence

- Porter un regard critique sur un protocole de mesure d'une durée en fonction de la précision attendue.

Doc. 1 **Évolution du chronométrage dans les courses automobiles**

- **Dans les années 1950**, les premières courses de formule 1 étaient chronométrées manuellement ; la précision était alors au 1/10e de seconde.
- **Dans les années 1960**, la précision passe au 1/100e de seconde.
- **Entre 1980 et 2000**, les durées s'expriment au 1/1 000e de seconde.

Les appareils développés dans les années 2000 permettent de mesurer des durées au 1/100 000e de seconde. Ils garantissent donc une grande fiabilité pour afficher des durées au 1/1 000e de seconde. Pour certaines courses automobiles aux États-Unis, comme les 500 miles d'Indianapolis, le chronométrage est affiché au 1/10 000e de seconde.

- Les systèmes de chronométrage **actuels** sont directement reliés à un réseau d'horloges atomiques fonctionnant au milliardième de seconde. Un émetteur fixé sous chaque voiture envoie un signal radio pendant toute la course. Le passage d'une voiture au-dessus de l'une des antennes enfouies dans la piste active le système de chronométrage. La multiplication des antennes permet d'avoir de nombreuses mesures intermédiaires tout au long du parcours. Ce système fournit aux spectateurs et aux pilotes les performances de chaque voiture en temps réel.

> En 2013, lors du Grand Prix de formule 1 sur le circuit d'Interlagos au Brésil, le coureur allemand Sebastian VETTEL a parcouru les 71 tours de piste en 1 heure 32 minutes et 36,300 secondes. Son tour de piste le plus rapide a été réalisé en 1 minute et 15,624 secondes.

Analyse et synthèse

1. Expliquer simplement comment a évolué la précision du chronométrage des courses de formule 1 en 50 ans.
2. Qu'apporte le chronométrage actuel par rapport au chronométrage manuel des années 1950 ?
3. On fixe à 10 mm la distance minimale pour départager deux voitures. Calculer la durée mise par une voiture se déplaçant à 250 $km \cdot h^{-1}$ pour parcourir 10 mm.
4. Deux voitures peuvent-elles être départagées sur la ligne d'arrivée qu'elles franchissent à 250 $km \cdot h^{-1}$ à l'aide du chronométrage :
   a. d'une course de formule 1 ?
   b. des 500 miles d'Indianapolis ?

Compétences travaillées

S'approprier • Extraire des informations.
Analyser • Exploiter des informations.

Réaliser • Effectuer des calculs numériques.
Communiquer • Écrire un résultat de manière adaptée.
Valider • Faire preuve d'esprit critique ; discuter un résultat, une information.

1 Comment décrire un mouvement ?

Doc. 1

> Le mouvement d'une cavalière s'étudie dans un référentiel terrestre.

A. Définir le système et le référentiel

• Avant de décrire un mouvement, il est nécessaire de préciser :
– le corps dont on étudie le mouvement, appelé le **système** étudié ;
– l'objet de référence par rapport auquel on étudie le mouvement du système, appelé le **référentiel** d'étude.

Le mouvement d'un corps dépend du référentiel d'étude : c'est la **relativité du mouvement**.

Dans le domaine du sport, la plupart des mouvements sont étudiés dans des référentiels terrestres (**doc. 1** et **chapitre 6**).

• Le mouvement d'un système est généralement complexe. Au Lycée, on se limite à l'étude d'un seul de ses points.

Doc. 2

> Dans un référentiel terrestre, la trajectoire des skis est curviligne. Ses positions successives se répartissent le long d'une courbe.

B. Décrire la trajectoire et l'évolution de la valeur de la vitesse

• Dans un référentiel donné, la **trajectoire** d'un système est l'ensemble des positions de ce système au cours de son mouvement (**doc. 2**).

• Pour étudier l'évolution de la **valeur de la vitesse**, on peut utiliser une chronophotographie (**doc. 3**) ou repérer les positions d'un point du système à intervalles de temps égaux (**doc. 4**).
Une chronophotographie est un montage résultant de la superposition de plusieurs photographies du même plan prises d'un même endroit, à intervalles de temps de même durée.

Doc. 3

> La chronophotographie permet d'étudier le mouvement de la gymnaste.

Dans un référentiel donné, la **valeur *v* de la vitesse** d'un point d'un système est égale au rapport de la distance parcourue, *d*, par la durée de ce parcours, Δt :

$$v = \frac{d}{\Delta t}$$

v en mètre par seconde ($m \cdot s^{-1}$) ; *d* en mètre (m) ; Δt en seconde (s)

Doc. 4

a

b

c

> Dans un référentiel terrestre :
– la valeur de la vitesse de l'avant de la planche de surf est constante. Son mouvement est uniforme (**a**).
– la valeur de la vitesse de l'avant du ski augmente. Son mouvement est accéléré (**b**).
– la valeur de la vitesse du centre du ballon diminue après que la joueuse l'a frappé. Son mouvement est décéléré (**c**).

Doc. 5

a

b

> En natation, la durée d'un 100 m papillon est affichée au centième de seconde (a) ; en cyclisme sur piste, la durée de la poursuite par équipe sur une distance de 4 000 m est affichée au millième de seconde (b).

C. Chronométrer

Suivant la discipline sportive, le chronométrage nécessite une **précision** plus ou moins grande (doc. 5). Pour certaines courses automobiles, les **durées** sont chronométrées au dix-millième de seconde (activité 3).

Remarque : dans certaines compétitions sportives, on parle du **temps** réalisé pour une épreuve au lieu de la durée. Une durée est un intervalle de temps ; c'est pour cela qu'elle est notée traditionnellement Δt et non t.

→ Exercices 6 à 10, p. 237.

2 Comment modéliser une action mécanique ?

A. Les actions mécaniques

Pour étudier le mouvement d'un système, il faut prendre en compte les actions mécaniques qui s'exercent sur lui.

Exemple : lors d'un revers au tennis (doc. 6), on frappe la balle à l'aide d'une raquette.
Le système étudié est la balle. Les actions exercées sur le système par des objets extérieurs à ce dernier sont :
- l'action de la raquette sur la balle ;
- l'action de la Terre sur la balle.

L'action de l'air sur la balle est considérée comme négligeable par rapport aux autres actions.

Doc. 6

a

b

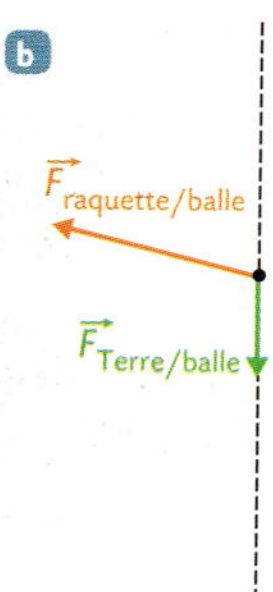

> Le système étudié est la balle. Elle est soumise à l'action de la raquette et à l'action de la Terre (a) ; les actions sont modélisées par des forces, $\vec{F}_{Terre/balle}$ et $\vec{F}_{raquette/balle}$ (b).

B. Modélisation d'une action mécanique

- Une **action mécanique** est modélisée par une **force**.
- Une force est caractérisée par :
  - sa **direction** ;
  - son **sens** ;
  - sa **valeur** exprimée en newton (N).

Le point d'application d'une force est le point où l'on considère que s'exerce la force.

- On schématise une force par un segment fléché appelé vecteur (doc. 6b). Le système peut être modélisé par un point. Dans ce cas, tous les vecteurs schématisant les forces qui s'exercent sur le système sont représentés conventionnellement à partir de ce point.

Exemple : le vecteur $\vec{F}_{Terre/balle}$ schématise la force qu'exerce la Terre sur la balle. L'origine du vecteur, point d'application de la force, est placée au centre de la balle. La longueur du vecteur est proportionnelle à la valeur de la force. La force $\vec{F}_{Terre/balle}$ est assimilée au poids $\vec{P}$ de la balle. Elle est donc verticale, orientée vers le bas et de valeur $m \times g$ (voir chapitre 7, p. 104).

Le vecteur $\vec{F}_{raquette/balle}$ schématise la force qu'exerce la raquette sur la balle tant que cette dernière est à son contact.

→ Exercices 11 et 12, p. 237-238.

3 Quel est le lien entre force et mouvement ?

Doc. 7

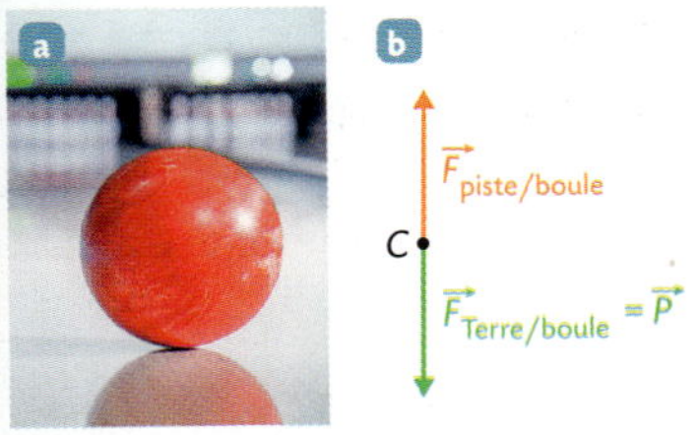

> La boule de bowling, ici modélisée par son centre *C*, est en mouvement rectiligne uniforme (a). La boule est donc soumise à des forces qui se compensent (b).

POINT MATH Forces qui se compensent

Deux forces qui se compensent ont même direction, même valeur, mais des sens opposés. Elles sont représentées par deux vecteurs opposés.

A. Principe d'inertie

Un corps est immobile ou en mouvement rectiligne uniforme si et seulement si les forces qui s'exercent sur lui se compensent. Il en serait de même si le corps n'était soumis à aucune force. C'est le **principe d'inertie**.

Dans le domaine du sport, on considère que le principe d'inertie s'applique aux mouvements étudiés dans tout référentiel terrestre.

Exemples :

– Dans un référentiel terrestre, le centre d'une boule de bowling peut avoir un mouvement rectiligne uniforme une fois qu'elle a quitté la main du joueur (**doc. 7**). D'après le principe d'inertie, la boule est alors soumise à des forces qui se compensent.
La boule est soumise à la force exercée par la Terre, $\vec{F}_{Terre/boule}$, qui correspond à son poids $\vec{P}$ (voir **chapitre 7**, p. 104).
Comme les forces qui s'exercent sur la boule se compensent, elle est soumise à une force exercée par la piste, $\vec{F}_{piste/boule}$, verticale, de même valeur et de sens opposé au poids.

– Dans un virage, un patineur n'a pas un mouvement rectiligne uniforme (**doc. 8**). D'après le principe d'inertie, il est alors soumis à des forces qui ne se compensent pas.

Doc. 8

> Dans son mouvement curviligne, le patineur est soumis à des forces qui ne se compensent pas.

B. Effet d'une force sur le mouvement

Une force qui s'exerce sur un corps peut avoir diverses conséquences sur son mouvement (**doc. 9** et **activité 2**).

Une force qui s'exerce sur un corps modifie la valeur de sa vitesse et/ou la direction de son mouvement. L'effet de cette force est d'autant plus important que la masse du corps est faible.

Exemple : la mise en mouvement du bobsleigh est d'autant plus rapide que la masse de ce dernier est faible (**doc. 9a**).

→ **Exercices 13 à 20**, p. 238-239.

Doc. 9

> Chacun des trois mouvements est étudié dans un référentiel terrestre.
Mise en mouvement (a) : la force exercée par les quatre bobeurs met en mouvement le bobsleigh.
Modification du mouvement (b) : la force exercée par le filin sur la skieuse modifie sa trajectoire et la valeur de sa vitesse.
Arrêt du mouvement (c) : la force exercée par les mains de la gardienne de but stoppe le ballon.

Essentiel

1 Description d'un mouvement

• Après avoir défini le **système** étudié et le **référentiel** d'étude, on décrit le mouvement du système en s'intéressant à sa **trajectoire** et à l'**évolution de la valeur de sa vitesse**.

Valeur de la vitesse : $v = \frac{d}{\Delta t}$

v en mètre par seconde ($m \cdot s^{-1}$) ; d en mètre (m) ; Δt en seconde (s)

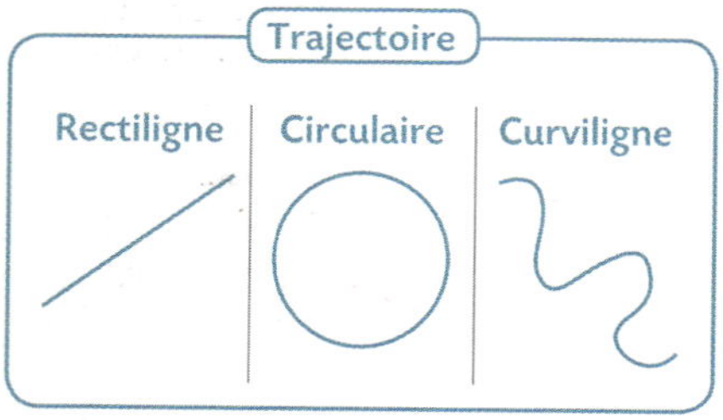

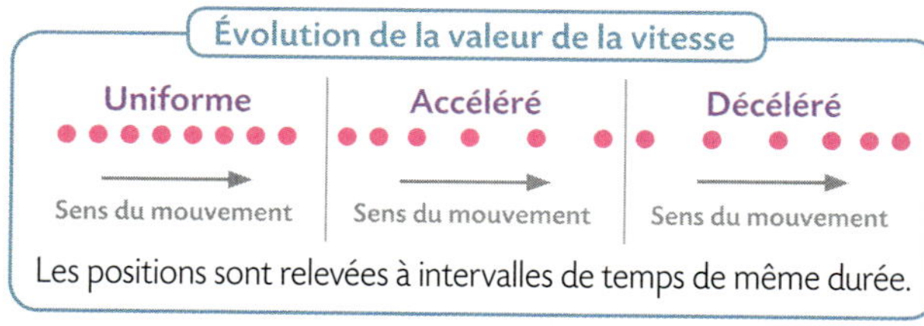

2 Modélisation d'une action mécanique

• L'action mécanique qui s'exerce sur un système est **modélisée par une force**.

• Une force est **schématisée par un vecteur**.

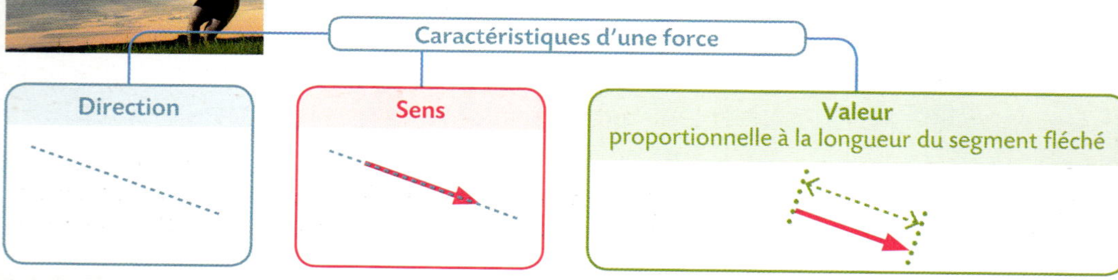

3 Lien entre force et mouvement

Principe d'inertie

Le mouvement est rectiligne uniforme. 	⟺	Les forces agissant sur le système se compensent. Il en est de même si le système est immobile.
Le mouvement n'est pas rectiligne uniforme. 	⟺	Les forces agissant sur le système ne se compensent pas.

Effet d'une force

• Une force peut **modifier la trajectoire** du système.

• Une force peut **modifier la valeur de la vitesse** du système.

• Une force a un effet **d'autant plus important que la masse du système est faible**.

QCM

→ Corrigés, p. 338.

Pour chaque question, indiquer la (ou les) bonne(s) réponse(s).

Doc. 1

> Le traîneau et son passager sont modélisés par le point *A*.

Doc. 2

> Les positions du centre de la roue avant ont été repérées à intervalles de temps égaux dans un référentiel terrestre.

1 Description d'un mouvement

Si erreur, revoir § 1, p. 231-232.

	A	B	C
1 On étudie le mouvement d'un ballon de football lors du tir d'un coup franc.	Le système étudié est le ballon.	Le système étudié est le joueur.	Le système étudié est le but.
2 Un référentiel adapté à la situation précédente est :	le référentiel héliocentrique.	un référentiel lié au ballon.	un référentiel terrestre.
3 Un chronomètre précis au millième de seconde peut afficher :	2MIN 37S 324MS	3MIN 15,300S	2MIN 37S

2 Modélisation d'une action mécanique

Si erreur, revoir § 2, p. 232.

	A	B	C
1 Sur la photographie du **doc. 1**, la force schématisée au point *A* modélise :	l'action de la Terre sur le traîneau et son passager.	l'action du sol sur le traîneau et son passager.	l'action des chiens sur le traîneau et son passager.

3 Lien entre force et mouvement

Si erreur, revoir § 3, p. 233.

	A	B	C
1 On sait que les forces qui s'exercent sur la cycliste du **doc. 2** se compensent, car :	son mouvement est rectiligne uniforme dans un référentiel terrestre.	elle roule sur une route horizontale.	elle est assise sur la selle.
2 Deux forces qui se compensent ont :	la même direction, le même sens et la même valeur.	la même direction, le même sens et des valeurs différentes.	la même direction, des sens opposés et la même valeur.
3 Une force qui s'exerce sur un corps peut modifier :	la valeur de sa vitesse.	la direction de son mouvement.	la masse du corps.
4 Dans les mêmes conditions de freinage, une voiture s'arrêtera d'autant plus rapidement que :	sa masse est faible.	sa masse est grande.	la valeur de sa vitesse est grande.

Exercice résolu

Compétence

- Identifier les paramètres qui influencent un phénomène.

4 Appliquer le principe d'inertie

Énoncé

Une skateuse effectue un saut par-dessus une barre horizontale située à environ 0,45 m du sol pendant que son skate continue de rouler sur le sol.
Avant le saut, la skateuse et sa planche ont le même mouvement rectiligne uniforme par rapport au sol. Pendant le saut, la planche conserve son mouvement rectiligne uniforme sur le sol.

1. Décrire la trajectoire de la skateuse et la trajectoire de sa planche lors du saut.
2. Lors du saut, quelles sont les forces qui s'exercent :
   a. sur la skateuse ? **b.** sur sa planche ?
   On négligera les frottements dus à l'air et au sol.
3. Lors du saut, la skateuse est-elle soumise à des forces qui se compensent ?
4. La planche est-elle soumise à des forces qui se compensent ?

Analyse de l'énoncé

- Dans quel référentiel les mouvements sont-ils étudiés ?
- Comment repérer une force ?
- Quel est le lien entre mouvement et forces ?

Conseils

1 → L'étude des mouvements est ici réalisée dans un référentiel terrestre.
La trajectoire d'un corps est l'ensemble des positions de ce corps au cours de son mouvement.

2 → Pour repérer les forces auxquelles est soumis un corps, il faut identifier les objets qui exercent une action sur ce corps.

3 et **4** → Pour savoir si des forces qui s'exercent sur un corps dont on connaît le mouvement se compensent, on utilise le principe d'inertie.

Solution rédigée

1. L'étude est faite dans un référentiel terrestre (le sol).
   Dans ce référentiel :
   – la trajectoire de la skateuse est une portion de courbe ;
   – la trajectoire de la planche est une portion de droite.
2. **a.** La skateuse est seulement soumise à son poids.
   b. La planche est soumise à son poids et à la force qu'exerce le sol sur la planche.
3. Dans le référentiel d'étude, la trajectoire de la skateuse n'est pas une portion de droite. D'après le principe d'inertie, la skateuse est donc soumise à des forces qui ne se compensent pas.
4. Dans le référentiel d'étude, la planche est en mouvement rectiligne uniforme. D'après le principe d'inertie, les forces qui s'exercent sur elle se compensent.

5 Application immédiate

Un gymnaste est immobile lors de la réalisation d'une « croix de fer ».

- Les forces qui s'exercent sur lui se compensent-elles ?

> Arnaud Willig, gymnaste français, aux championnats du monde de gymnastique artistique d'Anvers, Belgique (2013).

→ Corrigés, p. 338.

Exercices

Compétences — Parcours d'apprentissage

Compétences	6	13	15	17	19	24	26
Comprendre que la nature du mouvement observé dépend du référentiel choisi.	•						
Porter un regard critique sur un protocole de mesure d'une durée en fonction de la précision attendue.							•
Savoir qu'une force s'exerçant sur un corps modifie la valeur de sa vitesse et/ou la direction de son mouvement et que cette modification dépend de la masse du corps.				•	•		
Utiliser le principe d'inertie pour interpréter des mouvements simples en termes de forces.		•	•			•	

Pour commencer

Description d'un mouvement

6 Décrire un mouvement (1)
■ Décrire un phénomène.

• Lors de l'arrivée d'une course de moto, un concurrent est-il immobile :
a. dans un référentiel lié à la moto ?
b. dans un référentiel terrestre lié à la ligne d'arrivée ?

7 Décrire un mouvement (2)
■ Décrire un phénomène.

• Lors de l'arrivée représentée ci-dessus, Julie BRESSET, championne olympique de VTT, est-elle en mouvement :
a. dans un référentiel lié à la bicyclette ?
b. dans un référentiel terrestre lié à la ligne d'arrivée ?

8 Choisir un référentiel
■ Mobiliser ses connaissances.

1. Le mouvement du ballon lancé vers le panier peut-il être décrit dans :
a. le référentiel lié au ballon ?
b. le référentiel lié au panier ?
2. Un de ces deux référentiels est un référentiel terrestre. Préciser lequel en justifiant la réponse.

9 Déterminer la précision d'un chronométrage
■ Observer.

• En juillet 2011, Christophe LEMAITRE a établi un nouveau record de France du 100 m. Quelle est la précision de l'affichage du temps de son record ?

10 Réfléchir à la précision d'un chronométrage
■ Effectuer des calculs ; faire preuve d'esprit critique.

Avec un chronomètre manuel, un juge mesure une durée de 58,3 s pour le vainqueur d'un 100 m nage libre. Cela correspond à une vitesse de valeur 1,72 $m \cdot s^{-1}$ sur l'ensemble de la course.
1. Quelle est la précision Δt du temps du vainqueur ?
2. Quelle distance parcourt-il pendant cette durée Δt ?
3. Le chronométrage manuel est-il adapté ?

Modélisation d'une action mécanique

11 Modéliser l'action de la Terre
■ Proposer un modèle ; faire un schéma.

La balle de golf ci-contre est en chute libre, c'est-à-dire soumise uniquement à l'action de la Terre.
1. À quelle force assimile-t-on la force d'attraction gravitationnelle exercée par la Terre sur la balle ?
2. La balle a une masse $m = 4{,}60 \times 10^{-2}$ kg. Quelles sont les caractéristiques de cette force ?
3. On modélise la balle par son centre. Représenter la force exercée par la Terre sur la balle sans souci d'échelle.

Donnée
• $g = 9{,}81\ N \cdot kg^{-1}$

12 Modéliser des actions sur un skieur

▪ Extraire et exploiter des informations.

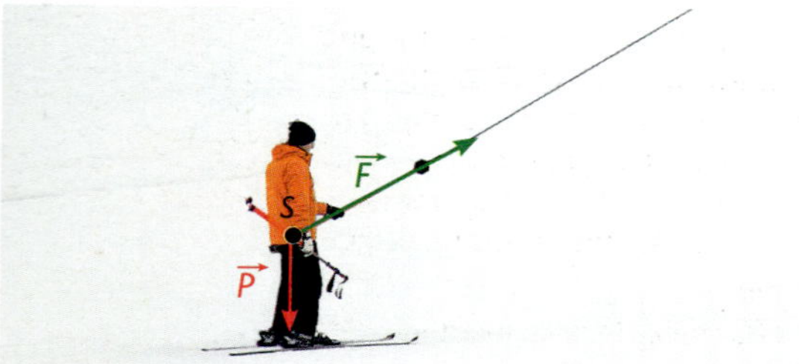

Au point S, on a schématisé deux forces qui s'exercent sur le skieur, en mouvement grâce à un téléski.

1. Que modélise la force $\vec{P}$?

2. Que modélise la force $\vec{F}$?

Lien entre force et mouvement

13 Comprendre le principe d'inertie

▪ Mobiliser ses connaissances.

• En utilisant le principe d'inertie, dire si les propositions suivantes sont vraies ou fausses.

a. Si un système n'est soumis à aucune force ou à des forces qui se compensent, alors il est immobile ou en mouvement rectiligne uniforme.

b. Si un système est immobile, alors aucune force ne s'exerce sur lui.

c. Si les forces qui s'exercent sur un système ne se compensent pas, alors il est en mouvement rectiligne uniforme.

14 Interpréter un mouvement

▪ Identifier les paramètres qui influencent un phénomène.

Un skieur remonte une pente rectiligne grâce à un téléski. Il se déplace avec une vitesse de valeur constante.

• Quelles sont les propositions exactes ?

a. Le skieur n'est soumis qu'à son poids.

b. Le mouvement du skieur est rectiligne uniforme dans un référentiel terrestre.

c. Le skieur est soumis à des forces qui se compensent.

15 Appliquer le principe d'inertie

▪ Interpréter des observations.

La chronophotographie ci-dessus illustre un saut en BMX dans un référentiel terrestre.

• Lors de ce saut, le coureur est-il soumis à des forces qui se compensent ?

16 Utiliser le principe d'inertie

▪ Proposer une hypothèse.

Le parachutisme est un sport relativement dangereux. Bastien souhaite vivre les mêmes émotions sans danger dans un « simulateur de chute libre ».

Dans un tel simulateur, une soufflerie produit un flux d'air très puissant, dirigé vers le haut.

Dans ce flux, bien qu'étant immobile, Bastien a les sensations d'une chute libre.

1. Dans quel référentiel Bastien est-il immobile ?

2. Quelle propriété vérifient les forces auxquelles il est soumis ?

17 Connaître le rôle de la masse (1)

▪ Proposer une hypothèse.

Les courses hippiques *à handicap* essaient d'égaliser les chances de tous les chevaux : les chevaux les plus performants portent une masse supplémentaire dans leur selle.

• Quelle est la conséquence de l'ajout de cette masse au démarrage du cheval ?

18 Connaître le rôle de la masse (2)

▪ Proposer un modèle ; proposer une hypothèse.

Lors d'un match de rugby, une mêlée est une phase de jeu pendant laquelle huit joueurs d'une équipe, liés les uns aux autres, essaient de faire reculer huit joueurs de l'équipe adverse.

À l'entraînement, les joueurs essaient de déplacer un appareil appelé le joug.

1. Quels sont la direction et le sens de la force exercée par les joueurs sur le joug ?

2. Pourquoi l'entraîneur est-il sur le joug ?

19 Identifier les effets d'une force

■ Interpréter des observations.

Un élève a réalisé une « tête » avec une balle. La chronophotographie montre la trajectoire de la balle.

• Quels sont les effets de la force exercée par la tête sur le mouvement de la balle ?

20 Connaître l'effet d'une force sur la vitesse

■ Proposer une hypothèse.

Le bobsleigh à quatre est un sport de glisse dans lequel quatre coéquipiers doivent descendre une piste verglacée le plus rapidement possible. Ils débutent la descente en poussant le bobsleigh sur 50 m avant de sauter dans l'engin.

• Citer deux raisons pour lesquelles les coéquipiers poussent le bobsleigh « à vide ».

Pour s'entraîner

21 La skateuse

■ Utiliser un modèle pour expliquer ; faire un schéma adapté.

1. Proposer un référentiel permettant l'étude du mouvement du système composé de la skateuse et de sa planche.

2. Le système est à l'arrêt dans le référentiel proposé. Il est soumis seulement à deux forces : son poids $\vec{P}$ de valeur 500 N et l'action $\vec{R}$ du sol.

Que vaut la force $\vec{R}$?

3. On modélise le système étudié par un point S.

Réaliser le schéma des forces.

22 La tyrolienne

■ Proposer une hypothèse ; utiliser un modèle pour expliquer.

On étudie le mouvement d'une personne sur une tyrolienne, pendant un parcours d'accrobranche. Dans un référentiel terrestre, cette personne démarre sans vitesse initiale du haut d'un arbre.

1. Rappeler le principe d'inertie.

2. Le mouvement de cette personne peut-il être rectiligne uniforme tout au long du parcours ?

3. Les forces auxquelles elle est soumise peuvent-elles se compenser tout au long du parcours ?

23 America's Cup

■ Effectuer des calculs numériques ; proposer une hypothèse ; utiliser un modèle pour expliquer.

Les bateaux de la Coupe de l'America peuvent atteindre des vitesses de valeur supérieure à 40 nœuds.

Sur l'image ci-dessus, les points orange représentent les différentes positions de l'avant du bateau américain « Oracle » repérées toutes les 0,40 s dans un référentiel terrestre. Le segment jaune mesure 10 m.

1. a. Quelle est la distance réelle séparant les points A et B ?

b. Quelle est la durée du déplacement entre les points A et B ?

2. a. Calculer la valeur de la vitesse du bateau entre les points A et B.

b. Cette valeur est-elle supérieure à 40 nœuds ?

3. a. Décrire le mouvement du bateau entre les points A et B.

b. Les forces qui s'exercent sur le bateau se compensent-elles ?

Donnée

• 1 nœud = 1,852 $km \cdot h^{-1}$

24 Connaître les critères de réussite

Mouvement d'un palet de hockey

■ Exploiter des observations ; utiliser un modèle pour expliquer.

Un palet de hockey sur glace se déplace en ligne droite avec une vitesse de valeur constante sur la patinoire. On donne ci-dessous deux représentations possibles de ses positions successives, relevées à intervalles de temps égaux dans un référentiel terrestre.

1. Quelle est la représentation convenable ? Justifier la réponse.

2. Quelle propriété vérifient les forces auxquelles le palet est soumis ? Justifier la réponse.

3. Quelles forces agissent sur le palet en admettant qu'il n'en existe que deux ?

4. Préciser les caractéristiques de ces forces.

	Critères de réussite	Barème
1.	Les informations utiles du texte sur le mouvement du palet sont repérées.	1 pt
	Le schéma correct est choisi.	1 pt
2.	Le principe d'inertie est connu.	0,5 pt
	La propriété est énoncée.	0,5 pt
3.	Le poids et la force exercée par le sol sont nommés.	1 pt
4.	Les caractéristiques d'une force (direction, sens, valeur) sont énoncées.	0,5 pt
	Les caractéristiques des deux forces sont précisées.	1 pt
	Pour l'ensemble des réponses	
	Les réponses sont correctement rédigées.	0,5 pt
		6 pts

| cours maîtrisé | réponse complète | présentation

25 Courons ensemble

■ Exploiter des observations, des résultats ; effectuer des calculs numériques.

Le vainqueur du marathon du Médoc 2013, Thierry GUIBAULT, a parcouru les 42,195 km en 2 h 26 min 50 s. Le dernier coureur chronométré à l'arrivée a été classé 8 089e et a mis 6 h 52 min 47 s.

1. Quelles ont été les valeurs de la vitesse du vainqueur et du dernier coureur sur l'ensemble de la course ? Exprimer ces valeurs en $m \cdot s^{-1}$, puis en $km \cdot h^{-1}$.

2. En supposant que le dernier coureur ait gardé une vitesse de valeur constante tout au long du marathon, quelle distance lui restait-il à parcourir lorsque le vainqueur franchissait la ligne d'arrivée ?

3. a. Quelle est la précision du chronométrage ?
b. Est-elle adaptée pour une telle course ?

26 Quelle précision !

■ Effectuer des calculs numériques ; faire preuve d'esprit critique.

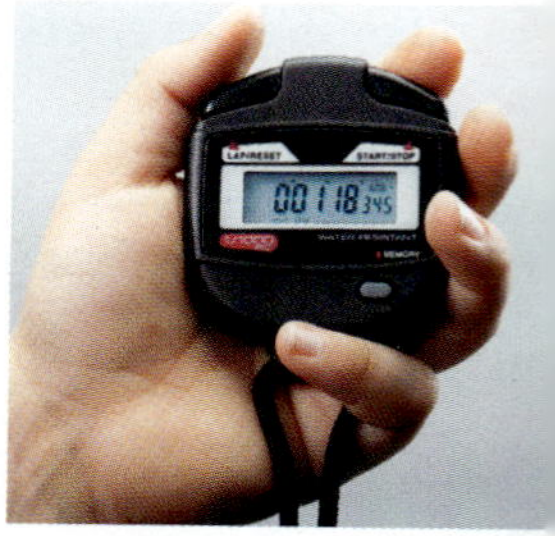

Dans un club d'athlétisme, l'entraîneur a chronométré le 400 mètres d'Armand avec un chronomètre affichant les durées au 1/1 000e de seconde.

1. Quelle est la durée affichée ?

2. Quelle est la valeur de la vitesse d'Armand sur l'ensemble de la course ?

3. Quelle est la plus petite durée pouvant séparer deux sportifs à l'arrivée lors du chronométrage réalisé par l'entraîneur ?

4. Quelle est la distance parcourue par Armand pendant cette durée ?

5. Ce chronomètre est-il adapté ?

27 À chacun son rythme

Le parachute

■ Proposer une hypothèse ; exploiter des observations.

*Commencer par résoudre l'*énoncé compact. *En cas de difficultés, passer à l'*énoncé détaillé.

On a réalisé une vidéo de la chute verticale d'un parachute jouet avec une caméra immobile dans un référentiel terrestre. Le jouet est lâché, parachute fermé.

À l'aide de la vidéo, on a effectué un pointage des différentes positions d'un point du jouet et on a tracé l'évolution de la valeur de la vitesse en fonction du temps :

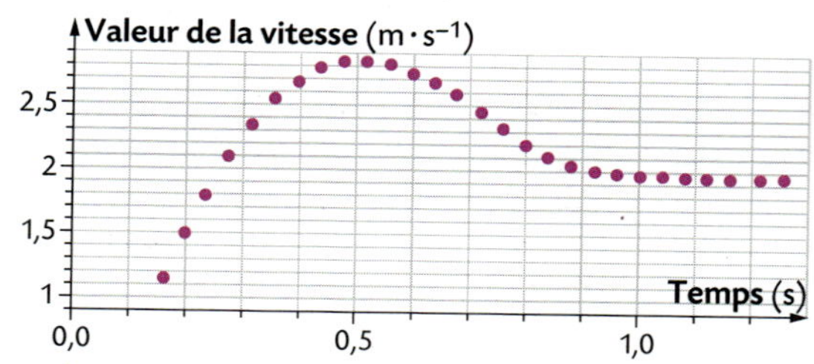

Énoncé compact

• À partir de quelle date le parachute est-il soumis à des forces qui se compensent ?

Énoncé détaillé

1. Comment évolue la valeur de la vitesse au cours du temps ?

2. Justifier qu'après 1,0 s de chute, le mouvement vertical du jouet est uniforme.

3. En déduire la date à partir de laquelle les forces qui s'exercent sur le jouet se compensent.

28 Le « parkour »

■ Extraire et exploiter des informations ; utiliser un modèle pour expliquer.

Le film *Yamasaki*, réalisé par Ariel ZEITOUN, a permis au grand public de découvrir le « parkour ». L'objectif de cette activité sportive est d'utiliser le mobilier urbain pour se déplacer le plus rapidement possible.
Le document ci-dessous montre les mouvements de base du « parkour ». Ces diverses situations sont étudiées dans un référentiel terrestre.

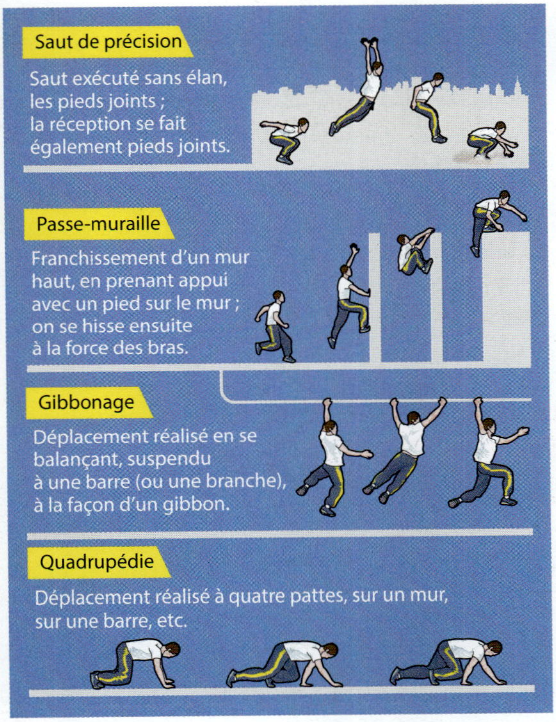

1. Dans quelle(s) situation(s) le sportif peut-il être en mouvement rectiligne uniforme ?

2. Lors d'un saut de précision, à quelle(s) force(s) est soumis le sportif avant son atterrissage ?

3. Lors du gibbonage, le sportif s'arrête un instant. Que peut-on dire alors des forces auxquelles il est soumis ?

29 Résolution de problème

Problem During a Travel

■ Exploiter des observations ; utiliser un modèle pour expliquer.

During a travel, a car engine has an oil leak. The drops hit the ground at regular intervals, once every 0.5 second. The following figure shows the pattern of drops it leaves on some of the straight path.

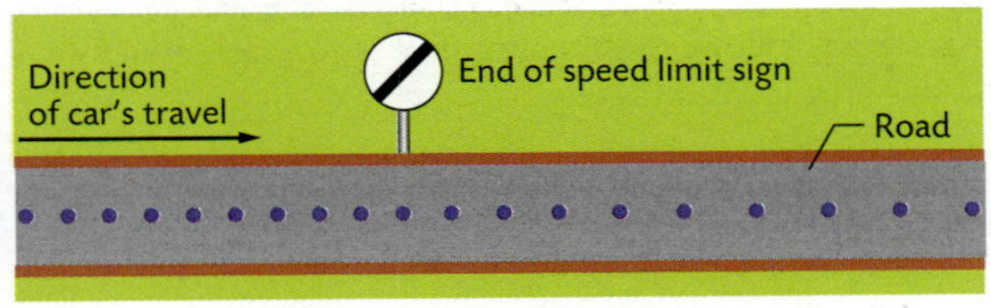

La voiture roulait à 50 mph (mile par heure) avant de passer devant le panneau.

• Le conducteur respecte-t-il la limite maximale autorisée de 70 mph après avoir dépassé le panneau ?

→ Pistes de résolution, p. 334.

Pour aller plus loin

30 Cours après moi

■ Exploiter des résultats ; effectuer des calculs numériques.

Le document ci-dessous représente l'évolution du record du monde du 100 m de 1912 à 2009.
On émet l'hypothèse que tous les coureurs participent à la même course, à la vitesse de leur record personnel et que la valeur de la vitesse de chaque coureur est constante sur l'ensemble de la course.

1. a. Combien de temps après Usain BOLT le coureur Don LIPINCOTT serait-il arrivé ?
b. À l'instant où Usain BOLT franchit la ligne d'arrivée, quelle distance Don LIPINCOTT doit-il encore parcourir pour terminer la course ?

2. À l'instant où Usain BOLT franchit la ligne d'arrivée, quel coureur se trouve 5,0 m derrière lui ?

3. a. Comparer les précisions de chronométrage des courses de Jesse OWENS et de Carl LEWIS.
b. Pourquoi y a-t-il eu cette évolution ?

31 Photo-finish

■ Extraire et exploiter des informations ; faire preuve d'esprit critique.

Résultats officiels

1	12,35
2	12,37
3	12,48
4	12,58
5	12,58
6	12,65
7	12,69

Lors des Jeux olympiques de Londres, Sally PEARSON a remporté l'épreuve du 100 m haies. La photo-finish ci-dessus a permis de classer les concurrentes.

1. Quelle est la grandeur correspondant à l'axe gradué en bas de l'image ? On pourra s'aider des résultats officiels.

2. En déduire à quoi correspondent les lignes verticales rouges ?

3. En quoi une photo-finish diffère-t-elle d'une vraie photographie ?

4. Quel est l'intérêt de la photo-finish par rapport à une photographie de l'arrivée ?

32 Jeux de Rome

■ Effectuer des calculs numériques ; faire preuve d'esprit critique.

En 1960, aux Jeux olympiques de Rome, le nageur australien John DEVITT est déclaré vainqueur devant l'Américain Lance LARSON lors de l'épreuve du 100 m nage libre. Or le chronométrage manuel leur attribue le même résultat : 55,2 s.

1. Calculer la valeur de leur vitesse sur le parcours.

2. Indiquer la précision du chronométrage manuel de cette course.

3. Quelle distance parcourent ces deux nageurs pendant cette durée ? On suppose que les nageurs ont une vitesse de valeur constante tout au long de la course.

4. Le chronométrage manuel est-il adapté au 100 m nage libre ?

Retour sur l'ouverture du chapitre 15

Comment les forces peuvent-elles modifier le mouvement d'un corps ?

33 Saut à l'élastique

■ Exploiter des observations ; utiliser un modèle pour expliquer.

> Ballon lesté relié à un élastique (a). Repérage des positions du ballon à intervalles de temps de même durée (b).

Un ballon lesté relié à un élastique permet de simuler un saut à l'élastique (photographies ci-contre). On repère les positions du ballon à intervalles de temps de même durée (b).

1. Dans un premier temps, l'élastique est détendu (a).
a. Le ballon est soumis à une seule force. Laquelle ?
b. Quel est l'effet de cette force sur son mouvement ?

2. Dans un deuxième temps, l'élastique est tendu et s'étire progressivement (b).
a. À quelle nouvelle force est soumis le ballon ?
b. Quel est son effet sur le mouvement du ballon ?

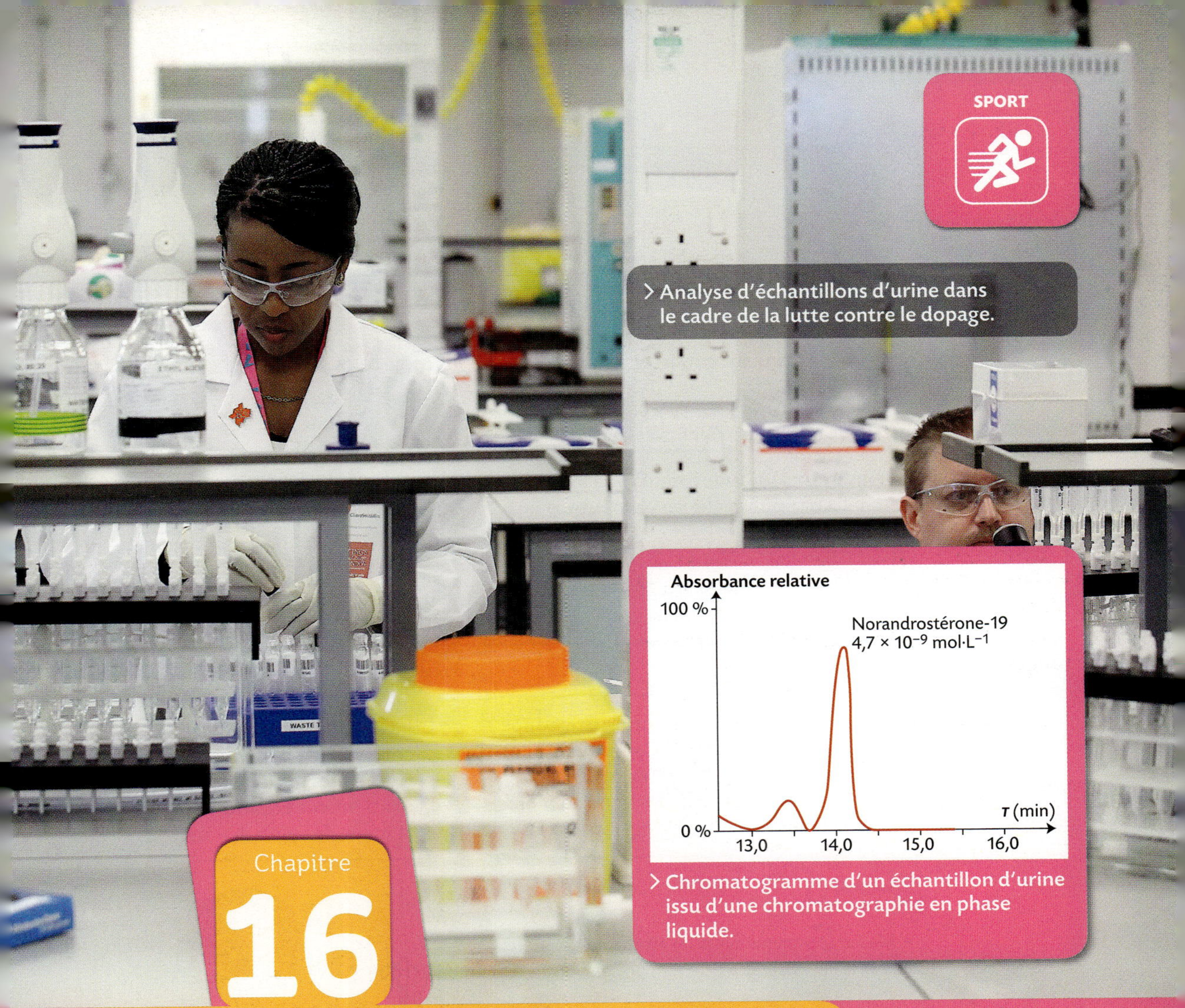

SPORT

> Analyse d'échantillons d'urine dans le cadre de la lutte contre le dopage.

> Chromatogramme d'un échantillon d'urine issu d'une chromatographie en phase liquide.

Chapitre **16**

La quantité de matière et la concentration molaire

Comment la quantité de matière et la concentration molaire peuvent-elles être utilisées pour l'accompagnement et le contrôle des sportifs ?

→ Exercice 29, p. 258.

> Dans le sport professionnel, la lutte contre le dopage s'intensifie et les techniques mises en œuvre sont de plus en plus performantes. Les quantités d'espèces décelées dans les échantillons d'urine ou de sang prélevé (quelques millilitres) sont de plus en plus faibles.

Compétences

- Déterminer une quantité de matière connaissant la masse d'un solide ou le volume d'un liquide. → Activité 1
- Calculer une masse molaire moléculaire à partir des masses molaires atomiques. → Activité 2
- *Prélever une quantité de matière d'une espèce chimique donnée.* → Activité 2
- Savoir que la concentration d'une solution en espèce dissoute peut s'exprimer en $mol \cdot L^{-1}$. → Activité 3
- Connaître et exploiter l'expression de la concentration molaire d'une espèce moléculaire ou ionique dissoute. → Activité 3
- *Préparer une solution de concentration molaire donnée par dissolution ou dilution.* → Activités 3 et 4
- *Pratiquer une démarche expérimentale pour déterminer la concentration d'une espèce (méthode par comparaison).* → Activité 4

Activité expérimentale

À la maison

1 Dénombrer à la manière du chimiste

Au quotidien, il est possible de dénombrer des objets à notre échelle. Pour les entités microscopiques tels que les atomes et les molécules, ce dénombrement est impossible.

▶ **Comment le chimiste compte-t-il les atomes ou les molécules ?**

Compétence

- Déterminer une quantité de matière connaissant la masse d'un solide.

Doc. 1 Consommation de pâtes dans l'Union européenne

Le tableau ci-dessous présente la consommation annuelle de paquets de pâtes de 1 kg par habitant pour quelques pays européens :

Pays	Italie	Grèce	Suède	France	Allemagne
Consommation	26	10,4	9,0	8,3	7,4

D'après l'Union industrielle des pâtes italiennes.

> Ce paquet de pâtes contient 1 kg de coquillettes.

Doc. 2 Le « paquet » du chimiste : la mole

Comme on peut le faire avec des pâtes, le chimiste regroupe les entités microscopiques en « paquets ». Ces paquets sont appelés moles. Une **mole** d'atomes, d'ions ou de molécules est un « paquet » contenant **$6{,}02 \times 10^{23}$** atomes, ions ou molécules. Ce nombre s'appelle la constante d'Avogadro, noté N_A.

Doc. 3 La quantité de matière

La quantité de matière d'un échantillon correspond au nombre de paquets d'entités élémentaires, appelés moles, que contient cet échantillon. Son unité est la mole, de symbole « mol ».

Données

- Masse approximative d'un atome de fer : $m(\text{fer}) = 9{,}3 \times 10^{-26}$ kg
- Masse approximative de fer dans une boule de pétanque : 600 g

Pratique expérimentale

1 a. Proposer, puis mettre œuvre, un protocole expérimental permettant de déterminer le nombre N_1 de coquillettes contenues dans un paquet de 1 kg. Indiquer les sources d'erreurs liées à l'expérimentation.

b. Calculer le nombre de pâtes qu'un français consomme en moyenne par an, en considérant qu'il ne mange que des coquillettes (**doc. 1**).

c. Déterminer le nombre N_2 d'atomes de fer contenus dans une boule de pétanque. Comparer N_1 et N_2 et commenter le résultat.

2 Déterminer la quantité de fer (quantité de matière), notée n_2, contenu dans la boule de pétanque présentée (**doc. 2** et **3**).

Compétences travaillées

S'approprier ; analyser • Extraire et exploiter des informations ; élaborer un protocole.
Réaliser • Mettre en œuvre un protocole.
Valider • Rechercher les sources d'erreurs.

Réaliser • Effectuer des calculs.
Valider • Discuter le résultat.

Un pas vers le cours

3 Écrire la relation qui relie le nombre d'atomes, ions ou molécules N, la quantité de matière n, et la constante d'Avogadro N_A.

4 L'équivalent de la masse d'un paquet de pâtes pour le chimiste s'appelle la masse molaire. Calculer la masse molaire du fer, notée $M(\text{Fe})$.

Valider • Mettre en lien des phénomènes et des concepts.
Réaliser • Effectuer des calculs.

Activité expérimentale

2 Une potion pour les athlètes gaulois

La préparation de solutions nécessite le prélèvement de quantités de matières précises de corps purs solides ou liquides.

▶ **Comment prélever une quantité de matière de corps pur ?**

Compétences
- *Prélever une quantité de matière d'une espèce chimique donnée.*
- Calculer une masse molaire moléculaire à partir des masses molaires atomiques.

Doc. 1 Recette de la potion énergétique de Jeusolympix

Potion énergétique

• Mélanger les ingrédients suivants et agrémenter de quelques feuilles de *Mentha aquatica* :

0,015 *e sacchari** *fasce***

5 *ex aquae**** *fasce*

• Porter à ébullition le mélange et laisser refroidir avant de le consommer.

* *Sacchari* en latin signifie sucre. ** *Fasce* en latin signifie paquet. Un *fasce* correspond ici à une mole. *** *Aquae* en latin signifie eau.

Doc. 2 Diagramme liant masse, volume et quantité de matière pour une espèce A

Quantité de matière $n(A)$ → [$m(A) = n(A) \times M(A)$] → Masse $m(A)$ → [?] → Volume $V(A)$

Volume $V(A)$ → [?] → Masse $m(A)$ → [?] → Quantité de matière $n(A)$

On notera $M(A)$ la masse molaire de A et $\rho(A)$ la masse volumique de A.

Matériel et produits disponibles
- Du sucre en poudre (saccharose).
- Une éprouvette graduée de 50 mL.
- De l'eau. • Une baguette de verre.
- Un bécher. • Une pince en bois.
- Des feuilles de menthe.
- Une balance. • Une spatule.
- Une plaque chauffante.

Données
- Masse volumique de l'eau à 25 °C : $\rho = 1{,}0\ \text{g} \cdot \text{mL}^{-1}$
- Formule brute du saccharose : $C_{12}H_{22}O_{11}$
- Formule brute de l'eau : H_2O
- Masses molaires atomiques M :

Élément	H	C	O
M ($\text{g} \cdot \text{mol}^{-1}$)	1,0	12,0	16,0

Investigation

▶ **Préparer la potion de Jeusolympix.**

En cas de difficultés, des solutions partielles sont disponibles en fin de manuel (p. 334).

Compétences travaillées
S'approprier
Analyser
Réaliser
Valider
Communiquer

Un pas vers le cours

Recopier et compléter le diagramme du **doc. 2**, en indiquant les relations littérales manquantes.

Valider • Mettre en lien des concepts.
Communiquer • Présenter une synthèse sous la forme d'un schéma.

Activité expérimentale

3 Préparation d'une boisson isotonique

Les boissons isotoniques, rapidement assimilables, apportent l'eau, le sucre et les minéraux nécessaires au sportif.

▶ **Comment préparer 100,0 mL d'une boisson isotonique ?**

Compétences

- Savoir que la concentration d'une solution en espèce dissoute peut s'exprimer en $mol \cdot L^{-1}$.
- Connaître et exploiter l'expression de la concentration molaire.
- *Préparer une solution de concentration donnée par dissolution ou dilution.*

Doc. 1 Composition d'une boisson isotonique

Pour 100,0 mL de solution, une boisson isotonique contient : 6,49 g de glucose, $C_6H_{12}O_6$, 160 mg d'ions calcium, Ca^{2+}, 60 mg d'ions magnésium, Mg^{2+}, des ions sodium, Na^+, etc. La concentration en ions sodium, chlorure et magnésium est voisine de celle de ces espèces chimiques dans le sang.

Doc. 2 Extrait d'une analyse de sang d'un sportif

Résultat de l'analyse	Valeurs normales
Glucose : 5,0 $mmol \cdot L^{-1}$	4,1 $mmol \cdot L^{-1} < C <$ 6,1 $mmol \cdot L^{-1}$
Sodium : 138 $mmol \cdot L^{-1}$	135 $mmol \cdot L^{-1} < C <$ 145 $mmol \cdot L^{-1}$

Données

Masses molaires :
- M(glucose) = M(G) = 180 $g \cdot mol^{-1}$
- M(chlorure de sodium) = M(NaCl) = 58,5 $g \cdot mol^{-1}$
- 1 mmol = 1×10^{-3} mol

Matériel et produits disponibles

- Du chlorure de sodium NaCl (s).
- Une solution S_0 de glucose à C_0 = 1,80 $mol \cdot L^{-1}$.
- De l'eau.
- Une balance, une coupelle de pesée et une spatule.
- Un entonnoir.
- Un bécher de 150 mL.
- Une pipette jaugée de 20,0 mL et une propipette.
- Une fiole jaugée de 100,0 mL.
- Une éprouvette graduée de 25 mL.

Analyse des documents

À la maison

1 a. Déterminer les concentrations massique t(G) et molaire C(G) en glucose de la boisson isotonique (**doc. 1**).

b. Déterminer le volume V_0 de solution S_0 à prélever pour préparer un volume V_1 = 100,0 mL de solution S_1 dont la concentration en glucose est identique à celle de la boisson isotonique du **doc. 1**.

2 a. Vérifier que la quantité d'ions sodium $n(Na^+)$ contenus dans le volume V_1 = 100,0 mL de solution isotonique doit être comprise entre $1,35 \times 10^{-2}$ mol et $1,45 \times 10^{-2}$ mol (**doc. 1** et **2**).

b. La quantité $n(Na^+)$ est apportée par une quantité égale de chlorure de sodium n(NaCl). En déduire la masse m(NaCl) de chlorure de sodium à dissoudre pour préparer un volume V_1 de solution isotonique.

Compétences travaillées

S'approprier • Extraire des informations.
Analyser • Exploiter des informations.
Réaliser • Effectuer des calculs.
Communiquer • Rédiger une réponse.

Pratique expérimentale

3 Élaborer un protocole expérimental permettant de préparer 100,0 mL de solution isotonique contenant du glucose et des ions sodium.

- Après validation par le professeur, mettre en œuvre ce protocole.

Analyser • Élaborer un protocole.
Réaliser • Mettre en œuvre un protocole ; utiliser le matériel de manière adaptée.

Un pas vers le cours

4 Dégager une relation entre la concentration molaire C(A) d'une espèce chimique A dissoute et sa concentration massique t(A).

Valider • Mettre en lien des concepts.

Activité expérimentale

4 Étude d'une boisson énergétique

Une **boisson énergétique** permet d'apporter au sportif du glucose, des vitamines, des sels minéraux, etc.

► **Comment déterminer la concentration molaire en glucose d'une boisson énergétique ?**

Compétences
- *Préparer une solution de concentration donnée par dilution.*
- *Pratiquer une démarche expérimentale pour déterminer la concentration d'une espèce (méthode par comparaison).*

Doc. 1 Solutions « étalon » à préparer

Solution S_i	S_1	S_2	S_3	S_4	S_5
Volume (mL)	50,0	100	50,0	100	50,0
Concentration molaire en glucose ($mol \cdot L^{-1}$)	0,040	0,10	0,40	0,50	1,0

Matériels et produits disponibles
- Une solution de glucose S_m à 2,00, $mol \cdot L^{-1}$.
- Une boisson énergétique S.
- De l'eau distillée.
- Une balance.
- Des fioles jaugées de 50 mL et 100 mL.
- Des pipettes jaugées de 1,0 ; 5,0 ; 10,0 et 25,0 mL.
- Des béchers.

Données
- Masse molaire du glucose : $M(G) = 180,0\ g \cdot mol^{-1}$

Doc. 2 Composition de la boisson énergétique dosée

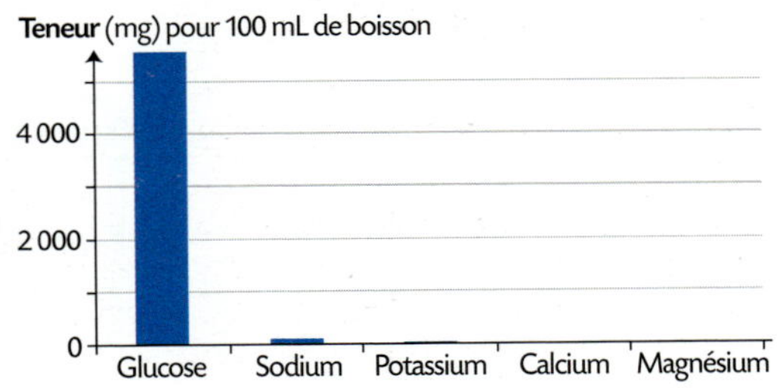

Investigation

Compétences travaillées

1. Élaborer un protocole expérimental permettant :
   a. de préparer, à partir de la solution mère de glucose S_m et du matériel mis à disposition, une des solutions S_i proposée dans le **doc. 1** ;
   b. de déterminer la masse volumique ρ de la solution ainsi préparée et celle de la boisson énergétique.
   - Après validation par le professeur, mettre en œuvre ce protocole.

S'approprier • Analyser • Réaliser • Valider • Communiquer

Synthèse

→ Fiche **Utilisation d'un tableur**, p. 328-329.

2. À l'aide d'un logiciel, tracer la courbe d'équation $\rho = f(C)$, représentant la masse volumique de chacune des solutions S_i en fonction de leur concentration molaire C_i.

Réaliser • Effectuer des calculs ; tracer un graphique.

3. a. Commenter la composition de la boisson énergétique (**doc. 2**).
   b. Déterminer la concentration molaire C_G en glucose de la boisson énergétique S en expliquant la méthode utilisée.

Valider • Discuter un résultat.
Communiquer • Rédiger une explication.

4. Indiquer des sources d'erreurs liées à l'expérimentation.

Valider • Rechercher les sources d'erreurs.

Un pas vers le cours

5. Résumer à l'aide de schémas la démarche suivie dans cette activité pour déterminer la concentration C_G (méthode par comparaison).

Communiquer • Rendre compte à l'écrit.

Cours

1 Qu'est-ce que la quantité de matière ?

Doc. 1

> Une boule de pétanque contient environ 10^{25} atomes de fer, soit une quantité :

$$n = \frac{N}{N_A} = \frac{10^{25}}{6{,}02 \times 10^{23}} = 1{,}7 \text{ mol}$$

A. La mole : unité de quantité de matière

- Les objets macroscopiques contiennent un très grand nombre d'entités microscopiques tels que des atomes, des molécules ou des ions (**doc. 1** et **activité 1**).
- Pour faciliter la manipulation de ces entités microscopiques, on les regroupe en paquets, appelés moles (**activité 1**).
- **Une mole d'atomes, de molécules ou d'ions contient $6{,}02 \times 10^{23}$ atomes, molécules ou ions identiques**. La **mole** (symbole : **mol**) est l'unité d'une grandeur très utilisée en chimie : **la quantité de matière**.

B. Relation entre nombre d'entités d'un système N et quantité de matière n

Le nombre d'entités par mole est égal à la **constante d'Avogadro**, notée N_A : $N_A = 6{,}02 \times 10^{23}$ mol^{-1}.

Le nombre N d'entités d'un système est proportionnel à sa quantité de matière n, donc :

$$\mathbf{N = N_A \times n}$$

(N sans unité ; N_A en mol^{-1} ; n en mol)

→ **Exercices 7 et 8**, p. 253.

2 Qu'est-ce que la masse molaire ?

Doc. 2

$M(N) = 14{,}0$ g·mol^{-1}

> Exemple de masse molaire atomique en g·mol^{-1} relevée dans la classification périodique des éléments chimiques.

La masse molaire atomique M d'un élément est la masse d'une mole d'atomes de cet élément. Elle s'exprime en g·mol^{-1}.

Les valeurs des masses molaires atomiques sont données dans la classification périodique (**doc. 2**).

La masse molaire moléculaire M d'une espèce chimique moléculaire est la masse d'une mole de molécules de cette espèce. Elle s'exprime en g·mol^{-1}.

La masse molaire moléculaire est égale à la somme des masses molaires atomiques des atomes qui composent la molécule.

Exemple : $M(H_2O) = 2 \times M(H) + M(O) = 2 \times 1{,}0 + 16{,}0 = 18{,}0$ g·mol^{-1}.

- La masse des électrons de l'atome est négligeable devant la masse de son noyau. La **masse molaire ionique** est donc égale à la somme des masses molaires atomiques des éléments qui composent l'ion.

→ **Exercices 9 et 10**, p. 253.

Doc. 3

COMPTE RENDU D'ANALYSE

	Valeurs de référence
Glycémie à jeun	
0,93 g/L	0,74-1,06
5,16 mmol/L	4,10-5,90
Créatinine	
8,4 mg/L	6-10
74,3 mmol/L	53-588

> Extrait d'une analyse de sang.

3 Qu'est-ce que la concentration molaire ?

La **concentration molaire** $C(A)$ d'une espèce A en solution est égale au quotient de la quantité $n(A)$ de l'espèce A dissoute par le volume $V_{solution}$ de la solution obtenue :

$$C(A) = \frac{n(A)}{V_{solution}}$$

C en mol·L⁻¹ ; n en mol ; V en L

- **Lors d'une dilution, il y a conservation de la quantité de matière.** La quantité de soluté n_m contenu dans un volume V_m de solution mère de concentration C_m est égale à la quantité de soluté n_f contenu dans un volume V_f de solution fille de concentration C_f : $n_m = n_f$

soit $C_m \times V_m = C_f \times V_f$

- La relation entre la concentration molaire $C(A)$ et la concentration massique $t(A)$ est (**doc. 3**) :

$$C(A) = \frac{t(A)}{M(A)}$$

C en mol·L⁻¹ ; t en g·L⁻¹ ; M en g·mol⁻¹

→ Exercices 11 et 12, p. 254.

Doc. 4

a

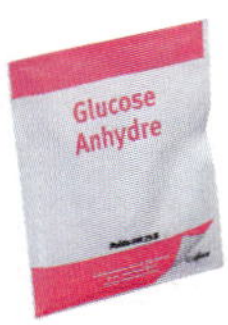

b

> **a.** Sachet de glucose de 75,0 g contenant une quantité de glucose :

$$n(G) = \frac{m(G)}{M(G)} = \frac{75,0}{180} = 0,417 \text{ mol}$$

b. Bouteille de 1,5 L d'eau contenant une quantité d'eau :

$$n(\text{eau}) = \frac{\rho(\text{eau}) \times V(\text{eau})}{M(\text{eau})}$$

$$n(\text{eau}) = \frac{1,00 \times 10^3 \times 1,5}{18,0} = 83 \text{ mol}$$

4 Comment déterminer une quantité de matière ?

A. À partir de la masse d'un échantillon

La relation entre la masse $m(A)$ d'un échantillon d'une espèce chimique A, $M(A)$ et $n(A)$ est (**doc. 4a**) :

$$n(A) = \frac{m(A)}{M(A)}$$

n en mol ; m en g ; M en g·mol⁻¹

Dans le cas particulier d'un corps pur A liquide de masse volumique $\rho(A)$, il est parfois plus pratique de mesurer son volume $V(A)$.

Dans ce cas, la quantité de matière $n(A)$ est donnée par la relation (**doc. 4b**) :

$$n(A) = \frac{m(A)}{M(A)} \quad \text{soit} \quad n(A) = \frac{\rho(A) \times V(A)}{M(A)}$$

ρ en g·L⁻¹ ; V en L ; M en g·mol⁻¹

B. À partir d'une concentration molaire

La quantité de matière $n(A)$ d'une espèce chimique A dissoute dans un volume $V_{solution}$ de solution est (**doc. 5**) :

$$n(A) = C(A) \times V_{solution}$$

n en mol ; C en mol·L⁻¹ ; V en L

Doc. 5

> La quantité de glucose que contient 250 mL d'une boisson isotonique de concentration molaire en glucose de 5,0 mmol·L⁻¹ est :

$n(G) = C(G) \times V_{solution}$

$n(G) = 5,0 \times 10^{-3} \times 250 \times 10^{-3}$

$n(G) = 1,3 \times 10^{-3}$ mol

→ Exercices 13 à 18, p. 254.

Essentiel

1 Quantité de matière

- Une mole d'atomes, de molécules ou d'ions contient $6{,}02 \times 10^{23}$ atomes, molécules ou ions.

$$n = \frac{N}{N_A}$$

- n : Quantité de matière en mole (symbole : mol)
- N : Nombre d'atomes, de molécules ou d'ions
- N_A : Constante d'Avogadro : $N_A = 6{,}02 \times 10^{23}\ \text{mol}^{-1}$

2 Masse molaire

- La masse molaire atomique est la masse d'une mole d'atomes. Elle s'exprime en $\text{g} \cdot \text{mol}^{-1}$.
- La masse molaire d'un ion ou d'une molécule est égale à la somme des masses molaires atomiques des éléments qui composent l'ion ou la molécule.

C — 6 — 12,0 — Carbone
O — 8 — 16,0 — Oxygène

→ **Masses molaires atomiques** : $M(\text{C})$, $M(\text{O})$

Molécule : Dioxyde de carbone CO_2

→ **Masse molaire moléculaire**

$M(CO_2) = M(\text{C}) + 2 \times M(\text{O})$

$M(CO_2) = 12{,}0 + 2 \times 16{,}0$

$M(CO_2) = 44{,}0\ \text{g} \cdot \text{mol}^{-1}$

3 Concentration molaire

$$C(\text{A}) = \frac{n(\text{A})}{V_{\text{solution}}}$$

- $C(\text{A})$: Concentration molaire en soluté A d'une solution en $\text{mol} \cdot \text{L}^{-1}$
- $n(\text{A})$: Quantité de soluté A en mol
- V_{solution} : Volume de la solution en L

Concentration molaire $C(\text{A})$ en $\text{mol} \cdot \text{L}^{-1}$ → **Concentration massique** $t(\text{A})$ en $\text{g} \cdot \text{L}^{-1}$: $t(\text{A}) = C(\text{A}) \times M(\text{A})$

Concentration massique → **Concentration molaire** : $C(\text{A}) = \frac{t(\text{A})}{M(\text{A})}$

4 Déterminer une quantité de matière

- **Quantité de matière de A** : $n(\text{A})$ en mol
- **Masse de l'espèce A** : $m(\text{A})$ en g
- **Volume de l'espèce A** : $V(\text{A})$ en L
- **Volume de la solution** : V_{solution} en L

$m(\text{A}) = n(\text{A}) \times M(\text{A})$

$n(\text{A}) = \frac{m(\text{A})}{M(\text{A})}$

$V(\text{A}) = \frac{m(\text{A})}{\rho(\text{A})}$

$m(\text{A}) = \rho(\text{A}) \times V(\text{A})$

$m(\text{A}) = t(\text{A}) \times V_{\text{solution}}$

$n(\text{A}) = \frac{\rho(\text{A}) \times V(\text{A})}{M(\text{A})}$

$n(\text{A}) = C(\text{A}) \times V_{\text{solution}}$

QCM

→ Corrigés, p. 338.

Pour chaque question, indiquer la (ou les) bonne(s) réponse(s).

1 Quantité de matière

Si erreur, revoir § 1, p. 248.

	A	B	C
1 L'unité de la quantité de matière est notée :	mol.	mol^{-1}.	mole.
2 Une mole d'atomes contient :	$6{,}02 \times 10^{-23}$ atome.	$6{,}02 \times 10^{3}$ atomes.	$6{,}02 \times 10^{23}$ atomes.

2 Masse molaire

Si erreur, revoir § 2, p. 248.

	A	B	C
1 Une masse molaire s'exprime en :	$mol \cdot g^{-1}$.	$g \cdot mol^{-1}$.	g/mol^{-1}.
2 La masse molaire du camphre ($C_{10}H_{16}O$) est égale à :	$M(C) + M(H) + M(O)$	$M(C) + 10 \times M(H) + 16 \times M(O)$	$10 \times M(C) + 16 \times M(H) + M(O)$
3 La masse molaire ionique de CO_3^{2-} est égale à :	$M(C) + 3 \times M(O)$	$M(C) + M(O)$	$2 \times (M(C) + 3 \times M(O))$

3 Concentration molaire

Si erreur, revoir § 3, p. 249.

	A	B	C
1 La concentration molaire C en soluté A d'une solution de volume $V_{solution}$ est :	$\frac{n(A)}{V_{solution}}$	$n(A) \times V_{solution}$	$\frac{m(A)}{V_{solution}}$
2 La relation qui lie la concentration molaire $C(A)$ en soluté A et la concentration massique $t(A)$ est :	$t(A) = C(A) \times M(A)$	$C(A) = t(A) \times M(A)$	$M(A) = \frac{t(A)}{C(A)}$

4 Déterminer une quantité de matière

Si erreur, revoir § 4, p. 249.

	A	B	C
1 La quantité de soufre ($M(S) = 32{,}1\ g \cdot mol^{-1}$) présente dans 3,2 g de soufre est :	0,32 mol.	0,10 mol.	1,0 mol.
2 La quantité d'eau ($M(H_2O) = 18\ g \cdot mol^{-1}$ et $\rho(H_2O) = 1{,}0\ g \cdot mL^{-1}$) présente dans 18 mL d'eau est :	0,10 mol.	10 mol.	1,0 mol.
3 Pour préparer 100 mL d'une solution de concentration molaire $0{,}100\ mol \cdot L^{-1}$ en maltose, la quantité de maltose à dissoudre est égale à :	10,0 mol.	1,00 mol.	$1{,}00 \times 10^{-2}$ mol.

Exercice résolu

Compétences

- Extraire et exploiter des informations.
- Effectuer des calculs littéraux et numériques.

5 Déterminer une concentration molaire

Énoncé

Le paracétamol de formule $C_8H_9NO_2$ est un antalgique. Une sportive souhaite apaiser la douleur due à une tendinite. Elle dissout le contenu d'un « sachet-dose » de Doliprane® dans de l'eau afin de préparer 15 cL de solution de paracétamol.

1. Déterminer la masse molaire du paracétamol.
2. Calculer la quantité de paracétamol contenu dans un « sachet-dose » de ce médicament.
3. Calculer la concentration molaire, en $mol \cdot L^{-1}$, en paracétamol de la solution préparée.

Donnée

Masses molaires atomiques : voir rabat VI

Analyse de l'énoncé

- Que représente la formule $C_8H_9NO_2$?
- Quel renseignement utile fournit l'étiquette du médicament ?
- À partir de quelle grandeur peut-on exprimer la quantité de paracétamol ?
- Comment s'exprime la concentration molaire en paracétamol ?

Conseils

1 Une formule brute indique la composition en atomes d'une molécule.

Exploiter la formule brute de l'espèce moléculaire étudiée et les masses molaires atomiques.

2 L'étiquette indique la masse de paracétamol contenu dans un « sachet-dose ».

Utiliser la relation entre la quantité de matière $n(A)$, la masse $m(A)$ et la masse molaire $M(A)$ d'une espèce A (voir diagramme, p. 250).

3 Utiliser la relation entre concentration molaire $C(A)$, quantité de matière $n(A)$ et le volume de la solution $V_{solution}$ (voir diagramme, p. 250).

1 cL correspond à 1/100e de litre.

Solution rédigée

1 La masse molaire moléculaire $M(C_8H_9NO_2)$ du paracétamol est :

$$M(C_8H_9NO_2) = 8 \times M(C) + 9 \times M(H) + M(N) + 2 \times M(O)$$

$$M(C_8H_9NO_2) = 8 \times 12{,}0 + 9 \times 1{,}0 + 14{,}0 + 2 \times 16{,}0$$

$$M(C_8H_9NO_2) = 151{,}0 \text{ g} \cdot \text{mol}^{-1}$$

2 La quantité de paracétamol contenu dans un « sachet-dose » est :

$$n(C_8H_9NO_2) = \frac{m(C_8H_9NO_2)}{M(C_8H_9NO_2)}$$

$$n(C_8H_9NO_2) = \frac{1\,000 \times 10^{-3}}{151{,}0} = \mathbf{6{,}623 \times 10^{-3}\ mol}$$

3 La concentration molaire en paracétamol de la solution préparée est :

$$C(C_8H_9NO_2) = \frac{n(C_8H_9NO_2)}{V_{solution}}$$

$$C(C_8H_9NO_2) = \frac{6{,}623 \times 10^{-3}}{15 \times 10^{-2}} = \mathbf{4{,}4 \times 10^{-2}\ mol \cdot L^{-1}}$$

6 Application immédiate

En cas de douleur aiguë, il peut être conseillé de prendre un médicament anti-inflammatoire à base d'ibuprofène, de formule $C_{13}H_{18}O_2$. Un sportif souhaite apaiser une douleur. Il dissout un « sachet-dose » de Spedifen® dans de l'eau. Il prépare ainsi 250 mL de solution d'ibuprofène.

Composition pour 1 sachet-dose de Spedifen®

Ibuprofène 400,00 mg, arginine, saccharose, bicarbonate de sodium, saccharine sodique, aspartam, arôme menthe et arôme anis.

Excipients à effet notoire : aspartame, saccharose, sodium.

1. Déterminer la masse molaire de l'ibuprofène.
2. Calculer la quantité d'ibuprofène contenu dans un « sachet-dose » de ce médicament.
3. Calculer la concentration molaire, en $mol \cdot L^{-1}$, en ibuprofène de la solution préparée.

→ Corrigés, p. 338.

Exercices

Compétences

Parcours d'apprentissage

Compétences	9	11	13	15	19	26
Déterminer une quantité de matière connaissant la masse d'un solide.			•		•	
Calculer une masse molaire moléculaire à partir des masses molaires atomiques.	•				•	
Prélever une quantité de matière d'une espèce chimique donnée.				•		
Savoir que la concentration d'une solution en espèce dissoute peut s'exprimer en $mol \cdot L^{-1}$.		•			•	•
Connaître et exploiter l'expression de la concentration molaire d'une espèce moléculaire ou ionique dissoute.		•			•	•
Pratiquer une démarche expérimentale pour déterminer la concentration d'une espèce.						•

Données

- Constante d'Avogadro : $N_A = 6{,}02 \times 10^{23}$ mol^{-1}
- Classification périodique des éléments (rabat VI)

Pour commencer

Quantité de matière

7 Exprimer une quantité de matière (1)

▪ Mobiliser ses connaissances ; effectuer des calculs.

> Martin FOURCADE, biathlète français, multiple champion du monde et médaillé olympique.

Dans le cadre de l'épreuve de tir d'un biathlon, les projectiles utilisés par les sportifs à l'entraînement peuvent être de deux types :
– un projectile « high velocity » constitué d'un nombre $N = 7{,}4 \times 10^{21}$ atomes de plomb ;
– un projectile « standard » constitué d'une quantité $n = 1{,}3 \times 10^{-2}$ mol d'atomes de plomb.

1. a. Exprimer, puis calculer, la quantité de matière de plomb contenu dans le projectile « high velocity ».
b. Des deux projectiles proposés, préciser celui qui a la plus grande masse.

2. Déterminer le nombre d'atomes de plomb contenus dans le projectile « standard ».

8 Exprimer une quantité de matière (2)

▪ Mobiliser ses connaissances ; effectuer des calculs.

Un comprimé d'aspirine contient $N = 3{,}5 \times 10^{21}$ molécules. Un comprimé de paracétamol contient $n = 6{,}6 \times 10^{-3}$ mol de paracétamol.

1. Exprimer, puis calculer, la quantité d'aspirine contenue dans un comprimé.

2. Déterminer le nombre de molécules de paracétamol contenues dans un comprimé.

Masse molaire

9 Calculer une masse molaire moléculaire

▪ Restituer ses connaissances ; effectuer des calculs.

L'éphédrine, de formule brute $C_{10}H_{15}NO$ est une espèce dopante.

1. a. Définir la masse molaire atomique d'un élément chimique.
b. À l'aide de l'extrait de la classification périodique ci-dessous, donner la masse molaire atomique des atomes présents dans la molécule d'éphédrine.

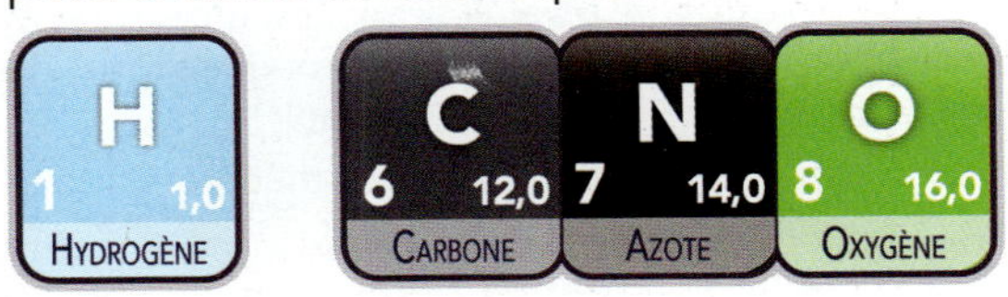

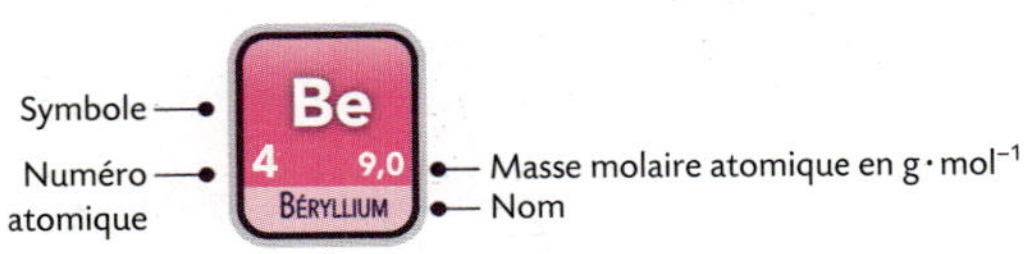

2. Exprimer, puis calculer, la masse molaire moléculaire de l'éphédrine.

10 Calculer une masse molaire ionique

▪ Restituer et mobiliser ses connaissances.

Les ions hydrogénocarbonate HCO_3^- et les ions dihydrogénophosphate $H_2PO_4^-$ sont présents dans le sang.

1. Définir la masse molaire ionique.

2. Exprimer, puis calculer, les masses molaires ioniques de l'ion hydrogénocarbonate et de l'ion dihydrogénophosphate.

Données

Élement	H	C	O	P
$M(g \cdot mol^{-1})$	1,0	12,0	16,0	31,0

Concentration molaire

11 Calculer une concentration molaire

■ Mobiliser ses connaissances ; effectuer des calculs.

Une solution est obtenue en dissolvant 0,17 mol de chlorure de sodium NaCl (s) dans de l'eau. Le volume de la solution finale est $V_{solution} = 100$ mL.

1. Exprimer la concentration molaire en chlorure de sodium de cette solution.

2. Calculer sa valeur en $mol \cdot L^{-1}$.

12 Utiliser une concentration molaire

■ Extraire et exploiter des informations ; effectuer des calculs.

1. Identifier la concentration molaire et la concentration massique, en créatinine, du sang de ce patient.

CRÉATININE	8,3 mg/L 73,5 µmol/L	(6,7-11,7) (59,3-103,5)

> Extrait d'analyse de sang d'un patient.

2. En déduire la masse molaire de la créatinine.

Déterminer une quantité de matière

13 Calculer une masse à partir d'une quantité de matière

■ Mobiliser ses connaissances ; effectuer des calculs.

Lors d'une séance de travaux pratiques, un élève doit prélever $2{,}50 \times 10^{-2}$ mol de théobromine solide, de masse molaire $M(\text{théo}) = 180{,}0 \ g \cdot mol^{-1}$.

1. Exprimer, puis calculer, la masse de théobromine que doit prélever cet élève.

2. Préciser le matériel à utiliser pour réaliser ce prélèvement.

14 Calculer une quantité de matière à partir d'une masse

■ Mobiliser ses connaissances ; effectuer des calculs.

> Antoinette NANA DJIMOU IDA, athlète française, championne d'Europe de l'heptathlon.

Lors d'une compétition, une sportive lance un javelot en aluminium, de masse $m = 600$ g.

1. Exprimer la quantité d'aluminium qui compose ce javelot.

2. Calculer cette quantité de matière.

15 Calculer un volume à partir d'une quantité de matière

■ Mobiliser ses connaissances ; effectuer des calculs.

La réalisation d'une solution hydroalcoolique nécessite de prélever $n(\text{ol}) = 2{,}00 \times 10^{-1}$ mol de propan-2-ol.

1. Exprimer, puis calculer, la masse $m(\text{ol})$ de propan-2-ol à prélever.

2. En déduire le volume $V(\text{ol})$ de propan-2-ol à prélever.

Données

- Masse molaire moléculaire du propan-2-ol :
  $M(\text{ol}) = 60{,}1 \ g \cdot mol^{-1}$
- Masse volumique du propan-2-ol :
  $\rho(\text{ol}) = 0{,}789 \ g \cdot mL^{-1}$

16 Calculer une quantité de matière à partir d'un volume

■ Extraire et exploiter des informations ; effectuer des calculs.

Un sportif remplit entièrement la gourde ci-contre avec de l'eau.

1. Exprimer, puis calculer, la masse d'eau $m(\text{eau})$ contenue dans cette gourde.

2. En déduire la quantité d'eau $n(\text{eau})$ contenue dans cette gourde.

Données

- Masse molaire moléculaire de l'eau :
  $M(\text{eau}) = 18{,}0 \ g \cdot mol^{-1}$
- Masse volumique de l'eau :
  $\rho(\text{eau}) = 1{,}0 \ kg \cdot L^{-1}$

17 Calculer une quantité de matière à partir d'une concentration molaire

■ Mobiliser ses connaissances ; effectuer des calculs.

Un sportif boit 250 mL d'une boisson sucrée dont la concentration molaire en saccharose est $0{,}50 \ mol \cdot L^{-1}$.

1. Écrire l'expression de la quantité de saccharose absorbée par le sportif.

2. Calculer sa valeur.

18 Calculer une quantité de matière

■ Mobiliser ses connaissances ; effectuer des calculs.

Une boisson de récupération de l'effort contient du glucose, à la concentration massique de $14{,}5 \ g \cdot L^{-1}$.

1. Exprimer, puis calculer, la masse de glucose contenue dans une bouteille de cette boisson, de volume 0,330 L.

2. En déduire la quantité de glucose correspondante.

Donnée

- $M(\text{glucose}) = 180 \ g \cdot mol^{-1}$

Pour s'entraîner

19 Connaître les critères de réussite

Soin du sportif

■ Extraire et exploiter des informations ; effectuer des calculs ; rédiger une réponse.

Un médicament destiné à soigner les traumatismes bénins contient du lévomenthol de formule brute $C_{10}H_{20}O$.

1. Déterminer la masse de lévomenthol contenu dans ce médicament.

2. Exprimer, puis calculer, la quantité de lévomenthol contenu dans ce médicament.

3. En déduire la concentration molaire en lévomenthol dans ce médicament.

	Critères de réussite	Barème
1.	Détermination correcte de la masse (valeur numérique et unité).	1 pt
2.	Détermination correcte de la quantité de matière (valeur numérique et unité).	1 pt
	L'expression littérale est donnée.	0,5 pt
	Les notations utilisées sont explicitées.	0,25 pt
3.	Détermination correcte de la concentration molaire (valeur numérique et unité).	1 pt
	L'expression littérale est donnée.	0,5 pt
	Les notations utilisées sont explicitées.	0,25 pt

| cours maîtrisé | réponse complète | présentation | **4,5 pts**

20 Décontractant musculaire

■ Extraire et exploiter des informations ; effectuer des calculs littéraux et numériques.

Pour soulager une contracture musculaire, le médecin peut prescrire un décontractant musculaire à base de thiocolchicoside.

Une solution injectable de décontractant musculaire a une concentration molaire C, en thiocolchicoside, de $3{,}55 \times 10^{-4}$ mol·L^{-1}.

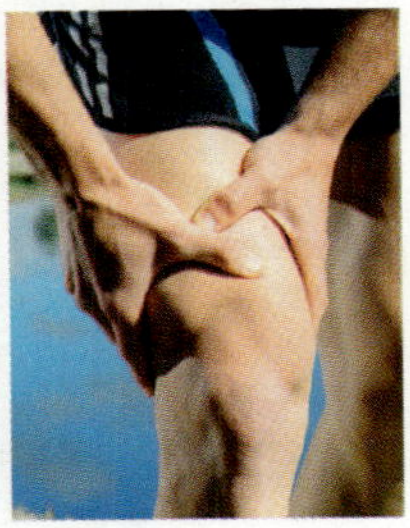

1. Exprimer la quantité de thiocolchicoside contenu dans cette solution en fonction de C et du volume V_{solution} injecté.

2. Un volume de 2,0 mL de cette solution est administré à un sportif. Calculer la quantité de thiocolchicoside reçue par le sportif.

3. En déduire la masse de thiocolchicoside injectée.

Donnée

- Formule brute du thiocolchicoside : $C_{27}H_{33}NO_{10}S$

21 Les besoins en sucre du sportif

■ Effectuer des calculs ; rendre compte à l'écrit.

Pendant un effort, on peut consommer des boissons énergétiques. La concentration molaire en glucose ($M = 180$ g·mol^{-1}) de ce type de boisson est voisine de 0,30 mol·L^{-1}. Il existe d'autres types de boissons riches en glucose : les boissons énergisantes. Une boisson énergisante du commerce a un volume $V = 250$ mL et une concentration massique en glucose de 280 g·L^{-1}.

1. Déterminer la masse, puis la quantité de matière, de glucose présent dans cette boisson énergisante.

2. Quel volume d'eau faut-il ajouter à cette boisson pour la transformer en une boisson énergétique ? Justifier.

22 Dilution of Solutions

■ Effectuer des calculs ; élaborer un protocole.

You know what a solution is? It is a homogeneous mixture of solute and solvent. The solute is the substance dissolved in the liquid. The solvent is the liquid the solute was dissolved in. Because of that, we have to specify how much of each substance – solute and solvent – is in the solution. We usually do this with the term molarity, which is the number of moles of solute per liter of solution.
To dilute a stock solution, the following dilution equation is used: $C_1V_1 = C_2V_2$.
C_1 and V_1 are the molarity and volume of the concentrated stock solution, and C_2 and V_2 are the molarity and volume of the diluted solution you want to make.
Exercise: Pretend you are doing a lab experiment that requires 500 mL of a $5{,}00 \times 10^{-1}$ mol·L^{-1} solution of chlorhydric acid. Your stock solution is 10,0 mol·L^{-1}. How much stock solution do you need to add to water to make the needed solution?

D'après le site Internet http://education-portal.com

Vocabulaire : *molarity* : concentration molaire ; *stock solution* : solution mère.

1. Résoudre l'exercice proposé.

2. Rédiger le protocole de dilution.

23 Complément alimentaire pour le sport

■ Extraire et exploiter les informations ; effectuer des calculs.

> Bernardin KINGUE MATAM, haltérophile français, médaillé de bronze aux championnats d'Europe 2012.

La créatine $C_4H_9N_3O_2$ entre dans la composition de nombreux compléments alimentaires utilisés dans des sports tels que l'haltérophilie. En France, la dose maximale recommandée de créatine est de 3 grammes par jour.

1. Déterminer la masse molaire moléculaire de la créatine.

2. Un complément alimentaire contient 34,4 % en masse de créatine. Calculer la quantité de créatine contenue dans 60,0 g de ce complément.

3. Un sportif prépare 25 cL de boisson à base de créatine en dissolvant 60,0 g de complément alimentaire. Quelle est la concentration molaire en créatine de la boisson préparée ?

4. En buvant l'intégralité de la boisson préparée, ce sportif a-t-il atteint la dose maximale recommandée de créatine ?

24 Dopé au café ou à la caféine ?

■ Extraire et exploiter des informations ; effectuer des calculs ; rédiger une réponse.

Avant une épreuve, l'analyse du prélèvement urinaire d'un sportif révèle qu'il a absorbé 6,2 g de caféine.

1. Déterminer la masse molaire moléculaire de la caféine.

2. Déterminer la quantité de caféine absorbée par le sportif avant l'épreuve.

3. Évaluer le nombre de tasses de café expresso que ce sportif aurait dû boire avant l'épreuve pour absorber 6,2 g de caféine.

4. Ce sportif a-t-il consommé trop de café ou s'est-il dopé avec des gélules de caféine ?

Données

- Formule brute de la caféine : $C_8H_{10}N_4O_2$
- Quantité approximative de caféine dans une tasse de café expresso : 0,40 mmol

25 Synthèse de l'aspirine

■ Effectuer des calculs ; élaborer un protocole expérimental.

Pour réaliser la synthèse de l'aspirine au laboratoire, un élève doit prélever une quantité d'acide salicylique $n(\text{as}) = 3{,}5 \times 10^{-2}$ mol et une quantité d'anhydride éthanoïque $n(\text{ae}) = 7{,}5 \times 10^{-2}$ mol.

La quantité maximale d'aspirine que l'on peut alors obtenir est $n(\text{asp})_{\text{max}} = 3{,}5 \times 10^{-2}$ mol.

Doc. 1

> Boîte de comprimé d'aspirine 500.

Doc. 2

Acide salicylique	Anhydride éthanoïque
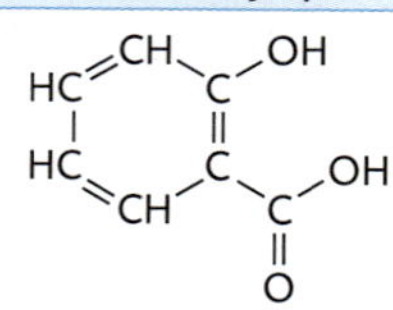	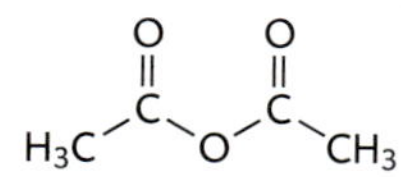

> Formules semi-développées des espèces réactives.

Doc. 3

Acide salicylique	Anhydride éthanoïque
Solide blanc	Liquide incolore
$\rho(\text{as}) = 1{,}44\ \text{g·mL}^{-1}$	$\rho(\text{ae}) = 1{,}08\ \text{g·mL}^{-1}$

> Caractéristiques physiques des espèces réactives.

1. Écrire les formules brutes des molécules du **doc. 2**. En déduire leurs masses molaires.

2. Déterminer la masse $m(\text{ae})$, puis le volume $V(\text{ae})$, d'anhydride éthanoïque que l'élève doit prélever (**doc. 2** et **3**).

3. Rédiger un protocole expérimental permettant de prélever chacun de ces réactifs.

4. La quantité maximale d'aspirine ($M = 180\ \text{g·mol}^{-1}$) qui pourrait être obtenue par cette synthèse permettrait-elle de préparer un comprimé d'aspirine 500 ?

26 Colorant d'une boisson pour sportifs

■ Extraire et exploiter des informations ; effectuer des calculs ; rédiger une réponse.

Doc. 1 Le bleu brillant sous contrôle

Le colorant « bleu brillant FCF » (E133) a été longtemps interdit dans l'Union européenne. Depuis 1998, il est autorisé mais sa concentration molaire maximale dans les boissons non alcoolisées ne doit pas dépasser $1{,}3 \times 10^{-4}$ mol·L^{-1}.

Doc. 2 **Dosage par comparaison**

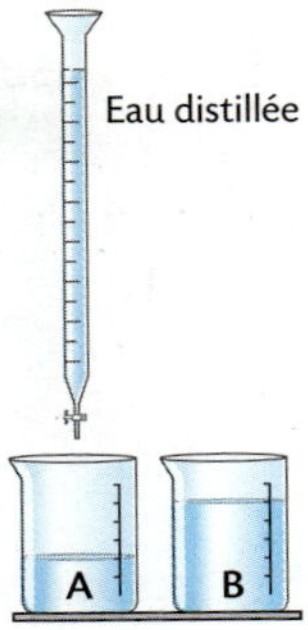

Un élève réalise un dosage par comparaison d'une boisson pour sportif contenant du « bleu brillant PCF » (E133).

• Pour cela, il verse 250 mL de boisson du commerce diluée 10 fois dans un bécher B.

• Dans un bécher A, de forme identique, il introduit 100 mL d'eau distillée et 1,0 mL de solution aqueuse de colorant E133 à $6{,}3 \times 10^{-4}$ mol·L^{-1}.

• Ensuite, il introduit dans ce bécher A de l'eau distillée, à l'aide d'une burette graduée, jusqu'à ce que la coloration des deux béchers soit identique.

• Le volume d'eau rajouté dans ce bécher A est alors de 47,0 mL.

1. Déterminer la quantité de colorant « bleu brillant » (E133) introduit dans le bécher A (**doc. 2**).

2. Déterminer la concentration en colorant « bleu brillant » du bécher B lorsque le dosage par comparaison est terminé (**doc. 2**).

3. La boisson du commerce étudiée est-elle aux normes (**doc. 1**) ? Justifier.

Pour aller plus loin

27 À chacun son rythme

Boissons énergisantes et santé

■ Extraire et exploiter des informations ; rédiger une réponse argumentée ; proposer une stratégie de résolution.

*Commencer par résoudre l'*énoncé compact*. En cas de difficultés, passer à l'*énoncé détaillé.

Doc. 1 **Extrait d'un rapport de l'Anses**[1]

En France, depuis la commercialisation des boissons dites énergisantes en 2008 et dans le cadre du dispositif de nutrivigilance, 257 cas d'évènements indésirables ont été portés à la connaissance de l'Anses. Les principaux symptômes observés sont essentiellement cardiovasculaires, psycho-comportementaux, neurologiques et gastro-intestinaux.

D'après le site Internet www.anses.fr, *Évaluation des risques liés à la consommation de boissons dites « énergisantes »*, sept. 2013.

[1] Agence nationale de sécurité sanitaire de l'alimentation, de l'environnement et du travail.

Doc. 2 **Contenu d'une cannette**

Données relatives à une canette de boisson énergisante de 250 mL

Concentrations molaires des principales espèces chimiques[1]	
Taurine	$3{,}2 \times 10^{-2}$ mol·L^{-1}
Glucuronolactone	$6{,}4 \times 10^{-3}$ mol·L^{-1}
Caféine	$1{,}5 \times 10^{-3}$ mol·L^{-1}
Masses molaires moléculaires	
Taurine	125,2 g·mol^{-1}
Glucuronolactone	176,1 g·mol^{-1}
Caféine	194,2 g·mol^{-1}
Doses journalières admissibles par kg de masse corporelle	
Taurine	3 mg
Glucuronolactone	17 mg à 34 mg
Caféine	5 mg
Effet physiologique de quelques espèces	
Taurine	Stimulant
Glucuronolactone	Peut avoir des effets néfastes pour les reins
Caféine	Stimulant du système nerveux central et cardiovasculaire

[1] Concentrations moyennes d'après le site Internet www.anses.fr

Énoncé compact

• En s'appuyant sur les documents proposés, expliquer pourquoi il n'est pas recommandé, à un jeune de 60 kg, de consommer ce type de boisson.

Énoncé détaillé

1. a. Déterminer les quantités de taurine, de glucuronolactone et de caféine contenus dans une canette de 250 mL (**doc. 2**).

b. En déduire les masses de taurine, de glucuronolactone et de caféine contenus dans une canette de 250 mL (**doc. 2**). Exprimer ces masses en mg.

2. En s'appuyant sur les documents proposés et sur les réponses aux questions précédentes, expliquer pourquoi il n'est pas recommandé, à un jeune de 60 kg, de consommer ce type de boisson.

28 Résolution de problème

Une mole de riz pour nourrir l'humanité !

■ Construire les étapes d'une résolution de problème.

• Pendant combien de temps pourrait-on nourrir l'ensemble des êtres humains avec une mole de grains de riz à raison de 300 g de riz par personne et par jour ?

→ Pistes de résolution, p. 334.

Retour sur l'ouverture du chapitre 16

Comment la quantité de matière et la concentration molaire peuvent-elles être utilisées pour l'accompagnement et le contrôle des sportifs ?

29 Lutte antidopage

■ Extraire et exploiter des informations ; effectuer des calculs littéraux et numériques ; rédiger une réponse.

Doc. 1 Chromatographie en phase liquide

La chromatographie en phase liquide à haute performance (CLHP, ou plus fréquemment HPLC, abréviation anglaise) est une technique de séparation couramment utilisée en biochimie. Elle fonctionne selon le principe suivant :

• Les espèces à séparer sont injectées puis entraînées par un liquide sous pression au travers du système chromatographique. Elles vont y progresser à des vitesses différentes en fonction de leur structure.

• En sortie de colonne, les différentes espèces sont détectées et caractérisées par un pic (voir le schéma ci-dessous). L'ensemble des pics enregistrés est appelé chromatogramme.

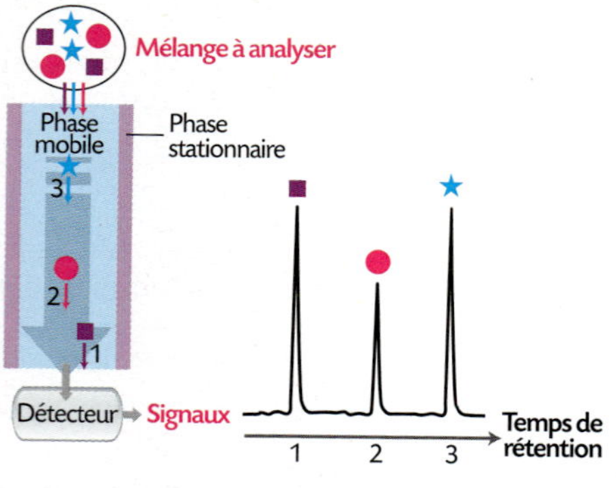

Doc. 2 Nandrolone et lutte antidopage ?

La nandrolone est l'un des stéroïdes anabolisants synthétiques les plus largement utilisés par les athlètes qui ont besoin de puissance et de force musculaire.

Des sous-produits de la nandrolone, comme la norandrostérone-19, de formule brute $C_{18}H_{28}O_2$, sont détectables dans l'urine.

En 2004, l'Agence mondial antidopage (AMA) a déterminé le seuil de la norandrostérone-19 à $2{,}0 \times 10^{-6}$ g·L^{-1}, dans des urines normalement concentrées.

Doc. 3 Chromatogramme d'un échantillon d'urine

Lors d'un contrôle antidopage, un prélèvement d'urine est réalisé sur un sportif. L'analyse par HPLC d'un échantillon de son urine conduit au chromatogramme ci-dessous :

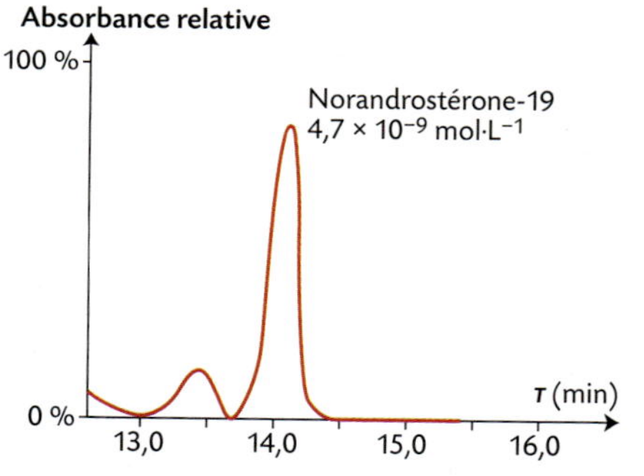

1. Par analogie avec la technique de chromatographie sur couche mince, comment appelle-t-on le liquide qui fait migrer les espèces à séparer dans la colonne chromatographique (**doc. 1**) ?

2. Déterminer la masse molaire moléculaire de la norandrostérone-19 (**doc. 2**).

3. Indiquer la concentration molaire en norandrostérone-19 dans l'échantillon d'urine du sportif contrôlé (**doc. 3**).

4. En déduire la concentration massique en norandrostérone-19 de l'échantillon d'urine.

5. Le sportif contrôlé s'est-il dopé à la nandrolone (**doc. 2**) ?

SPORT

> Lors de la pratique d'une activité sportive, des transformations physiques et chimiques se produisent dans l'organisme. Par exemple, la consommation de glucose fournit l'énergie nécessaire aux muscles et l'évaporation de la sueur assure la régulation de la température du corps.

Chapitre

17

Transformations accompagnant une activité sportive

Comment décrire et modéliser une transformation ?

→ **Exercice 24**, p. 272.

Compétences

- Décrire un système chimique et son évolution. → **Activité 1**
- Écrire l'équation de la réaction chimique avec les nombres stœchiométriques corrects. Exemple d'une combustion. → **Activité 1**
- *Étudier l'évolution d'un système chimique par la caractérisation expérimentale des espèces chimiques présentes à l'état initial et à l'état final.* → **Activité 1**
- *Pratiquer une démarche expérimentale pour mettre en évidence l'effet thermique d'une transformation chimique ou physique.* → **Activité 2**

Activité expérimentale

Compétences

- Décrire un système chimique et son évolution.
- Écrire l'équation de la réaction chimique avec les nombres stœchiométriques corrects.
- *Étudier l'évolution d'un système chimique par la caractérisation expérimentale des espèces chimiques présentes à l'état initial et à l'état final.*

1 Évolution d'un système chimique

▶ **Quelle est l'équation de la réaction entre le fer et un acide ?**

Doc. 1 Solution d'acide chlorhydrique

Une solution aqueuse d'acide chlorhydrique contient des ions H^+ (aq) et Cl^- (aq). Les solutions d'acide chlorhydrique sont **corrosives**.

Doc. 2 Identification des ions H^+ (aq)

Les ions H^+ (aq) peuvent être mis en évidence en utilisant du **b**leu de **b**romo**t**hymol (BBT). En présence de BBT, une solution contenant des ions H^+ (aq) se colore en jaune.

Matériels et produits disponibles

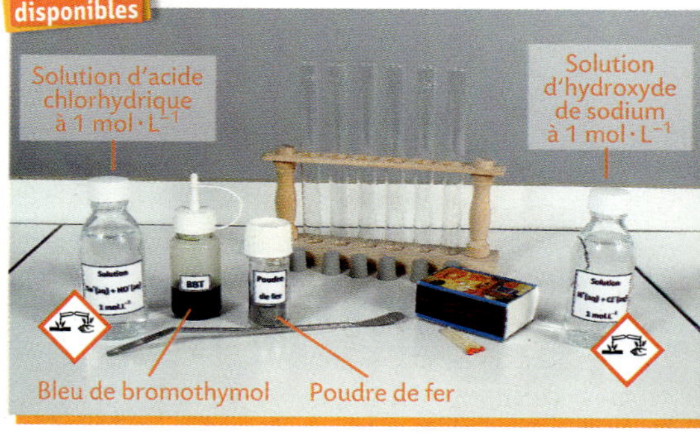

Investigation

- Dans un tube à essais, introduire un peu de poudre de fer et 2 mL d'acide chlorhydrique à 1 mol·L^{-1}, en respectant les règles de sécurité. Boucher le tube quelques secondes en maintenant fermement le bouchon. Observer.

▶ **Montrer qu'il reste des ions H^+ (aq) en fin de réaction et identifier le gaz et les espèces ioniques formés (voir fiche Identification et séparation, p. 332).**

En cas de difficultés, des solutions partielles sont disponibles en fin de manuel (p. 334)

Compétences travaillées

S'approprier
Analyser
Réaliser
Valider
Être autonome et faire preuve d'initiative

Synthèse

1 a. Schématiser et légender les expériences réalisées.
b. Quelles sont les espèces chimiques qui ont été identifiées ?

Réaliser • Faire un schéma adapté.

2 Le système chimique étudié absorbe-t-il ou cède-t-il de la chaleur ?

Analyser • Exploiter des observations.

3 On peut schématiser la transformation chimique de la façon suivante :

ÉTAT INITIAL du système chimique		ÉTAT ...... du système chimique
Fe (s) ; H^+ (aq) ; Cl^- (aq) ; H_2O (ℓ)	.... →	...... ; ... ; H^+ (aq) restant ; Cl^- (aq) ; H_2O (ℓ)

a. Justifier la composition du système chimique dans l'état initial.
b. Reproduire et compléter le schéma ci-dessus.

Valider • Interpréter des observations.
Analyser • Utiliser un modèle pour prévoir, décrire et expliquer.

Un pas vers le cours

4 Donner la définition des termes « réactif » et « produit ».

5 Recopier l'équation et ajuster les nombres devant les réactifs et les produits pour assurer la conservation des éléments chimiques et de la charge électrique :

$$... \, Fe(s) + ... \, H^+(aq) \rightarrow ... \, Fe^{2+}(aq) + ... \, H_2(g)$$

Analyser • Utiliser un modèle pour prévoir, décrire et expliquer.

Activité expérimentale

Activité

2 Effets thermiques et sport

▶ **Comment mettre en évidence les effets thermiques qui accompagnent les transformations physiques ou chimiques ?**

Compétence

- *Pratiquer une démarche expérimentale pour mettre en évidence l'effet thermique d'une transformation chimique ou physique.*

A Dissolution d'un solide et effet thermique

Doc. 1 « Poche de froid »

Pour atténuer la douleur due à un choc ou à une entorse, un sportif peut utiliser une « poche de froid ». Elle contient un solide et de l'eau séparés par une paroi interne. Une « sensation de froid » est ressentie dès la rupture de la paroi.

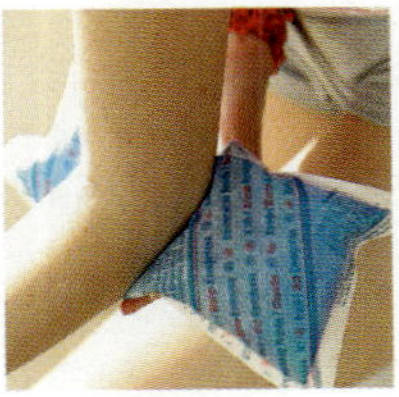

› « Poche de froid » instantanée.

Matériel disponible

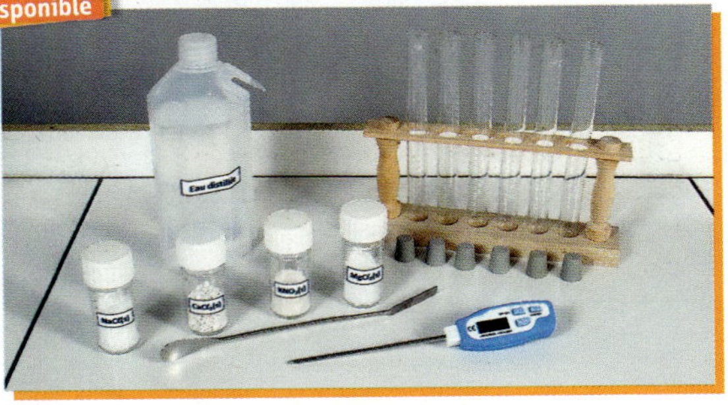

Investigation

On dispose de quatre solides : chlorure de sodium NaCl (s), chlorure de calcium $CaCl_2$ (s), nitrate de potassium KNO_3 (s) et chlorure de magnésium $MgCl_2$ (s).

▶ **Quel solide, parmi ceux proposés, pourrait permettre de fabriquer une « poche de froid » ?**

En cas de difficultés, des solutions partielles sont disponibles en fin de manuel (p. 334)

Compétences travaillées

S'approprier
Analyser
Réaliser
Valider
Être autonome et faire preuve d'initiative

Un pas vers le cours

1 Quels effets thermiques peuvent accompagner une transformation ?

Valider • Mettre en lien des phénomènes et des concepts.

B Sueur et effet thermique

Investigation

On dispose du matériel suivant : tissu en coton, eau distillée, thermomètre numérique et ventilateur de poche.

- Élaborer, puis mettre en œuvre, un protocole expérimental permettant de mettre en évidence la sensation de froid ressentie lorsque l'on porte un vêtement mouillé dans un courant d'air.

En cas de difficultés, des solutions partielles sont disponibles en fin de manuel (p. 334)

Compétences travaillées

S'approprier
Analyser
Réaliser
Valider
Être autonome et faire preuve d'initiative

Un pas vers le cours

2 Proposer une hypothèse permettant d'interpréter les observations.

Valider • Mettre en lien des phénomènes et des concepts.

Cours

1 Qu'est-ce qu'une réaction chimique ?

A. Système chimique

Un **système chimique** est un ensemble d'espèces chimiques.
L'**état** d'un système chimique est décrit par :
– la **nature** et la **quantité** de chaque espèce présente ;
– l'**état physique** de chaque espèce présente : solide (s), liquide (ℓ), gazeux (g) ou en solution aqueuse (aq) ;
– la **température** T et la **pression** P.

Doc. 1

> Ce système chimique contient du méthane, CH_4(g), du dioxygène, O_2(g), et du diazote, N_2(g), contenus dans l'air, ainsi que du dioxyde de carbone, CO_2(g), et de l'eau, H_2O(g), produits par la combustion.

B. États d'un système chimique

La composition d'un système chimique évolue au cours du temps entre un état initial et un état final (**activité 1**).

L'**état initial** est l'état du système au moment de la mise en contact des espèces chimiques.

Une **transformation chimique** a lieu quand un système chimique évolue depuis un état initial vers un état final : certaines espèces chimiques, présentes à l'état initial, sont consommées et d'autres se forment.

L'**état final** est l'état du système lorsqu'il cesse d'évoluer.

Vocabulaire
Lors de la **combustion complète** d'un composé de formule $C_xH_yO_z$, il ne se forme que de l'eau et du dioxyde de carbone. Si le dioxygène est en quantité insuffisante, la **combustion est incomplète** : du monoxyde de carbone et/ou du carbone peuvent se former.

Exemple : lors de la combustion complète du méthane dans du dioxygène pur en excès, la transformation chimique peut être schématisée de la façon suivante :

ÉTAT INITIAL	Transformation chimique	ÉTAT FINAL
CH_4(g) ; O_2(g) T_i ; P_i	→	CO_2(g) ; H_2O(g) ; O_2(g) T_f ; P_f

C. Réaction et équation chimiques

Les **réactifs** sont les espèces consommées et les **produits** sont les espèces formées.

Le passage des réactifs aux produits est le résultat d'une **réaction chimique**. Elle est modélisée par une **équation chimique**. Seuls les **réactifs** et les **produits** de la réaction figurent dans l'équation. Ils sont représentés par leur formule chimique et leur état physique est indiqué entre parenthèses.

Les **réactifs** sont placés à **gauche** et les **produits** à **droite** d'une **flèche** orientée de gauche à droite : **réactifs** → **produits**.

L'équation chimique doit traduire la **conservation des éléments chimiques** et de la **charge électrique**. Pour cela, des nombres, appelés **nombres stœchiométriques**, sont placés devant les formules chimiques des **réactifs** et des **produits**. Le **nombre stœchiométrique « 1 »** n'est jamais écrit.

Doc. 2

Conservation de :

1re étape • l'élément carbone C :
$CH_4(g) + O_2(g) \rightarrow CO_2(g) + H_2O(g)$
C : 1 — C : 1

2e étape • l'élément hydrogène H :
$CH_4(g) + O_2(g) \rightarrow CO_2(g) + 2\,H_2O(g)$
H : 4 — H : 2 × 2 = 4

3e étape • l'élément oxygène O :
$CH_4(g) + 2\,O_2(g) \rightarrow CO_2(g) + 2\,H_2O(g)$
O : 2 × 2 = 4 — O : 2 + 2 × 1 = 4

> Étapes permettant d'ajuster les nombres stœchiométriques de l'équation de la combustion complète du méthane.

Doc. 3

Conservation de :

1re étape • l'élément fer Fe :

$H^+(aq) + Fe(s) \rightarrow H_2(g) + Fe^{2+}(aq)$

Fe : 1 — Fe : 1

2e étape • l'élément hydrogène H :

$2\,H^+(aq) + Fe(s) \rightarrow H_2(g) + Fe^{2+}(aq)$

$H : 2 \times 1 = 2$ — $H : 2$

3e étape • la charge électrique :

$2\,H^+(aq) + Fe(s) \rightarrow H_2(g) + Fe^{2+}(aq)$

$2 \times (+1) = +2$ — $1 \times (+2) = +2$

> Étapes permettant d'ajuster les nombres stœchiométriques.

Exemples :

- L'équation de la combustion complète du méthane (doc. 2) s'écrit :

$$CH_4(g) + 2\,O_2(g) \rightarrow CO_2(g) + 2\,H_2O(g)$$

Une équation chimique traduit un bilan de quantité de matière. Lors de la combustion complète du méthane, **1** mole de méthane réagit avec **2** moles de dioxygène pour former **1** mole de dioxyde de carbone et **2** moles d'eau.

- L'équation de la réaction entre l'acide chlorhydrique, $H^+(aq) + Cl^-(aq)$, et le métal fer, Fe (s), s'écrit (activité 1 et doc. 3) :

$$2\,H^+(aq) + Fe(s) \rightarrow H_2(g) + Fe^{2+}(aq)$$

→ Exercices 5 à 12, p. 267-268.

2 Quels effets thermiques accompagnent une transformation ?

A. Cas d'une transformation chimique

Lors d'une transformation chimique, un système peut **céder** ou **absorber** de l'énergie thermique (« chaleur »). Certaines transformations ne s'accompagnent d'aucun effet thermique.

Exemples : La réaction entre le métal fer et l'acide chlorhydrique libère de l'énergie thermique (activité 1 et doc. 4). Dans les muscles, la réaction du glucose avec le dioxygène libère de l'énergie (doc. 5).

Doc. 4

> La réaction entre le métal fer et l'acide chlorhydrique **cède** de l'énergie thermique au milieu extérieur : il s'agit d'une réaction **exothermique**.

Doc. 5

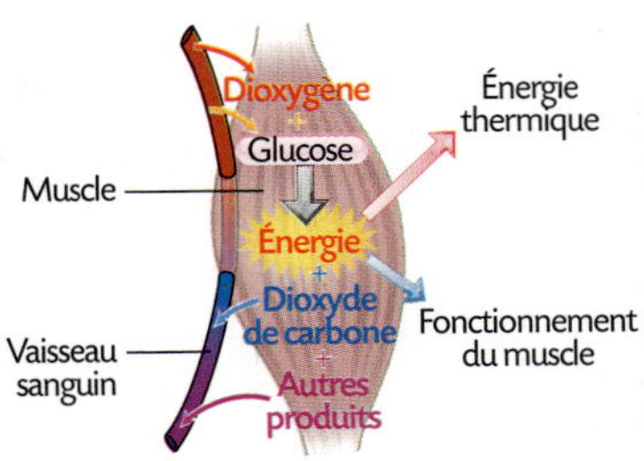

> Fonctionnement d'un muscle.

B. Cas d'une transformation physique

- Une espèce peut changer d'état physique :

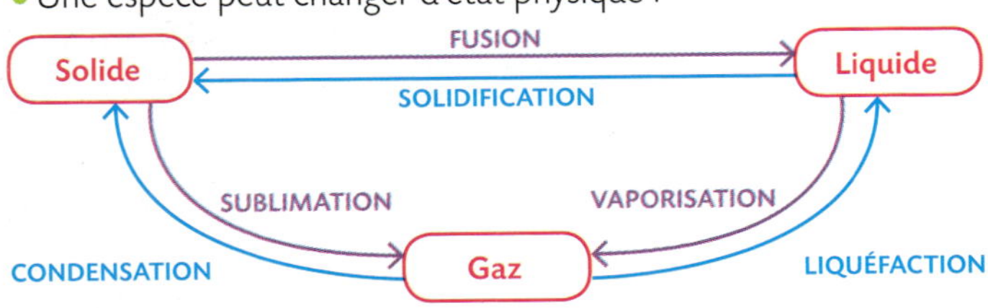

- Lors d'une transformation physique, la structure des molécules ne change pas. Seules les **interactions entre les molécules** sont modifiées.

Les transformations physiques **fusion**, **vaporisation** et **sublimation** absorbent de l'énergie thermique du milieu extérieur qui se refroidit. Les transformations physiques inverses, **solidification**, **liquéfaction** et **condensation**, cèdent de l'énergie thermique au milieu extérieur qui se réchauffe.

Exemple : Lors d'un effort physique, la sueur, en s'évaporant, absorbe une partie de la chaleur produite par le corps et donc lui permet d'abaisser sa température (activité 2 et doc. 6).

Doc. 6

> De la sueur se forme lors d'un effort physique intense.

→ Exercices 13 et 14, p. 268.

Essentiel

- Un **système chimique** est un ensemble d'espèces chimiques.

- L'**état** d'un système chimique est décrit par :
  – la **nature** des espèces chimiques présentes et, éventuellement, leurs **quantités** ;
  – l'**état physique** des espèces chimiques présentes : solide (s), liquide (ℓ), gazeux (g) ou en solution aqueuse (aq) ;
  – la **température** ***T*** et la **pression** ***P***.

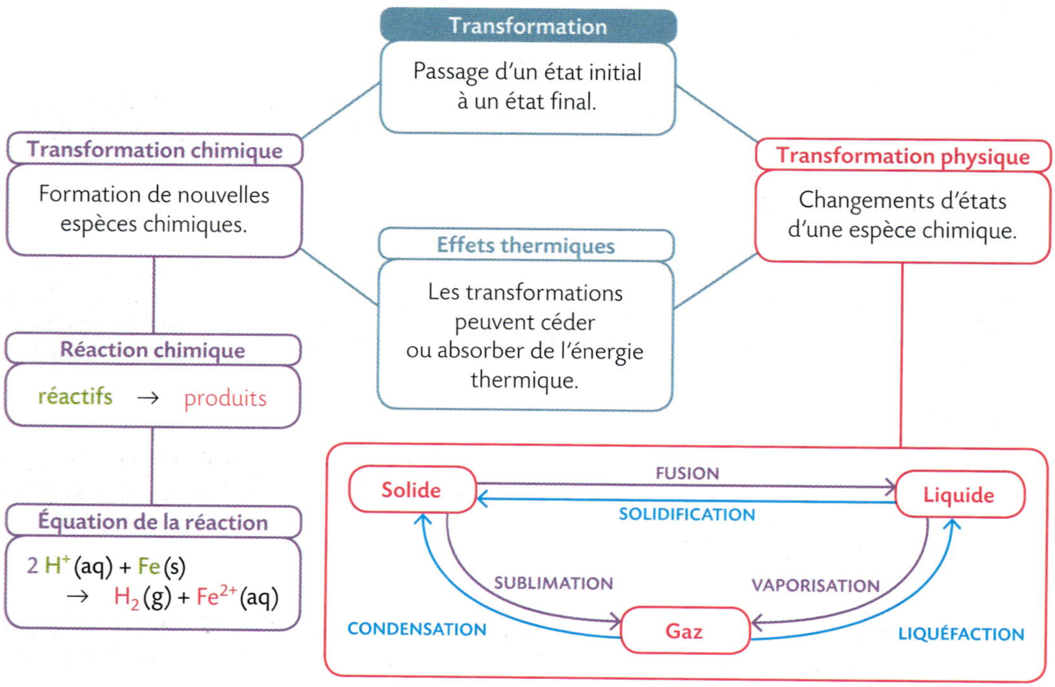

- L'**équation chimique** est l'écriture symbolique d'une réaction chimique.

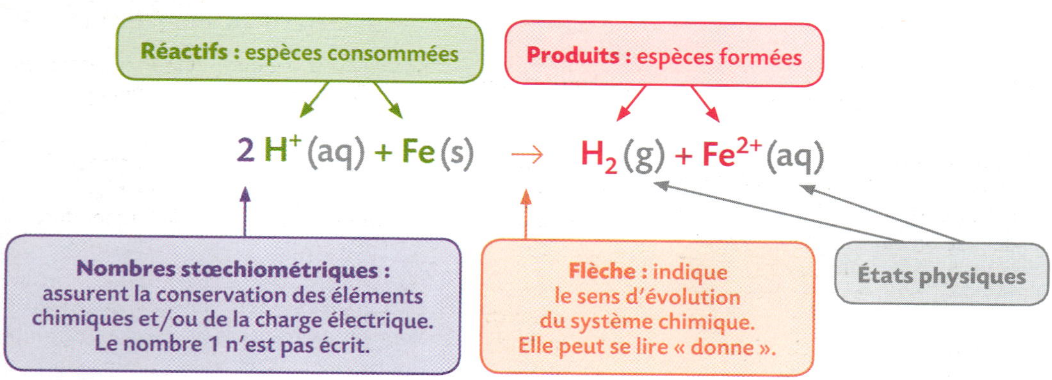

QCM

→ Corrigés, p. 338.

Pour chaque question, indiquer la (ou les) bonne(s) réponse(s).

1 Réaction chimique

Si erreur, revoir § 1, p. 262-263.

	A	B	C
1 Lors d'une transformation chimique :	les réactifs sont consommés.	les produits sont formés.	les réactifs changent toujours d'état physique.
2 Au cours d'une transformation chimique :	les espèces chimiques sont conservées.	les éléments chimiques sont conservés.	la charge électrique est conservée.
3 L'état initial EI et l'état final EF d'un système chimique sont décrits ci-dessous : 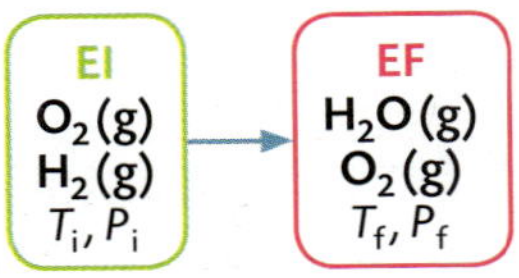	Une transformation chimique a eu lieu.	$O_2(g)$ et $H_2(g)$ sont des réactifs.	$H_2O(g)$ et $O_2(g)$ sont des produits.
4 Dans cette équation chimique : $2\ Al(s) + 3\ S(s) \rightarrow Al_2S_3(s)$	$Al(s)$ et $S(s)$ sont des espèces consommées.	$Al_2S_3(s)$ est le seul produit formé.	les nombres 2 et 3 à gauche de la flèche sont des nombres stœchiométriques.
5 La réaction de combustion complète de l'éthanol $C_2H_6O(\ell)$ admet pour équation chimique : 	$C_2H_6O(\ell) + O_2(g) \rightarrow CO_2(g) + H_2O(g)$	$C_2H_6O(\ell) + O_2(g) \rightarrow 2\ CO_2(g) + 3\ H_2O(g)$	$C_2H_6O(\ell) + 3\ O_2(g) \rightarrow 2\ CO_2(g) + 3\ H_2O(g)$
6 L'équation de la réaction du métal magnésium $Mg(s)$ avec les ions hydrogène $H^+(aq)$ peut être :	$Mg(s) + H^+(aq) \rightarrow Mg^{2+}(aq) + H_2(g)$	$Mg(s) + 2\ H^+(aq) \rightarrow Mg^{2+}(aq) + H_2(g)$	$2\ Mg(s) + 2\ H^+(aq) \rightarrow Mg^{2+}(aq) + H_2(g)$

2 Effets thermiques et transformations

Si erreur, revoir § 2, p. 263.

	A	B	C
1 $H_2O(s) \rightarrow H_2O(\ell)$ Cette transformation est :	une liquéfaction.	une transformation physique.	une transformation chimique.
2 Après un effort physique, l'évaporation de la sueur sur la peau : 	absorbe de l'énergie thermique du corps.	cède de l'énergie thermique au corps.	permet de réguler la température du corps.
3 Une transformation chimique :	libère toujours de l'énergie thermique.	peut libérer de l'énergie thermique.	peut absorber de l'énergie thermique.

Exercice résolu

Compétences
- Mobiliser ses connaissances.
- Utiliser un modèle.

3 Écrire une équation de réaction

Énoncé

Les boissons énergétiques pour sportifs contiennent, entre autres, du glucose dont la transformation dans l'organisme fournit l'énergie nécessaire aux muscles.
Pour étudier cette transformation, on peut considérer que le glucose, $C_6H_{12}O_6$ (s), et le dioxygène, O_2 (g), réagissent pour former uniquement du dioxyde de carbone, CO_2 (g), et de l'eau, H_2O (ℓ).

1. Identifier les réactifs et les produits de la réaction.
2. Écrire l'équation de la réaction de la transformation du glucose avec les nombres stœchiométriques corrects.

Analyse de l'énoncé

- Les espèces chimiques qui réagissent sont-elles des réactifs ou des produits ?
- Les espèces chimiques qui se forment sont-elles des réactifs ou des produits ?
- Comment écrire une équation de réaction ?
- Comment choisir les nombres stœchiométriques ?

Conseils

1 → Les réactifs sont les espèces qui réagissent.
→ Les produits sont les espèces qui se forment.

2 → L'équation de la réaction s'écrit en plusieurs étapes :
- On écrit d'abord les formules des réactifs à gauche de la flèche de l'équation et celles des produits à droite.
- On ajuste ensuite les nombres stœchiométriques :
  – en assurant d'abord la conservation des éléments présents dans un seul réactif et un seul produit ;
  – en terminant par la conservation des éléments présents dans un ou plusieurs réactif(s) et produit(s).

Solution rédigée

1. Lors de la réaction, le glucose, $C_6H_{12}O_6$ (s), et le dioxygène, O_2 (g) sont **consommés** : ce sont les **réactifs**.

Les espèces **formées** sont le dioxyde de carbone, CO_2 (g), et l'eau, H_2O (ℓ) : ce sont les **produits** de la réaction.

2. L'équation de la réaction est :

$$C_6H_{12}O_6(s) + 6\,O_2(g) \rightarrow 6\,CO_2(g) + 6\,H_2O(\ell)$$

Remarque : les étapes suivantes ont permis d'ajuster les nombres stœchiométriques :

- Conservation de l'élément carbone C :

$$C_6H_{12}O(s) + O_2(g) \rightarrow 6\,CO_2(g) + H_2O(\ell)$$

C : 6 — C : 6 × 1 = 6

- Conservation de l'élément hydrogène H :

$$C_6H_{12}O_6(s) + O_2(g) \rightarrow 6\,CO_2(g) + 6\,H_2O(\ell)$$

H : 12 — H : 6 × 2 = 12

- Conservation de l'élément oxygène O :

$$C_6H_{12}O_6(s) + 6\,O_2(g) \rightarrow 6\,CO_2(g) + 6\,H_2O(\ell)$$

O : 6 + 6 × 2 = 18 — O : 6 × 2 + 6 = 18

4 Application immédiate

Pour récupérer de l'énergie, notre corps peut transformer des glucides (le glucose, par exemple), mais aussi des lipides. L'acide palmitique, de formule $C_{16}H_{32}O_2$ (s), est un lipide présent dans la viande, les produits laitiers, ainsi que dans l'huile de palme. L'acide palmitique réagit avec le dioxygène, O_2 (g), pour former du dioxyde de carbone, CO_2 (g), et de l'eau, H_2O (ℓ).

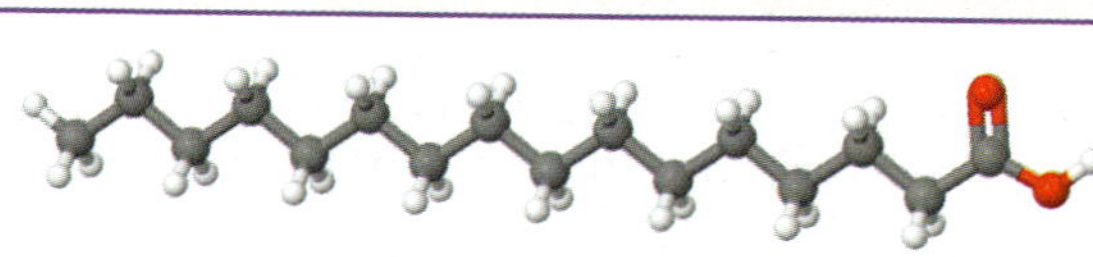

› Modèle de l'acide palmitique.

- Écrire l'équation de cette réaction.

→ Corrigés, p. 338.

Exercices

Compétences — Parcours d'apprentissage

Compétences	5	7	13	15	20	24
Décrire un système chimique et son évolution.	•			•	•	
Écrire l'équation de la réaction chimique avec des nombres stœchiométriques corrects.				•	•	•
Étudier l'évolution d'un système chimique par la caractérisation expérimentale des espèces chimiques présentes à l'état initial et à l'état final.		•			•	
Pratiquer une démarche expérimentale pour mettre en évidence l'effet thermique d'une transformation chimique ou physique.			•		•	•

Pour commencer

Réaction chimique

5 Étudier l'évolution d'un système chimique

▪ Mobiliser et organiser ses connaissances ; extraire et exploiter des informations ; faire un schéma adapté.

Le fusain est constitué de carbone solide, C (s). Un morceau de fusain enflammé est placé dans un flacon bouché contenant du dioxygène pur, O_2 (g). Après une vive combustion, la transformation cesse. Une partie du fusain n'a pas brûlé. Il s'est formé du dioxyde de carbone, CO_2 (g).

• Recopier et compléter le schéma de la transformation :

ÉTAT INITIAL .... T_i ; P_i → Transformation chimique → ÉTAT FINAL .... T_f ; P_f

6 Schématiser une transformation chimique

▪ Mobiliser et organiser ses connaissances ; extraire et exploiter des informations ; faire un schéma adapté.

L'eau oxygénée, utilisée pour désinfecter les plaies, est une solution aqueuse de peroxyde d'hydrogène, H_2O_2 (aq).

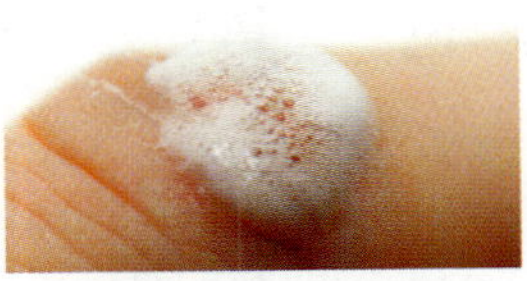

On verse de l'eau oxygénée sur une plaie. Au contact du sang, le peroxyde d'hydrogène se transforme intégralement en eau, H_2O (ℓ), et en dioxygène gazeux, O_2 (g), qui désinfecte la plaie.
Au cours de cette réaction, la pression n'est pas modifiée, mais la température augmente.

1. Décrire le système chimique étudié dans l'état initial.
2. Décrire le système chimique étudié dans l'état final.
3. Schématiser la transformation chimique.

7 Identifier des réactifs et des produits (1)

▪ Mobiliser et organiser ses connaissances ; exploiter des observations.

> Un fil de cuivre Cu (s) est plongé dans une solution aqueuse incolore de nitrate d'argent Ag^+ (aq) + NO_3^- (aq).

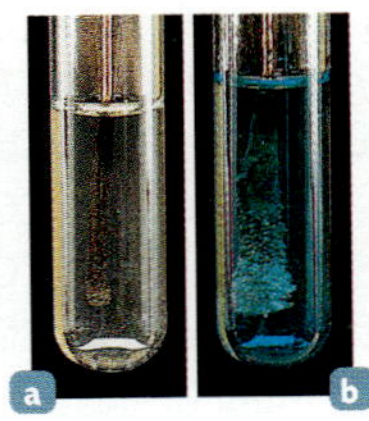

> Après quelques minutes, la solution bleuit et des filaments gris clair d'argent métallique Ag (s) se forment.

1. Nommer les quatre espèces chimiques présentes dans l'état initial du système chimique étudié.
2. Nommer les deux espèces chimiques formées au cours de la transformation.
3. Identifier les réactifs et les produits du système chimique.

8 Identifier des réactifs et des produits (2)

▪ Mobiliser et organiser ses connaissances ; extraire et exploiter des informations.

Un airbag est un accessoire automobile de sécurité passive. Quand un choc est détecté, une série de transformations chimiques se produisent et conduisent, en moins de 60 ms, au gonflement du coussin.

L'une de ces transformations est l'explosion de l'azoture de sodium NaN_3 (s) dont l'équation s'écrit :

$$2\ NaN_3(s) \rightarrow 2\ Na(s) + 3\ N_2(g) \quad \text{(réaction 1)}$$

Le diazote, N_2 (g), libéré gonfle l'airbag, mais le sodium formé est très dangereux. Afin de le faire réagir, un autre réactif est présent, le nitrate de potassium, KNO_3 (s). Il se forme alors de l'oxyde de potassium, K_2O (s), de l'oxyde de sodium, Na_2O (s), et du diazote qui participe aussi au gonflement du coussin.
Cette transformation se traduit par l'équation chimique suivante :

$$10\ Na(s) + 2\ KNO_3(s) \rightarrow K_2O(s) + 5\ Na_2O(s) + N_2(g) \quad \text{(réaction 2)}$$

1. Nommer les réactifs et les produits :
a. de la réaction 1 ; b. de la réaction 2.
2. Quel rôle joue le sodium Na (s) dans chacune de ces réactions ?

9 Écrire et ajuster une équation de réaction

■ Mobiliser et organiser ses connaissances ; exploiter des observations.

Le dioxyde de carbone, CO_2 (g), présent dans l'air expiré, trouble l'eau de chaux contenant des ions calcium, Ca^{2+} (aq), et hydroxyde, HO^- (aq), par formation d'un précipité blanc de carbonate de calcium, $CaCO_3$ (s). Au cours de cette réaction, il se forme aussi de l'eau, H_2O (ℓ).

1. Identifier les réactifs et les produits de la réaction chimique.

2. Écrire l'équation de la réaction avec les nombres stœchiométriques corrects.

10 Vérifier que des équations sont correctement écrites

■ Mobiliser et organiser ses connaissances.

On considère les quatre équations suivantes :

$$2\,C_2H_6O(g) + 6\,O_2(g) \rightarrow 4\,CO_2(g) + 6\,H_2O(g)$$
$$C_7H_8(g) + 4{,}5\,O_2(g) \rightarrow 7\,CO_2(g) + 4\,H_2O(g)$$
$$2\,C_6H_6(g) + 9\,O_2(g) \rightarrow 12\,CO_2(g) + 6\,H_2O(g)$$
$$2\,C_8H_{18}(g) + 25\,O_2(g) \rightarrow 8\,CO_2(g) + 18\,H_2O(g)$$

1. Contrôler l'ajustement de chacune d'entre elles et le corriger si nécessaire.

2. Recopier l'équation correctement ajustée, puis l'écrire avec les nombres stœchiométriques entiers les plus petits possibles.

11 Conserver les éléments et les charges (1)

■ Mobiliser et organiser ses connaissances.

• Écrire les équations des réactions chimiques suivantes avec des nombres stœchiométriques corrects :

$$...\,Pb^{2+}(aq) + ...\,I^-(aq) \rightarrow ...\,PbI_2(s)$$
$$...\,Mg(s) + ...\,H^+(aq) \rightarrow ...\,Mg^{2+}(aq) + ...\,H_2(g)$$
$$...\,Cu^{2+}(aq) + ...\,Al(s) \rightarrow ...\,Cu(s) + ...\,Al^{3+}(aq)$$

12 Conserver les éléments et les charges (2)

■ Mobiliser et organiser ses connaissances.

• Vérifier, pour chacune des équations des réactions suivantes, si elle est ajustée. Ajouter des nombres stœchiométriques pour l'ajuster si nécessaire, puis recopier l'équation correctement ajustée.

$$...\,Fe^{3+}(aq) + 2\,I^-(aq) \rightarrow ...\,Fe^{2+}(aq) + I_2(aq)$$
$$Sn^{2+}(aq) + ...\,Fe^{3+}(aq) \rightarrow Sn^{4+}(aq) + ...\,Fe^{2+}(aq)$$
$$Cu^{2+}(aq) + ...\,OH^-(aq) \rightarrow Cu(OH)_2(s)$$

Effets thermiques et transformations

13 Interpréter un effet thermique lié à une transformation physique (1)

■ Mobiliser et organiser ses connaissances ; extraire et exploiter des informations.

À la fin de l'épreuve de natation, un léger vent souffle et le triathlète ressent immédiatement une « sensation de froid ».

1. Quelle transformation physique subit l'eau sur la peau du triathlète ?

2. Interpréter, en termes de transfert thermique, la « sensation de froid » ressentie par le nageur.

14 Interpréter un effet thermique lié à une transformation physique (2)

■ Mobiliser et organiser ses connaissances ; extraire et exploiter des informations.

Une bombe cryogène, ou « bombe de froid », provoque une diminution de la température de la zone du corps sur laquelle elle est appliquée. Elle est utilisée pour traiter des lésions musculaires, tendineuses et ligamentaires.

Elle permet aussi d'atténuer la douleur et de limiter la diffusion d'un œdème ou d'un hématome.

Une bombe cryogène contient un gaz liquéfié.

1. Quelle transformation subit le gaz liquéfié lorsqu'il sort de la bombe ?

2. Interpréter la « sensation de froid » ressentie lors de l'utilisation de cette bombe.

Pour s'entraîner

15 Acidité gastrique

■ Mobiliser et organiser ses connaissances ; extraire et exploiter des informations.

L'hydroxyde de magnésium, $Mg(OH)_2$ (s), est un principe actif souvent utilisé dans les médicaments dont le rôle est de diminuer l'acidité du contenu de l'estomac. Le suc gastrique contient des ions oxonium, H_3O^+ (aq). L'hydroxyde de magnésium et les ions oxonium réagissent et forment de l'eau, H_2O (ℓ), et des ions magnésium, Mg^{2+} (aq).

1. Identifier les réactifs et les produits de cette réaction.

2. Recopier, compléter et ajuster l'équation chimique correspondante :

$$...\,Mg(OH)_2(s) + ... \rightarrow .... + ...$$

16 Vol en montgolfière

■ Mobiliser et organiser ses connaissances ; extraire et exploiter des informations.

Un bruleur à propane, C_3H_8 (g), permet de chauffer l'air contenu dans l'enveloppe d'une montgolfière et de la faire s'élever dans le ciel.
Si la combustion du propane est complète, il se forme uniquement du dioxyde de carbone, CO_2 (g), et de l'eau, H_2O (g).
Si la combustion est incomplète, il peut se former aussi du monoxyde de carbone, CO (g), qui est un poison, et du carbone, C (s).

1. Avec quel réactif le propane réagit-il ?
2. Dans les trois cas suivants, écrire, avec les nombres stœchiométriques corrects entiers les plus petits possibles, les équations des réactions de combustion du propane, pour lesquelles les produits sont :
a. le dioxyde de carbone et l'eau ;
b. le monoxyde de carbone et l'eau ;
c. le carbone et l'eau.

17 À chacun son rythme

Chimie et spéléologie

■ Mobiliser et organiser ses connaissances ; extraire et exploiter des informations.

*Commencer par résoudre l'*énoncé compact. *En cas de difficultés, passer à l'*énoncé détaillé.

Les spéléologues ont longtemps utilisé des lampes à acétylène pour s'éclairer dans les grottes. La combustion de l'acétylène, C_2H_2 (g), dans le dioxygène, O_2 (g), de l'air est une réaction qui dégage beaucoup de « chaleur » et s'accompagne d'une flamme très éclairante. Elle forme du dioxyde de carbone, CO_2 (g), et de l'eau, H_2O (ℓ).
L'acétylène est obtenu par réaction entre le carbure de calcium solide, CaC_2 (s), et l'eau liquide. Il se forme aussi de l'hydroxyde de calcium, Ca^{2+} (aq) + 2 HO^- (aq).

Énoncé compact

• Écrire, avec les nombres stœchiométriques corrects, les équations des réactions décrites.

Énoncé détaillé

1. a. Quels sont les réactifs de la réaction de combustion de l'acétylène ?
b. Quels sont les produits de la réaction de combustion de l'acétylène ?
c. Écrire les réactifs à gauche d'une flèche et les produits à droite.
d. Ajuster les nombres stœchiométriques en commençant par assurer la conservation de l'élément carbone et en terminant par la conservation de l'élément oxygène. Les nombres stœchiométriques choisis sont des nombres entiers les plus petits possibles.

2. a. Quels sont les réactifs de la réaction de synthèse de l'acétylène ?
b. Quels sont les produits de la réaction de synthèse de l'acétylène ?
c. Écrire les réactifs à gauche d'une flèche et les produits à droite.
d. Ajuster les nombres stœchiométriques afin d'assurer la conservation des éléments chimiques et de la charge.

18 What is a Catalytic Converter?

■ Extraire et exploiter des informations ; proposer une hypothèse.

A catalytic converter is a device which converts toxic byproducts of combustion in carbon dioxide (CO_2), nitrogen (N_2) and water (H_2O). Hot exhaust gases exit the engine and cross through the catalytic converter. Inside this device is an expanded tube containing a ceramic honeycomb network. This ceramic is coated with compounds that react with the exhaust gases to eliminate carbon monoxide (CO), unburned hydrocarbons and nitrogen oxides.
For example, nitrogen dioxide (NO_2) is converted into oxygen (O_2) and nitrogen (N_2) and carbon monoxide (CO) reacts with oxygen (O_2) to form carbon dioxide (CO_2) and water (H_2O).

Vocabulaire : *catalytic converter* : pot catalytique ; *device* : appareil ; *byproduct* : sous-produit ; *exhaust* : échappement ; *honeycomb* : nid d'abeilles ; *network* : réseau ; *coated with* : recouvert de.

1. Quel est le rôle d'un pot catalytique ?
2. Écrire l'équation de la réaction subie par le dioxyde d'azote NO_2 dans le pot catalytique avec les nombres stœchiométriques corrects.
3. Écrire l'équation de la réaction qui se produit, dans le pot catalytique, entre le monoxyde de carbone et le dioxygène, avec les nombres stœchiométriques corrects.
4. Pourquoi la structure interne du pot catalytique est-elle en « nid d'abeilles » ?

19 Effet thermique du frisson

■ Mobiliser et organiser ses connaissances ; extraire et exploiter des informations.

Le frisson est un tremblement convulsif et passager provoqué par des contractions involontaires des muscles. Le principe de fonctionnement d'un muscle est rappelé dans le schéma suivant :

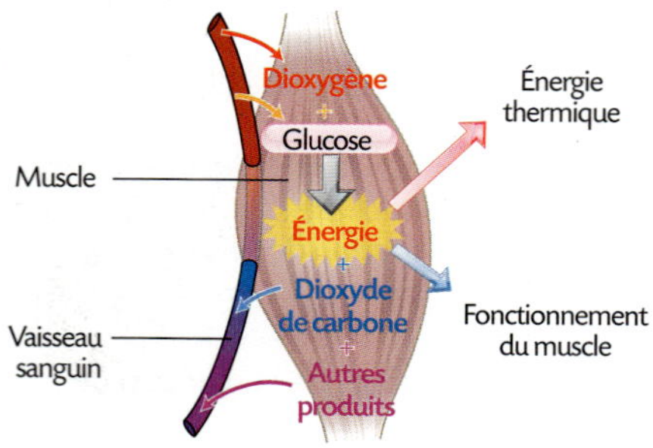

1. Que devient l'énergie libérée lors de la réaction du glucose avec le dioxygène ?

2. Comment les frissons permettent-ils de réguler la température du corps ?

20 Connaître les critères de réussite

Les « boissons auto-chauffantes »

■ Extraire et exploiter des informations ; proposer une hypothèse.

Lors d'une randonnée en montagne, pour se réchauffer, on peut consommer une « boisson auto-chauffante ». Le document ci-dessous présente le schéma en coupe d'un gobelet auto-chauffant et les trois étapes à suivre pour obtenir la boisson chaude.

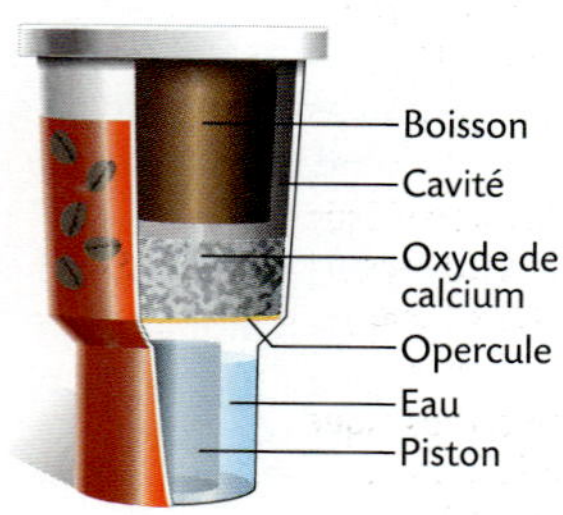

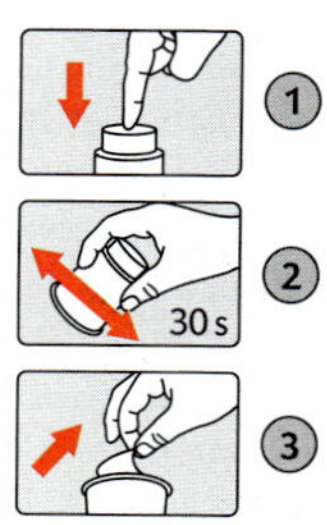

L'oxyde de calcium est un solide de formule CaO (s). En réagissant avec l'eau, l'oxyde de calcium forme de l'hydroxyde de calcium, Ca^{2+}(aq) + 2 HO^-(aq). La notice indique qu'il faut agiter le gobelet pendant 30 s environ.

1. Décrire l'étape ①. Pourquoi réalise-t-on cette action ?

2. Quels sont les réactifs et le(s) produit(s) mis en jeu au cours de la transformation chimique qui se produit ?

3. Écrire l'équation de la réaction chimique avec les nombre stœchiométriques corrects.

4. Quel effet thermique accompagne la transformation ?

5. Quels sont les intérêts de l'étape ② ?

	Critères de réussite	Barème
1.	Les deux actions de l'étape ① sont décrites. Le rôle du piston est compris.	1 pt
2.	Les réactifs et produits sont tous cités.	1 pt
3.	L'équation de la réaction est correctement ajustée.	1 pt
4.	Le lien est fait avec le nom de la boisson. Le lien est correctement expliqué.	1 pt
5.	L'étape ② est comprise et reliée à la question 4.	1 pt

| cours maîtrisé | réponse complète | présentation | **5 pts**

Pour aller plus loin

21 Résolution de problème

Énergie et alimentation

■ Construire les étapes d'une résolution de problème.

Doc. 1

La valeur énergétique d'un aliment est l'énergie libérée par la combustion complète d'un gramme de cet aliment dans du dioxygène. Elle s'exprime en kilojoule par gramme d'aliment ($kJ \cdot g^{-1}$).

Nutriment	Valeur énergétique ($kJ \cdot g^{-1}$)
Protide	23,6
Lipide	39,5
Glucide	17,1

Doc. 2 Étiquette d'un paquet de pâtes

Nutriment	Masse en g (pour une portion de 100 g de pâtes)
Protide	14
Lipide	2
Glucide	70

Doc. 3 Énergie et maintien de la température

Pour maintenir la température interne du corps à 37 °C, quand la température extérieure est égale à 10 °C, l'organisme d'un homme d'environ 60 kg, habillé normalement, a besoin d'une énergie égale à $5{,}0 \times 10^2$ kilojoule par heure ($kJ \cdot h^{-1}$).

• Quelle masse de pâtes un homme de 60 kg doit-il consommer pour compenser la perte d'énergie correspondant à deux heures passées à une température extérieure égale à 10 °C ?

→ Pistes de résolution, p. 334.

22 Modification de la composition du sang

■ Extraire et exploiter des informations ; discuter une information ; effectuer des calculs.

Lors d'un effort physique, la composition du sang n'est pas la même à l'entrée et la sortie d'un muscle. Le schéma ci-contre indique les volumes ou les masses de diverses espèces chimiques mises en jeu lors du fonctionnement d'un muscle.

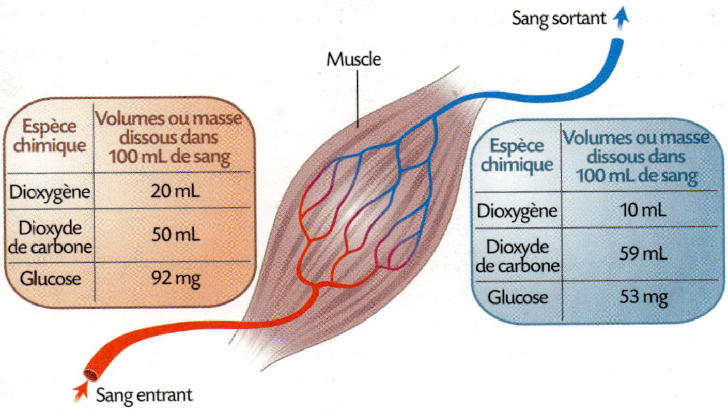

Espèce chimique	Volumes ou masse dissous dans 100 mL de sang
Dioxygène	20 mL
Dioxyde de carbone	50 mL
Glucose	92 mg

Espèce chimique	Volumes ou masse dissous dans 100 mL de sang
Dioxygène	10 mL
Dioxyde de carbone	59 mL
Glucose	53 mg

1. Quelles données montrent qu'une transformation chimique a lieu dans le muscle ?

2. Identifier alors le(s) réactif(s) et le(s) produit(s).

3. Établir l'équation de la réaction entre le glucose, $C_6H_{12}O_6$ (aq), et le dioxygène, O_2 (dissous), sachant qu'il se forme aussi de l'eau.

4. Calculer la concentration massique du glucose dans le sang à l'entrée et à la sortie du muscle.

5. a. Quelle est la quantité de glucose consommée par ce muscle dans 100 mL de sang ?

b. La transformation d'une mole de glucose dans le muscle libère une énergie égale à 2 800 kJ.
Quelle est alors l'énergie libérée par le glucose consommé par le muscle ?

Donnée

- Masse molaire moléculaire du glucose :
$M(C_6H_{12}O_6) = 180{,}0\ g\cdot mol^{-1}$

23 Des textiles thermorégulants

■ Mobiliser ses connaissances ; extraire et exploiter des informations ; discuter une information ; proposer une hypothèse.

Doc. 1

« Les matériaux à changement de phase [ou changement d'état] sont un exemple des prouesses de la recherche-développement dans le domaine des textiles techniques. De nombreuses substances présentent naturellement la propriété de chauffer quand il fait froid et de rafraîchir quand il fait chaud [...] Ces matériaux comportent des microcapsules de paraffine incorporées dans les fibres [...] Lorsque le corps produit de la chaleur, la substance se liquéfie en absorbant cette chaleur et crée ainsi un effet de fraîcheur. Lorsque la température diminue, lors d'une pose dans l'activité sportive, par exemple, le liquide contenu dans les microcapsules redevient solide et émet la chaleur préalablement stockée. »

Extrait de « Des textiles pour sportifs. Apport de la chimie pour améliorer confort et performances. », in *La chimie et le sport*, F. Roland, © Éditions EDP Sciences, 2011.

Doc. 2

Exemples de matériaux à changement de phase (MCP)

Nom	Composition	Température de changement d'état (°C)
Paraffine	Mélange de molécules linéaires de formule brute C_nH_{2n+2} (*n* entier)	22 à 37
Acide décanoïque	Acide carboxylique à 10 atomes de carbone	31
Acide dodécanoïque	Acide carboxylique à 12 atomes de carbone	44
Eau / triméthyloléthane	H_2O / $CH_3{-}C(CH_2{-}OH)_3$	30

1. Les changements de phases évoqués dans les documents affectent-ils la structure des molécules présentes dans les microcapsules ? S'agit-il de transformations physiques ou chimiques ?

2. Quel effet thermique accompagne la fusion ? la solidification ?

3. Justifier le choix des matériaux cités au doc. 2.

4. Pourquoi peut-on affirmer que les textiles comportant des matériaux à changement de phase accroissent la capacité de récupération des sportifs et donc leur performance ?

Exercices

Retour sur l'ouverture du chapitre 17

Comment décrire et modéliser une transformation ?

24 Besoins et réponses de l'organisme lors de pratiques sportives

■ Mobiliser et organiser ses connaissances ; proposer une hypothèse ; rédiger une réponse argumentée.

Doc. 1

Dans les cellules du corps, des transformations chimiques ont lieu continuellement. Certaines de ces transformations chimiques produisent de l'énergie à partir des nutriments et du dioxygène O_2 (g) issu de la respiration. Pour le glucose $C_6H_{12}O_6$, par exemple, et si l'oxygénation des cellules est suffisante, la réaction avec le dioxygène est dite aérobie. On l'assimile alors à une combustion complète qui ne produit que du dioxyde de carbone, CO_2 (g), et de l'eau, H_2O (ℓ).

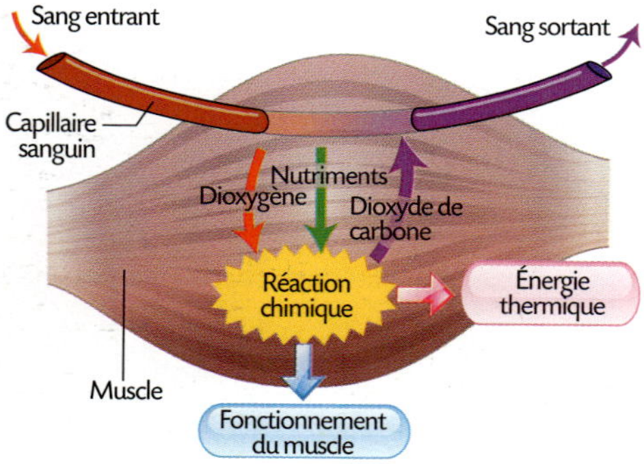

Doc. 2

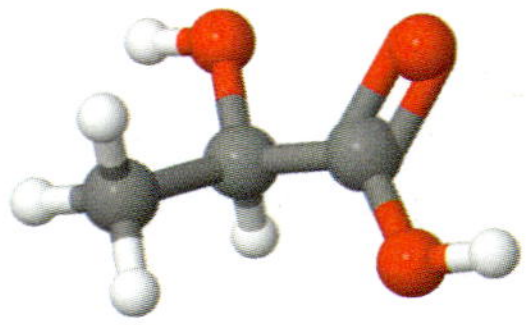

> Modèle de l'acide lactique.

Doc. 3

Le dioxygène ne peut pas être stocké par l'organisme. Quand la quantité de dioxygène présent dans la cellule ne permet plus la combustion complète du glucose, il se produit une autre réaction dite anaérobie, produisant aussi de l'énergie : une molécule de glucose est transformée en deux molécules d'acide lactique. L'acide lactique ne peut pas être évacué des cellules aussi rapidement que l'eau et le dioxyde de carbone. Son accumulation se traduit par une « fatigue musculaire » et parfois une crampe.

Doc. 4

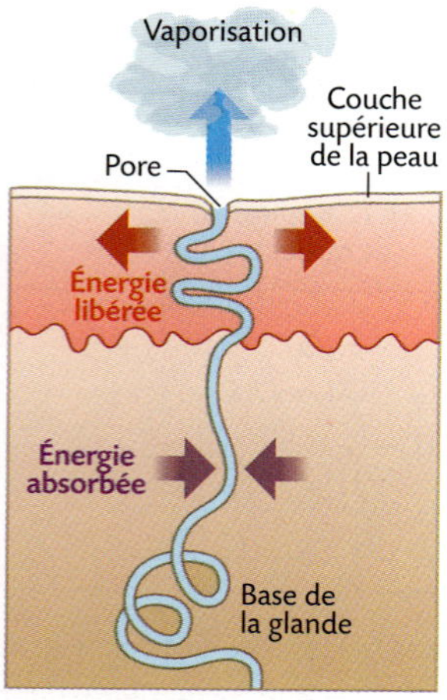

L'activité physique provoque une augmentation de la température du corps. La transpiration, grâce à la production de sueur par les glandes sudoripares, permet de maintenir le corps à une température quasiment constante, voisine de 37 °C.

> Production de sueur par la glande sudoripare.

1. Pour la réaction décrite dans **doc. 1**, en choisissant le glucose comme nutriment :
a. identifier les réactifs et les produits de la réaction ;
b. écrire l'équation de la réaction avec les nombres stœchiométriques corrects ;
c. dire si la réaction est aérobie ou anaérobie.

2. a. Déterminer la formule semi-développée de l'acide lactique (**doc. 2**).
b. Repérer et nommer les deux groupes caractéristiques oxygénés de la molécule.

3. Répondre à la question **1** dans le cas de la réaction décrite dans le **doc. 3**.

4. À partir des **doc. 1**, **2** et **4** et de connaissances personnelles, rédiger une réponse argumentée expliquant d'où provient l'énergie thermique évacuée par la transpiration et comment se fait cette évacuation.

SPORT

Chapitre

18

Les matériaux et les molécules du sport

Des processus biochimiques aux matériaux innovants, comment la chimie s'inscrit-elle dans le domaine du sport ?

→ Exercice 29, p. 292.

› La chimie permet de réaliser des vêtements de sport de plus en plus efficaces en termes de confort, de sécurité et de performance.

Compétences

- Savoir que certains matériaux proviennent de la nature et d'autres de la chimie de synthèse. → **Activité 1**
- *Utiliser des modèles moléculaires et des logiciels de représentation.* → **Activité 2**
- Représenter des formules semi-développées correspondant à des modèles moléculaires. → **Activité 2**
- Savoir qu'à une formule brute peuvent correspondre plusieurs formules semi-développées. → **Activité 2**
- Repérer la présence de groupes caractéristiques dans une formule semi-développée.
- *Élaborer ou mettre en œuvre un protocole d'extraction à partir d'informations sur les propriétés physiques des espèces chimiques recherchées.* → **Activités 3, 4 et 5**
- *Utiliser un dispositif de filtration.* → **Activités 4 et 5**
- *Réaliser et interpréter une chromatographie sur couche mince.* → **Activité 3**
- *Prélever une quantité de matière d'une espèce chimique donnée.* → **Activité 5**
- *Mettre en œuvre un protocole expérimental pour réaliser la synthèse d'une molécule et son identification.* → **Activité 5**

Activité documentaire

À la maison

1 Les matériaux du sport

► Quelles sont les principales différences entre les polymères naturels et synthétiques ?

Compétence

- Savoir que certains matériaux proviennent de la nature et d'autres de la chimie de synthèse.

Doc. 1 Naturel ou synthétique

Les polymères sont des molécules de taille importante qui ont de nombreuses applications dans le domaine du sport (textiles, équipements, etc.). Un polymère biosourcé est issu de la biomasse (matières d'origine végétale ou animale), alors que les polymères traditionnels dérivent d'hydrocarbures fossiles (pétrole et gaz naturel).

Doc. 2 L'industrie chimique au secours des nageurs

Si au début du XXe siècle, les maillots de bain sont fabriqués en laine, polymère naturel, de nouvelles matières synthétiques vont progressivement la remplacer. Chaque discipline sportive nécessite des matériaux aux propriétés multiples pour répondre aux besoins sans cesse croissants des sportifs. Les fibres naturelles ne peuvent pas répondre à cette demande trop spécifique tandis que les matières synthétiques ouvrent des perspectives infinies, notamment avec des polymères modulables à volonté. Par exemple, l'élasthanne, polymère issu de la pétrochimie, est plus élastique et confortable que la laine.

D'après le site Internet www.usinenouvelle.com, article « Collection Londres 2012 : la chimie habille les sportifs ! »

Doc. 3 Un matériau naturel : le caoutchouc

« Historiquement les premiers caoutchoucs synthétiques ne sont pas apparus comme des concurrents du caoutchouc naturel mais comme un moyen de répondre au risque de pénurie. [...] Aujourd'hui, caractéristiques, performances et prix sont les principaux moteurs de l'utilisation du caoutchouc naturel. [...] [Cependant] les progrès de la pétrochimie ont permis aussi la mise au point d'élastomères destinés à des applications réclamant des caractéristiques spécifiques que ne possède pas le caoutchouc naturel. »

Extrait de *La chimie verte*, de P. Colonna, coord. © Éditions Lavoisier, 2006.

Doc. 4 The Chemical World Tour 2012

Partis au Japon, Nora et Loïc ont étudié la rencontre entre les chaussures de sport et la chimie du végétal.
Ils ont ensuite réalisé un court reportage, que l'on peut regarder sur le site du *Chemical World Tour* :
www.chemicalworldtour.fr/saison-2/

VIDEO

Doc. 5 Inconvénients des polymères biosourcés

La culture intensive des végétaux, leur acheminement vers les bioraffineries, l'extraction des sucres, leurs transformations, etc. : tout cela consomme de l'énergie et de l'eau. De plus, les polymères biosourcés sont actuellement deux à cinq fois plus coûteux que leurs équivalents pétrochimiques.

D'après l'article « Les plastiques d'origine biologique en 6 questions », *Les dossiers de la Recherche*, n° 50, août 2012.

Un pas vers l'essentiel

- Regarder la vidéo présentée dans le **doc. 4**.

1. Donner un exemple de polymère pour chacune des trois catégories suivantes : naturel, synthétique d'origine fossile et synthétique biosourcé (**doc. 2, 3** et **4**).
2. Citer les différents critères à prendre en compte lors du choix d'un polymère. Illustrer ces critères par des exemples issus des documents proposés et de connaissances personnelles.

Compétences travaillées

S'approprier • Extraire des informations.
Analyser • Exploiter les informations extraites.
Communiquer • Rédiger une synthèse.

Activité expérimentale

2 Des gaz pour la plongée

▶ **Comment décrire l'agencement des atomes dans une molécule ?**

Compétences

- *Utiliser des modèles moléculaires et des logiciels de représentation.*
- Représenter des formules semi-développées correspondant à des modèles moléculaires.
- Savoir qu'à une formule brute peuvent correspondre plusieurs formules semi-développées.

Doc. 1 **Les gaz contenus dans les bouteilles de plongée**

• L'air est un mélange gazeux constitué, en volume, d'environ 78 % de diazote, 21 % de dioxygène et 1 % d'autres gaz (dioxyde de carbone, vapeur d'eau, etc.). Ces gaz peuvent devenir dangereux lorsqu'ils sont respirés en profondeur.

• L'utilisation de Nitrox (mélange contenant de 32 % à 100 % de dioxygène) dans les bouteilles de plongée permet de limiter l'essoufflement, dû au dioxyde de carbone, et l'ivresse des profondeurs, due au diazote.

Doc. 2 **Une molécule de base pour les équipements de plongée**

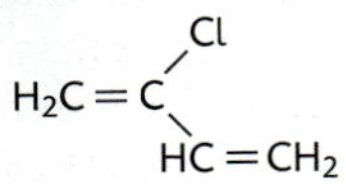

> Formule semi-développée du chloroprène.

Le chloroprène est une espèce chimique utilisée pour la fabrication des équipements de plongée. On peut la modéliser grâce à :

- sa formule brute : C_4H_5Cl ;
- sa formule semi-développée (voir ci-contre) ;
- un modèle moléculaire où les atomes sont représentés par des boules de couleur et de taille déterminées, liées entre elles (voir page 118 pour la couleur des boules) ;
- un logiciel de représentation, comme Avogadro* ou Scribmol**.

* Logiciel en ligne gratuit disponible à l'adresse http://www.cndp.fr/sialle/fiche-detaillee-avogadro-289.php
** Logiciel en ligne gratuit disponible à l'adresse http://librairiedemolecules.education.fr/outils/scribmol/

Analyse des documents

À la maison

Compétences travaillées

1 Écrire les formules brutes des molécules citées dans le **doc. 1** à l'aide du tableau ci-dessous et du **doc. 2**.

	Eau	Diazote	Dioxygène	Dioxyde de carbone
Hydrogène H	2	0	0	0
Carbone C	0	0	0	1
Azote N	0	2	0	0
Oxygène O	1	0	2	2

S'approprier • Extraire des informations.
Analyser • Exploiter les informations extraites.

Pratique expérimentale

- À l'aide des modèles moléculaires puis du logiciel de représentation, réaliser les modèles des molécules citées dans la question 1.
- Déterminer une façon différente d'agencer les atomes de la molécule de chloroprène. La molécule obtenue est notée A.

Réaliser • Utiliser le matériel de manière adaptée.

Un pas vers l'essentiel

2 Quel est l'intérêt du modèle moléculaire ou de la simulation informatique par rapport aux formules brute et semi-developpée (**doc. 2**) ?

3 Établir la formule semi-développée de A (**doc. 2**).

4 L'espèce A et le chloroprène sont appelés isomères : proposer une définition de ce terme.

Valider • Mettre en lien des phénomènes et des concepts.

Activité expérimentale

3 Une algue pour le sportif

La spiruline, complément alimentaire utilisé par les sportifs, contient du bêta-carotène.

▶ **Comment vérifier la présence de bêta-carotène dans la spiruline ?**

Compétences

- *Élaborer ou mettre en œuvre un protocole d'extraction à partir d'informations sur les propriétés physiques des espèces chimiques recherchées.*
- *Réaliser et interpréter une chromatographie sur couche mince.*

Doc. 1 La spiruline : l'algue des sportifs

La spiruline est une algue bleu-vert microscopique qui doit son nom à sa forme de spirale (voir photographie ci-contre). Elle contient :
- du fer et de la chlorophylle qui favorisent l'oxygénation du sang, des cellules et des muscles ;
- du bêta-carotène qui est un antioxydant ;
- des protéines qui participent à l'entretien et à la prise de masse musculaire.

Doc. 2 Extrait de fiches toxicologiques

CYCLOHEXANE

DANGER
H 225 – Liquide et vapeurs très inflammables.
H 304 – Peut être mortel en cas d'ingestion et de pénétration dans les voies respiratoires.
H 315 – Provoque une irritation cutanée.
H 336 – Peut provoquer somnolence ou vertiges.
H 410 – Très toxique pour les organismes aquatiques, entraîne des effets néfastes à long terme.

TOLUÈNE

DANGER
H 225 – Liquide et vapeurs très inflammables.
H 361d – Susceptible de nuire au fœtus.
H 304 – Peut être mortel en cas d'ingestion et de pénétration dans les voies respiratoires.
H 373 – Risque présumé d'effets graves sur les organes.
H 336 – Peut provoquer somnolence ou vertiges.

Données

	Solubilité du bêta-carotène
Cyclohexane	+
Eau	– –
Toluène	+ +

Investigation

▶ **La spiruline fournie contient-elle bien du bêta-carotène ?**

En cas de difficultés, des solutions partielles sont disponibles en fin de manuel (p. 334).

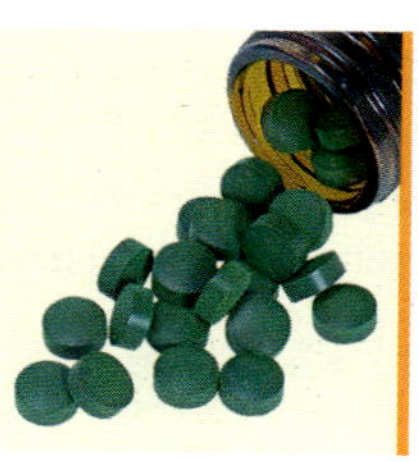

Compétences travaillées

S'approprier
Analyser
Réaliser
Valiser
Être autonome et faire preuve d'initiative

Un pas vers l'essentiel

Rédiger un compte rendu présentant la démarche suivie en détaillant le protocole expérimental, les observations, l'interprétation et la conclusion, c'est-à-dire la réponse au problème posé.

Communiquer • Rendre compte à l'écrit.

Activité expérimentale

4 Obtention d'une colle

▶ **Comment obtenir une colle biosourcée ?**

Compétences

- *Mettre en œuvre un protocole d'extraction à partir d'informations sur les propriétés physiques des espèces recherchées.*
- *Utiliser un dispositif de filtration.*

Doc. 1 La colle de caséine

La caséine est un mélange complexe de protéines du lait. Pour synthétiser une colle à partir de caséine, il faut la solubiliser dans l'eau et ajouter de la chaux. Le pouvoir collant de la caséine solubilisée a été découvert en 1897 par l'Allemand A. SPITTELER. La colle de caséine fut adoptée immédiatement par l'aéronautique naissante pour le collage du bois.

> Traversée aérienne de la Manche par L. BLÉRIOT en 1909.

Doc. 2 Le caillage du lait

En milieu acide, le lait « caille » (photographie ci-dessous).
On observe alors deux phases :
– le caillé, qui contient la caséine et la matière grasse ;
– le lactosérum, ou petit lait.

Données

Acide éthanoïque	Soluble dans l'eau et dans l'acétone.
Acétone	Très soluble dans l'eau.
Matières grasses	Très solubles dans l'acétone.
Caséine	Insoluble en solution aqueuse acide et dans l'acétone. Soluble en solution aqueuse basique.

• Lait écrémé : lait contenant moins de 5 g de matières grasses par kilogramme de lait

Pratique expérimentale

Extraction de la caséine

- Verser 40 mL de lait écrémé dans un bécher et chauffer à 40 °C tout en agitant modérément.
- En agitant lentement, ajouter du vinaigre blanc jusqu'à caillage du lait.
- Filtrer le caillé en le versant sur une gaze, puis le filtrer sous pression réduite.
- Introduire le solide obtenu dans un bécher et ajouter 10 mL d'acétone. Agiter.
- Filtrer à nouveau sous pression réduite et récupérer la pâte obtenue.

Obtention de la colle de caséine

- Dans un erlenmeyer, mélanger la pâte obtenue avec environ 1,5 g d'hydroxyde de calcium, 0,7 g de carbonate de sodium et 4 mL d'eau distillée.
- Agiter jusqu'à obtention d'une pâte homogène.
- Faire un essai de collage avec deux morceaux de carton.

1. Quel est le rôle de l'acétone ?
2. Pourquoi utilise-t-on du lait écrémé ?

Compétences travaillées

Réaliser • Utiliser le matériel de manière adaptée.

S'approprier ; analyser • Extraire et exploiter des informations ; justifier un protocole.

Un pas vers l'essentiel

3. Schématiser et légender le dispositif de filtration sous pression réduite.
4. Quels avantages présente la filtration sous pression réduite par rapport à une filtration simple ?

Réaliser • Faire un schéma adapté.
Analyser • Proposer une hypothèse.

Activité documentaire

À la maison

5 Synthèse d'une matière plastique

Les polymères entrent souvent dans la conception des équipements utilisés par les sportifs. Par exemple, le polystyrène est employé dans le domaine du nautisme.

▶ **Comment réaliser la synthèse du polystyrène ?**

Compétences
- *Prélever une quantité de matière d'une espèce chimique donnée.*
- *Mettre en œuvre un protocole expérimental pour réaliser la synthèse chimique d'une molécule.*
- *Élaborer un protocole d'extraction.*
- *Utiliser un dispositif de filtration.*

Doc. 1 Synthèse du polystyrène

Pour obtenir du polystyrène, on dispose de styrène ainsi que d'une solution d'AIBN[1] dans du toluène (la concentration massique de la solution en AIBN est de 34 g·L^{-1}).

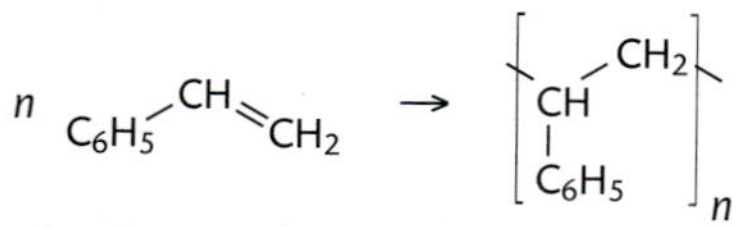

Dans un protocole, on peut lire les quantités à utiliser :
- 44 mmol de styrène ;
- 0,4 mmol d'AIBN.

(1 mmol = 10^{-3} mol)

> Les planches de surf sont souvent fabriquées en polystyrène.

[1]AIBN : 2,2-azobis(2-méthylpropionitrile).

Doc. 2 Caractéristiques physicochimiques et consignes de sécurité

Espèce chimique	Styrène	AIBN	Toluène
Masse volumique (g·mL^{-1})	0,91	/	0,87
Masse molaire (g·mol^{-1})	104	164	92
Température de fusion (°C)	– 30,6	101,5	– 95
Température d'ébullition (°C)	145	/	111
Pictogrammes de sécurité			

Doc. 3 Dispositif expérimental de la synthèse

a

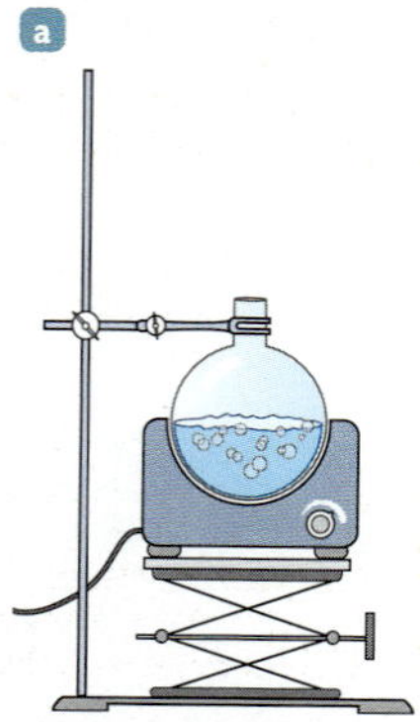

b

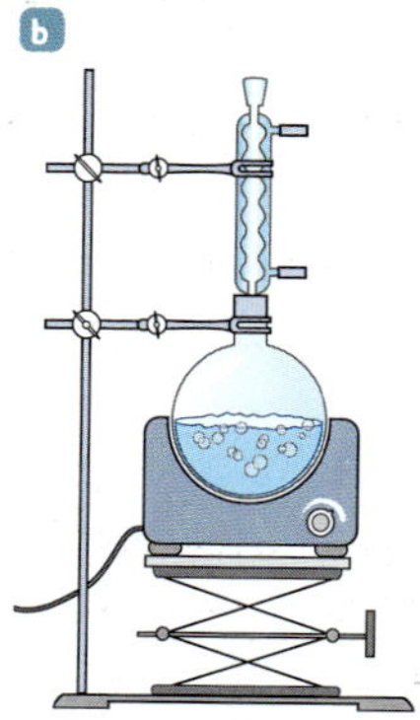

c

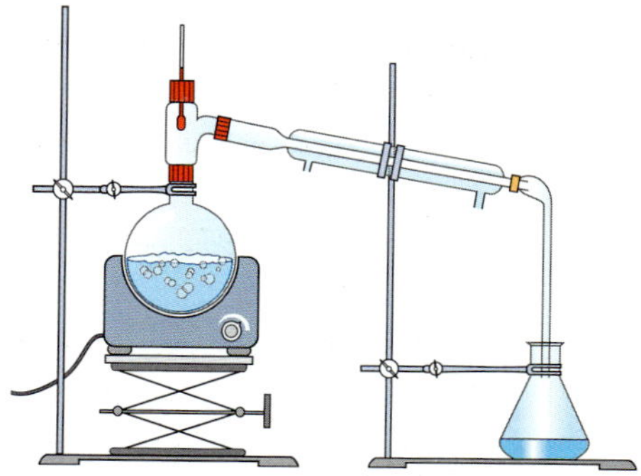

> Propositions de schémas représentant le montage expérimental.

Doc. 4 Données de solubilité et de sécurité relatives aux solvants

Solvant	Toluène	Éthanol	Méthanol
Solubilité du polystyrène	+	–	– –
Pictogrammes			

Doc. 5 Filtration sous pression réduite (ou filtration sur Büchner)

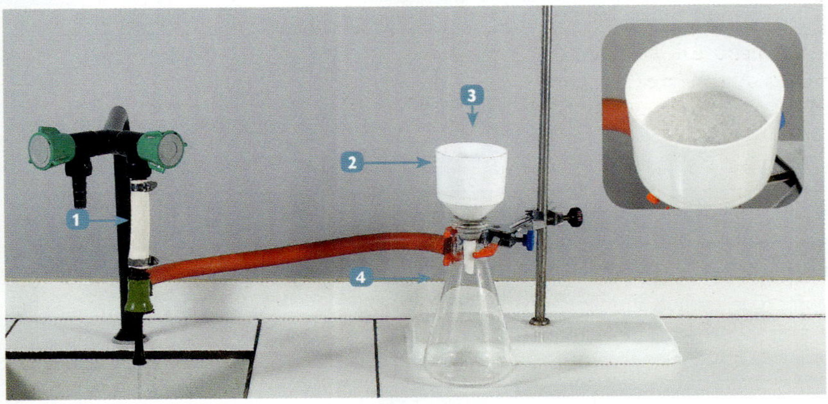

> En s'écoulant dans la trompe à eau, l'eau crée une aspiration dans la fiole à vide. Le filtre, posé dans le fond de l'entonnoir Büchner, permet de séparer le solide du liquide.

Doc. 6 Éléments de protocole

- Le montage utilisé pour la réaction doit permettre de chauffer le milieu réactionnel sans perte de matière.
- À la fin de la réaction, le ballon contient essentiellement du polystyrène et du toluène. On verse le mélange dans l'un des trois solvants cités dans le **doc. 4** et on récupère le polystyrène solide à l'aide d'un dispositif approprié.

Investigation

1 a. Parmi les montages **a**, **b** et **c** du **doc. 3**, choisir celui qui semble le plus adapté à la synthèse (**doc. 6**). Justifier.

b. Élaborer un protocole afin de prélever les quantités de réactifs indiquées dans le **doc. 1**. Préciser la verrerie nécessaire, ainsi que les consignes de sécurité à respecter (**doc. 2**).

2 À l'aide du **doc. 6**, élaborer un protocole détaillé permettant de récupérer le polystyrène.

En cas de difficultés, des solutions partielles sont disponibles en fin de manuel (p. 334).

Compétences travaillées

S'approprier
Analyser
Réaliser
Valider
Être autonome et faire preuve d'initiative

Un pas vers l'essentiel

3 a. Schématiser et légender le montage utilisé pour la réaction (**doc. 3**).

b. Nommer les éléments numérotés de **1** à **4** du montage du **doc. 5**.

4 Rédiger un texte de cinq lignes maximum dans lequel sont présentées et justifiées les principales étapes de la préparation d'un produit solide.

S'approprier • Extraire des informations.
Analyser • Exploiter les informations extraites.
Réaliser • Faire un schéma adapté.
Communiquer • Rédiger une synthèse.

Essentiel

1 Décrire une molécule

- Une **molécule** est un édifice électriquement **neutre** formé d'un **assemblage d'atomes**.
- Il existe plusieurs façons de **modéliser** une molécule. Par exemple, pour l'acide éthanoïque :

Modélisation d'une molécule

Modèle moléculaire

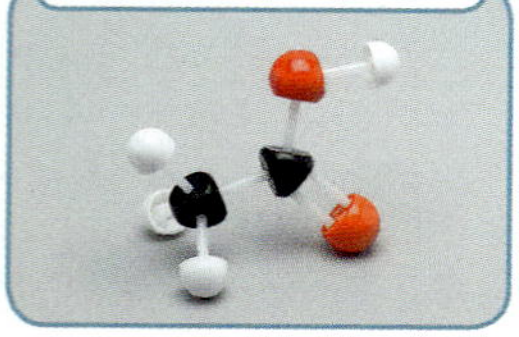

Formule brute

$C_2H_4O_2$

Formule développée

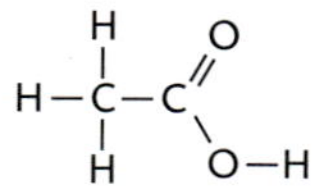

Formule semi-développée

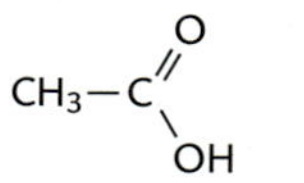

Groupe caractéristique

- Un **groupe caractéristique** est constitué d'un groupement d'atomes, autres que les seuls atomes de carbone et d'hydrogène, présent dans une molécule.

Exemple
L'acide éthanoïque contient le groupe carboxyle.

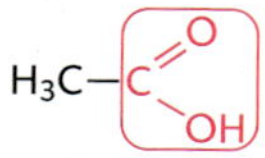

Isomères

- On appelle **isomères** des espèces chimiques dont les molécules ont la même formule brute mais des enchaînements d'atomes différents.

Exemple
Le méthanoate de méthyle de formule brute $C_2H_4O_2$ est un isomère de l'acide éthanoïque.

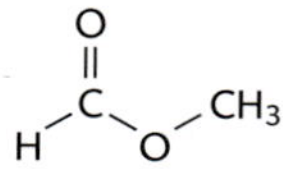

Pour plus de détails, voir l'essentiel du chapitre 8, p. 122.

2 Caractériser une espèce chimique

Caractéristiques physiques

Espèce chimique E

- **Température de changement d'état** (fusion, ébullition)
- **Indice de réfraction** n(E)
- **Densité** d(E)
- **Masse volumique** ρ(E)
- **Solubilité** s(E) : masse maximale de solide que l'on peut dissoudre par litre de solution

Chromatographie sur couche mince (CCM)

Définition

La CCM est une méthode de **séparation** et d'**identification** des espèces chimiques d'un mélange.

Révélation

La révélation permet de visualiser, sur la plaque à CCM, les espèces chimiques non colorées.

Conclusions

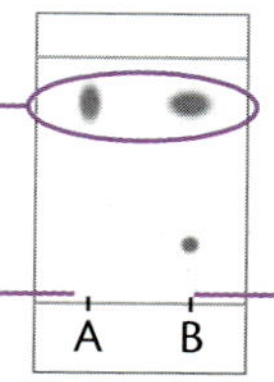

Ces deux taches correspondent à des espèces identiques.

Une espèce pure a été déposée en A.

Un mélange a été déposé en B.

Pour plus de détails, voir l'essentiel du chapitre 12, p. 188.

QCM

→ Corrigés, p. 338.

Données
- Couleurs des modèles moléculaires : voir tableau p. 118
- Principaux groupes caractéristiques : voir tableau p. 121

Pour chaque question, indiquer la (ou les) bonne(s) réponse(s).

1 Décrire une molécule

Si erreur, revoir § 1, p. 280.

	A	B	C
1 La molécule de formule brute CO_2 contient :	1 atome de carbone et 2 atomes d'oxygène.	2 atomes de carbone et 2 atomes d'oxygène.	2 atomes de cobalt.
2 La formule représentée ci-contre est une formule : 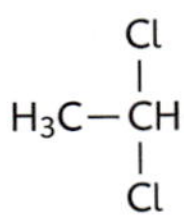	brute.	semi-développée.	développée.
3 Les molécules représentées ci-contre sont celles d'espèces : 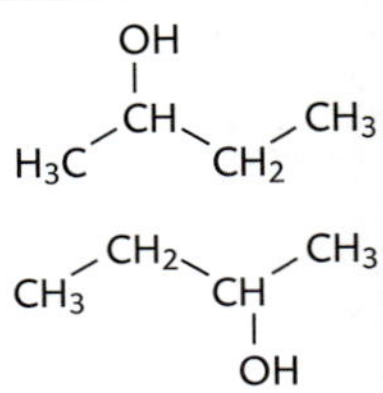	isotopes.	identiques.	isomères.
4 La molécule modélisée ci-dessous contient : 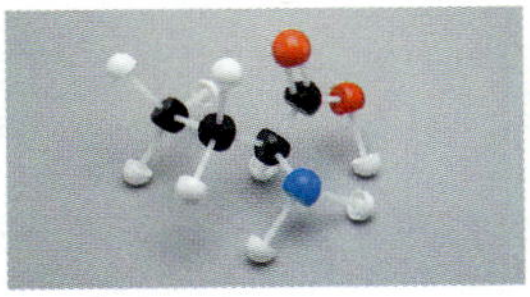	un groupe hydroxyle et un groupe amide.	un groupe amine et un groupe ester.	un groupe amine et un groupe carboxyle.

2 Caractériser une espèce chimique

Si erreur, revoir § 2, p. 280.

	A	B	C
1 À sa température de fusion, une espèce chimique passe :	de l'état solide à l'état liquide.	de l'état solide à l'état gazeux.	de l'état liquide à l'état gazeux.
2 On peut déduire du chromatogramme ci-contre que : 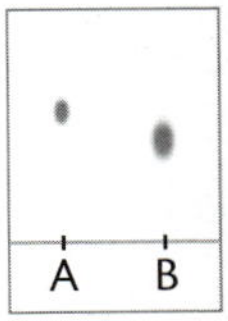	les espèces chimiques A et B sont identiques.	l'espèce chimique B n'est pas pure.	les espèces chimiques A et B sont différentes.
3 Le schéma correct relatif à une chromatographie sur couche mince est :	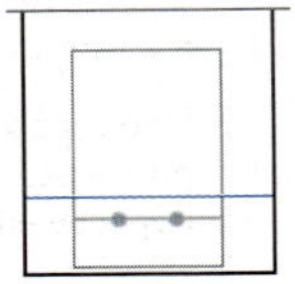	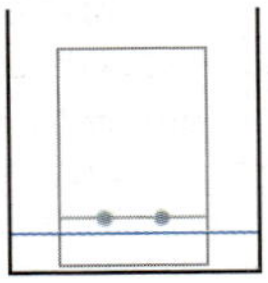	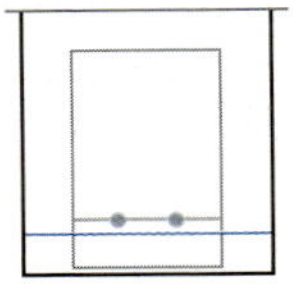

Essentiel

3 Extraire et séparer des espèces chimiques

Une extraction consiste à **extraire**, c'est-à-dire **prélever**, une ou plusieurs espèces chimiques d'un mélange.

	Techniques d'extraction	Techniques de séparation
L'espèce chimique à extraire est contenue **dans un liquide**.	**Extraction liquide/liquide** à l'aide d'un solvant. • La solubilité de l'espèce dans le solvant d'extraction doit être plus grande que sa solubilité dans le solvant de départ. • Le solvant d'extraction et le solvant de départ ne doivent pas être miscibles.	Séparation à l'aide d'une **ampoule à décanter**.
L'espèce chimique à extraire est contenue **dans un solide**.	**Extraction solide/liquide** à l'aide d'un solvant (macération, infusion, décoction, etc.).	**Filtration** simple. Filtration sous pression réduite (plus rapide et plus efficace).
	Hydrodistillation (extraction à la vapeur d'eau d'espèces volatiles très peu solubles dans l'eau liquide).	Séparation par **décantation**.

Pour plus de détails, voir l'essentiel du chapitre 13, p. 204.

4 Synthétiser une espèce chimique

La chimie de **synthèse** permet de produire une grande variété d'espèces. Ces espèces peuvent être identiques aux espèces naturelles ou complètement nouvelles. Elles sont souvent mieux adaptées, plus performantes et moins chères que celles extraites de la **nature**.
Une synthèse chimique comporte **plusieurs étapes** :

	Synthèse d'un solide	Synthèse d'un liquide
1. À partir des quantités de réactifs indiquées dans le protocole, **calculer** :	– la masse à prélever s'il s'agit d'un réactif solide ; – le volume à prélever s'il s'agit d'un réactif liquide.	
2. En suivant les **consignes de sécurité, prélever** les réactifs à l'aide :	– d'une balance, d'une spatule et d'une coupelle si le réactif est solide ; – d'une éprouvette ou d'une pipette graduée, munie d'une propipette, si le réactif est liquide.	
3. Réaliser :	**un chauffage à reflux si la synthèse nécessite un chauffage.**	
4. Extraire le produit synthétisé à l'aide :	d'un dispositif de filtration simple ou sous pression réduite.	d'une ampoule à décanter et d'un solvant d'extraction si nécessaire.
5. Identifier le produit obtenu et contrôler sa pureté par :	chromatographie sur couche mince (CCM) ou mesure de la température de fusion.	chromatographie sur couche mince (CCM) ou mesure de l'indice de réfraction.

Pour plus de détails, voir l'essentiel du chapitre 14, p. 216.

QCM

→ Corrigés, p. 338.

Pour chaque question, indiquer la (ou les) bonne(s) réponse(s).

3 Extraire et séparer des espèces chimiques

Si erreur, revoir § 3, p. 282.

	A	B	C
1 Pour extraire une espèce chimique d'un solide, on peut réaliser :	une extraction liquide/liquide.	une extraction solide/liquide.	une hydrodistillation.
2 Deux solvants non miscibles peuvent être séparés à l'aide :	d'un dispositif de filtration.	d'un dispositif d'hydrodistillation.	d'une ampoule à décanter.
3 Lors d'une extraction liquide/liquide :	la solubilité de l'espèce dans le solvant d'extraction doit être plus faible que sa solubilité dans le solvant de départ.	le solvant d'extraction et le solvant de départ doivent être non miscibles.	la solubilité de l'espèce dans le solvant d'extraction doit être plus grande que sa solubilité dans le solvant de départ.
4 Lors d'une hydrodistillation il se produit l'entraînement d'une espèce chimique :	peu soluble dans l'eau à l'état liquide.	très soluble dans l'eau à l'état liquide.	à la vapeur d'eau.

4 Synthétiser une espèce chimique

Si erreur, revoir § 4, p. 282.

	A	B	C
1 Synthétiser une espèce chimique permet d'obtenir des espèces chimiques :	qui n'existent pas dans la nature.	qui existent dans la nature.	aux propriétés intéressantes.
2 Le montage à reflux schématisé ci-dessous est incorrect car : 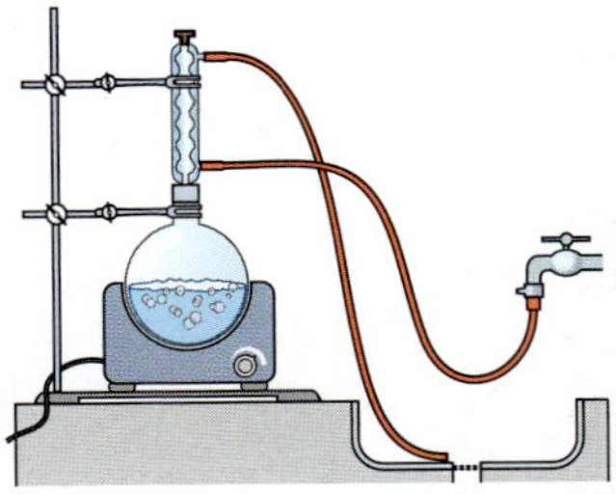	le réfrigérant ne doit pas être bouché.	il manque un support élévateur.	l'eau doit arriver par le haut du réfrigérant.
3 Lors d'un chauffage à reflux, il n'y a pas de perte de matière grâce :	au support élévateur.	au chauffe-ballon.	au réfrigérant.
4 À la fin de la synthèse d'une espèce chimique solide, on peut :	réaliser une extraction liquide/liquide pour l'isoler du milieu réactionnel.	mesurer sa température de fusion pour contrôler sa pureté.	réaliser une filtration pour l'isoler du milieu réactionnel.

Exercice résolu

Compétences
- Mobiliser et organiser ses connaissances.
- Effectuer des calculs.

5 Étudier la synthèse d'un matériau

> Dans les rallyes de motocross, les équipements de protection sont renforcés avec du Kevlar®.

Énoncé

Le Kevlar® est un matériau à la fois léger et résistant. On peut synthétiser du Kevlar®, en prélevant les quantités $n(\text{A}) = 1{,}0 \times 10^{-2}$ mol d'acide téréphtalique et $n(\text{B}) = 1{,}0 \times 10^{-2}$ mol de 1,4-diaminobenzène.

A : 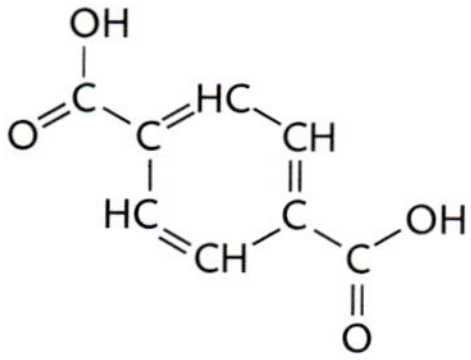

B : 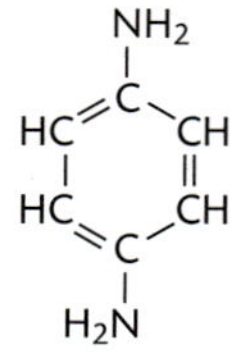

1 Déterminer les masses $m(\text{A})$ d'acide téréphtalique et $m(\text{B})$ de 1,4-diaminobenzène nécessaires et décrire leur prélèvement.

2 Recopier les formules des molécules A et B, puis repérer et nommer les groupes caractéristiques présents.

Données
- Tableau des groupes caractéristiques, p. 121
- Températures de fusion : $T_{\text{fus}}(\text{A}) = 300$ °C et $T_{\text{fus}}(\text{B}) = 141$ °C
- Masses molaires : $M(\text{A}) = 166$ g·mol^{-1} et $M(\text{B}) = 108$ g·mol^{-1}

Analyse de l'énoncé

- Comment prélever des quantités de matière ?
- Comment relier les quantités de matière et les masses ?
- Les réactifs sont-ils solides ou liquides à température et pression ambiantes ?
- Comment repérer des groupes caractéristiques ?

Conseils

1 On prélève des solides en les pesant et des liquides en mesurant leur volume.

Pour relier les quantités de matière aux masses, il faut utiliser la masse molaire (voir diagramme, p. 250).

$T_{\text{fus}}(\text{A})$ et $T_{\text{fus}}(\text{B})$ sont supérieures à 25 °C, donc, à température et pression ordinaires, les deux espèces chimiques sont solides.

2 Repérer les atomes autres que les atomes de carbone et d'hydrogène et se reporter au tableau des groupes caractéristiques, p. 121.

Solution rédigée

1 Les masses à prélever sont :

$m(\text{A}) = n(\text{A}) \times M(\text{A}) = 1{,}0 \times 10^{-2} \times 166 = 1{,}7$ g

$m(\text{B}) = n(\text{B}) \times M(\text{B}) = 1{,}0 \times 10^{-2} \times 108 = 1{,}1$ g

On prélève les espèces chimiques solides à l'aide d'une coupelle, d'une spatule et d'une balance.

2 Les groupes caractéristiques sont :

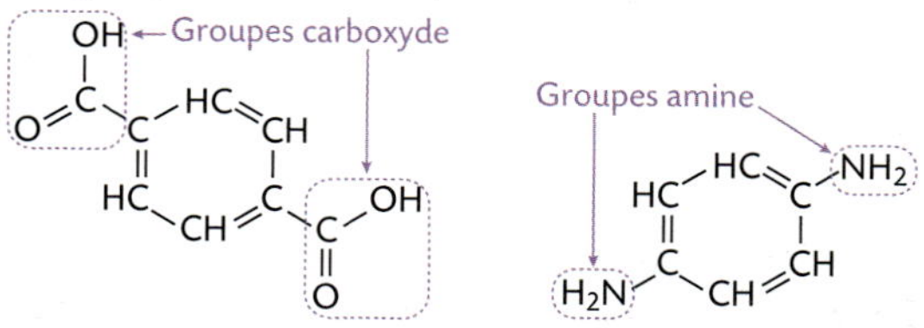

6 Application immédiate

Le nylon 6-6 est utilisé dans l'élaboration des toiles de parachute pour sa haute résistance mécanique. L'acide adipique intervient dans la synthèse du nylon 6-6. On peut synthétiser l'acide adipique en prélevant 3,7 mL de cyclohexanone, notée A (masse molaire $M(\text{A}) = 98{,}1$ g·mol^{-1} et densité $d(\text{A}) = 0{,}95$), et 5,7 g de permanganate de potassium, noté B (masse molaire $M(\text{B}) = 158{,}0$ g·mol^{-1}).

1 Recopier la formule de la cyclohexanone, puis repérer et nommer le groupe caractéristique.

2 Déterminer les quantités de réactifs prélevés. Décrire leurs prélèvements.

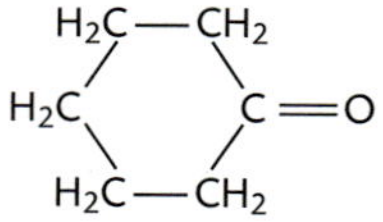

Cyclohexanone

→ Corrigés, p. 338.

Exercices

Compétences — Parcours d'apprentissage

Compétences	7	9	11	13	15	17	20	24
Savoir que certains matériaux proviennent de la nature et d'autres de la chimie de synthèse.								●
Utiliser des modèles moléculaires et des logiciels de représentation.	●						●	●
Représenter des formules développées et semi-développées correspondant à des modèles moléculaires.	●						●	●
Savoir qu'à une formule brute peuvent correspondre plusieurs formules semi-développées.		●					●	
Repérer la présence de groupes caractéristiques dans une formule semi-développée.	●						●	●
Interpréter les informations provenant d'étiquettes et de divers documents.			●					●
Élaborer ou mettre en œuvre un protocole d'extraction à partir d'informations sur les propriétés physiques des espèces chimiques recherchées.					●			
Utiliser une ampoule à décanter, un dispositif de filtration, un appareil de chauffage dans les conditions de sécurité.					●			
Réaliser et interpréter une chromatographie sur couche mince.				●				
Prélever une quantité de matière d'une espèce chimique donnée.						●		●
Mettre en œuvre un protocole expérimental pour réaliser la synthèse d'une molécule et son identification.						●		

Données

- Couleur des modèles moléculaires : voir tableau, p. 118
- Principaux groupes caractéristiques : voir tableau, p. 121

Pour commencer

Décrire une molécule

7 Comprendre le modèle d'une molécule

■ Utiliser un modèle.

En 1954, des joueurs de football allemands se seraient dopés à la méthamphétamine (pervitine).

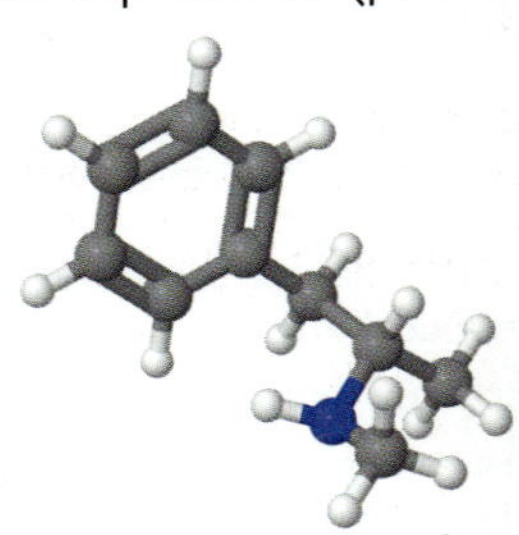

> Modèle de la molécule de pervitine.

1. Écrire la formule brute de la pervitine et indiquer sa composition.

2. Écrire la formule semi-développée de la pervitine.

3. Repérer et nommer le groupe caractéristique présent dans la molécule.

8 Identifier des groupes caractéristiques

■ Restituer ses connaissances ; utiliser un modèle.

L'effet bénéfique de l'activité physique sur le moral est dû à la sécrétion par l'organisme de molécules comme la dopamine.

1. Écrire la formule semi-développée de la dopamine.

2. Nommer les groupes caractéristiques repérés dans la molécule.

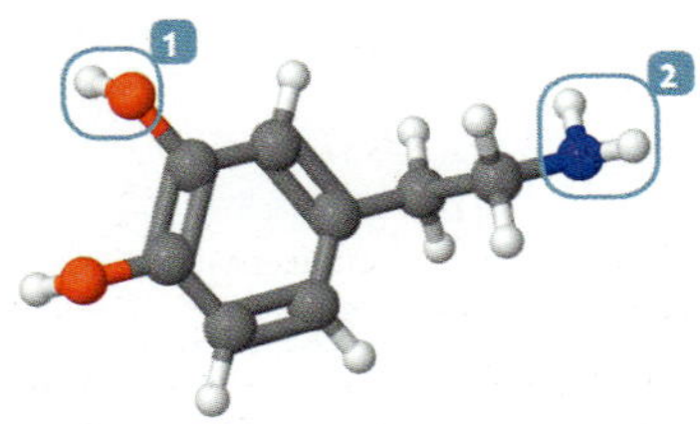

> Modèle de la molécule de dopamine.

9 Identifier des isomères

■ Mobiliser et organiser ses connaissances.

L'acide γ-aminobutyrique (GABA), sécrété par l'organisme, joue un rôle dans la réduction du stress lors des activités sportives.
Le N-(2-hydroxyéthyl) acétamide est une espèce isomère du GABA.

$$HO-\overset{\displaystyle O}{\overset{\|}{C}}-CH_2-CH_2-CH_2-NH_2$$

> Formule semi-développée du GABA.

$$H_3C-\overset{\displaystyle O}{\overset{\|}{C}}-NH-CH_2-CH_2-OH$$

> Formule semi-développée du N-(2-hydroxyéthyl)acétamide.

1. À partir des formules semi-développées représentées ci-dessus, écrire la formule brute des molécules.

2. Justifier que ces deux espèces sont isomères.

10 Représenter des isomères

■ Proposer un modèle.

Les PHB sont une famille de polymères biodégradables dont les propriétés sont à l'étude pour la conception de chaussures de sport.
Par exemple, le poly-3-hydroxybutyrate peut être synthétisé à partir de l'acide 3-hydroxybutyrique :

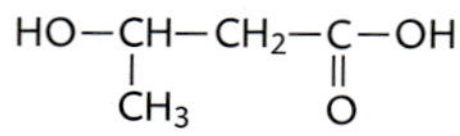

• La formule semi-développée de l'un de ses isomères est représentée ci-dessous. Justifier que ces molécules sont celles d'espèces isomères.

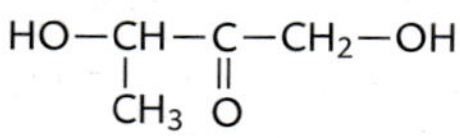

Caractériser une espèce chimique

11 Utiliser une température de changement d'état

■ Mobiliser ses connaissances ; extraire et exploiter des informations.

On dispose de trois acides contenus dans trois flacons non étiquetés :
– acide lactique (T_{fus} = 18 °C) ;
– acide tartrique (T_{fus} = 206 °C) ;
– acide acétylsalicylique (T_{fus} = 135 °C).

• Comment peut-on identifier, au laboratoire, ces trois acides ?

12 Identifier l'état physique d'une espèce

■ Extraire et exploiter des informations d'un tableau.

• À partir de leurs températures de fusion et d'ébullition, déterminer l'état physique, à 25 °C, des espèces utilisées pour synthétiser des polymères et citées dans le tableau suivant.

Espèce chimique	Température d'ébullition (°C) sous P = 1 bar	Température de fusion (°C) sous P = 1 bar
Styrène	145	–31
Acide adipique	338	152
1,3-butadiène	–4	–109
Éthène	–104	–169
Butane-1,4-diamine	160	27

13 Choisir un chromatogramme

■ Exploiter des résultats expérimentaux ; rédiger une explication.

L'estragol est une espèce présente dans l'huile essentielle d'estragon utilisée pour soulager les crampes musculaires.
Pour vérifier sa présence dans l'huile essentielle, on réalise une chromatographie en déposant :
– une solution d'estragol en A ;
– une solution d'huile essentielle d'estragon en B.

1. Sachant que l'estragol est l'espèce la moins entrainée par l'éluant, à quel chromatogramme correspond l'expérience réalisée ?

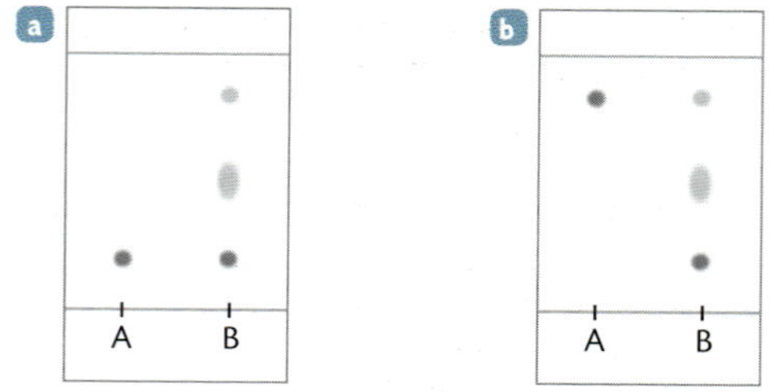

2. Interpréter le chromatogramme pour justifier la présence d'estragol dans l'huile essentielle d'estragon.

14 Interpréter un chromatogramme

■ Exploiter des résultats expérimentaux.

On réalise une chromatographie pour identifier certaines espèces contenues dans une huile essentielle de menthe utilisée pour soulager la douleur en cas de traumatisme musculaire.

• Interpréter le chromatogramme donné ci-contre.

> A : menthol ; B : huile essentielle de menthe poivrée ; C : eucalyptol.

Extraire et séparer des espèces chimiques

15 Légender un montage d'extraction

■ Restituer et mobiliser ses connaissances.

La gaulthérie est un arbuste dont les feuilles contiennent du salicylate de méthyle. L'huile essentielle de gaulthérie, obtenue par hydrodistillation, est appréciée des sportifs pour soulager les courbatures.

1. Légender le schéma du montage ci-dessous.

2. Préciser la position des deux phases alors obtenues, sachant que l'huile essentielle de gaulthérie a une densité voisine de 1,2.

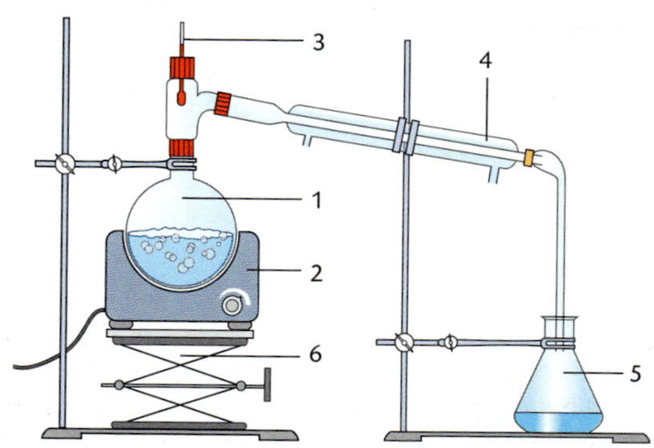

16 Schématiser un procédé de séparation

■ Extraire et exploiter des informations d'un tableau ; faire un schéma adapté.

Pour séparer la phase aqueuse de la phase organique contenant un principe actif, on utilise une ampoule à décanter.

• En précisant la position des différents liquides, schématiser et légender l'ampoule à décanter lorsqu'elle contient :

a. la phase aqueuse et du cyclohexane ;
b. la phase aqueuse et du tétrachlorométhane ;
c. la phase aqueuse et de l'éthanol.

Espèce	Eau	Éthanol	Cyclohexane	Tétrachlorométhane
Densité à 20 °C	1,00	0,79	0,78	1,59
Miscibilité avec l'eau	Totale	Totale	Nulle	Nulle

Synthétiser une espèce chimique

17 Réaliser une synthèse

■ Faire un schéma adapté ; extraire et exploiter des informations d'un tableau ; effectuer des calculs.

Pour synthétiser un polymère biodégradable, on introduit dans un ballon 10 g d'amidon, 10 mL de glycérol, environ 5 mL d'une solution d'acide chlorhydrique à 0,1 $mol \cdot L^{-1}$ et 100 mL d'eau.
Le mélange est chauffé à reflux.

1. Schématiser et légender le montage de chauffage à reflux dont la photographie est donnée ci-contre.

2. Pourquoi chauffe-t-on à reflux ?

3. Le glycérol est un liquide. Déterminer la quantité de matière prélevée.

Données

• Pour le glycérol :

Formule brute	Masse molaire ($g \cdot mol^{-1}$)	Masse volumique ($g \cdot mL^{-1}$)
$C_3H_8O_3$	92,0	1,26

18 Synthétiser une molécule

■ Mobiliser et organiser ses connaissances ; effectuer des calculs ; écrire un résultat de manière adaptée.

La benzocaïne est un anesthésique local utilisé dans de nombreuses pommades comme celles indiquées dans le traitement des piqûres d'insecte. Ce principe actif peut induire une réaction positive lors des tests anti-dopage.

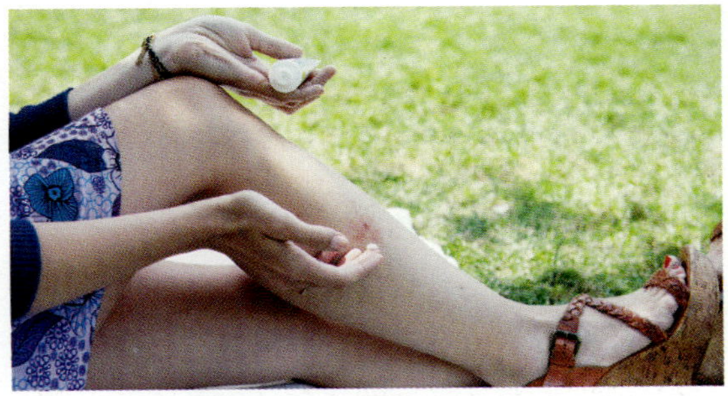

La benzocaïne peut être préparée à partir de $n_1 = 7{,}88 \times 10^{-3}$ mol de cristaux d'acide para-aminobenzoïque et un volume $V_2 = 17{,}5$ mL d'éthanol.

• Déterminer les masses m_1 et m_2 d'acide para-aminobenzoïque et d'éthanol à peser.

Données

• Acide para-aminobenzoïque : $M_1 = 137\ g \cdot mol^{-1}$
• Éthanol : $\rho_2 = 0{,}79\ g \cdot mL^{-1}$

19 Préparer une synthèse

■ Effectuer des calculs ; respecter les règles de sécurité.

> Marc-Andre CRATÈRE, médaillé d'argent de sabre aux Jeux paralympiques de Londres, en 2012.

Les combinaisons d'escrime contiennent du poly-paraphénylène téréphtalamide (Kevlar®), un polymère résistant qui protège des coups de fleuret.
Pour sa synthèse en laboratoire, on fait réagir $n_1 = 0{,}50$ mol de paraphénylènediamine $C_6H_8N_2$ avec $n_2 = 0{,}50$ mol de chlorure de téréphtaloyle $C_8H_4O_2Cl_2$.

1. Calculer les masses m_1 et m_2 des réactifs nécessaires à cette synthèse.

2. Décrire le prélèvement des cristaux de paraphénylènediamine, dont les pictogrammes de sécurité sont fournis ci-contre.

Données

• $M(C_6H_8N_2) = 108{,}0\ g \cdot mol^{-1}$
• $M(C_8H_4O_2Cl_2) = 203{,}0\ g \cdot mol^{-1}$

Pour s'entraîner

20 Connaître les critères de réussite

La crampe du sportif

■ Utiliser un modèle ; présenter sous une forme appropriée.

Après un effort prolongé et lorsque l'organisme est en manque de dioxygène, de l'acide lactique peut s'accumuler dans les muscles et provoquer des crampes.

1. À partir des modèles représentés ci-dessous, écrire les formules brutes et semi-développées des molécules d'acide lactique, de 1,1-dihydroxypropanone et d'éthanoate d'hydroxyméthyle.

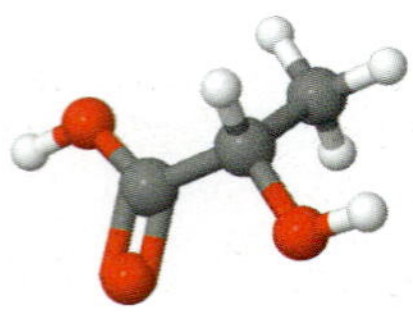

> Modèle de la molécule d'acide lactique.

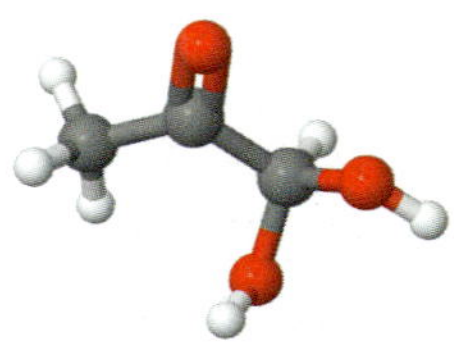

> Modèle de la molécule de 1,1-dihydroxypropanone.

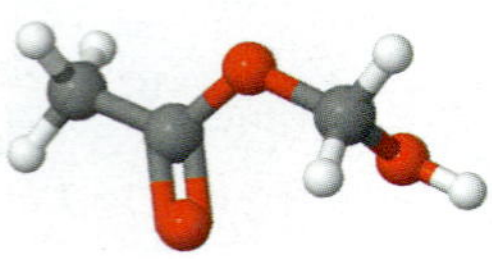

> Modèle de la molécule d'éthanoate d'hydroxyméthyle.

2. Repérer et nommer les groupes caractéristiques présents dans les formules semi-développées des molécules.

3. Les trois espèces sont-elles isomères ?

	Critères de réussite	Barème
1.	Chaque formule écrite est correcte.	1,5 pt
	Chaque formule est nommée.	0,25 pt
	Les représentations sont soignées (symboles des atomes, indices et tirets de liaison lisibles).	0,25 pt
2.	Seuls les atomes formant le groupe sont entourés. Les groupes sont nommés correctement.	0,5 pt
	Le nom donné est relié au groupe.	0,25 pt
	Les groupes sont entourés proprement.	0,25 pt
3.	La réponse est exacte.	0,25 pt
	Le lien entre la formule brute et l'isomérie est donné.	0,5 pt
	Une phrase est proposée.	0,25 pt

| cours maîtrisé | réponse complète | présentation **4 pts**

21 À chacun son rythme

Une molécule de sevrage

■ Se questionner, reformuler ; utiliser un modèle.

Commencer par résoudre l'énoncé compact. En cas de difficultés, passer à l'énoncé détaillé.

Les androgènes anabolisants constituent l'une des classes médicamenteuses les plus utilisées pour le dopage. Ils peuvent provoquer une accoutumance. Un sevrage à la clonidine peut s'avérer alors nécessaire. Cette molécule existe sous deux formes : A et B.

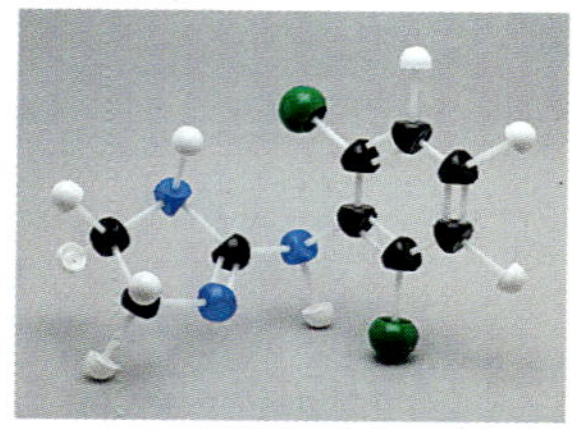

> Modèle moléculaire de la molécule A.

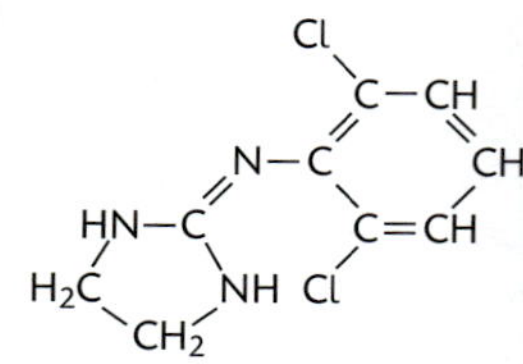

> Formule semi-développée de la molécule B.

Énoncé compact

• Ces deux molécules sont-elles celles d'espèces isomères ?

Énoncé détaillé

1. Qu'appelle-t-on des espèces isomères ?

2. À partir du modèle de la molécule A et de la formule semi-développée de la molécule B représentés ci-dessus, écrire la formule brute de chacune d'elles.

3. Les deux molécules sont-elles celles d'espèces isomères ?

22 Proposer des procédés d'extraction

■ Rédiger un protocole.

La fleur d'arnica est connue des sportifs qui veulent apaiser les tensions musculaires ou les ecchymoses provoquées par des coups.

Elle contient un principe actif, l'arnicine.

1. Un macérât huileux de fleurs ou de plantes peut être obtenu en laissant macérer à froid, pendant 3 à 6 semaines, entre 100 et 300 g de fleurs ou de plantes dans 1 litre d'huile végétale.

a. Quel est le type d'extraction réalisée ?

b. Comment récupérer l'huile de macération ?

2. L'arnicine est également très soluble dans l'eau bouillante. Proposer un protocole d'extraction et de séparation.

3. Quel risque la décoction comporte-t-elle pour les principes actifs ? Pourquoi dit-on que la macération dans l'huile est une technique plus « douce » que la décoction, c'est-à-dire le chauffage des fleurs d'arnica dans l'eau bouillante ?

23 Un gel chauffant pour coureur frileux

■ Extraire et exploiter des informations d'un tableau ; élaborer un protocole ; proposer une hypothèse.

> Clément Thévenet, vainqueur du Marathon des Glaces (Antarctique) en 2011.

Des gels chauffants peuvent être utilisés par les sportifs pratiquant par temps froid. Ils contiennent de la capsaïcine, espèce contenue dans le piment rouge, qui active les récepteurs de chaleur de la peau.

Solvant	Benzène	Éthoxyéthane	Éthanol	Eau
Densité	0,88	0,71	0,79	1,00
Solubilité de la capsaïcine à 20 °C	Soluble	Soluble	Soluble	Peu soluble
Miscibilité avec l'eau	Non	Non	Oui	Oui
Pictogrammes de sécurité	 	 		
Mentions de danger	H225, H304, H315, H319, H340, H350, H372	H225, H319, H336	H225	–

• Élaborer un protocole d'extraction par solvant de la capsaïcine à partir du piment, en précisant les consignes de sécurité à respecter pour manipuler sans danger. Pour les différentes étapes, faire des schémas légendés.

24 L'éphédrine : un stimulant interdit

■ Mobiliser et organiser ses connaissances ; extraire et exploiter des informations ; utiliser un modèle ; effectuer des calculs.

Partie 1 : l'extraction

L'éphédrine est un alcaloïde présent dans le Ma Huang, remède traditionnel chinois préparé depuis 3 200 av. J.-C. à partir d'une plante nommée Éphedra.

L'éphédrine est connue pour ses propriétés stimulantes. Sa durée d'action est cinq à six fois supérieure à celle de l'adrénaline, hormone naturelle sécrétée par l'organisme en cas de stress ou lors d'une activité physique. Considérée comme un produit dopant, elle est interdite en compétition depuis de nombreuses années.

1. Pour extraire l'éphédrine de l'Éphedra, on ajoute une solution aqueuse de carbonate de calcium aux rameaux de la plante pulvérisés, puis, après ajout d'acide chlorhydrique, on extrait les alcaloïdes de la solution avec du chloroforme.

Une étape d'évaporation est ensuite nécessaire pour récupérer les alcaloïdes avant de les séparer.

a. Pour les deux procédés d'extraction ci-dessus, indiquer s'il s'agit d'extraction solide/liquide ou d'extraction liquide/liquide.

b. Préciser le rôle de l'étape d'évaporation.

2. a. Écrire les formules semi-développées des molécules représentées ci-dessous, puis repérer et nommer les groupes caractéristiques.

b. À partir de la structure des molécules d'adrénaline et d'éphédrine, justifier que ces espèces possèdent des propriétés voisines.

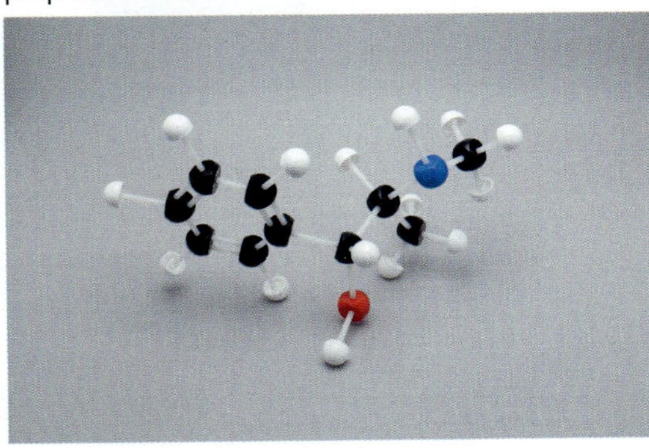

> Modèle moléculaire de la molécule d'éphédrine.

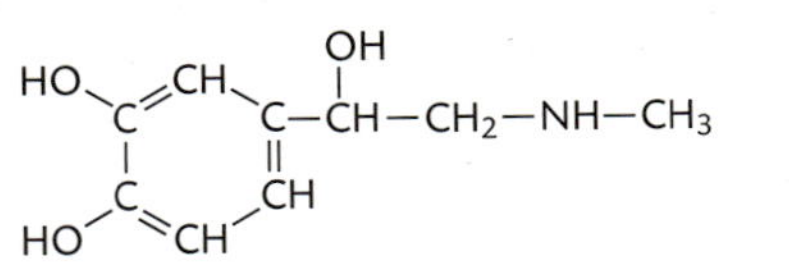

> Formule semi-développée de la molécule d'adrénaline.

Partie 2 : la synthèse

La synthèse de l'éphédrine est connue depuis 1923. La première étape consiste à faire réagir 0,10 mol de benzène, C_6H_6, noté A, et 0,20 mol de chlorure de propanoyle, $CH_3{-}CH_2{-}COCl$, noté B.

3. a. Calculer les masses m(A) et m(B) correspondantes.

b. En déduire les volumes V(A) et V(B) à prélever.

c. Comment les prélever ?

4. L'éphédrine synthétisée est-elle artificielle ?

Données

• Masses molaires :
$M(A) = 78{,}0\ g \cdot mol^{-1}$ $M(B) = 92{,}5\ g \cdot mol^{-1}$

• Masses volumiques à 20 °C :
$\rho(A) = 0{,}88\ g \cdot mL^{-1}$ $\rho(B) = 1{,}06\ g \cdot mL^{-1}$

25 Les avantages d'un produit de synthèse

■ Rédiger une synthèse.

Doc. 1

Les élastomères sont des polymères présentant des propriétés élastiques. Certains sont naturels comme le caoutchouc extrait de l'hévéa ; d'autres sont synthétiques. De nombreux élastomères sont fabriqués à partir du pétrole.

Doc. 2

> Les semelles de ces chaussures de course sont fabriquées à base de Pebax® Rnew, élastomère développé par la firme Arkema® en France.

« Produit par Arkema, Pebax® (*polyether block amide*) est une matière plastique de haute performance appartenant à la famille des élastomères thermoplastiques. Par rapport aux élastomères utilisés dans les équipements sportifs, Pebax® est 20 % plus léger, offre une meilleure résistance aux chocs, un retour d'énergie plus élevé, une excellente résistance aux UV et ne se rigidifie pas à basse température. Produit à partir d'huile de ricin, Pebax® Rnew concilie naturellement éco-conception et performances. »

D'après le site Internet www.arkema.com, communiqué de presse du 21/02/2013.

Doc. 3

« Pebax® Rnew est l'élastomère thermoplastique le plus léger et le plus résistant du marché. Plus souple, il renvoie plus rapidement l'énergie au coureur. Issu de la chimie du végétal, il participe à une économie moins carbonée. Très concrètement, l'analyse du cycle de vie des Pebax® Rnew met en évidence :

- une diminution jusqu'à 29 % de l'énergie fossile consommée (pétrole) ;
- une diminution jusqu'à 32 % des émissions de gaz à effet de serre (en équivalent CO_2). »

Extrait du dossier de presse du « Chemical World Tour », 30 août 2012.

• À l'aide des documents fournis, rédiger une synthèse d'environ cinq lignes des différents arguments, technologiques ou sociétaux présentant les avantages du Pebax® Rnew par rapport à un élastomère traditionnel.

26 Synthèse d'un anesthésiant

■ Restituer ses connaissances ;
extraire et exploiter des informations d'un tableau ;
faire un schéma ;
exploiter et interpréter des observations ;
effectuer des calculs.

La lidocaïne est un anesthésique local classé comme produit dopant : certains sportifs l'utilisent pour limiter la douleur due à l'effort.
Sa synthèse peut être réalisée en chauffant à reflux, dans un solvant, une quantité $n(\text{A}) = 2{,}0 \times 10^{-2}$ mol de *N*-chloroacétyl-2,6-diméthylaniline (notée A) et une quantité $n(\text{B}) = 9{,}7 \times 10^{-2}$ mol de diéthylamine (notée B).
Pour identifier le produit formé et contrôler sa pureté, on réalise une chromatographie sur couche mince.
On dépose :

- une solution du réactif A en **1** ;
- une solution du produit de synthèse en **2** ;
- une solution de lidocaïne en **3**.

Après révélation, on obtient le chromatogramme ci-dessous :

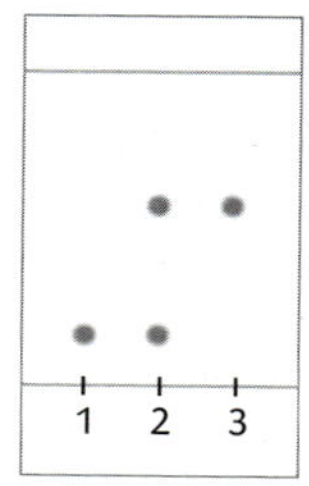

Données

• Caractéristiques physiques des espèces :

Espèce chimique	A	B	Lidocaïne
Masse molaire ($\text{g}\cdot\text{mol}^{-1}$)	197,7	73,0	234,3
Température d'ébullition sous 1 bar (°C)	317	55	180
Température de fusion sous 1 bar (°C)	143-148	−50	68
Masse volumique ($\text{g}\cdot\text{mL}^{-1}$)	–	0,707	–

1. a. Schématiser et légender le montage de chauffage à reflux.
b. Quel est le rôle du réfrigérant ?

2. À partir des données de températures de fusion et d'ébullition, justifier qu'à 25 °C l'espèce A est solide et l'espèce B est liquide.

3. a. Calculer la masse $m(\text{A})$ à prélever.
b. Calculer le volume $V(\text{B})$ à prélever.
c. Décrire les prélèvements des espèces A et B.

4. Quelles conclusions peut-on tirer de l'analyse du chromatogramme ?

Pour aller plus loin

27 Synthetic Polymers

■ Extraire et exploiter des informations.

> The Riverbank Arena, used for hockey during the 2012 London Olympics, is made of polyethylene Dowlex™.

Doc. 1

« Some molecules contain so many atoms (up to tens of thousands) that understanding their structure would seem to be an impossible task. These molecules, called polymers, fall into two classes: natural and synthetic. Natural polymers include many of the biomolecules that are essential to life: proteins, nucleic acids, and carbohydrates [...]. Synthetic polymers –most of which were developed in just the last 60 or so years– include plastics, synthetic rubbers, and synthetic fibers. The simplest very large molecule, or macromolecule, is polyethylene. Polyethylene is formed by joining many ethylene molecules, $H_2C{=}CH_2$, end to end. The repeated addition of small molecules to form a long, continuous chain is called polymerization, and the resulting chain is called a polymer (poly = many; mer = unit). The small molecules or units from which polymers are synthesized are called monomers. »

Extract from *General chemistry*, 4th edition, by D. McQuarrie, P. Rock, and E. Gallogly, University Science Books, © 2011, DeBoeck Edition.

Vocabulaire : *task* : tâche ; *carbohydrates* : sucres ; *rubbers* : caoutchoucs.

Doc. 2

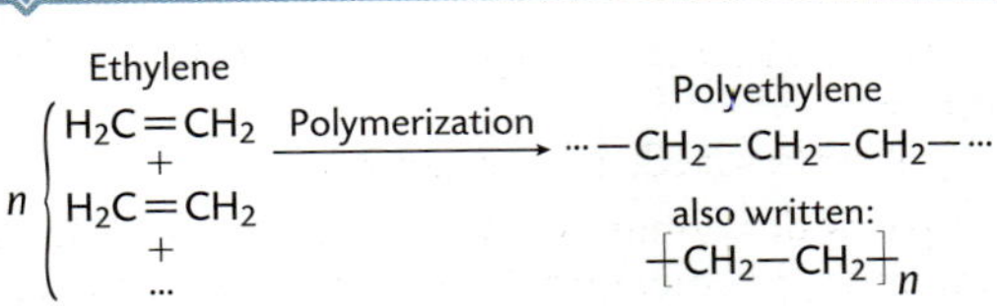

1. Le polyéthylène est-il naturel ou de synthèse ?
2. Citer le monomère servant à la synthèse du polyéthylène.
3. Qu'est-ce qu'une polymérisation ?
4. Dans le doc. 2, que représente la lettre n ?

28 Un anti-inflammatoire

■ Mobiliser et organiser ses connaissances ; extraire et exploiter des informations d'un tableau ; faire un schéma ; respecter des règles de sécurité ; effectuer des calculs.

Le salicylate de méthyle est un anti-inflammatoire utilisé pour soulager les courbatures. Il est possible de le synthétiser à partir d'acide salicylique et de méthanol.

Protocole de synthèse

- Dans un ballon, introduire une masse $m_1 = 27{,}6$ g d'acide salicylique, un volume V_2 d'environ 20 mL de méthanol et 1 mL d'acide sulfurique concentré pour accélérer la réaction.
- Chauffer à reflux.
- Après quelques heures de chauffage, laisser refroidir à température ambiante.
- Ajouter dans le ballon 100 mL d'eau glacée et verser le mélange dans une ampoule à décanter.
- Extraire le salicylate de méthyle avec du cyclohexane.
- Après purification, on récupère une masse $m_3 = 11$ g de salicylate de méthyle.

Données

Nom	Formule	Masse molaire ($g \cdot mol^{-1}$)	Masse volumique à 20 °C ($g \cdot mL^{-1}$)	Pictogrammes de sécurité
Acide salicylique	$C_7H_6O_3$	$M_1 = 138{,}0$	$\rho_1 = 1{,}44$	
Méthanol	CH_4O	$M_2 = 32{,}0$	$\rho_2 = 0{,}79$	
Cyclohexane	C_6H_{12}	$M_3 = 84{,}0$	$\rho_3 = 0{,}78$	
Salicylate de méthyle	$C_8H_8O_3$	$M_4 = 152{,}0$	$\rho_4 = 1{,}17$	

- Masse volumique de l'eau : $1{,}00\ g \cdot mL^{-1}$ à 20 °C

1. Schématiser et légender le montage de chauffage à reflux.
2. Préciser les règles de sécurité à respecter pour manipuler les réactifs et le cyclohexane.
3. Vérifier que la quantité n_1 d'acide salicylique introduit est égale à 0,200 mol et que la quantité de méthanol n_2 est environ égale à 0,5 mol.
4. a. Décrire le mode opératoire de l'extraction du salicylate de méthyle par le cyclohexane.
b. Où se situe la phase organique dans l'ampoule à décanter ?
5. a. Calculer la quantité n_3 de salicylate de méthyle obtenu.
b. Le rendement de cette synthèse est donné par le rapport $\frac{n_3}{n_1}$. Le calculer et commenter le résultat.

Retour sur l'ouverture du chapitre 18

Des processus biochimiques aux matériaux innovants, comment la chimie s'inscrit-elle dans le domaine du sport ?

29 Des fibres antibactériennes

■ Extraire et exploiter des informations ; utiliser un modèle ; exploiter des résultats ; rédiger une explication.

Doc. 1

Lors de la transpiration, la prolifération de bactéries est à l'origine des mauvaises odeurs. Des industriels ont mis au point des textiles antibactériens pour sportifs, en incorporant dans les fibres des principes actifs, tels que le triclosan, composé organochloré, *antibactérien à large spectre*.

Doc. 2

Présent dans de nombreux produits d'hygiène, le triclosan pourrait faire plus de mal que de bien, si l'on en croit les conclusions d'une nouvelle étude. Non seulement il est soupçonné d'agir comme un *perturbateur endocrinien*, mais il altérerait aussi la fonction musculaire, en particulier celle du muscle cardiaque.

D'après l'article « Le triclosan bientôt banni des produits d'hygiène. », site Internet www.lepoint.fr., A. Jeanblanc, publié le 18/08/2012.

Doc. 3

> Modèle moléculaire du triclosan.

Doc. 4

Les composés organochlorés de synthèse sont des composés organiques comportant au moins un atome de chlore. Ils ont des propriétés insecticides, fongicides, pesticides. On peut citer le DDT (a), utilisé lors de la Seconde Guerre mondiale pour éradiquer les moustiques porteurs du paludisme ou le trichlocarban (b) utilisé dans des produits désinfectants.

a

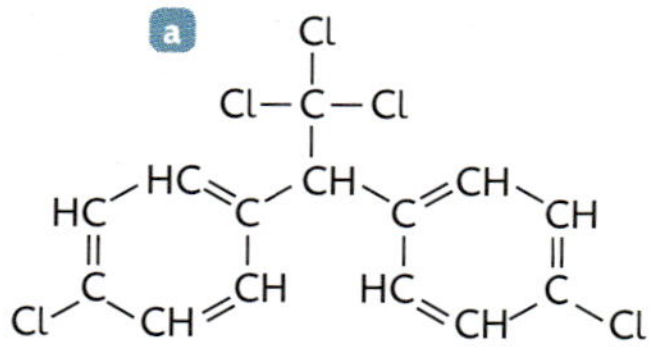

b

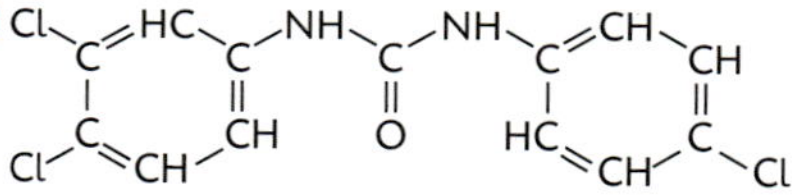

Doc. 5

Le triclosan est utilisé dans les détergents, les liquides vaisselle, les savons, les déodorants, les crèmes, les dentifrices bactéricides, etc. Avec une solubilité dans l'eau de 10 mg·L^{-1} à 20 °C, il y est peu soluble mais contribue, néanmoins, à la toxicité des eaux usées domestiques. Pour évaluer sa concentration dans les eaux, une extraction liquide-liquide au dichlorométhane, au toluène ou à l'hexane, peut être réalisée.

1. Rechercher la définition des mots ou expressions en italique dans les doc. 1 et 2.

2. a. Établir la formule semi-développée du triclosan.

b. En comparant les formules semi-développées des molécules citées dans le doc. 4 et celle du triclosan, justifier qu'elles ont des propriétés similaires.

c. Pourquoi l'ajout de triclosan dans les fibres textiles limite-t-elle les odeurs dues à la transpiration (doc. 1) ?

d. Le triclosan est-il sans danger pour l'homme (doc. 2) ?

3. a. Comment le triclosan peut-il contaminer les eaux usées domestiques (doc. 5) ?

b. Pourquoi l'extraction directe du triclosan des eaux usées est-elle qualifiée d'extraction liquide/liquide ?

SPORT

> La plupart des accidents de plongée sont liés aux variations de la pression de l'eau. Pour les éviter, il est impératif de respecter des règles. Par exemple, lors d'une remontée, un plongeur doit bien expirer pour chasser l'air de ses poumons.

Chapitre 19

Sport et pression

Quelle est l'influence de la pression sur la pratique sportive ?

→ **Exercice 27**, p. 307.

Compétences

- Savoir que, dans les liquides et dans les gaz, la matière est constituée de molécules en mouvement. → Activité 1
- Utiliser la relation $P = \frac{F}{S}$, F étant la force pressante exercée sur une surface S, perpendiculairement à cette surface. → Activité 1
- Savoir que la différence de pression entre deux points d'un liquide dépend de la différence de profondeur. → Activité 2
- Savoir que la quantité maximale de gaz dissous dans un volume donné de liquide augmente avec la pression. → Activité 4
- Savoir que, à pression et température données, un nombre donné de molécules occupe un volume indépendant de la nature du gaz.
- *Pratiquer une démarche expérimentale pour établir un modèle à partir d'une série de mesures.* → Activités 2 et 3

Activité documentaire

À la maison

1 Pression et altitude

En haute altitude, la pression de l'air est très faible. Pour mieux respirer, les alpinistes utilisent des bouteilles de dioxygène.

▶ **Pourquoi manque-t-on de dioxygène en altitude ?**

Compétences

- Savoir que dans les gaz, la matière est constituée de molécules en mouvement.
- Utiliser la relation $P = \frac{F}{S}$.

Doc. 1 Rappels de Collège

• Un gaz est constitué d'un grand nombre de molécules en mouvement incessant.
• Un gaz est compressible ou expansible, car les molécules qui le constituent sont espacées et indépendantes les unes des autres.
• Lorsque l'on diminue le volume d'un gaz, sa pression augmente. Lorsque l'on augmente son volume, sa pression diminue.
• La pression de l'air qui nous entoure se nomme pression atmosphérique. Au niveau de la mer, elle vaut en moyenne $1{,}013 \times 10^5$ pascals.

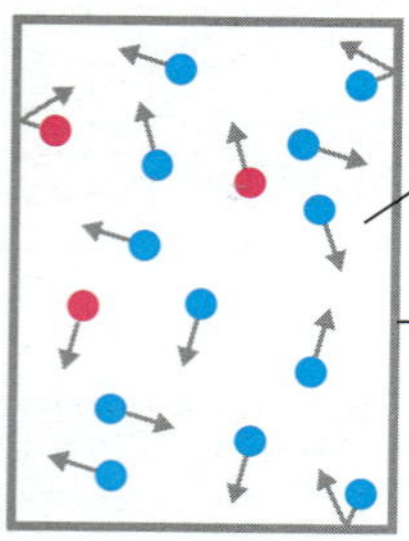

> Représentation moléculaire de l'air. On a représenté les molécules de dioxygène par des boules rouges et celles de diazote par des boules bleues. Les flèches indiquent la direction et le sens du mouvement des molécules.

Doc. 2 Pression et force pressante

La surface S d'un corps au contact d'un fluide (liquide ou gaz) à la pression P subit de la part de ce fluide une force pressante de valeur F. Ces trois grandeurs sont liées par la relation :

$$P = \frac{F}{S}$$

P en newton par mètre carré ($N{\cdot}m^{-2}$) ou pascal (Pa) ; F en newton (N) ; S en mètre carré (m^2)

Doc. 3 Alpiniste en haute altitude

Analyse et synthèse

1 a. Qu'y a-t-il entre les molécules d'un gaz (doc. 1) ?
b. Quel aspect du modèle microscopique permet d'expliquer qu'un gaz est compressible et expansible (doc. 1) ?
c. D'après le schéma du doc. 1, comment se traduit le fait que le mouvement des molécules d'un gaz est désordonné ?

2 On modélise l'action de l'air sur une paroi par une force appelée force pressante. À quel phénomène microscopique est due l'action d'un gaz sur une paroi (doc. 1) ?

3 La pression de l'air à 8 000 m d'altitude est environ égale à $3{,}50 \times 10^4$ Pa. Quelle est la valeur de la force pressante exercée par l'air sur une surface de $2{,}0\ m^2$ au niveau de la mer ? à 8 000 m d'altitude ?

Compétences travaillées

S'approprier • Extraire des informations.
Analyser • Exploiter des informations.
Réaliser • Effectuer des calculs numériques.

Un pas vers le cours

4 a. Proposer une hypothèse sur l'aspect microscopique des gaz (diazote et dioxygène) constituant l'air à ces deux altitudes.
b. Justifier que les alpinistes en haute altitude éprouvent des difficultés à produire un effort (doc. 3).

Communiquer • Rendre compte à l'écrit en utilisant un vocabulaire scientifique adapté et rigoureux.

Activité expérimentale

2 Plongée sous pression

En plongée sous-marine, il faut être attentif à la pression.

▶ **Quelle est la relation entre la pression de l'eau et la profondeur à laquelle on se trouve ?**

Compétences

- Savoir que la différence de pression entre deux points d'un liquide dépend de la différence de profondeur.
- *Pratiquer une démarche expérimentale pour établir un modèle à partir d'une série de mesures.*

Activité

Doc. 1 Pression et profondeur

Ce schéma, provenant d'un manuel de plongée, donne la pression de l'eau pour quelques profondeurs et une relation permettant de déterminer la pression en fonction de la profondeur. La pression y est exprimée en bar.

Doc. 2 Le montage

On se propose de déterminer l'évolution de la pression en fonction de la profondeur dans un tube rempli d'eau.
Un capteur de pression permet de mesurer la pression à différentes profondeurs.

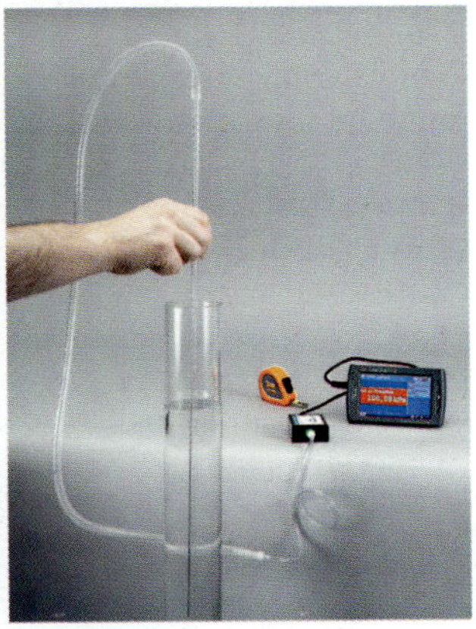

Analyse des documents

À la maison

1. Quelle est la pression à la surface de l'eau (**doc. 1**) ?
2. Quelle est la variation de pression lorsque la profondeur augmente de 10 m (**doc. 1**) ?

Compétences travaillées : **S'approprier** • Extraire des informations. **Analyser** • Exploiter des informations.

Pratique expérimentale

- Effectuer plusieurs mesures de la pression P (en pascal) en notant à chaque fois la profondeur z (en mètre) à laquelle se trouve l'extrémité du capteur (**doc. 2**).
Représenter graphiquement P en fonction de z.

Réaliser • Mettre en œuvre un protocole ; tracer un graphique.

3. Quelle est l'allure de la représentation graphique obtenue ?

Valider • Interpréter des observations, des mesures.

4. Déterminer la relation donnant P en fonction de z.

Valider • Choisir un modèle.

5. À quelle pression correspond l'ordonnée à l'origine de la représentation graphique ?

Analyser • Exploiter des observations.

6. À l'aide de la relation de la question 4, calculer la variation de pression de l'eau lorsque la profondeur augmente de 10 m. Retrouve-t-on la même valeur que celle qui figure dans le **doc. 1** ?

Analyser • Utiliser un modèle pour prévoir.

Un pas vers le cours

7. Écrire la relation entre la pression en un point d'une colonne d'eau et sa profondeur z. L'illustrer par un schéma.

Réaliser • Faire un schéma adapté.

Activité expérimentale

3 Pression et volume

Lorsqu'un plongeur remonte vers la surface, la pression de l'eau diminue. Cela impose au plongeur de bien expirer pour réguler le volume de l'air dans les poumons.

▶ **Quel est le lien entre la pression et le volume d'un gaz ?**

Compétence

- *Pratiquer une démarche expérimentale pour établir un modèle à partir d'une série de mesures.*

Doc. 1 Ça gonfle ou ça dégonfle

Pour expliquer à ses élèves la nécessité de bien expirer, un moniteur illustre ses propos à l'aide de la situation schématisée ci-dessous : un ballon, rempli d'air et hermétiquement fermé, est représenté à différentes profondeurs.

Pour chacune de ces profondeurs, on a indiqué la pression de l'air contenu dans le ballon et le volume du ballon.

Sur ce schéma, la pression est exprimée en bar : $1 \text{ bar} = 1 \times 10^5 \text{ Pa}$.

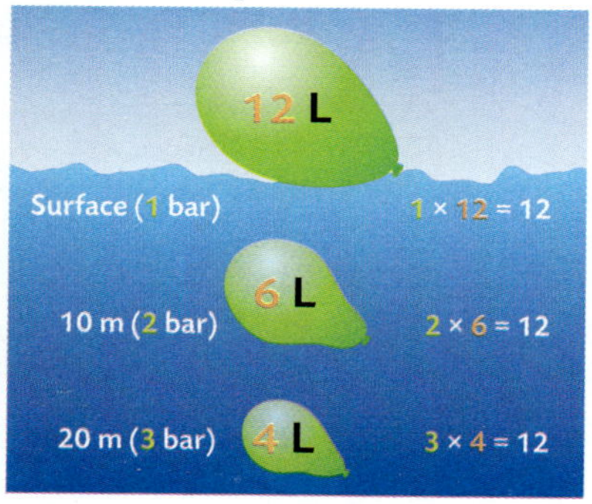

Doc. 2 Le montage

On se propose de déterminer l'évolution de la pression en fonction du volume d'un gaz emprisonné dans une seringue. Pour cela, on relie une seringue, dont le piston est enfoncé à moitié, à un capteur de pression.

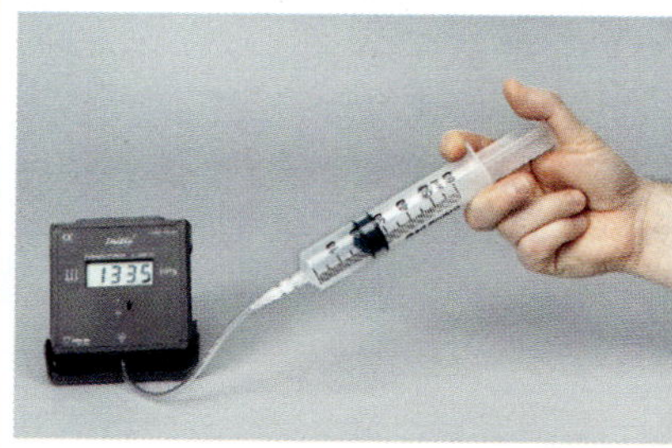

Analyse des documents

À la maison

1. Le nombre de molécules des gaz présents dans l'air contenu dans le ballon est-il modifié au cours de la remontée (**doc. 1**) ?
2. Comment évoluent, en fonction de la profondeur, le volume et la pression de l'air contenu dans le ballon (**doc. 1**) ?

Compétences travaillées

S'approprier • Extraire des informations.
Analyser • Exploiter des informations.

Investigation

3. Proposer une relation liant un volume V_1 d'air à la pression P_1 et le volume V_2 de cet air à la pression P_2.
4. En utilisant le dispositif du **doc. 2**, effectuer une série de mesures pour vérifier la relation proposée à la question 3.

En cas de difficultés, des solutions partielles sont disponibles en fin de manuel (p. 334).

S'approprier
Analyser
Réaliser
Valider
Être autonome et faire preuve d'initiative

Un pas vers le cours

5. Écrire la relation entre la pression P d'un gaz et le volume V qu'il occupe.
6. Expliquer pourquoi un plongeur court un risque s'il n'expire pas suffisamment lors de la remontée.

Analyser • Proposer un modèle.

Communiquer • Rédiger une explication.

Activité expérimentale

4 Gaz dissous dans un liquide

Compétence

- Savoir que la quantité maximale de gaz dissous dans un volume donné de liquide augmente avec la pression.

En plongée sous-marine, les variations de pression peuvent causer de nombreux accidents. Par exemple, la quantité de gaz dissous dans le sang dépend de la pression de l'eau et une modification brusque de cette pression peut avoir de graves conséquences sur la santé du plongeur.

▶ **Quelle est l'influence de la pression sur la dissolution d'un gaz dans un liquide ?**

Doc. 1 Air dissous dans le sang

La pression de l'eau augmente avec la profondeur. À cause de cette pression, la quantité de gaz dissous dans le sang d'un plongeur augmente avec la profondeur. Lors d'une remontée trop rapide, la pression diminue brutalement et il se forme des bulles de gaz dans le sang. Ces bulles peuvent bloquer la circulation du sang et léser les organes vitaux. Afin d'éviter la formation de ces bulles, le plongeur doit remonter lentement et, si besoin, effectuer des paliers de décompression, c'est-à-dire s'arrêter quelques minutes à des profondeurs précises.

Doc. 2 Expérience sur de l'eau gazeuse

Les eaux gazeuses contiennent du dioxyde de carbone dissous.

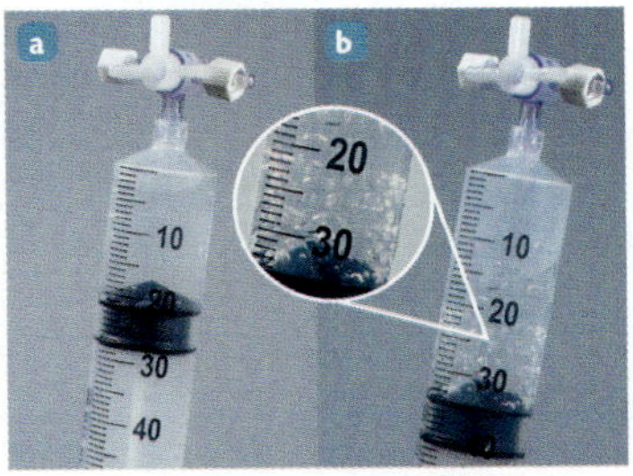

> Seringue à moitié remplie d'eau gazeuse (a) ; des bulles apparaissent lorsque l'on tire le piston (b).

Analyse des documents

À la maison

1. Comment évolue la pression de l'eau qui entoure un plongeur lors de la remontée (doc. 1) ?
2. Que se passe-t-il dans le sang du plongeur qui remonte trop vite (doc. 1) ? On suppose que la pression du sang du plongeur évolue comme la pression de l'eau qui l'entoure.

Compétences travaillées

S'approprier • Extraire des informations.
Analyser • Exploiter des informations.

Pratique expérimentale

- Remplir à moitié une seringue avec de l'eau gazeuse.
  Fermer hermétiquement l'extrémité de la seringue (doc. 2a).
  Tirer le piston et observer (doc. 2b).
  Enfoncer le piston et observer de nouveau.

3. Quelle est l'évolution de la pression de l'eau contenue dans la seringue :
   a. lorsque l'on tire le piston ?   b. lorsque l'on enfonce le piston ?
4. Décrire les phénomènes observés pour chaque situation.
5. Ces résultats sont-ils en accord avec les réponses aux questions 1 et 2 ?

Réaliser • Mettre en œuvre un protocole.
S'approprier • Mobiliser et organiser ses connaissances.
Analyser • Exploiter des observations.
Valider • Corroborer.

Un pas vers le cours

6. Quelle est l'influence de la pression sur la dissolution d'un gaz dans un liquide ?

Communiquer • Rendre compte à l'écrit ou l'oral en utilisant un vocabulaire scientifique adapté et rigoureux.

Cours

Doc. 1

> Force pressante $\vec{F}$ exercée par l'eau sur la paroi latérale de la piscine.

Unités de pression couramment utilisées
- En météorologie : l'hectopascal (hPa)
  $1\ hPa = 1 \times 10^2\ Pa$
- En plongée sous-marine : le bar (bar)
  $1\ bar = 1 \times 10^5\ Pa$

POINT MATH **Aire et surface**

En toute rigueur, on parle de l'aire d'une surface. La surface d'une figure est l'ensemble des points de cette figure ; l'aire est la mesure de cette surface.
Ici, pour simplifier, on utilisera seulement le mot surface.

Doc. 2

> Alpiniste avec masque à dioxygène.

Doc. 3

> Ce scaphandre, très rigide, permet à son occupant de ne pas subir la pression de l'eau lors d'une plongée profonde.

1 Qu'est-ce que la pression ?

A. La force pressante

Les fluides (liquides ou gaz) sont constitués de molécules en mouvement incessant et désordonné.
Lorsqu'un fluide au repos est en contact avec une paroi, il exerce sur celle-ci une **force pressante** $\vec{F}$ dont la direction est perpendiculaire à la paroi et dont le sens va du fluide vers la paroi.

Cette force est due aux chocs des molécules contre la paroi (doc. 1).

B. La pression

La force pressante exercée par un fluide sur une paroi dépend de la **pression** du fluide et de la **surface** de la paroi (activité 1).

La **pression** *P* d'un fluide au repos est le rapport entre la valeur *F* de la force pressante exercée par le fluide et la **surface** *S* du corps sur lequel s'exerce cette force :

$$P = \frac{F}{S}$$

P en newton par mètre carré ($N \cdot m^{-2}$) ou pascal (Pa) ; *F* en newton (N) ; *S* en mètre carré (m^2)

La pression de l'air qui nous entoure est la pression atmosphérique. Elle vaut en moyenne $1{,}013 \times 10^5$ Pa au niveau de la mer et $3{,}15 \times 10^4$ Pa au sommet de l'Everest. La faible pression de l'air en altitude diminue les performances sportives. Les alpinistes, par exemple, utilisent des masques à dioxygène pour pouvoir respirer correctement (doc. 2).

→ Exercices 6 à 9, p. 303.

2 Comment déterminer la pression d'un liquide ?

La pression de l'eau augmente avec la profondeur (activité 2 et doc. 3).

La pression *P* en un point d'un liquide au repos peut être calculée à partir de sa profondeur *z* par la relation :

$$P = \rho \times g \times z + P_{atm}$$

P et P_{atm} s'expriment en pascal (Pa).
P_{atm} est la pression atmosphérique de l'air au-dessus du liquide ;
ρ est la masse volumique du liquide, exprimée en kilogramme par mètre cube ($kg \cdot m^{-3}$) ;
g est l'intensité de la pesanteur, exprimée en newton par kilogramme ($N \cdot kg^{-1}$) ;
z est la profondeur exprimée en mètre (m).

Rappel : à la surface de la Terre, $g \approx 9{,}81\ N \cdot kg^{-1}$.

Doc. 4

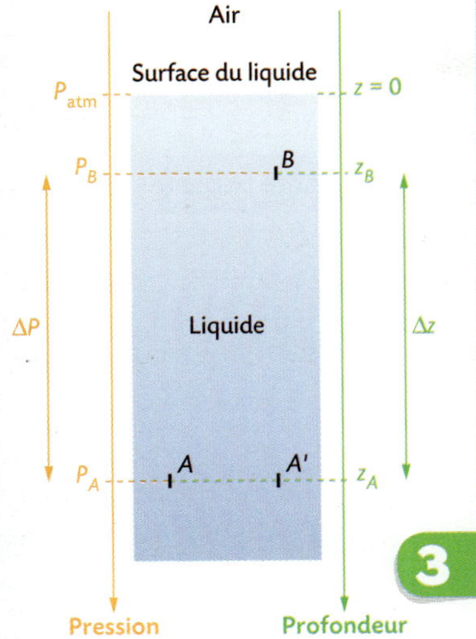

> Différence de pression entre deux points d'un fluide.

Doc. 5

> Lors de la remontée, le plongeur doit bien expirer.

Doc. 6

Plongée		Paliers profondeur et durée		
Prof.	Durée	9 m	6 m	3 m
40 m	10 min			2
	20 min		1	9
	30 min		4	28
	40 min		13	40
	50 min	2	23	48
	60 min	8	29	57

> Extrait d'une table de la Marine nationale présentant les paliers de décompression à respecter lors d'une plongée sous-marine pour éviter la formation de bulles de diazote dans le sang.

- Les pressions P_A et $P_{A'}$ en deux points A et A' situés à la même profondeur dans un liquide (**doc. 4**) sont telles que : $P_A = P_{A'}$.
- Les pressions P_A et P_B en deux points A et B situés à des profondeurs z_A et z_B différentes dans un liquide (**doc. 4**) sont telles que :

$$P_A = \rho \times g \times z_A + P_{atm} \quad \text{et} \quad P_B = \rho \times g \times z_B + P_{atm}$$

De ces deux relations, on obtient : $P_A - P_B = \rho \times g \times (z_A - z_B)$

La différence de pression entre deux points d'un liquide dépend de la différence de profondeur entre ces deux points :
$\Delta P = \rho \times g \times \Delta z$ avec $\Delta P = P_A - P_B$ et $\Delta z = z_A - z_B$
ΔP est exprimé en pascal (Pa), Δz est exprimé en mètre (m).

→ Exercices 10 à 12, p. 303-304.

3 Quel est l'effet de la pression sur un gaz ?

A. La loi de Boyle-Mariotte

Le volume V occupé par un nombre donné de molécules d'un gaz dépend de la pression P de ce gaz (**activité 3**).

Loi de Boyle-Mariotte
À température constante, un nombre donné de molécules de gaz est tel que le produit de la pression P de ce gaz par le volume V qu'il occupe est constant : $P \times V = \text{constante}$.

Cette loi étant indépendante de la nature du gaz, on peut écrire :

À pression et à température fixées, un nombre donné de molécules de gaz occupe un volume indépendant de la nature du gaz.

Au cours d'une plongée, le volume de l'air enfermé dans les poumons est modifié lors de la descente et de la remontée (**doc. 5**).

B. La dissolution d'un gaz dans un liquide

La **solubilité** d'un gaz caractérise son aptitude à se dissoudre dans un liquide. Elle dépend de la température et de la pression (**activité 4**).

La quantité maximale de gaz dissous dans un volume donné de liquide augmente avec la pression.

Lors d'une plongée, le dioxygène et le diazote de l'air sont d'autant plus dissous dans le sang que la pression est importante (**activité 4**). Le dioxygène est consommé par le corps humain. Le diazote ne l'est pas ; il peut former des bulles dans le sang lors de la remontée (**doc. 6**).

→ Exercices 13 à 17, p. 304.

Essentiel

1 Notion de pression

- Les fluides (liquides ou gaz) sont constitués de molécules en mouvement.
- Les chocs de ces molécules contre une paroi sont à l'origine d'une force pressante perpendiculaire à la paroi et dirigée du fluide au repos vers la paroi.
- La pression du fluide est définie par :

$$P = \frac{F}{S}$$

- Pression P en newton par mètre carré ($N \cdot m^{-2}$) ou pascal (Pa)
- Valeur F de la force en newton (N)
- Surface S en mètre carré (m^2)

2 Pression d'un liquide

- La différence de pression, ΔP, entre deux points d'un liquide au repos dépend de la différence de profondeur, Δz, entre ces deux points :

$$P_B = \rho \times g \times z_B + P_{atm}$$

$$\Delta P = P_A - P_B = \rho \times g \times (z_A - z_B) = \rho \times g \times \Delta z$$

$$P_A = \rho \times g \times z_A + P_{atm}$$

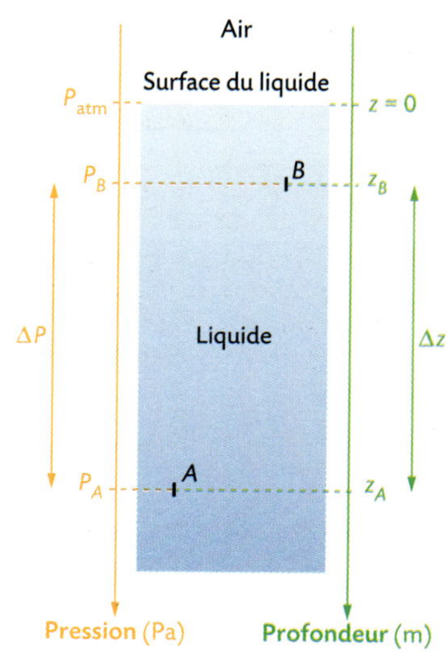

La différence de pression, ΔP, s'exprime en pascal (Pa).

La masse volumique du liquide, ρ, s'exprime en kilogramme par mètre cube ($kg \cdot m^{-3}$).

L'intensité de la pesanteur, g, s'exprime en newton par kilogramme ($N \cdot kg^{-1}$).

La différence de profondeur, Δz, s'exprime en mètre (m).

3 Effet de la pression sur un gaz

- À température constante, un nombre donné de molécules de gaz est tel que le produit de la pression P de ce gaz par le volume V qu'il occupe est constant : $P \times V =$ constante. C'est la loi de BOYLE-MARIOTTE.

- À pression et à température fixées, un nombre donné de molécules occupe un volume indépendant de la nature du gaz.

- La solubilité d'un gaz dans un liquide augmente lorsque la pression augmente.

QCM

→ Corrigés, p. 338.

Données

- Intensité de la pesanteur à la surface de la Terre : $g = 9{,}81\ \text{N}\cdot\text{kg}^{-1}$
- Masse volumique de l'eau en mer Méditerranée : $\rho = 1{,}03 \times 10^3\ \text{kg}\cdot\text{m}^{-3}$
- Pression atmosphérique : $P_{atm} = 1{,}013 \times 10^5$ Pa et 1 bar $= 1 \times 10^5$ Pa

Pour chaque question, indiquer la (ou les) bonne(s) réponse(s).

1 Notion de pression

Si erreur, revoir § 1, p. 298.

	A	B	C
1 Les molécules d'eau à l'origine de la force pressante qui s'exerce sur un plongeur :	sont immobiles.	sont en mouvement.	se déplacent horizontalement.
2 Dans la situation ci-dessous : 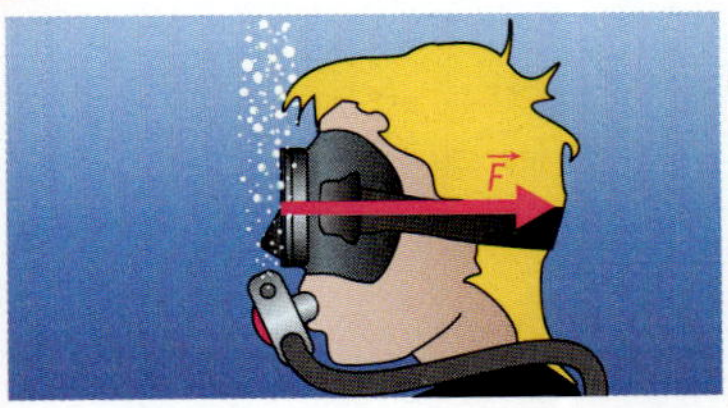	$\vec{F}$ est la force pressante exercée par l'eau sur le hublot du masque.	$\vec{F}$ est la force pressante exercée sur le hublot du masque par l'air contenu à l'intérieur.	$\vec{F}$ est la pression exercée par l'eau sur le hublot du masque.
3 L'air exerce sur la montre d'un alpiniste une force pressante de 50 N. Sachant que la surface de cette montre est 6,4 cm^2, la pression de l'air est :	$1{,}3 \times 10^{-5}$ Pa.	$3{,}2 \times 10^{-2}$ Pa.	$7{,}8 \times 10^{4}$ Pa.

2 Pression d'un liquide

Si erreur, revoir § 2, p. 298-299.

	A	B	C
1 Au cours d'une plongée, la pression de l'eau entourant le plongeur diminue de 10^5 Pa.	Le plongeur est descendu de 10 m.	Le plongeur s'est déplacé horizontalement de 10 m.	Le plongeur est remonté de 10 m.
2 La pression à 16 m de profondeur en mer Méditerranée est :	$2{,}6 \times 10^4$ Pa.	$2{,}6 \times 10^5$ Pa.	$2{,}6 \times 10^6$ Pa.
3 En mer Méditerranée, la pression est 3,8 bar à une profondeur de :	38 m.	28 m.	18 m.

3 Effet de la pression sur un gaz

Si erreur, revoir § 3, p. 299.

	A	B	C
1 À la pression atmosphérique et à 20 °C, 10^{23} molécules de diazote occupent un volume de 4,0 L. Dans les mêmes conditions, 10^{23} molécules de dioxygène :	occupent un volume inférieur à 4,0 L.	occupent un volume égal à 4,0 L.	occupent un volume supérieur à 4,0 L.
2 La solubilité du dioxygène dans le sang d'un plongeur :	augmente avec la profondeur.	diminue avec la profondeur.	ne change pas si le plongeur respire régulièrement.

Exercice résolu

Compétences

- Mobiliser et organiser ses connaissances.
- Effectuer des calculs numériques et écrire un résultat de manière adaptée.

4 Calculer une pression et une force pressante

Énoncé

Lorsque l'on s'immerge, la pression de l'eau dans l'oreille externe augmente et devient supérieure à la pression de l'air dans l'oreille moyenne. Le tympan se déforme, ce qui provoque une douleur vive. Pour pallier ce phénomène, il existe la manœuvre de VALSALVA. Elle consiste à souffler par le nez, tout en le pinçant, et en maintenant la bouche fermée. La trompe d'Eustache s'ouvre et laisse entrer de l'air dans l'oreille moyenne. Les pressions entre les oreilles externe et moyenne s'équilibrent.

1. Quelle est la pression de l'eau à la surface ?
2. Calculer la pression de l'eau à 10 m de profondeur.
3. Quelle est alors la valeur F de la force pressante exercée par l'eau sur le tympan d'un plongeur, de surface $S = 80\ \text{mm}^2$?

Données

- $g = 9{,}81\ \text{N}\cdot\text{kg}^{-1}$
- $P_{atm} = 1{,}000 \times 10^5\ \text{Pa}$
- $\rho_{eau} = 1{,}02 \times 10^3\ \text{kg}\cdot\text{m}^{-3}$

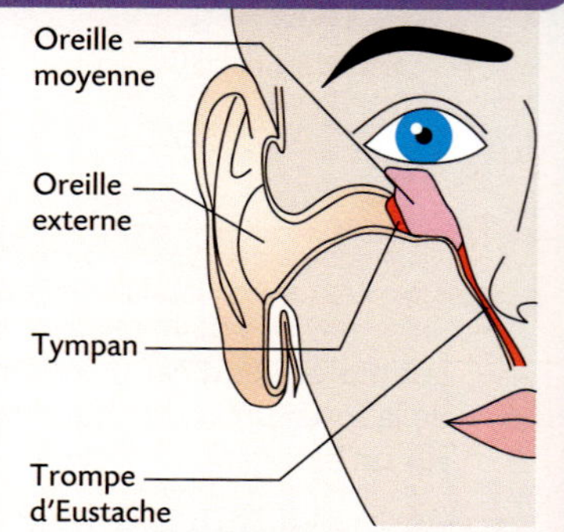

Analyse de l'énoncé

- Quelle est la relation entre les variations de la pression et de la profondeur ?
- Quelle est la relation entre F et S ? Quelles sont les unités à utiliser ?

Conseils

1. La pression de l'eau à la surface est égale à la pression de l'air à la surface.
2. L'expression de la variation de pression ΔP en fonction de la variation de profondeur Δz s'écrit :

$$\Delta P = \rho \times g \times \Delta z$$

ΔP s'exprime en Pa et Δz en m. ρ est la masse volumique de l'eau (exprimée en $\text{kg}\cdot\text{m}^{-3}$). g est l'intensité de la pesanteur (en $\text{N}\cdot\text{kg}^{-1}$).
Attention à bien respecter les chiffres significatifs pour le résultat final.

3. L'expression de la valeur de la force pressante est $F = P \times S$. La surface S sur laquelle s'exerce la force pressante s'exprime en m^2, la valeur de la force en N et la pression en Pa.

Solution rédigée

1. La pression de l'eau à la surface est la pression atmosphérique de valeur égale à $1{,}000 \times 10^5$ Pa.

2. La variation de pression en fonction de la variation de profondeur s'écrit :

$$\Delta P = \rho \times g \times \Delta z$$

Il vient : $P - P_{atm} = \rho \times g \times (z - 0)$

D'où : $P = P_{atm} + \rho \times g \times z$

$P = 1{,}000 \times 10^5 + 1{,}02 \times 10^3 \times 9{,}81 \times 10$

$P = 2{,}0 \times 10^5$ Pa.

À 10 m de profondeur, la pression est $2{,}0 \times 10^5$ Pa.

3. La valeur F de la force pressante s'écrit $F = P \times S$.
$F = 2{,}0 \times 10^5 \times 80 \times 10^{-6} = 16$ N.
La force pressante exercée par l'eau sur le tympan a une valeur de 16 N.

5 Application immédiate

Le hublot du masque d'un plongeur a une surface $S = 1{,}0 \times 10^{-2}\ \text{m}^2$.
L'eau exerce sur ce hublot une force pressante de valeur $F = 2{,}5 \times 10^3$ N.

Données

- $g = 9{,}81\ \text{N}\cdot\text{kg}^{-1}$
- $P_{atm} = 1{,}000 \times 10^5\ \text{Pa}$
- $\rho_{eau} = 1{,}03 \times 10^3\ \text{kg}\cdot\text{m}^{-3}$

1. Quelle est la pression de l'eau autour du plongeur ?
2. Déterminer la profondeur du plongeur.

→ Corrigés, p. 338.

Exercices

Compétences

Parcours d'apprentissage

Compétences	6	8	10	15	19	20
Savoir que, dans les liquides et dans les gaz, la matière est constituée de molécules en mouvement.	•					
Utiliser la relation $P = \frac{F}{S}$, F étant la force pressante exercée sur une surface S, perpendiculairement à cette surface.		•			•	
Savoir que la différence de pression entre deux points d'un liquide dépend de la différence de profondeur.			•			•
Savoir que la quantité maximale de gaz dissous dans un volume donné de liquide augmente avec la pression.						•
Savoir que, à pression et température données, un nombre donné de molécules occupe un volume indépendant de la nature du gaz.				•		

Pour commencer

Notion de pression

6 Décrire le mouvement des molécules (1)

■ Observer, décrire des phénomènes.

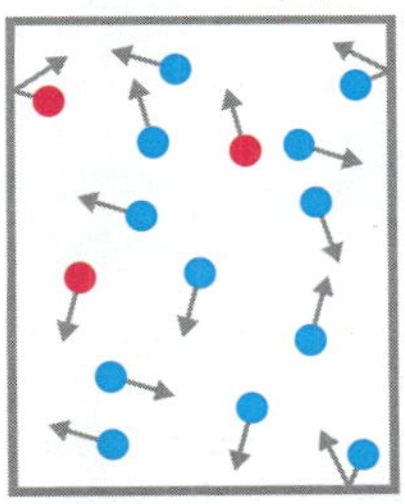

Le schéma ci-contre modélise par des boules les molécules de dioxygène et de diazote contenues dans l'air. Les flèches représentent leur déplacement.

• Décrire le mouvement des molécules qui constituent l'air.

7 Décrire le mouvement des molécules (2)

■ Mobiliser et organiser ses connaissances.

Le corps humain est constamment entouré d'un fluide, principalement l'air, parfois l'eau.

• Décrire le mouvement des molécules d'eau qui entourent un nageur.

8 Calculer la valeur d'une force pressante

■ Mobiliser et organiser ses connaissances ; effectuer des calculs numériques.

Avant de s'immerger, un plongeur s'équipe sur un bateau. Le hublot de son masque a une surface $S = 1{,}5 \times 10^{-2}$ m². La pression atmosphérique est $P_{atm} = 1{,}013 \times 10^5$ Pa.

• Calculer la valeur F de la force pressante exercée par l'air sur le hublot.

9 Calculer une pression

■ Mobiliser et organiser ses connaissances ; effectuer des calculs numériques.

Le départ de la descente de ski alpin à Lake Louise, au Canada, se situe à une altitude de 2 600 m. La valeur F de la force pressante exercée par l'air sur le masque d'une skieuse de surface $S = 1{,}2 \times 10^{-2}$ m² est égale à $8{,}9 \times 10^2$ N le jour de la course.

• Calculer la pression atmosphérique au départ de cette course ce jour-là.

Pression d'un liquide

10 Calculer une pression

■ Mobiliser et organiser ses connaissances ; effectuer des calculs numériques.

Un plongeur est à 25 m de profondeur en mer.

1. Rappeler l'expression littérale de la variation de la pression ΔP dans l'eau en fonction de la variation de profondeur Δz.
Préciser les unités des différentes grandeurs.

2. Calculer la pression à 25 m de profondeur.

Données

- $g = 9{,}81$ N·kg⁻¹ → $g = 9{,}81\ \text{N·kg}^{-1}$
- $\rho_{eau} = 1{,}03 \times 10^3\ \text{kg·m}^{-3}$
- $P_{atm} = 1{,}013 \times 10^5$ Pa

11 Calculer une profondeur

■ Mobiliser et organiser ses connaissances ; effectuer des calculs numériques.

Lors d'une plongée, le capteur de pression d'un plongeur indique une pression $P = 4{,}6 \times 10^5$ Pa.

1. Donner l'expression littérale de la variation de la profondeur Δz en fonction de la variation de la pression ΔP dans cette eau. Préciser les unités.

2. À quelle profondeur se trouve le plongeur ?

Données

- $g = 9{,}81\ \text{N·kg}^{-1}$
- $\rho_{eau} = 1{,}0 \times 10^3\ \text{kg·m}^{-3}$
- $P_{atm} = 1{,}013 \times 10^5$ Pa

12 Calculer une variation de pression

▪ Mobiliser et organiser ses connaissances ; effectuer des calculs numériques.

Un apnéiste remonte de 13,0 m à 5,0 m de profondeur.

1. Quelle est l'expression littérale de la variation de la pression ΔP en fonction de la variation de la profondeur Δz ?

2. Calculer la variation de la pression de l'eau entre ces deux profondeurs.

Données

- $g = 9{,}81$ N·kg^{-1}
- $\rho_{eau} = 1{,}03 \times 10^3$ kg·m^{-3}

Effet de la pression sur un gaz

13 Discuter de la solubilité d'un gaz

▪ Mobiliser et organiser ses connaissances.

1. Qu'est-ce que la solubilité d'un gaz dans un liquide ?

2. Comment varie-t-elle lorsque la pression augmente ?

14 Relier la solubilité à la pression

▪ Mobiliser et organiser ses connaissances.

La pression atmosphérique diminue lorsque l'altitude augmente. Il en est de même de la pression du sang dans les vaisseaux.

• La quantité de dioxygène dissous dans le sang d'une personne est-elle plus importante lorsque cette dernière est au repos au bord de la mer ou à 3 000 m d'altitude ?

15 Lier la quantité d'un gaz à son volume

▪ Mobiliser et organiser ses connaissances.

1. On considère deux gaz, du dioxygène et du diazote, à une température de 25 °C et sous pression atmosphérique. Comparer les volumes occupés par la même quantité de molécules de ces deux gaz.

2. On augmente la pression de ces deux gaz. La température ne varie pas.

a. Comment évoluent les volumes de ces gaz ?

b. Comparer les deux nouveaux volumes.

16 Calculer une pression

▪ Utiliser un modèle ; effectuer des calculs numériques.

Lors d'une plongée, une plongeuse expire un volume d'air $V_1 = 3{,}2$ L à la pression P_1.
Le volume de cet air, lorsqu'il atteint la surface, est $V_2 = 7{,}5$ L.

• Quelle est la pression P_1 ?

Données

- $P_{atm} = 1{,}013 \times 10^5$ Pa
- La température est constante.

17 Calculer un volume

▪ Utiliser un modèle ; effectuer des calculs numériques.

La pression de l'air P_1 contenu dans une bouteille qui a un volume intérieur V_1 de 12,0 L est 180×10^5 Pa.

• En considérant que la loi de Boyle-Mariotte est applicable dans ces conditions, déterminer le volume V_2 qu'occuperait l'air contenu dans la bouteille sous une pression P_2 de $1{,}0 \times 10^5$ Pa.

Pour s'entraîner

18 Pression variable

▪ Mobiliser et organiser ses connaissances ; effectuer des calculs numériques.

Lors d'une randonnée, les deux raquettes d'une personne immobile exercent sur la neige une force pressante ayant une valeur de 600 N. La surface de ces deux raquettes est $S = 0{,}20$ m^2.

1. Calculer la pression correspondant à la force pressante exercée par les raquettes sur la neige. On considère que la relation entre la pression, la valeur de la force et la surface (voir p. 300) s'applique à ces deux solides.

2. La personne enlève ses raquettes. Les semelles de ses chaussures exercent la même force pressante de valeur 600 N. La semelle d'une chaussure a une surface $S' = 0{,}045$ m^2.
Calculer la pression correspondant à la force pressante exercée par les semelles des chaussures sur la neige.

19 Connaître les critères de réussite

Un casque à toute épreuve

■ Mobiliser et organiser ses connaissances ; faire un schéma adapté.

Le 14 octobre 2012, Felix BAUMGARTNER s'est élancé d'une altitude de 39 km. La pression de l'air à cette altitude est $P_{air} = 2{,}0 \times 10^2$ Pa.

La combinaison de F. BAUMGARTNER maintenait de l'air, tout autour de son corps, à une pression $P_{int} = 0{,}60 \times 10^5$ Pa. Le hublot de son casque avait une surface $S = 9{,}0 \times 10^2$ cm².

1. Calculer la valeur F_1 de la force pressante exercée par l'air extérieur sur le hublot au début du saut.

2. Calculer la valeur F_2 de la force pressante exercée par l'air intérieur sur le hublot.

3. Sans souci d'échelle, représenter les forces $\vec{F_1}$ et $\vec{F_2}$. On supposera que le hublot a une forme plane.

4. Dans quel sens se déformerait un hublot souple ?

Critères de réussite — **Barème**

Pour les questions 1. et 2.

	Critère	Barème
	La formule respecte les notations du texte.	0,5 pt
	L'application numérique est correcte.	0,5 pt
	La réponse est donnée sous forme de phrase.	0,5 pt
3.	Les segments fléchés sont perpendiculaires à la surface et correctement orientés.	0,5 pt
	Les longueurs relatives des segments sont respectées.	0,5 pt
4.	Le sens de la déformation est justifié à l'aide des calculs effectués.	1 pt

Pour l'ensemble des réponses

Les réponses sont correctement rédigées.	0,5 pt

cours maîtrisé | réponse complète | présentation — **4 pts**

20 Problème de solubilité

■ Mobiliser et organiser ses connaissances ; rédiger une explication argumentée.

> Lors d'une remontée en plongée, en particulier si elle est trop rapide, le diazote dissous dans le sang peut reprendre sa forme gazeuse sous forme de microbulles. Ces microbulles grossissent lors de la remontée. Suivant la localisation des bulles, cela ralentit la circulation du sang ou peut entraîner l'obstruction de vaisseaux.

1. a. Comment évolue la solubilité du diazote dans le sang lorsqu'un plongeur effectue une remontée ?
b. Justifier alors la phrase : « le diazote dissous dans le sang peut reprendre sa forme gazeuse sous forme de microbulles ».

2. a. Nommer et énoncer la loi qui justifie qu'une microbulle grossisse lors de la remontée.
b. Expliquer cette évolution.

21 Résolution de problème

Pression restante

■ Construire les étapes d'une résolution de problème.

Un plongeur est équipé d'une bouteille contenant un volume $V = 15$ L d'air comprimé. En début de plongée, s'il était à la pression de $1{,}013 \times 10^5$ Pa, l'air de cette bouteille occuperait un volume de 3 000 L.
Au cours de sa plongée, le plongeur consomme 1 800 L d'air, ce volume étant mesuré à la pression atmosphérique. On considère que la loi de BOYLE-MARIOTTE est applicable à l'air comprimé dans la bouteille.

• Quelle a été la variation de la pression de l'air à l'intérieur de la bouteille pendant la plongée ?

→ Pistes de résolution, p. 334.

22 À chacun son rythme

Le Nautile

■ Mobiliser et organiser ses connaissances ; effectuer des calculs numériques.

*Commencer par résoudre l'*énoncé compact. *En cas de difficultés, passer à l'*énoncé détaillé.

> Développé par l'Institut français de recherche pour l'exploration de la mer (Ifremer), le Nautile est un submersible capable de descendre jusqu'à 6 000 m de profondeur. Cela lui permet d'accéder à 97 % des fonds marins. Il peut effectuer des prélèvements et des observations à l'aide de deux hublots plans et circulaires de 12 cm de diamètre.

Énoncé compact

• Quelle est la valeur de la force pressante exercée par l'eau sur un hublot du Nautile à 6 000 m de profondeur ?

Énoncé détaillé

1. Quelle est l'expression littérale de la variation de la pression de l'eau en fonction de la variation de la profondeur ?

2. Quelle est la pression à 6 000 m de profondeur ?

3. Quelle est la valeur de la force pressante exercée par l'eau sur un hublot du Nautile à 6 000 m de profondeur ?

Données

- $g = 9{,}81$ N·kg^{-1}
- $\rho_{eau} = 1{,}03 \times 10^3$ kg·m^{-3}
- $P_{atm} = 1{,}013 \times 10^5$ Pa

23 Kitzbühel, une question de pression

- Mobiliser ses connaissances ; extraire et exploiter des informations ; construire les étapes d'une résolution de problème.

Kitzbühel est une ville autrichienne où se déroule une descente de ski mythique. Le départ de cette descente se situe à une altitude de 1 665 m. Les meilleurs skieurs mondiaux dévalent en moins de 2 minutes la piste longue de 3 312 m pour franchir la ligne d'arrivée, située à 803 m d'altitude.

Dans l'air, à ces altitudes, la pression diminue approximativement de 1 hPa lorsque l'altitude augmente de 10 m.

- Quelle est la variation de la valeur de la force pressante exercée par l'air extérieur sur le masque du skieur, de surface $S = 150\ \text{cm}^2$, entre les lignes de départ et d'arrivée de cette descente ?

24 Scuba Diving May Present Risks

- Extraire et exploiter des informations.

Barotrauma refers to medical problems that arise from the pressure differences between areas of the body and the environment. It is a particular concern for scuba divers.
Boyle-Mariotte's law states that the product of the multiplication of pressure and volume remains a constant. As the pressure increases, the volume decreases and vice versa. As you dive deeper when scuba diving, pressure increases and this volume change accounts for the distortion and damage to surrounding tissues.
Decompression sickness is related more to Henry's Law, which states that more gas will be dissolved in a liquid when the gas is pressurized. Because of the water pressure, body tissue absorbs nitrogen gas faster as a diver descends. However, if a diver ascends too quickly, nitrogen gas bubbles will form in body tissue rather than being exhaled.

Extract from the Internet website www.emedicinehealth.com

Vocabulaire : *scuba diver* : plongeur sous-marin ; *(to) state* : indiquer ; *(to) exhale* : expirer.

1. a. Quels sont les noms des deux lois physiques citées dans le texte ?
b. Rappeler l'énoncé de la première des deux lois citées dans le texte.

2. Quel problème occasionne le diazote dans le cas d'une remontée trop rapide ?

25 Le nitrox, pourquoi ?

- Extraire et exploiter des informations ; écrire un résultat de manière adaptée ; effectuer des calculs.

Doc. 1

Une plongée au nitrox est réalisée avec un air enrichi en dioxygène et appauvri en diazote. Le terme nitrox est issu de la concentration de **nitr**ogen (azote en anglais) et **ox**ygen.
Le nitrox 40 est un mélange contenant, en volume, 40 % de dioxygène et 60 % de diazote.
L'intérêt de tels mélanges est de réduire la quantité de diazote dissous dans le corps humain, ce qui diminue la fatigue et les risques de décompression lors de la plongée. La profondeur maximale des plongées au nitrox est plus faible que celle avec des bouteilles d'air comprimé.

Doc. 2

- Le dioxygène présent dans l'air que nous respirons se dissout dans le sang au niveau des alvéoles pulmonaires. Indispensable à la vie, il devient cependant toxique lorsque sa pression dans les poumons dépasse 1,6 bar.
- La pression du dioxygène contenu dans un gaz est égale au produit de la pression de ce gaz par le pourcentage de dioxygène qu'il contient. Ainsi, dans de l'air contenant 21 % de dioxygène à la pression de 1 bar, la pression du dioxygène est 0,21 bar.
- La pression du gaz respiré par un plongeur est égale à la pression ambiante. À 20 mètres de profondeur, la pression de l'eau qui entoure le plongeur est 3 bar. La pression de l'air respiré est donc 3 bar.

Données

- $g = 9{,}81\ \text{N}\cdot\text{kg}^{-1}$
- $\rho_{eau} = 1{,}03 \times 10^3\ \text{kg}\cdot\text{m}^{-3}$
- $P_{atm} = 1{,}013 \times 10^5\ \text{Pa}$
- $1\ \text{bar} = 1 \times 10^5\ \text{Pa}$

1. Comment varie la solubilité du dioxygène dans le sang quand la pression augmente ?

2. On limite à 60 m de profondeur les plongées avec des bouteilles remplies d'air.
a. Calculer la pression à cette profondeur.
b. Calculer la pression du dioxygène respiré par le plongeur à cette profondeur.
c. La limite de toxicité du dioxygène est-elle atteinte dans ce cas ?

3. Quelle serait la pression du dioxygène respiré par un plongeur à 60 m de profondeur avec des bouteilles remplies de nitrox 40 ?

4. À partir de quelle profondeur le dioxygène devient-il toxique pour un plongeur respirant avec des bouteilles contenant du nitrox 40 ?

Pour aller plus loin

26 Autonomie et profondeur

■ Mobiliser et organiser ses connaissances ; construire les étapes d'une résolution de problème.

L'autonomie d'un plongeur, c'est-à-dire la durée maximale d'une immersion, diminue avec la profondeur.
On considère un plongeur équipé d'une bouteille remplie d'un volume V_1 égal à 15,0 L d'air à la pression P_1 de 200 bar en début de plongée.
Dans une fiche technique, on trouve les renseignements suivants :

Consommation du plongeur (L/min)	Autonomie (min)	
	à une profondeur de 20 m	à une profondeur de 50 m
20	37	18

On considère que la loi de BOYLE-MARIOTTE est applicable dans ces conditions.

1. Quel volume V_2 occuperait l'air contenu dans la bouteille sous une pression P_2 de 1,0 bar ?

2. À 20 m de profondeur, la pression P_3 est 3,0 bar. Un plongeur y consomme un volume V_3 = 20 L d'air par minute ; cet air respiré est à une pression de 3,0 bar.
a. Quel volume V_4 cet air consommé en 1 min occuperait-il si sa pression était 1 bar ?
b. Quel volume V_5 d'air à la pression atmosphérique lui reste-t-il au bout de 37 min de plongée à 20 m ?
c. Les consignes de sécurité en plongée conseillent de faire surface avec au moins une pression de 50 bar dans la bouteille.
En négligeant la consommation d'air lors de la remontée, la consigne de sécurité est-elle respectée après ces 37 min de plongée ?

3. Confirmer, par le calcul, l'autonomie de 18 min à 50 m de profondeur.

Retour sur l'ouverture du chapitre 19

Quelle est l'influence de la pression sur la pratique sportive ?

27 Le dernier souffle !

■ Mobiliser et organiser ses connaissances ; identifier un problème.

Lors d'une plongée, l'air inspiré est à pression ambiante : un plongeur évoluant à 10 m de profondeur, où la pression ambiante est 2 bar, inspire donc de l'air qui a une pression de 2 bar.
Une des premières consignes données aux plongeurs débutants est de bien expirer lors de la remontée.

1. Un plongeur est à 20 m de profondeur où la pression ambiante, notée P_1, est 3,0 bar. Après avoir inspiré, l'air occupe un volume V_1 de 5,0 L dans ses poumons. Il bloque sa respiration et remonte à 16 m de profondeur.
a. Quelle variation de pression subit-il ?
b. Quel volume V_2 occuperait l'air contenu dans ses poumons, à 16 m de profondeur, si les poumons pouvaient se déformer sans aucune contrainte ?
c. Calculer l'augmentation de volume. L'exprimer en pourcentage.

2. Ce même plongeur, après avoir repris une respiration normale lors de la remontée, bloque sa respiration sur les 4 derniers mètres pour atteindre la surface. À 4 m de profondeur, l'air occupe un volume V_3 de 5,0 L dans ses poumons.
a. Quelle variation de pression subit-il ?
b. Quel volume V_4 occuperait l'air contenu dans ses poumons à la surface ?
c. Calculer l'augmentation de volume. L'exprimer en pourcentage.

3. À quel moment de la remontée est-il encore plus dangereux pour un plongeur de bloquer sa respiration ?

Données

- $g = 9{,}81\ \text{N}\cdot\text{kg}^{-1}$ • $\rho_{eau} = 1{,}03 \times 10^3\ \text{kg}\cdot\text{m}^{-3}$
- $P_{atm} = 1{,}013 \times 10^5\ \text{Pa}$
- On considère que la loi de BOYLE-MARIOTTE est applicable dans les conditions de l'exercice.

Exercices de synthèse

1 À la recherche de nouvelles planètes

Doc. 1 Les exoplanètes

Une planète extrasolaire, ou exoplanète, est un astre qui gravite autour d'une étoile autre que le Soleil. La première planète extrasolaire a été découverte en 1995 par des astronomes suisses, à l'aide du télescope de l'observatoire de Haute-Provence. Cette exoplanète se situe dans la constellation de Pégase.
Le nombre d'exoplanètes découvertes ne cesse d'augmenter, notamment grâce aux télescopes spatiaux, comme CoRoT (illustration ci-contre), lancé en 2006, et Kepler, lancé en 2009.

Doc. 2 Kepler-78b

L'exoplanète Kepler-78b a été découverte en 2013. Elle se trouve à 400 a.l. de la Terre, dans la constellation du Cygne, et possède une taille voisine de celle de la Terre. Les scientifiques pensent qu'elle a une composition proche de celle de la Terre et qu'elle contient du fer 56.
Sa température de surface est de l'ordre de 2400 °C.
L'exoplanète Kepler-78b tourne autour de son étoile, Kepler-78, sur une trajectoire quasi circulaire de rayon r égal à 1,5 millions de kilomètres en 8,5 heures.

Données

- Masse de l'exoplanète Képler-78b : $m_K \approx 1 \times 10^{26}$ kg
- Masse de l'étoile Kepler-78 : $m_E \approx 2 \times 10^{30}$ kg
- Constante universelle de gravitation : $G \approx 7 \times 10^{-11}\ N \cdot m^2 \cdot kg^{-2}$
- 1 a.l. $\approx 9 \times 10^{15}$ m
- Constante d'Avogadro : $N_A \approx 6 \times 10^{23}\ mol^{-1}$

Analyse et synthèse

Compétences travaillées

1. Dans quel référentiel l'exoplanète Kepler-78b décrit-elle une trajectoire quasiment circulaire (**doc. 2**) ?
S'approprier • Mobiliser et organiser ses connaissances ; extraire des informations.

2. a. Quelle est la durée nécessaire à la lumière pour nous parvenir de Kepler-78 (**doc. 2**) ?
Analyser • Exploiter des informations.
b. Sans utiliser la calculatrice, donner un ordre de grandeur de la distance, en km, qui nous sépare de cette exoplanète.
Réaliser • Effectuer des calculs.

3. a. Quelle est l'expression de la valeur $F_{E/K}$ de la force d'attraction gravitationnelle exercée par l'étoile Kepler-78 sur l'exoplanète Kepler-78b ?
S'approprier • Mobiliser ses connaissances ; extraire des informations.
b. Sans utiliser la calculatrice, donner un ordre de grandeur de sa valeur. On prendra $1{,}5^2 \approx 2$.
Réaliser • Effectuer des calculs.

4. Quelle est la composition du fer 56, $^{56}_{26}Fe$, présent dans cette exoplanète ?
S'approprier • Mobiliser ses connaissances.

5. On émet l'hypothèse que le fer est le seul constituant de l'exoplanète Kepler-78b et que l'hélium est le seul constituant de l'étoile Kepler-78.
a. Sans utiliser la calculatrice, donner un ordre de grandeur du nombre d'atomes que contient l'exoplanète Kepler-78b.
b. Qui, de l'exoplanète ou de l'étoile, contient le plus grand nombre d'atomes ?
Analyser • Exploiter des informations. Réaliser • Effectuer des calculs.

2 Quand le cœur s'emballe...

Doc. 1 Rythme cardiaque et tachycardie

Le rythme cardiaque d'un adulte au repos est compris, en moyenne, entre 60 et 80 battements par minute. Il s'accélère en cas d'effort ou de stress. On parle de tachycardie s'il est supérieur à 100 battements par minute pour un adulte au repos. Une tachycardie persistante peut être le symptôme d'une maladie. Un électrocardiogramme (ECG) peut permettre de la diagnostiquer.

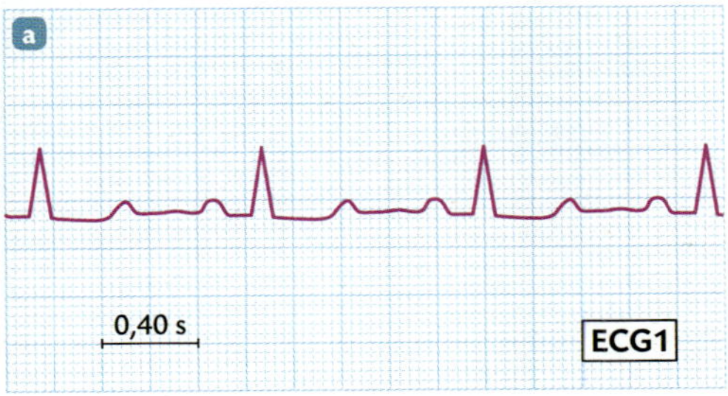

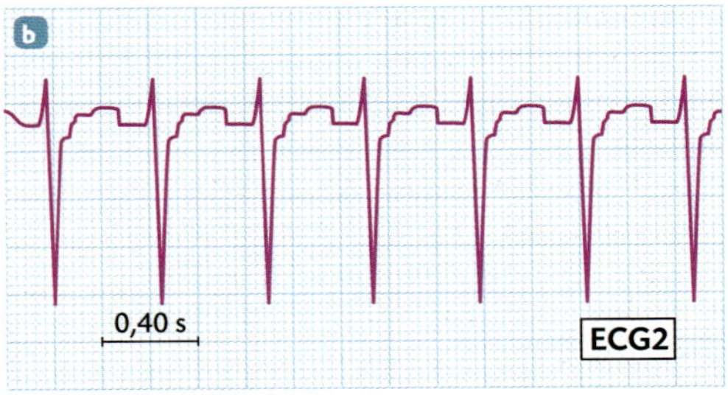

> ECG de deux personnes au repos : ECG 1, normal (a) ; ECG 2, caractéristique d'une tachycardie (b).

Doc. 2 Les bêtabloquants

Les bêtabloquants sont des principes actifs utilisés pour traiter certaines pathologies cardiaques. Certains d'entre eux, comme l'acébutolol ou le céliprolol, entraînent une diminution du rythme cardiaque.

a

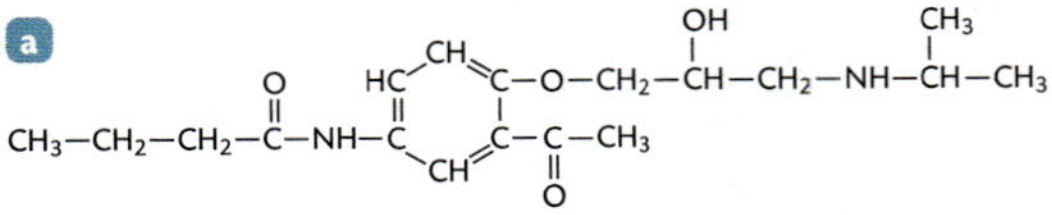

b

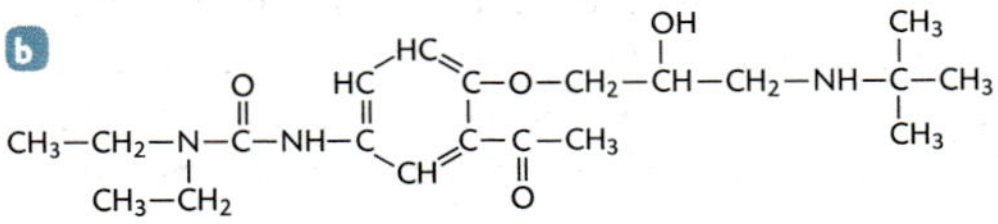

> Formule semi-développée de l'acébutolol (a) ; formule semi-développée du céliprolol (b).

Doc. 3 Toxicité d'un médicament et DL50

La dose létale médiane, notée DL_{50}, mesure la toxicité d'une espèce chimique.
Elle est égale à la masse de cette espèce suffisante pour tuer la moitié (50 %) des animaux d'un groupe testé, généralement des rats ou des souris. Elle s'exprime en gramme d'espèce chimique administrée par kilogramme d'animal. La DL_{50} de l'acébutolol est égale à 3,2 $g \cdot kg^{-1}$ pour le rat adulte mâle.

Analyse et synthèse

1 a. Déterminer la période, notée T_1, du signal sur l'ECG 1 (doc. 1).
b. En déduire la fréquence f_1 de ce signal et le rythme cardiaque correspondant.

2 Vérifier que l'ECG 2 révèle une tachycardie (doc. 1).

3 Justifier l'utilisation de médicaments contenant de l'acébutolol ou du céliprolol, en cas de tachycardie persistante (doc. 2).

4 a. Recopier les formules de ces deux molécules (doc. 2). Entourer et nommer les groupes caractéristiques présents (voir p. 121).
b. Entourer la partie de la structure commune à ces deux molécules et proposer une hypothèse qui pourrait expliquer leurs effets thérapeutiques voisins.

5 Pour vérifier la DL_{50} de l'acébutolol, un technicien de laboratoire décide d'administrer à des rats mâles adultes, pesant chacun 500 g, un volume égal à 1,0 mL d'une solution d'acébutolol de concentration C (doc. 3).
Quelle devrait être la valeur de la concentration C ?

Compétences travaillées

- **S'approprier** • Extraire des informations.
- **Réaliser** • Effectuer des calculs.
- **Analyser** • Interpréter des mesures ; proposer une hypothèse.
- **S'approprier** • Extraire des informations.
- **Analyser** • Proposer une hypothèse.
- **Analyser** • Proposer une stratégie de résolution de problème.

Exercices de synthèse

3 La GoPro® sous pression

Une biologiste marine, équipée d'une GoPro®, effectue une plongée. À 35 m de profondeur, elle s'immobilise pour filmer une murène et prélever 50 mL d'eau de mer dans une bouteille afin d'en effectuer une analyse.

Doc. 1 La GoPro®

Une GoPro® est une caméra de petite taille qui peut se fixer sur un équipement sportif, sur le front d'une personne, etc. La plongée sous-marine est un domaine où une GoPro® s'adapte très facilement à condition de la placer dans un boîtier étanche. Certains boîtiers résistent jusqu'à 7,0 bar de pression.

Doc. 2 Le bisphénol A

Le boîtier étanche est constitué d'un polymère, le polycarbonate, dont la synthèse peut se faire à partir du bisphénol A représenté ci-dessous :

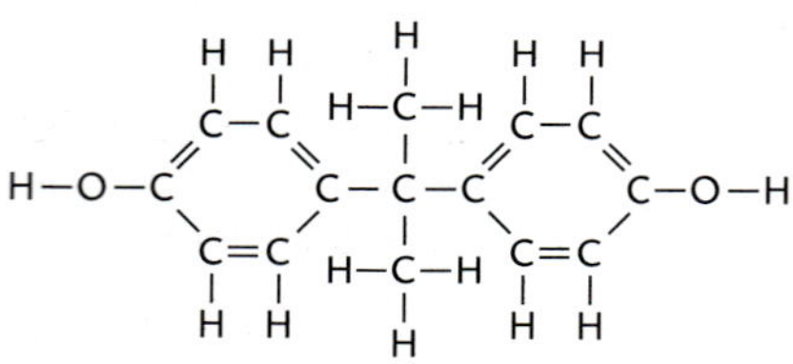

Doc. 3 L'eau de mer

L'eau de mer dans laquelle évolue la plongeuse peut être assimilée à une solution de chlorure de sodium, Na^+ (aq) + Cl^- (aq), dont la concentration massique $C_m(NaCl) = 35,5\ g{\cdot}L^{-1}$.
Sa masse volumique est $\rho_{eau} = 1,03 \times 10^3\ kg{\cdot}m^{-3}$.

Données

- Pression atmosphérique : $P_{atm} = 1,013 \times 10^5$ Pa ($1\ bar = 1 \times 10^5$ Pa)
- Masse de la plongeuse équipée : $m = 70$ kg
- Intensité de la pesanteur : $g = 9,8\ N{\cdot}kg^{-1}$

Analyse et synthèse

1 a. Quelle est la formule brute du bisphénol A (doc. 2) ?

b. Quelle est sa masse molaire ?

c. La fabrication du polycarbonate d'un boîtier étanche nécessite 70 g de bisphénol A. Quelle est la quantité de matière correspondante ?

S'approprier • Mobiliser et organiser ses connaissances ; extraire des informations.

2 Quelle quantité de matière de chlorure de sodium la plongeuse enferme-t-elle dans la bouteille ?

3 a. Quelle est la pression à la surface de l'eau ?

b. Calculer la pression de l'eau à 35 m de profondeur.

S'approprier • Mobiliser et organiser ses connaissances. Réaliser • Effectuer des calculs.

c. Le boîtier de la GoPro® peut-il être utilisé à cette profondeur ?

Valider • Faire preuve d'esprit critique.

4 On a représenté sur la photographie ci-contre, sans souci d'échelle, la force pressante $\vec{F}$ exercée par l'eau de mer sur une surface carrée du boîtier étanche de 4,0 cm de côté.

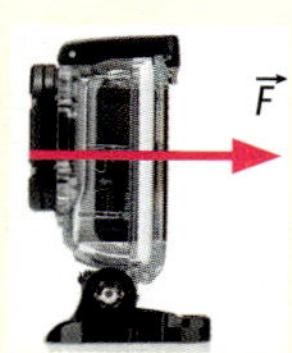

a. Cette force pressante est-elle correctement représentée ? Justifier.

S'approprier • Mobiliser et organiser ses connaissances.

b. Calculer sa valeur à 35 m de profondeur.

Réaliser • Effectuer des calculs.

5 Pourquoi peut-on affirmer que, lorsque la plongeuse filme la murène, les forces qui s'exercent sur elle se compensent ?

Communiquer • Rédiger une explication.

Compétences travaillées

4 Quelques résultats de la mission MSL *Curiosity*

Le rover *Curiosity*, doté d'instruments scientifiques, a atterri sur le sol martien le 6 août 2012. Deux de ses instruments scientifiques, *ChemCam* et *Sam*, analysent l'atmosphère et les roches à la surface de Mars, afin de mieux comprendre leur diversité chimique.

Doc. 1 Résultats d'analyse de *ChemCam*

ChemCam analyse les roches à distance en émettant un rayonnement Laser.
Au contact de la roche, un plasma (état de la matière constitué d'un ensemble électriquement neutre d'ions et d'électrons) est produit. La lumière émise par le plasma est alors analysée.
Le spectre d'émission obtenu pour une roche étudiée est donné ci-contre.

D'après le site Internet www.nasa.gov

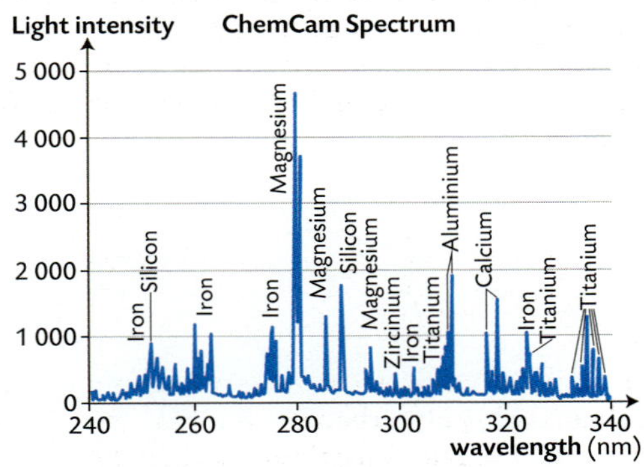

Doc. 2 Résultats d'analyse de *Sam*

Sam permet notamment d'établir la composition chimique et isotopique de gaz. L'analyse des données sur la proportion, dans l'atmosphère de Mars, des isotopes 36 et 38 de l'Argon, $^{36}_{18}Ar$ et $^{38}_{18}Ar$, confirme que Mars a perdu une partie importante de son atmosphère au cours de son évolution.

Données

- Intensité de la pesanteur sur Terre : $g_T = 9{,}81\ N \cdot kg^{-1}$
- Intensité de la pesanteur sur Mars : $g_M = 3{,}71\ N \cdot kg^{-1}$
- Domaines des longueurs d'onde (*wavelength* en anglais) :

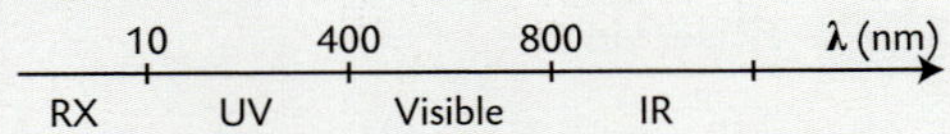

Analyse et synthèse

Compétences travaillées

1. Au lancement, le poids du rover *Curiosity* était 8 820 N. Sur Mars, il n'est plus que de 3 335 N. Expliquer ce phénomène et déterminer la masse du rover *Curiosity*.

Réaliser • Effectuer des calculs. *Communiquer* • Rédiger une explication.

2. À quel domaine de longueurs d'onde le spectre obtenu par l'instrument *ChemCam* appartient-il (**doc. 1**) ?
3. Déterminer la longueur d'onde des raies d'émission qui permettent d'identifier l'élément magnésium (Mg) dans la roche étudiée (**doc. 1**).
4. L'élément magnésium ($Z = 12$) est contenu sous forme ionique dans certaines roches. Donner la formule de l'ion magnésium.
5. L'élément calcium appartient à la même famille chimique que le magnésium. Donner la formule de l'ion calcium (Ca), également présent à la surface de Mars.
6. a. Quelle est la différence entre un isotope 36 et un isotope 38 de l'argon (**doc. 2**) ?
   b. Établir la formule électronique d'un atome d'argon. Pourquoi l'argon existe-t-il sous forme d'atomes isolés ?

S'approprier • Extraire des informations ; mobiliser et organiser ses connaissances. *Communiquer* • Rédiger une explication. *Analyser* • Exploiter des informations.

   c. Formuler une hypothèse permettant d'expliquer que, lorsque Mars a perdu une partie de son atmosphère, la proportion d'argon 36 perdue a été plus importante que celle d'argon 38.

Analyser • Proposer une hypothèse. *Communiquer* • Rédiger une explication.

Activité expérimentale **ECE**

Compétence

- *Mettre en œuvre une démarche d'expérimentation utilisant des techniques d'enregistrement pour comprendre la nature des mouvements observés dans le système solaire.*

1 Mouvement d'une sonde spatiale

Contexte du sujet

Lancée en 1977, la sonde Voyager 1 serait parvenue aux confins du système solaire en septembre 2013. Elle est maintenant suffisamment éloignée de tout astre pour que l'on puisse considérer qu'elle n'est plus soumise à aucune force.

Le but de cette épreuve est d'exploiter une situation expérimentale simple qui illustre le mouvement d'une sonde.

Documents mis à disposition

Doc. 1 **La trajectoire de Voyager 1**

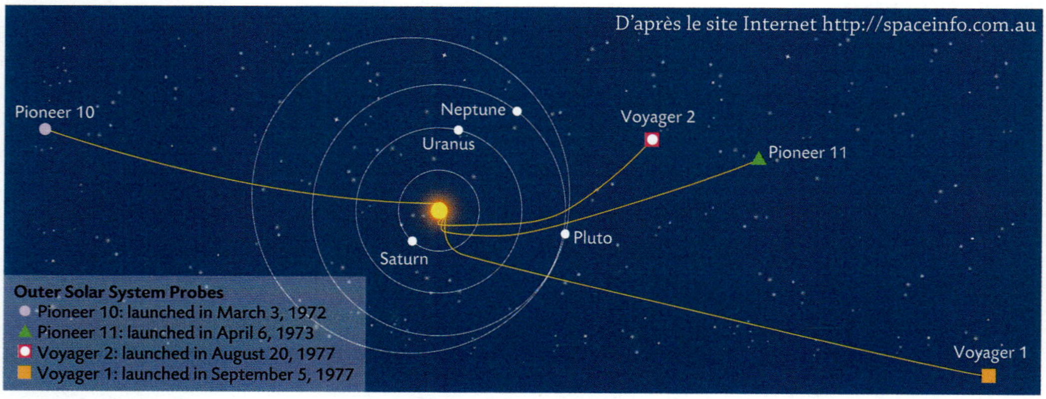

Doc. 2 **Fichier vidéo**

On a réalisé un fichier vidéo montrant le mouvement d'une boule sur un plan horizontal.
Dans un premier temps, la boule est reliée par un fil inextensible à un point fixe autour duquel elle tourne.
Dans un second temps, le fil est coupé.
Ce film modélise le mouvement d'une sonde spatiale (la boule) :
- dans un premier temps, lorsqu'elle est soumise à l'attraction du Soleil (le point fixe) ;
- dans un second temps, lorsqu'elle n'est plus soumise à son attraction (fil coupé).

VIDÉO

Travail à effectuer

1 Proposition d'un protocole (durée conseillée : 20 minutes)

Proposer un protocole permettant d'exploiter l'enregistrement vidéo à l'aide d'un logiciel de pointage, afin de décrire les deux phases du mouvement de la boule (nature de la trajectoire ; évolution de la valeur de la vitesse). (Analyser)

Appel n° 1 Appeler le professeur pour lui présenter le protocole.

2 Mise en œuvre du protocole (durée conseillée : 30 minutes)

- Après accord du professeur, mettre en œuvre ce protocole. (Réaliser)

En quelques lignes, décrire et justifier les deux phases du mouvement de la boule. (Analyser)

Appel n° 2 Appeler le professeur pour lui présenter la réponse.

3 Communication sur le travail (durée conseillée : 10 minutes)

Expliquer, à l'aide des résultats précédents, en quoi la situation proposée dans la vidéo illustre l'évolution de la sonde Voyager dans le système solaire. (Communiquer)

Activité expérimentale ECE

Compétence

- *Pratiquer une démarche expérimentale pour comprendre le principe de méthodes d'exploration.*

2 Des ultrasons pour observer les organes

Contexte du sujet

L'échographie utilise des ondes ultrasonores émises par une sonde pour observer différents organes du corps humain.
Le but de cette épreuve est d'utiliser le principe de l'échographie pour mesurer la distance qui sépare un émetteur-récepteur d'ultrasons d'un objet.

Documents mis à disposition

Doc. 1 Principe de l'échographie

Une sonde échographique est constituée d'un émetteur et d'un récepteur d'ultrasons accolés. Elle est placée au contact de la peau.
Les ondes ultrasonores émises se propagent dans le corps et sont réfléchies par les surfaces séparant les différents milieux traversés.

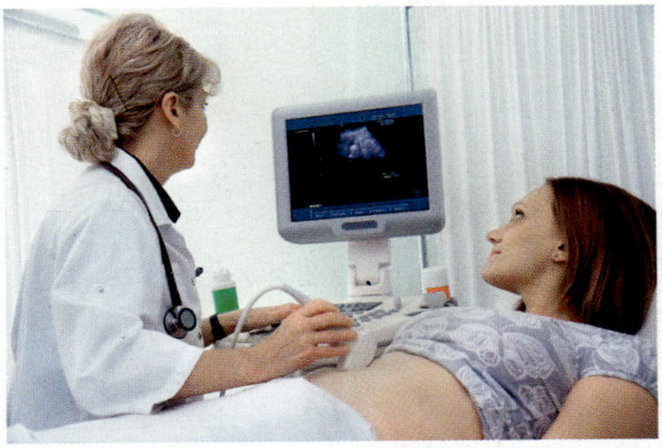

Doc. 2 À propos des ondes ultrasonores

La valeur de la vitesse des ondes ultrasonores dans l'air est de l'ordre de 340 m·s^{-1}.

Matériel disponible

- Un émetteur de salves d'ultrasons et son alimentation.
- Un récepteur de salves d'ultrasons.
- Un objet réfléchissant les ultrasons.
- Un oscilloscope ou un système informatisé d'acquisition.
- Des fils de connexion.
- Une règle graduée.

Travail à effectuer

1 Proposition d'un protocole (durée conseillée : 20 minutes)

Rédiger un protocole expérimental permettant de réaliser une expérience modélisant la mesure d'une distance par échographie. Préciser le nom du matériel modélisant la sonde échographique et celui modélisant l'organe. Indiquer également les mesures à réaliser et la manière dont elles seront exploitées. (Analyser)

Appel n° 1 Appeler le professeur pour lui présenter le protocole.

2 Mise en œuvre du protocole (durée conseillée : 20 minutes)

- Après accord du professeur, mettre en œuvre ce protocole. (Réaliser)

Déterminer expérimentalement, par la technique d'échographie, la distance *d* qui sépare la sonde de l'objet modélisant l'organe.

Appel n° 2 Appeler le professeur pour lui présenter les résultats expérimentaux.

3 Validation du travail réalisé (durée conseillée : 15 minutes)

- Mesurer directementde la distance *d*.

Comparer les résultats obtenus par les deux méthodes. Expliquer un éventuel écart entre les deux valeurs en identifiant les sources d'erreurs. (Valider)

Activité expérimentale ECE

Compétence

- *Élaborer ou mettre en œuvre un protocole de dissolution, de dilution.*

3 Le sérum physiologique

Contexte du sujet

Le sérum physiologique est une solution utilisée en médecine pour nettoyer les yeux ou le nez ou pour diluer des médicaments.
Le but de cette épreuve est de préparer une solution aqueuse ayant la même concentration massique en chlorure de sodium que le sérum physiologique, puis de l'utiliser pour simuler la dilution d'un médicament.

Documents mis à disposition

Doc. 1 Sérum physiologique

Le sérum physiologique est une solution aqueuse de chlorure de sodium de concentration massique en chlorure de sodium $t = 9{,}0\ g{\cdot}L^{-1}$.

Doc. 2 Concentration massique

La **concentration massique**, ou **teneur**, ***t*(E)**, d'une espèce chimique E dissoute en solution est le quotient de la masse $m(E)$ de soluté par le volume V_{sol} de la solution :

$$t(E) = \frac{m(E)}{V_{sol}}$$

t en $g{\cdot}L^{-1}$ — *m* en g — *V* en L

Matériel et produits disponibles

- Des fioles jaugées de 50,0 mL et 100,0 mL avec bouchons.
- Des béchers de 100 mL et 250 mL.
- Des pipettes jaugées de 5,0 mL et 10,0 mL avec pipeteur.
- Une balance électronique à 0,01 g.
- Une capsule de pesée.
- Une spatule métallique.
- Un entonnoir à solide.
- Une pipette Pasteur.
- Du chlorure de sodium solide.
- Une solution de médicament à diluer (factice), notée S_0.
- De l'eau distillée.

Travail à effectuer

1 Préparation d'une solution par dissolution (durée conseillée : 30 minutes)

Élaborer un protocole expérimental permettant, avec le matériel et les produits disponibles, de préparer un volume $V_1 = 100{,}0$ mL d'une solution aqueuse de chlorure de sodium, notée S_1, ayant la même concentration massique que le sérum physiologique. (Analyser)

Rédiger succinctement ce protocole sous une forme adaptée (schéma, texte, etc.) afin de le présenter au professeur. (Communiquer)

Appel n° 1 Appeler le professeur pour lui présenter le protocole.

- Après accord du professeur, mettre en œuvre ce protocole. (Réaliser)

2 Préparation d'une solution par dilution (durée conseillée : 30 minutes)

Pour réaliser une injection de médicament à un patient, un infirmier doit diluer la solution de médicament avec une solution de sérum physiologique.

- Verser environ 20 mL de la solution S_0 dans un bécher. À l'aide d'une pipette jaugée munie d'un pipeteur, prélever 10,0 mL de la solution S_0 et verser ce prélèvement dans une fiole jaugée de 50,0 mL. Compléter la fiole jaugée, jusqu'au trait de jauge, avec la solution S_1. (Réaliser)
Réfléchir aux questions ci-dessous en vue de présenter oralement les réponses. (Communiquer)

a. Combien de fois la solution S_0 a-t-elle été diluée ? (Analyser)

b. Quelles sont les sources d'erreurs possibles lors de la préparation de cette solution ? (Valider)

Appel n° 2 Appeler le professeur pour lui montrer la solution préparée et répondre oralement aux questions.

Activité expérimentale ECE

4 Un arôme naturel : le limonène

Compétences

- *Élaborer ou mettre en œuvre un protocole d'extraction à partir d'informations sur les propriétés physiques des espèces chimiques recherchées.*
- *Réaliser et interpréter une chromatographie sur couche mince.*

ECE

Contexte du sujet

Le limonène est utilisé comme arôme dans l'industrie pharmaceutique.
Le but de cette épreuve est de vérifier la présence de limonène dans les écorces d'orange et de l'extraire.

Documents mis à disposition

Doc. 1 Limonène

Le limonène, de formule $C_{10}H_{16}$, est le principal constituant de l'huile essentielle contenue dans les peaux d'agrumes telles que l'orange, le citron, etc. Il est utilisé comme arôme dans l'industrie pharmaceutique pour modifier le goût de certains médicaments.

Solvant	Solubilité du limonène
Cyclohexane	++
Eau	– –
Eau salée	– – –

Matériel et produits disponibles

- Une baguette de verre.
- Une spatule.
- Un papier-filtre.
- Un entonnoir.
- Un support de filtration.
- Deux erlenmeyers avec bouchons.
- Des écorces d'orange mixées.
- Du cyclohexane.
- De l'eau distillée.
- De l'eau salée.

Doc. 2 Pictogrammes de sécurité du cyclohexane

Travail à effectuer

1 Proposition et mise en œuvre d'un protocole expérimental d'extraction (durée conseillée : 30 minutes)

Proposer un protocole permettant de réaliser l'extraction du limonène des écorces d'orange. Utiliser uniquement les produits et matériel disponibles. (Analyser)

Rédiger succinctement ce protocole sous une forme adaptée (schéma, texte etc.). (Communiquer)

Appel n° 1 Appeler le professeur pour lui présenter le protocole.

- Après accord du professeur, réaliser l'extraction. (Réaliser)

2 Réalisation d'une CCM et schématisation (durée conseillée : 20 minutes)

- Sur une plaque à chromatographie, déposer à l'aide d'un capillaire une goutte de solution A (solution de limonène dans le cyclohexane) et une goutte de solution B (solution obtenue lors de l'étape précédente). Introduire la plaque dans la cuve à chromatographie déjà saturée en vapeurs d'éluant, puis laisser éluer. (Réaliser)

Pendant l'élution, résumer l'expérience à l'aide de schémas légendés. (Réaliser)

3 Révélation de la CCM et interprétation (durée conseillée : 10 minutes)

- Révéler la plaque à l'aide d'une solution de permanganate de potassium acidifiée à 0,050 mol·L^{-1}. (Réaliser)

Interpréter le chromatogramme obtenu. (Valider)

Appel n° 2 Appeler le professeur pour lui montrer le chromatogramme et lui communiquer vos conclusions.

Que faire après une Seconde générale ?

Les souhaits d'orientation se font à la fin du deuxième trimestre de l'année de Seconde. Les avis portés sur ces souhaits lors du conseil de classe du deuxième trimestre ne sont pas définitifs, mais peuvent aider à une meilleure orientation.

Les filières générales

Elles préparent principalement à la poursuite d'études longues après le Baccalauréat. Les programmes de ces filières sont faits pour permettre aux élèves d'acquérir une bonne culture générale.

	ES (économique et sociale)	**L (littéraire)**	**S (scientifique)**
Dominantes	• Sciences économiques et sociales • Histoire et géographie • Mathématiques • Langues vivantes	• Français, littérature • Philosophie • Langues vivantes • Histoire et géographie	• Mathématiques • Physique chimie • Sciences de la vie et de la Terre (S-SVT) *ou* sciences de l'ingénieur (S-SI) *ou* écologie, agronomie et territoires (lycée agricole)
Poursuites d'études (les plus courantes)	Économie Gestion Droit Sciences politiques Commerce Sciences humaines	Lettres Langues Sciences humaines Droit Arts	Sciences Technologies Santé

Les filières technologiques

Elles préparent principalement à la poursuite d'études courtes après le Baccalauréat (BTS, DUT). Cependant, il est possible de poursuivre des études plus longues.
Dans ces filières, les enseignements technologiques, basés sur des projets et des études de cas concrets, ont une part plus importante que les enseignements généraux.

	STI2D (Sciences et technologies de l'industrie et du développement durable)	**STL (Sciences et technologies de laboratoire)**	**STD2A (Sciences et technologies du design et des arts appliqués)**	**ST2S (Sciences et technologies de la santé et du social)**	**STMG (Sciences et technologies du management et de la gestion)**	**STAV (Sciences et technologies de l'agronomie et du vivant)**
Dominantes	• Enseignement technologique • Mathématiques • Physique chimie	• Sciences physiques et chimiques en laboratoire • Biotechnologies	• Design • Arts appliqués	• Biologie • Physiopathologie • Sciences et technique sanitaires et sociales	• Économie et droit • Sciences de gestion	• Biologie • Agriculture • Environnement
Poursuites d'études (les plus courantes)	BTS ou DUT du domaine industriel	BTS ou DUT physique chimie ou biologie	BTS arts appliqués ou diplôme des métiers d'art	BTS secteur paramédical et social DUT carrières sociales	BTS ou DUT commerce, comptabilité, management	BTSA, BTS, DUT agroalimentaire, environnement

Où trouver des informations ?

Site Internet : www.onisep.fr

Les **c**entres d'**i**nformation et d'**o**rientation (CIO) fournissent des informations sur les différentes filières et sur les études, et dispensent des conseils individuels.
Les publications de l'Onisep regroupent un grand nombre d'informations ; elles sont généralement à disposition dans les CDI des lycées.

Les métiers de la physique et de la chimie

La physique et la chimie apportent des savoirs et des savoir-faire qui peuvent être utiles à un métier dans des secteurs d'activités très variés : astronomie, exploration spatiale, chimie, sciences de la Terre, physique nucléaire, électronique, informatique, médecine, pharmacie, kinésithérapie, diététique, coaching sportif, technologie sportive, etc.

Ces secteurs recrutent différents types de diplômés :

Niveau d'études	Exemples de métiers
Bac + 2 et Bac + 3	Technicien, praticien paramédical, infirmier, entraîneur
Bac + 5	Ingénieur, sage-femme, enseignant, entraîneur de sportif de haut niveau, architecte
Bac + 6 et plus	Chercheur, enseignant-chercheur, chirurgien-dentiste, pharmacien, médecin

Zoom sur six métiers

Astrophysicien(ne)

Ce scientifique étudie l'Univers, ses constituants et son évolution, et essaye d'en comprendre la formation.
Les domaines scientifiques abordés étant très variés, il est souvent spécialisé. Son travail consiste à réaliser des observations, des interprétations et des modélisations. Il peut aussi participer à la conception de nouveaux instruments d'observation.

Bac + 8
Formation entièrement universitaire ou en partie en école d'ingénieurs.

Ingénieur(e) chimiste de production

Il dirige une équipe de production. Il a une vision à moyen terme sur l'organisation de son équipe, gère la performance des ateliers, les ressources, les budgets, etc. Il participe à l'amélioration des produits et des procédés de fabrication.

Bac + 5
Formation en école d'ingénieur ou à l'Université.

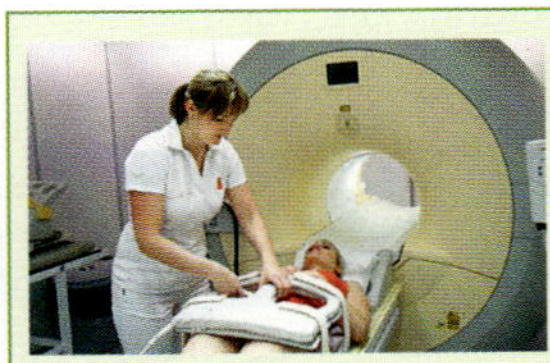

Manipulateur(trice) en électroradiologie médicale

Ce professionnel de la santé réalise les examens d'imagerie médicale (scanners, radiographies, échographies, etc.). Il est au contact des médecins et des patients, ses compétences sont indispensables à la réalisation des images qui serviront au diagnostic.

Bac + 3
Formation en lycée (BTS) et en institut de formation.

Technicien(ne) d'analyses médicales

Il réalise les analyses et les prélèvements prescrits par les médecins. Il doit préparer le matériel et les produits nécessaires aux analyses et il est chargé de l'entretien du matériel. Son travail nécessite de la rigueur, car la qualité des résultats des analyses en dépend.

Bac + 2 (ou **Bac + 3** dans le cas d'une licence)
Diplôme d'État de technicien de laboratoire médical (DETLM).

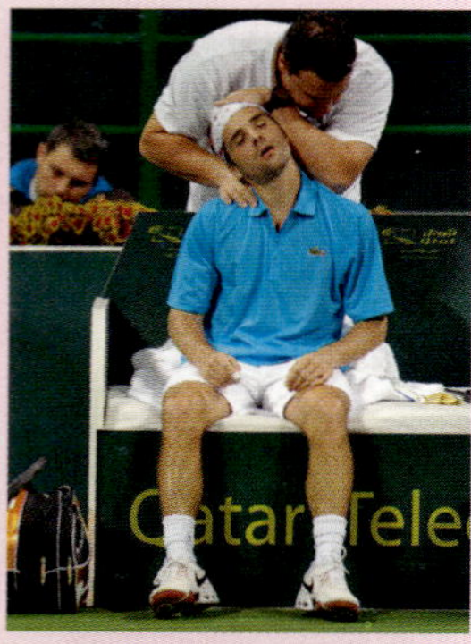	**Ostéopathe spécialisé en biomécanique du sport** Ce spécialiste applique ses connaissances en mécanique pour aider les sportifs à améliorer leurs performances, à éviter au maximum les douleurs et les pathologies associées à l'effort physique. Pour cela, il tient compte du physique des sportifs et leur propose des pistes pour optimiser leurs mouvements. La biomécanique est également utilisée par les chirurgiens, les kinésithérapeutes et les vétérinaires.	**Bac + 5** Formation en école supérieure ou en institut de formation.
	**Diététicien(ne) du sport** Il conseille les sportifs selon leur sport et les efforts qu'ils doivent fournir (entraînement, compétition, récupération, etc.). Il leur permet d'accéder à une bonne hygiène de vie et contribue ainsi à la lutte contre le dopage.	**Bac + 2** Formation en lycée (BTS) ou en IUT (DUT).

Voici quelques sites Internet qui permettent d'obtenir des informations sur de nombreux métiers et les formations qui mènent à ces métiers :

Mediachimie Donnez matière à l'avenir !	www.mediachimie.org Présentation des métiers de la chimie, classés par thème (santé, nature, énergie, etc.), par niveau d'étude ou par fonction (recherche, marketing, production). De nombreuses vidéos sont disponibles.
cea énergie atomique • énergies alternatives	www.cea.fr/jeunes/metiers Présentation de métiers scientifiques, avec la description des formations correspondantes et des témoignages de professionnels sur leur parcours.
Les métiers de la chimie Venez refaire le monde	www.lesmetiersdelachimie.com Présentation des métiers de l'industrie chimique, classés en quatre catégories : créer et innover ; fabriquer ; contrôler et préserver ; promouvoir et distribuer. De nombreuses vidéos sont disponibles.
	www.physique.upmc.fr/fr/formations_proposees2/metiers_de_la_physique.html Présentation des métiers de la physique liés à des thèmes d'avenir (santé, environnement, énergie, transports, etc.), décrits par des professionnels.
MA VOIE SCIENTIFIQUE onisep	http://mavoiescientifique.onisep.fr Présentation des parcours de formation et des débouchés, informations sur l'actualité des sciences et technologies, découvertes des métiers qui mettent le cap sur l'innovation technologique.
cidj le Canal des Métiers .TV www.onisep.fr toute l'info sur les métiers et les formations	http://www.cidj.com http://www.onisep.fr http://www.letudiant.fr http://www.lecanaldesmetiers.tv Présentation d'un grand nombre de métiers (très variés) et aide à la construction du projet professionnel.

Sommaire des fiches

Fiches méthodologiques

Fiches expérimentales

1 Résolution d'un problème scientifique Rédaction d'une réponse argumentée

- Un **problème scientifique** se présente souvent sous la forme d'une *question unique*. Il faut trouver les *étapes à suivre* pour y répondre. Le plus souvent, certaines étapes comportent des *calculs*.
- Une **réponse argumentée** n'est pas un simple résumé : elle est organisée autour d'une *problématique scientifique*. La réponse est structurée par un *plan*. Les *arguments* doivent être présentés et *illustrés par des exemples* issus des *documents*. Des éléments issus des connaissances personnelles peuvent être ajoutés.

Le paragraphe A ci-dessous présente une méthode commune pour aborder ces deux types d'exercices. Dans les paragraphes B et C, deux exemples illustrent la mise en œuvre de cette méthode.

A Une méthode à suivre

Compétences

Étape 1 ➲ S'approprier la consigne ou la question posée

S'approprier

- Lire la consigne ou la question posée sans lire les documents.
- S'assurer qu'elle est comprise dans sa globalité. La relire plusieurs fois si nécessaire.
- Toujours sans lire les documents fournis, écrire au brouillon toutes les questions qui viennent à l'esprit.

Étape 2 ➲ Lire et comprendre les documents

S'approprier • Analyser

- Lire rapidement tous les documents, en commençant par leur titre. Les lire ensuite de manière plus approfondie, repérer les éléments en relation (directement ou indirectement) avec la consigne ou la question posée. La source des documents peut constituer une information.
- Pour un graphique, observer les échelles, repérer les grandeurs portées sur les axes, ainsi que leurs unités. Noter l'évolution générale, rechercher les éventuels codes de couleurs, identifier les éléments caractéristiques en rapport avec la consigne ou la question posée.
- Répondre, au brouillon, aux questions écrites à l'étape 1.

Étape 3 ➲ Dégager la problématique

Analyser

- Poser la (ou les) question(s) qui précise(nt) la dimension scientifique de la consigne ou du problème.

Étape 4 ➲ Construire la réponse

Analyser • Réaliser

- Toujours garder à l'esprit ce qui est demandé.
- Mettre en relation les informations extraites de façon à structurer la réponse (surligner les documents avec une couleur par idée, réaliser une carte mentale, classer les informations dans un tableau, etc.).

	1re idée	2e idée	3e idée
Connaissances	Cours		
Doc. 1		Explication Exemple	Donnée
Doc. 2	Exemple		Argument Valeur numérique

- Ajouter des idées issues des connaissances personnelles et des éléments de réponses aux questions écrites à l'étape 1.
- Élaborer un plan, établir les étapes de la résolution.

Étape 5 ➲ Répondre

Valider • Communiquer

- Introduire la problématique.
- Mettre en forme la réponse :
  - rédiger des phrases concises en attachant une attention particulière aux mots de liaisons pour présenter les idées et les relier entre elles (*car*, *donc*, *or*, *d'autre part*, *inversement*, *de plus*, etc.) ;
  - citer les documents pour justifier, sans paraphraser.
- Conclure : revenir sur la problématique et faire preuve d'esprit critique.
- Respecter une éventuelle contrainte de forme imposée (rédiger une lettre, proposer une affiche, etc.) ou de présentation (nombre de lignes, de mots, etc.).
- Prendre soin de la formulation des phrases, de l'orthographe et de la grammaire.
- Relire le travail fini pour vérifier qu'il répond bien à la question posée.

B Exemple de résolution d'un problème scientifique

Énoncé

Extrait de la notice d'un médicament XYLOCAÏNE® 5 % NÉBULISEUR

COMPOSITION
Lidocaïne..1 g
(sous forme de chlorhydrate monohydraté)
Excipients : parahydroxybenzoate de méthyle (E 218), saccharine sodique, macrogol 400, hydroxyde de sodium, eau purifiée.
Chaque pulvérisation délivre 9 mg de chlorhydrate de lidocaïne.

INDICATIONS
Anesthésie locale des muqueuses buccopharyngées et/ou des voies aériennes supérieures par pulvérisation.

POSOLOGIE ET MODE D'ADMINISTRATION
Chez le grand enfant (de plus de 6 ans), la posologie varie de 2 à 4 mg par kg de poids, sans dépasser 200 mg de chlorhydrate de lidocaïne.

Problème • Combien de pulvérisations de Xylocaïne 5 % peuvent être administrées au maximum et en une seule fois à un enfant de 30 kg ?

Solution

Les étapes de la méthode sont décrites p. 320.

Étape 1 ➲ S'approprier la question posée

- Former une liste de questions à partir de l'énoncé du problème (sans lire les documents) :
  1. Qu'est-ce que la Xylocaïne ?
  2. Quelle quantité de médicament est contenue dans une pulvérisation ?
  3. Pourquoi la masse de l'enfant est-elle précisée ?

Étape 2 ➲ Lire et comprendre les documents

- Trouver des réponses dans les documents :
  1. *COMPOSITION ET INDICATIONS* → XYLOCAINE 5 % est un anesthésiant local dont le principe actif est la lidocaïne sous forme de chlorhydrate de lidocaïne.
  2. *COMPOSITION* → À chaque pression sur la valve, 9 mg de chlorhydrate de lidocaïne sont pulvérisés.
  3. *POSOLOGIE ET MODE D'ADMINISTRATION* → Chez le grand enfant (de plus de 6 ans), la posologie varie de 2 à 4 mg par kg, sans dépasser 200 mg de chlorhydrate de lidocaïne.

Étape 3 ➲ Dégager la problématique

- Poser la (ou les) question(s) qui reformule(nt) le problème :
  1. Quelle masse maximale de chlorhydrate de lidocaïne peut-on administrer à un enfant de 30 kg ?
  2. En déduire le nombre de pulvérisations.

Étape 4 ➲ Construire la réponse

- Identifier les données nécessaires pour répondre aux questions de l'étape 3 :
  1. Chez les enfants, les doses ne doivent pas dépasser 4 mg/kg. L'enfant pèse 30 kg.
     La dose maximale calculée doit être inférieure à la limite de 200 mg.
  2. À chaque pulvérisation (pression sur la valve), 9 mg de chlorhydrate de lidocaïne sont administrés.

Étape 5 ➲ Répondre

- Introduction présentant la problématique :
  Pour déterminer le nombre maximal de pulvérisations, il faut calculer la masse maximale m de chlorhydrate de lidocaïne que l'on peut administrer à un enfant de 30 kg, et vérifier qu'elle ne dépasse pas 200 mg.
- Mise en forme de la réponse :
  Sachant que, pour les enfants, la dose ne doit pas dépasser 4 mg/kg, la masse m de chlorhydrate de lidocaïne est égale à : $m = 4 \times 30 = 120$ mg. Cette valeur est bien inférieure à la limite de 200 mg.
  Chaque pulvérisation libère 9 mg de chlorhydrate de lidocaïne. On en déduit le nombre N de pulvérisations administrées : $N = 120 \div 9 = 13$ pulvérisations environ.
- Conclusion revenant sur la problématique :
  Treize pulvérisations peuvent être administrées au maximum et en une seule fois à un enfant de 30 kg.

C Exemple de rédaction d'une réponse argumentée

Énoncé

Doc. 1 La lumière de l'Univers

Tous les corps célestes émettent des rayonnements électromagnétiques dans un large domaine de longueurs d'onde. Ces rayonnements se propagent à la vitesse de la lumière. L'ensemble des rayonnements constitue le spectre électromagnétique. La lumière visible n'en représente qu'une infime partie, tout le reste est invisible pour l'œil humain.
Les étoiles « chaudes » émettent une grande part de leur rayonnement dans le domaine de l'ultraviolet. Les objets plus « froids », comme les planètes, les étoiles jeunes, les nuages de poussières, émettent principalement dans le domaine de l'infrarouge.

Doc. 2 Domaines de rayonnements électromagnétiques

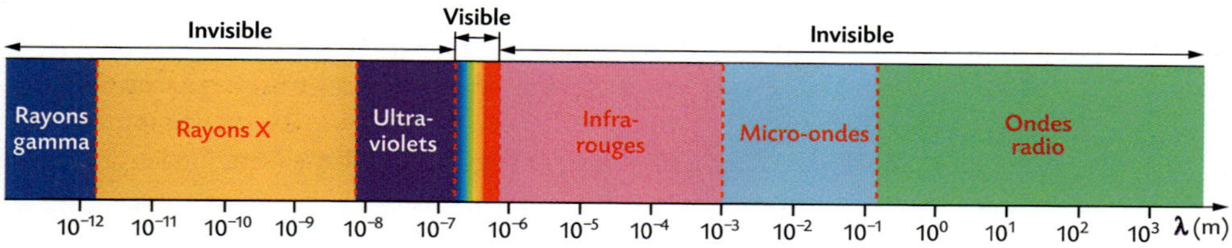

Doc. 3 De nouveaux observatoires

Jusqu'au XIXᵉ siècle, les astronomes ont été dans l'ignorance des rayonnements invisibles car la technologie ne permettait pas de les détecter. De plus, l'atmosphère absorbe certains d'entre eux qui n'atteignent pas la surface de la Terre ou qui y parviennent avec une intensité très faible. Enfin, les turbulences atmosphériques rendent tremblotantes des images vues par les télescopes placés à la surface de la Terre, ce qui nuit à leur exploitation.
Pour limiter l'impact de la traversée atmosphérique, on a construit des observatoires en altitude, la couche d'air traversée par les rayonnements avant d'arriver jusqu'aux détecteurs est alors moins épaisse et plus stable. On dispose également depuis les années 1960 de télescopes spatiaux, le plus connu étant Hubble, lancé en 1990. Ces télescopes peuvent étudier des objets beaucoup moins lumineux que ceux observés depuis le sol. Leur position permet d'observer des rayonnements qui auraient été absorbés par l'atmosphère. Ainsi le télescope Herschel, lancé en 2009, a permis de détecter des rayonnements infrarouges lointains pour étudier la formation des étoiles, la naissance et l'évolution des galaxies.

Doc. 4 Absorption de rayonnements ultraviolets, visibles et infrarouges par l'atmosphère terrestre

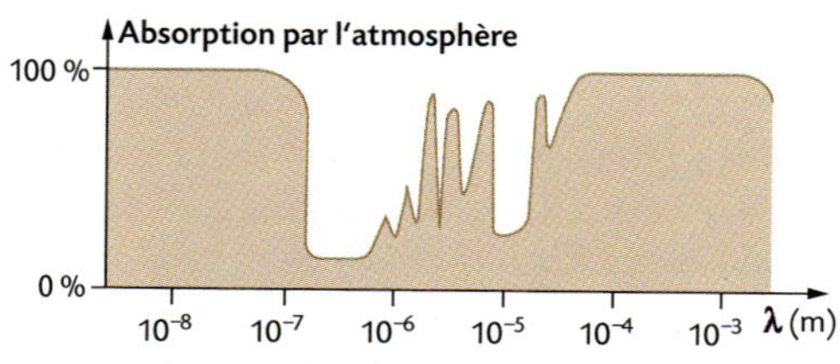

Question • **À l'aide des documents, rédiger un paragraphe de 150 mots maximum, expliquant pourquoi les observations concernant les étoiles jeunes sont très récentes.**

Solution

Les étapes de la méthode sont décrites p. 320.

Étape 1 ➲ S'approprier la consigne

- Formuler une liste de questions à partir de la consigne (sans lire les documents) :
  1. Comment reconnaît-on une étoile jeune ?
  2. Pourquoi ces observations n'ont-elles pas pu être obtenues ou exploitées auparavant ?
  3. Pourquoi l'observation des étoiles jeunes est-elle aujourd'hui possible ?

Étape 2 ➲ Lire et comprendre les documents

- Trouver des réponses dans les documents :

  1. **Doc. 1** Les étoiles jeunes émettent principalement dans le domaine de l'infrarouge.

  2. **Doc. 2** Le rayonnement infrarouge est invisible.

  Doc. 3 et **Doc. 4** Pendant longtemps, la technologie de détection des rayonnements infrarouges n'existait pas. De plus, les infrarouges sont en partie absorbés par l'atmosphère : certaines radiations sont totalement absorbées et ne parviennent pas jusqu'à la surface de la Terre.

  3. **Doc. 3** On dispose aujourd'hui de la technologie de détection des infrarouges. Des observatoires en altitude limitent l'atténuation atmosphérique. Depuis les années 1960, des télescopes spatiaux ont été placés hors de l'atmosphère (Hubble, lancé en 1990 ; Herschel, lancé en 2009).

Étape 3 ➲ Dégager la problématique

- Poser la (ou les) question(s) qui précisent la dimension scientifique de la consigne :
  Comment les technologies récentes permettent-elles d'observer les rayonnements émis par les étoiles jeunes ?

Étape 4 ➲ Construire la réponse

- Organiser les informations nécessaires pour répondre.

La réalisation d'une carte mentale peut être utile.

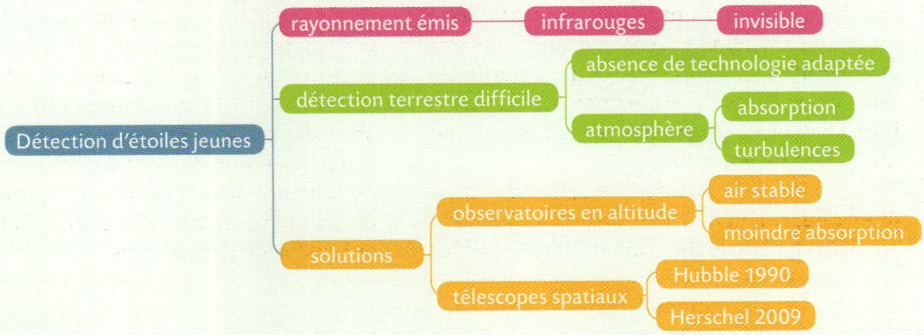

Étape 5 ➲ Répondre

- Introduction présentant la problématique :
  Avant les années 1950, les astronomes ne disposaient pas de la technologie nécessaire pour observer les étoiles jeunes. Cette observation est désormais possible. ...
- Mise en forme de la réponse :
  ... Les étoiles jeunes émettent essentiellement dans le domaine des infrarouges. La technologie de détection de ces rayonnements invisibles est récente. De plus, l'atmosphère absorbe une grande partie des infrarouges. Ainsi, le rayonnement émis par les étoiles jeunes ne parvient pas intégralement jusqu'à la surface de la Terre. La détection des infrarouges issus des étoiles jeunes est devenue possible avec la construction d'observatoires en altitude et la mise en orbite de télescopes hors de l'atmosphère.
- Conclusion revenant sur la problématique :
  Les progrès technologiques de la fin du XXe siècle ont permis d'observer des étoiles jeunes.

2 Précision d'une mesure

A Erreurs de mesure

Une mesure n'est jamais parfaite, même si elle est réalisée avec soin.

Il y a de nombreuses raisons qui font que, lorsque l'on effectue une mesure, la valeur trouvée est nécessairement entachée d'erreurs.

Exemple : Quand on mesure un volume de 10 mL avec une pipette jaugée (photographie ci-contre), le volume du liquide n'est pas exactement égal à 10 mL :

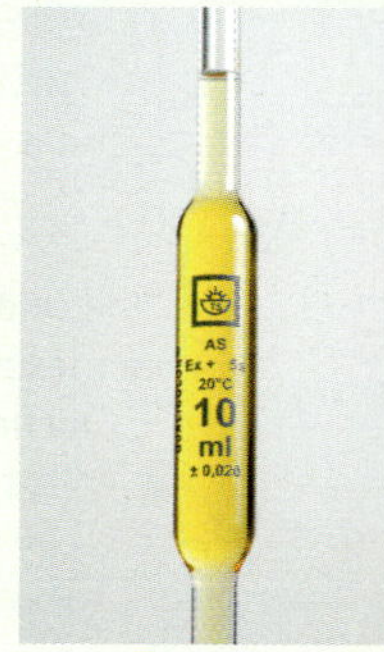

- **Erreur liée à la qualité du matériel :** l'indication ± 0,020 mL signifie que le volume de la pipette jaugée est compris entre 9,98 mL et 10,02 mL pour des solutions à 20 °C.
- **Erreur liée à l'opérateur :** le bas du ménisque du liquide n'est peut-être pas exactement sur le trait de jauge.
- **Erreur liée à une grandeur d'influence :** la température de la solution n'est peut-être pas 20 °C.

B Chiffres significatifs

Les **chiffres significatifs** d'un nombre sont les chiffres présents dans la notation scientifique de ce nombre.

Exemples :

- 51,43 g = $5,143 \times 10^{1}$ g 4 chiffres significatifs
- 0,48 s = $4,8 \times 10^{-1}$ s 2 chiffres significatifs → Les zéros qui sont à gauche n'apportent pas de précision, ils ne sont pas significatifs.
- 100 mL = $1,00 \times 10^{2}$ mL 3 chiffres significatifs → Les zéros qui sont à droite apportent de la précision, ils sont significatifs.

Le résultat d'une mesure ou d'un calcul doit être écrit avec un nombre de chiffres significatifs adapté à la précision du matériel, du protocole expérimental et des données utilisées.
Des exemples sont présentés dans le paragraphe C et dans la fiche 3.

C Expression du résultat d'une mesure

Lors d'une mesure unique, la précision du dispositif de mesure utilisé et celle de l'opérateur permettent de choisir le nombre de chiffres significatifs à conserver dans l'écriture du résultat.

Exemple : Un chronomètre numérique affiche souvent une durée en centième de seconde. Cependant, un œil humain ne peut distinguer deux évènements que s'ils sont séparés d'au moins un dixième de seconde. De plus, la durée de réaction du chronométreur n'est pas négligeable. Un chronométrage manuel ne peut donc avoir une précision supérieure au dixième de seconde.

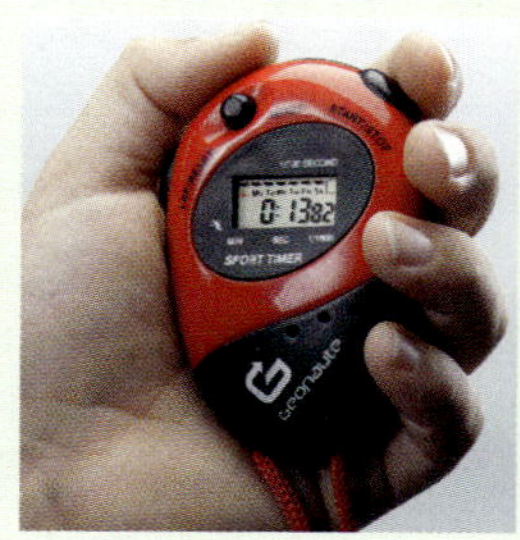

Ainsi, lors du chronométrage d'un 80 m en EPS, si un chronomètre électronique affiche une durée de 13,82 s (photographie ci-contre), il faut arrondir la valeur à 13,8 s.

Lorsque l'on répète la mesure d'une même grandeur, on utilise les lois de la statistique pour déterminer la valeur de la grandeur mesurée et sa précision :

- La valeur de la grandeur mesurée correspond à la **moyenne** des mesures.
- Les informations permettant de déterminer l'**intervalle de valeurs possibles** pour la grandeur mesurée seront données en cas de besoin.

3 Écriture du résultat d'un calcul

A Cas d'une multiplication ou d'une division

Méthode

- Repérer le nombre de chiffres significatifs de chaque donnée (cf. fiche 2).
- Effectuer le calcul.
- **Le résultat d'une multiplication ou d'une division ne doit pas avoir plus de chiffres significatifs que le nombre qui en comporte le moins.** Il faut arrondir convenablement le résultat final.

Exemple d'énoncé :

Une onde ultrasonore se propage dans l'eau sur une distance $d = 0{,}84$ m.
La mesure de la durée du parcours conduit à durée du parcours $\Delta t = 554 \times 10^{-6}$ s.

► Quelle est la valeur de la vitesse de cette onde ?

Un élève divise d par Δt. Sa calculatrice affiche le résultat ci-contre.
Comment doit-il écrire le résultat ?

```
0.84/554E-6
       1516.245487
```

Exemple de rédaction et commentaires :

$\Delta t = 554 \times 10^{-6}$ s $= 5{,}54 \times 10^{-4}$ s → 5,54 : trois chiffres significatifs

$d = 0{,}84$ m $= 8{,}4 \times 10^{-1}$ m → 8,4 : deux chiffres significatifs

La vitesse est $v = \dfrac{d}{\Delta t} = \dfrac{0{,}84}{554 \times 10^{-6}}$

soit $v = 1{,}5 \times 10^{3}$ m·s^{-1}. → Le résultat arrondi s'écrit avec deux chiffres significatifs.

B Cas d'une addition ou d'une soustraction

Méthode

- Écrire les données dans la même unité si ce n'est pas déjà fait.
- Repérer le nombre de décimales de chaque donnée.
- **Le résultat d'une addition ou d'une soustraction ne doit pas avoir plus de décimales que le nombre qui en comporte le moins.** Il faut arrondir convenablement le résultat final.

Exemple d'énoncé :

Deux élèves mélangent une masse m_1 = 87,3 g de chlorure de sodium et une masse m_2 = 25,48 g de chlorure de potassium.

► Quelle est la masse du mélange ?

Un élève additionne m_1 et m_2.
Sa calculatrice affiche le résultat ci-contre.
Comment doit-il écrire le résultat ?

```
87.3+25.48
            112.78
```

Exemple de rédaction et commentaires :

Les deux masses sont exprimées en gramme :

$m_1 = 87{,}3$ g → 87,3 : une décimale

$m_2 = 25{,}48$ g → 25,48 : deux décimales

La masse totale du mélange est :

$m = m_1 + m_2 = 87{,}3 + 25{,}48$

soit $m = 112{,}8$ g → Le résultat arrondi s'écrit avec une décimale.

C Cas de calculs successifs

- **Lorsque l'on effectue un calcul en plusieurs étapes, les résultats des étapes intermédiaires ne doivent pas être arrondis.** En revanche, le résultat final doit comporter le bon nombre de chiffres significatifs.

4 Analyse dimensionnelle

Toute grandeur physique doit être écrite avec son unité. Celle-ci est nécessaire pour comparer les valeurs d'une même grandeur physique.

Le **système international** (SI) d'unités est le plus utilisé dans le monde. Les unités SI utilisées en Seconde, ainsi que leurs multiples et sous-multiples principaux (kilo, milli, etc.), sont présentés au début du livre (rabat I).

Grandeur	Unité SI
Longueur	Mètre (m)
Masse	Kilogramme (kg)
Temps	Seconde (s)
Force	Newton (N)
Quantité de matière	Mole (mol)

> Quelques unités SI.

On ne peut **additionner ou soustraire** que des valeurs numériques exprimées dans la même unité.
L'unité du **produit** ou du **quotient** de deux grandeurs est le produit ou le quotient des unités de chacune des grandeurs.

Une égalité doit être homogène, c'est-à-dire que les termes de chaque membre doivent avoir la même unité. Une égalité qui n'est pas homogène est obligatoirement fausse.

Exemple : le poids P d'un corps, en N, se déduit de la masse m, en kg, et de l'intensité de la pesanteur g, en $N \cdot kg^{-1}$, par la relation :

$$P = m \times g$$

Vérifier l'homogénéité de cette relation, c'est vérifier que P et $m \times g$ ont la même unité. Le tableau ci-contre montre que c'est le cas : la relation $P = m \times g$ est donc homogène.

Grandeur	Unité
P	N
m	kg
g	$N \times kg^{-1} = \frac{N}{kg}$
$m \times g$	$kg \times \frac{N}{kg} = N$

5 Proportionnalité

A Vérification de la proportionnalité entre deux grandeurs

Deux grandeurs sont proportionnelles si la représentation graphique de l'une en fonction de l'autre est une **droite passant par l'origine** ou si leur **quotient est constant**.

Exemple : les valeurs de la vitesse v d'une bille en chute verticale et la durée Δt de sa chute sont données dans le tableau ci-contre.

Δt (s)	0,033	0,067	0,100	0,133
v ($m \cdot s^{-1}$)	0,327	0,661	1,001	1,326

Vérification par un graphique

Avec les valeurs ci-dessus, on obtient :

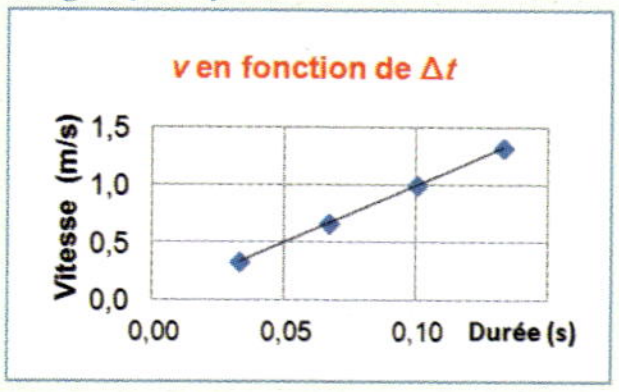

Une modélisation (voir fiche 7, p. 328-329) conduit à $v = 9,9 \times \Delta t$.

Vérification par un quotient

Avec les valeurs ci-dessus, on obtient :

$\frac{v}{\Delta t}$ (en $m \cdot s^{-2}$)	9,91	9,87	10,01	9,97

Aux erreurs de mesures près, le quotient est constant. Sa valeur moyenne arrondie est $k = 9,9\ m \cdot s^{-2}$.
On peut donc écrire $v = 9,9 \times \Delta t$.

→ v et Δt sont donc des grandeurs proportionnelles.

B Utilité de la proportionnalité

La relation mathématique entre deux grandeurs proportionnelles permet de trouver la valeur de l'une quand on connaît la valeur de l'autre.
Lorsque deux grandeurs sont proportionnelles (et seulement dans ce cas), on peut effectuer un « produit en croix » pour déterminer une valeur inconnue.

Fiches

6 Rédaction d'une réponse : les critères de réussite

Pour réussir un exercice, il ne suffit pas de donner la réponse à la question posée.
Les points du barème sont souvent distribués selon trois critères :

cours maîtrisé | réponse complète | présentation

A Mise en œuvre d'un calcul

Énoncé

On prélève un volume $V = 0{,}15$ L de propanone de masse volumique $\rho(P) = 0{,}783$ g · mL^{-1}.
Calculer la masse prélevée et écrire le résultat en notation scientifique.

Solution

Une méthode	Une solution rédigée
Phrase d'introduction ▸	La masse $m(P)$ de propanone est :
Formule littérale ▸	$m(P) = \rho(P) \times V$
Application numérique ▸	$V = 0{,}15 \text{ L} = 1{,}5 \times 10^2 \text{ mL}$ $m(P) = 0{,}783 \times 1{,}5 \times 10^2$
Résultat du calcul ▸	$m = 1{,}2 \times 10^2$ g

Critères de réussite

- Introduire le calcul à l'aide d'une phrase simple et courte.
- Définir les symboles des grandeurs utilisées qui ne sont pas dans l'énoncé.
- Respecter les symboles des grandeurs de l'énoncé.
- Veiller à l'homogénéité des unités.
- Respecter la précision des données.
- Réaliser correctement l'application numérique et respecter le nombre de chiffres significatifs des données pour l'écriture du résultat.
- Si nécessaire, exprimer le résultat en notation scientifique.
- Exprimer le résultat avec une unité correcte.
- Présenter clairement le résultat.

B Réalisation d'un schéma

Énoncé

Schématiser la réfraction de la lumière, à l'interface entre l'air et l'eau, illustrée par la photographie ci-contre. Indiquer le point d'incidence I, dessiner la normale et repérer les angles d'incidence i_1 et de réfraction i_2.

Solution

Une méthode / Une solution rédigée

Titre du schéma ▸ Réfraction à la surface de séparation air/eau :

Schéma légendé ▸

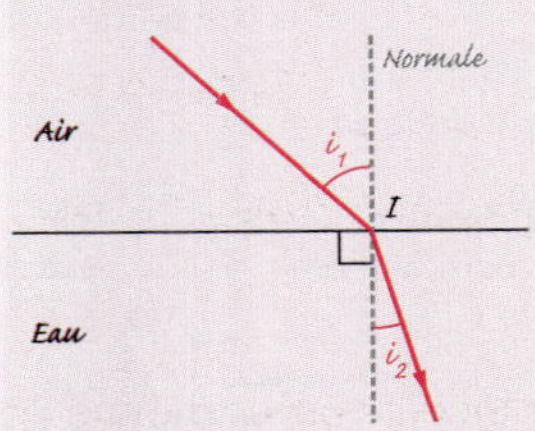

Complément de légende ▸ i_1 est l'angle d'incidence ;
i_2 est l'angle de réfraction.

Critères de réussite

- Donner un titre au schéma.
- Réaliser un schéma suffisamment grand, à la règle (dans le cas de lignes droites) et au crayon.
- Utiliser éventuellement des couleurs pour faciliter la lecture.
- Schématiser les éléments en coupe (un schéma n'est pas un dessin).
- Indiquer les grandeurs utiles sur le schéma.
- Légender le schéma en respectant les notations de l'énoncé.

Fiches

7 Utilisation d'un tableur pour tracer un graphique

A Utilisation du tableur *Excel*®* pour tracer un graphique

	A	B
1	***m*** (kg)	***P*** (N)
2	0,00	0,00
3	0,10	1,00
4	0,20	2,00
5	0,30	2,90
6	0,40	3,90
7	0,50	5,00
8	0,60	5,90
9	0,70	6,80
10	0,80	7,90
11		

1 Les données doivent être dans deux lignes ou deux colonnes du tableau. Les valeurs à placer en abscisse doivent être dans la première ligne ou première colonne. Sélectionner l'ensemble des données à l'aide de la souris.

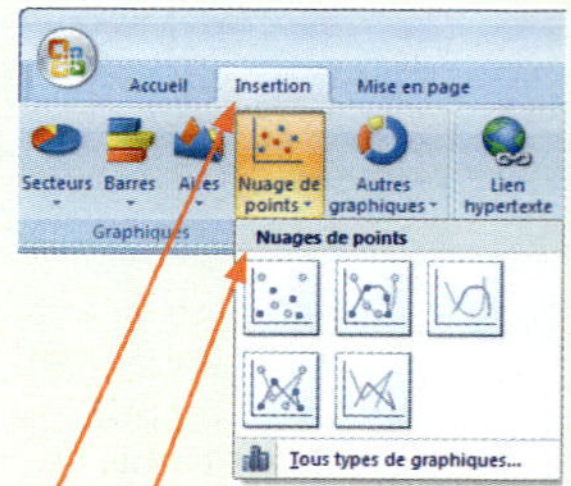

2 Cliquer sur **Insertion**, puis, dans la zone **Graphique**, sur **Nuage de points**, et sélectionner le type de graphique souhaité.
On peut choisir de lier ou non les points.

3 Une fois le type de graphique souhaité sélectionné, aller dans l'onglet **Création** pour réaliser la mise en forme.

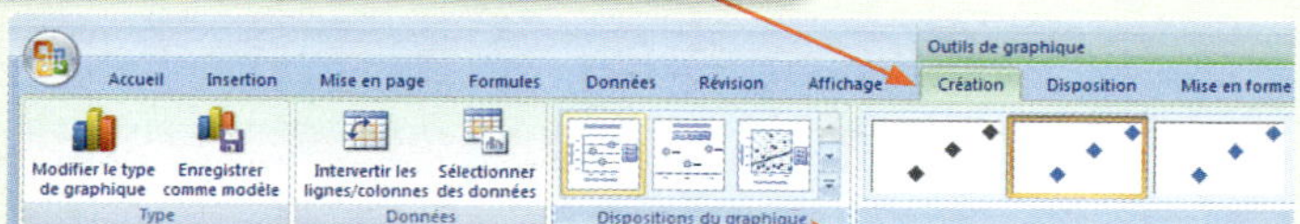

4 Dans la zone **Disposition**, choisir une présentation permettant de définir des titres pour le graphique et les axes.

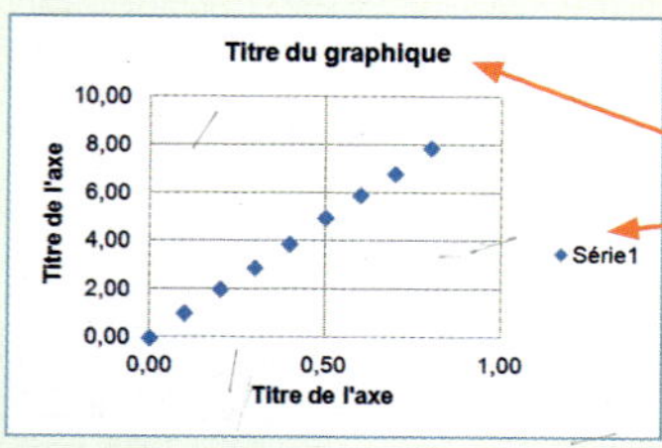

5 Faire un **clic droit sur chaque élément de texte**, puis cliquer sur **Modifier le texte** pour définir le titre et les noms des axes ou sur **Police** pour choisir sa mise en forme (police, taille, couleur etc.).
Il est possible de supprimer un élément de légende ou d'en modifier le texte.

6 Pour ajouter une modélisation, cliquer avec le bouton droit de la souris sur un point du graphique, puis sélectionner **Ajouter une courbe de tendance**.

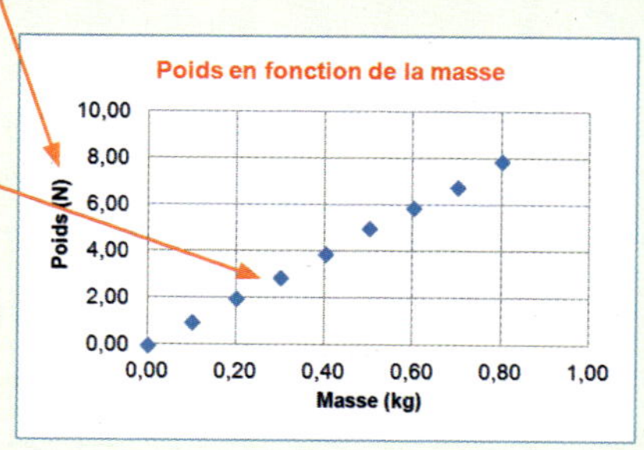

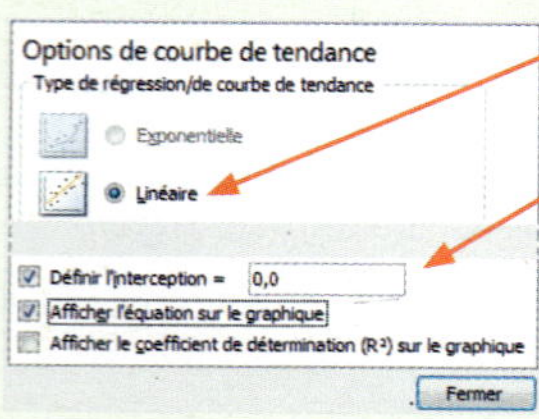

7 Choisir la forme adaptée (**Linéaire** est synonyme d'affine pour *Excel*®).
Choisir les options éventuelles :
- interception à (0,0) si la droite passe par l'origine du repère ;
- affichage de l'équation ;
- affichage du coefficient de détermination.

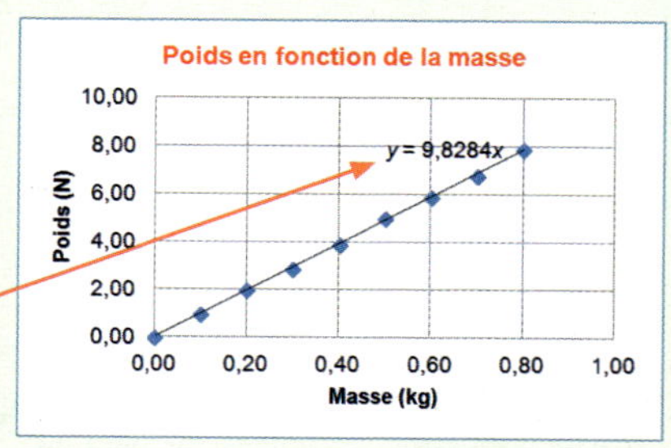

8 La courbe de tendance et son équation sont affichées sur le graphique. L'équation peut aussi être mise en forme.

* Cette fiche a été réalisée pour la version *Excel*® 2007-2010.

B Utilisation du tableur *LibreOffice Calc*®* pour tracer un graphique

	A	B
1	c (mol·L⁻¹)	ρ (g·mL⁻¹)
2	0,04	0,995
3	0,10	1,000
4	0,20	1,012
5	0,40	1,024
6	0,50	1,033
7	1,00	1,069
8		

1 Les données doivent être dans deux lignes ou deux colonnes du tableau. Les valeurs à placer en abscisse doivent être dans la première ligne ou première colonne. Sélectionner l'ensemble des données à l'aide de la souris.

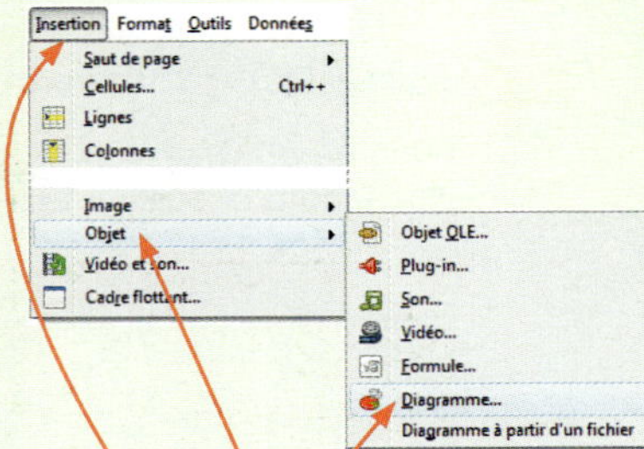

2 Cliquer sur **Insertion**, puis sur **Diagramme**, ou **Objet > Diagramme** selon la version.

3 Choisir **XY**, puis le modèle de représentation (points seuls ou points et lignes).

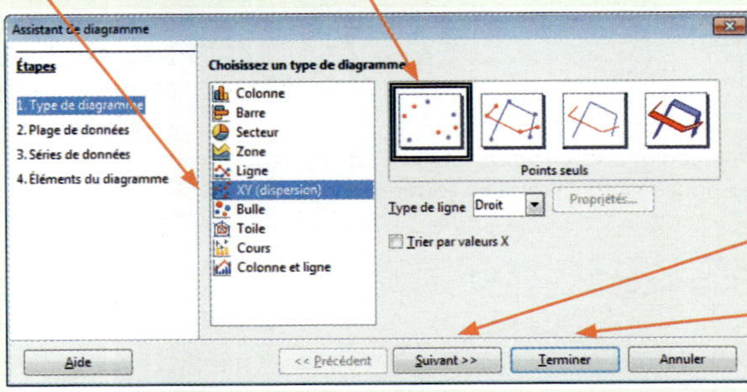

4 Cliquer sur **Suivant** pour choisir notamment le titre du graphique, les noms des axes et l'affichage des grilles. Cliquer sur **Terminer** pour faire afficher le graphique.

5 Pour mettre en forme un texte (police, taille, couleur etc.), sélectionner le graphique par un double clic, puis cliquer avec le bouton droit de la souris sur ce texte et cliquer sur **Formater**.
Il est possible de supprimer un élément de légende ou d'en modifier le texte.

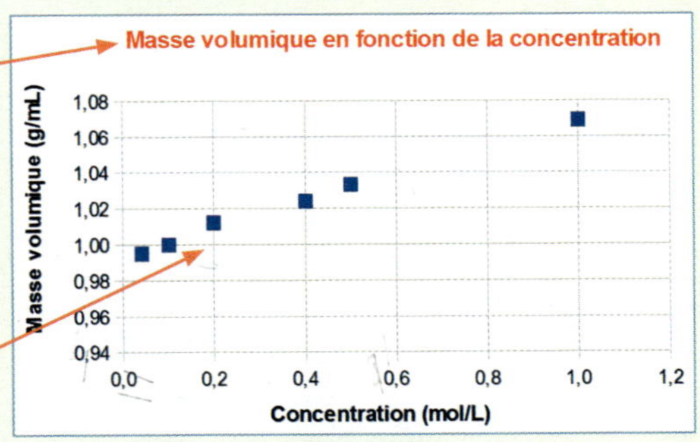

6 Pour ajouter une modélisation, sélectionner le graphique par un double clic, puis cliquer avec le bouton droit de la souris sur un point du graphique. Sélectionner ensuite **Insérer une courbe de tendance**.

7 Choisir la forme adaptée (**Linéaire** est synonyme d'affine pour *LibreOffice*®).
On choisit les options éventuelles :
– affichage de l'équation ;
– affichage du coefficient de détermination.
Cliquer sur **OK**.

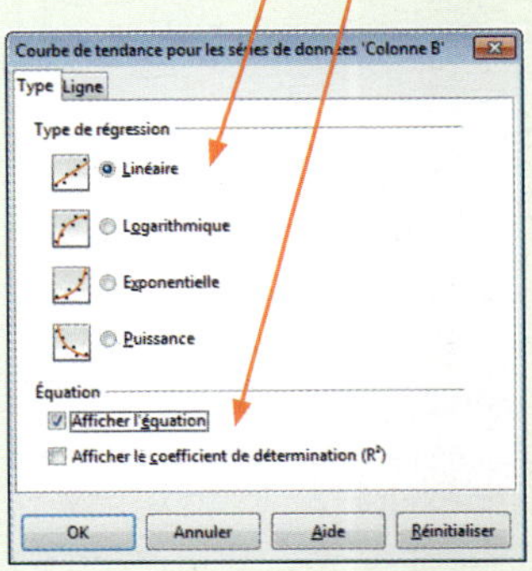

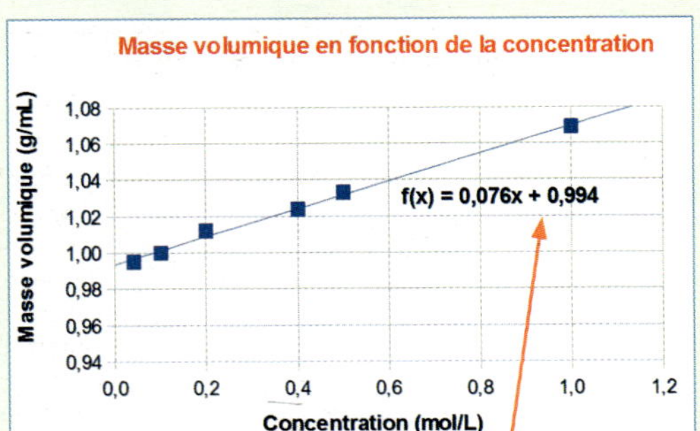

8 La courbe de tendance et son équation sont affichées sur le graphique. L'équation peut aussi être mise en forme.

* Cette fiche a été réalisée pour la version *LibreOffice Calc*® 4.

8 Verrerie au laboratoire de chimie

A Matériel de chimie et schématisation

Pour schématiser une expérience, on utilise des schémas simples de la verrerie, sans perspective. Les illustrations ci-dessous montrent la différence entre un dessin (à gauche) et un schéma (à droite).

Verrerie de prélèvement et de mesure

Burette graduée

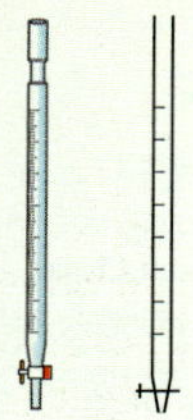

Éprouvette graduée

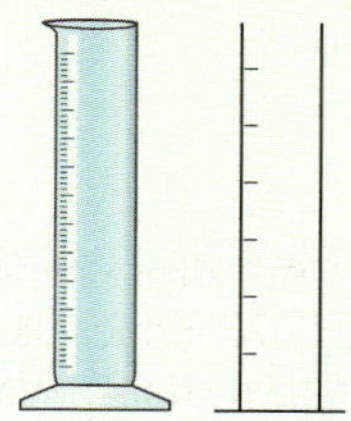

Fiole jaugée

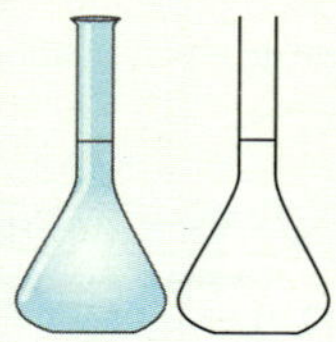

Pipette graduée et pipette jaugée

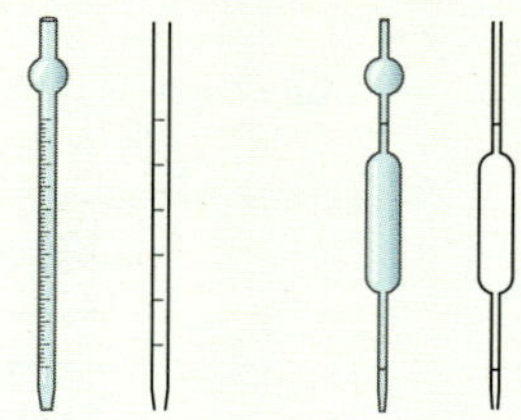

Verrerie de stockage

Verre de montre

Erlenmeyer

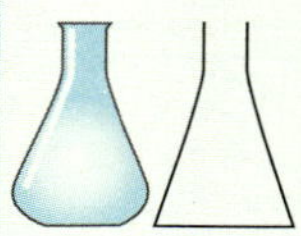

Bécher

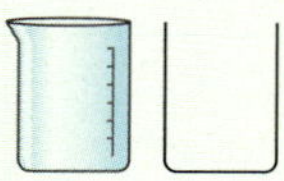

Tube à essais

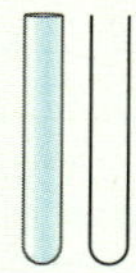

Ballon monocol

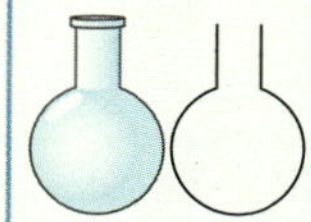

Fiole à vide

Matériels divers

Chauffe-ballon sur support élévateur

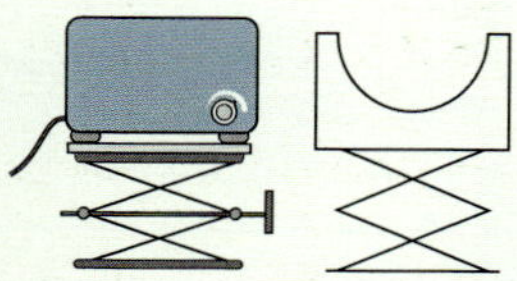

Réfrigérant droit et réfrigérant à boules

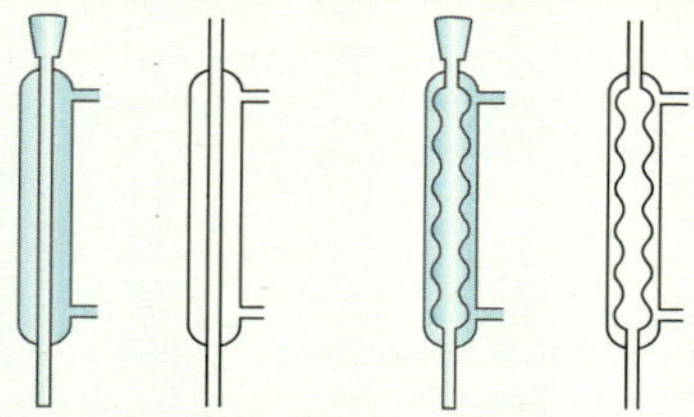

Ampoule à décanter

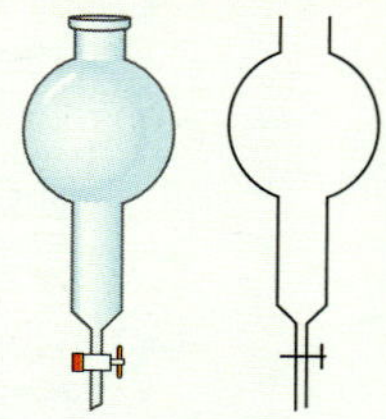

Entonnoir à solide et entonnoir à liquide

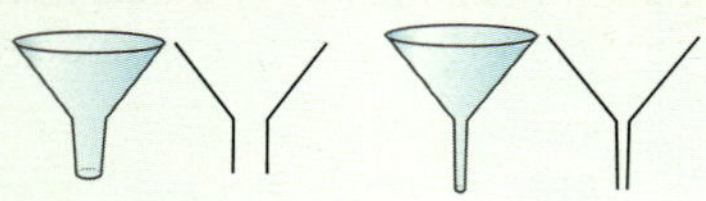

Filtre Büchner

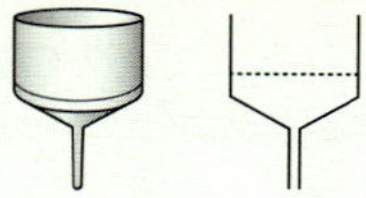

Cristallisoir

B Choix de la verrerie

Verrerie de stockage

On y met ce que l'on veut prélever d'un flacon ou bien on y effectue une réaction chimique. Les graduations ne sont qu'indicatives et ne peuvent pas servir à déterminer précisément un volume.

Verrerie de prélèvement et de mesure

On l'utilise pour prélever des volumes précis de liquide. La verrerie graduée est moins précise que la verrerie jaugée.

9 Préparation d'une solution

A Préparation d'une solution par dissolution d'un solide de masse molaire M

Pour préparer un volume V d'une solution aqueuse de concentration molaire C par dissolution d'un solide, prélever une masse de solide $m = C \times V \times M$ (avec m en g, V en L, C en $mol \cdot L^{-1}$ et M en $g \cdot mol^{-1}$).

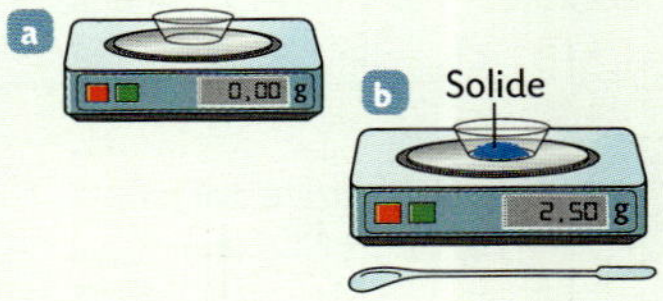

- Placer une capsule de pesée sur une balance électronique, puis tarer la balance (a).
- Peser ensuite précisément la masse de solide m prélevé à l'aide d'une spatule (b).

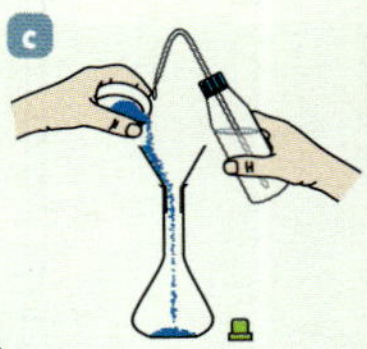

- Introduire le solide dans une fiole jaugée de volume V à l'aide d'un entonnoir à solide. Bien rincer la capsule de pesée avec de l'eau distillée en versant l'eau de rinçage dans la fiole jaugée (c).

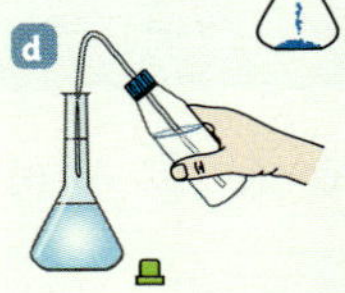

- Remplir la fiole jaugée aux trois-quarts avec de l'eau distillée (d).
- Après l'avoir bouchée, agiter la fiole jaugée pour bien dissoudre le solide (e).

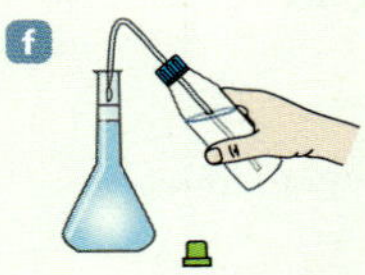

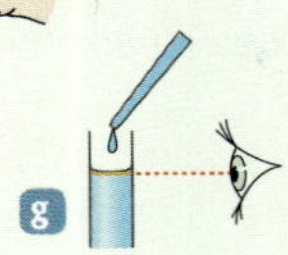

- Une fois la dissolution terminée, ajouter de l'eau distillée d'abord à la pissette (f), puis au compte-gouttes jusqu'au trait de jauge. Le bas du ménisque doit être au niveau du trait de jauge (g).
- Reboucher la fiole jaugée et agiter pour homogénéiser la solution.

B Préparation d'une solution par dilution d'une solution mère

Pour préparer un volume V_f de solution fille de concentration molaire C_f, prélever un volume V_m de solution mère de concentration C_m tel que $C_m \times V_m = C_f \times V_f$ (avec C_f et C_m en $mol \cdot L^{-1}$, et V_f et V_m en L).

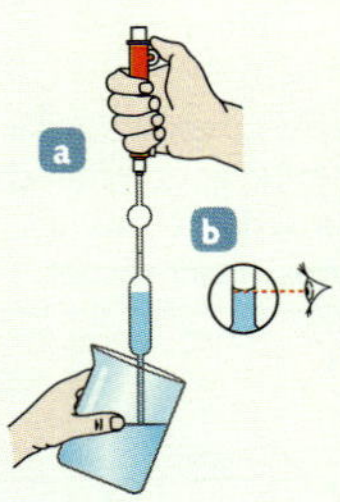

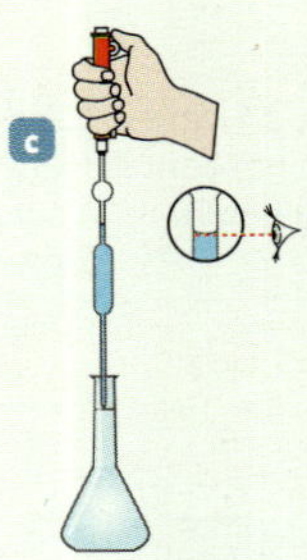

- Dans un bécher, verser suffisamment de la solution mère pour prélever le volume V_m.
- En tenant le bécher incliné, prélever le volume V_m à l'aide d'une pipette jaugée munie d'une pipeteur (a). Le bas du ménisque doit être au niveau du trait de jauge (b).
- Verser le prélèvement dans une fiole jaugée de volume V_f jusqu'à ce que le bas du ménisque soit au niveau du deuxième trait de jauge de la pipette (lorsqu'il existe) (c) ; sinon, vider entièrement la pipette.

- Remplir la fiole jaugée aux trois-quarts avec de l'eau distillée (d).
- Après l'avoir bouchée, agiter la fiole jaugée (e).

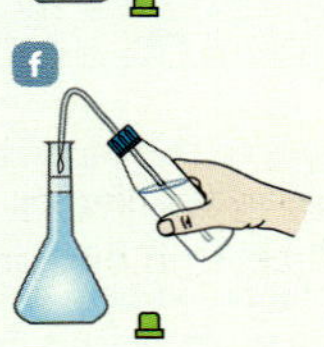

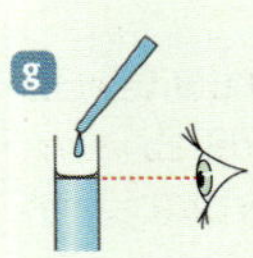

- Compléter avec de l'eau distillée d'abord à la pissette (f), puis au compte-gouttes (g) jusqu'au trait de jauge.
- Reboucher la fiole jaugée, puis agiter pour homogénéiser la solution fille.

10 Identification et séparation

A Tests d'identification

- Pour détecter la présence de certains ions en solution aqueuse, on peut réaliser des tests. L'aspect du précipité permet d'identifier un ion présent dans la solution.

Ion testé	Cuivre(II) Cu^{2+}	Fer (II) Fe^{2+}	Fer (III) Fe^{3+}	Calcium Ca^{2+}	Chlorure Cl^-	Bromure Br^-	Iodure I^-	Sulfate SO_4^{2-}
Réactif utilisé	Solution d'hydroxyde de sodium $Na^+ (aq) + HO^- (aq)$			Solution d'oxalate de sodium $2\ Na^+ (aq) + C_2O_4^{2-} (aq)$	Solution de nitrate d'argent $Ag^+ (aq) + NO_3^- (aq)$			Solution de chlorure de baryum $Ba^{2+} + 2\ Cl^-$
Résultat du test		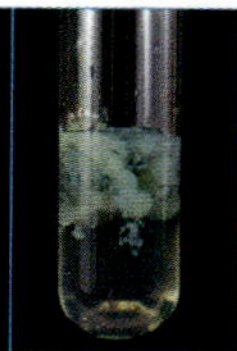		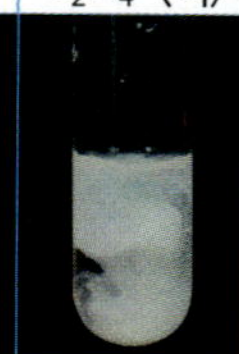	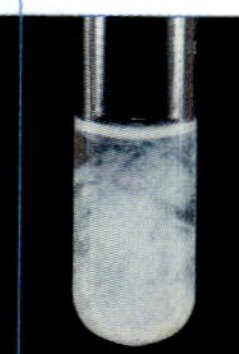	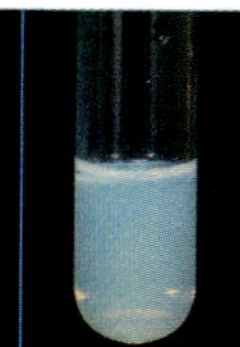	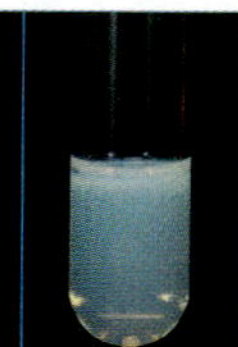	
Formule du précipité	$Cu(OH)_2$ (s)	$Fe(OH)_2$ (s)	$Fe(OH)_3$ (s)	$Ca(C_2O_4)_2$ (s)	AgCl (s)	AgBr (s)	AgI (s)	$BaSO_4$ (s)

- Le dioxygène O_2 rallume une petite buchette de bois ne présentant plus qu'un point incandescent.
- Le dihydrogène H_2 brûle dans l'air en produisant une petite détonation.

B Chromatographie sur couche mince (CCM)

La chromatographie sur couche mince permet d'identifier des espèces chimiques.

1 Préparation de la cuve

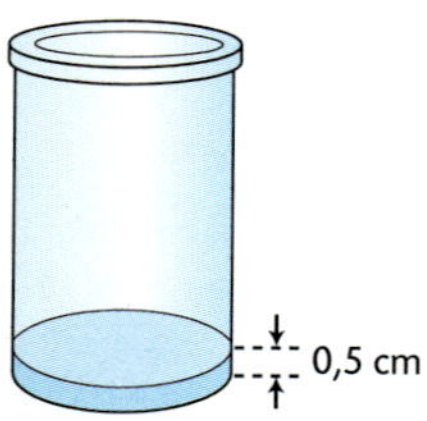

Préparer la cuve à chromatographie en introduisant l'éluant jusqu'à une hauteur de 0,5 cm et la boucher avec un couvercle.

2 Préparation de la plaque

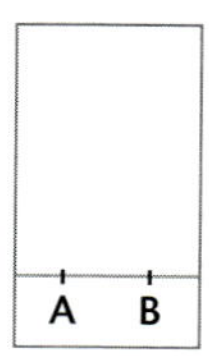

Tracer au crayon à papier, à 1 cm du bas de la plaque, un trait horizontal en y repérant les points de dépôt.

3 Dépôt des espèces chimiques

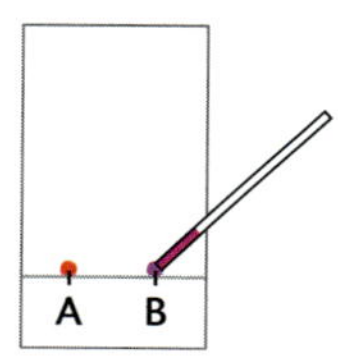

À l'aide d'un tube capillaire, déposer une petite goutte de chacune des solutions contenant les substances étudiées. Laisser sécher.

4 Élution

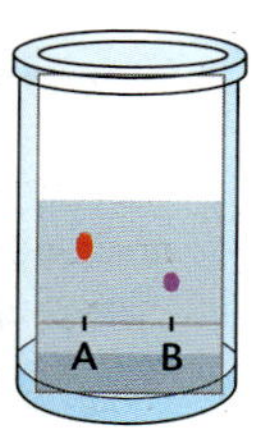

Introduire rapidement la plaque dans la cuve sans que la plaque ne touche les bords. Laisser migrer l'éluant jusqu'à 0,5 cm du bord supérieur.

5 Repérage du front de l'éluant

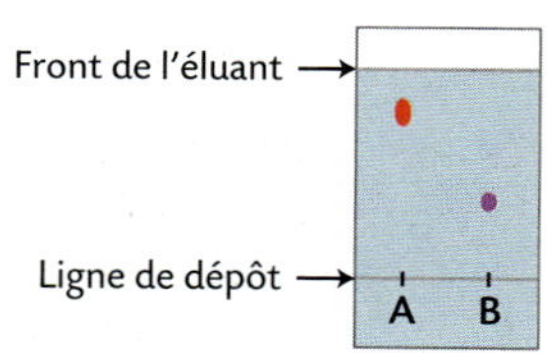

Sortir la plaque puis repérer immédiatement au crayon à papier le front de l'éluant. La laisser sécher à l'air quelques minutes.

6 Révélation

Si les espèces chimiques sont incolores, révéler la plaque pour observer des taches (à l'aide d'une lampe UV, d'une solution de permanganate de potassium ou de vapeurs de diiode).

C Filtration sous pression réduite

La filtration sous pression réduite permet de séparer rapidement un solide et un liquide ; de plus, elle essore le solide, le séchant partiellement.

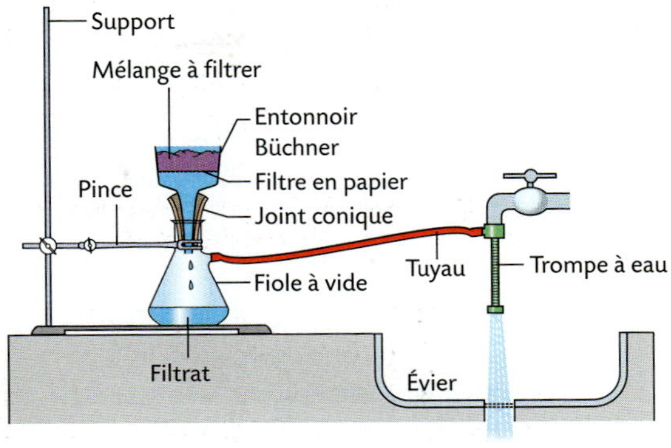

1. Réaliser le montage représenté ci-contre.
2. Humidifier le filtre en papier avec le solvant du mélange à filtrer.
3. Verser le mélange à filtrer dans l'entonnoir Büchner.
4. Ouvrir complètement le robinet d'eau (l'eau en coulant crée un vide partiel dans la fiole, ce qui accélère le passage du liquide).
5. Rincer le récipient qui contenait le mélange à filtrer avec un peu de solvant glacé. Verser le liquide de rinçage contenant les dernières traces de solide dans l'entonnoir Büchner.
6. Une fois le liquide écoulé, débrancher le tuyau puis fermer le robinet d'eau.
7. Recueillir le solide à l'aide d'une spatule.

D Extraction liquide/liquide

- Une ampoule à décanter est utilisée pour séparer deux liquides non miscibles. Elle permet ainsi d'extraire une espèce dissoute dans un solvant S à l'aide d'un autre solvant S' non miscible au premier.
- On considère une espèce E dissoute dans l'eau (solvant S) que l'on extrait avec un solvant S' plus dense que l'eau et dans lequel E est beaucoup plus soluble que dans l'eau.

1 Introduction du mélange et du solvant dans l'ampoule à décanter.

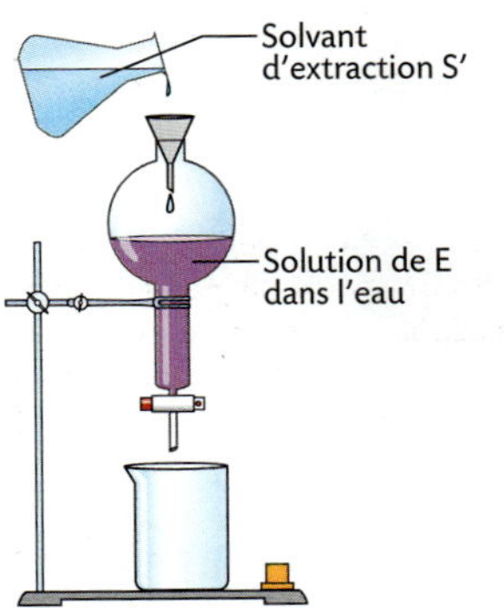

- Placer l'ampoule à décanter sur son support et vérifier que le robinet est fermé.
- Placer un bécher sous l'ampoule.
- Introduire la solution aqueuse puis le solvant d'extraction S' dans l'ampoule à décanter.

2 Extraction

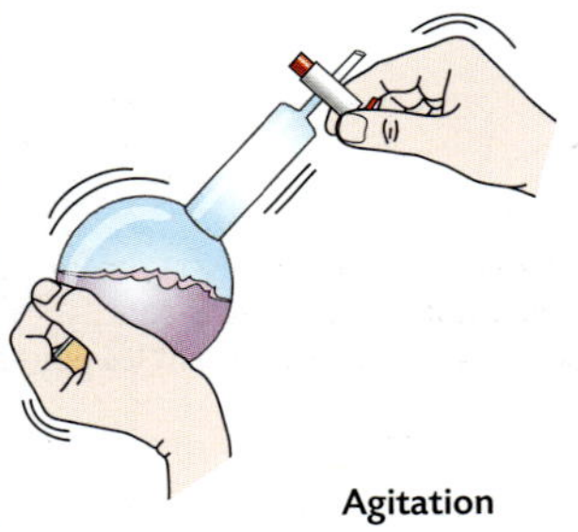

- Boucher l'ampoule, la retourner en maintenant le bouchon, puis ouvrir le robinet pour permettre d'éventuels dégagements gazeux.
- Agiter ensuite l'ampoule à décanter pour favoriser le contact entre les deux liquides.

3 Séparation

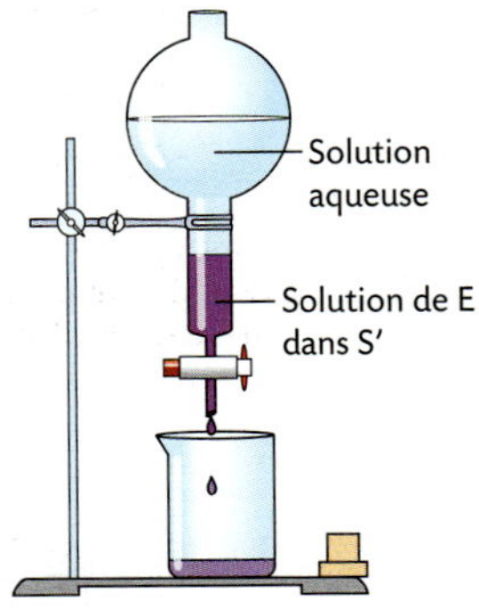

- Refermer le robinet, retourner l'ampoule, puis la replacer sur son support.
- Déboucher l'ampoule et laisser décanter jusqu'à observer deux phases bien distinctes.
- Récupérer la phase inférieure qui contient à présent l'espèce E.

Aides

Solutions partielles et pistes de résolution

Pour les démarches d'investigation des activités, des solutions partielles sont proposées quand le seul questionnement ne permet pas de poursuivre. Ces solutions partielles sont de diverses natures :
- s'approprier : dégage les informations importantes pour la résolution ;
- analyser : donne des indications sur la démarche et aide à l'élaboration du protocole ;
- réaliser : donne des indications sur la pratique expérimentale ;
- valider : permet d'exploiter des résultats si la pratique expérimentale n'a pas été réussie.

Pour les exercices intitulés « Résolution de problème », des pistes de résolution, structurées en trois étapes, permettent de s'approprier la question posée, de comprendre les documents, puis de dégager la problématique (voir fiche 1, p. 320).

Chapitre 1

Exercice 23 • Pistes de résolution

Étape 1 : s'approprier la question posée
1. Que signifie une échelle « au cent millionième » ?
2. À quelle condition le projet sera-t-il réalisable ?

Étape 2 : lire et comprendre les documents (présents dans l'exercice 22)
3. Comment calculer les dimensions de la maquette à partir des dimensions réelles ?

Étape 3 : dégager la problématique
4. Déterminer si l'échelle permet de représenter à la fois les rayons des orbites et ceux des planètes dans la classe.

Chapitre 2

Exercice 27 • Pistes de résolution

Étape 1 : s'approprier la question posée
1. Comment comparer la température de surface de deux étoiles ?
2. Comment déterminer la composition de l'atmosphère d'une étoile ?
3. Quelle est la composition de l'atmosphère du Soleil ?

Étape 2 : lire et comprendre les documents
4. Quelle est la longueur d'onde de la radiation la plus intense émise par l'étoile ?
5. Où se situe-t-elle par rapport à celle du Soleil ?
6. Comment varie cette longueur d'onde lorsque la température augmente ou diminue ?
7. Comment savoir si les entités chimiques présentées dans le doc. 3 sont présentes dans l'atmosphère de cette étoile ?

Étape 3 : dégager la problématique
8. Identifier l'étoile dont la température de surface est la plus élevée.
9. Déterminer les entités chimiques de l'atmosphère de l'étoile et les comparer à celles présentes dans l'atmosphère du Soleil.

Chapitre 3

Exercice 25 • Pistes de résolution

Étape 1 : s'approprier la question posée
1. Quelle relation fait intervenir l'indice de réfraction du plexiglas ? Quelle est l'expression de cette relation ?

Étape 2 : lire et comprendre les documents
2. Quelles sont les grandeurs représentées en abscisse et en ordonnée du graphique ?
3. Quel type de relation mathématique la droite obtenue traduit-elle ?

Étape 3 : dégager la problématique
4. Calculer l'indice de réfraction du matériau utilisé et le comparer à celui du plexiglas.

Chapitre 4

Exercice 28 • Pistes de résolution

Étape 1 : s'approprier la question posée
1. De quoi est formé le diamant ?
2. Quel est le prix d'un diamant ?

Étape 2 : lire et comprendre les documents
3. Qu'est-ce qu'un carat ?
4. Quelle est la masse d'un atome de carbone 12 ?
5. Quelle est la masse d'un diamant de 1,1 carat ?

Étape 3 : dégager la problématique
6. Quel est le prix d'un atome de carbone 12 contenu dans un diamant de 1,1 carat coûtant 15 000 euros ?

Chapitre 5

Activité 4 • Solutions partielles

Solution partielle 1 (S'approprier)
Les eaux diffèrent par leur minéralisation et leur teneur en ions calcium par exemple.

Solution partielle 2 (Analyser)
Les ions calcium et chlorure peuvent être mis en évidence par des tests de précipitation (voir fiche 10A, p. 332).
La quantité de précipité obtenu dépend de la quantité initiale d'ions contenue dans un volume donné d'eau minérale.

Solution partielle 3 (Réaliser)
Appeler le professeur et lui demander une aide sur un test.

Exercice 29 • Pistes de résolution

Étape 1 : s'approprier la question posée
1. Une famille se situe-t-elle dans une ligne ou dans une colonne ?
2. Où est située la famille des halogènes dans la classification ?
3. Où se situe le « deuxième » élément de cette famille ?
4. Quel point en commun possèdent les éléments d'une même famille ? Quel est le lien avec le numéro atomique ?

Étape 2 : lire et comprendre les documents
Pas de document dans ce problème.

Étape 3 : dégager la problématique
5. À quelle période et à quelle colonne appartient le deuxième élément de la famille des halogènes ? Combien d'électrons possède un atome de cet élément ?

Chapitre 6

Exercice 24 • Pistes de résolution

Étape 1 : s'approprier la question posée
1. Qu'est-ce que l'orbite d'un satellite ?

Étape 2 : lire et comprendre les documents
2. Comment calculer la longueur de l'orbite circulaire d'un satellite ?
3. Comment relier la valeur de la vitesse à la durée mise par le satellite pour parcourir son orbite ?

Étape 3 : dégager la problématique
4. Quelle est la durée d'un tour et combien de tours le satellite peut-il effectuer en 24 h ?

Chapitre 7

Exercice 25 • Pistes de résolution

Étape 1 : s'approprier la question posée
1. Pourquoi le Soleil attire-t-il plus ou moins une planète ?
2. Quelles sont les différences entre la Terre et Vénus ?

Étape 2 : lire et comprendre les documents
3. Quelle est l'expression de la valeur de la force exercée par le Soleil sur une planète ?
4. Quelles sont les données dont on dispose pour la calculer pour chaque planète ? Quelles sont les données manquantes ?
5. Quelles grandeurs peuvent être calculées à partir de la troisième loi de Kepler ?

Étape 3 : dégager la problématique
6. Comparer les valeurs des forces d'attraction gravitationnelle exercées par le Soleil sur Vénus et sur la Terre.

Chapitre 8

Exercice 24 • Pistes de résolution

Étape 1 : s'approprier la question posée
1. Qu'est-ce qu'un alkylrésorcinol ?
2. Quels paramètres influent sur l'efficacité d'un médicament ?

Étape 2 : lire et comprendre les documents
3. Une molécule doit-elle être lipophile ou hydrophile pour :
   – pénétrer les membranes des cellules ?
   – se solubiliser dans les milieux aqueux ?

Étape 3 : dégager la problématique
4. Sur quelle caractéristique de la molécule doit-on agir pour qu'elle pénètre les membranes cellulaires et qu'elle se solubilise dans les milieux aqueux de l'organisme ?

Chapitre 9

Activité 4 • Solutions partielles

Solution partielle 1 (S'approprier)
Il faut peser le propan-2-ol.

Solution partielle 2 (Analyser)
La masse d'alcool à prélever est :
$m(\text{ol}) = \rho(\text{ol}) \times V(\text{ol}) = d(\text{ol}) \times \rho(\text{eau}) \times V(\text{ol}) = 27{,}5\ \text{g}$

Solution partielle 3 (Réaliser)
Prélever la masse à l'aide de la balance en l'introduisant dans la fiole jaugée, puis compléter avec l'eau jusqu'au trait de jauge.

Exercice 36 • Pistes de résolution

Étape 1 : s'approprier la question posée
1. Quelle est la forme galénique du médicament disponible ?

Étape 2 : lire et comprendre les documents
2. Quelle masse d'espèce active l'enfant doit-il ingérer ?
3. Comment est mesurée la masse de médicament administré ?

Étape 3 : dégager la problématique
4. Combien de gouttes de solution buvable les parents doivent-ils faire boire à leur enfant pour le soigner ?

Chapitre 10

Activité 2 • Solutions partielles

Solution partielle 1 (S'approprier)
Au repos, le rythme cardiaque est généralement compris entre 60 et 90 battements par minute. S'il est supérieur, le patient est atteint de tachycardie, s'il est inférieur il est atteint de bradycardie.

Solution partielle 2 (S'approprier)
L'axe horizontal d'un ECG représente le temps.
Les ECG du doc. 3 sont périodiques.

Solution partielle 3 (Analyser)
Le rythme cardiaque est associé à une fréquence.

Solution partielle 4 (Réaliser)
Déterminer la période et la fréquence de chaque signal du doc. 3 en utilisant les rappels du Collège.

Solution partielle 5 (Réaliser)
Le rythme cardiaque, en nombre de battements par minute, s'obtient en multipliant par 60 la fréquence cardiaque en hertz.

Activité 4 • Solutions partielles

Solution partielle 1 (S'approprier)
Le doc. 1 montre qu'un émetteur de salves ultrasonores émet un signal par intermittence.
Le matériel disponible permet de visualiser le signal émis par l'émetteur de salves ainsi que le signal capté par le récepteur.

Solution partielle 2 (Analyser)
Disposer l'émetteur face au récepteur, à une vingtaine de centimètres l'un de l'autre. Les relier à un dispositif d'acquisition.
La durée mise par l'onde ultrasonore pour parcourir cette distance correspond au décalage temporel qui apparaît entre les deux signaux visibles sur l'écran.

Solution partielle 3 (Réaliser)
Mesurer la distance séparant l'émetteur du récepteur.
À l'aide des courbes obtenues, déterminer la durée mise par la salve ultrasonore pour atteindre le récepteur.
Calculer alors la valeur de la vitesse des ultrasons.

Exercice 18 • Pistes de résolution

Étape 1 : s'approprier la question posée
1. Qu'est-ce que la « teen buzz mosquito » ?

Étape 2 : lire et comprendre les documents
2. Quelles sont les grandeurs caractéristiques de la sonnerie ?
3. Comment les déterminer à partir du signal obtenu ?

Étape 3 : dégager la problématique
4. La fréquence du signal électrique téléchargé par l'élève correspond-elle à celle de la sonnerie « teen buzz mosquito » ?

Chapitre 11

Activité 2 • Solutions partielles

Solution partielle 1 (S'approprier)
La durée entre l'émission et la réception dépend de la distance à l'obstacle réfléchissant.

Solution partielle 2 (Analyser)
La durée Δt du parcours d'une onde est liée à la distance D parcourue et à la valeur v de sa vitesse de propagation. Les ondes effectuent un aller-retour entre l'émetteur-récepteur d'ultrasons et l'obstacle. La distance D est le double de la distance d entre l'émetteur-récepteur et l'obstacle.

Solution partielle 3 (Réaliser)
La valeur v de la vitesse de propagation des ultrasons dans l'air et la mesure de la durée Δt permettent de déterminer la distance d.

Exercice 29 • Pistes de résolution

Étape 1 : s'approprier la question posée
1. Qu'est-ce que la thermographie médicale ?
2. Quelles sont les caractéristiques des ondes électromagnétiques visibles ?

Étape 2 : lire et comprendre les documents
3. Quelles sont les températures corporelles extrêmes en l'absence de problèmes médicaux ?
4. Comment peut-on calculer la longueur d'onde de la radiation émise avec le maximum d'intensité par un corps ?

Étape 3 : dégager la problématique
5. À quel domaine du spectre électromagnétique les ondes émises par le corps humain appartiennent-elles ?

Chapitre 12

Activité 3 • Solutions partielles

Solution partielle 1 (S'approprier)
Les particules solides de médicament peuvent agresser les muqueuses et provoquer des douleurs si elles sont trop grosses (doc. 1). Le doc. 2 donne le pH du contenu de l'estomac et de l'intestin.

Solution partielle 2 (Analyser)
Le médicament doit se dissoudre, ou donner des particules très petites, pour pouvoir agir sans agresser la muqueuse. Choisir une solution de pH voisin de 1,5 pour simuler les conditions de l'estomac et une solution de pH voisin de 8 pour simuler celles de l'intestin.

Solution partielle 3 (Réaliser)
Le papier-pH permet d'identifier les solutions de pH $\approx$ 1,5 ou 8.

Solution partielle 4 (Réaliser)
Dans les deux solutions, étudier la dissolution éventuelle, la rapidité de la dissolution, la taille des résidus solides, etc.

Activité 4 • Solutions partielles

Solution partielle 1 (S'approprier)
Le doc. 3 indique comment révéler des espèces incolores.
La CCM permet d'identifier les constituants d'un mélange.

Solution partielle 2 (Analyser)
Les taches situées au même niveau en fin d'élution correspondent aux mêmes principes actifs.

Solution partielle 3 (Réaliser)
Utiliser la fiche 10B, p. 332, pour réaliser la chromatographie.

Solution partielle 4 (Valider)
En cas d'échec, interpréter le chromatogramme ci-contre.

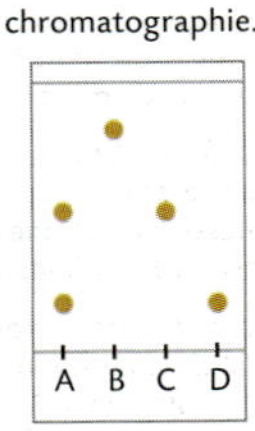

Dépôts
A : médicament à analyser
B : aspirine
C : paracétamol
D : caféine

Exercice 23 • Pistes de résolution

Étape 1 : s'approprier la question posée
1. À quoi correspond le seuil de toxicité ?
2. Quels sont les médicaments disponibles pour traiter le malade ?

Étape 2 : lire et comprendre les documents
3. Quelle doit être la première forme administrée pour soulager rapidement le patient ?
4. Comment déterminer les heures d'administration de la seconde forme choisie ?
5. Avec les deux premières prises, le patient est-il traité pendant 48 h ?

Étape 3 : dégager la problématique
6. Comment soulager le patient rapidement, puis durablement, en minimisant le nombre de prises ?

Chapitre 13

Activité 2 • Solutions partielles

Solution partielle 1 (S'approprier ; analyser)
Le cyclohexane est le solvant d'extraction à utiliser.

Solution partielle 2 (Analyser)
Cette extraction solide/liquide nécessite un mortier et un pilon.

Solution partielle 3 (Réaliser)
Appeler le professeur et lui demander une aide sur l'extraction solide/liquide.

Activité 3 • Solutions partielles

Solution partielle 1 (S'approprier ; analyser)
La présence de sel fait diminuer la solubilité de l'huile essentielle dans l'eau. L'huile va sortir de la phase aqueuse et rejoindre la phase organique. C'est la technique du relargage.

Solution partielle 2 (Analyser)
La phase aqueuse est la phase inférieure.

Solution partielle 3 (Réaliser)
Consulter la fiche 10D, p. 333, pour utiliser l'ampoule à décanter.

Solution partielle 4 (Réaliser)
Appeler le professeur et lui demander une aide sur l'extraction liquide/liquide à l'aide d'une ampoule à décanter.

Activité 4 • Solutions partielles

Solution partielle 1 (Analyser)
La technique est une extraction solide/liquide. L'éthanol est le solvant extracteur car tous les principes actifs y sont solubles.

Solution partielle 2 (Analyser)
La CCM permet la séparation et l'identification des espèces chimiques dans un mélange. Les taches situées au même niveau en fin d'élution correspondent aux mêmes principes actifs.

Solution partielle 3 (Réaliser)
Utiliser la fiche 10B, p. 332, pour réaliser la chromatographie.
Le chromatogramme doit être révélé sous UV afin de repérer la position des espèces incolores après élution.

Solution partielle 4 (Valider)
En cas d'échec, interpréter le chromatogramme ci-contre.

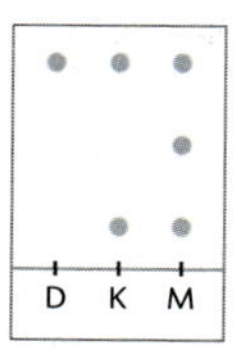

Dépôts
D : Doliprane®
K : Klipal®
M : Migralgine®

Exercice 22 • Pistes de résolution

Étape 1 : s'approprier la question posée
1. Qu'est-ce qu'une décoction ?
2. Que signifie « toute la glycyrrhizine a été extraite lors de la décoction » ?

Étape 2 : lire et comprendre les documents
3. Quelle masse d'espèce active 50 g de racines de réglisse contiennent-elles ?
4. Quelle masse minimale quotidienne de glycyrrhizine un patient cirrhotique intoxiqué a-t-il ingéré sur une durée de 10 jours ?

Étape 3 : dégager la problématique
5. En combien de jours le patient doit-il boire sa décoction de 50 g de racines de réglisse afin de ne pas s'intoxiquer ?

Chapitre 14

Exercice 19 • Pistes de résolution

Étape 1 : s'approprier la question posée
1. Quels sont les réactifs à utiliser pour synthétiser l'acétanilide ?
2. De quel matériel a-t-on besoin pour les prélever ?
3. De quelle technique dispose-t-on pour isoler et caractériser un produit ?

Étape 2 : lire et comprendre les documents
4. Quels sont les dangers liés à l'utilisation de ces réactifs ?

Étape 3 : dégager la problématique
5. Quelles sont les différentes étapes à suivre pour synthétiser, isoler et identifier un produit solide ?

Chapitre 15

Exercice 29 • Pistes de résolution

Étape 1 : s'approprier la question posée
1. Que signifie une limite maximale autorisée de 70 mph ?
2. Comment une augmentation de la valeur de la vitesse va-t-elle se traduire sur le schéma ?

Étape 2 : lire et comprendre les documents
3. Justifier que la valeur de la vitesse de la voiture était constante avant le panneau, puis a augmenté après le panneau.

Étape 3 : dégager la problématique
4. De quel facteur la distance entre deux positions consécutives a-t-elle augmenté entre le début et la fin du mouvement représenté ?
5. Quelle est la valeur maximale de la vitesse après le panneau ?

Chapitre 16

Activité 2 • Solutions partielles

Solution partielle 1 (S'approprier)
La potion est constituée de 0,015 mol de sucre et 0,56 mol d'eau.

Solution partielle 2 (Analyser)
La masse de sucre S vaut $m(\text{S}) = n(\text{S}) \times M(\text{S}) = 5{,}13$ g

Solution partielle 3 (Analyser)
Le volume d'eau à prélever est égal à :

$$V(\text{eau}) = m(\text{eau})/\rho(\text{eau}) = n(\text{eau}) \times M(\text{eau})/\rho(\text{eau}) = 10{,}1 \text{ mL}$$

Solution partielle 4 (Réaliser)
Utiliser la balance pour prélever le sucre.
Utiliser l'éprouvette graduée pour prélever l'eau.

Activité 4 • Solutions partielles

Solution partielle 1 (S'approprier)
Utiliser le doc. 1 pour connaître le volume V_i et la concentration molaire de la solution S_i à préparer à partir de la solution mère de concentration $C_m = 2{,}0 \text{ mol}\cdot\text{L}^{-1}$ (doc. 2).

Solution partielle 2 (Analyser)
Mesurer le volume de solution mère avec une des pipettes jaugées proposées.
Utiliser une fiole jaugée de contenance égale au volume V_i.

Solution partielle 3 (Analyser)
Il faut connaître la masse et le volume de la solution étudiée pour déterminer sa masse volumique, car $\rho = m/V$.

Solution partielle 4 (Analyser)
Le volume V_{mi} de solution mère à prélever est égal à :

$$V_{mi} = V_i \times C_i/C_m$$

S_i	S_1	S_2	S_3	S_4	S_5
V_{mi} (mL)	1,0	5,0	10,0	25,0	25,0

Solution partielle 5 (Réaliser)
Peser la fiole jaugée de 50 mL avant de préparer la solution S_1, S_3 ou S_5.
Peser la fiole jaugée de 100 mL avant de préparer la solution S_2 ou S_4.
S'aider de la fiche 9B, p. 331.
Peser l'autre fiole jaugée avant de la remplir jusqu'au trait de jauge avec la solution énergétique pour mesurer la masse du volume ainsi prélevé, et en déduire la masse volumique de cette solution.

Solution partielle 6 (Valider)
En cas d'échec, utiliser la courbe d'étalonnage ci-après sachant que la masse volumique de la solution étudiée vaut $1{,}019 \text{ g}\cdot\text{mL}^{-1}$.

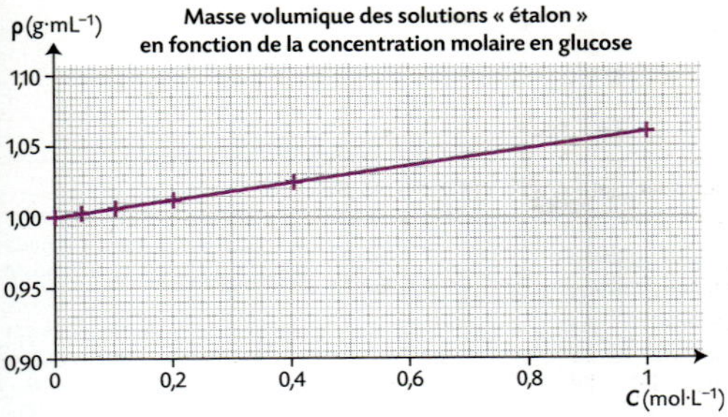

Exercice 28 • Pistes de résolution

Étape 1 : s'approprier la question posée

1. Combien y-a-t-il de grains de riz dans une mole de grains de riz ?
2. Quelle est la masse d'un grain de riz ?
3. Quelle est la masse d'une mole de grains de riz ?
4. Quel est le nombre d'êtres humains sur Terre ?

Étape 2 : lire et comprendre les documents

Il n'y a pas de document dans ce problème

Étape 3 : dégager la problématique

5. Combien de grains de riz faut-il pour nourrir quotidiennement tous les êtres humains à raison de 300 g de riz par personne ?

Chapitre 17

Activité 1 • Solutions partielles

Solution partielle 1 (S'approprier)
Le BBT est un indicateur de la présence d'ions H^+ (aq) dans une solution (doc. 2).

Solution partielle 2 (Analyser)
Utiliser la fiche 10A, p. 332, pour connaître le test d'identification du dihydrogène gazeux formé et des ions fer (II) Fe^{2+} formés.

Solution partielle 3 (Réaliser)
Pour le dihydrogène, boucher le tube en maintenant fermement le bouchon pendant quelques instants avant de présenter l'allumette enflammée à l'extrémité du tube à essais.
Introduire trois gouttes de BBT pour tester la présence d'ions H^+ (aq).

Activité 2 • Solutions partielles

A Solution partielle 1 (S'approprier)
Le doc. 1 indique que la « sensation de froid » est ressentie quand la paroi qui sépare le solide de l'eau est rompue. Cette « sensation » doit s'accompagner d'une variation de température.

Solution partielle 2 (Analyser)
Tester les différents solides pour en trouver un qui provoque une baisse de température de l'eau lorsque l'on le dissout dans l'eau.

Solution partielle 3 (Réaliser)
Appeler le professeur et lui demander une aide sur la dissolution.

B Solution partielle 1 (S'approprier)
Le tissu en coton imbibé d'eau distillée remplace le vêtement mouillé et le ventilateur crée le courant d'air.

Solution partielle 2 (Analyser)
La « sensation de froid » se traduit par une baisse de température du tissu mouillé lorsqu'il est dans le courant d'air créé.

Solution partielle 3 (Réaliser)
Mesurer la variation de température avec le thermomètre.

Solution partielle 4 (Réaliser)
Appeler le professeur et lui demander une aide sur l'utilisation du ventilateur et du thermomètre.

Exercice 21 • Pistes de résolution

Étape 1 : s'approprier la question posée

1. Quelle est la perte d'énergie lorsque l'on passe deux heures à une température de 10 °C ?
2. Pourquoi la masse de l'homme est-elle précisée ?

Étape 2 : lire et comprendre les documents

3. Quels constituants des pâtes apportent de l'énergie ?
4. Comment calculer l'apport énergétique des pâtes ?

Étape 3 : dégager la problématique

5. Quelle est la masse de pâtes apportant les glucides, protides et lipides dont la combustion libèrera une énergie de $1{,}0 \times 10^3$ kJ ?

Chapitre 18

Activité 3 • Solutions partielles

Solution partielle 1 (Restituer ses connaissances)
La CCM permet d'analyser un mélange.

Solution partielle 2 (Analyser)
Le solvant le moins toxique dans lequel est soluble le β-carotène est le cyclohexane.

Solution partielle 3 (Analyser)
Les espèces chimiques à déposer sont la spiruline et le β-carotène toutes deux en solution dans le cyclohexane.

Solution partielle 4 (Réaliser)
L'éluant est constitué d'un volume de cyclohexane pour 4 volumes d'éthoxyéthane (2 mL de cyclohexane pour 8 mL d'éthoxyéthane).
Se reporter à la fiche 10B, p. 332, pour réaliser la CCM.

Solution partielle 5 (Valider)
En cas d'échec, interpréter le chromatogramme ci-contre.

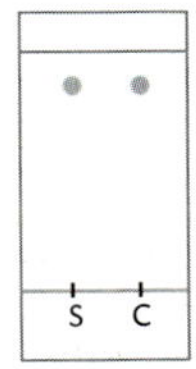

Dépôts
S : spiruline
C : β-carotène

Activité 5 • Solutions partielles

Solution partielle 1 (Restituer ses connaissances)
Le montage b permet de travailler en sécurité et sans perte de matière.

Solution partielle 2 (S'approprier ; analyser)
Les masses à prélever se déduisent des quantités de matière et des masses molaires des espèces considérées (doc. 2).
Le volume du toluène (le solvant) se déduit de la concentration massique attendue pour l'AIBN.

Solution partielle 3 (S'approprier)
Se reporter à la fiche 8, p. 330, pour identifier la verrerie disponible et au rabat V pour les pictogrammes de sécurité.

Solution partielle 4 (S'approprier)
Le polystyrène est insoluble dans l'éthanol et le méthanol.

Solution partielle 5 (Analyser)
Voir les pictogrammes de sécurité, rabat V.
Pour récupérer le polystyrène, réfléchir à son état physique.

Chapitre 19

Activité 3 • Solutions partielles

Solution partielle 1 (Analyser)
Le doc. 1 permet de constater que le produit $P \times V$ est constant.

Solution partielle 2 (Analyser)
La relation $P \times V = \text{constante}$ signifie que $P_1 \times V_1 = P_2 \times V_2$.

Solution partielle 3 (Réaliser)
Réaliser le montage du doc. 2. Diminuer, puis augmenter, le volume d'air emprisonné dans la seringue en déplaçant le piston.
Pour les différentes positions du piston, reporter dans un tableau les valeurs de la pression P de l'air et du volume V qu'il occupe.
Les mesures réalisées permettent de vérifier la relation proposée.

Exercice 21 • Pistes de résolution

Étape 1 : s'approprier la question posée

1. Comment calculer une pression avec la loi de Boyle-Mariotte ?

Étape 2 : lire et comprendre les documents

2. Quelle est la pression dans la bouteille avant la plongée ?
3. Quel volume d'air, mesuré à la pression atmosphérique, reste-t-il dans la bouteille après la plongée ?

Étape 3 : dégager la problématique

4. Calculer la pression de l'air restant après la plongée, puis l'écart de pression entre le début et la fin de la plongée.

Corrigés

Vu au collège

Univers (p. 10)

1. B ; 2. A ; 3. C ; 4. A et B ; 5. A ; 6. B et C ; 7. A et B ; 8. C ; 9. A ; 10. B et C ; 11. B.

Santé (p. 116)

1. B ; 2. B ; 3. A et B ; 4. A ; 5. B ; 6. B ; 7. C ; 8. A ; 9. B et C ; 10. A et C.

Sport (p. 226)

1. A et C ; 2. A et C ; 3. A ; 4. B et C ; 5. B ; 6. A, B et C ; 7. A et C ; 8. B ; 9. A ; 10. B et C.

Chapitre 1

1 1. B ; 2. A ; 3. B.

2 1. A ; 2. A.

3 1. B ; 2. A ; 3. C.

5 Pendant la durée $\Delta t = 500$ s, la lumière a parcouru une distance d dans le vide interplanétaire avec une vitesse de propagation de valeur c. On a donc :

$$d = c \times \Delta t = 3{,}00 \times 10^8 \times 500 = 1{,}50 \times 10^{11}\ \text{m}$$

L'ordre de grandeur de la distance Soleil-Terre est 10^{11} m.

6 Par ordre croissant, on trouve : un électron, un noyau atomique, un atome, une étoile.

8 Le remplissage de l'espace par la matière est lacunaire à l'échelle cosmique. Dans l'espace, entre les étoiles de la Voie lactée, on trouve essentiellement du vide.

11 L'ordre de grandeur est 10^{11} m.

14 La lumière met 11,4 ans pour nous parvenir.

19 1. En astronomie, on utilise aussi l'année de lumière, a.l., comme unité de longueur. Une année de lumière est la distance parcourue par la lumière, dans le vide, en une année.

2. D'après la distance donnée, inférieure à 1 ua, et puisqu'une unité astronomique représente la distance Terre-Soleil, Mercure est plus proche du Soleil que ne l'est la Terre.

3. On convertit la distance Neptune-Soleil en mètre :

$$d = 30{,}11 \times 149\,597\,870\,700 \approx 4{,}504 \times 10^{12}\ \text{m}$$

4. L'ordre de grandeur de cette distance est 10^{12} m.

25 1. a. Le diamètre de Rhô est 450 fois plus grand que celui du Soleil :

$$R = \frac{D_{\text{Rhô}}}{D_S} = 450$$

Le rapport des luminosités est :

$$R' = \frac{L_{\text{Rhô}}}{L_S} = 550\,000$$

b. Si la luminosité d'une étoile était proportionnelle à son diamètre, on aurait $L = k \times D$.

Alors, ceci impliquerait l'égalité entre R et R' :

$$R' = \frac{L_{\text{Rhô}}}{L_S} = \frac{k \times D_{\text{Rhô}}}{k \times D_S} = \frac{D_{\text{Rhô}}}{D_S} = R$$

Les valeurs précédentes montrent que ce n'est pas le cas, donc il n'y a pas proportionnalité entre la luminosité d'une étoile et son diamètre.

2. a.l. est le symbole de l'année de lumière, unité de longueur utilisée en astronomie. Une année de lumière est la distance d parcourue par la lumière, dans le vide, en une année.

$d = c \times \Delta t \approx 3{,}00 \times 10^8 \times 365 \times 24 \times 60 \times 60$

$d \approx 9{,}46 \times 10^{15}$ m.

3. a. La lumière émise par cette étoile a mis 8 150 ans pour nous parvenir.

b. On voit cette étoile telle qu'elle était il y a 8 150 ans. Plus une étoile est éloignée, plus on l'observe telle qu'elle était dans un passé lointain, d'où la phrase « voir loin, c'est voir dans le passé ».

Chapitre 2

1 1. A ; 2. A et C ; 3. B ; 4. B ; 5. A et C.

2 1. A et B ; 2. A ; 3. B ; 4. A.

4 Les radiations émises par l'hydrogène ont des longueurs d'onde que l'on peut évaluer à 410 nm, 434 nm, 486 nm et 656 nm.

L'hydrogène peut absorber des radiations de même longueur d'onde que celles qu'il émet.

5 1. La longueur d'onde (dans le vide ou dans l'air) est utilisée pour caractériser une radiation.

2. La longueur d'onde est habituellement exprimée en nanomètre (nm).

7 Ce spectre est un spectre d'émission. Il est continu.

10 Toutes les raies colorées du spectre d'émission correspondent aux raies sombres du spectre d'absorption. Les deux spectres correspondent à la même entité chimique.

12 1. Il s'agit de spectres d'absorption (raies sombres sur fond coloré).

2. Le chrome émet peu dans le rouge, donc il absorbe peu dans le rouge. On en déduit que son spectre comporte peu de raies dans le rouge : c'est le spectre b.

14 Les radiations dans le vert ont des longueurs d'onde que l'on peut évaluer à 518 nm et 531 nm.

15 1. Les radiations émises ou absorbées par une entité chimique sont caractérisées par la même longueur d'onde dans le vide ou dans l'air.

2. L'atome de zinc, d'après son spectre d'absorption, peut émettre cinq radiations dont les longueurs d'onde, comprises entre 450 nm et 500 nm, peuvent être évaluées à 463 nm, 468 nm, 472 nm, 481 nm et 491 nm.

17 La température d'une étoile est d'autant plus élevée que sa couleur se rapproche du bleu. L'étoile bleue est plus chaude que l'étoile blanche.

19 Certaines radiations de la lumière blanche, émises par le Soleil, sont absorbées. Les raies noires observées sur le spectre correspondent à l'absorption de ces radiations par les constituants de l'atmosphère du Soleil, qui sont principalement l'hydrogène et l'hélium.

20 1. La radiation émise avec le maximum d'intensité lumineuse par l'étoile la plus chaude a la longueur d'onde λ_{max} la plus faible. Graphiquement, $\lambda_{max\ B} < \lambda_{max\ A}$, donc l'étoile la plus chaude est l'étoile B.

2. On retrouve plusieurs pics dont les longueurs d'onde correspondent à celles des radiations caractéristiques de l'hydrogène sur le spectre de l'étoile B : l'atmosphère de l'étoile B contient de l'hydrogène.

24 1. Il s'agit d'un spectre de raies et d'émission.

2. La lampe émet plusieurs radiations. La lumière émise peut être qualifiée de polychromatique.

3. a. Les raies observées sur le spectre correspondent à des radiations dont les longueurs d'onde sont comprises entre 400 nm et 700 m. C'est le domaine du visible.

b. Les longueurs d'onde de ces radiations peuvent être évaluées à 436 nm, 546 nm, 579 nm, 581 nm et 615 nm.

c. D'après les données et les longueurs d'onde mesurées, le mercure est l'entité chimique responsable de cette émission de lumière.

27 1. La température de surface d'une étoile peut être évaluée à partir de l'allure globale de son profil spectral. La longueur d'onde de la radiation émise avec la plus grande intensité permet cette évaluation.

2. La composition de l'atmosphère d'une étoile est déterminée par les longueurs d'onde des radiations absorbées.

3. L'atmosphère du Soleil contient principalement de l'hydrogène et de l'hélium.

4. L'intensité est maximale pour $\lambda_{max} \approx 550$ nm.

5. Cette longueur d'onde est supérieure à celle du Soleil qui est de 480 nm.

6. λ_{max} diminue quand la température augmente.

7. Les entités sont présentes si les longueurs d'onde caractéristiques correspondent à des pics sur le profil spectral.

8. $\lambda_{max} > \lambda_{max\ Soleil}$: la surface de l'étoile étudiée est donc moins chaude que celle du Soleil.

9. Les longueurs d'onde caractéristiques de l'hydrogène correspondent à des pics du profil spectral. On conclut à la présence d'hydrogène dans l'atmosphère de cette étoile. La présence d'hélium ne peut pas être prouvée car les longueurs d'onde caractéristiques de l'hélium ne sont pas données.

Chapitre 3

1 1. B et C ; 2. B ; 3. A et C ; 4. A ; 5. C.

2 1. B ; 2. A.

3 1. B et C.

5 Soit i_1 l'angle d'incidence et i_2 l'angle de réfraction pour un rayon lumineux arrivant au niveau de la surface de séparation en I.

Alors $n_1 \times \sin i_1 = n_2 \times \sin i_2$.

Il vient $\sin i_1 = \dfrac{n_2 \times \sin i_2}{n_1} = \dfrac{1{,}00 \times \sin 45}{1{,}3}$

$\sin i_1 \approx 0{,}54$, donc $i_1 \approx 33°$

L'angle d'incidence i_1 est de 33°.

6 1. La réfraction est le changement de direction de propagation d'un faisceau lumineux passant d'un milieu de propagation transparent à un autre.

2. a. n_1 et n_2 sont les indices de réfraction respectivement des milieux 1 et 2. Si le milieu 1 est le milieu incident, i_1 est l'angle d'incidence et i_2 l'angle de réfraction.

b. n_1 et n_2 n'ont pas d'unité, les angles i_1 et i_2 doivent être exprimés dans la même unité : le degré (ou le radian).

8 La lumière passe du verre à l'air.

i_{v2} est l'angle d'incidence et i_{a2} est l'angle de réfraction.

10 $\sin i_2 = \dfrac{n_1}{n_2} \times \sin i_1 = \dfrac{1{,}00}{1{,}39} \times \sin 25{,}0$

$\sin i_2 \approx 0{,}304$, donc $i_2 \approx 17{,}7°$

13 Un prisme est dispersif, car son indice de réfraction dépend de la longueur d'onde de la radiation lumineuse qui le traverse. Cela a pour conséquence de séparer les radiations d'une lumière polychromatique.

17 L'utilisation d'instruments embarqués dans des satellites permet de s'affranchir des effets de l'atmosphère terrestre sur la lumière provenant des astres observés.

20 1. Si les yeux du poisson sont à la verticale de la proie, les rayons issus de la proie arrivent avec un angle d'incidence nul sur la surface de séparation air/eau. Le sinus de l'angle d'incidence est nul. D'après la relation de Snell-Descartes, le sinus de l'angle de réfraction est nul, donc l'angle de réfraction l'est aussi. En conclusion, le rayon lumineux incident n'est pas dévié lorsqu'il pénètre dans l'eau et le poisson voit la proie dans sa position réelle.

2. a. D'après le texte, les yeux du poisson sont sous l'eau et la proie est au-dessus de l'eau. Les rayons lumineux provenant de la proie sont réfractés avant de parvenir aux yeux du poisson.

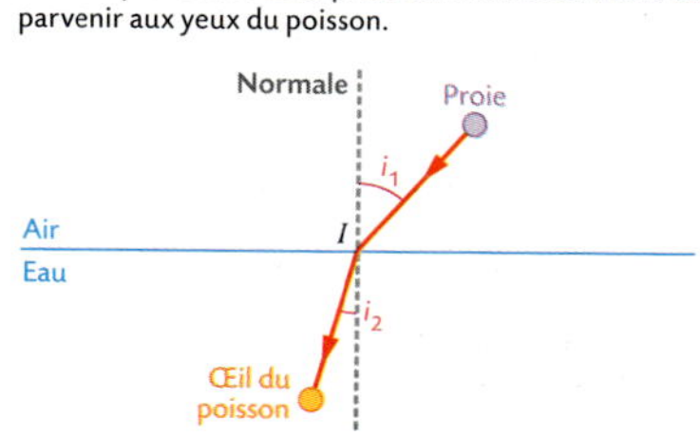

b. On applique la relation de SNELL-DESCARTES avec $i_1 = 20°$.

$\sin i_2 = \frac{n_{air}}{n_{eau}} \times \sin i_1 = \frac{1{,}00}{1{,}33} \times \sin 20$

$\sin i_2 \approx 0{,}26$, donc $i_2 \approx 15°$

L'angle de réfraction est d'environ 15°.

3. La proie ne se trouve pas dans la direction où le poisson la voit d'où la difficulté pour viser.

22 1. On complète la dernière colonne avec les valeurs issues de la lecture du schéma :

$i_1 = 60°$ $i_2 = 40°$

et du calcul des sinus :

$\sin i_1 \approx 0{,}87$ $\sin i_2 \approx 0{,}64$

2.

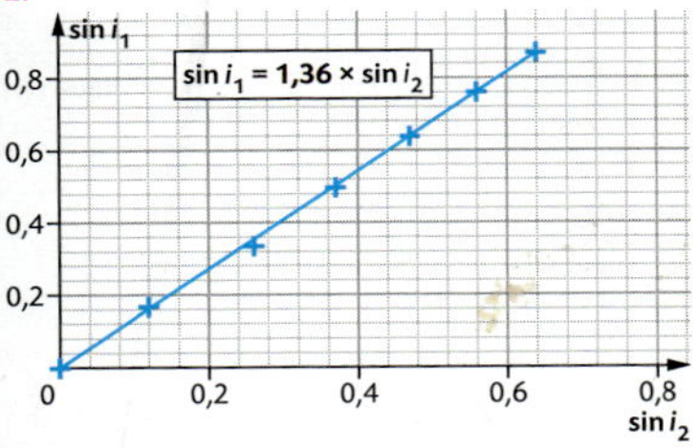

Voir fiche 7, p. 328-329, pour la représentation graphique avec un tableur et la modélisation.

3. La représentation graphique est une droite passant par l'origine, $\sin i_1$ est donc une fonction linéaire de $\sin i_2$: il y a proportionnalité entre $\sin i_1$ et $\sin i_2$.

Cela est bien en accord avec la loi de SNELL-DESCARTES relative aux angles pour la réfraction qui s'écrit $n_1 \times \sin i_1 = n_2 \times \sin i_2$ ou $\sin i_1 = \frac{n_2}{n_1} \times \sin i_2$. Les sinus des angles i_1 et i_2 sont bien proportionnels.

4. Le coefficient directeur de la droite obtenue est égal à 1,36, donc $\frac{n_2}{n_1} = 1{,}36$.

Avec $n_1 = 1{,}00$, il vient $n_2 = 1{,}36$.

5. Il s'agit de l'éthanol.

29 1.

Nom : VLT (*Very Large Telescope*)	**Adresse :** site de Cerro Paranal, Chili, Terre.
Âge : 16 ans en 2014	**Taille :** 4 fois 8,2 m de diamètre pour les télescopes principaux ; 4 fois 1,8 m de diamètre pour les télescopes auxiliaires.
Nationalité : européenne	
Équipement : système d'optique adaptative	**But :** étude des galaxies, des étoiles et des planètes.

2. En pénétrant dans l'atmosphère, la lumière des astres change de milieu de propagation. Il y a réfraction. De plus, à l'intérieur de l'atmosphère, à cause des mouvements d'air, il y a réfraction à chaque fois que l'indice de réfraction change.

3.

Télescopes terrestres	
Avantages	**Inconvénients**
possibilité de construire de très grands miroirs	perturbations dues à l'atmosphère terrestre nécessitant des systèmes correcteurs (optique adaptative)

Télescopes spatiaux	
Avantages	**Inconvénients**
pas de perturbation due à l'atmosphère terrestre	taille des miroirs limitée par la faisabilité et le coût de la mise en orbite

Chapitre 4

1 1. C ; 2. B et C ; 3. A et C ; 4. B et C ; 5. A et B.

2 1. A et C ; 2. B.

3 1. B ; 2. C ; 3. A et C.

5 1. Nombre de nucléons :

$$A = m/m_{nucléon} = 79$$

Donc le nombre de protons est :

$$Z = A - N = 34$$

L'atome est électriquement neutre, donc il contient 34 électrons.

2. Notation symbolique : $^{79}_{34}Se$.

6 1. Il y a 9 protons dans le noyau de l'atome de fluor.

2. Nombre de neutrons :

$$N = A - Z = 10$$

8 1. $Z = 79$ et $A = 79 + 121 = 200$.

2. 79 électrons, car l'atome est électriquement neutre.

3. Masse m' des électrons :

$$m' = 79 \times m_{électron} = 7{,}20 \times 10^{-29}\ kg$$

4. a. Masse m'' des nucléons :

$$m'' = A \times m_{nucléons} = 3{,}34 \times 10^{-25}\ kg$$

donc $m' \ll m''$.

b. Masse m de l'atome : $m \approx m''$

10 1. $Q = Z \times e$

2. Charge du noyau de l'atome de carbone :

$$Q = 9{,}60 \times 10^{-19}\ C$$

3. Charge du nuage électronique de l'atome de carbone :

$$Q' = -Q = -9{,}60 \times 10^{-19}\ C$$

12 1. L'ion possède plus de protons que d'électrons, il s'agit donc d'un cation.

2. Un cation est chargé positivement : X^{2+}.

15 1. « 14 » est le numéro atomique : l'atome possède 14 protons ; « 28 » est le nombre de nucléons ; « Si » est le symbole de l'élément.

2. Cet atome est composé de 14 protons, 14 nucléons et 14 électrons.

17 1. Voir tableau, p. 345.

2. Les atomes $^{12}_{6}C$ et $^{13}_{6}C$ sont isotopes, ainsi que les atomes $^{12}_{7}N$ et $^{13}_{7}N$.

3. $^{14}_{6}C$

20 1. et 2. Les ions monoatomiques proviennent d'un atome ayant gagné (anion chargé négativement) ou perdu (cation chargé positivement) un ou plusieurs électrons. **Nature et nombre d'électrons des ions monoatomiques :**

Formule de l'ion	Nature de l'ion	Nombre d'électrons
Ca^{2+}	Cation	18
Na^{+}	Cation	10
Mg^{2+}	Cation	10
K^{+}	Cation	18
Cl^{-}	Anion	18

26 1. a. L'atome de fer est électriquement neutre, donc il possède 26 électrons.

b. $A = 26 + 33 = 59$ et $Z = 26$. Sa notation symbolique est donc $^{59}_{26}Fe$.

2. a. Le noyau de l'atome de nickel possède 59 nucléons.

b. Deux atomes isotopes possèdent le même nombre de protons. Les atomes de fer et de nickel ne sont donc pas isotopes.

Chapitre 5

1 1. C ; 2. C ; 3. B.

2 1. B ; 2. A ; 3. A ; 4. B.

3 1. B ; 2. A ; 3. B et C ; 4. A et C ; 5. B.

5 1. La formule électronique d'un atome de béryllium est K^2L^2. Il possède donc deux électrons externes.

2. La couche externe est la couche L : le béryllium appartient à la 2ᵉ période. Il possède deux électrons externes : il appartient à la colonne 2.

3. Pour respecter la règle du duet, un atome de béryllium forme l'ion Be^{2+}. Ce résultat est cohérent avec le fait qu'il appartient à la colonne 2.

6 1. a. L b. L c. M

2. Nombre d'électrons externes :

a. 4 b. 5 c. 8

8 1. Nombre d'électrons :

a. 8 b. 10 c. 15

2. a. K^2L^6 b. K^2L^8 c. $K^2L^8M^5$

3. Nombre d'électrons externes :

a. 6 b. 8 c. 5

10 1. b

2. Al^{3+}, de structure électronique K^2L^8, respecte la règle de l'octet. Sa charge est égale à +3e

12 1. Règles du duet et de l'octet.

2. a, d, e et h

14 1. Période 1 : a et b ; période 2 : c, d et e ; période 3 : f, g, h, i et j

2. Colonne 1 : a et f ; colonne 15 : d et h ; colonne 16 : e et i ; colonne 18 : b et j

16 Colonne 2 : un atome de magnésium possède 2 électrons externes et les perd pour former l'ion Mg^{2+}, respectant la règle de l'octet.

18 1. Tous ces atomes possèdent le même nombre d'électrons externes.

2. La famille des alcalins est située à la première colonne de la classification périodique.

20 1. Le fluor forme l'ion F^- en gagnant 1 électron : il appartient à la colonne 17 de la classification périodique.

2. Les atomes des éléments d'une même famille chimique possèdent le même nombre d'électrons externes. Le fluor appartient à la famille des halogènes.

3. Le fluor appartient à la 2ᵉ période de la classification : sa couche externe est la couche L.

Il appartient à la colonne 17 et possède donc 7 électrons externes. Sa formule électronique est K^2L^7.

Un atome de fluor possède $7 + 2 = 9$ électrons. Il est électriquement neutre et possède donc 9 protons : $Z = 9$.

4. Le fluor forme l'ion stable F^-, qui respecte la règle de l'octet.

22 1. Voir tableau, p. 345.

2. Le nom hélium vient de *helios* (Soleil), car cet élément a été découvert dans le Soleil.

31 1. I^- : l'iode appartient à la colonne 17 de la classification.

2. Al^{3+} : l'aluminium appartient à la colonne 13.

3. AlI_3 : solide électriquement neutre. 1 Al^{3+} apporte 3 charges élémentaires positives compensées par les 3 charges élémentaires négatives apportées par 3 I^-.

4. Le chlore appartient à la même famille chimique et à la même colonne que l'iode : il forme l'ion Cl^-.

Chlorure d'aluminium : $AlCl_3$

5. Le soufre appartient à la colonne 16 et forme les ions S^{2-}.

Sulfure d'aluminium, électriquement neutre : Al_2S_3, car 2 Al^{3+} apportent 6 charges élémentaires positives compensées par les 6 charges élémentaires négatives apportées par 3 S^{2-}.

Chapitre 6

1 1. A et B ; 2. C ; 3. A et B.

2 1. B et C ; 2. C ; 3. B ; 4. A.

3 1. B ; 2. A et C.

5 1. Le centre de Mars est en mouvement circulaire dans le référentiel héliocentrique.

2. Le centre de Mars est immobile dans le référentiel « marsocentrique » (lié au centre de Mars).

3. $v_M = \frac{2\pi R}{T} = \frac{2\pi \times 2{,}28 \times 10^8 \times 10^3}{687 \times 24 \times 60 \times 60}$

$v_M \approx 2{,}41 \times 10^4\ \text{m}\cdot\text{s}^{-1}$

6 1. Le système est l'objet dont on étudie le mouvement.
2. a. Le système est Vénus.
b. Le système est la comète de Halley.

8 1. Un référentiel est un objet de référence par rapport auquel on étudie le mouvement d'un système.
2. a. Il s'agit du référentiel héliocentrique.
b. Il est lié au centre du Soleil. Le repère associé est défini par la direction de trois étoiles éloignées considérées fixes.

10 Dans le référentiel héliocentrique, le centre de la Terre a un mouvement circulaire uniforme.

13 1. Dans un référentiel donné : $v = \frac{d}{\Delta t}$
2. v est la valeur de la vitesse en $\text{m}\cdot\text{s}^{-1}$, d est la distance parcourue en m et Δt est la durée du parcours en s.

15 1. a. Un point à la surface de la Terre est immobile dans un référentiel terrestre.
b. Il est animé d'un mouvement circulaire uniforme dans le référentiel géocentrique.
2. La question précédente illustre la relativité du mouvement d'un système.

22 1. Le référentiel géocentrique a pour objet de référence le centre de la Terre. Le repère associé est défini par la direction de trois étoiles éloignées considérées fixes.
2. a. Les personnages sont sur l'équateur, le rayon de leur trajectoire circulaire dans le référentiel géocentrique est égal au rayon de la Terre.

Donc $v = \frac{d}{T} = \frac{2\pi R}{T} = \frac{2\pi \times 6{,}38 \times 10^3 \times 10^3}{86164}$

$v \approx 465\ \text{m}\cdot\text{s}^{-1} \approx 1{,}67 \times 10^3\ \text{km}\cdot\text{h}^{-1}$.

b. Pour un objet immobile à Paris, le rayon de sa trajectoire circulaire est plus petit et la durée d'un tour est la même. La valeur de la vitesse d'un objet immobile à Paris dans le référentiel géocentrique est donc plus faible.
3. La valeur de la vitesse étant liée au référentiel, les deux personnages ont raison. Ils sont immobiles dans un référentiel terrestre, alors qu'ils sont en mouvement circulaire uniforme à la vitesse de valeur proche de $1\,700\ \text{km}\cdot\text{h}^{-1}$ dans le référentiel géocentrique.

Chapitre 7

1 1. B ; 2. A et B ; 3. C.
2 1. A et B ; 2. B et C.
3 1. C ; 2. A et B.

5 1. D'après l'orientation du segment fléché, il s'agit de la force exercée par le satellite sur la Terre.
2. a. $F_{S/T} = G \times \frac{m_s \times m_T}{d_{ST}^2}$
b. $F_{S/T} = 6{,}67 \times 10^{-11} \times \frac{11 \times 10^3 \times 5{,}97 \times 10^{24}}{(13{,}4 \times 10^3 \times 10^3)^2}$

$F_{S/T} \approx 2{,}4 \times 10^4\ \text{N}$

6 La force gravitationnelle est toujours attractive.

9 1. a. La valeur $F_{T/L}$ de la force exercée par la Terre sur la Lune a pour expression :

$$F_{T/L} = G \times \frac{m_T \times m_L}{d_{TL}^2}$$

b. $F_{T/L} = 6{,}67 \times 10^{-11} \times \frac{5{,}97 \times 10^{24} \times 7{,}35 \times 10^{22}}{(3{,}8 \times 10^5 \times 10^3)^2}$

$F_{T/L} \approx 2{,}0 \times 10^{20}\ \text{N}$

2.

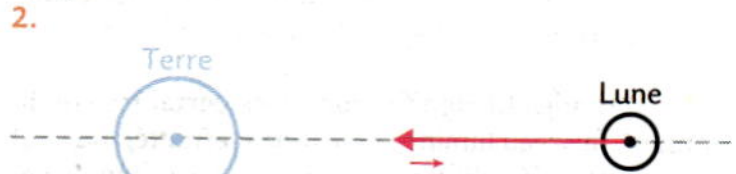

11 1. $F_{T/S1} = G \times \frac{m_T \times m_{S1}}{d_{TS1}^2}$

avec G la constante universelle de gravitation en $\text{N}\cdot\text{m}^2\cdot\text{kg}^{-2}$, m_T la masse de la Terre en kg, m_{S1} la masse de Spoutnik 1 en kg et d_{TS1} la distance qui sépare le satellite du centre de la Terre en m.
2. Représentation de la force :

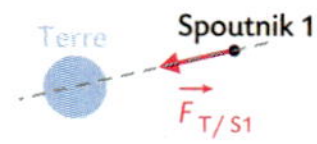

13 1. Le poids d'un corps sur Terre est assimilé à l'attraction gravitationnelle de la Terre sur ce corps.
2. a. $P = m \times g$
b. P s'exprime en newton (N), m en kilogramme (kg) et g en newton par kilogramme ($\text{N}\cdot\text{kg}^{-1}$).

16 1. Un corps est immobile ou en mouvement rectiligne uniforme si et seulement si les forces qui s'exercent sur lui se compensent.
2. D'après le principe d'inertie, le système est soumis à des forces :
a. qui ne se compensent pas ;
b. qui se compensent ;
c. qui ne se compensent pas.
3. Un corps soumis à des forces qui ne se compensent pas n'a pas un mouvement rectiligne uniforme.

21 1. Soit m la masse d'ARMSTRONG équipé.

$m = \frac{P_L}{g_L} = \frac{229}{1{,}62} \approx 141\ \text{kg}$

$m_E = m - m_A \approx 141 - 70 = 71\ \text{kg}$

La masse de l'équipement d'ARMSTRONG est donc de 71 kg.
2. $P_T = m \times g \approx 141 \times 9{,}81 \approx 1{,}39 \times 10^3\ \text{N}$
La valeur du poids d'ARMSTRONG et de son équipement sur Terre est de $1{,}39 \times 10^3$ N.
3. $\frac{P_T}{P_L} = \frac{1{,}39 \times 10^3}{229} \approx 6{,}06$
ARMSTRONG a un poids dont la valeur est environ 6 fois moins importante sur la Lune que sur la Terre.
L'attraction qu'exerce la Lune sur ARMSTRONG lorsqu'il est sur la Lune est bien plus faible que l'attraction exercée par la Terre sur ARMSTRONG lorsqu'il est sur la Terre. Il lui est donc beaucoup plus aisé de faire des bonds sur la Lune que sur la Terre.

26 1. a. $d = 6\,052 + 287 = 6\,339$ km
b. $F_{V/CH} = G \times \frac{m_V \times m}{d^2}$
c. $F_{V/CH} = 6{,}67 \times 10^{-11} \times \frac{4{,}87 \times 10^{24} \times 5{,}6 \times 10^3}{(6\,339 \times 10^3)^2}$

$F_{V/CH} \approx 4{,}5 \times 10^4\ \text{N}$

d.

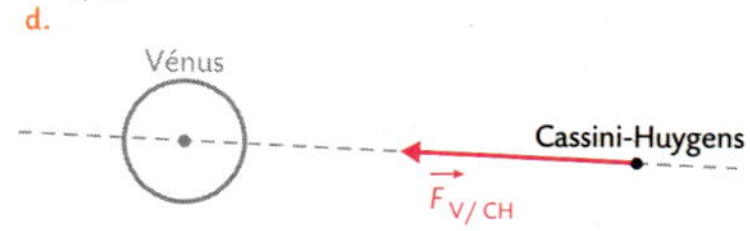

2. a. La force $\vec{F}_{V/CH}$ a pour effet de modifier la trajectoire et la valeur de la vitesse de la sonde Cassini-Huygens.
b. À partir de la position A, sans la planète, la trajectoire de la sonde dans le référentiel héliocentrique serait rectiligne suivant la direction de la flèche orange.
3. L'assistance gravitationnelle permet de modifier le mouvement d'une sonde sans avoir besoin d'utiliser de l'énergie pour faire fonctionner un moteur.

Chapitre 8

1 1. A et C ; 2. A ; 3. A et B ; 4. B et C.
2 1. C ; 2. B ; 3. A et C.

4

a 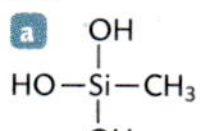

b 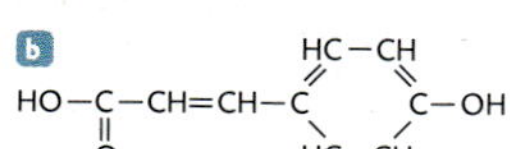

5 La molécule contient 4 atomes de carbone, 7 atomes d'hydrogène, 3 atomes d'azote et 1 atome d'oxygène.

7 H_2O_2

9

a 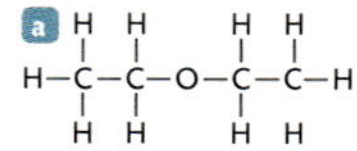

b 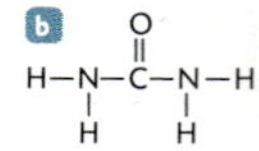

a $H_3C{-}CH_2{-}O{-}CH_2{-}CH_3$

b 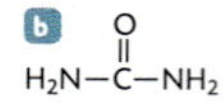

11

a 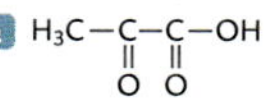

b 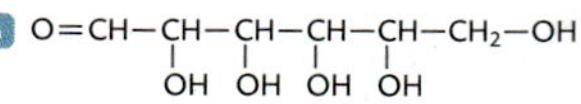

12 1. On appelle **isomères** des espèces chimiques dont les molécules ont la même formule brute, mais des enchaînements d'atomes différents.
2. a et c

14

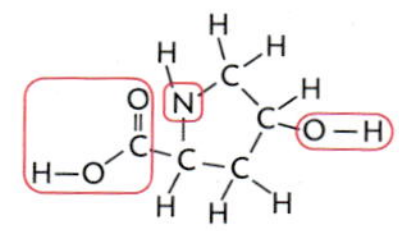

16 1. ① vératrole ② acide salicylique ③ résorcinol
2.

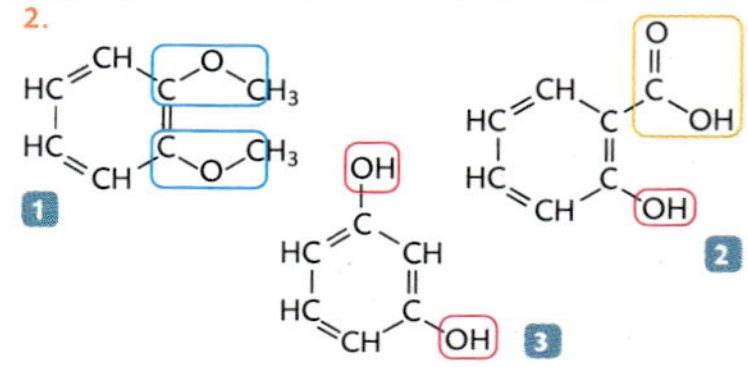

En bleu : groupe étheroxyde
En rose : groupe hydroxyle
En orange : groupe carboxyle

17 1. Formule brute : $C_7H_8O_2$
Formule développée :

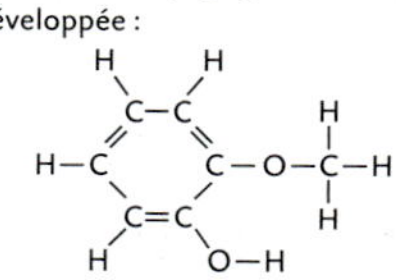

Formule semi-développée : voir question suivante.
2.

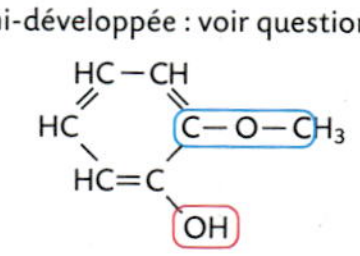

En bleu : groupe étheroxyde
En rose : groupe hydroxyle

21 1. $C_{13}H_{21}NO_3$
2.

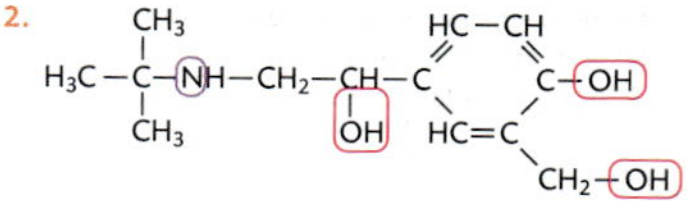

En violet : groupe amine
En rose : groupe hydroxyle
3. a. Les deux molécules ont la même formule brute :

$C_9H_8O_4$

b.

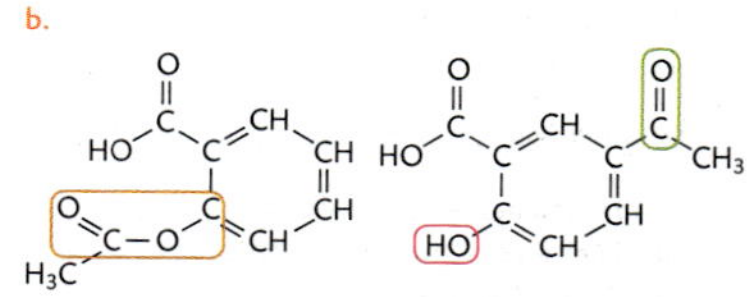

En rose : groupe hydroxyle
En vert : groupe carbonyle
En marron : groupe ester

Chapitre 9

1 1. A ; 2. B ; 3. A et C ; 4. A, B et C.

2 1. C ; 2. C.

3 1. B ; 2. C ; 3. B et C ; 4. A.

5 1. Le facteur de dilution est :

$$F = V_f/V_m = 500/100 = 5{,}00$$

La solution antiseptique a été diluée cinq fois.

2. $t_f = t_m/F = 3{,}5/5{,}00 = 0{,}70 \text{ g}\cdot\text{L}^{-1}$

6 1. Le paracétamol est une espèce chimique, c'est donc un corps pur.

2. Le médicament est constitué de plusieurs espèces chimiques, ce n'est donc pas un corps pur.

8 1. L'urine est une solution aqueuse, car elle est constituée majoritairement d'eau.

2. a. Les deux types de solutés présents dans l'urine sont les solutés ioniques et les solutés moléculaires.

b. Exemples de solutés ioniques : ions potassium K^+, chlorure Cl^-, sulfate SO_4^{2-}.

Exemples de solutés moléculaires : urée, créatinine.

10 1. La concentration massique d'une espèce chimique dissoute en solution est le quotient de la masse $m(E)$ de soluté par le volume $V_{solution}$ de la solution : $t(E) = m(E)/V_{solution}$.

2. $t(\text{sulfate de cuivre}) = 20/0{,}50 = 40 \text{ g}\cdot\text{L}^{-1}$

12

Solution	1	2	3
Masse de soluté dissous	10 g	8,0 g	0,15 g
Volume de la solution	0,50 L	2,0 L	0,020 L
Concentration massique en soluté	20 g·L⁻¹	4,0 g·L⁻¹	7,5 g·L⁻¹

14 Dans le premier cas, de l'eau a été ajoutée à une solution aqueuse de glucose, donc sa concentration en glucose a diminué : on a réalisé une dilution.

Dans le second cas, un solide a été dissous dans de l'eau : on a réalisé une dissolution.

15

Nom	Fiole jaugée	Burette graduée	Pipette graduée	Pipette jaugée à deux traits de jauge
Schéma				

16 1. On note m la masse de permanganate de potassium à utiliser et t la concentration en permanganate de potassium de la solution.

$m = t \times V_{solution} = 0{,}50 \times 0{,}10 = 0{,}050 \text{ g}$

2. Voir fiche Préparation d'une solution, paragraphe A, p. 331.

18 Voir fiche Préparation d'une solution, paragraphe B, p. 331.

20 1. $\rho(E) = m(E)/V(E)$

2. $m = \rho \times V = 1{,}33 \times 10^3 \times 0{,}75$

$m = 1{,}0 \times 10^3 \text{ g}$

22 Il s'agit de la densité, car la densité n'a pas d'unité.

25 1. $t(\text{pholcodine}) = m(\text{pholcodine})/V_{solution}$

$t(\text{pholcodine}) = (85 \times 10^{-3})/(100 \times 10^{-3})$

$t(\text{pholcodine}) = 0{,}85 \text{ g}\cdot\text{L}^{-1}$

2. $m(\text{pholcodine}) = t(\text{pholcodine}) \times V$

$m(\text{pholcodine}) = 0{,}85 \times 5{,}0 \times 10^{-3}$

$m(\text{pholcodine}) = 4{,}3 \times 10^{-3} \text{ g} = 4{,}3 \text{ mg}$

3. $\dfrac{\text{volume maximal}}{\text{volume d'une cuillère-mesure}} = \dfrac{1{,}0 \times 21}{5{,}0} = 4{,}2$

On ne peut donner à cet enfant que 4 cuillère-mesures de sirop par jour.

30 1. $t_m \times V_m = t_f \times V_f$

2.

Solution fille	S_{f1}	S_{f2}	S_{f3}	S_{f4}	S_{f5}
Volume V_m (mL)	1,0	2,2	3,0	4,0	5,0
Concentration massique t_f (mg·L⁻¹)	3,2	6,4	9,6	13	16

3. Les volumes V_m peuvent être mesurés avec une pipette graduée ou une burette graduée.

4. $9{,}6 \text{ mg}\cdot\text{L}^{-1} < t < 13 \text{ mg}\cdot\text{L}^{-1}$

5. $t_{Dakin} = \dfrac{m(\text{permanganate de potassium})}{V_{solution}}$

$t_{Dakin} = \dfrac{1{,}0}{100 \times 10^{-3}} = 10 \text{ mg}\cdot\text{L}^{-1}$

6. La valeur calculée est bien comprise entre $9{,}6 \text{ mg}\cdot\text{L}^{-1}$ et $13 \text{ mg}\cdot\text{L}^{-1}$. Ce résultat est cohérent avec celui qui a été obtenu à l'aide de l'échelle de teintes.

34 1. Pour cette solution, le solvant est l'alcool car c'est le composé majoritaire (70 %). Les solutés sont le camphre, le colorant E102 et l'eau purifiée.

2. $V_{éthanol} = 0{,}70 \times 200 = 1{,}4 \times 10^2 \text{ mL}$

$V_{éthanol} = 0{,}14 \text{ L}$

3. $m_{éthanol} = \rho_{éthanol} \times V_{éthanol} = 790 \times 0{,}14$

$m_{éthanol} = 1{,}1 \times 10^2 \text{ g}$

Chapitre 10

1 1. B ; 2. B et C ; 3. B et C ; 4. A ; 5. C.

2 1. A et B.

4 On mesure, par exemple, la durée de 3 périodes. Cette durée s'étale sur 12,6 graduations. Or 1 graduation représente 0,20 s. On a donc $T = \dfrac{12{,}6 \times 0{,}20}{3} = 0{,}84 \text{ s}$.

$f = 60 \times \dfrac{1}{T} \approx 71$ battements par minute.

5 1. Un signal périodique se reproduit à l'identique à des intervalles de temps de même durée.

2. Les signaux a, c et d sont périodiques sur la durée de l'enregistrement.

7 1. La période T d'un signal périodique est la plus petite durée au bout de laquelle le signal se répète identique à lui-même.

2. On mesure 8,9 divisions pour $4T$,

soit $T = \dfrac{8{,}9}{4} \times 1{,}0 \approx 2{,}2 \text{ ms}$.

9 1. $f = \dfrac{127}{60} \approx 2{,}12 \text{ Hz}$

2. $T = \dfrac{1}{f} \approx \dfrac{1}{2{,}12} \approx 0{,}472 \text{ s}$

11 1. On mesure 6,0 div. pour $3T$, soit :

$$T = \frac{6{,}0}{3} \times 400 \approx 800 \text{ ms}$$

2. $f = \dfrac{1}{T} \approx \dfrac{1}{800 \times 10^{-3}} \approx 1{,}25 \text{ Hz}$

3. $U_{max} \approx 2{,}2 \times 10 = 22 \text{ mV}$

13 1. La valeur de la vitesse de propagation du son dans l'air à 20 °C est de $340 \text{ m}\cdot\text{s}^{-1}$.

2. La vitesse de propagation des ultrasons est la même que celle des sons audibles à la même température et dans le même milieu.

15

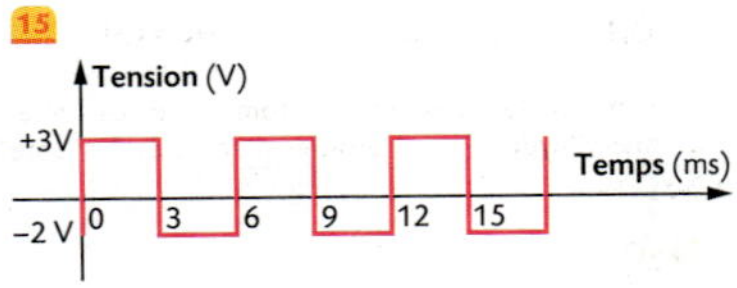

23 1. Les ultrasons sont plus rapides dans l'eau que dans l'air, puisqu'ils parcourent en moins de temps, d'après les enregistrements du doc. 2, la même distance séparant l'émetteur du récepteur.

2. $v = \dfrac{d}{\Delta t}$ (v en $\text{m}\cdot\text{s}^{-1}$ si d est en m et Δt en s)

a. Dans l'eau, $\Delta t_{eau} \approx 0{,}50 \text{ ms}$

donc $v_{eau} \approx \dfrac{0{,}75}{0{,}50 \times 10^{-3}} = 1{,}5 \times 10^3 \text{ m}\cdot\text{s}^{-1}$

b. Dans l'air, $\Delta t_{air} \approx 2{,}2 \text{ ms}$

donc $v_{air} \approx \dfrac{0{,}75}{2{,}2 \times 10^{-3}} \approx 3{,}4 \times 10^2 \text{ m}\cdot\text{s}^{-1}$

3. La valeur de la vitesse change selon la nature du milieu traversé, ce qui est en accord avec l'affirmation du doc. 1.

À 20 °C, la valeur de la vitesse du son dans l'air est environ $340 \text{ m}\cdot\text{s}^{-1}$. Cela est en accord avec la mesure.

24 1. Sur une durée donnée, dans un état physique donné et à une altitude donnée, on peut considérer que la respiration est régulière et a donc un caractère périodique.

2. a. $T = \dfrac{1}{f}$ avec $f = \dfrac{86}{60}$ Hz,

soit $T = \dfrac{60}{86} \approx 0{,}70 \text{ s}$

b. $f = \dfrac{12}{60}$ Hz, soit $T = \dfrac{60}{12} = 5{,}0 \text{ s}$

3. En altitude, l'alpiniste renouvelle beaucoup plus souvent l'air dans ses poumons, de manière à essayer de compenser la raréfaction du dioxygène dans l'air qu'il respire.

Chapitre 11

1 1. A ; 2. B ; 3. A et B ; 4. A ; 5. B.

2 1. B et C ; 2. B ; 3. B ; 4. C ; 5. A.

4 1. Soit i_c l'angle d'incidence et i_g l'angle de réfraction au point I. Dans le cas de la réfraction limite, $i_g = 90°$ et la relation entre les angles et les indices s'écrit $n_c \times \sin i_{c\ell} = n_g$.

Donc $n_c = \dfrac{n_g}{\sin i_{c\ell}} = \dfrac{1{,}15}{\sin 47{,}9} \approx 1{,}55$.

2. On a bien la condition de réflexion totale sur les indices de réfraction : $n_c > n_g$. L'autre condition est que l'angle d'incidence soit supérieur à l'angle d'incidence limite $i_{c\ell}$.

7 1. Lucina a correctement identifié les signaux : le signal est émis avant sa réception. En revanche, la durée Δt qu'elle a repérée est inexploitable pour calculer la distance entre l'émetteur-récepteur et l'obstacle. Il faut la repérer entre le début de l'émission (à $t = 0$ ms) et le début de la réception (à $t \approx 1{,}7$ ms).

2. Pour déterminer la distance d séparant l'émetteur de la paroi réfléchissante, Lucina doit mesurer la durée Δt entre le début de l'émission et le début de la réception, rechercher la valeur v_{eau} de la vitesse de propagation des ultrasons dans l'eau et utiliser la formule $d = \dfrac{v_{eau} \times \Delta t}{2}$.

9 On lit sur l'enregistrement une durée d'aller-retour $\Delta t \approx 1{,}7$ ms.

$d = \dfrac{v_{eau} \times \Delta t}{2} \approx \dfrac{1\,500 \times 1{,}7 \times 10^{-3}}{2} \approx 1{,}3 \text{ m}$

La distance séparant l'émetteur-récepteur de la paroi réfléchissante est 1,3 m environ.

12 1. La réflexion est le renvoi, dans le milieu où il se propage, d'un faisceau lumineux parvenant au niveau de la surface de séparation entre deux milieux. Schéma : voir doc. 4b, p. 170.

2. D'après la loi de Snell-Descartes pour la réflexion, l'angle de réflexion est égal à l'angle d'incidence.

13 1. Cet adjectif signifie que, dans certaines conditions, un faisceau lumineux n'est pas réfracté, mais est entièrement réfléchi lorsqu'il atteint la surface de séparation entre deux milieux transparents.

2. On note 1 le milieu d'indice de réfraction n_1, où se propage le faisceau incident, et 2 l'autre milieu, d'indice de réfraction n_2. Le phénomène de réflexion totale

peut être observé si $n_1 > n_2$ et si $i_1 > i_{1\ell}$ ($i_{1\ell}$ est l'angle limite d'incidence).

3. La réflexion totale est utilisée dans les examens de type fibroscopie.

16 1. Le milieu où se propage le faisceau incident est l'eau.

2. a. On observe le phénomène de réflexion totale.

On note 1 l'eau et 2 l'air. Ce phénomène ne se produit que si $n_1 > n_2$ et si $i_1 > i_{1\ell}$ avec $i_{1\ell}$ l'angle limite d'incidence. On en déduit que l'indice de réfraction de l'eau, n_1, est supérieur à celui de l'air, n_2.

b. On en déduit également que l'angle d'incidence, i_1, est supérieur à l'angle limite d'incidence, $i_{1\ell}$.

18 1. L'irradiation a pour effet de tuer les cellules malades (par altération de leur ADN).

2. a. Les ondes utilisées sont des ondes électromagnétiques.

b. D'après la page 171, l'ordre de grandeur des fréquences des rayonnements X est 10^{18} Hz, celui des fréquences des rayonnements γ est 10^{20} Hz.

19 1. La flèche 1 représente la distance entre la sonde échographique et l'avant de la tête du fœtus. La flèche 2 représente la distance entre la sonde échographique et l'arrière de la tête du fœtus.

2. La distance $2d_1$ parcourue par les ondes ultrasonores qui se réfléchissent sur l'avant de la tête du fœtus est plus faible que la distance $2d_2$ parcourue par celles qui se réfléchissent sur l'arrière de la tête du fœtus. Les durées de propagation sont différentes.

27 1. On utilise la relation qui lie la durée Δt de l'aller-retour qu'effectuent les ondes entre la chauve-souris et l'obstacle, la distance $2d$ de cet aller-retour et la valeur de la vitesse de propagation des ondes : $v = \frac{2d}{\Delta t}$.

Cela conduit à $d = \frac{v \times \Delta t}{2}$

Connaissant v et en mesurant Δt, on en déduit la distance d.

2. La vitesse de propagation des ultrasons a la même valeur que celle des sons : 340 $m \cdot s^{-1}$ dans l'air.

On a alors $d = \frac{340 \times 1{,}47 \times 10^{-3}}{2} \approx 0{,}250$ m.

La distance séparant la chauve-souris de l'obstacle est 25,0 cm environ.

30 1. Représentation graphique de la fréquence f en fonction de la valeur B du champ magnétique :

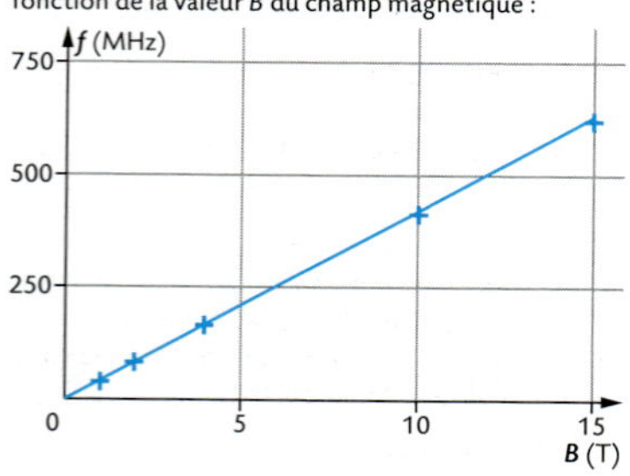

2. En reliant les points, on observe que la représentation graphique est une droite passant par l'origine. Il y a donc proportionnalité entre f et B.

3. Par lecture graphique, la fréquence des ondes est égale à environ 490 MHz pour une valeur de champ magnétique de 11,7 T.

4. Ces ondes appartiennent au domaine des ondes radio.

Chapitre 12

1 1. A, B et C ; 2. A ; 3. B et C.
2 1. A ; 2. C ; 3. A, B et C.
3 1. A et B ; 2. A ; 3. A et B.

5 1. On a révélé ce chromatogramme sous un rayonnement UV ou à l'aide de vapeurs de diiode.

2. Le médicament donne deux taches après élution et révélation : il est composé d'au moins deux espèces chimiques.

3. Une des deux taches relatives au médicament est au même niveau que la tache relative à l'acide acétylsalicylique : le médicament contient de l'acide acétylsalicylique.

6 1. « p cp » signifie « par comprimé ».

2. Principe actif : prednisolone.

3. Excipients : acide tartrique ; acide citrique anhydre ; bicarbonate de sodium ; benzoate de lithium ; saccharose.

Un excipient facilite la préparation du médicament et en améliore l'assimilation, la conservation, la tolérance ou le goût.

8 1. Le nom du médicament est celui du principe actif.

2. Le médicament *princeps* contient le même principe actif, l'acébutolol chlorhydrate. Il en contient la même masse : 400 mg.

3. Un médicament *princeps* et un médicament générique peuvent différer par les excipients.

10 1. Espèces naturelles : fructose, sorbitol, stévioside.
Espèces synthétiques : sorbitol, aspartame, sucralose.
Espèces artificielles : aspartame, sucralose.

2. Préserver les ressources naturelles et avoir une production indépendante des saisons.

3. Créer un nouvel édulcorant très performant.

12 1. $s > 0{,}8/0{,}100$, soit $s > 8\ g \cdot L^{-1}$

2. Solution saturée.

3. La solubilité de l'hydrogénocarbonate de sodium dans l'éthanol est inférieure à sa solubilité dans l'eau.

14 Chromatogramme correct : le 2, car le mélange, constitué des trois espèces S, B et A, conduit à trois taches situées au même niveau que ces espèces.

18 1. a. Principe actif : thiocholchicoside.

b. Le médicament *princeps* est le Coltramyl. Le second médicament est un générique.

c. Ces deux médicaments diffèrent par les excipients.

2. Le lactose et le saccharose sont mis en évidence sur les notices, car ce sont des excipients à effet notoire : le lactose n'est pas toujours bien digéré ; le saccharose est contre indiqué pour les diabétiques et est cariogène.

3. a. Le thiocolchicoside a été créé à partir de la colchicine : il est synthétique. On ne le trouve pas dans la nature : il est artificiel.

b. La colchicine est solide à 20°C. Elle peut être identifiée par mesure de sa température de fusion.

19 1. Le paludisme est une maladie infectieuse due à un parasite. Elle se transmet par les moustiques anophèles.

2. La quinine et l'artémisine, extraites de produits naturels, sont des espèces naturelles. La quinine peut aussi être de nature synthétique. La chloroquine, la plasmoquine et l'amodiaquine, créées par des chercheurs, sont des espèces synthétiques artificielles.

3. Le médicament contrôlé est une contrefaçon : il annonce la chloroquine comme principe actif, mais la substance qu'il contient ne donne pas une tâche au même niveau que la chloroquine de référence. Le médicament ne contient donc pas de chloroquine.

Chapitre 13

1 1. B ; 2. A et B ; 3. C.
2 1. A et B ; 2. A ; 3. A ; 4. C.
3 1. B et C ; 2. A et C.

5 1. a. Une hydrodistillation.

b. Il s'agit d'une solution aqueuse dans laquelle se sont solubilisées des espèces aromatiques.

c. Les huiles essentielles contiennent nettement plus d'espèces (principes actifs) que les eaux aromatiques qui sont peu concentrées.

2. La densité de l'huile essentielle est inférieure à celle de l'eau : 0,92 < 1,0.

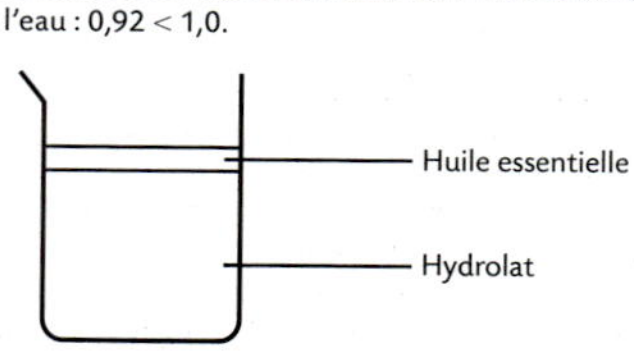

6 C'est une macération.

8 1. « Bouyi » ou « tranpé » sont deux expressions qui font référence à des techniques d'extraction par solvant (généralement l'eau). Le solvant peut être chaud (voire en ébullition lors d'une décoction) ou froid. Les plantes et le solvant sont laissés en contact.

2. Le solvant utilisé est ici le rhum (vraisemblablement l'alcool contenu dans le rhum). Les substances à extraire sont solubles dans l'alcool. C'est une macération.

10 C'est la filtration.

12 • Verser de l'eau chaude sur les racines.
• Laisser reposer.
• Filtrer.

14 1. Ampoule à décanter.

2. La densité de l'éthoxyéthane est inférieure à celle de l'eau (0,71 < 1). L'éthoxyéthane est donc la phase qui surnage, soit la phase A. La phase B est l'eau.

17 1. Sous l'effet de la chaleur et de l'eau bouillante, les cellules végétales des plantes éclatent et libèrent les espèces aromatiques qu'elles contiennent. Ces espèces volatiles sont entraînées par la vapeur d'eau. La liquéfaction des vapeurs à l'aide d'un réfrigérant à eau permet de récupérer ces espèces aromatiques.

2. ① Ballon ② Chauffe-ballon ③ Thermomètre ④ Réfrigérant à eau ⑤ Erlenmeyer ⑥ Support élévateur

19 Dans la technique d'extraction par solvant (solide/liquide), l'anéthol doit être soluble dans le solvant d'extraction. Ce solvant d'extraction doit être respectueux de l'environnement (le plus possible) et sans danger pour la santé. Ainsi, l'éthanol est à préférer au dichlorométhane. L'eau n'est pas un bon solvant.

Protocole :
• Broyer la badiane dans un mortier.
• Ajouter de l'éthanol.
• Malaxer le mélange.
• Filtrer.

21 1. Dans une technique d'extraction par solvant (liquide/liquide), l'acide benzoïque présent dans la phase aqueuse (soda) doit être extrait par un solvant d'extraction dans lequel il est plus soluble.

Ce solvant d'extraction doit être non miscible à la phase aqueuse.

Les autres espèces (acide phosphorique et acide citrique) ne doivent pas être solubles dans le solvant extracteur.

Le solvant d'extraction doit également être, si possible, respectueux de l'environnement et sans danger pour la santé.

Ainsi, le toluène peut convenir (il présente néanmoins des dangers).

• Verser quelques millilitres de soda dans une ampoule à décanter.
• Ajouter du toluène.
• Boucher, agiter et dégazer régulièrement.
• Déboucher et laisser reposer.
• Séparer les deux phases et garder la phase organique (celle contenant le toluène).

2. Le toluène a une densité plus faible que la phase aqueuse. La phase organique surnage.

Chapitre 14

1 1. C ; 2. A et C ; 3. B ; 4. A, B et C ; 5. B ; 6. C ; 7. A et C ; 8. B et C.

3 1. Liste du matériel : chauffe-ballon, support élévateur, ballon, réfrigérant, pinces, noix, support.

2. $V_1 = m_1/\rho_1 = 19{,}5/1{,}95 = 10{,}0$ mL et $V_2 = m_2/\rho_2 = 10{,}0/0{,}99 = 10$ mL.

3. Pour isoler le véronal, on utilise une ampoule à décanter.

4 1. Synthèse, isolement et identification.

2. Etapes dans l'ordre : c, a, b.

3. a : isolement, b : identification, c : synthèse.

6 1. On peut être amené à chauffer pour solubiliser les espèces chimiques solides dans le solvant.

2. Le réfrigérant permet de rencondenser les vapeurs pour éviter les pertes de matière.

3. Erreurs : la prise du chauffe-ballon n'est pas branchée ; l'eau doit arriver par le bas du réfrigérant ; il manque un support élévateur ; il manque la pince sur le ballon ; le réfrigérant ne doit pas être bouché par un thermomètre.

8 1. $V = m/\rho = 16{,}0/0{,}80 = 20$ mL

2. Pour prélever le méthanol, on utilise une éprouvette graduée.

10 Précautions à prendre : travailler loin de toute source de chaleur, prélever le produit sous hotte, se munir de lunettes de protection et porter une blouse.

12 1. L'éthanoate d'isoamyle n'étant pas soluble dans l'eau salée, on observera deux phases que l'on pourra séparer.

2.

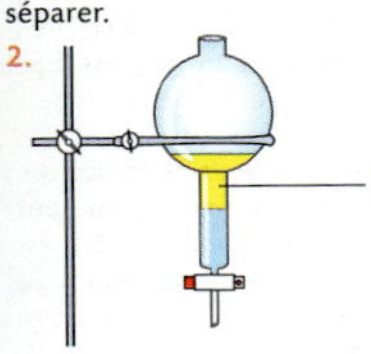

14 1. a.

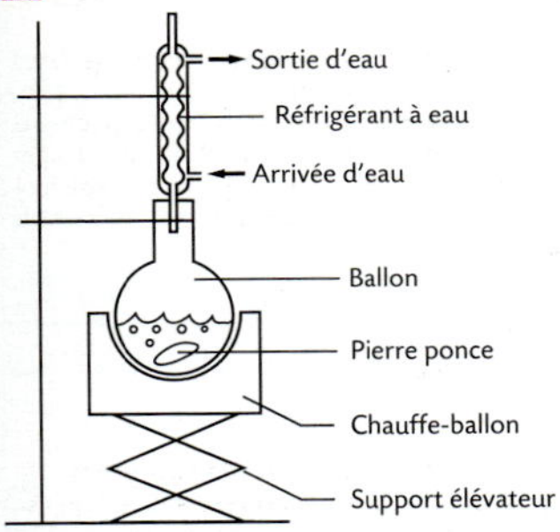

b. Le volume V d'éthanol à prélever est :

$$V = m/\rho = 13{,}8/0{,}79 = 17 \text{ mL}$$

2. Le solide synthétisé n'est pas pur, car on observe deux taches sur le chromatogramme au-dessus du dépôt C. Le solide synthétisé ne peut donc pas être directement incorporé à un médicament. L'impureté est de l'acide 4-aminobenzoïque.

17 L'acide butanoïque et l'éthanol sont des liquides. On note m_1 et m_2 leurs masses respectives, et d_1 et d_2 leurs densités respectives.

Volumes à prélever :

$V(\text{acide butanoïque}) = m_1/(d_1 \times \rho(\text{eau}))$

$V(\text{acide butanoïque}) = 17{,}6/(0{,}964 \times 1{,}00)$

$V(\text{acide butanoïque}) = 18{,}3$ mL

$V(\text{éthanol}) = m_2/(d_2 \times \rho(\text{eau}))$

$V(\text{éthanol}) = 9{,}2/(0{,}789 \times 1{,}00) = 12$ mL

Le prélèvement s'effectue avec une éprouvette graduée ; le port des gants et d'une blouse fermée est obligatoire. Le flacon d'éthanol doit être tenu loin de toute source de chaleur. Pour synthétiser le produit, on réalise un montage à reflux (voir schéma ci-dessus, exercice **14**).

Chapitre 15

1 1. A ; 2. C ; 3. A et B.

2 1. A.

3 1. A ; 2. C ; 3. A et B ; 4. A.

5 Le gymnaste est immobile dans un référentiel terrestre. D'après le principe d'inertie, les forces qui s'exercent sur lui se compensent.

6 a. Le motard, ayant le même mouvement que sa moto, est immobile dans le référentiel lié à la moto.

b. Il n'est pas immobile dans un référentiel terrestre.

9 La précision est le centième de seconde.

11 1. La force d'attraction gravitationnelle exercée par la Terre sur la balle est assimilée au poids de la balle.

2. Le point d'application du poids est le centre de la balle.

La direction est la verticale passant par le centre de la balle ; le sens est vers le bas.

La valeur est donnée par la relation $P = m \times g$, soit $P = 4{,}60 \times 10^{-2} \times 9{,}81 \approx 4{,}51 \times 10^{-1}$ N.

3.

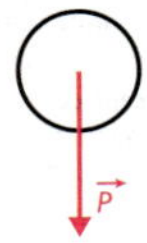

13 a. Vrai. b. Faux (les forces peuvent se compenser). c. Faux.

15 Le mouvement du coureur n'est pas rectiligne uniforme, donc, d'après le principe d'inertie, les forces qui s'exercent sur lui ne se compensent pas.

17 La masse supplémentaire portée par le cheval augmente la masse du système {jockey, cheval}. À force motrice égale, le démarrage sera plus lent.

19 Sous l'effet de cette force, la trajectoire de la balle a été modifiée, ainsi que la valeur de sa vitesse.

24 1. Le mouvement est rectiligne uniforme. La représentation a est convenable.

2. Le mouvement est rectiligne uniforme. D'après le principe d'inertie, le palet est soumis à des forces qui se compensent.

3. Le palet est soumis à des forces qui se compensent : son poids et l'action de la glace (sol).

4. Les deux forces ont même direction (la verticale), des sens opposés (vers le bas pour le poids, vers le haut pour l'action de la glace), et même valeur.

26 1. 1 minute 18 secondes 345 millièmes.

2. $v = \dfrac{d}{\Delta t} = \dfrac{400}{1 \times 60 + 18{,}345} \approx 5{,}11 \text{ m·s}^{-1}$

3. La plus petite durée est 1 milliseconde.

4. Pendant 1 ms, Armand parcourt $d = v \times \Delta t$:

$d \approx 5{,}11 \times 0{,}001 = 5{,}11 \times 10^{-3}$ m,

soit 5 mm environ.

5. Ce chronomètre a une précision trop importante, car l'entraîneur ne peut pas repérer d'aussi faibles distances.

27 1. La valeur de la vitesse augmente au cours du temps jusqu'à 0,5 s. Ensuite, elle diminue jusqu'à 1,0 s environ, puis elle est constante.

2. La valeur de la vitesse est constante au-delà de 1,0 s, donc le mouvement vertical du jouet est uniforme.

3. À partir de 1,0 s, le mouvement du parachute devient rectiligne uniforme. D'après le principe d'inertie, les forces qui s'exercent sur le jouet se compensent à partir de cette date.

29 1. 70 mph est la valeur maximale de la vitesse autorisée après le panneau.

2. Une augmentation de la valeur de la vitesse correspond à une augmentation de la distance séparant deux taches consécutives.

3. Avant le panneau, la distance parcourue en 0,5 seconde est toujours la même. La valeur de la vitesse est donc constante.

Après le panneau, cette distance est plus grande, donc la valeur de la vitesse augmente.

4. Lorsque la valeur de la vitesse est redevenue constante (à droite du schéma), on mesure que la distance parcourue entre deux points consécutifs est environ 1,8 fois plus grande qu'au début (à gauche du schéma). Comme la durée entre deux points consécutifs est la même tout au long du trajet, la valeur de la vitesse après le panneau est environ 1,8 fois plus grande qu'avant le panneau.

5. $v_{\text{fin}} \approx 1{,}8 \times v_{\text{début}} = 1{,}8 \times 50 = 90$ mph

La valeur de la vitesse après le panneau est d'environ 90 mph, alors qu'elle est limitée à 70 mph. Le conducteur ne respecte pas la limite maximale autorisée.

Chapitre 16

1 1. A ; 2. C.

2 1. B ; 2. C ; 3. A.

3 1. A ; 2. A et C.

4 1. B ; 2. C ; 3. C.

6 1. La masse molaire moléculaire $M(C_{13}H_{18}O_2)$ de l'ibuprofène est :

$M(C_{13}H_{18}O_2) = 13 \times M(C) + 18 \times M(H) + 2 \times M(O)$

$M(C_{13}H_{18}O_2) = 13 \times 12{,}0 + 18 \times 1{,}0 + 2 \times 16{,}0$

$M(C_{13}H_{18}O_2) = 206{,}0 \text{ g·mol}^{-1}$

2. La quantité d'ibuprofène contenue dans un « sachet-dose » est :

$$n(C_{13}H_{18}O_2) = \frac{m(C_{13}H_{18}O_2)}{M(C_{13}H_{18}O_2)} = \frac{400{,}0 \times 10^{-3}}{206{,}0}$$

$n(C_{13}H_{18}O_2) = 1{,}942 \times 10^{-3}$ mol

3. La concentration molaire en ibuprofène de la solution préparée est :

$$C = \frac{n(C_{13}H_{18}O_2)}{V_{\text{solution}}}$$

$$C = \frac{1{,}942 \times 10^{-3}}{250 \times 10^{-3}} = 7{,}77 \times 10^{-3} \text{ mol·L}^{-1}$$

7 1. a. $n(\text{Pb})_{\text{hv}} = \dfrac{N(\text{Pb})_{\text{hv}}}{N_A} = \dfrac{7{,}4 \times 10^{21}}{6{,}02 \times 10^{23}}$

$n(\text{Pb})_{\text{hv}} = 0{,}012 \text{ mol} = 1{,}2 \times 10^{-2}$ mol

b. Pour un même élément, la masse est proportionnelle à la quantité de matière, donc, comme $n(\text{Pb})_{\text{standard}} > n(\text{Pb})_{\text{hv}}$:

$$m(\text{Pb})_{\text{standard}} > m(\text{Pb})_{\text{hv}}$$

2. $n(\text{Pb})_{\text{standard}} = \dfrac{N(\text{Pb})_{\text{standard}}}{N_A}$

donc $N(\text{Pb})_{\text{standard}} = n(\text{Pb})_{\text{standard}} \times N_A$

$N(\text{Pb})_{\text{standard}} = 1{,}3 \times 10^{-2} \times 6{,}02 \times 10^{23}$

$N(\text{Pb})_{\text{standard}} = 7{,}8 \times 10^{21}$ atomes de plomb

9 1. a. Voir définition, p. 248.

b. $M(C) = 12{,}0 \text{ g·mol}^{-1}$

$M(H) = 1{,}0 \text{ g·mol}^{-1}$

$M(O) = 16{,}0 \text{ g·mol}^{-1}$

$M(N) = 14{,}0 \text{ g·mol}^{-1}$

2. $M(C_{10}H_{15}NO) = 10 \times M(C) + 15 \times M(H) + M(N) + M(O)$

$M(C_{10}H_{15}NO) = 10 \times 12{,}0 + 15 \times 1{,}0 + 14{,}0 + 16{,}0$

$M(C_{10}H_{15}NO) = 165{,}0 \text{ g·mol}^{-1}$

11 1. $C(\text{NaCl}) = \dfrac{n(\text{NaCl})}{V_{\text{solution}}}$

2. $C(\text{NaCl}) = 0{,}17/(100 \times 10^{-3})$

$C(\text{NaCl}) = 1{,}7 \text{ mol·L}^{-1}$

13 1. $n(\text{théo}) = m(\text{théo})/M(\text{théo})$

donc $m(\text{théo}) = n(\text{théo}) \times M(\text{théo})$

$m(\text{théo}) = 2{,}50 \times 10^{-2} \times 180{,}0 = 4{,}50$ g

2. Il faudra utiliser une balance au 1/100e de gramme, une coupelle de pesée et une spatule.

14 1. $n(\text{ol}) = m(\text{ol})/M(\text{ol})$

donc $m(\text{ol}) = n(\text{ol}) \times M(\text{ol})$

$m(\text{ol}) = 2{,}00 \times 10^{-1} \times 60{,}1$

$m(\text{ol}) = 12{,}0$ g

2. $\rho(\text{ol}) = m(\text{ol})/V(\text{ol})$

donc $V(\text{ol}) = m(\text{ol})/\rho(\text{ol}) = 12{,}0/0{,}79 = 15$ mL

17 1. $C(\text{saccharose}) = n(\text{saccharose})/V_{\text{solution}}$

donc $n(\text{saccharose}) = C(\text{saccharose}) \times V_{\text{solution}}$

2. $n(\text{saccharose}) = 0{,}50 \times 250 \times 10^{-3}$

$n(\text{saccharose}) = 0{,}13 \text{ mol} = 1{,}3 \times 10^{-1}$ mol

19 1. D'après l'étiquette, pour 100 mL de solution de ce médicament, il y a 0,260 0 g de lévomenthol. Par proportionnalité, dans 450 mL de solution de ce médicament (totalité du médicament), il y aura :

$m(\text{ol}) = (450/100) \times 0{,}2600 = 1{,}17$ g

2. $n(\text{ol}) = \dfrac{m(\text{ol})}{M(\text{ol})} = \dfrac{m(\text{ol})}{10 \times M(C) + 20 \times M(H) + M(O)}$

$$n(\text{ol}) = \frac{1{,}17}{10 \times 12{,}0 + 20 \times 1{,}0 + 16{,}0} = 7{,}50 \times 10^{-3} \text{ mol}$$

3. $C(\text{ol}) = n(\text{ol})/V_{\text{solution}}$
$C(\text{ol}) = (7{,}5 \times 10^{-3})/(450 \times 10^{-3})$
$C(\text{ol}) = 0{,}0167 = 1{,}67 \times 10^{-2}\ \text{mol}\cdot\text{L}^{-1}$

26 1. $C(\text{E133}) = n(\text{E133})/V_{\text{solution}}$
donc $n(\text{E133}) = C(\text{E133}) \times V_{\text{solution}}$
$n(\text{E133}) = 6{,}3 \times 10^{-4} \times 1{,}0 \times 10^{-3}$
$n(\text{E133}) = 6{,}3 \times 10^{-7}\ \text{mol}$

2. $C(\text{E133})_{\text{bécherA}} = \dfrac{n(\text{E133})}{V_{\text{solution}}}$

$C(\text{E133})_{\text{bécherA}} = \dfrac{n(\text{E133})}{V_{\text{eau intial}} + V_{\text{E133}} + V_{\text{eau rajouté}}}$

$C(\text{E133})_{\text{bécherA}} = \dfrac{6{,}3 \times 10^{-7}}{(100 + 1{,}0 + 47{,}0) \times 10^{-3}}$

$C(\text{E133})_{\text{bécherA}} = 4{,}3 \times 10^{-6}\ \text{mol}\cdot\text{L}^{-1}$
$C(\text{E133})_{\text{bécherB}} = C(\text{E133})_{\text{bécherA}} = 4{,}3 \times 10^{-6}\ \text{mol}\cdot\text{L}^{-1}$

3. $C(\text{E133})_{\text{bécherB}} = \dfrac{C(133)_{\text{boisson}}}{10}$
d'après l'énoncé, donc :
$C(133)_{\text{boisson}} = 10 \times C(\text{E133})_{\text{bécherB}}$
$C(133)_{\text{boisson}} = 10 \times 4{,}3 \times 10^{-6}$
$C(133)_{\text{boisson}} = 4{,}3 \times 10^{-5}\ \text{mol}\cdot\text{L}^{-1}$
La concentration en colorant 133 dans la boisson est inférieure à la norme autorisée :
$4{,}3 \times 10^{-5}\ \text{mol}\cdot\text{L}^{-1} < 1{,}3 \times 10^{-4}\ \text{mol}\cdot\text{L}^{-1}$
On peut en conclure que cette boisson respecte la norme en vigueur.

Chapitre 17

1 1. A et B ; 2. B et C ; 3. A et B ; 4. A, B et C ; 5. C ; 6. B.
2 1. B ; 2. A et C ; 3. B et C.

4 Conservation de l'élément carbone C :
$C_{16}H_{32}O_2\ (s) + O_2\ (g) \rightarrow 16\ CO_2\ (g) + H_2O\ (g)$
C : 16 — C : 16 × 1 = 16
Conservation de l'élément hydrogène H :
$C_{16}H_{32}O_2\ (s) + O_2\ (g) \rightarrow 16\ CO_2\ (g) + 16\ H_2O\ (g)$
H : 32 — H : 16 × 2 = 32
Conservation de l'élément oxygène O :
$C_{16}H_{32}O_2\ (s) + 23\ O_2\ (g) \rightarrow 16\ CO_2\ (g) + 16\ H_2O\ (g)$
O : 2 + 23 × 2 = 48 — O : 16 × 2 + 16 = 48

5

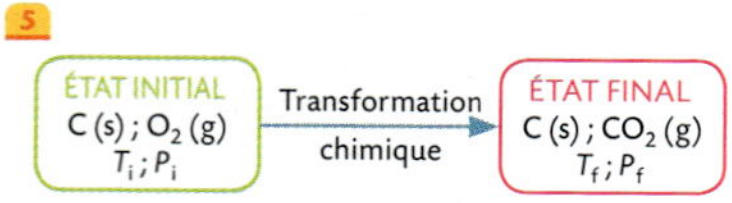

7 1. Les quatre espèces présentes sont le cuivre métallique Cu (s), l'eau H_2O (ℓ), l'ion argent Ag^+ (aq) et l'ion nitrate NO_3^- (aq).
2. Les espèces formées au cours de la transformation sont l'ion cuivre (II) Cu^{2+} (aq) et l'argent métallique Ag (s).
3. Les réactifs sont Cu (s) et Ag^+ (aq) ; les produits sont Cu^{2+} (aq) et Ag (s).

9 1. Les réactifs sont CO_2 (g), Ca^{2+} (aq) et HO^- (aq) ; les produits sont $CaCO_3$ (s) et H_2O (ℓ).
2. $CO_2\ (g) + Ca^{2+}\ (aq) + 2\ HO^-\ (aq) \rightarrow CaCO_3\ (s) + H_2O\ (\ell)$

11 $Pb^{2+}\ (aq) + 2\ I^-\ (aq) \rightarrow PbI_2\ (s)$
$Mg\ (s) + 2\ H^+\ (aq) \rightarrow Mg^{2+}\ (aq) + H_2\ (g)$
$3\ Cu^{2+}\ (aq) + 2\ Al\ (s) \rightarrow 3\ Cu\ (s) + 2\ Al^{3+}\ (aq)$

13 1. L'eau se vaporise.
2. La vaporisation de l'eau nécessite de l'énergie thermique. Cette énergie est prélevée au nageur, d'où la sensation de froid ressentie.

15 1. Les réactifs sont $Mg(OH)_2$ (s) et H_3O^+ (aq) ; les produits sont Mg^{2+} (aq) et H_2O (ℓ).
2. $Mg(OH)_2\ (s) + 2\ H_3O^+\ (aq) \rightarrow Mg^{2+}\ (aq) + 4\ H_2O\ (\ell)$

20 1. On retourne le gobelet et on appuie sur le piston. Le piston perce l'opercule et permet de mettre l'eau en contact avec l'oxyde de calcium.
2. Les réactifs sont CaO (s) et H_2O (ℓ) ; les produits sont Ca^{2+} (aq) + 2 HO^- (aq).
3. $CaO\ (s) + H_2O\ (\ell) \rightarrow Ca^{2+}\ (aq) + 2\ HO^-\ (aq)$

4. La transformation s'accompagne d'un dégagement de chaleur (libération d'énergie thermique), qui chauffe la boisson.
5. L'agitation de l'étape 2 permet de mettre en contact les réactifs et d'homogénéiser la température de la boisson.

23 1. Les changements de phases évoqués dans le texte sont des changements d'état : ils n'affectent donc pas la structure des molécules présentes dans les microcapsules. Ce sont des transformations physiques.
2. La fusion absorbe de l'énergie thermique du milieu extérieur, qui se refroidit.
La solidification cède de l'énergie thermique au milieu extérieur, qui se réchauffe.
3. Ces matériaux ont des températures de changement d'état voisines de la température du corps. Ils permettent donc de chauffer le corps quand il fait froid (puisqu'ils se solidifient) et de le refroidir quand il fait chaud (puisqu'ils fondent).
4. Les matériaux à changement de phase accroissent la capacité de récupération des sportifs et donc leurs performances. En effet, ils aident le corps à conserver sa température sans dépenser d'énergie, et lui permettent ainsi de consacrer plus d'énergie à la récupération.

24 1. a. Les réactifs sont le glucose, $C_6H_{12}O_6$, et le dioxygène, O_2 ; les produits sont le dioxyde de carbone, CO_2, et l'eau, H_2O.
b. $C_6H_{12}O_6 + 6\ O_2 \rightarrow 6\ CO_2 + 6\ H_2O$
c. La réaction est aérobie, car elle nécessite la présence du dioxygène.
2. a. et b.

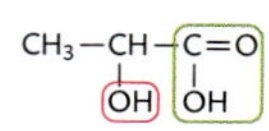

En rose : groupe hydroxyle
En vert : groupe carboxyle
3. Le réactif est le glucose, $C_6H_{12}O_6$; le produit est l'acide lactique, $C_3H_6O_3$.
$C_6H_{12}O_6 \rightarrow 2\ C_3H_6O_3$
La réaction est anaérobie, car elle ne nécessite pas la présence de dioxygène.
4. Au cours de son fonctionnement, un muscle produit de l'énergie thermique. Celle-ci doit être évacuée ; sinon, la température du muscle augmenterait, ce qui serait dangereux. Les glandes sudoripares prélèvent de l'eau dans l'organisme, l'eau absorbe l'énergie thermique produite par le muscle en remontant le long du canal de la glande sudoripare. En arrivant à la surface de la peau, une partie de l'énergie thermique transportée par l'eau est libérée dans la peau qui s'échauffe ; une autre partie est libérée à l'extérieur par la sueur qui sort de la peau.

Chapitre 18

1 1. A ; 2. B ; 3. B ; 4. C.
2 1. A ; 2. C ; 3. C.
3 1. B et C ; 2. C ; 3. B et C ; 4. A et C.
4 1. A, B et C ; 2. A et B ; 3. C ; 4. B et C.

6 1. Le groupe carbonyle est caractéristique de la cyclohexanone :

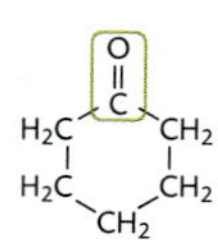

En vert : groupe carbonyle

2. $n(A) = \dfrac{m(A)}{M(A)} = \dfrac{\rho(A) \times V(A)}{M(A)} = \dfrac{d(A) \times \rho(\text{eau}) \times V(A)}{M(A)}$

$n(A) = \dfrac{0{,}95 \times 1000 \times 3{,}7 \times 10^{-3}}{98{,}1} = 3{,}6 \times 10^{-2}\ \text{mol}$

$n(B) = \dfrac{m(B)}{M(B)} = \dfrac{5{,}7}{158{,}0} = 3{,}6 \times 10^{-2}\ \text{mol}$

Le prélèvement de A se fait à l'aide d'une éprouvette graduée ou d'une pipette graduée.
Le prélèvement de B se fait à l'aide d'une balance précise au dixième de gramme, une spatule et une coupelle de pesée.

7 1. La molécule est composée de 10 atomes de carbone, 15 atomes d'hydrogène et un atome d'azote.

2. et 3.

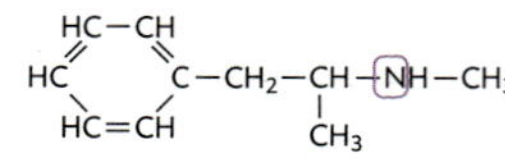

En violet : groupe amine

9 1. $C_4H_9O_2$
2. Même formule brute : les molécules sont celles d'espèces isomères.

11 À 25 °C, l'acide lactique est liquide (T_{fus} < 25 °C) ; les deux autres acides sont solides. On peut les distinguer à l'aide d'un banc Köfler, par mesure de leur température de fusion, ou bien en chauffant les deux solides sur une plaque chauffante (le premier qui fond est l'acide acétylsalicylique).

13 1. Le chromatogramme a.
2. Une tâche du dépôt B est à la même hauteur que celle correspondant à l'estragol.

15 1. **1** : ballon ; **2** : mélange réactionnel ; **3** : thermomètre ; **4** : réfrigérant droit ; **5** : erlenmeyer ; **6** : support élévateur.
2. L'huile essentielle a une densité supérieure à 1 : elle se situe en bas.

17 1. Voir schéma, p. 343.
2. On chauffe à reflux pour accélérer la réaction.
3. $n(\text{gly}) = \dfrac{m(\text{gly})}{M(\text{gly})} = \dfrac{\rho(\text{gly}) \times V(\text{gly})}{M(\text{gly})}$

$n(\text{gly}) = \dfrac{1{,}26 \times 10 \times 10^{-3}}{92{,}1} = 1{,}4 \times 10^{-4}\ \text{mol}$

20 1. 2. 3. Les trois espèces sont isomères ; leurs molécules ont la même formule brute.

Acide lactique
$C_3H_6O_3$
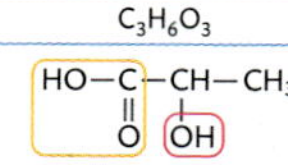
Un groupe carboxyle (en orange) Un groupe hydroxyle (en rose)

1,1-dihydroxypropanone
$C_3H_6O_3$
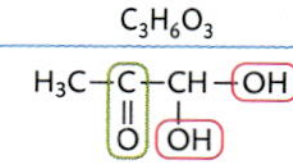
Un groupe carbonyle (en vert) Deux groupes hydroxyle (en rose)

Éthanoate d'hydroxyméthyle
$C_3H_6O_3$
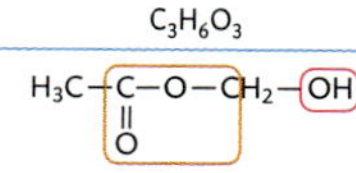
Un groupe ester (en marron) Un groupe hydroxyle (en rose)

24 1. a. Extraction solide/liquide, puis extraction liquide/liquide.
b. L'évaporation chasse le solvant.
2. a.

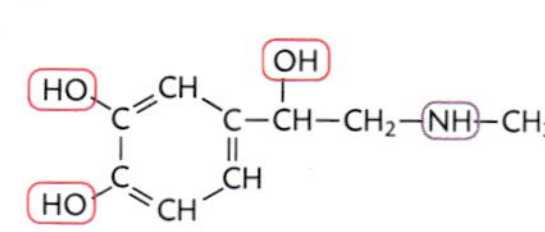

Adrénaline

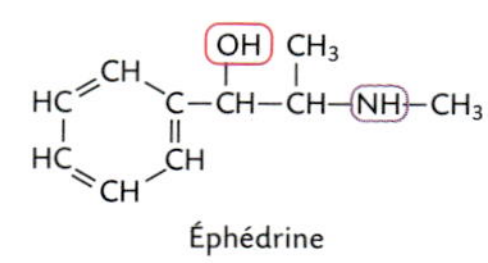

Éphédrine

En violet : groupe amine
En rose : groupe hydroxyle

3. a. $m(A) = n(a) \times M(A) = 0{,}10 \times 78{,}0$
$m(A) = 7{,}8$ g
$m(B) = n(B) \times M(B) = 0{,}20 \times 92{,}5$
$m(B) = 19$ g
b. $V(A) = m(A)/\rho(A) = 7{,}8/0{,}88$
$V(A) = 8{,}9$ mL
$V(B) = m(B)/\rho(B) = 19/1{,}06 = 18$ mL
c. On prélève $V(A)$ à la pipette graduée et $V(B)$ à l'éprouvette graduée.
4. Elle n'est pas artificielle puisqu'elle existe dans la nature.

Chapitre 19

1 1. B ; 2. A ; 3. C.
2 1. C ; 2. B ; 3. B.
3 1. B ; 2. A.

5 1. $P = \frac{F}{S} = \frac{2{,}5 \times 10^3}{1{,}0 \times 10^{-2}} = 2{,}5 \times 10^5$ Pa

La pression de l'eau est $2{,}5 \times 10^5$ Pa.
2. $P = P_{atm} + \rho \times g \times z$
donc $z = \frac{P - P_{atm}}{\rho \times g} = \frac{2{,}5 \times 10^5 - 1{,}000 \times 10^5}{1{,}03 \times 10^3 \times 9{,}81} \approx 15$ m
Le plongeur est à une profondeur de 15 m environ.

6 Les molécules de dioxygène et de diazote ont un mouvement désordonné.

8 $F = P \times S$
$F = 1{,}013 \times 10^5 \times 1{,}5 \times 10^{-2} \approx 1{,}5 \times 10^3$ N
La valeur de la force pressante exercée par l'air sur le hublot est de $1{,}5 \times 10^3$ N.

10 1. $\Delta P = \rho \times g \times \Delta z$
La variation de pression ΔP s'exprime en pascal ; la masse volumique de l'eau ρ en kg·m^{-3} ; l'intensité de la pesanteur g en N·kg^{-1} ; la variation de profondeur Δz en m.
2. $\Delta P = 1{,}03 \times 10^3 \times 9{,}81 \times 25 \approx 2{,}5 \times 10^5$ Pa
La variation de pression entre 25 m de profondeur et la surface est environ $2{,}5 \times 10^5$ Pa.
À 25 m de profondeur, la pression est environ :
$2{,}5 \times 10^5 + 1{,}013 \times 10^5 \approx 3{,}5 \times 10^5$ Pa

13 1. La solubilité d'un gaz dans un liquide est son aptitude à se dissoudre dans ce liquide.
2. La solubilité d'un gaz dans un liquide augmente avec la pression.

15 1. À pression et température données, un nombre donné de molécules de gaz occupe un volume indépendant de la nature du gaz. Les volumes de dioxygène et de diazote sont identiques.
2. a. Si on augmente la pression, d'après la loi de Boyle-Mariotte, le volume de ces gaz diminue.
b. Ces deux volumes ont diminué mais sont toujours égaux entre eux.

19 1. $F_1 = P_{air} \times S$
$F_1 = 2{,}0 \times 10^2 \times 9{,}0 \times 10^{-2} = 18$ N
La valeur de la force pressante exercée par l'air extérieur sur le hublot est 18 N.
2. $F_2 = P_{int} \times S$
$F_2 = 0{,}60 \times 10^5 \times 9{,}0 \times 10^{-2} = 5{,}4 \times 10^3$ N
La valeur de la force pressante exercée par l'air intérieur sur le hublot est $5{,}4 \times 10^3$ N.
3.

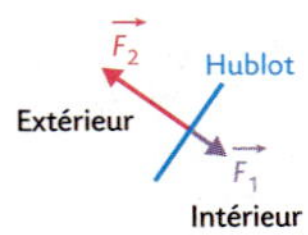

4. Si le hublot était souple, il se déformerait vers l'extérieur, car la force pressante exercée par l'air intérieur a une plus grande valeur que celle exercée par l'air extérieur.

20 1. a. Lorsque le plongeur remonte, la pression de l'eau diminue donc la solubilité du diazote dans le sang diminue.
b. La quantité maximale de gaz dissous dans un volume donné de liquide diminue quand la pression diminue. Si la pression diminue trop, une partie du diazote dissous reprend sa forme gazeuse.
2. a. Loi de Boyle-Mariotte (voir le cours).
b. À température et nombre de molécules fixés, le produit $P \times V$ est constant. Si P diminue, alors V augmente : les bulles grossissent.

25 1. Quand la pression du sang augmente, la solubilité du dioxygène augmente.
2. a. $P_{60} = P_{atm} + \rho_{eau} \times g \times z$
$P_{60} = 1{,}013 \times 10^5 + 1{,}03 \times 10^3 \times 9{,}81 \times 60$
$P_{60} \approx 7{,}1 \times 10^5$ Pa $= 7{,}1$ bar.
La pression à 60 m de profondeur est 7,1 bar.
b. $P(O_2) = P_{60} \times \%(O_2) \approx 7{,}1 \times 0{,}21 \approx 1{,}5$ bar
La pression du dioxygène inspiré par le plongeur est environ 1,5 bar.
c. La limite de toxicité (1,6 bar) n'est pas atteinte.
3. Avec du nitrox 40, à 60 m, la pression de dioxygène est $7{,}1 \times 0{,}40 \approx 2{,}8$ bar, donc bien au-delà de la limite de toxicité.
4. $P = \frac{P(O_2)}{\%(O_2)} = \frac{1{,}6}{0{,}40} = 4{,}0$ bar
$z = \frac{P - P_{atm}}{\rho_{eau} \times g} = \frac{4{,}0 \times 10^5 - 1{,}013 \times 10^5}{1{,}03 \times 10^3 \times 9{,}81} \approx 30$ m
Avec du nitrox 40, on ne peut pas plonger au-delà de 30 m de profondeur.

Chapitre 4, exercice 17

	Nom de l'atome	Nombre de protons	Nombre de neutrons	Nombre d'électrons
${}^{12}_{6}C$	Carbone	6	6	6
${}^{12}_{7}N$	Azote	7	5	7
${}^{13}_{6}C$	Carbone	6	7	6
${}^{13}_{7}N$	Azote	7	6	7

Chapitre 5, exercice 22

	X_1	X_2	X_3	X_4
Nom	Sodium	Hélium	Calcium	Azote
Symbole	Na	He	Ca	N
Z	11	2	20	7
Formule électronique de l'atome	$K^2 L^8 M^1$	K^2	$K^2 L^8 M^8 N^2$	$K^2 L^5$
Formule des ions monoatomiques stables	Na^+	Pas d'ion stable	Ca^{2+}	N^{3-}

Programme

Extrait du bulletin officiel spécial n° 4 du 29 avril 2010

Les trois thèmes doivent être traités par le professeur qui peut choisir l'ordre de leur présentation en veillant à une introduction progressive des difficultés et des exigences, notamment au niveau des outils mathématiques. Certaines notions sont présentes dans plusieurs thèmes, voire plusieurs fois dans un même thème ; le professeur peut ainsi les aborder sous des angles différents, les compléter ou bien ne pas y revenir s'il considère qu'elles sont acquises. La seule contrainte est qu'en fin d'année scolaire l'enseignement dispensé au travers des trois thèmes ait couvert l'ensemble des notions et contenus.

L'UNIVERS

L'Homme a de tout temps observé les astres afin de se situer dans l'Univers. L'analyse de la lumière émise par les étoiles lui a permis d'en connaître la composition ainsi que celle de leur atmosphère et de la matière interstellaire. L'étude du mouvement des planètes autour du Soleil l'a conduit à la loi de gravitation universelle.
Il apparaît ainsi que le monde matériel présente une unité structurale fondée sur l'universalité des atomes et des lois.

NOTIONS ET CONTENUS	COMPÉTENCES ATTENDUES	CHAPITRES DU MANUEL
Une première présentation de l'Univers : le remplissage de l'espace par la matière est essentiellement lacunaire aussi bien au niveau de l'atome qu'à l'échelle cosmique. Les dimensions de l'Univers sont telles que la distance parcourue par la lumière en une année est l'unité adaptée à leur mesure.		
Description de l'Univers : l'atome, la Terre, le système solaire, la Galaxie, les autres galaxies, exoplanètes et systèmes planétaires extrasolaires. Propagation rectiligne de la lumière. Vitesse de la lumière dans le vide et dans l'air. L'année de lumière.	Savoir que le remplissage de l'espace par la matière est essentiellement lacunaire, aussi bien au niveau de l'atome qu'à l'échelle cosmique. Connaître la valeur de la vitesse de la lumière dans le vide (ou dans l'air). Connaître la définition de l'année de lumière et son intérêt. Expliquer l'expression : « voir loin, c'est voir dans le passé ». Utiliser les puissances de 10 dans l'évaluation des ordres de grandeur.	chapitre 1
Les étoiles : l'analyse de la lumière provenant des étoiles donne des informations sur leur température et leur composition. Cette analyse nécessite l'utilisation de systèmes dispersifs.		
Les spectres d'émission et d'absorption : spectres continus d'origine thermique, spectres de raies. Raies d'émission ou d'absorption d'un atome ou d'un ion. Caractérisation d'une radiation par sa longueur d'onde.	Savoir qu'un corps chaud émet un rayonnement continu, dont les propriétés dépendent de la température. Repérer, par sa longueur d'onde dans un spectre d'émission ou d'absorption une radiation caractéristique d'une entité chimique. *Utiliser un système dispersif pour visualiser des spectres d'émission et d'absorption et comparer ces spectres à celui de la lumière blanche.* Savoir que la longueur d'onde caractérise dans l'air et dans le vide une radiation monochromatique. Interpréter le spectre de la lumière émise par une étoile : température de surface et entités chimiques présentes dans l'atmosphère de l'étoile. Connaître la composition chimique du Soleil.	chapitre 2
Dispersion de la lumière blanche par un prisme. Réfraction. Lois de Snell-Descartes.	*Pratiquer une démarche expérimentale pour établir un modèle à partir d'une série de mesures et pour déterminer l'indice de réfraction d'un milieu.* Interpréter qualitativement la dispersion de la lumière blanche par un prisme.	chapitre 3
Les éléments chimiques présents dans l'Univers : au sein des étoiles se forment des éléments chimiques qui font partie des constituants de l'Univers. La matière qui nous entoure présente une unité structurale fondée sur l'universalité des éléments chimiques.		
Un modèle de l'atome. Noyau (protons et neutrons), électrons. Nombre de charges et numéro atomique *Z*. Nombre de nucléons *A*. Charge électrique élémentaire, charges des constituants de l'atome. Électroneutralité de l'atome. Masse des constituants de l'atome ; masse approchée d'un atome et de son noyau. Dimension : ordre de grandeur du rapport des dimensions respectives de l'atome et de son noyau.	Connaître la constitution d'un atome et de son noyau. Connaître et utiliser le symbole $^{A}_{Z}X$. Savoir que l'atome est électriquement neutre. Connaître le symbole de quelques éléments. Savoir que la masse de l'atome est pratiquement égale à celle de son noyau.	chapitre 4

NOTIONS ET CONTENUS	COMPÉTENCES ATTENDUES	CHAPITRES DU MANUEL
Éléments chimiques. Isotopes, ions monoatomiques. Caractérisation de l'élément par son numéro atomique et son symbole. Répartition des électrons en différentes couches, appelées *K*, *L*, *M*. Répartition des électrons pour les éléments de numéro atomique compris entre 1 et 18. Les règles du « duet » et de l'octet. Application aux ions monoatomiques usuels. Classification périodique des éléments. Démarche de Mendeleïev pour établir sa classification. Critères actuels de la classification : numéro atomique et nombre d'électrons de la couche externe.	Savoir que le numéro atomique caractérise l'élément. *Mettre en œuvre un protocole pour identifier des ions.** *Pratiquer une démarche expérimentale pour vérifier la conservation des éléments au cours d'une réaction chimique.* Dénombrer les électrons de la couche externe. Connaître et appliquer les règles du « duet » et de l'octet pour rendre compte des charges des ions monoatomiques usuels. Utiliser la classification périodique pour retrouver la charge des ions monoatomiques.	chapitre 4 * Cette compétence est traitée dans le chapitre 5. chapitre 5
Le système solaire : l'attraction universelle (la gravitation universelle) assure la cohésion du système solaire. Les satellites et les sondes permettent l'observation de la Terre et des planètes.		
Relativité du mouvement. Référentiel. Trajectoire.	Comprendre que la nature du mouvement observé dépend du référentiel choisi.	chapitre 6
La gravitation universelle. L'interaction gravitationnelle entre deux corps. La pesanteur terrestre.	Calculer la force d'attraction gravitationnelle qui s'exerce entre deux corps à répartition sphérique de masse. Savoir que la pesanteur terrestre résulte de l'attraction terrestre. Comparer le poids d'un même corps sur la Terre et sur la Lune.	chapitre 7
Actions mécaniques, modélisation par une force. Effets d'une force sur le mouvement d'un corps : modification de la vitesse, modification de la trajectoire. Rôle de la masse du corps.* Principe d'inertie. Observation de la Terre et des planètes.	Savoir qu'une force s'exerçant sur un corps modifie la valeur de sa vitesse et/ou la direction de son mouvement et que cette modification dépend de la masse du corps*. Utiliser le principe d'inertie pour interpréter des mouvements simples en termes de forces. *Mettre en œuvre une démarche d'expérimentation utilisant des techniques d'enregistrement pour comprendre la nature des mouvements observés dans le système solaire.* Analyser des documents scientifiques portant sur l'observation du système solaire.	chapitre 7 * Le rôle de la masse du corps est traitée dans le chapitre 15. chapitre 3

LA SANTÉ

Les citoyens doivent acquérir une culture scientifique de façon à procéder à des choix raisonnés en matière de santé. L'objectif de ce thème est de montrer et d'expliquer le rôle des sciences physiques et chimiques dans les domaines du diagnostic médical et des médicaments.

NOTIONS ET CONTENUS	COMPÉTENCES ATTENDUES	CHAPITRES DU MANUEL
Le diagnostic médical : l'analyse de signaux périodiques, l'utilisation de l'imagerie et des analyses médicales permettent d'établir un diagnostic. Des exemples seront pris dans le domaine de la santé (électrocardiogramme, électroencéphalogramme, radiographie, échographie, fibroscopie, ...). L'observation de résultats d'analyses médicales permet d'introduire les notions de concentration et d'espèces chimiques ainsi que des considérations sur la constitution et la structure de la matière.		
Signaux périodiques : période, fréquence, tension maximale, tension minimale.	Connaître et utiliser les définitions de la période et de la fréquence d'un phénomène périodique. *Identifier le caractère périodique d'un signal sur une durée donnée.* *Déterminer les caractéristiques d'un signal périodique.*	chapitre 10
Ondes sonores, ondes électromagnétiques. Domaines de fréquences. Propagation rectiligne de la lumière. Vitesse de la lumière dans le vide et dans l'air. Réfraction* et réflexion totale.	Extraire et exploiter des informations concernant la nature des ondes et leurs fréquences en fonction de l'application médicale. Connaître une valeur approchée de la vitesse du son dans l'air. Connaître la valeur de la vitesse de la lumière dans le vide (ou dans l'air). *Pratiquer une démarche expérimentale sur la réfraction* et la réflexion totale.* *Pratiquer une démarche expérimentale pour comprendre le principe de méthodes d'exploration et l'influence des propriétés des milieux de propagation.*	chapitre 11 chapitre 10 chapitre 1 chapitre 11 * L'étude expérimentale de la réfraction est traitée dans le chapitre 3.

NOTIONS ET CONTENUS	COMPÉTENCES ATTENDUES	CHAPITRES DU MANUEL
Espèces chimiques, corps purs et mélanges.	Extraire et exploiter des informations concernant la nature des espèces chimiques citées dans des contextes variés.	chapitre 9
Un modèle de l'atome. Noyau (protons et neutrons), électrons. Nombre de charges et numéro atomique *Z*. Nombre de nucléons *A*. Charge électrique élémentaire, charges des constituants de l'atome. Électroneutralité de l'atome. Éléments chimiques. Isotopes, ions monoatomiques. Caractérisation de l'élément par son numéro atomique et son symbole.	Connaître la constitution d'un atome et de son noyau. Connaître et utiliser le symbole $^{A}_{Z}X$. Savoir que l'atome est électriquement neutre. Connaître le symbole de quelques éléments. Savoir que le numéro atomique caractérise l'élément. *Mettre en œuvre un protocole pour identifier des ions.**	chapitre 4 * Cette compétence est traitée dans le chapitre 5.
Répartition des électrons en différentes couches, appelées *K*, *L*, *M*. Répartition des électrons pour les éléments de numéro atomique compris entre 1 et 18. Les règles du « duet » et de l'octet. Application aux ions monoatomiques usuels.	Dénombrer les électrons de la couche externe. Connaître et appliquer les règles du « duet » et de l'octet pour rendre compte des charges des ions monoatomiques usuels.	chapitre 5
Formules et modèles moléculaires. Formules développées et semi-développées. Isomérie.	Représenter des formules développées et semi-développées correspondant à des modèles moléculaires. Savoir qu'à une formule brute peuvent correspondre plusieurs formules semi-développées. *Utiliser des modèles moléculaires et des logiciels de représentation.*	chapitre 8
Classification périodique des éléments. Démarche de Mendeleïev pour établir sa classification. Critères actuels de la classification : numéro atomique et nombre d'électrons de la couche externe. Familles chimiques.	*Localiser, dans la classification périodique, les familles des alcalins, des halogènes et des gaz nobles.* Utiliser la classification périodique pour retrouver la charge des ions monoatomiques.	chapitre 5
Solution : solvant, soluté, dissolution d'une espèce moléculaire ou ionique. Analyses médicales ; concentrations massique et molaire d'une espèce en solution non saturée. La quantité de matière. Son unité : la mole. Constante d'Avogadro, N_A. Masses molaires atomique et moléculaire : M ($g \cdot mol^{-1}$).	Savoir qu'une solution contient des molécules ou des ions. Savoir que la concentration d'une solution en espèce dissoute peut s'exprimer en $g \cdot L^{-1}$ ou en $mol \cdot L^{-1}$. Connaître et exploiter l'expression des concentrations massique et molaire d'une espèce moléculaire ou ionique dissoute. Calculer une masse molaire moléculaire à partir des masses molaires atomiques. *Pratiquer une démarche expérimentale pour déterminer la concentration d'une espèce (échelle de teintes, méthode par comparaison).*	chapitre 9 et chapitre 16
Les médicaments : un médicament générique et un médicament « princeps » contiennent un même principe actif mais se différencient par leur formulation.		
Principe actif, excipient, formulation.	Analyser la formulation d'un médicament. *Pratiquer une démarche expérimentale pour montrer qu'une espèce active interagit avec le milieu dans lequel elle se trouve (nature du solvant, pH).*	chapitre 12
Espèces chimiques naturelles et synthétiques. Groupes caractéristiques.	Comprendre le rôle de la chimie de synthèse. Repérer la présence d'un groupe caractéristique dans une formule développée.	chapitre 8
Solution : solvant, soluté, dissolution d'une espèce moléculaire ou ionique. Concentrations massique et molaire d'une espèce en solution non saturée. Dilution d'une solution.	Savoir qu'une solution peut contenir des molécules ou des ions. Connaître et exploiter l'expression des concentrations massique et molaire d'une espèce moléculaire ou ionique dissoute. *Prélever une quantité de matière d'une espèce chimique donnée.* *Élaborer ou mettre en oeuvre un protocole de dissolution, de dilution.* *Pratiquer une démarche expérimentale pour déterminer la concentration d'une espèce (échelle de teintes, méthode par comparaison).*	chapitre 9 et chapitre 16
Extraction, séparation et identification d'espèces chimiques. Aspect historique et techniques expérimentales. Caractéristiques physiques d'une espèce chimique : aspect, température de fusion, température d'ébullition, solubilité, densité*, masse volumique*.	Interpréter les informations provenant d'étiquettes et de divers documents. *Élaborer et mettre en œuvre un protocole d'extraction à partir d'informations sur les propriétés physiques des espèces chimiques recherchées.* *Utiliser une ampoule à décanter, un dispositif de filtration, un appareil de chauffage dans les conditions de sécurité.*	chapitre 13 * La densité et la masse volumique sont traitées dans le chapitre 9.
Chromatographie sur couche mince.	*Réaliser et interpréter une chromatographie sur couche mince (mélanges colorés et incolores).*	chapitre 12

NOTIONS ET CONTENUS	COMPÉTENCES ATTENDUES	CHAPITRES DU MANUEL
Synthèse d'une espèce chimique. Densité, masse volumique.	Déterminer la masse d'un échantillon à partir de sa densité, de sa masse volumique. Déterminer une quantité de matière connaissant la masse d'un solide ou le volume d'un liquide. *Mettre en œuvre un protocole expérimental pour réaliser la synthèse d'une molécule et son identification.*	chapitre 9 chapitre 14 et chapitre 18
Système chimique. Réaction chimique. Écriture symbolique de la réaction chimique : équation de la réaction chimique.	Décrire un système chimique et son évolution. Écrire l'équation de la réaction chimique avec les nombres stœchiométriques corrects. *Étudier l'évolution d'un système chimique par la caractérisation expérimentale des espèces chimiques présentes à l'état initial et à l'état final.*	chapitre 17

LA PRATIQUE DU SPORT

La pratique du sport est fortement répandue dans nos sociétés, dans les loisirs ou en compétition.
L'objectif premier de ce thème est de montrer concrètement que l'analyse de l'activité sportive est possible en ayant recours à des connaissances et à des méthodes scientifiques. Leur prise en compte dans une approche pluridisciplinaire permet d'améliorer la pratique sportive et de l'adapter de façon raisonnée à la recherche d'un bon état de santé.

NOTIONS ET CONTENUS	COMPÉTENCES ATTENDUES	CHAPITRES DU MANUEL
L'étude du mouvement : l'observation, l'analyse de mouvements et le chronométrage constituent une aide à l'activité sportive. Des lois de la physique permettent d'appréhender la nature des mouvements effectués dans ce cadre.		
Relativité du mouvement. Référentiel. Trajectoire. Mesure d'une durée ; chronométrage.	Comprendre que la nature du mouvement observé dépend du référentiel choisi. *Réaliser et exploiter des enregistrements vidéo pour analyser des mouvements.* Porter un regard critique sur un protocole de mesure d'une durée en fonction de la précision attendue	chapitre 15
Actions mécaniques, modélisation par une force. Effets d'une force sur le mouvement d'un corps : modification de la vitesse, modification de la trajectoire. Rôle de la masse du corps. Principe d'inertie.	Savoir qu'une force s'exerçant sur un corps modifie la valeur de sa vitesse et/ou la direction de son mouvement et que cette modification dépend de la masse du corps. Utiliser le principe d'inertie pour interpréter des mouvements simples en termes de forces. *Réaliser et exploiter des enregistrements vidéo pour analyser des mouvements.*	chapitre 15
Les besoins et les réponses de l'organisme lors d'une pratique sportive : lors d'une activité physique, des transformations chimiques et physiques se produisent et s'accompagnent d'effets thermiques. Les apports alimentaires constitués d'espèces ioniques ou moléculaires permettent de compenser les pertes dues au métabolisme et à l'effort.		
Solution : solvant, soluté, dissolution d'une espèce moléculaire ou ionique. Concentrations massique et molaire d'une espèce en solution non saturée. La quantité de matière. Son unité : la mole. Constante d'Avogadro, N_A. Masses molaires atomique et moléculaire : M ($g \cdot mol^{-1}$). Dilution d'une solution.	Savoir qu'une solution peut contenir des molécules ou des ions. Savoir que la concentration d'une solution en espèce dissoute peut s'exprimer en $g \cdot L^{-1}$ ou en $mol \cdot L^{-1}$. Connaître et exploiter l'expression de la concentration massique ou molaire d'une espèce moléculaire ou ionique dissoute. Calculer une masse molaire moléculaire à partir des masses molaires atomiques. Déterminer une quantité de matière connaissant la masse d'un solide. *Prélever une quantité de matière d'une espèce chimique donnée.* *Préparer une solution de concentration donnée par dissolution ou par dilution.* *Pratiquer une démarche expérimentale pour déterminer la concentration d'une espèce (échelle de teintes, méthode par comparaison).*	chapitre 9 et chapitre 16
Système chimique. Réaction chimique. Écriture symbolique de la réaction chimique : équation de la réaction chimique.	Décrire un système chimique et son évolution. Écrire l'équation de la réaction chimique avec les nombres stœchiométriques corrects. Exemple d'une combustion. *Pratiquer une démarche expérimentale pour mettre en évidence l'effet thermique d'une transformation chimique ou physique.*	chapitre 17

NOTIONS ET CONTENUS	COMPÉTENCES ATTENDUES	CHAPITRES DU MANUEL
La pression : la pression est une grandeur physique qui permet de comprendre l'influence de l'altitude sur les performances sportives et les effets physiologiques ressentis en plongée subaquatique.		
Pression d'un gaz, pression dans un liquide. Force pressante exercée sur une surface, perpendiculairement à cette surface. Pression dans un liquide au repos, influence de la profondeur. Dissolution d'un gaz dans un liquide. Loi de Boyle-Mariotte, un modèle de comportement de gaz, ses limites.	Savoir que dans les liquides et dans les gaz la matière est constituée de molécules en mouvement. Utiliser la relation $P = F/S$, F étant la force pressante exercée sur une surface S, perpendiculairement à cette surface. Savoir que la différence de pression entre deux points d'un liquide dépend de la différence de profondeur. Savoir que la quantité maximale de gaz dissous dans un volume donné de liquide augmente avec la pression. Savoir que, à pression et température données, un nombre donné de molécules occupe un volume indépendant de la nature du gaz. *Pratiquer une démarche expérimentale pour établir un modèle à partir d'une série de mesures.*	chapitre 19
Les matériaux et les molécules dans le sport : la chimie permet d'améliorer le confort de la pratique et les performances par l'élaboration de nouveaux matériaux. Elle permet aussi de soigner et de procéder à des analyses de plus en plus précises pour lutter contre le dopage.		
Matériaux naturels et synthétiques. Molécules simples ou complexes : structures et groupes caractéristiques. Formules et modèles moléculaires. Formules développées et semi-développées. Isomérie.	Savoir que certains matériaux proviennent de la nature et d'autres de la chimie de synthèse. Repérer la présence d'un groupe caractéristique dans une formule développée. Représenter des formules développées et semi-développées correspondant à des modèles moléculaires. Savoir qu'à une formule brute peuvent correspondre plusieurs formules semi-développées. *Utiliser des modèles moléculaires et des logiciels de représentation.*	chapitre 18
Extraction, séparation et identification d'espèces chimiques. Aspect historique et techniques expérimentales. Caractéristiques physiques d'une espèce chimique : aspect, température de fusion, température d'ébullition, solubilité, densité, masse volumique. Chromatographie sur couche mince.	Interpréter les informations provenant d'étiquettes et de divers documents. *Élaborer ou mettre en œuvre un protocole d'extraction à partir d'informations sur les propriétés physiques des espèces chimiques recherchées.* *Utiliser une ampoule à décanter, un dispositif de filtration, un appareil de chauffage dans les conditions de sécurité.* *Réaliser et interpréter une chromatographie sur couche mince (mélanges colorés et incolores).* *Pratiquer une démarche expérimentale pour déterminer la concentration d'une espèce (échelle de teintes, méthode par comparaison).*	chapitre 18

Index

Crédits photographiques

Couverture • g : Diego Azubel/ Epa/ Corbis ; m : Nasa ; d : Spl/ Biosphotos.

Rabats • **II** : Texas Instruments (TI) ; **III** : Casio.

Rabats • **2** hg : Nasa ; hd : Spl/ Biosphotos. **p. 3** Diego Azubel/ Epa/ Corbis. **8-9** voir p. 2. **10** h : djgis** ; m : Nasa ; b : leonello calvetti**. **11** Eckhard Slawik/ Spl/ Biosphotos. **14** g : leonello calvetti** mg : James Cavallini/ Bsip ; md : Culturaimage source/ Bsip ; d : puchan**. **15** Nasa, Esa, J. Hester, A. Loll. **16** d : Friedrich Saurer/ Spl/ Biosphotos. **17** Detlev Van Ravenswaay/ Spl/ Biosphotos. **18** Lorenz Comolli/ Nasa. **19** mg : Luis Argerich/ Spl/ Biosphotos ; hd : Nasa ; bd : Lick Observatory/ Spl/ Biosphotos ; **20** hg : Science Source/ Bsip ; md : Sciepro/ Spl/ Biosphotos. **21** hg : Nasa, Esa, Herschel ; c Nasa et Nasa/ Spl/ Biosphotos ; Ismagilov** ; Tristan 3D** ; MarcelClemens**. **22** voir p. 11. **23** Nasa, Esa and R. Humphreys 4-(University of Minnesota) ; md : Esa and Spire & Pacs consortia, Ph. Andr (CEA Saclay) for Gould's Belt Key. **24** g : Soleil Noir/ Photononstop. **31** F. Perri/ Rea. **32** B. Poudens. **34** md : Esa/ Nasa ; bd : Giovanni Benintende**. **36** C. Malin/ Eso. **38** voir p. 23 **39** José Francisc Salgado/ Eso. **41** : PVDE/ Rue des Archives. **42** Alain Origné. **43** Lavender/ Novapix. **44** Collection particulière. **45** bg : Michael Schellinger/ Age Fotostock. **50** md : Stephen Dalton/ Minden Pictures Corbis ; bg : Pekka Parviainen/ Spl/ Biosphotos. **52** William Whitehurst/ Corbis. **53** Nasa/ Esa. **54** voir p. 39. **55** X-ray : Nasa/ Cxc/ Univ.Potsdam/ L.Oskinova et al & Esa/ Xmm-Newton. **58** bd : Nas **59** mg : Philip Evans/ Visuals Unlimited/ Corbis ; md : Yuriy Vlasenko**. **61** : Collection particulière. **64** hd : Galileo Project, Jpl, Nasa ; bd : Bas Beentjes/ HH – Rea. **66** BEP/ Le Dauphine Libere/ Maxppp **67** mg : Dirk Wiersma/ Spl/ Biosphotos ; md : Prod DB©Les films du 24-UGC/ DR. **68** hg : Dirk Wiedewilt** ; bg : Stephen Girimont**. **69** hd : Nasa ; bg : everything possible**. **70** voir p. 55. **71** Larr Dale Gordon/ Corbis ; m : Charles D. Winters/ Science Source/ Bsip. **72** Siimsepp*. **73** mg : Sovfoto/ UIG via Getty Images. **74** mg : Otto Durst* ; md : Parent Géry/ DR. **76** Imfoto**. **80** hd : NOAA PMEL EOI Program ; bd : Theodore Gray/ Visuals Unlimited/ Corbis. **81** Hapelena**. **82** mg : ESA/ ISO/ CEA Saclay/ ISOCAM consortium ; md : Mark A. Schneider/ Science Source/ Bsip. **83** hg Christian Heeb/ Hemis.fr ; md : Burger/ Phanie ; bg : Nasa. **84** Rue des Archives. **85** hg : Mark Wragg/ Getty Images. **86** voir p. 71. **87** Juan Carlos Casado/ Spl/ Biosphotos. **88** L'Arche Éditeur Paris 199 – *La Vie de Galilée*, de Bertolt Brecht, traduit de l'allemand par Eloi Recoing. **89** Cenk E. Tezel, Tunç Tezel (TWAN)/ Nasa. **90** Deng Songquan** ; horloge : harlowbutler**. **91** h : C. Birnbaum/ Ciel et Espace ; m : Mike Hollingshead/ Science Source/ Bsip. **92** voir p. 90. **94** h : Spl/ Biosphotos ; b : Hubble/ Nasa. **95** Esa. **96** hg : Marcel Clemens** ; mg : Spl/ Biosphotos ; md : Walter Myers/ Spl/ Biosphotos ; bg : Mahesh Patil**. **97** h : Orbital Sciences artist's concept ; m : Joshua Bury/ Nasa. **98** m : P. Carril/ Esa ; b : voir p. 87. **99** Nasa/ JPL-Caltech/ Space Science Institute. **100** Polushkin Ivan**. **104** hg Jojje**. **105** hg : Viktor Klagyivik** ; bg : Nasa/ Astro0. **108** Esa. **109** g : Jurgen Ziewe**. **110** hg : Nssdc, Nasa ; hd : Image Science and Analysis Laboratory, Nasa-Johnson Space Center. **111** bg : P. Carril/ Esa. **112** Seti/ Nasa. **113** voir p. 99. **114-115** voir p. 2. **116** h : Steve Holderfield** ; m : Milan B**. **117** Anthony Martinet/ LookatSciences ; hg : Cardoso/ Bsip. **119** Sebastian Kaulitzki**. **120** Sgo/ Bsip **126** montcello**. **127** Claudine et Pierre Guezennec. **128** Prod DB©Warner Bros-Original Film-Peters Entertainment/ DR. **130** voir p. 117. **131** Patrick Allard/ Rea. **132** mg : Photo Researcher/ Bsip md : AJ Photo/ Bsip. **134** hd : Burger/ Phanie. **136** hg : Belmonte/ Bsip. **137** hg : Astier/ Bsip ; mg : Marc Roche* ; bg : Suthep**. **142** Aubert/ Bsip. **143** B. Boissonnet/ Bsip. **144** bg : Chassenet/ Bsip. **145** wavebreakmedia**. **146** hg : matka_Wariatka**. **147** hg : AJ Photo/ Bsip ; mg : MarcelClemens** ; md : Oliel/ Bsip. **148** hg : Ose Oto/ Bsip ; hd : Teamarbeit*. **151** Astier Metrodolorois/ Bsip ; m : Team Static/ fstop/ Corbis. **152** AJ Photo/ Bsip. **159** m : Maridav** ; b : Warren Goldswain*. **160** b : Jean Cassou/ Afp. **162** Spl/ Biosphotos. **163** Robert Harding/ Hemis.fr. **164** h : DR ; m : voir p.151. **165** Docstock/ F1online RM/ Bsip. **166** h : Jannoon028** ; b : Phototake/ PDSN/ Bsip. **169** b : AJ Photo/ Bsip . **171** hg : James Cavallini/ Bsip ; hd : Gustoimages/ Spl/ Biosphotos ; mg : Gustoimages/ Spl/ Biosphotos ; bg : Simon Fraser/ Spl/ Biosphotos ; bd : DR R Clark & M.R. Goff/ Spl/ Biosphotos. **176** Chassenet/ Bsip. **177** m : AJ Photo/ Bsip ; b : Neil Borden/ Bsip. **178** mg : Jacopin/ Bsip ; md : Kuttelvaserova Stuchelova**. **179** Chassenet/ Bsip. **180** voir p. 165. **181** Voisin/ Phanie. **183** d : LianeM**. **184** h : nerthuz*. **185** g : Yann Poirier*. **186** Africa Studio**. **188** Africa Studio**. **190** Garo/ Phanie **191** h : Burger/ Phanie ; m : I love Images/ Bsip. **192** Emilio Freza/ AgeFotostock. **193** Flora Press/ FocusOn Garden/ Becker/ Biosphoto. **194** h : CDC-Gathany/ Phanie ; m : Issouf Sanogo/ Afp. **195** Imageman**. **196** voir p. 181. **197** Dave Pressland/ FLPA/ Biosphoto ; hg : Albin Michel. **198** Konrad Wothe/ Minden Pictures/ Biosphoto. **200** nito**. **202** h : Alliance** ; m : Runzelkorn* ; b : Ilizia**. **203** h : Filipe B. Varela**. **206** h : Jiang Hongyan** ; b : Alain Shroder/ Getty Images. **207** h : Dusan Zidar** ; g : eyewave*. **208** h : Fieryphoenix*. **209** NataliTerr**. **211** bg : Photo Josse/ Leemage ; bd : NataliTerr*. **212** voir p. 197. **213** Peripitus/ DR ; hg : Vincent Leblic/ Photononstop. **214** Subbotina Anna**. **218** h : mangostock** ; b : auremar**. **220** Anetta**. **222** Spl/ Biosphotos. **223** voir p. 213 **224-225** voir p. 3. **226** h : sjeacle** ; m : Jaroslav74** ; b : Christian Gusa**. **227** Steven Vidler/ Eurasia Press/ Corbis. **228** Oliver Furrer/ Alamy/ Hemis.fr. **230** Prevost/ Presse Sports. **231** h : Muro* ; mh : Christian Vorhofer/ Age fotostock ; mb : Michel Hans ; bg : Anne Parayre ; bm : Samuel Kubani/ Afp ; bd : Riccardo Antimiani/ Eidon/ Maxppp. **232** h : Martin/ Presse Sports ; m : Bruno Bade/ Presse Sports ; b : Laurent Baheux/ Presse Sports. **233** h : crossstudio** ; m : Philippe Montigny/ Presse Sports ; bg : Raphael Nadler/ Freshfocus/ Presse Sports ; bm : Rick Doyle/ Corbis ; bd : Fel/ Presse Sports. **234** Pete Saloutos/ Corbis. **235** hg : Matthias Bein/ Dpa/ Afp ; hd : Téo Lannié/ PhotoAlto/ Photononstop. **236** h : Emeric DENIS ; b : Prevost/ Presse Sports. **237** hd : Rondeau/ Presse Sports ; mg : Bruno Bade/ Presse Sports ; md : Will Hughes** ; bg : Prevost/ Presse Sports. **238** hg : Mauritius/ Photononstop ; hd : Sebastien Ortola/ Rea ; md : INPHO/ Lorraine O'Sullivan/ Presse Sports ; bg : Max Lelong ; bd : Rondo/ Presse Sports. **239** hd : Randy Faris/ Corbis ; mg : Werner Schaerer/ Freshfocus/ Presse Sports ; md : Epa/ Monica M.Davey/ Maxppp ; bg : iko**. **242** h : Handout/ Getty Images Europe/ Afp ; d : voir p. 227. **243** Oli Scarff/ Getty Images/ Afp. **244** h : Guy* ; m : DR. **246** Bryn Lennon/ Getty Images/ Afp. **248** Raydignity**. **249** md : Coprid** ; b : Sandro Di Carlo Darsa/ AltoPress/ PhotoAlto/ Afp. **252** Jumana El Heloueh/ Reuters. **253** Franck Faugere/ Presse Sports. **254** d : fztommy** ; **b** : Alain Mounic/ Presse Sports. **255** h : Mons/ Presse Sports ; b : Dirima*. **256** g : Lablatiniere/ Presse Sports ; hd : Coprid** ; b : Jiri Hera**. **258** voir p. 243. **259** Mantey/ Presse Sports. **261** g : Mauritius/ Photononstop. **262** NorGal*. **263** b : Luttiau/ Presse Sports. **265** b : Javi indy**. **266** Martin Sundberg/ Corbis. **267** md : Christophe Bertolin/ IP3/ Maxppp ; bg : Schankz**. **268** h : Jun Sato/ ITU via Getty Images ; m : Jean-Jacques Sentucq/ Agence Regards du Sport-Vandystadt.com. **269** h : A.Demotes/ Photononstop ; b : Mark Cosslett/ National Geographic Creative/ Getty Images. **272** voir p. 259. **273** hg : Lahalle/ Presse Sports ; hd : Martin/ Presse Sports ; mg : Johann Groder/ EXPA/ Presse Sports ; md : Sébastien Boue/ Presse Sports. **274** Francois Xavier Marit/ Afp. **275** Richard Whitcombe**. **276** hg : Chanelle** ; hd : Sinclair Stammer/ Spl/ Biosphotos ; b : Visuals unlimited/ Spl/ Biosphotos. **277** hg : Sspl/ Leemage ; hd : Tasty appetite/ DR. **278** : Pacific stock/ Hemis.fr. **284** Romain Perrocheau/ Presse Sports. **286** Volosina**. **287** h : B. Boissonnet/ Bsip ; md : Cecile Diais/ Offside/ Presse Sports. **289** h : Mike King/ Offside/ Presse Sports. **290** h : samarttiw** ; m : Arkema. **291** : Daniel Berehulak/ Afp. **292** voir p. 273. **293** Jeffrey L. Rotman/ Corbis. **294** ANP Photo/ Age Fotostock. **298** m : Barcroft Media/ Getty Images ; b : Alexis Rosenfeld. **299** Mark Doherty/ Age Fotostock. **303** Imagebroker/ Hemis.fr. **304** h : Seguin/ Presse Sports ; m : GibsonPictures/ E+/ Getty Images. **305** Ria Novosti/ Afp. **306** Sammy Minkof/ EXPA/ Presse Sports. **307** voir p. 293. **308** Ill. D. Ducros/ CNES. **311** Nasa. **313** Nasa. **315** phloen**. **317** h : Babak Tafreshi, Twan/ Biosphotos ; mh : Monty Rakusen/ Cultura Creative/ Afp ; mb : Docstock/ F1online RM/ Bsip ; b : Cultura/ Image Source/ Bsip. **318** h : Martin Bureau/ Afp ; m : Sandra Montanez/ Bongarts/ Getty Images/ Afp.

* fotolia.com ; ** shutterstock.com

Photographies non référencées : Alain Béguerie et Philippe Burlot.

Remerciements

• Nous remercions vivement les enseignants qui ont accepté de participer à la **relecture critique** du manuscrit : Jean-Michel Bombail, Guy Bouyrie, Samy Coudert, Sébastien Dessaint, Hervé Lauret et Caroline Luc.

• Nous remercions l'administration du lycée des Graves à Gradignan et du lycée Paul-Cézanne à Aix-en-Provence de nous avoir accueillis pour la réalisation des photographies d'expériences, et le personnel de laboratoire de tous nos lycées pour nous avoir aidés dans la mise au point des expériences.

• Nous remercions Jean Luczak pour avoir testé plusieurs manipulations.

• Nous remercions Antoine Rouilly et Sophie Thiebaud-Roux de l'ENSIACET pour leur aide sur le chapitre « Matériaux et molécules du sport ».

• Nous remercions également Catherine Cordonnier-Jourdin.

• Nous remercions enfin les sociétés Jeulin, Pierron, JCL électronique, Calibration et Sordalab pour leurs prêts de matériel.

Couverture : Nicolas Piroux
Maquette intérieure : Anne-Danielle Naname
Composition : PCA/CMB graphic – Bénédicte Souffrant
Édition : Marie Coulaud ; Valérie Dumur ; Stéphanie Mathé
Fabrication : Donia Faiz
Composition automatique : Philippe Cazabet
Schémas : Patrick Hanequand et Jean-Luc Maniouloux
Infographies : Antoine Dagan (p. 12-13, 56-57, 171, rabat VI) et Olivier Aubert (p. 169, 170, 228, 241)
Photographies d'expériences : Alain Béguerie et Philippe Burlot
Recherche iconographique : Katia Davidoff/Booklage
Illustrations : Jean-Louis Goussé (p. 22, 100, 310) et Lison Bernet (p. 37, 88, 97, 109, 154, 245)
Photogravure : Nord Compo

www.hachette-education.com
© Hachette Livre 2014, 43, quai de Grenelle, 75905 Paris Cedex 15.
ISBN : 978-2-01-135593-5

Achevé d'imprimer en Italie par L.E.G.O. S.p.A. - Dépôt légal: 09/2015 - Edition 03 - Collection n°51 -13/5593/2